智能油田

（上）

李剑峰　肖波　肖莉　景帅

编著

INTELLIGENT OIL FIELD

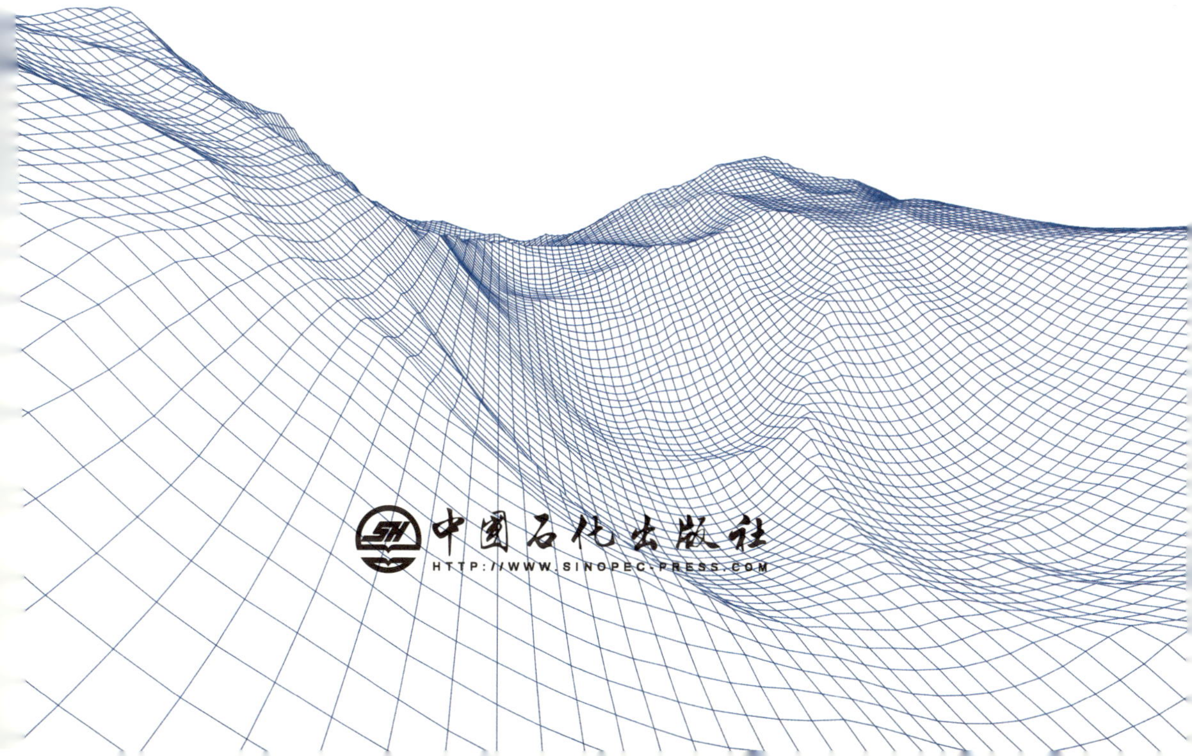

中国石化出版社

HTTP://WWW.SINOPEC-PRESS.COM

图书在版编目（CIP）数据

智能油田 / 李剑峰等编著．—北京：中国石化出版社，2020.6（2021.11 重印）
ISBN 978-7-5114-5821-6

Ⅰ．①智… Ⅱ．①李… Ⅲ．①智能技术—应用—油田开发—研究 Ⅳ．①TE34

中国版本图书馆 CIP 数据核字（2020）第 081116 号

中国石化出版社出版发行
地址：北京市东城区安定门外大街58号
邮编：100011 电话：（010）57512446
发行部电话：（010）57512575
http：//www. sinopec-press. com
E-mail：press@ sinopec. com
北京富泰印刷有限责任公司印刷
全国各地新华书店经销
*
710×1000 毫米 16 开本 47.5 印张 708 千字
2021 年 11 月第 1 版 2021 年 11 月第 3 次印刷
定价：366.00 元

序 1

石油作为工业经济的血液，在人类进步和社会发展过程中发挥了重要作用，当前正把世界推到工业4.0数字时代的门口。放眼全球，数字经济加速崛起，已成为转型升级的重要驱动力。2018年，主要发达国家数字经济在GDP中的占比超过60%，中国数字经济在GDP中占比达到34.8%、增速连续三年位居世界第一。2008年，全球市值排名前三位的公司分别是埃克森美孚、中国石油和通用电气，到2018年已变成苹果、亚马逊和谷歌。我们不得不承认，数字已经成为核心生产要素，计算能力已经成为新的核心生产力。正如李剑峰同志在他的新书《智能油田》中所说，整个工业界已经开始了“换血、换力、换智”的崭新征程。

看到《智能油田》的样书，我内心感到欣喜。剑峰同志在中国石化长期从事信息化工作，丰富的实践经历为其研究和思考智能化发展方向和前沿提供了广阔舞台。近年来，剑峰同志参与组织智能工厂、智能管网、智能油田、智能研究院、易派客平台、石化e贸平台等大型系统建设，使中国石化信息化水平保持在央企前列。《智能油田》的出版，一定程度上也反映了中国石化在信息化、数字化和智能化领域勇于探索、大胆创新的最新成果。

当前，新冠肺炎疫情肆虐全球，国际油市风云突变，油价持续低位运行，石油公司压力剧增。肩负保障国家能源安全的职责使命，面对前所未有的困难挑战，我国石油企业逆势而上的动力在哪里，出路在哪里，这些都是我们必须回答的时代考题。习近平总书记强调，“信息化为中华民族提供了千载难逢的机遇”，这一重大论断无疑为我国石油石化工业指明了前进方向，提供了根本遵循。大力推进两化深度融合，积极开拓数字化转型新路，用人工智能、区块链、物联网等技术塑造企业核心竞争力，无疑是一条康庄大道。

本书结构清晰、论述深入浅出，首章开宗明义探讨了智能油田的内涵，提出智能油田“九化”的整体业务架构，并给出智能油田实践落地的“三个一工程”思路。其后，系统研究了油田业务分析、数据治理、工业互联网平台、数字化转型等内容，展示了人工智能、大数据、边缘计算等最新成果，为油田企业进行智能化建设提供了借鉴参考。最后，展望了CPS系统、数字孪生技术在未来油气工业中的应用前景，提出了“虚实结合、向数而生”的美好愿景。

本书还把AI技术应用到了图书出版上，为读者提供阅读“数字助理”，实现问答互动，让图书成为一本“活”书，不因印刷出版而定型，可以不断增添新的内容、补充新的知识，让读者常读常新。

我国石油工业正处在转型升级的十字路口，数字化、智能化技术未来将发挥更大作用。希望本书能帮助读者全面了解智能油田最新发展情况，引发共鸣，启迪方向，加快推动我国石油工业数字化进程。

中国石油化工集团有限公司总经理、党组副书记

中国工程院院士 马永生

序 2

当前，中国的原油对外依存度已经超过70%，如何争取更多的石油发现，保障国家能源安全，这是国家战略；由于美国页岩油气的快速上产，自2014年以来，国际油价进入低位运行周期。就在今年3月9日，由于“OPEC+”未达成协议，加之受多国新冠肺炎疫情影响，国际油价创近30年来最大单日跌幅，WTI原油每桶34.03美元，降幅达17.56%，布伦特原油每桶36.56美元，降幅达19.24%。如何降低勘探开发成本，保持公司充足的现金流，是公司能否生存和可持续发展的关键；全人类都在关心气体温室效应，努力践行《巴黎协定》，油气公司如何进行整体优化，提高效率，减少排放，绿色低碳发展，是整个石油行业面临的共同课题。两化融合，“人工智能+石油工业”也许能够为这些课题寻找到答案。从这个角度来看，《智能油田》作出了有益的探索。

当前学科发展，百舸争流，信息科学仍然是领头学科，影响着各行各业；能源领域正处在大转型时期，能源低碳化、多元化、智能化、分散化和国际化是其典型特征。以互联网、物联网、大数据、人工智能、区块链为代表的信息技术与能源的高度融合，将是能源领域的一场新的革命，信息技术将重塑能源未来。《智能油田》的出版恰逢其时！

也正因为如此，本书作者李剑峰请我为本书作序时，我欣然应允。

我和李剑峰博士相识多年，他曾在中国石化石油勘探开发研究院工作，先后任副总工程师，兼任地球物理研究所所长、南京地球物理研究所（现中国石化石油物探技术研究院）所长，2006年调入中国石化集团总部信息和数字化管理部，任副主任至今，一直在油气勘探和信息化领域深耕细作，脚踏实地，践行油气工业和信息化的融合之路，并取得了丰硕的成果。2006年李剑峰曾出版《数字油田》一书，对推进石油行业数字化发展发挥了积极的影响。时隔十余年后再出版《智能油田》，前后呼应、厚积薄发，走出了一条从数字化到智能化的升级之路。

人工智能正处在快速发展期，各种概念、理论与技术不断涌现，各个领域应用不断扩展。智能油田还是一个比较新的概念，在业界尚无定论。本书在智慧地球、智能制造、工业4.0、工业互联网等宏大背景下，结合油田信息化发展现状，勾勒了智能油田的业务架构和发展路径，并探讨了油田数据治理、知识管理及数字化转型等话题，书中还介绍了人工智能、区块链、边缘计算等实用的ICT技术进展，给出了多个智能油田建设实践的探索案例，内容丰富，我有幸先睹为快，学习了很多新知识，相信对油气行业的从业者和科研人员具有很高的参考价值。

书中首次提出了“油田数字生命体”的概念，把油田看作一个数字化的生命，很有创意！并进一步提出了“油田智脑+油田生命数据体=油田数字生命体”的构想，初步描绘了未来智能油田的完整图像。

本书还利用AI技术，打造了自己的数字助理，读者可以召唤数字助理讲解本书、回答问题、与读者互动，这在图书出版模式上也是一个创新。出版的是《智能油田》图书，却开创了“智能出版”业务，这种勇于实践的精神，值得称赞。

智能油田建设刚刚起步，希望本书的出版能够助推新一代人工智能技术在石油行业的深化应用，更希望本书作者能够再接再厉，在油田智能化的道路上走得更远。

中国石油学会副理事长
中国科学院院士

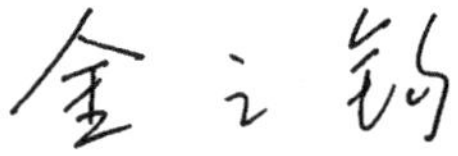

序 3

拿到《智能油田》的样书，进行了认真拜读。全书的九个章节环环相扣、浑然一体，而且深入浅出。本书开宗明义地提出了对智能油田的理解，从不同的视角阐述了智能油田的基本特征，描绘了智能油田未来的发展途径和重点方向。针对大数据技术的发展和应用，提出了油田数据治理的基本框架，并介绍了人工智能、大数据、增强现实、区块链等数字技术的发展及智能化油田建设的一些实践案例。

当前受新冠疫情、地缘政治等多重因素的影响，国际经济低迷，油价一直在低价位徘徊，给石油公司的经营发展带来了巨大的压力。如何在勘探开发生产业务中优化流程、降低成本、提高生产率，进而提升企业的竞争力，油田数字化、智能化建设无疑是一条有效的途径。

油气田智能化发展呈现三个趋势：一是推进智能油田的建设；二是推进工程技术的智能化；三是推进与IT公司的深度合作。从国际上看，各大油公司积极推进智能化建设。有报告显示，荷兰皇家壳牌公司是全世界最早采用物联网技术开发智能油田的公司之一，壳牌公司的Smart Fields（智能油田）项目整合了智能井、先进协作环境和油藏管理等内容，形成一个统一的智能油田协同工作平台。通过使用物联网技术对大量传感器的实时数据采集和监控，以及跨地区、跨学科的协作，实现了油田生产的最佳状态。截至2009年，该项目已为壳牌公司带来了高达50亿美元的整体收益。其在文莱Champion西部油田的应用，使最高采收率提高了3%—6%、开发成本降低了1—1.5美元/桶。道达尔公司与世界知名的IT公司谷歌签署合作协议，合作探索油气勘探和生产的智能化解决方案，聚焦地下成像的智能化处理与解释，加速石油、天然气勘探开发和生产。全球最大的油气服务公司斯伦贝谢今年五月份开展了业务重组，将公司的17条产品线合并为四个新的业务部门：数字与集成（digital and integration）、油藏性能（reservoir performance）、油井建设（well construction）、生产系统（production systems）。“数字与集成”成为新四大业务之首。过去几年，斯伦贝谢已将数字化作为一项优先事项，进行了大量投资以拓展其产品。公司拥有1000多名软件工程师，并投入了50%的研发经费用于数字化（2018年的研发经费总额约为7亿美元）。

在国内，走向数字化、智能化，是油田企业升级发展的正确方向，这一点毫无疑问已经成为油田行业的共识。中国石化早在2013年就开始了智能油田建设的预研究和规划设计工作，2017年在两家油田企业正式立项开始试点建设。中国石油去年发布了勘探开发梦想云平台，初步构建了“两统一、一通用”（即统一数据湖、统一技术平台，通用应用和标准规范体系）的数字技术应用建设体系，标志着中国石油的上游业务将实现在数字化方面的重大转型升级。

《智能油田》的出版，顺应了当前数字化转型、智能化发展的潮流，必将对推动我国油田企业升级发展、提升企业生存竞争能力，产生良好的影响。

中国工程院院士

自序 人工智能时代的油气工业

“这个世界之所以是这个样子，乃是因为我们的存在。”

——霍金（1942—2018）

新时代

人类进入了人工智能时代！

在人类将近300万年历史中，有超过299万年的时间，人类都在吃不饱、穿不暖的农业社会、原始社会乃至更古老落后的社会形态中踟蹰不前。

直到最近300年左右的18世纪下半叶，起源于英国的工业革命，人类才第一次放下了背负在身上体力劳动的重担，迈开了快速前进的步伐，人类的温饱水平得以大幅度提升。不过短短的200年之后，人类的大多数还没有暖热工业社会的板凳，一个被称为计算机的小小发明，犹如一颗强劲的引擎，使人类社会的发展再次提速。特别是进入20世纪80年代之后，以互联网技术为核心，生物工程、纳米技术、新能源、新材料、机器人和移动通信等一大批新兴技术把人类社会一举送入信息社会，让人类社会的发展从骑马到开车再到现在几乎是坐着火箭前进。如果可以穿越，让大美女妲己穿越到乾隆皇帝的紫禁城，即使有将近3000年的时间跨度，妲己同学也不会有太大的吃惊，但如果让乾隆同学穿越到300年后的北京城，绝对会被客厅里会说话的电视“吓尿”，有人用吓尿指数衡量日益加速的发展变化，这些年的吓尿指数毫无疑问是居高不下的。

我说，人类已经进入了人工智能时代，有些人的吓尿指数是不是要爆表了？

21世纪的第一个10年刚刚过去，人类进入信息社会才不过几十年的时间，人工智能时代犹如一只天外飞来的UFO已经纤尘不惊地悄然降落。

2016年是人工智能历史上一个具有特殊意义的年份，它是一个时代的结束，也是新时代的开始。这一年距离1956年麦卡锡、明斯基、罗彻斯特和香农等人提出人工智能概念整整过去了60年。按照中国人的习惯说法，正好过去了一个甲子。而当年在达特茅斯学院提出这个概念的10位科学家中最后一位科学家明斯基也在这一年的年初离开了人世，这或许标志着人类在人工智能领域第一阶段的努力落下了帷幕。就在明斯基去世后的两个月，谷歌公司的围棋软件阿尔法狗（AlphaGo）在与世界著名围棋选手李世石的对局中，以4：1的压倒性优势获胜，成为第一个战胜围棋世界冠军的机器人。它的意义要远远超过1997年IBM公司的深蓝战胜国际象棋大师卡斯帕罗夫，因为从难度上讲，围棋比国际象棋的难度要高出6—9个数量级。这件事不仅是人类在机器智能领域取得的又一个里程碑式的胜利，而且标志着一个新时代——智能时代的开始。

暗知识

人类之所以能够成为万物之灵，成为这个蓝色星球的主宰，根本原因在于人类能够不断地总结、发现知识，并一代代传承下去。一代代的积累让人类逐渐从动物界脱颖而出，成为超越动物界高高在上的“神灵”。发现知识的能力是人类最重要的本质特征。

人工智能作为一种技术，而且还是一种不断发展完善中的技术，居然能够标志一个新的时代，自有其超越凡俗的特质——发现人类发现不了的知识！正是这一点，让人类大惊失色，担心不已，担心机器人会不会像人类超越动物界一样，逐渐超越人类，成为人类之上的、新的人造“神灵”。

前文提到的阿尔法狗围棋软件带给人类的就是这种巨大的冲击。

围棋被认为是人类历史上最复杂的游戏。在19×19的纵横棋盘上黑白双方轮流下子，可能的走法是一个无法计算的巨大数值。粗略估算一下，按照平均下完一盘棋要走100步，每一步有200种走法，每局棋可能的走法就有200^{100}种，人们测算过，即使使用世界上运算速度最快的超级计算机，要遍历所有的走法，所需要的时间比宇宙的年龄都要长得多（宇宙的年龄大约是138亿年），人类早已承认这超出了人类能力的范畴，但阿尔法狗却做到了。

在阿尔法狗4：1战胜韩国著名棋手李世石后，当时世界排名第一的中国围棋手柯洁不以为然地放言：阿尔法狗胜不了我！然而，无情的事实是，柯洁在阿尔法狗面前毫无抵抗力，以0：3完败。在接受采访时，这位天才棋手感叹，阿尔法狗太完美了，简直看不到任何获胜的希望，甚至流着眼泪承认：我们人类下了几千年的围棋，好像还没入门。中国老牌棋圣聂卫平对阿尔法狗的棋艺崇拜不已，他说："阿尔法狗的着法让我看得如醉如痴。围棋是何等深奥和神秘，但阿尔法狗对下棋的顺序、时机的把握都堪称完美！它的水平完全超越了人类。我们应该让'阿老师'来教我们下棋。阿老师至少是20段，简直是围棋上帝。"

阿尔法狗彻底击碎了人类在围棋这种高度复杂的游戏中的尊严，几千年来，人类一代代棋手在这项游戏中积累下来的知识和智慧瞬间变得一文不值，这让许多棋迷简直无法接受，有人甚至痛哭流涕。

为什么会这样？围棋的可能着法比全宇宙的原子数都多，而人类历史上留下的所有对弈记录不过数万盘，二者相比的差距比整个太平洋对比一个水分子之间的差距还要大。人类在一代代的传承过程中，基本上都是沿着前人探索过的成功路径小心翼翼地向前探索，人生有限，想要快速取得成功，就一定要走在前人走过的路上，再慢慢向外探索，而不能自己信马由缰地胡乱摸索。阿尔法狗则不同，随后推出的升级版AlphaGo Zero在下棋时，根本不需要学习人类积累下来的任何棋谱，而是一开始就是自己跟自己"随机"地下棋，每下一盘就自己产生一个棋谱，所有的路都是自己走出来的，不受前人经验框框的约束，所以它探索过的地方，都是人类未曾触碰过的区域，它就能发现人类发现不了的知识——人们称这类知识为"暗知识"。

人工智能的发展，让暗知识现象越来越常见。深度神经网络是一种常用的人工智能算法，在图像识别等众多领域得到成功应用，在著名的ImageNet图像识别竞赛中，成功地击败人类，这种算法就存在无法解释的"隐藏层"。因为无法解释，所以即使取得了成功，人们也无法解释为什么成功，这也成为当前人工智能算法推广应用的一个瓶颈。大数据技术的发展给人类带来了同样的困惑。随着数据量的增大，不同来源、不同类型的数据汇集到一起，大数据算法就能从这些数据中发现一些新的"关系"，这些关系对人类生产或者经营活动有巨大的帮助，但人类说不清为什么会这样。人类总是习惯于因果关系的描述，但当大数据给出我们"有用"的关系时，我们便恐慌地发现，我们找不到是什么因、产生什么果。

19世纪的最后一天，欧洲著名的科学家欢聚一堂，开尔文男爵（英国著名物理学家威廉·汤姆生）发表了面向新世纪的新年祝词。他自豪地宣称，人类物理学的“大厦”已经落成，所剩只是一些修饰工作，物理学理论的晴朗天空上，只剩下两朵乌云。残酷的事实是，这些所谓的“修饰工作”和两朵乌云居然是相对论、量子力学等物理学发展的一个个高峰，相比之下牛顿力学只能算是基础。人类的自信不断地被自己所超越，这种超越带给人类的不是沮丧而是不断进步的希望。但人工智能不同，人类发现知识的能力和人工智能相比，差不多相当于一个是在山路上蹒跚跋涉的老人，一个是驾驶着越野车狂奔的青年。人类第一次深刻地体会到自身感受能力和表达能力的局限，第一次深刻地体会到有太多自己无法发现、无法理解、甚至是无法表达的知识，人工智能技术结合越来越强大的超级计算能力必将发现越来越多的“暗知识”，人类又一次给自己造了一尊“神”，这尊神不是泥塑木胎，不是只存在于宗教的臆想之中，而是存在于身边的现实之中。这带给人类的冲击是前所未有的，或许人类第一次真正地理解了2000多年前苏格拉底这位智慧老人的名言：“我唯一知道的，是我什么也不知道。”

革命

易经中《革卦·彖传》有：“顺天而动，不失其时。汤武革命，顺乎天而应乎人。革之时，大矣哉！”这是“革命”一词的起源。从汤武开始，3000多年过去了，人类经历一次次革命的洗礼，在血与火的废墟上昂首前行。今天我们再次站在了革命的门槛上。与以往不同，这次革命也许没有炮火硝烟、没有流血牺牲，但这一次比以往任何一次都彻底，这一次是“人工智能”革命，革掉的不是一个阶层、一个王朝，而是对整个人类的颠覆，要么毁灭、要么成神，人类真正站在了命运的岔路口。

革命发生在各个层面，当然也会发生在石油工业。石油作为燃料的“命”，也许很快就会被革掉，但作为材料，一定会有更长远的价值。

一是换血。石油作为“工业的血液”，差不多随着现代工业的诞生就在工业界的体内流淌，支撑着现代工业一路发展壮大，大幅度提升了人类整体的富裕水平。

而今，在信息化时代，中国数字经济在国民经济中的占比已经超过三分之一，并且在快速地增长之中。传统工业的身体已经发生了变化，血液自然也需要更换，数据已经逐渐成为新经济的“新鲜血液”。

越来越多的企业依靠数据的丰足变得兴旺发达，而缺少数据积累、没有使用数据的能力，已经成为不少企业供血不足、增长乏力的致命伤。对比2008年和2018年全球市值500强企业排名，你会发现排名前十的企业由原来的银行、石油、汽车等传统企业，转变为微软公司、苹果公司、亚马逊等数据型企业。十年之间，天翻地覆，只有换血，才能新生。

从事油气勘探的人有一句流行的行话：石油在哪里？在地质家的头脑里！现在这句话恐怕要改一改了：石油在哪里？在数据中。

石油行业具有数据采集、存储、处理、应用的优良传统，以及丰富的经验积累。但面对迅猛发展的人工智能和大数据技术，石油工业需要有更彻底革命的勇气，丢掉拍脑袋做决策的陋习，更多地让数据说话、让数据做决策。这就要求我们做好数据治理的基础性工作，构建强有力的数据治理团队，引进并重用大数据人才，树立数据第一的观念，更多的油气发现、更低的运营成本都在其中。

二是换力。化学是传统的实验性科学，许多科学家埋头实验室，皓首穷经，却创新寥寥。2019年和2018年的诺贝尔化学奖都颁给了计算化学家，他们不是摆弄试管药剂，而是利用超级计算机，对化学过程建模、模拟，利用计算机代替了实验仪器，利用算力代替了劳力，取得了前所未有的丰硕成果。

同样，油气藏是可以模拟的，钻井过程是可以模拟的，开发生产是可以模拟的，压裂注水是可以模拟的，集输过程也是可以模拟的，利用强大的计算能力，我们能够做到“未卜先知”。充分利用好强大的计算能力，用已有的数据进行精确地建模和反复地优化模拟，是节省人力物力、提高运行效率的不二法门。计算力就是生产力！

三是换智。人工智能来了，不管你是否理解它，都要学会接纳它。它确实能够发现一些目前人力无法发现的知识，而这些知识也许就是你在勘探、开发、生产过程中遭遇的各种难题的指路明灯。人都没有办法，机器还能有办法？这句话的问号应该改成感叹号。石油深埋地下数千米，已经远远超出了人类正常的感知能力，但我们能够发现石油，并开采它、使用它，依靠的是人类的学习能力和知识积累。而这一点，正是人工智能超越人类之处，许多蕴含在数据中的“暗知识”必须借助人工智能。即使是需要常规的知识，借助人工智能也会提供更快、更优的解决方案。人工智能是人类智能的重要补充，在某些方面是人类智能的升级版。

在英文中，Go的本意是围棋的意思，AlphaGo不过是一个叫阿尔法的围棋软件，但中国喜欢把它亲切地称为阿尔法狗，让这个智能软件显得更有灵性、更有生机、更有亲和力，像一只通人性的宠物狗。

石油工业当然不会放过这只狗，去年，斯伦贝谢公司就把这只狗领进了石油圈。

但狗毕竟还只是狗，在驯兽师手里能表演算数、唱歌的特异功能，别人领回家去就不一定那么灵了。目前，还没有听到阿尔法狗在石油领域的辉煌业绩，但我们充满期待。

这是一个技术为王的时代，技术、技术、一切都是技术！
我们要么做一个技术狂人，要么做一个崇拜技术狂人的人！

万能的人工智能来了，垂垂老矣的石油工业一定要想方设法地披上这件魔法外衣，甚至是换掉大脑、换掉骨骼、换掉血液，才能让自己焕发新的生机，甚至是返老还童。

有了数据的血、计算机的骨、软件的心脏和脉络、AI的大脑，智能油田这一崭新的生命体将会逐渐揭开神秘的面纱。著名词作者方文山为周杰伦撰写的《青花瓷》歌曲中写到“素胚勾勒出青花，笔锋浓转淡，瓶身描绘的牡丹一如你初妆”，智能油田的“初妆”能否如牡丹般国色天香，还要靠各路专家手中的浓淡笔锋精心描画。

智能油田

因为人工智能，所以智能油田。越是复杂的问题，本质反而很简单。

智能油田该是什么样子？智能油田就是智能油田的样子，就像你问：人长什么样子，回答一定是：人长得就是人的样子。但胜利油田的智能油田和大庆油田的智能油田一定不是一个样子。

油气地质情况不同、业务不同、数据不同、采用的技术不同，还有人员不同、文化不同，这一切落实到智能油田系统中去，让不同的智能油田自然不完全是一个样子。但底层的思路、逻辑是一致的。

所以，本书不是描述人长什么样子，也不是描述山东人和东北人分别长什么样子，而是描述一个文明人应该有的学问修养、道德规范、举止行为等共性的、基本的东西。

我们关注的是智能油田建设底层的、共性的思路和逻辑。

因此，本书不是智能油田的“定妆照”，而是一幅简笔画。除几个主线条之外，更多的是大量的“留白”，大家可以在此基础上跃马扬鞭、神思飞扬。

人工智能的概念尽管已经提出了60多年，但人工智能技术真正实用的也只是有限的几种。人们总有疑问，而今铺天盖地的人工智能热潮，其中有多少是真正的人工智能技术，又有多少不过是噱头、不过是赶时髦、不过是装点门面。

其实这些并不重要！知道用人工智能来装点自己，说明至少有向学之心，也算是为人工智能增加了热度，总比漠不关心、不管不问要好得多。

前些年，人们讨论是“互联网+”，还是“+互联网”，国家提出的两化融合就更高明一些，没有先后、主次，两个方面同等重要。智能油田也是一体两面，智能化技术的一面，油田生产工业技术的一面，二者不可偏废，同等重要。

美国著名超市Costco落户上海，开业第一天人潮汹涌、应接不暇，考虑到安全原因下午不得不临时关门，对比国内这些年越来越多的实体零售店关门，仍在营业的有不少也是门庭冷落车马稀，这种巨大的反差绝对不是国内热炒的“新零售”带来的，也不是采用了什么最新的ICT技术，而是零售业的最本质问题：商品价格。业内人士表示，零售业毛利一般都在15%—30%，而Costco严格控制在只有8%，任何毛利超过14%的商品上架必须经过总经理批准。2018年年报中的年度净利润是31.34亿美元，而会员费单项收入已达到31.42亿美元，其公司利润根本不是来自商品零售的差价。可见，做好零售业本质的工作比采用什么“新零售”的噱头要靠谱得多。

近日，在与Gartner的一位咨询师讨论工业互联网的发展时，他谈到参观海尔电器的感受让我印象深刻，他说海尔的工业互联网平台是我见过的落地最棒的系统，对内“人单合一”，任何一个订单都通过竞争机制落实到成本最低的团队，对外各种需求都可以在平台上提交，构成了一个很好的生态，但是公司的盈利情况并不乐观。我追问原因，他思考了半天，轻轻地说：“造冰箱还是要先把造冰箱的技术提升上来。”

信息技术不是万能良药，人工智能技术同样不是，至少在现阶段还不是。两化融合才是发展的王道。

关于本书

《易经·系辞下传》中有这样一段话：“变动不居，周流六虚，上下无常，刚柔相易，不可为典要，唯变所适。”

善变、快速应变，是生存之本。见微知著，脚边刚破土的嫩芽，不经意间就会变成参天大树。

本书成书在一个快速变化的时代，尤其是ICT技术日新月异，上个月刚刚写好的一篇内容，眼看着技术潮流已经转向，不得不重新写过。因此，交付印刷期间，我自己都无法保证自己的想法是不是已经改变，对一些问题是不是又有了新的看法和新的思路。因此，有缘看到这本书的朋友，大可以从目录看起，选择没有过时的内容细读。

本书共有9章，9乃数之极。写书写到此处，当止则止。

起承转合，第1章就是“起”，讨论了智能、智慧等不同概念，以及智能油田发展演变的不同路径。对本书所讨论的智能油田给出了一个基本的定义。本章赋予一个“念”字，念即概念、念头，一念生则千百个念头随之，所以有了本书。

第2章讨论了企业信息化的发展，毕竟信息化是智能化的基础，一定要走过信息化、数字化之后，才有可能到达智能化的彼岸。这既是技术发展的必然，也是业务、文化乃至企业组织发展的必然。本章赋予一个“化”字，化即教化，化育万物，世界都沐浴在信息技术的化育之中。

第3章开始分析油田业务，特别强调用数字化的视角解剖传统的油田业务，所有的业务活动、业务组织，最终的目的当然是为了高效地获取石油，但第一步首先是拿到数据，以此为出发点，看到的业务一定是“横看成岭侧成峰，远近高低各不同”了。本章赋予一个“业”字，业乃业务、事业。石油人建功立业的事业就是本章讨论分析的业务。

第4章承接上一章，开始讨论数据治理，把所有油田业务所产生的数据，按照数据分析、大数据挖掘的不同需求“治理”好。本章赋予一个“数”字，所有的油田业务都可以变成数字，未来的业务操作对象也将是“数字”。

第5章讨论了当前ICT技术中的几项关键技术，诸如物联网、大数据、人工智能、区块链、数据湖、边缘计算等，由于技术众多，这里只是择要对智能油田中应用较多、价值较大的几项技术做了介绍。本章赋予一个“术”字，“术业有专攻”，每一种技术都能够解决一些特殊的问题，而我们遭遇的各种问题也要通过发展技术来解决。

第6章讨论了知识管理。这是智能油田建设中智能化的核心。从十余年前开始，几位作者或主持或参与了中国石化知识管理体系建设的全过程，今年这些成果先后获得了亚洲MIKE大奖和全球MIKE大奖，标志着在知识管理领域建设成就的领先地位。本章赋予一个“知”字，知即知识，是智慧的基础，是传承的载体。知识发展到今天，其渊博宏大是任何一个单独的个体都无法全部掌握的，而未来的智能机器却可以做到这一点，机器超越人类在这一点上似乎并不遥远。

第7章专门讨论了平台化的问题。这是当前信息化建设发展转型的关键技术，也是智能化建设可持续发展的核心问题。本章赋予一个“台”字，台即平台，也是舞台，无论是技术人员还是业务人员都要在同一个舞台上共同演绎智能油田的大戏。

第8章是一些智能油田建设的案例。当今各种智能油田建设“百花竞秀”，各展风采。这些案例供大家相互借鉴。本章赋予一个“鉴”字，鉴同镜，“以铜为镜可以正衣冠、以史为镜可以明得失”，相互借鉴，智能油田的发展会更顺畅。

第9章是数字化转型，在易经中“9”为老阳，物极必反、阳爻到此必变。数字化转型就是变，传统的企业、业务、组织等向数字化转变，在油气市场过度饱和的情况下，寻找变化、寻找转型的契机、寻找新的价值增长点。本章赋予一个“变”字，变即变化，《周易·系辞上》有云：“知变化之道者，其知神之所为乎！”数字化时代，向数而变，才是发展之道。

序章

在该说结束的时候我用了“序章”。因为，序言的结束，才是正文的开端。

“凡是过去，皆为序章（Where of what's past is prologue）”，这句话出自英国著名戏剧家莎士比亚的剧作《暴风雨》，《暴风雨》是莎士比亚的最后一部完整的杰作。或许莎翁觉得，他过去的作品都是序章，正文和主题寄望于后人。

这篇文章是序章，这部书也是！

这篇文章是本书的序章，这部书是智能油田的序章。

人工智能的发展方兴未艾，智能油田的认识、建设和实践都刚刚起步，各种技术、各类应用、各种探索层出不穷。

在本书的编写过程中，我们阅读了大量图书和来自网络、微信的文章，也引用了不少其中的观点和图片，我们都尽可能地注明来源和出处。但是，来自网上和神奇的微信朋友圈不少内容，有些很难追究来源，未能尽数标明出处，在这里特别致歉。相信这些朋友愿意在网上分享自己的观点，也一定愿意我们通过本书助其传播。你们独到的见解，如海滩上闪闪发光的贝壳，我们偶然捡到一定会擦得更加闪亮，并欢欣鼓舞地与大家分享。对以上标明名字或者匿名的作者们对本书作出的贡献，在这里一并表示万分的感谢。

顺便给微软公司提个建议，Windows系统的“复制+粘贴”很好用，但重要的问题是在复制的时候不能一同复制版权信息，粘贴的时候内容粘贴了，版权信息丢失了。一段时间后再审阅文章时，有时候已经分不清哪些是自己的原创，哪些是复制粘贴的内容。鉴于此，也为了向那些已经遗失了原出处的精彩文字的原始作者致敬，我们也将陆续把本书的一些内容在网上发布，分享内容、共享快乐，分享是快乐之本。

伟大的牛顿曾经说过：“我好像是一个在海边玩耍的孩子，不时为拾到比通常更光滑的石子或更美丽的贝壳而欢欣鼓舞，而展现在我面前的是完全未探明的真理之海。”

打开本书，便踏上了探索未知真理之海的小舟。

目录

智能油田（上）

1 智能油田概论

2 油田企业信息化发展

3 数字时代的油田业务分析

4 油田数据治理

智能油田（下）

5 智能油田的技术基础

6 知识管理

7 工业互联网与智能油田建设

8 智能油田建设实践

智能油田

INTELLIGENT OIL FIELD

AR 扫描召唤 AI助理

1 智能油田概论

2017年被称为人工智能元年。

如果说人工智能是一项科学成就，历史上还没有哪一项科学成就像人工智能一样引起如此广泛的关注，从贩夫走卒到政商高官，街谈巷议、妇孺皆知。

这要归功于两个方面的原因：一是这项技术本身固有的新奇感，原来无法想象的东西现在居然实现了，甚至未来还有更大的想象空间。它一出现就开始改变我们的生活方式，智能扫地机、儿童教育机器人、护理机器人、自动驾驶汽车、电视里的虚拟主播等，未来有可能替代我们的工作岗位、甚至有可能完全颠覆当前的社会结构，更可怕的预言是机器人反过来统治人类、毁灭人类。这些已经看得见的或者是想象出来的东西，强烈地冲击着人们的视觉直至内心。好奇、压力、恐惧，这些人类共有的基本情绪，让人工智能概念的传播无远弗届，穿透了各个阶层。二是现代化的媒体无底线热炒。围棋的人机大战当然是绝好的炒作题材，加上主持人、评论人有意无意的诱导，激发了媒体受众的巨大热情和无穷想象力。中央电视台不失时机地在黄金时段推出了“机智过人”系列节目，一时大热。节目的名称虽然是一个大家耳熟能详的成语，但其中蕴含很巧妙的暗示“机器的智慧超过人类”。一些名人的只言片语也被媒体断章取义地大肆渲染，好像霍金、比尔·盖茨、马斯克这些人已经断言了人工智能的恐怖未来。

关于人工智能的理解以及未来发展的判断也许见仁见智、各有不同。但在学术层面对人工智能（AI）概念的起源和近几十年的发展脉络是清晰明确的。当我们说“智能油田”的时候，情况要复杂得多。不同人理解的智能油田也许完全不是一码事儿。混乱的根源至少有三个方面：一是智能油田概念源流的不同，智能油气田的概念与智慧地球、智能制造、智能工厂等概念的发展有关。二是中外文翻译过程中造成的混乱，相关的英文词汇有Smart、Intelligent、Wisdom等，在翻译过程中不是按照“信、达、雅”的原则严肃翻译，而是随意地交错使用智能、智慧等词语，造成使用和表达上的不准确、不清晰。三是每个人的知识背景和业务背景不同，讨论问题的出发点和落脚点也就不一样，这就是盲人摸象的故事，摸到尾巴的认为大象是一根绳子，摸到耳朵的认为大象是一把蒲扇。因此，我们需要从各个侧面的全景观察关于“智能油田”的内涵和外延，从更广阔的视野和更长远的眼光看待智能油田的发展和演进方向。

1.1 智慧地球

当智慧地球的概念以燎原之势燃遍全球的时候，不甘落后的石油人觉得油田也是地球的一部分，智慧（或者智能）油田是自然而然的事情。更何况智慧矿山都有了，我们油田就是油矿，当然也要有智慧油田。

智慧地球是在2008年11月由美国知名的IT公司IBM公司提出的一个概念。2000年前后，互联网泡沫破灭，全球IT企业遭受重创，景气低迷。IBM公司作为当时的领军企业，首次提出了“e-Business（电子商务）”的概念，紧接着又提出了“e-Business on Demand”（电子商务随需应变），这些概念为IBM公司带来了巨大的经济效益，在哀鸿遍野中一枝独秀，实现了高达18%的增长率。尝到甜头的IBM公司继续在IT界打高端概念牌，提出了“智慧地球”概念创意（图1-1）。

2009年1月，美国时任总统奥巴马公开肯定了IBM“智慧地球”思路，2009年8月，IBM公司又在中国发布了“智慧地球赢在中国”计划书，正式

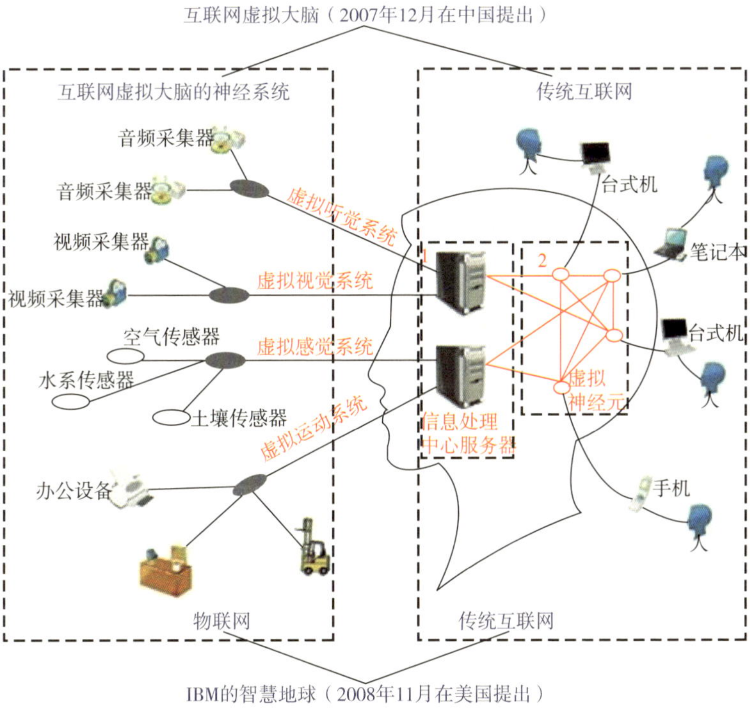

图1-1 IBM公司智慧地球概念

拉开IBM“智慧地球”中国战略的序幕。世界各国纷纷以美国的马首是瞻，差不多两年时间内，IBM“智慧地球”战略已经得到了各国的普遍认可。数字化、网络化和智能化，被公认为是未来社会发展的大趋势，而与“智慧地球”密切相关的物联网、云计算等，更成为科技发达国家制定本国发展战略的重点，美国、欧盟、日本和韩国等纷纷推出本国的物联网、云计算相关发展战略。智慧地球的概念客观上有力地推动了世界各国信息技术的发展，为几年之后智能时代的到来打下了坚实的基础。

按照IBM公司的定义，“智慧地球”包括三个维度：第一，能够更透彻地感应和度量世界的本质和变化；第二，促进世界更全面地互联互通；第三，在上述基础上，所有事物、流程、运行方式都将实现更深入的智能化，企业因此获得更智能的洞察。根据设想，在“智慧地球”时代，IT将变成让地球智慧运转的隐性能动工具，弥漫于人、自然系统、社会体系、商业系统和各种组织中。因此，在这样的时代，IBM公司希望自己的技术能像空气一样渗透到地球运转的每个角落，成为人类地球生存不可或缺的因素。“你可能在选择某种服务时，直接找到IBM；或者在一些看似自然产生的服务背后，了解到提供支撑的力量也来源于IBM。”说出这番畅想的，是当时IBM中国研究院院长李实恭。

智慧地球的概念客观上符合当时各行各业的发展对信息化的需求，所以这一概念得以在各行业中纷纷落地，各种概念纷纷出炉，智慧城市、智慧矿山、智慧农业等各类冠以智慧名目的项目或者成果不断见诸报端，极大地提升了行业对信息化价值的认识。

1.1.1 智慧城市

智慧城市概念源于2008年IBM公司提出的智慧地球的理念，是数字城市与物联网相结合的产物，被认为是信息时代城市发展的方向，文明发展的趋势，其实质是运用现代信息技术推动城市运行系统的互联、高效和智能，从而为城市人创造更加美好的生活，使城市发展更加和谐、更具活力。

2010年，IBM公司提出的“智慧的城市”愿景认为，城市由关系到城市主要功能的不同类型的网络、基础设施和环境等六个核心系统组成：组织（人）、业务/政务、交通、通信、水和能源。这些系统不是零散的，而是以一种协作的方式相互衔接。而城市本身，则是由这些系统所组成的宏观系统。

从技术发展的视角，智慧城市建设要求通过以移动技术为代表的物联网、云计算等新一代信息技术应用，实现全面感知、泛在互联、普适计算与融合应用。从社会发展的视角，智慧城市还要求通过维基、社交网络、Fab Lab、Living Lab、综合集成法等工具和方法的应用，实现以用户创新、开放创新、大众创新、协同创新为特征的知识社会环境下的可持续创新，强调通过价值创造，以人为本，实现经济、社会、环境的全面可持续发展。

中国政府非常重视智慧城市建设，2012年首批智慧城市试点达到90个。2013年推出国家“智慧城市”双试点（智慧城市技术和标准试点）。科技部、国家标准化管理委员会确定国家“智慧城市”技术和标准试点城市。首批试点工作在全国共选择了20个城市，其中副省级城市9个。

2014年8月29日，经国务院批准，发改委、工信部、科技部、公安部、财政部、国土部、住建部、交通部八部委印发《关于促进智慧城市健康发展的指导意见》，要求各地区、各有关部门落实本指导意见提出的各项任务，确保智慧城市建设健康有序推进。意见提出，到2020年，建成一批特色鲜明的智慧城市，聚集和辐射带动作用大幅增强，综合竞争优势明显提高，在保障和改善民生服务、创新社会管理、维护网络安全等方面取得显著成效。

经过十年的探索，中国的智慧城市建设已进入新阶段，一座座更高效、更灵敏、更可持续发展的城市正在应运而生。数据统计显示，截至2017年底，中国超过500个城市均已明确提出或正在建设智慧城市，预计到2021年，市场规模将达到18.7万亿元。

1.1.2 智慧矿山

智慧矿山就是在智慧地球概念指导下，在采掘业形成的一个信息化顶层设计落地方案。

2012年9月，在智慧地球大潮的带动下，由国内知名企业、大学和专家学者等“产、学、研、用”人联合发起成立了“中国智慧矿山产业技术创新战略联盟”，联盟明确了自己的主要任务，包括明确智慧矿山的概念、内涵和发展方向，组织智慧矿山关键技术攻关，建设智慧矿山示范井、示范工程、示范项目，制定有关的技术标准、应用标准等（图1-2）。

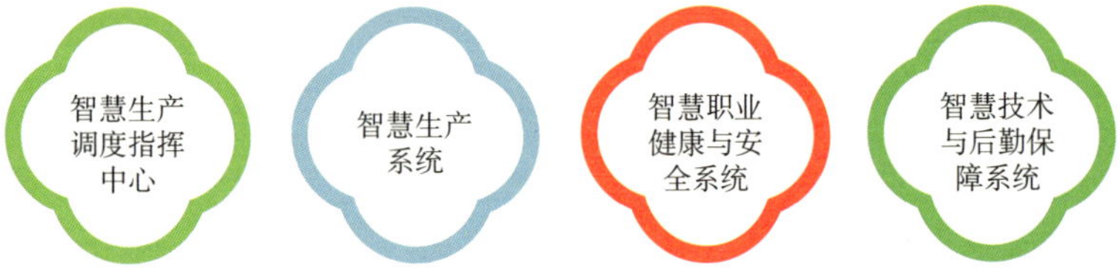

智慧矿山包括了矿山的各个方面，按照通常的划分方法，可以分为四个方面，就是智慧生产调度指挥中心、智慧生产系统、智慧职业健康与安全系统、智慧技术与后勤保障系统。

图 1–2　智慧矿山的关键业务系统

按照该机构的定义，“无人”是智慧矿山的最高形式。智慧矿山的显著标志就是无人，就是开采面无人作业、掘进面无人作业、危险场所无人作业、大型设备无人作业，直到整座矿山无人作业。整个矿山的各个方面都在智慧机器人和智慧设备的操作下完成（图 1–3）。

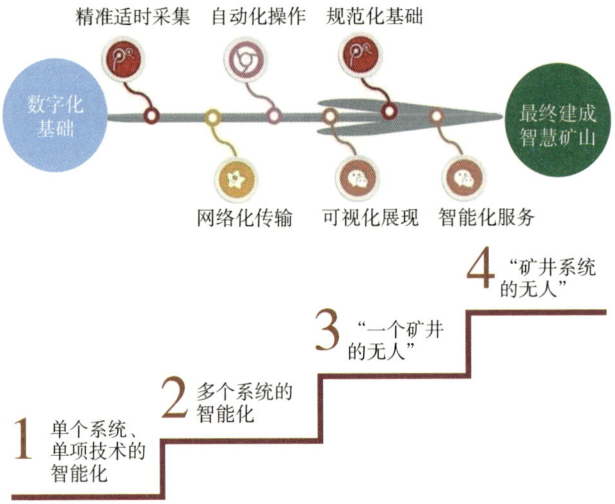

图 1–3　智慧矿山演化路径

智慧矿山以数字化为基础，把矿山有关的所有内容都处理成现代计算机可以接受、存储、拷贝、加工和网络传输的数字信息，并保证信息的完整性。在此基础上，智慧矿山具有以下特征：

（1）精准实时采集：能准确地采集到任何地点、任何时间所需要的安全、生产和管理等信息，并保证信息的及时性。

（2）网络化传输：所有信息包括实时数据、多媒体数据和管理数据，可以通过局域网和广域网进行准时、可靠、安全的传输，必要的数据要保证始终同步。

（3）规范化集成：通过标准的数据格式、开放的通信协议和统一的管理规范所定义的数据仓库，实现各种应用中信息的互联互通，确保数据唯一入口和一致性。

（4）可视化展现：对于数据仓库中的所有信息和模型用四维地理信息系统技术、虚拟现实技术、模拟仿真技术、多媒体技术和可视化分析技术进行表达和展现，实现透明管理。

（5）智能化服务：在一些诸如危险源辨识、灾害预警、方案设计、计划编制、过程控制、经济分析和调度优化等方面提供智能化工具和综合决策支持，最大限度地降低脑力劳动强度，避免人为决策失误。

（6）自动化运行：对于主要生产执行环节、监听监视环节等时限性强、准确度高的环节，以及环境恶劣、容易疲劳环节实现操作自动化或者无人化。

智慧矿山的实质是在数字化的基础上构建的一系列信息系统，通过信息系统的有效应用，从矿山的生产过程控制、生产调度指挥到后勤保障、HSSE等，全方位地提升矿山的运行效率和安全生产水平。

从业务的角度看，油田和矿山（城市）都是在特定地理区域之上运作的业务组织，都涉及按照位置的运营优化以及人员的有效组织。从信息化的角度来看，智慧城市和智慧矿山的发展建设与智能油田的建设思路是一致的，都要求开展大规模的网络建设、全方位的智能感知，以及应急指挥、能源环保、作业调度、经营管理等方面的工作，认真研究和借鉴智慧城市和智慧矿山的建设经验，对现代智能油田建设有很好的参考价值。

1.2 智能制造

智能制造（Intelligent Manufacturing，IM）是一种由智能机器和人类专家共同组成的人机一体化智能系统，它在制造过程中能进行智能活动，诸如分析、推理、判断、构思和决策等。通过人与智能机器的合作共事，去扩大、延伸和部分地取代人类专家在制造过程中的脑力劳动。它把制造自动化的概念更新、扩展到柔性化、智能化和高度集成化。

一般认为智能是知识和智力的总和，前者是智能的基础，后者是获取和运用知识求解的能力。智能制造应当包含智能制造技术和智能制造系统，智能制造系统不仅能够在实践中不断地充实知识库，具有自学习功能，还有搜集与理解环境信息和自身的信息，并进行分析判断和规划自身行为的能力。

从智能制造系统的本质特征出发，在分布式制造网络环境中，根据分布式集成的基本思想，应用分布式人工智能，实现制造单元的柔性智能化与基于网络的制造系统柔性智能化集成。实际也反映了基于Internet的全球制造网络环境下智能制造系统的实现模式。

关于智能制造的研究大致经历了三个阶段：起始于20世纪80年代，人工智能开始在制造领域中应用，智能制造概念正式提出；发展于20世纪90年代，智能制造技术进一步发展，提出智能制造系统；21世纪以来，新一代信息技术条件下的“智能制造（Smart Manufacturing）”逐步走向成熟。

1998年，美国赖特（Paul Kenneth Wright）、伯恩（David Alan Bourne）正式出版了智能制造研究领域的首本专著《制造智能》（Smart Manufacturing），就智能制造的内涵与前景进行了系统描述，将智能制造定义为“通过集成知识工程、制造软件系统、机器人视觉和机器人控制来对制造技工们的技能与专家知识进行建模，以使智能机器能够在没有人工干预的情况下进行小批量生产。”在此基础上，英国技术大学Williams教授对上述定义作了更为广泛的补充，认为“集成范围还应包括贯穿制造组织内部的智能决策支持系统。”麦格劳－希尔科技词典将智能制造界定为，采用自适应环境和工艺要求的生产技术，最大限度地减少监督和操作，制造物品的活动。

在智能制造概念提出不久后，智能制造的研究获得欧盟、美国、日本等工业化发达国家和地区的普遍重视，围绕智能制造技术（IMT）与智能制造系统（IMS）开展国际合作研究。1991年，日本、美国、欧盟共同发起实施的“智能制造国际合作研究计划”中提出：“智能制造系统是一种在整个制造过程中贯穿智能活动，并将这种智能活动与智能机器有机融合，将整个制造过程从订货、产品设计、生产到市场销售等各个环节以柔性方式集成起来的、能发挥最大生产力的先进生产系统。”

自美国20世纪80年代提出智能制造的概念后，一直受到众多国家的重视和关注，纷纷将智能制造列为国家级计划并着力发展。目前，在全球范围内具有广泛影响的是德国“工业4.0”战略和美国工业互联网战略。

1.2.1 世界智能制造

美国在智能制造领域居世界前列。美国政府于2010年发布了《制造业促进法案》；2010年9月，美国在华盛顿举办的“21世纪智能制造的研讨会”指出，智能制造是对先进智能系统的强化应用，使得新产品的迅速制造、产品需求的动态响应，以及对工业生产和供应链网络的实时优化成为可能。2011年发布了《先进制造伙伴计划（AMP）》，提出了要创造制造业就业机会，进行新兴技术投资，从而提高美国制造业全球竞争力；2011年6月24日，美国智能制造领导联盟（Smart Manufacturing Leadership Coalition，SMLC）发表了《实施21世纪智能制造》报告。报告认为，智能制造是先进智能系统强化应用、新产品制造快速、产品需求动态响应，以及工业生产和供应链网络实时优化的制造。智能制造的核心技术是网络化传感器、数据互操作性、多尺度动态建模与仿真、智能自动化，以及可扩展的多层次的网络安全。该报告给出了智能制造企业框架。智能制造企业将融合所有方面的制造，从工厂运营到供应链，并且使得对固定资产、过程和资源的虚拟追踪横跨整个产品的生命周期。最终结果将是在一个柔性的、敏捷的、创新的制造环境中，优化性能和效率，并且使业务与制造过程有效串联在一起。2012年发布了《美国制造业复兴计划》和《美国制造业创新网络》，指出了需要围绕中小企业、劳动力、伙伴关系、联邦投资及研发投资等提出五大目标和具体建议，促进美国先进制造业的发展，通过构建一个全国性创新网络，将美国打造成世界先进技术、服务的中心；2016年发布了《美国制造业创新战略规划》。

德国在智能制造领域走出了独具特色的发展道路。德国政府于2010年发布了《高科技战略2020》，2013年4月，德国在汉诺威工业博览会上正式推出了“工业4.0”战略，其核心是通过信息物理系统（CPS）实现人、设备与产品的实时连通、相互识别和有效交流，构建一个高度灵活的个性化和数字化的智能制造模式。在这种模式下，生产由集中向分散转变，规模效应不再是工业生产的关键因素；产品由趋同向个性的转变，未来产品都将完全按照个人意愿进行生产，极端情况下将成为自动化、个性化的单件制造；用户由部分参与向全程参与转变，用户不仅出现在生产流程的两端，而且广泛、实时参与生产和价值创造的全过程。

德国“工业4.0”战略具有三个方面的特征：一是价值网络的横向集成，即通过应用CPS，加强企业之间在研究、开发与应用的协同推进，以及在可持续发展、商业保密、标准化、员工培训等方面的合作；二是全价值链的纵向集成，即在企业内部通过采用CPS，实现从产品设计、研发、计划、工艺到生产、服务的全价值链的数字化；三是端对端系统工程，即在工厂生产层面，通过应用CPS，根据个性化需求定制特殊的IT结构模块，确保传感器、控制器采集的数据与ERP管理系统进行有机集成，打造智能工厂。

2013年12月，德国电气电子和信息技术协会发表了《德国“工业4.0”标准化路线图》，其目标是制定出一套单一的共同标准，形成一个标准化的、具有开放性特点的标准参考体系，最终达到通过价值网络实现不同公司间的网络连接和集成。德国“工业4.0”提出的标准参考体系是一个通用模型，适用于所有合作伙伴公司的产品和服务，提供了“工业4.0”相关的技术系统的构建、开发、集成和运行的框架，意图是将不同业务模型的企业采用的不同作业方法统一为共同的作业方法。2014年发布了《“工业4.0”标准化路线图-V1.0》，后续又对此进行了完善，于2016年发布了《“工业4.0”标准化路线图-V2.0》。

日本于2009—2013年相继提出了《日本制造业竞争策略》《日本制造业》《创造新产业、新市场的倡议》。法国政府发布了《新工业法国计划》《新工业法国2.0》。英国于2011年提出了《英国发展先进制造业的主要策略和行动计划》；2015年提出了《英国制造2025》，主要内容包括推进服务+再制造（以生产为中心价值链）、更快捷、更敏锐地响应消费者需求，把握新市场机遇、大力度培养高素质劳动力，重振制造业，提升英国国力和竞争力。欧盟也于2014年提出了《地平线2020计划》。

1.2.2 中国智能制造

发展智能制造，全面提升我国制造业水平，我国制定了明确的发展战略，力图通过信息化和工业化的深度融合，实现结构调整、产业升级，改善企业在工业化经济中存在的高消耗、高污染的问题，实现资源、能源的合理利用，以支持绿色、低碳的发展战略。在《中华人民共和国国民经济和社会发展第十二个五年规划纲要》中提出，推动信息化和工业化深度融合，加快经济社会各领域信息化。包括构建下一代信息基础设施、推动物联网关键技术研发和在重点领域的应用示范、加强云计算服务平台建设、加强网络与信息安全保障；国务院《工业转型升级规划（2011—2015年）》中提出，坚持把推进两化深度融合作为转型升级的重要支撑，深化信息技术集成应用，加快推动制造业向数字化、网络化、智能化转变；全面提高企业信息化水平，推进从单项业务应用向多业务综合集成转变，从企业信息应用向业务流程优化再造转变；2012年2月3日，工信部《石化和化学工业“十二五”发展规划》在有关加强企业技术改造的内容中提出，推进先进过程控制系统的应用，普及实时在线产品质量成分分析系统，发展工艺流程仿真技术，优化调度、故障诊断，提高集约化生产水平；2013年9月5日，工信部编制了《信息化和工业化深度融合专项行动计划（2013—2018年）》，提出了智能制造生产模式培育行动计划，并开展智能工厂的研究和试点建设工作，智能化成为未来行业两化融合发展的重点方向；2015年3月18日，工信部发布《2015年智能制造试点示范专项行动实施方案》中指出，自2015年起，聚焦制造的关键环节，在基础条件好和需求迫切的重点地区、行业，优先从符合两化融合管理体系标准要求的企业中选择试点示范项目，2015年启动了30个以上智能制造试点示范项目；以智能工厂为代表的流程制造试点示范是重点示范之一，在石油、化工等流程制造领域，推进新一代信息技术与制造技术的融合创新，开展智能工厂试点示范项目建设，提升企业的资源配置优化、实时在线优化、生产管理精细化和智能决策科学化水平；2015年5月19日，国务院印发的部署全面推进实施制造强国战略文件《中国制造2025》中明确提出，坚持“创新驱动、质量为先、绿色发展、结构优化、人才为本”的基本方针，坚持“市场主导、政府引导，立足当前、着眼长远，整体推进、重点突破，自主发展、开放合作”的基本原则，通过“三步走”实现制造强国的战略目标。到2020年，制造业重点领域智能化水平显著提升，试点示范项目运营成本降低30%，产品生产周期缩短30%，不良品率降低30%；到2025年，制造业重点领域全面实现智能化，试点示范项目运营成本降低50%，产品生产周期缩短50%，不良品率降低50%的宏伟目标。并具体规划了《中国制造2025》五项重点工程及量化指标，主要包括：

（1）制造业创新中心（工业技术研究基地）建设工程。提高国家制造业创新能力，2020年重点形成15家左右制造业创新中心（工业技术研究基地），力争到2025年形成40家左右制造业创新中心（工业技术研究基地）。

（2）智能制造工程。推进两化深度融合，制造业重点领域智能化水平显著提升，试点示范项目运营成本降低30%，产品生产周期缩短30%，不良品率降低30%。制造业重点领域全面实现智能化，试点示范项目运营成本降低50%，产品生产周期缩短50%，不良品率降低50%。

（3）工业强基工程。强化工业基础能力，40%的核心基础零部件、关键基础材料实现自主保障，70%的核心基础零部件、关键基础材料实现自主保障，80种标志性先进工艺得到推广应用，部分达到国际领先水平。

（4）绿色制造工程。全面推行绿色制造，建成千家绿色示范工厂和百家绿色示范园区，部分重化工行业能源资源消耗出现拐点，重点行业主要污染物排放强度下降20%，制造业绿色发展和主要产品单耗达到世界先进水平，绿色制造体系基本建立。

（5）高端装备创新工程。大力推动重点领域突破发展，实现自主研制及应用自主知识产权高端装备市场占有率大幅提升，核心技术对外依存度明显下降，基础配套能力显著增强，重要领域装备达到国际领先水平。

2015年7月4日，国务院发布了《关于积极推进“互联网+”行动的指导意见》，其中明确指出新一代信息技术与制造技术融合步伐进一步加快，制造业产品、装备、生产、管理、服务的智能化水平显著提升。大力发展智能制造，以智能工厂为发展方向，开展智能制造试点示范，有效支撑制造业智能化转型，构建开放、共享、协作的智能制造产业生态。发展大规模个性化定制，鼓励互联网企业整合市场信息，挖掘细分市场需求与发展趋势，为制造企业开展个性化定制提供决策支撑。提升网络化协同制造水平，通过互联网与产业链各环节紧密协同，促进生产、质量控制和运营管理系统全面互联，推行众包设计研发和网络化制造等新模式，提高产业链资源整合能力。加速制造业服务化转型，制造企业利用物联网、云计算、大数据等技术，整合产品全生命周期数据，形成面向生产组织全过程的决策服务信息，实现从制造向“制造+服务”的转型升级；2016年4月11日，工信部印发《智能制造试点示范2016专项行动实施方案》，遴选60个以上智能制造试点示范项目：20个以上离散型智能制造试点示范项目；20个以上流程型智能制造试点示范项目；20个以上网络协同制造、大规模个性化定制、远程运维服务试点示范项目。智能车间/工厂试点示范项目通过2—3年持续提升，实现运营成本降低20%，产品研制周期缩短20%，生产效率提高20%，产品不良率降低10%，能源利用率提高10%。

2017年7月20日，国务院印发《新一代人工智能发展规划》，提出了面向2030年我国新一代人工智能发展的指导思想、战略目标、重点任务和保障措施，部署构筑我国人工智能发展的先发优势，加快建设创新型国家和世界科技强国。明确了我国新一代人工智能发展的战略目标：到2020年，人工智能总体技术和应用与世界先进水平同步，人工智能产业成为新的重要经济增长点，人工智能技术应用成为改善民生的新途径；到2025年，人工智能基础理论实现重大突破，部分技术与应用达到世界领先水平，人工智能成为我国产业升级和经济转型的主要动力，智能社会建设取得积极进展；到2030年，人工智能理论、技术与应用总体达到世界领先水平，成为世界主要人工智能创新中心；2017年11月27日，国务院印发《关于深化"互联网+先进制造业"发展工业互联网的指导意见》，提出工业互联网发展的要求：一是支持关键技术研究。针对工业互联网发展近期需求，调动"产、学、研、用"各方力量，重点在无线物联、新型工业互联网标识解析体系、软件定义网络、工业互联网平台、现场数据采集与集成、工业数据分析、生产建模仿真等重点领域开展技术攻关，并尽快满足技术的产品化、实用化，解决网络升级改造、应用平台建设的紧迫需求。面向工业互联网的未来发展，积极组织研究力量在实时性网络、边缘计算、人工智能、增强现实/虚拟现实、数字对象为中心的信息网络架构等工业互联网新兴技术领域开展研究，支撑工业互联网产业长期快速发展。二是构建工业互联网标准体系。按照"基础共性先行、产业急需先行、创新驱动先行、自主可控先行"的原则，统筹推进工业互联网标准体系建设，优化推进机制，加快建立统一、综合、开放的工业互联网标准体系，制定一批总体性标准、基础共性标准、行业应用标准。组织开展标准试验及验证工程，同步推进标准内容试验验证、试验验证环境建设、仿真与测试工具开发。组织企业开展标准应用试验、示范和应用部署。推进标准公共服务平台建设，为业界提供检索、咨询、测试等标准相关服务。三是加快构建工业互联网产业基础。推动企业围绕工业互联网重点领域开展技术创新与产业布局，显著提升产品及解决方案的供给能力。一方面，重点突破工业互联网关键软硬件产品，围绕高性能网络设备、工业芯片与智能模块、智能传感与控制设备、智能网关、虚拟仿真软件、工业操作系统、工业中间件、工业大数据、工业安全设备、虚拟现实/增强现实等重点产品与解决方案，加快研发创新和产业化突破。另一方面，积极打造工业互联网系统解决方案，面向中国制造2025十大重点领域与传统行业转型升级需求，打造与各行业特点紧密结合的工业互联网一体化解决方案。

2018年4月27日，工信部发布《工业互联网APP培育工程实施方案（2018—2020年）》，提出了发展工业APP的四大主要任务：一是夯实工业技术软件化基础；二是推动工业APP向平台汇聚；三是加快工业APP应用创新；四是提升工业APP发展质量。2018年6月7日，工信部印发《工业互联网发展行动计划（2018—2020年）》，提出了到2020年，我国工业互联网的发展目标。初步建成适用于工业互联网高可靠、广覆盖、大带宽、可定制的企业外网络基础设施，企业外网络基本具备互联网协议第六版（IPv6）支持能力；形成重点行业企业内网络改造的典型模式；初步构建工业互联网标识解析体系，建成5个左右标识解析国家顶级节点，标识注册量超过20亿；初步形成各有侧重、协同集聚发展的工业互联网平台体系，在鼓励支持各省（区、市）和有条件的行业协会建设本区域、本行业的工业互联网平台基础上，分期分批遴选10个左右跨行业跨领域平台，培育一批独立经营的企业级平台，打造工业互联网平台试验测试体系和公共服务体系；初步建立工业互联网安全保障体系，建立健全安全管理制度机制，全面落实企业内网络安全主体责任，制定设备、平台、数据等至少10项相关安全标准，同步推进标识解析体系安全建设，显著提升安全态势感知和综合保障能力。

1.2.3 智能制造内容及系统架构

智能制造是将物联网、大数据、云计算等新一代信息技术与先进自动化技术、传感技术、控制技术、数字制造技术结合，实现工厂和企业内部、企业之间和产品全生命周期的实时管理和优化的新型制造系统。

智能制造的特征在于实时感知、优化决策、动态执行三个方面：一是数据的实时感知。智能制造需要大量的数据支持，通过利用高效、标准的方法实时进行信息采集、自动识别，并将信息传输到分析决策系统。二是优化决策。通过面向产品全生命周期的海量异构信息的挖掘提炼、计算分析、推理预测，形成优化制造过程的决策指令。三是动态执行。根据决策指令，通过执行系统控制制造过程的状态，实现稳定、安全地运行和动态调整。

智能制造的内容包括智能装备、智能生产和智能服务：

（1）智能产品（装备）。智能产品是发展智能制造的基础与前提，由物理部件、智能部件和连接部件构成。智能部件由传感器、微处理器、数据存储装置、控制装置和软件及内置操作和用户界面等构成；连接部件由接口、有线或无线连接协议等构成；物理部件由机械和电子零件构成。智能部件能加强物理部件的功能和价值，而连接部件进一步强化智能部件的功能和价值，使信息可以在产品、运行系统、制造商和用户之间联通，并让部分价值和功能脱离物理产品本身存在。

智能产品具有监测、控制、优化和自主四个方面的功能。监测是指通过传感器和外部数据源，智能产品能对产品的状态、运行和外部环境进行全面监测。在数据的帮助下，一旦环境和运行状态发生变化，产品就会向用户或相关方发出警告。控制是指可以通过产品内置或产品云中的命令和算法进行远程控制。算法可以让产品对条件和环境的特定变化作出反应。优化是指对实时数据或历史记录进行分析，植入算法，从而大幅提高产品的产出比、利用率和生产效率。自主是指将检测、控制和优化功能融合到一起，产品就能实现前所未有的自动化程度。

智能机器是智能制造的必备环节。所谓智能机器也就是智能机器人，它给人的最深刻的印象是一个独特的进行自我控制的“活物”。智能机器人具备形形色色的内部信息传感器和外部信息传感器，如视觉、听觉、触觉、嗅觉。除具有感受器外，它还有效应器，作为作用于周围环境的手段。智能机器人至少要具备三个要素：感觉要素、运动要素和思考要素。智能机器人是一个多种高新技术的集成体，它融合了机械、电子、传感器、计算机硬件、软件、人工智能等许多学科的知识，涉及当今许多前沿领域的技术。机器人已进入智能时代，不少发达国家都将智能机器人作为未来技术发展的制高点。美国、日本和德国目前在智能机器人研究领域占有明显优势。近年来，中国大力研发智能机器人，并取得了可喜的成绩。

（2）智能生产。智能生产是指以智能制造系统为核心，以智能工厂为载体，通过在工厂和企业内部、企业之间，以及产品全生命周期形成以数据互联互通为特征的制造网络，实现生产过程的实时管理和优化。智能生产涵盖产品、工艺设计、工厂规划的数字设计与仿真，底层智能装备、制造单元、自动化生产线，制造执行系统，物流自动化与管理等企业管理系统等。

（3）智能服务。通过采集设备运行数据，并上传至企业数据中心（企业云），系统软件对设备实时在线监测、控制，并经过数据分析提早进行设备维护。例如，维斯塔斯通过在风机的机舱、轮毂、叶片、塔筒及地面控制箱内，安装传感器、存储器、处理器及SCADA系统，实现对风机运行的实时监控。还通过在风力发电涡轮中内置微型控制器，可以在每一次旋转中控制扇叶的角度，从而最大限度地捕捉风能，还可以控制每一台涡轮，在能效最大化的同时，减少对邻近涡轮的影响。维斯塔斯通过对实时数据进行处理预测风机部件可能产生的故障，以减少可能的风机不稳定现象，并使用不同的工具优化这些数据，达到风机性能的最优化。

发展智能制造的核心是提高企业生产效率，拓展企业价值增值空间，主要表现在以下几个方面：一是缩短产品的研制周期。通过智能制造，产品从研发到上市、从下订单到配送时间可以得以缩短。通过远程监控和预测性维护为机器和工厂减少高昂的停机时间，生产中断时间也得以不断减少。二是提高生产的灵活性。通过采用数字化、互联和虚拟工艺规划，智能制造开启了大规模批量定制生产乃至个性化小批量生产的大门。三是创造新价值。通过发展智能制造，企业将实现从传统的“以产品为中心”向“以集成服务为中心”转变，将重心放在解决方案和系统层面上，利用服务在整个产品生命周期中实现新价值。

智能制造涵盖了产品、制造、服务全生命周期中所涉及的理论、方法、技术和应用，其总体架构可以从价值维、技术维和组织维三个维度描述（图1-4），即以制造为主体的价值维、以两化融合为主线的技术维和以人为本的组织维。

（1）价值维——以制造为主体的价值实现维度。

智能制造的根本是制造，必须坚持以制造为主体。

智能制造的价值实现主要体现在产品、生产、服务三个方面及其系统集成。产品包括智能制造的装备和各种产出物，产品通过智能制造技术提高产品功能、性能，带来更高的附加值和市场竞争力；生产包括基于产品的设计、生产和管理等制造流程的各个环节，制造技术和信息技术融合，全面提升产品设计、生产和管理水平，显著提升劳动生产率；服务包括以用户为中心的产品全生命周期的各种服务，服务智能化将大大促进规模定制等生产方式的发展，延伸发展服务型制造业和生产性服务业，深刻地改革制造业的生产模式和产业形态。系统集成包括产品、制造、服务等价值链各环节的集成，系统集成消除各环节信息的不对称性，提高系统可靠性，优化资源配置，进而提升制造质量和效益。

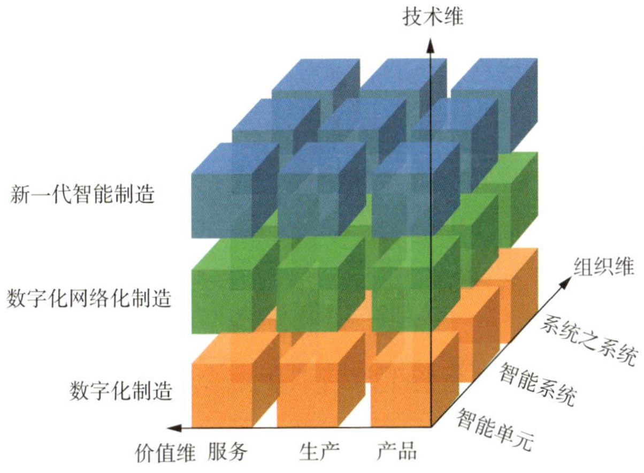

图 1-4　智能制造总体架构

（2）技术维——以两化融合为主线的技术进化维度。

两化融合是信息化和工业化的深度结合。我国要坚持以信息化带动工业化、以工业化促进信息化，走新型工业化道路。

智能制造从技术演变的角度体现为数字化制造、数字化网络化制造、新一代智能制造三个基本范式。数字化制造是智能制造的基础，贯穿于三个基本范式，并不断演进发展；数字化网络化制造将数字化制造提高到一个新的水平，为智能制造提供必要的网络基础设施，打通了企业价值链，构筑了智能制造生态体系；新一代智能制造是在前两种范式的基础上，通过先进制造技术与新一代人工智能技术集成所发挥的决定性作用，使得制造具有了真正意义上的智能，是新一轮工业革命的核心技术，是我国制造业实现"换道超车"的重大机遇。

（3）组织维——以人为本的组织系统维度。

实施智能制造的组织系统包含智能单元、智能系统和系统之系统三个层次。

智能单元是实现智能制造功能的最小单元，可以是一个部件或产品，通过硬件和软件实现感知–分析–决策–执行的数据闭环。智能系统通过工业互联网集成多个智能单元，实现更大范围、更广领域的数据自动流动，提高制造资源配置的广度、精度和深度，包括生产线、车间、企业等多种形式。系统之系统是多个智能系统的有机整合，通过工业互联网和智能云平台，实现跨系统、跨平台的横向、纵向和端到端集成，构建开放、协同与共享的产业生态。

智能制造系统架构应该是一个通用的制造体系模型，是为智能制造的技术系统提供构建、开发、集成和运行的框架。其目标是指导以产品全生命周期管理形成价值链主线的企业，实现研发、生产、服务的智能化，通过企业间的互联和集成建立智能化的制造业价值网络，形成具有高度灵活性和持续演进优化特征的智能制造体系。

企业智能制造系统的构成是由企业计算与数据中心、企业管控与支撑系统、为实现产品全生命周期管理集成的各类工具共同构成，智能制造系统具有可持续优化的特征。智能制造系统可分为五层：第一层是生产基础自动化系统；第二层是生产执行系统；第三层是产品全生命周期管理系统；第四层是企业管控与支撑系统；第五层是企业计算与数据中心（私有云）。

（1）生产基础自动化系统层。主要包括生产现场设备及其控制系统。其中，生产现场设备主要包括传感器、智能仪表、PLC、机器人、机床、检测设备、物流设备等。控制系统主要包括适用于流程制造的过程控制系统，适用于离散制造的单元控制系统和适用于运动控制的数据采集与监控系统。

（2）生产执行系统层。生产执行系统包括不同的子系统功能模块（计算机软件模块），典型的子系统有制造数据管理系统、计划排程管理系统、生产调度管理系统、库存管理系统、质量管理系统、人力资源管理系统、设备管理系统、工具工装管理系统、采购管理系统、成本管理系统、项目看板管理系统、生产过程控制系统、底层数据集成分析系统、上层数据集成分解系统等。

（3）产品全生命周期管理系统层。产品全生命周期管理系统层，横向上主要分为研发设计、生产和服务三个环节。研发设计环节功能主要包括产品设计、工艺仿真、生产仿真，仿真和现场应用能够对产品设计进行反馈，促进设计提升，在研发设计环节产生的数字化产品原型是生产环节的输入要素之一。生产环节涵盖了上述的生产基础自动化系统层和生产执行系统层包括的内容。服务环节通过网络实现的功能主要有实时监测、远程诊断和远程维护，应用大数据对监测数据进行分析、形成和服务有关的决策，指导诊断和维护工作，新的服务记录将被采集到数据系统。

（4）企业管控与支撑系统层。企业管控与支撑系统包括不同的子系统功能模块，典型的子系统有战略管理、投资管理、财务管理、人力资源管理、资产管理、物资管理、销售管理、健康安全与环保管理等。

（5）企业计算与数据中心层。主要包括网络、数据中心设备、数据存储和管理系统、应用软件，为企业实现智能制造提供计算资源、数据服务及具体的应用功能，能够提供可视化的应用界面。

未来智能制造系统应为分布式自主制造系统（Distributed Autonomous Manufacturing System）。该系统由若干个智能代理（Intelligent Agent）组成。根据生产任务细化层次的不同，智能代理可以分为不同的级别。如一个智能车间可称为一个代理，它调度管理车间的加工设备，它以车间级代理身份参与整个生产活动，同时对于一个智能车间而言，其中的智能加工设备也可称为智能代理，它们直接承担加工任务。无论哪一级别的代理，它与上层控制系统之间通过网络实现信息的连接，各智能加工设备之间通过自动引导小车（AGV）实现物质传递。在这样的制造环境中，产品的生产过程为通过并行智能设计出的产品，经过智能规划，将产品的加工任务分解成一个个子任务，控制系统将子任务通过网络向相关代理“广播”。未来的智能系统应具有以下特点：决策智能化；可构成分布式并行智能系统；具有参与集成的能力；具有可组织性和自学习、自维护能力。

自组织能力是指系统中的各种组成单元能够根据工作任务的需要，自行集结成一种超柔性最佳结构，并按照最优的方式运行。其柔性不仅表现在运行方式上，还表现在结构形式上。完成任务后，该结构自行解散，以备在下一个任务中集结成新的结构。自律能力是指系统具有搜集与理解环境信息及自身的信息，并进行分析判断和规划自身行为的能力。强有力的知识库和基于知识的模型是自律能力的基础。系统能根据周围环境和自身作业状况的信息进行监测和处理，并根据处理结果自行调整控制策略，以采用最佳运行方案。这种自律能力使整个制造系统具备抗干扰自适应和容错等能力。自学习和自维护能力是指系统能以原有的专家知识为基础，在实践中不断进行学习，完善系统的知识库，并删除库中不适用的知识，使知识库更趋合理，同时，还能对系统故障进行自我诊断、排除及修复。这种特征使系统能够自我优化并适应各种复杂的环境。智能制造系统在强调各个子系统智能化的同时，更注重整个制造系统的智能集成。这是与面向制造过程中特定应用的“智能化孤岛”的根本区别。新的智能制造系统包括各个子系统，并把它们集成为一个整体，实现整体的智能化。

近年来，随着物联网、大数据、云计算等新一代信息技术的快速发展及应用，智能制造被赋予了新的内涵，即新一代信息技术条件下的智能制造（Smart Manufacturing）。在经济社会发展强烈需求及互联网的普及、大数据的涌现、物联网的发展等信息环境急速变化的共同驱动下，人工智能加速发展，实现了战略性突破。先进制造技术与新一代人工智能技术深度融合，形成了新一代智能制造——数字化、网络化、智能化制造。大数据智能、人机混合增强智能、群体智能、跨媒体智能、自主智能等新一代人工智能技术，将重构产品、制造、服务等产品全生命周期的各环节，催生新技术、新产品、新产业、新业态、新模式，深刻改变人类生产生活方式和思维模式，实现社会生产力的整体跃升。新一代智能制造将给制造业带来根本性变革，将成为制造业未来发展的主要驱动力。

新一代智能制造的主要特征表现在制造系统具备了“认知学习”能力。通过深度学习、增强学习、迁移学习等技术的应用，新一代智能制造中制造领域的知识产生、获取、应用和传承效率将发生革命性变化，显著提高创新与服务能力。随着制造知识生产方式的变革，新一代智能制造形成了一种新的制造范式。

新一代智能制造实现了先进制造技术和新一代人工智能技术的深度融合，是真正意义上的智能制造，将从根本上引领和推进第四次工业革命。

1.2.4 智能制造对智能油田建设的启示

广义而论，智能制造是一个大概念，是新一代信息技术与先进制造技术的深度融合，贯穿于产品、制造、服务全生命周期的各个环节及相应系统的优化集成，实现制造的数字化、网络化、智能化，不断提升企业的产品质量、效益、服务水平，推动制造业创新、绿色、协调、开放、共享发展。

智能制造是一个不断演进的大系统。智能制造在长期实践演化中形成了许多不同的范式，包括精益生产、柔性制造、并行工程、敏捷制造、数字化制造、计算机集成制造、网络化制造、云制造、智能化制造等，这些范式在不同程度、不同视角上反映出制造业的数字化、网络化、智能化，在指导制造业智能转型中发挥了积极作用。

智能制造的概念体系、演进过程与智能油田十分相似，所采用的网络化、智能化技术和所追求的绿色、创新、开放、共享等理念都是相通的。认真研究世界各国智能制造探索发展过程中所取得优秀成果和遭遇的曲折，对构建有中国特色的智能油田体系具有十分有益的帮助。

1.3 智能炼厂

中国石化在世界范围率先提出了石油化工流程行业智能工厂的建设方案并成功实施，取得比较显著的社会效益和经济效益。这对智能油田的建设有很好的借鉴意义。

早在2012年，中国石化就启动了智能工厂试点建设工作。同年9月开展了智能工厂（试点）总体规划设计，确定了智能工厂试点建设范围，内容涉及生产管控、供应链管理、设备管理、能源管控、HSE管理、辅助决策六个核心业务领域。2013年，智能工厂试点项目列入中国石化信息化四大示范工程之一，从企业业务特点、管理基础、员工素质基础和信息化基础等方面综合考虑，选择燕山石化、茂名石化、镇海炼化、九江石化四家企业作为试点项目建设单位，同时开展了项目的集中设计和软件研发工作。2014年，结合企业需求，开展了现场实施工作，到2015年底，核心功能基本上线。2016年11月，完成智能工厂试点项目验收。2017年，启动了智能工厂建设提升项目和在金陵石化、上海石化、天津石化等六家炼厂的推广建设。

2016年、2017年连续两年承担国家石化/煤化工智能工厂标准编制工作，包括《石化行业智能工厂通用技术要求和评估规范标准化和试验验证》标准、

《石化行业智能工厂系统、物与智能装备互联互通互操作技术要求及试验验证》标准。2017年6月,《大型国产化芳烃智能工厂建设项目》首次突破工信部智能制造新模式应用项目。2017年6月,《石化行业智能工厂解决方案》入选工信部2017年制造业和互联网融合发展试点示范。

随着智能工厂试点建设的不断推进，逐步完善、凝练，形成了智能工厂的内涵。

2012年，首先提出了智能工厂的四项能力：感知能力、预测能力、协同能力、分析优化能力，并提出了智能工厂涵盖的六大核心业务域：生产管控、供应链管理、设备管理、能源管理、HSE管理、辅助决策。

2013年，提出了智能工厂五化特征：数字化、集成化、模型化、可视化、自动化。

2015年，完善智能工厂的内涵，形成智能工厂“123456”，2018年，进一步补充完善智能工厂的内涵，形成新的“123456”：一个目标。智能工厂建设目标是实现工厂的卓越运营，达到劳动力生产率高、能耗物耗低、安全环保水平高、经济效益好的目标。两大体系。一是技术支持体系，包括工业物联网、云计算、移动互联、工业大数据、虚拟现实/增强现实与人工智能等技术；二是标准体系，包括技术标准、数据标准、应用标准、服务管理标准和信息安全标准五部分。三条主线。一是“炼化一体化优化”，在价值链维度上，实现供应链全过程的价值增值，在优化深度上，通过计划、调度、装置、控制四个层面上的一体化优化实现生产全过程效益最大化；二是“炼化生产集成管控”，实现经营管理层、生产营运层、过程控制层的纵向集成，形成新一代生产营运指挥新模式；三是“全生命周期资产管理”，实现从工厂的项目筹建、工程设计、建造交付，到工厂运行与设备维护、资产报废的资产生命周期全过程数字化管理。四项能力。石化智能工厂贯穿运营管理全过程，通过技术变革和管理创新，全面提升企业全面感知能力、优化协同能力、预测预警能力、科学决策能力。五化特征。石化企业的智能化主要体现数字化、集成化、模型化、可视化、自动化五个方面。六大核心业务域。石化智能工厂涵盖了生产管控、供应链管理、设备管理、能源管控、安全管控、环保管控六大核心业务域（图1-5）。

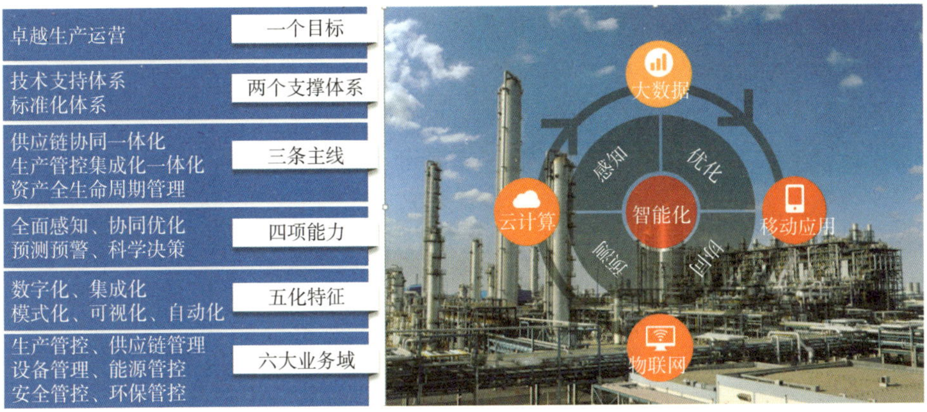

图 1-5　石化智能工厂解决方案

明确了中国石化智能工厂的内涵，形成了具有自主知识产权的智能工厂软件产品套件及相关论著、专利，形成了智能工厂1.0整体解决方案并初步构建智能制造平台，取得了智能工厂试点预期效果，以及良好的社会影响。总结了一套智能工厂1.0推广标准化模板，形成了《中国石化信息化建设标准体系》《石化智能工厂标准规范体系》等一系列标准规范。

1.3.1　效益效果

经过近几年建设，4家企业智能工厂建设已取得了初步成效，推动了企业生产方式和管控模式变革，提高了安全环保、节能减排水平，促进了劳动效率和生产效益提升。4家试点企业的先进控制投用率提高了10%左右，生产数据自动数采率提升了20%，均达到了90%以上；外排污染源自动监控率达到100%；生产优化由局部优化、离线优化逐步提升为一体化优化、在线优化。主要成效如下：

（1）建立了协同一体化的生产管控新模式，提升了资源优化和调度指挥水平。镇海炼化、九江石化建成了炼化一体化全流程优化平台，实现了计划、调度、操作的全过程优化，形成了上下一体的协同生产、调度指挥新模式，累计三年增效超过6亿元人民币。镇海炼化通过调度指挥系统与MES3.X集成，实现调度统计“一本账”和调度指令到物料管理的闭环。燕山石化通过调度指挥系统建立了9大类生产预警信息、全厂641套异常专家规则的三级报警模式，实现了调度异常的自动感知、实时监控及调度指导方案的主动推送；基于大数据技术进行报警分析，报警管理水平大幅度提高，乙烯装置报警总数从每周209068个报警下降到每周23408个报警，报警总数下降了88.3%，乙烯装置6个岗位报警等级均下降。

（2）实现了自动化、移动化、集成化的生产操作管控，提高了生产操作质量和效率。九江石化实现了内外操协同联动，外操人员利用移动终端设备将巡检现场异常信息实时传送到总控室，内操人员及时进行判断，并将现场作业信息、作业指导书远程推送给外操人员，提高了现场处置质量和工作效率，有效消除了事故隐患，操作平稳率提高5.3%，操作合格率从90.7%提升至100%；成立一体化的生产管控中心，促进分散式的生产管理转变为集中、协同式管理，班组数量减少了13%，外操室数量削减35%，员工总数减少12%。燕山石化开创了“黑屏操作”新模式（无报警屏幕不亮，报警时屏幕高亮显示），最长黑屏时间可达4个小时，53套装置的操作站实现了生产正常状态下操控台黑屏、生产异常状态下系统自动精准警示，降低了劳动生产强度，提高了应急响应速度和处理能力。镇海炼化建成了国内石化行业首个超大型全封闭、全自动、无人操作的智能立体仓库，实现了固体产品包装、仓库作业的自动化管理和无人装车发货，库存规模2.5万吨。茂名石化、燕山石化、镇海炼化通过能源管理系统的应用，年节能增效分别为1023万元、926万元和750万元。

（3）实现了网络化、模型化的生产运行管理，支撑了生产安稳高效运行。茂名石化裂解炉先进控制与优化投用后，裂解深度、产物分布得到有效控制，利用乙烯在线优化对裂解炉运行参数进行模拟优化，并通过先进控制器实现控制优化，使每吨原料生成产物的价值增加12.3元，年增效益4194万元。九江石化以“减少可避免的装置报警、预测装置结焦趋势、提高汽油产品收率”为目标开展催化装置大数据技术应用研究，利用大量的生产运行历史数据，将领域专家知识和经验固化成各类模型和规则，构建了与工作过程紧密集成的知识共享服务平台。

（4）实现了精细化、协同化的HSE管理，提升了安全环保水平和应急指挥能力。九江石化实现了HSE系统“全员、全过程”安全管理，建立HSE观察卡3.85余万个，建立了35处废水、15处废气、16处噪声、3处环境空气等环境实时在线监测点，环境信息通过“环保地图”实时展示，外排达标污水

COD、氨氮等指标处于集团公司先进水平。在作业许可票证移动签发操作环节，通过移动应用、地理信息、身份识别和物联网技术，实现了现场动火作业审批“定时、定点、定人、定票”，提升了安全管理水平。茂名石化建立了370个污染排放监测点，实现了基于地理和三维的“环保地图”实时、可视化管理和异常报警；利用HAZOP实现了伽马射线辐射范围、影响深度的模拟和可视化预警。九江石化、茂名石化构建了总部、企业应急指挥中心、现场指挥部（应急指挥车）三级一体化应急平台，实现了调度电话、应急电话、对讲机、单兵和应急指挥车的融合通信，实现了现场随时随地与指挥中心的音视频双向互通，为“信息互通、数据同步、快速接警、综合研判、科学决策、联动指挥”提供了保障，提高了应急处置协同能力。

（5）建立了企业统一的集中集成平台，实现工业大数据应用的突破。试点企业建立了集中集成平台，平台划分为15个主题，茂名、九江、镇海3家企业分别完成25210条、17164条、16978条数据贯标，为企业数据共享、信息集成、决策分析提供有力支撑。九江石化和茂名石化利用集中集成平台，开展了大数据分析应用。九江石化实现了对生产报警的提前预警，建立了汽油收率预测模型及操作指导模型，催化裂化装置汽油收率提升约0.5%；茂名石化开展了重整装置运行的多目标参数优化大数据分析，汽油收率提高0.14%，累计效益超过1000万元。

1.3.2 创新工作模式

通过智能工厂的建设实践，形成了一套行之有效的做法和经验，涉及技术创新、组织创新、模式创新以及服务创新。

（1）技术创新：

①采用国产化技术建成4G无线网络，实现语音、视频、数据的互联互通。

②利用无线网、RFID和智能仪表等物联网技术实时跟踪生产过程信息。

③利用三维数字化技术，实现在虚拟环境中的生产管理、安全管理和培训管理。

④形成具有自主知识产权的嵌入式设备，包括卡片式防爆定位仪、作业现场全程智能监控设备和智能辅助巡检仪等。

（2）组织创新：

①成立一体化的生产管控中心，促进分散式的生产管理转变为集中、协同式管理。

②九江、茂名成立跨专业的计划、能源优化团队，加强优化工具的应用，实现计划生产、能源管理的持续优化。

③镇海炼化通过调度与MES集成，把计划、调度、操作由分段式管理转变为全程在线、闭环式管理。

④形成总部、企业、现场三级一体化应急体系，提高应急处置协同能力。

（3）操作创新：

①开创“黑屏操作”新模式，实现生产正常状态下操控台黑屏，生产异常状态下系统自动精准警示。

②通过智能终端和4G网应用，建立内外操联动模式，提高了现场处置质量和工作效率。

③变革企业作业票管理模式和流程，实现作业票管理“四定”（定人、定时、定点、定票），改变了传统作业票管理模式。

（4）服务创新：

①用“数据说话”，利用大数据技术，对各类生产运行、质量、安全、设备等数据进行分析，实现对装置异常、收率影响的预测。

②燕山石化通过基于大数据分析及专家知识库的关键机组故障定位及寿命预测，实现了基于系统/设备/组件故障风险评价的设备维修策略制定及维修结果评价分析。

③九江、茂名石化通过工艺、物料、质量海量数据分析，实现对装置收率、结焦、工艺安全的分析，提升了决策的新手段。

1.3.3 智能工厂系列标准和实施模板

智能工厂是炼化生产信息化的集合，涵盖了应用标准、数据标准、基础标准三个方面（图1-6）。

（1）标准体系。包括数据标准：生产、操作、设备、安全、环保、职业卫生、能源7大类，83种生产层面信息代码标准；生产、库存、采购、销售、安全环保、设备健康6大主题，935项数据指标标准。基础标准包括：数据库

▪ 应用标准面向生产层面计划、调度、物料、操作、能源、安环、工艺、设备、质量、工程等12个专业，涵盖19个核心业务系统，包含102册标准（采标44册、建标58册）

▪ 代码标准：涵盖生产、操作、设备、安全、环保、职业卫生、能源7大类，75种生产层面信息代码标准

▪ 指标标准：涵盖生产、库存、采购、销售、安全环保、设备健康6大主题，935项标准化数据指标

▪ 开发标准：涵盖接口规范、开发规范46项
▪ 基础设施：涵盖数据中心、网络系统、企业云资源池、融合通信、IT运维管理5类共47项标准
▪ 信息安全：包含应用、数据、主机、工控、网络、物理6类安全标准及规范共79项标准

图 1–6　中国石化智能工厂标准化模板

设计、UI、编码、集中集成、信息安全、基础设施。

（2）一系列应用规范和流程。包括6大业务域应用规范11册：主要包括87个一级功能、295个二级功能、367个三级功能。使用的模型、规则、算法259项；6大业务域业务流程48项：调度指挥7项、计划协同优化5项、操作报警1项、HSE管控2项、能源管控31项、绩效管理2项。

（3）三类实施模板。包括应用系统建设模板：从项目生命周期角度定义了六大业务域系统目标、工作内容、交付成果、模板；技术支撑体系建设模板：基础设施、信息安全两大类模板；项目管理模板：从进度、质量、风险、沟通等方面定义项目管理的模板。

智能工厂试点建设的成功经验对大型国有企业油田智能化建设具有很好的指导意义。一是坚持顶层设计、统筹推进。按照信息化“六统一”（统一规划、统一标准、统一设计、统一投资、统一建设和统一管理）原则，坚持业务牵头，标准先行的工作策略，由总部统一编制智能工厂的总体规划，统一组织系统开发和试点建设，统一确定技术路线与系统架构。二是坚持信息化“一把手工程”。4家试点单位“一把手”担任智能工厂建设负责人，亲自组织方案论证、流程优化，亲自推动项目实施和管理变革。三是坚持以质量和效益为中心。坚持以促进效益提升为导向，建设有效益的信息化。把建设智能工厂、推进“两化”深度融合，作为调结构、促转型、增效益的突破口和重要抓手。四是坚持创新驱动发展。结合公司结构调整、转型发展、绿色低碳等战略，及时调整信息化发展方向，按照大平台、大系统、大运维的思路，重构信息化架构、体系和建设、应用模式。

1.4 智能与智慧之辩

智能油田、智慧城市、智慧矿山、智能制造、人工智能……究竟是智能还是智慧？智能和智慧有没有高下之分？在不同的场合该用哪一个表述更准确？在与英文文献的对照翻译中，经常出现的Smart、Intelligent、Wisdom等词汇如何翻译？毫无疑问，梳理乱作一团的“智能”和“智慧”，耗费了不少人的智慧，考验了中国人的智慧！这些努力是值得的，历史经验告诉我们，凡是在基本概念、基本术语上没有解释清楚，各说各话，无法准确地沟通交流，最后一定会造成相关技术体系的混乱，其后果自然也就是给先进技术的发展埋下隐患，给技术在企业中的落地制造障碍。

1.4.1 概念溯源

很难找到关于智能与智慧的标准定义。

首先讨论智能。中华辞海的解释是：①智谋与才能。②指智力。

《新华词典》中提供的解释是：智慧和能力。一个人的智能既有先天遗传因素，也有后天的学习和知识（智力）积累因素。

百度百科上的定义是这样的：智能，是智力和能力的总称，中国古代思想家一般把智与能看作是两个相对独立的概念。《荀子・正名篇》中“所以知之在人者谓之知，知有所合谓之智。所以能之在人者谓之能，能有所合谓之能。”其中，“智”指进行认识活动的某些心理特点，“能”则指进行实际活动的某些心理特点。

也有不少思想家把二者结合起来作为一个整体看待。《吕氏春秋・审分》中“不知乘物而自怙恃，夺其智能，多其教诏，而好自以，……此亡国之风也。”东汉王充更是提出了“智能之士”的概念，《论衡・实知篇》中“故智能之士，不学不成，不问不知”，以及“人才有高下，知物由学，学之乃知，不问不识”。他把“人才”和“智能之士”相提并论，认为人才就是具有一定智能水平的人，其实质就在于把智与能结合起来作为考察人的标志。

美国哈佛大学教育研究生院心理学、教育学教授，世界著名教育心理学家霍华德·加德纳（Howard Gardner）提出了著名的“多元智能理论”，被誉为“多元智能理论”之父。按照他的多元智能理论，人类的智能可以分成七个范畴：①语言（Verbal/Linguistic）；②逻辑（Logical/Mathematical）；③空间（Visual/Spatial）；④肢体运作（Bodily/Kinesthetic）；⑤音乐（Musical/Rhythmic）；⑥人际（Inter-personal/Social）；⑦内省（Intra-personal/Introspective）。

（1）语言智能（Linguistic intelligence）。是指有效地运用口头语言或（及）文字表达自己的思想并理解他人，灵活掌握语音、语义、语法，具备用言语思维、用言语表达和欣赏语言深层内涵的能力结合在一起并运用自如的能力。他们适合的职业是政治活动家、主持人、律师、演说家、编辑、作家、记者、教师等。

（2）数学逻辑智能（Logical-Mathematical intelligence）。是指有效地计算、测量、推理、归纳、分类，并进行复杂数学运算的能力。这项智能包括对逻辑的方式和关系、陈述和主张、功能及其他相关的抽象概念的敏感性。他们适合的职业是科学家、会计师、统计学家、工程师、电脑软体研发人员等。

（3）空间智能（Spatial intelligence）。是指准确感知视觉空间及周围一切事物，并且能把所感觉到的形象以图画的形式表现出来的能力。这项智能包括对色彩、线条、形状、形式、空间关系很敏感。他们适合的职业是室内设计师、建筑师、摄影师、画家、飞行员等。

（4）身体运动智能（Bodily-Kinesthetic intelligence）。是指善于运用整个身体来表达思想和情感、灵巧地运用双手制作或操作物体的能力。这项智能包括特殊的身体技巧，如平衡、协调、敏捷、力量、弹性和速度及由触觉所引起的能力。他们适合的职业是运动员、演员、舞蹈家、外科医生、宝石匠、机械师等。

（5）音乐智能（Musical intelligence）。是指人能够敏锐地感知音调、旋律、节奏、音色等能力。这项智能对节奏、音调、旋律或音色的敏感性强，与生俱来就拥有音乐的天赋，具有较高的表演、创作及思考音乐的能力。他们适合的职业是歌唱家、作曲家、指挥家、音乐评论家、调琴师等。

（6）人际智能（Interpersonal intelligence）。是指能很好地理解别人和与人交往的能力。这项智能善于察觉他人的情绪、情感，体会他人的感觉、感受，辨别不同人际关系的暗示，以及对这些暗示作出适当反应的能力。他们适合的职业是政治家、外交家、领导者、心理咨询师、公关人员、推销等。

（7）自我认知智能（Intrapersonal intelligence）。是指自我认识和善于自知之明并据此作出适当行为的能力。这项智能能够认识自己的长处和短处，意识到自己的内在爱好、情绪、意向、脾气和自尊，喜欢独立思考的能力。他们适合的职业是哲学家、政治家、思想家、心理学家等。

（8）自然认知智能（Naturalist intelligence）。是指善于观察自然界中的各种事物，对物体进行辩论和分类的能力。这项智能有着强烈的好奇心和求知欲，有着敏锐的观察能力，能了解各种事物的细微差别。他们适合的职业是天文学家、生物学家、地质学家、考古学家、环境设计师等。

一般认为，智能是指个体对客观事物进行合理分析、判断及有目的地行动和有效地处理周围环境事宜的综合能力。有人认为智能是多种才能的总和，智能至少包括三个方面：理解、分析、解决问题的能力，归纳推理能力和演绎推理能力，自适应环境而生存发展的能力。

综上所述，可以认为智能是知识与智力的总和。其中，知识是一切智能行为的基础，而智力是获取知识并运用知识求解问题的能力，是头脑中思维活动的具体体现。

智慧的定义更宽泛一些。

中华辞海的解释是：指人辨析判断和发明创造的能力。

百度百科的解释：智慧是生物所具有的基于神经器官（物质基础）一种高级的综合能力，包含感知、知识、记忆、理解、联想、情感、逻辑、辨别、计算、分析、判断、文化、中庸、包容、决定等多种能力。智慧让人可以深刻地理解人、事、物、社会、宇宙、现状、过去、将来，拥有思考、分析、探求真理的能力。与智力不同，智慧表示智力器官的终极功能，与“形而上谓之道”有异曲同工之处，智力是“形而下谓之器”。智慧使我们作出导致成功的决策，有智慧的人称为智者。

智慧是由智力系统、知识系统、方法与技能系统、非智力系统、观念与思想系统、审美与评价系统等多个子系统构成的复杂体系孕育出的能力。包括遗传智慧与获得智慧、生理机能与心理机能、直观与思维、意向与认识、情感与理性、道德与美感、智力与非智力、显意识与潜意识、已具有的智慧与智慧潜能等众多要素。

智慧是生命所具有的基于生理和心理器官的一种高级创造思维能力，包含对自然与人文的感知、记忆、理解、分析、判断、升华等所有能力。智慧与智力不同，智慧表达智力器官的综合终极功能，与“形而上之道”有异曲同工之处；智力则谓“形而下之器”，是生命的一部分技能。

对比发现智能和智慧的最大区别在于，智慧是人所独有的，是一种生命特征，智能则不局限于人。

结合自动化、信息化的发展给工业带来的变革，我们就工业应用领域的智能化发展划分出三个层次，分别是敏捷化、智能化和智慧化（表1-1）。由于信息化和自动化的快速发展，工业生产中的敏捷化已经得到普及，智能化是目前正在快速发展之中的热门领域，而智慧化则是工业智能的最高级阶段，需要通用人工智能的支撑，目前看来还属于探索中的未来话题。

表1-1　三级智能划分体系

工业智能化三级智能划分体系		
智能级别	技术描述	智能特征
敏捷化 Smart	以信息化和自动化为支撑，实现快速、高效响应	快速响应，自动运转
智能化 Intelligent	以新一代人工智能技术为核心	基于AI技术，实现了“感知－分析－决策－执行”的智能闭环
智慧化 Wisdom	以人脑为核心，通常仅限于人类	人脑驱动，能够实现感知、分析、决策、执行等，具有自我意识和第六感等

1.4.2　混乱的源头——翻译的随意性

无论是智慧地球还是智能制造，这些概念都是“舶来品”。在引进这些先进理念时，就有一个“翻译”还是“创造”的问题。在常见的文献中，外文中只有两种不同的表述：Smart和Intelligent。新英汉词典第四版中的解释分别如下：

Smart：①聪明的、反应快的、机敏的、精明的、言辞巧妙风趣的；

②漂亮的、时髦的、潇洒的；③整齐的、整洁的；④引起剧痛的、厉害的、剧烈的；⑤轻快的、敏捷的、活泼的；⑥唐突无礼的；⑦相当的、可观的；⑧灵巧的、智能化的。

Intelligent：①理解力强的、聪颖的、有才智的、明智的；②智能的。

Wisdom：①智慧、才智、明智；②知识、学问；③至理名言、古训。

百度在线翻译提供的牛津词典的解释是：

Smart：①衣冠楚楚的、衣着讲究的；②整洁而漂亮的；③光鲜的；④聪明的；⑤机敏的；⑥精明的。

Intelligent：①有才智的；②悟性强的；③聪明的；④有智力的；⑤有理解和学习能力的；⑥智能的。

很显然，Smart、Intelligent这两个词是有区别的，综合来看可以概括如下：

Smart的中文主要意思是“聪明的、巧妙的、敏捷的”，附带有“智能的”的意思，（这个意思也可能就是近些年增加上去的）。而Intelligent的主要意思是“智能的、聪明的、聪慧的、有智力的、[计]智能的”。在技术领域中，Intelligent是常用于计算机专业的术语，例如Artificial Intelligent（人工智能），近年来也用作表示物理系统的智能化。

有明显区别的Smart、Intelligent在翻译成中文后不加区别、混为一谈使用，显然是不合适的。笔者认为，Smart可以翻译为敏捷、灵巧，如果要附带一些智能的意思，也可以翻译成“智巧”，Intelligent宜翻译成“智能”，但不能翻译成智慧。

在词典中明显不同的两个词汇，为何会在具体应用中造成混乱？可能有多种原因：

首先在中、外文献翻译过程中“二词一译”的翻译错误。如两个完全不同的英文术语“Smart Manufacturing”和“Intelligent Manufacturing”，居然被翻译成为了同一个中文术语“智能制造”。

在工业4.0白皮书及相关资料中，德国人一直用“Smart Factory”和“Smart Manufacturing”来表述“智能工厂”和“智能制造”（此处Smart不宜译作“智能”）。根据笔者目前查到的资料，大多数德国专家偏好用Smart。

美国GE和IIC则经常用Intelligent，例如在描述其工业互联网架构图的三个关键因素时，使用了“Intelligent Machines”来表示智能机器。大多数美国专家常用Intelligent Manufacturing表示智能制造。

虽然在中文上都翻译为“智能制造”，但是显然，英文原词并不相同，从道理上说，其中文译意应该有所差别，但是这种细微且十分重要的差别，在粗糙的翻译中被模糊掉了，以至于在国内智能制造领域，相同中文术语但是不同内涵的“智能制造”，搞得人们难以分辨，莫衷一是，最后的结果是干脆混为一谈。

另一种情况，错误的翻译是“一词二译”。在智能制造领域，同样是Smart有两种翻译结果：“智能和智慧”。前已述及，Smart本身翻译成为“智能制造”非常勉强，还是应该翻译成为“智巧制造”更贴切一些。更离谱的翻译是“智慧制造”！在较为权威和常用的英汉词典中，都未曾见到Smart具有“智慧”的意思。这种超越常识、跨越词义且较为离谱的翻译，不仅在大陆有，在我国台湾也更盛行，或许是台湾地区比较偏爱“智慧”一词，不仅将“Smart Manufacturing”译作“智慧制造”，而且还把大陆的“知识产权（Intellectual Property）”，也翻译为“智慧产权”。另一个类似于“智慧制造”的离谱翻译，是在国内盛行的“智慧城市”。目前看到的绝大多数的“智慧城市”所描述的场景，不过是一个“数字城市”的夸大与过度包装。很多所谓的“数字城市”的建设，还处于相当初级的地步；从数字到智能，还有很长的路要走；而从智能到智慧，实在是跨度太大，现实中几乎不可能。

国内著名两化融合专家、国家信息化专家咨询委王安耕先生曾经专门就“智慧城市”的翻译，给出了一段精彩点评：“Smart一词原意为手和身体灵巧的意思。成为口号流行是出于希拉里的Smart Power一词，是指美国力量大但动用力量却很笨拙，所以应该尽量用Smart Power，当时翻译为‘巧实力’。IBM公司紧跟而来，提出要建Smart City。原意不难理解，是指以前没用信息技术时，信息不通，城市运行笨拙，浪费大。用信息技术后，城市运行效率高，灵巧。本来是一个很正常的城市信息化的问题，结果不懂专业的‘情报’人员翻译，或许是为了引起领导重视，将其翻译为‘智慧城市’。灵巧变成了‘智慧’。智慧（Wisdom）是超过智能（Intelligent）的词，这下子就乱套了。

首先是造成了巨大的浪费。更坏的影响是，这之后夸大宣传之风一发不可收拾，造成极坏的影响。”

在业界的使用中，无论是中文语境还是外文翻译，还是希望能够首先严格区分“智能”程度与所对应术语，对Smart、Intelligent两个术语所描述的两种不同“智能”现象加以较为严格的区分，建议采用上文所列的中英文对应关系。如此，可以让英文术语与中文术语之间形成一一对应，看到英文，就知道中文是什么，看到中文，也随即知道英文是什么。由此，在中文术语上消除对“智能”一词在理解和应用上的混淆。

在本书中所讨论的智能油田，对应的英文词汇是指“Intelligent Oilfield”，其智能一词来自人工智能。这一点要和IBM公司最早提出“Smart Planet”区分清楚。

在本书中，笔者倾向于在术语中区分使用下列三个概念，它们是有高低层次差异的，由低到高依次是：Smart（智巧/敏捷）；Intelligent（智能）；Wisdom（智慧）。

一般而言，智慧只适用于形容以人作为对象的场景，智慧的判断标准有自我意识、第六感、直觉、顿悟、创造力等。任何人造系统，就目前能够看到的智能技术而言，都不可能达到智慧的程度，甚至距离智能都相差甚远。

本书中，智能油田的说法：一是在中文语境下，智能油田的智能其实是指人工智能的智能；二是智能油田的本意是指人类赋予油田以“智”的能力，故可称之为智能；三是智能油田显然没有达到智慧的层次，我们期望能够高于“灵巧、敏捷”的层次，智能是恰当的。

除了翻译上的混乱之外，智能油田在不同文化和业务背景的人口中，往往也有不同的含义。信息化人员一般认为智能制造是制造业信息化的一个先进理念，既代表了制造业信息化发展的一个长远目标，又是信息化建设的一个演进路径。而制造业内的专业人员则一般把智能制造理解为制造业发展的高级阶段，更多强调操作的自动化和智能化。

我们常常遇到信息化人员和业务人员在会议上自说自话、各执一词的尴尬场面。其实大家说的都是一件事，只是从不同的侧面来看问题。

毕竟大家讨论的对象实体是同一个“工厂”，因此无所谓对错，只是“盲人摸象”的古老故事以不同的形态上演而已，强调大象是圆柱状的，只是摸到了象腿，突出强调大象是绳子状的，只是摸到了大象的尾巴。我们需要站在更高或者更远的位置，全面地观察一头大象，要发现腿和尾巴只是大象的组成部分。

因此，我们倾向于放眼未来，用发展的眼光观察一个完整的“工厂”或油田。这时候我们就会发现，数字化是智能油田的“腿”，自动化也许就是智能油田的“尾巴”，我们还需要研究智能油田这头大象的眼睛、耳朵等，才能得到一个全面的认识。

数字化是基础。油田行业不同于其他行业，勘探本身就是间接的找矿技术，决策的依据就是数据。

智慧的很多特征是人类独有的，机器智能发展到智慧阶段对应的是超级人工智能，还有一段比较遥远的发展路程。当前及今后很长一段时间，在工业领域使用智能一词是合适的。

1.5 智能油田顶层设计

1.5.1 中国石化智能油田顶层设计

中国石化在全球范围内较早地开展了智能油田的顶层设计工作。从2012年开始，就启动了智能油田的顶层设计工作，先后委托IBM、埃森哲等国际知名企业开展过智能油田设计咨询和国外智能化建设的案例研究。在此基础上，结合中国石化油田的业务特点、信息化现状和发展需求，逐渐形成了比较完整的试点设计方案。

1）中国石化智能油（气）田的概念

中国石化智能油田是在数字油田的基础上，围绕上游的油藏、井、管网、设备设施等核心资产，借助信息技术全面辅助资产管理和效益优化，建立全面感知、集成协同、预警预测、分析优化四项能力，助力高效勘探、效益开发，达到资产价值最大化。

智能油气田的特征包括物联化、集成化、模型化、可视化等，最终应具备全面感知能力、集成协同能力、预警预测能力及分析优化能力。

2）智能油气田建设原则

基于中国石化“十三五”发展规划、智能油气田规划，智能油气田遵循“效益主导、重点突破；顶层设计、试点先行；继承优化、整合共享；立足业务、统一协同”的建设原则。

（1）效益主导、重点突破。从中国石化油气田业务的实际情况出发，以运营、投资与收益为立足点，研究油气田企业对物联网、云计算、大数据等新技术的需求，探索未来智能油气田的应用服务模式，选择中国石化油气田企业需求的痛点重点突破，优先开发与企业运营收益关联度高的应用与功能，确保平台在实施后能够真正发挥作用，为中国石化各油气田企业的运营带来实际效益。

（2）顶层设计、试点先行。引入顶层设计理念从中国石化油气田业务架构逐步深入，科学地规划和论证本项目的设计方案及实施路线图，保证最终油气田业务与云平台之间的无缝衔接，从而保证各项设计方案的可行性和可落地性。同时，结合目前中国石化油气田企业自动化基础、油气藏特点和建设效益等方面因素，选择条件合适的试点单位优先实施，并在建设过程中确立智能油气田的各项规范和标准。

（3）继承优化、整合共享。继承中国石化过去多年的信息化建设成果与资源，充分考虑中国石化目前的信息化硬件资源、软件资源与人力资源，分析与研究未来中国石化已建信息系统与智能油气田云平台的整合关系（如集成、云化、微服务化等），优化与提升已有系统应用的不足，并通过智能油气田云平台在集团范围内共享各油气田企业自建的信息化资源，最大限度地复用中国石化信息化建设已有成果。

（4）立足业务、统一协同。从中国石化油气田业务的实际管理需求和应用需求出发，进行业务需求分析和功能设计，以实际业务为驱动，指导智能油气田项目的规划、设计与实施。在项目建设中，坚持统一规划、统一标准、统一管理、协同开发、协同测试和协同运营的原则。由于中国石化油气田地域分布广泛、组织机构庞大和实际业务复杂，保证统一性与协同性是发挥信息技术优势、避免重复投资和浪费的重要前提。

中国石化智能油气田核心建设内容如图1–7所示。

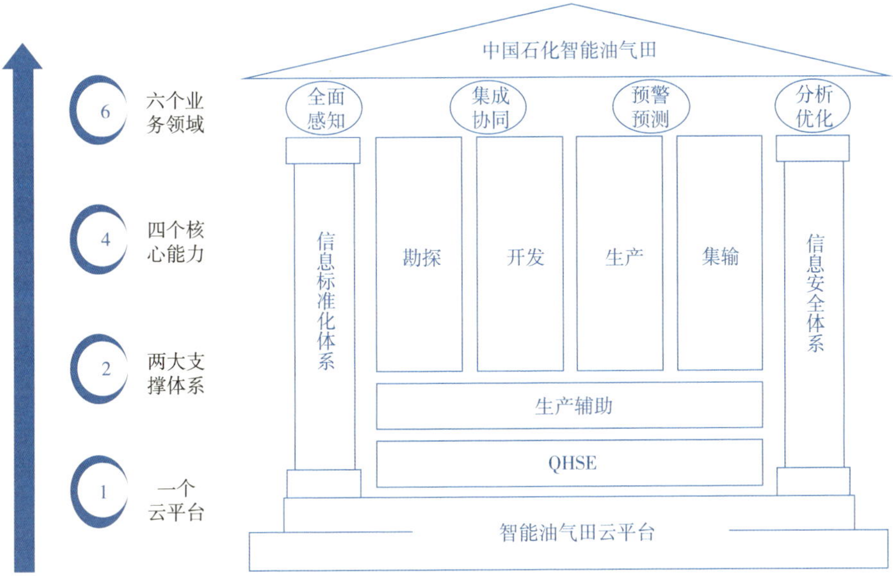

图 1-7　中国石化智能油气田总体架构

结合国际领先实践和中国石化的管理、业务特点，智能油气田建设业务内容的三个原则是：①关注核心业务。智能油气田业务架构设计关注勘探、开发、生产、集输、QHSE等核心业务领域。对于相对外围的辅助业务，未列入业务架构，各油田公司可结合各自情况自行建设或在集团统一规划指导下进行建设。②遵循业务导向。智能油气田业务架构设计强调业务导向，有别于传统的组织导向。通过将业务对象化、标准化、模块化，以适应未来业务的灵活变更和重组，主要体现方案管理和项目管理类业务。③立足油公司模式。智能油气田业务架构设计强调逐步推行强化的油公司模式，即关注中国石化各油田公司作为业主方所开展的核心业务工作。

基于以上原则，根据智能油气田的定义，对应业务价值链，确定中国石化智能油气田建设业务将围绕覆盖六个业务域包括16项内容（图1-8）。其中，勘探和开发领域包括勘探目标优选、方案管理（勘探方案、开发方案）、协同研究、油气藏动态管理、石油工程远程作业管理、工程项目管理（勘探项目、开发项目），生产和集输领域包括一体化生产指挥、应急响应、生产运行优化、单井管理、管网管理、工程项目管理（生产项目、集输项目），以及生产辅助领域的设备管理和QHSE领域的QHSE管理。

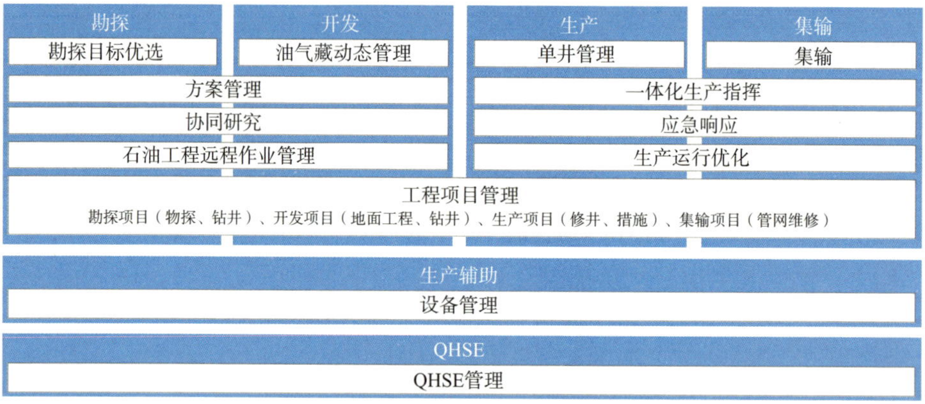

图 1-8　中国石化智能油气田试点建设内容

3）智能油气田实现四项能力

按照中国石化智能油田建设规划和定义，智能油气田在生产管控、一体化决策、油气藏经营等业务应用领域，实现对勘探开发全过程的全面感知、集成协同、预警预测及分析优化的四个方面的能力（图1-9）。

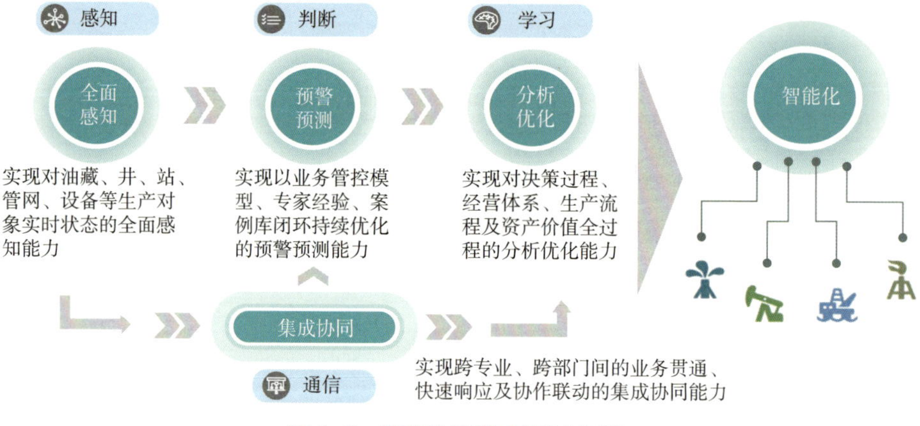

图 1-9　智能油气田四项能力汇总

（1）实现对油藏、井站、管网、设备等生产对象实时状态的全面感知能力（图1-10）。

基于生产信息化建设成果，通过物联网平台全面感知生产对象实时状态，实现生产过程监测、工况诊断、设备自动监测和参数敏感性分析。为促进生产方式变革、效率提高和管理水平提升提供有效支撑。

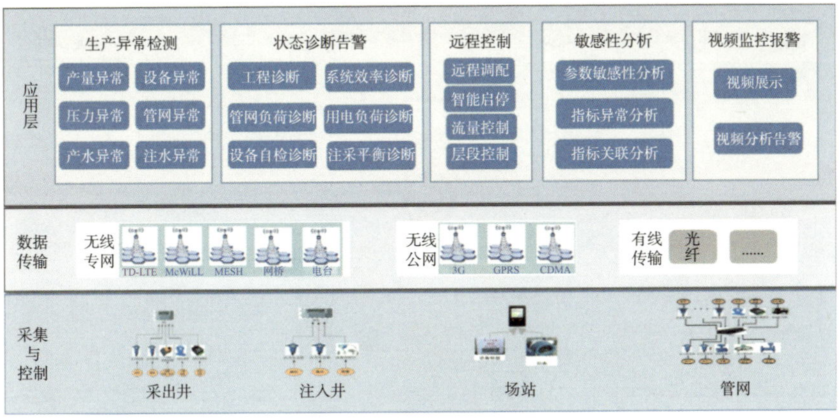

图 1-10 全面感知能力

（2）实现跨专业、跨部门间的业务贯通、快速响应及协作联动的集成协同能力（图1-11）。

通过构建生产动态、油气藏动态、经营动态的即时协同体系，能够实现各部门迅速、及时的响应和联动，实现管理模式由事后处理到超前感知、单点诊断到协同决策的转变。

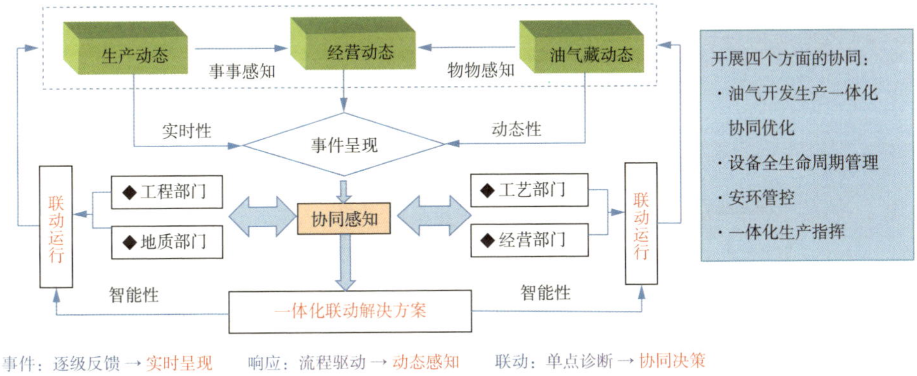

图 1-11 集成协同能力

（3）实现以业务管控模型及专家经验、案例库等闭环式持续优化的预警预测能力（图1-12）。

构建生产管理、油气藏状态、经营优化等业务管控模型，结合案例及方法库，利用专家经验，形成有机闭环，持续优化分析数据集、模型及案例，为实现油气田开发智能驱动和超前控制提供支撑。

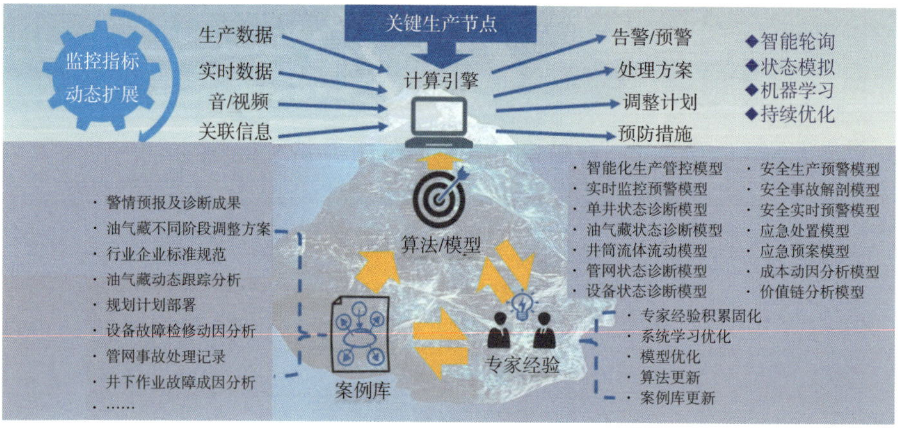

图 1–12　预警预测能力

（4）实现对决策过程、经营体系、生产流程及资产价值等全过程的分析优化能力（图1–13）。

①生产流程优化：实现地面与地下一体化实时优化，达到简化流程、提高效率的目标，保障油气藏动态、井生产及设备管网的健康、高效运行。

②决策过程优化：构建刻画油气藏空间、时间分布状态的4D可视化模型，建立开发方案–动态管控–调整方案的闭环式油藏管理体系，智能形成油气藏（井）解决方案，实现资源最优化开发的目标。

③资产价值优化：构建资产运行状态实时优化体系，实现资产的预知性维修、维护和更新、共享，达到资产价值最大化的目标。

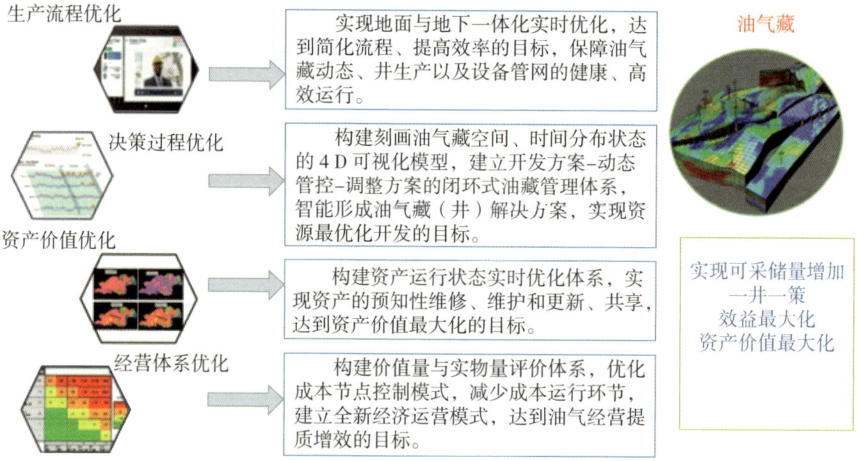

图 1–13　分析优化能力

④经营体系优化：构建价值量与实物量评价体系，优化成本节点控制模式，减少成本运行环节，建立全新经济运营模式，达到油气经营提质增效的目标。

（5）一体化开发决策中心（图1-14）。

基于四项能力的建设，构建涵盖油气藏开发部署、油气开发生产、生产运行、钻井作业等业务内容的一体化开发决策中心。

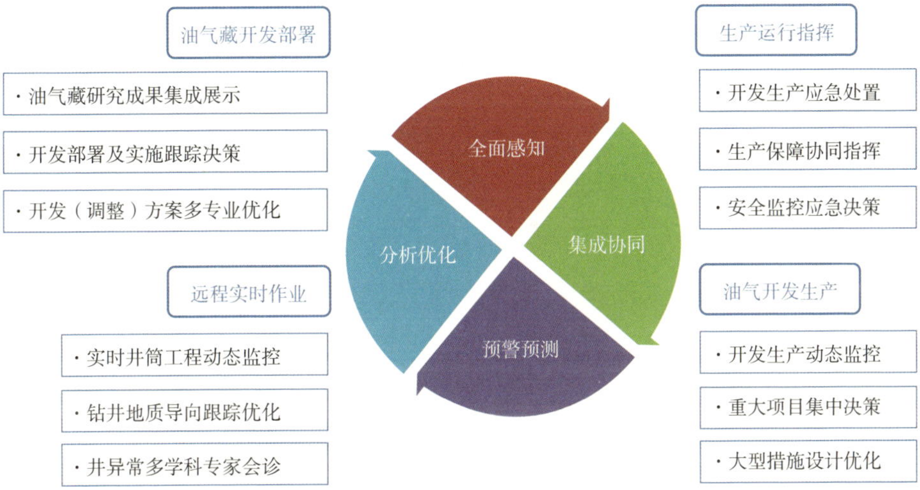

图1-14　一体化开发决策中心

1.5.2　中国海油和中国石油智能油田顶层设计

2019年9月26日，中国石油和石化工程研究会、北京石油学会在中国石油大学（北京）组织召开了“2019中国智能油气田技术交流会”，会上中国海洋石油集团有限公司（以下简称“中国海油”）信息化部的领导作了《建设海上智能油田，推动数字化转型》的报告，报告比较系统地阐述了中国海油智能化油田顶层设计的相关内容，包括智能油田的整体架构、主要建设内容、重点关注的业务需求及中长期发展规划。

（1）中国海油智能油田概念：基于实时自动数据采集，以支持勘探、开发、生产、钻井、工程和研究等核心业务智能化为重点，通过管理转变和流程优化建立全面感知、自动控制、优化决策、智能预测的智能油田体系。

（2）提出了智能油田的“四化”特征：“决策部署知识化、业务管理精细化、生产运营协同化、生产现场物联化”。

（3）中国海油智能油田的总体架构：概括起来包括“一湖数据、两套体系、三层服务、四类场景”，即建设一个统一的数据湖；形成技术标准体系和数据管控体系两套体系；服务执行层、管理层、决策层三个层次；聚焦四类场景，分别是透明化油藏、无人化操作、协同化运营、知识化决策（图1-15）。

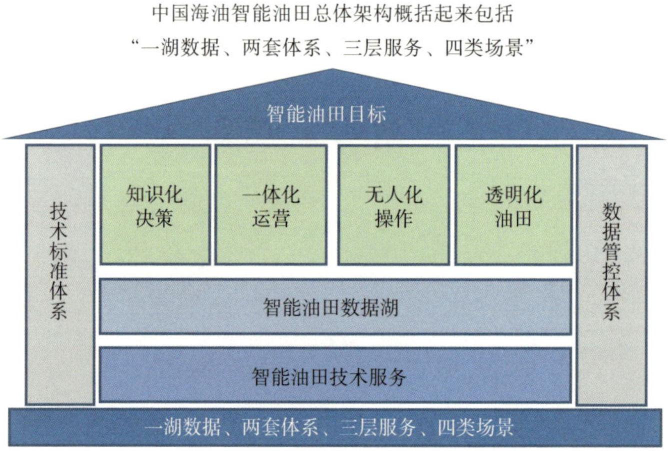

图1-15 中国海油智能油气田总体架构

（4）透明化油藏：建立多学科、透明化的油藏环境，促进知识工作自动化，提效勘探研究，缩短勘探发现周期，建立地质油藏全生命周期孪生体，打开“油藏黑箱”，提升开发效率、效益。

（5）无人化操作：通过勘探开发生产过程中的钻探、采油气终端等现场作业装备智能化、操控远程化，向少人化、无人化现场作业发展，减少错做成本，降低安全风险。

（6）协同化运营：建立从战略到执行的高效运营体系，实现跨层级、跨专业、跨地域精准管控，整合专家资源，提升管理效率，降低运营成本。

（7）知识化决策：通过智能化技术手段，融合多专业知识，建立勘探开发战略决策的智能分析模型与辅助决策环境，优化勘探开发决策模式，提升战略决策效率和质量。

中国海油将按照智能油田顶层设计，坚持“业务驱动、IT引领”的原则，分三个阶段，2020—2021年搭建智能油田框架，2022—2023年优化运营机制，到2025年基本建成智能油田。

中国石油的总体建设目标是在“十三五”时期建成数字油气田，初步实现数据自动采集入湖、治理共享，初步建成具备认知能力的云技术平台，初步实现勘探开发研究智能协同，包括开发方案及井措施智能优化设计、生产现场实时预警与自动控制、风险异常实时感知、经营对标分析优化等，基本建成数字油气田。“十四五”时期初步建成智能油气田，基本建成覆盖勘探开发、经营管理、智能预测、持续优化的智能化生态运营模式，初步建成世界一流的智能油气田。规划的主要功能包括形成智能数据生态、建成一流智能平台、综合研究智能协同、方案决策智能优化、生产过程智能操控、安全环保智能管控、经营管理精细高效等。

已经能够见到一些智能油田建设项目在油气田企业分别展开，诸如大庆油田、长庆油田、新疆油田等，没有在公开报道中看到集团层面的顶层设计。新疆油田早在2016年就宣布建成数字油田，大庆油田的庆新油田也有很好的成功案例。长庆油田借助信息化的力量，使油田产量在翻倍的情况下人员没有任何增加。

1.5.3 国外油公司的智能油田顶层设计

国外各大油公司也有智能油田建设的各种尝试，如英国石油公司提出的未来油田（Field of the Future）、壳牌石油公司的敏捷油田（Smart Field）、挪威石油公司提出的集成运营（Integrated Operations），见诸文献的一些提法还有：i-Field、e-Field、the Digital Oilfield、Digital Oil Field of the Future、Real-time Operations、Real-time Optimization、Smart Operation、Intelligent Oilfield等，尽管名称不同，但基本内涵多有相似之处，说明各国的石油公司也都在开展各有特色的智能油田建设，只是不同企业关注的业务重点也各有侧重。如壳牌公司勘探开发执行官Malcoim Brinded在他的文章《Smart Field》中，描述智能油田是：“a smart field is an asset that we can continually optimize 24 hours a day，7 days a week”，在他看来智能油田应该是能够一周7天、一天24小时不断优化的资产。无论是提高勘探的精度，降低勘探风险，还是提高采收率、提高安全预警及应对能力、降低成本、减少碳排放，最终的目标就是要提高油田资产的净现值。《美国油气报道》杂志（The American

Oil & Gas Reporter）2016年6月的封面故事《Going Digital》中探讨了智能井场的总体架构（图1-16）。

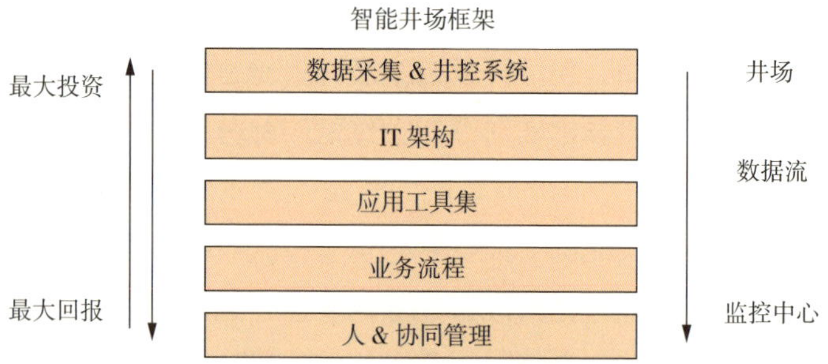

图 1-16　智能井场主要内容

从中可以看出，他们认为井控系统和数据采集是基础，通过IT基础设施、系统应用工具及业务流程把现场和室内团队连通起来，实现远程协同。这种方法较好地解决了成本控制和效率问题，同时降低了生产安全风险。

1.5.4　本书所讨论的智能油田

本书所讨论的智能油田（Intelligent Oilfield），遵循前面所讨论的智能概念，对应的"智能"二字是人工智能中的"智能（Intelligent）"，在Smart（敏捷）之上，尚无法达到Wisdom（智慧）的程度。

智能油田是油田企业信息化发展的高级阶段，从信息化、数字化，逐步迈向智能化。因此，智能油田是一个高级目标，是一个逐步升级的过程。在这个过程中，以新一代人工智能技术为代表的新的ICT技术不断地融入油田企业生产运营的各个环节，不断优化、改造生产、管理、经营过程，再造与之相适应的组织架构和人员需求，实现油田的数字孪生、桌面油田、无人油田，实现油田企业成本最优、绿色安全和永续发展。

可以看出，在我们的理解上，智能油田是信息化的范畴，是两化融合的范畴。智能油田的概念，让我们从整体上俯瞰、穿透、审视企业的全部信息流，必须是全覆盖的、无间断的、无冗余的、低成本的和高效能的，必须能够随着新技术的引入而不断地调整和优化，必须带来业务流的极简和成本最低，必须带来组织架构的持续再造，必须能够对组织和员工赋能，持续提升组织学习能力。

在这个意义上，它超越了智能油田就是“在油气田的勘探、开发、生产及运营管理等各业务环节全面采用了新一代人工智能技术的油田”这一简单认识，而是真正实现了业务层面、运营层面、组织层面及人员素质层面两化的深度融合。

一个完成智能化的油田，应该是各方面“全能”的，就像我们说人的能力是全方位的一样。某一个具体的人的能力是有限的，一个抽象的人的能力毫无疑问就是全能的。

因此，简单地定义智能油田的几个“特征”是无法全面地描述智能油田的。我们可以从多个侧面来观察。

1）信息化的角度

（1）数字化的：要全面推进企业业务的数字化进程，持续扩大数字化覆盖面，实现从业务对象到业务流程，从生产到经营管理，从安全环保到风险管控，从人才培育到组织优化全方位、全层次的数字化。数字化的过程既是企业业务转型的过程，也是企业数字资产积累和增值的过程。

（2）集成化的：企业信息化漫长发展过程中，从不同业务线条一步步发展并积累下来的各类系统，要全面梳理、统筹规划、集成整合，打破业务上的条块分割，横向上数据共享、流程打通，或者直接向平台化迁移、重构。

（3）平台化的：全面实现信息系统建设过程的平台化管控，实现标准统一、数据共享、组件共用、安全可控，以及运维支持的及时、高效。

2）业务操作层面

（1）物联网化的：能够实时感知、全面互联。

（2）自动化的：能够自主运行、快速响应。

（3）透明化的：油藏是透明的、设备是透明的、管网是透明的。达到业务操作的对象和操作过程的透明化。

3）生产运营的视角

（1）移动化的：可以随时随地实现业务的操控和运营。

（2）模型化的：基于机理或者大数据的各类模型库，深刻理解和把握生产运行的规律、影响因素、预期后果，实现设备维护、生产状况的预测预警。

（3）最优化的：在已知条件下具备快速的、全局的优化能力。

（4）安全可控的：能够实现业务的安全运营，对业务风险有一定提前量的预测预警，紧急情况下的自主处置。

4）经营管理的视角

（1）智能化决策：基于数据挖掘和业务模型的优化算法，支持快速、全局的决策方案比选，决策策略自动生成。

（2）风险预警及快速自主响应：能够根据企业预定的各类生产运行及经营风险指标，在模型指导下提前预警，紧急状态下自主响应，避免重大风险的发生。

5）组织和人员的视角

（1）组织架构扁平化：适应信息化发展的要求，不断优化、简化、缩短业务流程，驱动传统的组织架构日益扁平化，大幅度压缩从企业最高层发出指令到企业最末端执行指令之间的时间差，企业信息流快速、高效，才能带来企业业务运行的高效率，从而降低企业成本，提高竞争力。

（2）具备进化能力的学习型组织：作为信息时代社会发展的核心驱动力之一，信息技术的发展日新月异，快速地吸收、消化、应用新技术，能给企业带来额外的利润增加，乃至开辟新的业务领域、新的盈利模式。企业的组织必须要具备快速的学习能力，不断地自我完善，不断地调整自己的组织方式以达到对外界环境的最佳适应，才能减少企业消耗，提高企业效率。

对以上内容加以概括和简化，我们提出“九化”（图1-17）智能油田的概念：

系统平台化、现场物联化、操控自动化；

业务数字化、油藏透明化、响应实时化；

运营最优化、决策智能化、发展绿色化。

基础是系统平台化、现场物联化、操控自动化；

关键是业务数字化、油藏透明化、响应实时化；

目标是运营最优化、决策智能化、发展绿色化。

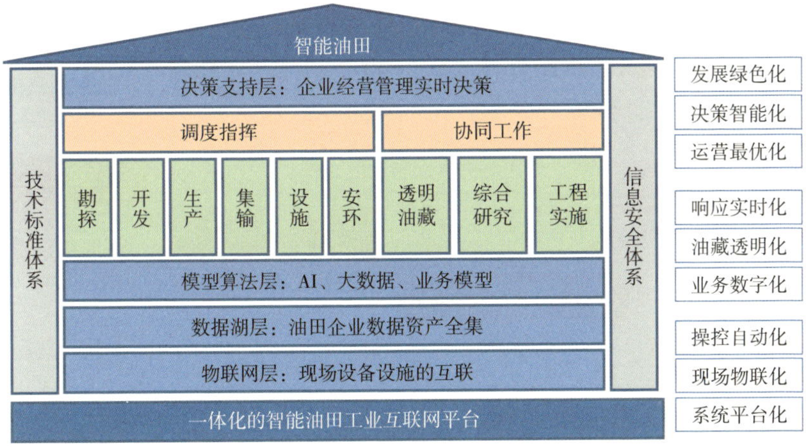

图 1-17　智能油田总体架构

从上面的讨论可以看出，智能油田是两化融合背景下的一个战略发展目标，既包含了油田企业信息化方面的技术追求，也包括油气业务自身的持续发展。因此，智能油田是一个路径，指出了油田企业两化融合的发展方向、技术路线和业务架构。

智能油田建设是一个持续发展的智能化过程，智能化的覆盖面、智能化程度都将随着人工智能技术的不断进步持续提升。智能油田发展的高级阶段应当是把整个油田建设成一个数字生命体，这个生命体的身体是“油田生命数据体”，而智能则来自“油田智脑”。

生命数据体的概念，源于对数字化和拟人化的深度思考。万事万物都有一个生老病死的生命周期，从一个井架、一套装置，到一个油气场站、一个油气藏，都有一个类似的生命过程，当我们把它们数字化之后，按照特定的时间和空间的定位来“构建”的数据体，无疑也具有生命化的特征。生命数据体的概念既强调数据在空间上的相互关系，也同时凸显数据随时间的变化特征，这种随时间的变化就是生命的出生、成长、衰退或者消亡的过程。对油田生命数据体而言，油藏数据体是“心脏”，管网是“血脉”，钻井是“四肢”，每一个组成部分都有自己的“生老病死”过程，又和其他部分密切相连，相互影响、相互作用，构成了一个完整的具有“生命特征”的生命数据体。

生命数据体是对传统数据库概念的一个颠覆，是与人工智能时代相适应的数据组织方式。它既不是二维的表，也不是三维的体，而是四维的生命体，时间的维度第一次进入数据管理（图1-18）领域，让数据活起来，赋予数据体以生命的特征，才能更好地契合人工智能的发展。

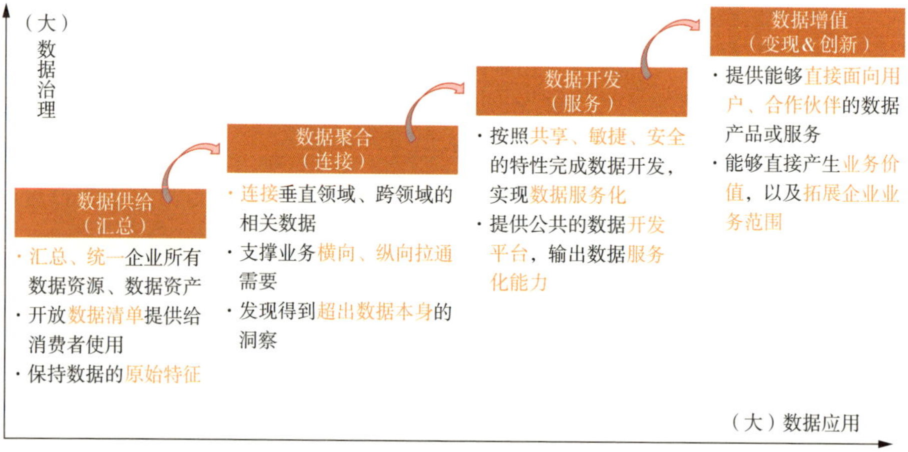

图1-18　数据治理是智能油田的核心

油田智脑是指挥油田数据体“行动”的司令部，是一个由专业知识、各种油气过程的机理模型、人工智能方法、大数据挖掘方法及经验公式、KPI指标体系等组成的智能决策系统。它的智能来自三个方面：书本知识、本油田的经验知识和来自油田生命数据体的“实时”知识。“实时”知识尤其重要，是用人工智能方法从油田生命数据体中挖掘出来的最新知识，最符合当下的情况、最适合当下的需求。就像早上出门感觉到寒冷，大脑就会指挥你立即回家添加衣服一样，这种知识形成的决策“临场感最强”，最有针对性，能够得到最快、最好的效果。

“油田智脑”加上“油田生命数据体”构成的油田数字生命体，就是未来智能油田的完整图像（图1-19）。

数据治理是智能油田建设的核心内容。通过数据治理，建立数据供给、数据聚合、数据开发、数据增值的企业数据资产生命周期流程体系，打通从数据产生到消费的全链路，通过数据湖建设，实现规范、齐全的数据服务和完善、透明的数据流程，在油气行业实现大数据、人工智能等新技术的融合落地和应用创新（图1-20）。

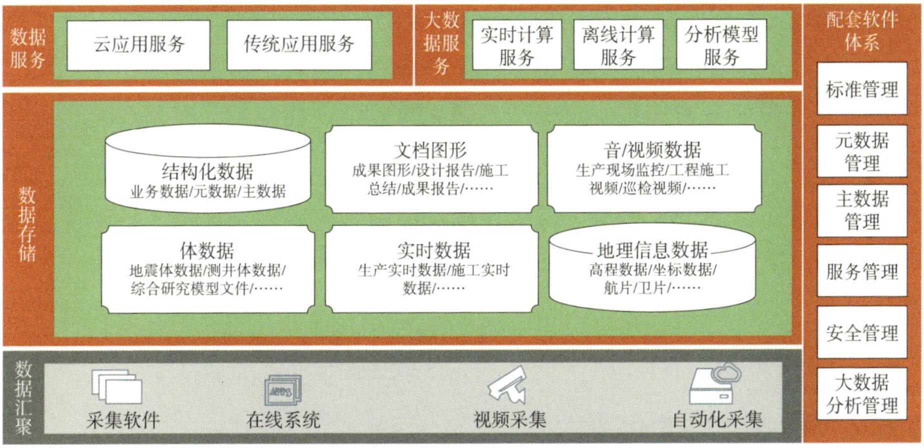

图 1-19　油田数据治理架构

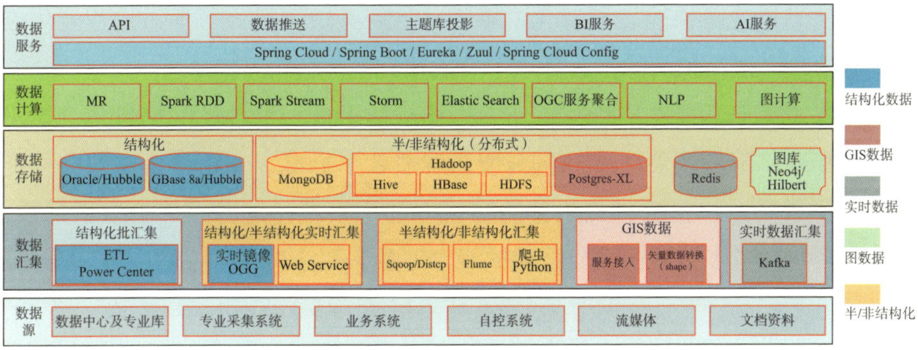

图 1-20　油田数据湖技术架构

1.6　智能油田的实现路径与关键领域

智能油气田的现实实现路径是："三步走、齐步走"。所谓三步走，是指三个发展阶段，层层递进、步步升高。所谓齐步走，是指三个阶段不一定非要等到前一个阶段完成才能开展下一个阶段，而是可以交叉进行，条件具备可以在某些局部同时展开工作。

1.6.1　信息化到数字化

信息化和数字化是智能化的基础。各油田企业的信息化水平参差不齐，企业内部各业务条线的发展也不平衡，因此仍然需要“补欠账”、打基础，走好第一步。一是要把信息化覆盖业务的各层面，做好业务的流程化、规范化、信息化，实现业务的信息化联通和系统化集成，深化应用，在信息化和业务融合的基础上，做好信息系统和人的融合，培育信息化文化。二是做好数据治理，建设企业级的数据资产治理体系，对结构化数据、非结构化数据、实时数据、流数据、块数据等分类施策，做到“颗粒归仓”。在此基础上，实现数据服务化，数据能够主动“暴露”给各种应用，让各类应用能够便捷地找到需要的数据。

1.6.2 平台化和生态化

平台化是信息化建设的新阶段，传统的烟囱式、补丁式信息化发展模式已经无法满足业务快速发展变化的需求，特别无法满足大数据时代智能化应用的需求，必须在统一的平台环境下开发建设各类应用系统。

平台式是一个开发平台、工作平台和赋能平台。平台承载信息系统建设的各类标准，能在平台上完成的开发意味着合乎标准。平台是各种业务功能组件的积累场，也是各种先进的算法组件的积累地。这些组件的日积月累，将使平台越累越多地具备更加强大的能力（图1-21）。

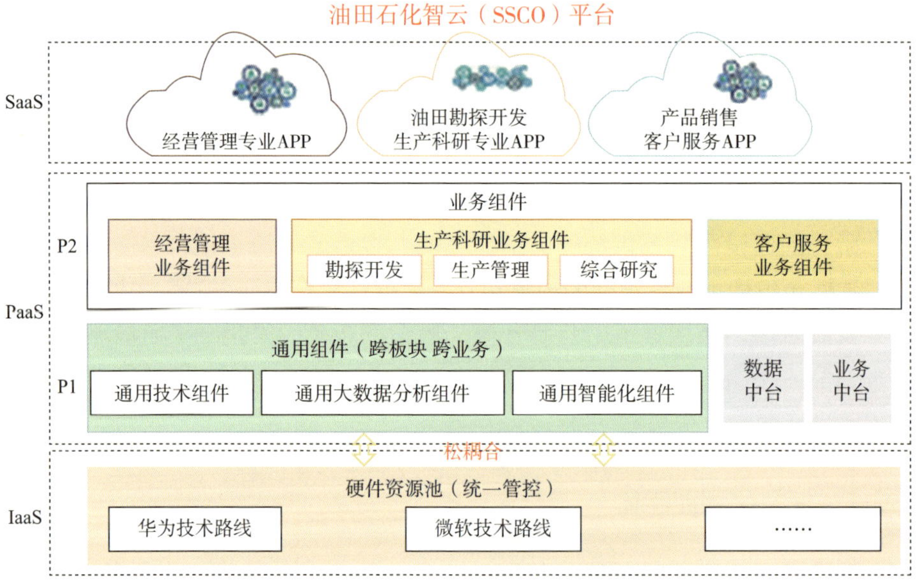

图1-21 智能油田 All in Cloud 业务平台

因为平台化的实现，能够使开发工作按照统一的“强制性”标准开展。这就为多团队共同工作打下了基础。统一的标准使得多团队的开发工作能够实现协同和集成，众多的开发团队还能够形成良性共生的技术生态，确保能够形成基于平台的技术竞争，从而保持平台长久的健康发展和平台技术的先进性。

1.6.3 智能化应用和创新

统一的智能油田平台具备可共享的标准和强大的赋能能力，以此为基础可以根据企业的数据条件、人才环境、业务特色，开展不同业务领域的智能化探索。

具体落地的工作内容可以概括为“三个一工程”：一个数据湖、一个工业互联网云平台、一个APP应用集群。

一个数据湖是指利用数据湖技术，构建全油田企业级数据资源中心。从类型上包括六大类数据：结构化数据（传统生产数据）、半结构数据（各类图件、文档）、实时数据（主要是各种传感器、物联网数据）、流数据（音视频监控数据）、地理信息（GIS）数据（包括高程、遥感影像等综合数据）、块数据（地震勘探体数据、测井体数据）。要实现这些不同类型数据的规范采集、统一管理、共享使用，支撑传统业务的日常应用，服务大数据、人工智能等新业务的需求。

一个工业互联网云平台是一个统一的赋能云平台，主要提供三个方面的能力：一是物联网的接入能力；二是具备数据和业务双中台能力；三是具备持续交付能力。持续交付能力就是提供一个规范的软件开发建设环境，一方面为所有的建设团队提供统一的工作环境、规范的质量管控，另一方面要形成各类技术组件、业务组件的积累和共享，保证平台对业务需求的快速响应。

一个APP应用集群：数据和对数据的各种加工工具（能力）都已经具备，按照需要可以快速地构造出各类个性化应用，形成一个个APP。未来的APP将是定制化的、轻量化的，可以低代码或者免代码快速构建。支持每个岗位甚至同一岗位不同习惯的个人拥有自己独有的APP，因此APP将是大量的、分类管理的业务应用集群。APP的构建者和使用者不需要关心数据问题，有关数据的所有问题都已经在数据湖和赋能平台得以解决。

智能油田建设的“三个一工程”，在某种程度上解决的侧重点是两化融合的其中一化即信息化方面的问题。工业化层面需要按照相同的步调大幅度推进。“在一辆破牛车上无法实现智能化”，在特斯拉汽车上就可以。工业化和信息化的共同发展才能实现更好的融合。目前，油田业务的诸多层面都在新技术的驱动下快速升级改造，这些领域主要包括：

（1）地震勘探的智能化升级：地震勘探是油气发现的主要手段，目前地震野外施工效率低下、体力劳动繁重，地震资料的数据处理的分辨率有待提高，地震资料处理过程中初至拾取、速度建模等环节的交互工作量大，地震资料解释中大量依靠手工操作，这些工作都可以通过采用人工智能技术得以改善。如近期中国石化物探技术研究院利用人工智能技术实现初至的自动拾取，取得良好效果，大幅度降低了劳动强度，提升了资料处理效率。

（2）智能化钻井：无论是勘探井还是开发井，钻井是获得油气流的必备手段，减少人员使用、提高劳动效率、保障安全性是钻井永恒的追求。在钻井设备维护、钻井效率提升、井场安全管理等方面，已经看到国内外不少成功的人工智能应用案例。通过设备智能化的改进、物联网的普及应用，有望最终实现无人钻井的目标。

（3）油藏的透明化、智能化管理：对地下油藏的认识是油气勘探开发的根本任务。勘探开发过程中地震勘探、钻井测井、生产信息等都包含地下油藏的不完全信息，如何用不完全的信息构建尽可能真实的油藏的完整图像，一直是油气工作者追逐的终极目标。随着各侧面数据的不断丰富，随着大数据、人工智能等新技术的不断涌现，为我们逼近终极目标提供了更多的技术手段。构建油藏的“生命数据体”，跟踪油藏生命的发展演化，不断深化对油藏的认识，最终实现油藏的透明化认知和智能化管理。

（4）开发生产的智能化：通过智能化改造，能够优化甚至重塑生产流程，节约人力物力，提高运行效率，大幅度降低生产运营成本。

（5）多学科协同的综合研究：随着信息技术的广泛应用，多学科协同的综合研究模式已经成熟，需要我们的企业提高认识、优化组织，打破部门和业务条线的壁垒，把综合研究从分开的办公室迁移到统一的研究平台之上，实现协同研究的乘数效应。

（6）集输系统的智能化管理：集输系统智能化建设的目的在于提升系统

的平稳性、安全性和效能，降低集输运行成本。通过对整个集输体系的完整建模，可以构建集输系统的数字孪生，从而使整个系统的运行数字化、模型化、最优化，做到状态提前预知、风险提前预警、运行动态可控、成本清晰明了，通过系统与数字孪生的互动，达到总体价值的最大化。

（7）设施设备的智能化维护：油田企业是重资产企业，各类设施设备的正常运行和良好状态，既牵扯到设备资产的保值，也影响到生产业务的正常开展。一次意外停工可能造成巨大的生产损失，也可能造成环保事故甚至是人员安全事故。通过设施设备配置的传感监控仪器仪表，收集设备运行状态数据，利用大数据和人工智能技术进行建模预测，可以做到设施设备的预知性维护维修，大幅度降低生产运行风险，延长设备使用寿命，提高设备资产价值。

（8）安全环保领域的智能化：安全环保领域有很多国家的硬指标、硬要求，也有各家油公司自己更高的规定规范，这些都可以通过各类仪器仪表、传感设备、摄像设施实现数字化，进而实现智能化，完全可以取代人为的操作、监管行为，从而避免其中的主客观风险。

智能油田

INTELLIGENT OIL FIELD

AR 扫描召唤 AI助理

2

油田企业信息化发展

2.1 信息技术发展概述

2.1.1 信息技术发展历史

信息化的基本含义是信息技术“化用”于人类社会生产生活的过程。因此，讨论信息化就要从信息技术的发展演化历史谈起。

广义的信息技术的发展，几乎贯穿整个人类社会进步发展的全部过程。

语言的形成和使用可以看作是人类社会演化史上第一次信息技术革命。发生在距今约35000—50000年前。语言的使用是从猿进化到人的重要标志。猿类在数百万年的劳动过程中，因为劳动协作的需要，沟通的过程中逐渐演变、进化、发展出了语言，语言的形成极大地提升了早期人类协作生产的能力，提升了人类在危机四伏的旷野中的生存能力，是从动物到人进化的关键一步。第二次信息技术革命是文字的创造。大约在公元前3500年出现了原始的文字。文字的创造，使信息能够具象化，使信息的传播第一次打破时间、空间的制约。中国河姆渡和半坡原始居民陶器上的符号，商周时期铭刻在龟甲上的“甲骨文”、铭刻在青铜器上的“金文”（也叫“钟鼎文”）等，都是一些典型代表。第三次信息技术的革命是印刷的发明。大约在公元1040年，我国开始使用活字印刷技术（欧洲人1451年开始使用印刷技术）。造纸术的改进是其重要基础。我国汉代以前使用竹木简或帛作书材料，直到东汉（公元105年）蔡伦改进造纸术，发明“蔡侯纸”。北宋平民毕昇发明活字印刷，使封建政府能够大规模地刊印官文、经书等，形成了一些世界级的印刷中心如开封、临安等，这比欧洲早400年。第四次信息革命是电报、电话、广播和电视的发明和普及应用。世界文明的中心已经从东方转移到西方。

19世纪中叶以后，随着电报、电话的发明，电磁波的发现，人类通信领域产生了根本性的变革，实现了用金属导线上的电脉冲来传递信息以及通过电磁波来进行无线通信。

1837年，美国人莫尔斯研制了世界上第一台有线电报机。1844年5月24日，他在美国国会大厦联邦最高法院议会厅作了“用导线传递消息”的公开表演，接通电报机，用一连串点、划构成的“莫尔斯”码发出了人类历史上第一份电报：“上帝创造了何等的奇迹！”，该份电报从国会大厦传送到了40英里外的巴尔的摩城，实现了长途电报通信。1875年，苏格兰青年亚历山大・贝尔发明了世界上第一台电话机，1878年在相距300千米的波士顿和纽约之间进行了首次长途电话实验获得成功。

1864年，英国著名物理学家麦克斯韦发表了论文《电与磁》，预言了电磁波的存在，说明了电磁波与光具有相同的性质，都是以光速传播的。电磁波的发现产生了巨大影响，实现了信息的无线电传播，其他的无线电技术也如雨后春笋般涌现。1920年，美国无线电专家康拉德在匹兹堡建立了世界上第一家商业无线电广播电台，从此广播事业在世界各地蓬勃发展，收音机成为人们了解时事新闻的方便途径。1933年，法国人克拉维尔建立了英法之间的第一条商用微波无线电线路，推动了无线电技术的进一步发展。1895年，俄国人波波夫和意大利人马可尼分别成功地进行了无线电通信实验。

1894年，电影问世。1925年，英国首次播映电视。静电复印机、磁性录音机、雷达、激光器等重要技术相继问世，信息技术日益走近人类生活。

第五次信息技术革命始于20世纪60年代，其标志是电子计算机发明、应用及其与现代通信技术的有机结合。信息技术走向了飞速发展的快车道。1946年，由美国宾夕法尼亚大学研制的第一台电子计算机诞生了。

1946—1958年，第一代电子计算机诞生。

1958—1964年，第二代晶体管电子计算机诞生。

1964—1970年，第三代集成电路计算机诞生。

1971年—20世纪80年代，第四代大规模集成电路计算机诞生。

至今，正研究第五代智能化计算机、量子计算机诞生。

2.1.2 信息技术的爆炸时代

狭义的信息技术是指第五次信息技术革命即计算机发明之后的新阶段。它主要是指利用电子计算机和现代通信手段实现获取信息、传递信息、存储信息、处理信息、显示信息、分配信息等的相关技术。

具体来讲，信息技术主要包括以下几方面技术：

（1）感测与识别技术。它的作用是扩展人获取信息的感觉器官功能。它包括信息识别、信息提取、信息检测等技术。这类技术的总称是“传感技术”。它几乎可以扩展人类所有感觉器官的传感功能。传感技术、测量技术与通信技术相结合而产生的遥感技术，更使人感知信息的能力得到进一步的加强。

信息识别包括文字识别、语音识别和图形识别等，通常是采用一种叫作“模式识别”的方法。

（2）信息传递技术。它的主要功能是实现信息快速、可靠、安全地转移。各种通信技术都属于这个范畴。广播技术也是一种传递信息的技术。由于存储、记录可以看成是从“现在”向“未来”或从“过去”向“现在”传递信息的一种活动，因而也可将它看作是信息传递技术的一种。

（3）信息处理与再生技术。信息处理包括对信息的编码、压缩、加密等。在对信息进行处理的基础上，还可形成一些新的更深层次的决策信息，这称为信息的“再生”。信息的处理与再生都有赖于现代电子计算机的超凡功能。

（4）信息应用技术。信息过程的最后环节，它包括控制技术、软件工程技术、人机交互技术等。

由上可见，传感技术、通信技术、计算机技术和控制技术是信息技术的四大基本技术，其中现代计算机技术和通信技术是信息技术的两大支柱，计算机技术是引领信息时代的核心技术。

计算机技术的发展历史只有几十年的时间，对于整个人类历史来说，只是短短的一瞬间。但这一瞬间给人类社会带来了天翻地覆的变化，堪称是人类文明的一大奇迹。以下是计算机的简史：

1）史前时代

1642年，科学家帕斯卡发明的机械计算机，可用于计算加减法。

1834年，英国数学家查尔斯·巴贝奇设计了分析机，采用打孔纸带作为输入输出方式。

1842年，阿达·洛芙莱斯发明了第一个计算机程序，用于在分析机上计算伯努利数。她也因此成为史上第一位程序员。

2）诞生之初

1936年，艾伦·图灵提出了“图灵机”的理论模型，为现代计算机的逻辑工作方式奠定基础。

1937年，阿塔纳索夫-贝瑞计算机（Atanasoff-Berry Computer，简称

ABC计算机）问世，它是世界上第一台电子计算机。

1946年，世界上第一台“可编程”计算机ENIAC诞生。教科书上通常把它作为世界上第一台电子计算机诞生的标志（实际上ABC计算机是第一台）。

1949年，世界上第一台“冯·诺依曼体系结构”的计算机EDSAC诞生，它的程序和数据采用同样的存储方式。注意：上述的三个“第一”是不一样的概念。

3）蓬勃发展

1956年，在美国达特茅斯会议上，人工智能这个全新的科学领域诞生了。这一年被称为“人工智能元年”。

1957年，约翰·巴克斯发明了第一种高级编程语言Fortran。

1958年，古老的函数式编程语言LISP诞生。

1964年，IBM的大型主机System/360诞生。软件工程著作《人月神话》，就是作者关于System/360操作系统的研发经验所做的提炼总结。

1969年，Unix操作系统于贝尔实验室诞生。

1971年，丹尼斯·M.里奇发明了C语言。

1974年，世界上第一个网络服务Telenet诞生。

1981年，微软公司发布DOS操作系统，它是单用户单任务的个人电脑操作系统。

1983年，贝尔实验室发布了C++语言，它是C语言的继承者。

1985年，微软公司发布Windows操作系统1.0。

4）互联网时代

1989年，蒂姆·伯纳斯·李发明了万维网，英文缩写是WWW。

1991年，Linux操作系统问世。吉多·范罗苏姆发明了Python语言。

1994年，网景公司的Mosaic浏览器发布。著名门户网站雅虎诞生。

1995年，詹姆斯·高斯林发明了Java语言。

1998年，全球最大搜索引擎公司Google诞生。

1999年，以马云为首的“18罗汉”在浙江杭州创立阿里巴巴公司。

2002年，微软发布Net Framework 1.0。

2000年，李彦宏、徐勇在北京中关村创立百度科技公司。

2003年，社交网站Facebook诞生。

2009年，中本聪发明比特币，开启了区块链技术的先河，Go语言问世。

2011年，腾讯公司张小龙的微信诞生。

2016年，谷歌公司的AlphaGo打败了全球顶尖围棋选手。

2017年，AlphaGo Zero以100：0击败AlphaGo。人类进入智能化时代。

近10年来，IT互联网产业呈现爆炸式发展，新技术、新领域、新行业和新应用不断涌现，云计算、大数据、物联网、虚拟现实、增强现实、智能硬件、可穿戴设备、人工智能等理念逐一落地，并走上了产品化、产业化的高速发展道路（图2-1）。

从电子管到晶体管，再到集成电路、大规模集成电路，在摩尔定律的牵引下，IT互联网技术跨过了半个多世纪的发展，其中真正影响全球，进入全面产业化，是从个人计算机开始，这也开启了IT互联网领域第一个真正的时代——PC时代。在PC发展的同时，互联网开始萌芽，并迅速席卷全球，各行业领域和人们的生活娱乐方式再次发生巨变。

PC时代的核心内涵并不是指个人计算机，而是以Windows操作系统+Intel CPU组合而成的个人计算平台、整机硬件以及之上的应用生态。可以说，PC时代其实是Windows+Intel垄断的Wintel时代。

同理，移动互联网时代的核心内涵也不是智能手机，而ARM+Android/IOS组合而成的移动个人计算平台、整机硬件以及之上的应用生态，同时还有为计算提供数据传输的高速移动通信网络。因此，从技术角度看时代的演进历程，本质上是计算和网络不断迭代发展的过程，同时也是计算机网络技术不断应用到社会生活的过程，这个过程就是信息化。

图2-1 技术爆炸时代

2.2 企业信息化发展

2.2.1 企业信息化概念和内容

随着信息技术的发展，各种不断涌现的新技术逐渐应用到人类工作生活的各个层面，极大地改进了人类的工作条件和生活方式，在有些方面甚至是颠覆性的改变，信息技术这样逐渐应用和渗透的过程就是信息化的过程。企业信息化就是指信息技术在企业生产经营各层面的应用过程及由此带来的变化。

企业信息化的发展有两条很清晰的演化脉络：一是企业管理（经营管理和生产管理）提出的需求；二是信息技术的发展带来的推动。从企业管理层面来看，由于现代社会分工的日益精细、企业组织日益庞大、架构更加复杂，经济全球一体化使经济形势瞬息万变，企业间的竞争态势日益激烈和复杂，这都给企业的管理提出了更高的要求，灵活组织、快速应变，传统的管理方式无法满足新的需求。此外，信息技术的发展，特别是云技术、移动应用、互联网技术和人工智能技术的发展，给企业管理提供了大幅度跃升的契机。

企业信息化就是使用现代化的信息处理技术和信息设备、网络技术和网络设备、自动控制技术和自动控制设备，以及通信技术和通信设备对企业进行全方位、多角度、高效和安全地改造，以实现通过信息流来控制物流和能源流，通过信息资源的开发和信息技术的有效利用来提高企业的生产能力与经营管理水平，增强企业在国内外市场中的竞争力。

企业信息化也指企业广泛利用现代信息技术，充分开发和利用企业内部或外部的、企业可能得到和利用的，并与企业生产经营活动有关的各种信息，以便及时把握机会，作出决策，增进运行效率，从而提高企业竞争力水平和经济效益的过程。

企业信息化包括相互紧密联系的两个部分，即企业业务信息化与企业管理信息化。企业管理服务于企业业务，企业业务的进展则取决于企业的管理好坏。尽管企业管理信息化同企业业务信息化一样，也取决于企业的性质、类型、规模，但由于不同企业的管理除其特殊性外还有其一般性，有共同规律可循。企业管理信息化同企业业务信息化相比，在不同企业之间有更多的共性和相同的发展趋势。一个值得关注的趋势，是在企业管理信息化过程中出现的信息管理向知识管理转化的趋势。

信息化对企业生产、管理的方方面面都有巨大的推动作用。能提高企业经营管理信息的准确性和及时性，有助于企业决策的进一步科学化；能促使企业业务办事程序和管理程序更加合理，从而有助于增强企业的快速反应能力；能进一步促进企业资源的合理组合及利用，使其在现有资源条件下达到最佳利用效果，从而大大提高企业的生产经营效率和管理效率；能给企业提供一个强大的、快捷的信息交流平台，有助于企业紧紧跟踪一些先进经验和成果，从而有助于企业的发展，提高员工的创新能力。

企业信息化建设可以从多个方面入手，包括合理构建企业的业务流程和管理流程，完善企业的组织结构、管理制度等；建立企业的总体数据库；建立与业务和管理相关的各种自动化及管理系统；建立Intranet（局域网）实现企业内部信息的联通；接通Internet（互联网）获得外部与企业经营有关的信息等。

随着信息技术的高速发展，其普及应用和广泛渗透为企业的产品设计、制造、办公和管理提供了工具。同时，职能管理层、经营决策层和电子商务层的信息化改变了传统企业的组织关系。企业信息化在管理、经营上的变化和时空上的拓展，特别是互联网的出现，为电子商务提供了基础条件，电子商务为企业信息化增添新的内涵。企业信息化大大拓宽了企业活动的时空范围，在时间上，企业信息化以客户需求为中心实施敏捷制造和集成制造；在空间上，企业信息化以虚拟形态将全球聚合在一起。具体而言，企业信息化的内涵包含五个方面的内容：

（1）产品信息化。产品信息化要使用好两项技术：一是应用数字技术，增加传统产品的功能，提高产品的附加值。比如，以往的模拟手机同现在的数字手机在保密性和性能方面无法同日而语，数字控制技术对机床的增值产生了数倍的影响。二是应用网络技术，网络冰箱通过网络管理中心进行控制，可以向用户通报何时需要添置新的食品，从而产生了新的附加值。产品的质量改变不大，最大的差别在于通过服务提高了产品的附加值。

（2）设计信息化。即产品设计、工艺设计方面的信息化。目前，应用较为普遍的是计算机辅助设计（CAD）系统，设计信息化还包括计算机辅助工艺规程设计（CAPP）系统应用、计算机辅助装配工艺设计（CAAP）系统应用、计算机辅助工程分析（CAE）系统应用、计算机辅助测试系统应用、网络化计算机辅助开发环境、面向产品全生命周期活动的设计（DFX）系统，以及二次开发与应用与产品建模、模型库管理与模型校验系统开发与应用。

（3）生产过程信息化。即自动化技术在生产过程中的应用，用自动化、智能化手段解决加工过程中的复杂问题，提高生产的质量、精度和规模制造水平。其中，主要包括数控设备应用、计算机生产过程自动控制系统应用、生产数据自动收集、生产设备自动控制、产品自动化检测及生产自动化覆盖等。

（4）企业管理信息化。企业通过管理信息系统的集成，提高决策管理水平。主要应用层面包括企业资源计划（ERP）系统、供应链管理（SCM）系统、客户关系管理（CRM）系统和辅助决策支持（DSS）系统。

（5）市场经营信息化。通过实施电子商务，可以大大节约经营成本，提高产品的市场竞争能力，提高经济效益。

企业信息化是一个持续深化、快速发展的过程，由于信息技术的发展永无止境，信息基础设施和经济、市场环境的变迁，企业信息化也不存在终极目标。企业信息化实施是全方位的，企业将根据自身需要抓重点，分层次、分阶段地推进企业信息化，提高信息技术利用率，因此对企业信息化的建设和投资也不可能是一次性的，具有分阶段连续不断的特征。企业信息化从初级、中级到高级的发展过程特征是从计算机单机应用、综合应用、网络应用的逐步提升；从基层班组级计算机联网、部门联网、企业联网、产业链联网的不断融合，具有连续不断可持续发展的特征。

在企业生产、管理和经营三个层面，在产品设计、工艺过程控制与零件加工、事务处理、供应链管理与辅助决策等领域广泛开展计算机应用，实现设计自动化、生产自动化、办公自动化，决策辅助自动化和电子商务等企业运行的全面自动化。

信息化发展的高级阶段，就是要“信息化”企业的核心业务、主导流程和人。任何企业，无论是资源型企业、商业企业，还是金融、制造及社会中介机构，只要它是企业，就必将拥有其独特的主营业务，即核心业务，其运作过程就是企业的主导流程，它们是企业信息化改造的重点对象。同时，信息化也是“化”人的过程。企业各级员工要在心理上和行动中全部投入信息化建设进程，成为信息化的主导力量，当然这还需要“一把手工程”的积极带动和引领。

2.2.2 企业信息化发展历史

企业信息化的历史就是企业使用信息技术的历史，这个历史差不多和信息技术的发展历史一样悠久。不同的行业、不同的业务类型、不同的企业运营方式，可能会采用完全不同的、适合各自特点的信息技术，因此，难以在统一的标准下考量。但有三个信息系统是通用的，那就是办公自动化系统、会计电算系统和ERP系统，这三个系统的使用、发展历程，能够很好地反映企业信息化的进程。

1）国外办公自动化的发展历程

办公自动化于20世纪50年代在美国等西方国家首先兴起，到70年代后期形成新型综合学科——办公自动化（OA）。80—90年代，办公自动化系统开始在世界各国得到较快的发展。

（1）第1代OA：硬件配置阶段。70年代末，伴随企业在办公过程中开始使用电脑、传真机、打印机、复印机等现代办公设备，以单机为主、以实现个人事务处理为目的的第一代办公自动化系统开始兴起。

（2）第2代OA：数据处理自动化阶段。自80年代中期开始，伴随传统MIS（管理信息系统）的兴起与发展，OA进入以数据处理自动化为标志的第2代OA阶段。

由于不能实现流程自动化，第1代及第2代OA都不能称为真正意义上的“办公自动化”。

（3）第3代OA：C/S架构下的工作流自动化阶段。伴随企业内部局域网的兴起和发展，第3代OA开始关注并实施企业不同部门间工作流程的自动化。不同部门及各员工间的协作大大加强，从而使企业办公的效率得到较大的提高。因此，这是真正意义上“办公自动化”的开始。

但是，第3代OA只是有限的工作流程自动化系统，难以实现随时随地办公、移动办公，因而难以实现企业资源的延展，以及企业资源最大程度的利用。

（4）第4代OA：无障碍工作流自动化阶段。自90年代中期开始，随着互联网（Internet）的兴起与发展，办公自动化管理模式获得极大的突破。以Internet为基础，第4代OA实现了移动办公，企业资源不再受通信技术的限制。因此，它被称为“无障碍工作流程自动化办公”（Unlimited Workflow）。这种24小时 ×7天/周的不间断办公管理模式，为企业实现对客户的全天候服务和业务活动的全面开展提供了宽广的舞台。

然而，由于受到企业传统的文化环境、管理模式和业务流程的束缚，协同工作的模式难以建立，工作流程自动化的效益也难以全部实现。

（5）第5代OA：协同工作型办公自动化（KM1代）。自90年代末期开始，随着协同管理思想（Collaboration）的兴起，旨在实现项目团队协同、部门之间协同、业务流程与办公流程协同、跨越时空协同的第5代协同工作型OA开始兴起。第5代OA的核心是KM（知识管理），实现方式是Workflow（办公流程自动化）及KM（知识管理）相结合的信息系统。

其缺点在于太关注办公事务本身与企业目前的利益，缺乏长期的发展战略。第一代知识管理（简称KM1代）太关注于知识/信息与资源的分享，而忽略知识的收集、积累与继承。因此，第5代OA难以支持企业及员工的长期的协同发展。

（6）第6代OA：协同发展型办公自动化（KM2代）。第6代OA已经超越了传统办公的狭义范畴，它是一种领先的企业管理思想。在实现方式上，它仍然以工作流程自动化Workflow（办公流程自动化）及KM（知识管理）为核心。

从两者的关系来看，工作流程自动化是实现协同的重要手段。缺少工作流程的自动化，任何办公自动化系统都无法实现工作的协同。而KM仍然是OA的核心。但与第5代OA中的KM（KM1代）相比较，KM2代的含义发生了重大的变化。

KM2代的优势在于，其注重知识的收集、积累与继承，最终目标是要实现企业及员工的协同发展，而不是关注办公事务本身与企业本身的短期利益。只有实现企业的发展，员工的发展才有空间；只有实现员工的发展，企业的发展才有潜力。而“知识管理”正是实现两者协同发展的桥。

2）国外会计电算化的发展过程

1954年10月，美国通用电气公司第一次使用UNIAC-1型计算机计算职工工资，电子计算机开始进入会计数据处理领域。50多年以来，随着会计本身和电子计算机硬件、软件技术的不断进步，电子计算机在会计中的应用也逐步普及和深入发展。纵观整个发展过程，计算机在会计中的作用大致经历了以下三个阶段：

（1）单项数据处理阶段（20世纪50年代初—60年代中期）。这是电子计算机在会计中应用的初级阶段。这一阶段中电子计算机逐步取代了沿用近半个世纪的以穿孔卡片为输入方式的会计机器，成为数据处理的重要工具。电子计算机主要用于数据量大、业务简单、重复次数多的经济业务中，如工资计算、库存材料的收发核算等。它以模拟手工会计的核算方式，替代了部分手工劳动，提高了这些业务的工作效率。限于当时计算机硬件、软件的技术水平，这一阶段的数据处理方式一般采用单机的批处理方式。

（2）数据处理系统阶段（20世纪60年代中期—70年代初期）。这是电子计算机在会计中应用的第二阶段。在这一阶段中采用小规模集成电路的第三代计算机得到了比较广泛的应用；出现了能随机存储的外存储设备——磁盘；操作系统日趋成熟，具有处理机管理、存储管理、设备管理、文件管理、作业管理和信息定时处理功能的通用操作系统问世。计算机软件、硬件技术的不断发展为计算机在会计中的应用开辟了广阔的发展空间。会计数据的处理基本实现了自动化，逐步形成了完整的电算化会计核算系统。电子计算机几乎完成了手工簿记系统的全部业务，并打破了手工方式下的一些常规结构，更重视数据的综合加工处理，更好地为分析、预测、决策和日常管理服务。

（3）管理系统阶段（20世纪70年代至今）。自20世纪70年代以来，计算机技术发展迅猛，微型计算机出现并迅速得到广泛应用。计算机网络和远程通信技术的出现及数据库管理系统的应用，电子计算机的功能大大增强而价格不断降低，这一切为计算机在各个领域的广泛应用提供了良好的条件，计算机化的管理信息系统逐步形成和发展。会计信息系统开始从主要处理历史数据的日常业务型发展为能够向各管理层提供各种管理信息，进行财务计划、分析、预测、决策，具有管理信息系统特征的电算化会计信息系统，并在企业的管理信息系统中占据中心和主体的地位。

3）西方ERP的发展历程

ERP（Enterprise Resource Planning）——企业资源计划系统，是指建立在信息技术基础上，以系统化的管理思想，为企业决策层及员工提供决策运行手段的管理平台。ERP系统集信息技术与先进的管理思想于一身，成为现代企业的运行模式，反映时代对企业合理调配资源，最大化地创造社会财富的要求，成为企业在信息时代生存、发展的基石。

可以从管理思想、软件产品、管理系统三个层次给出它的定义：

（1）是由美国著名的计算机技术咨询和评估集团Gartner Group Inc.提出的一整套企业管理系统体系标准，其实质是在MRP II（Manufacturing Resources Planning，"制造资源计划"）基础上进一步发展而成的面向供应链（Supply Chain）的管理思想。

（2）是综合应用了客户机/服务器体系、关系数据库结构、面向对象技术、图形用户界面、第四代语言（4GL）、网络通信等信息产业成果，以ERP管理思想为灵魂的软件产品。

（3）是整合了企业管理理念、业务流程、基础数据、人力物力、计算机硬件和软件于一体的企业资源管理系统。

ERP的发展过程可以分为下面五个阶段：

（1）第一阶段：MIS阶段（Management Information System）。企业的信息管理系统主要是记录大量原始数据、支持查询、汇总等方面的工作。

（2）第二阶段：MRP阶段（Material Require Planning）。企业的信息管理系统对产品构成进行管理，借助计算机的运算能力及系统对客户订单、在库物料、产品构成的管理能力，实现依据客户订单，按照产品结构清单展开并计算物料需求计划。实现减少库存，优化库存的管理目标。

（3）第三阶段：20世纪80年代MRP II阶段（Manufacture Resource Planning）。1977年9月，由美国著名生产管理专家奥列弗·怀特（Oliver W.Wight）提出了一个新概念——制造资源计划（Manufacturing Resources Planning），称为MRP-II。MRP-II是对制造业企业资源进行有效计划的一整套方法。它是一个围绕企业的基本经营目标，以生产计划为主线，对企业制造的各种资源进行统一地计划和控制，使企业的物流、信息流、资金流流动畅通的动态反馈系统。在企业中形成以计算机为核心的闭环管理系统，这种管理系统已能动态监察到产、供、销的全部生产过程。

（4）第四阶段：20世纪90年代ERP阶段（Enterprise Resource Planning）。企业之间的竞争范围的扩大，这就要求在企业管理的各个方面加强管理，要求企业的信息化建设应有更高的集成度，同时企业信息管理的范畴要求扩大到对企业的整个资源集成管理，而不单单是对企业的制造资源的集成管理；企业规模扩大化，多集团、多工厂要求协同作战，统一部署，这已经超出了MRP-II的管理范围，引入了ERP的理念。

进入ERP阶段后，以计算机为核心的企业级的管理系统更为成熟，系统增加了包括财务预测、生产能力、调整资源调度等方面的功能。配合企业实现JIT（及时）管理、质量管理和生产资源调度管理及辅助决策的功能，成为企业进行生产管理及决策的平台工具。

20世纪90年代，ERP（企业资源计划）在MRP II软件和企业财务管理软件的基础上进一步发展，将企业活动的物料管理、财务管理、资产管理及人资管理等统统结合起来，最大限度地利用企业各种资源，提高效率和效益。20世纪90年代末，ERP的进一步扩展，除了企业内部管理之外，还将企业外部信息管理起来，由此发展出CRM（客户关系管理）、SCM（供应链管理）等系统，最大范围地使用了信息化手段，来提高企业信息的有效性、共享性和实现企业知识积累。

21世纪初，出现ERP II（在ERP基础上增加了企业外部信息对企业内部管理的反馈），通过支持和优化企业内部和企业之间的协同运作和财务过程，以创造客户和股东价值的一种商务战略，以及一套面向具体行业领域的应用系统。简单来说，不仅要看到本企业的销售订单对企业内部管理的影响，还要看到本企业客户运作情况对本企业的影响，最终用户市场对本企业客户的影响可能对本企业也造成影响。这比单纯的ERP软件加上CRM（客户关系管理），SCM（供应链管理）软件又前进了一大步。

ERP的主要管理思想，首先体现在对整个供应链资源进行管理之上。现代企业的竞争已经不是单一企业与单一企业间的竞争，而是一个企业供应链与另一个企业供应链之间的竞争，即企业不但要依靠自己的资源，还必须把经营过程中的有关各方如供应商、制造工厂、分销网络、客户等纳入一个紧密的供应链中，才能在市场上获得竞争优势。ERP系统正是适应了这一市场竞争的需要，实现了对整个企业供应链的管理。其次，ERP体现了精益生产的思想。ERP中对物流和生产系统的各种控制，例如按需生产和采购，追求零库存；超计划、超生产、超送控制等，就是精益生产的表现。同时，ERP强调事先计划与事中控制并重。ERP系统中的计划体系主要包括主生产计划、物流需求计划、能力计划、采购计划、销售执行计划、利润计划、财务预算和人力资源计划等，而且这些计划功能与价值控制功能已完全集成到整个供应链系统中。ERP系统通过定义事务处理（Transaction）相关的会计核算科目与核算方式，在事务处理发生的同时自动生成会计核算分录，保证了资金流与物流的同步记录和数据的一致性。从而实现了根据财务资金现状，可以追溯资金的来龙去脉，并进一步追溯所发生的相关业务活动，便于实现事中控制和实时作出决策。

4）中国企业信息化发展

现代信息技术发源于西方，中国的信息化自然也就有一个滞后期。最早在1956年，周恩来总理在主持制定我们国家科学技术发展十二年规划时，就把电子数据作为我们国家十二年发展规划的重点，这应该算作是中国信息化进程的起点。

以此计算，中国当代信息化进程的起步并不晚。只是比美国、英国及苏联稍晚，与德国、法国、日本差不多。但我们发展迅速，只用了不到三年的时间就研制成功了当时技术指标比较先进的大型通用电子计算机，到20世纪60年代，中国已经初步形成了计算机产业。之后，中国的计算机产业发展错过了美国英特尔公司芯片推出等重大机遇，和西方发达国家形成了较大的差距。但改革开放后，中国奋起直追，到第三代移动通信时，我们已经有了自己的3G标准，现在5G来临，我们已经领先世界。1994年4月，我们正式加入互联网，成为全球互联网的正式成员，而今我们的互联网用户已经超过八亿，移动互联网用户世界第一。世界互联网产业巨头的数量我们已经跃居世界第二，直逼美国。2008年时，全球排名前十的超级计算机有九台都安装在美国，而今连续三年世界最快的超级计算机都在中国。中国的信息产业、数字经济和国民经济一起已经占到了世界的前列。

我国企业信息化发展经历了一个从大企业向中小企业扩散的历史过程。

第一阶段是从20世纪80年代中期到世纪之交，为信息化单项应用和企业上网前的准备阶段。国家重点选择了一批条件较好的国有大、中型企业进行计算机应用试点，为各类企业在生产经营和管理活动中应用信息技术摸索经验。推进重点是，计算机在办公、财务、人事和部分生产经营环节的单项应用和CAD/CAM、MIS等信息技术的初步应用，同时鼓励中小企业应用上述技术。

第二阶段是从2000年“企业信息化工程”，为中小企业信息化尤其是网络化建设与应用导入阶段。推进重点是，在各类企业扩大计算机应用和推动企业上网，建立电子邮箱，鼓励中小企业利用信息网络技术开展经营活动和改进管理。

第三阶段是从2008年到2015年，为普及深化阶段。主要目标是，要在大多数中小企业迈入信息化门槛的基础上，深化集成应用。推进重点主要是，大规模推动企业利用网络信息技术，实现核心业务如生产控制、人财物管理及网络营销等方面的信息化，使用CAD/CAM、MIS/OA、ERP等覆盖率达到60%—80%，基本实现ERP主要功能，推广实施供应链管理（SCM）及客户关系管理（CRM），推动更多的企业利用互联网开展电子商务，使中小企业信息化综合集成应用的水平明显提高。

第四阶段是自2016年以来，包括中小企业在内的信息化及其推广工作，将进入以生产智能控制、供应链及客户关系的优化管理及协同商务为标志的高级阶段。推进重点是，在实现ERP的基础上，进一步普及应用企业供应链管理、客户关系管理，使用CAD/CAM、MIS/OA、ERP、SCM、CRM的普及率达到80%—90%及以上。中小企业能够基本实现支付型电子商务与企业ERP结合实现协同与智能化应用。

从我国会计电算化的发展历程来看，大致经历了四个发展阶段。首先是试点研究阶段。1983年以前，我国的会计电算化工作以理论研究和试验准备为主。该阶段的代表项目是1979年财政部直接参与和支持的长春第一汽车制造厂进行的会计电算化试点工作。这个阶段的主要特点是，电算化工作主要是单项会计业务的电算化，最为普遍的是工资核算的电算化。整个会计电算化工作处于试验探索阶段，发展非常缓慢。

发展缓慢有两个方面的原因：一方面，当时我国经济改革刚刚起步，尽管企业管理的重要性逐步得到重视，管理现代化的呼声日渐高涨，部分企业已开始会计电算化的试验工作，但相当多单位的领导还没有树立以效益为中心的思想，更没有向管理要效益的观念，可以说会计电算化还没有列入各级领导的议事日程。另一方面，当时我国计算机设备十分缺乏，性能相对较低，价格又十分昂贵，汉化的工具软件很不齐全，既懂计算机又懂会计的人才更是寥寥无几，缺乏会计电算化的物质、技术和人才基础。

1983年，国务院成立了电子振兴领导小组，推动会计电算化进入自发发展阶段。在这一时期，全国掀起了一个应用计算机的热潮，特别是微型计算机在国民经济各个领域得到广泛应用。不少单位自主开发一些单项会计电算化软件并应用于具体工作中，取得了一些成就：一是我国电子计算机尤其是微型计算机数量大幅度增加，计算机硬件、软件技术逐渐成熟，性能价格比（性价比）不断上升。计算机汉字处理技术在这个阶段有了重大突破并走向实用，在很大程度上排除了电子信息处理的语言障碍。这一切都为会计电算化提供了重要的物质保证。二是全国掀起的应用计算机热潮，极大地推动了会计电算化的普及过程，各大、中专院校纷纷开始培养会计电算化专门人才，为今后会计电算化的稳步发展奠定了坚实的基础。三是会计电算化理论研究受到重视。1987年11月，中国会计学会成立了会计电算化研究小组，为有组织地开展理论研究作了准备。此后，一直到20世纪末，会计电算化有组织、有计划地稳步发展，逐步走向正规。这一阶段的特点是：

（1）计算机性能价格比呈几何级数上升。以软件工程、数据库理论、计算机网络理论为代表的软件科学的发展，使计算机应用软件的系统设计水平大为提高，涌现出一批既懂会计又懂计算机的复合型人才。这一切都为开发高质量的会计电算化系统创造了良好的技术、物质和人才条件。

（2）各级财政部门加强了会计电算化的管理工作。1989年12月，财政部颁发了《会计核算软件管理的几项规定》。1990年7月，又颁发了《关于会计核算软件评审的补充规定》。这两个文件的颁发是我国会计电算化事业发展的一个里程碑。它们对于发展我国会计电算化事业，提高会计核算软件开发质量，形成和完善我国的会计电算化软件市场，具有重大的现实意义和深远的历史意义。

（3）在财政部的支持下，相继出现了一批专业的会计软件公司。通用会计软件的研制得到发展，商品化的会计软件市场初步形成，这一切为我国会计电算化事业的发展注入了新的活力。

自1990年开始，管理型会计信息系统成为新的发展目标。有关会计电算化方面的著作大量出现，理论研究空前繁荣，并对电算化的实践做了总结，提出了会计电算化的理论体系，使会计电算化的发展逐步深入。实现会计电算化，既是会计改革的重要内容，也是会计工作现代化的必然趋势，已成为国有大管理部门和整个会计界的共识。为了推动我国会计电算化事业的发展，财政部于1994年颁布了《关于大力发展我国会计电算化事业的意见》，同年7月又颁布了《会计电算化管理办法》等三个规章，这一切给我国会计电算化工作注入了强大的动力，从此，会计电算化工作在管理型会计信息系统这一更高层次上深入发展。

经过十多年的发展，我国会计电算化已经取得了可喜的成绩。据初步统计，截至1998年底，已有38款商品化会计软件通过了财政部的评审，160款软件通过了省级财政部门的评审。全国已有近30%的单位不同程度地开展了会计电算化工作。1994年，财政部提出了会计电算化知识的初、中、高三级培训计划，已有近200万会计人员接受了会计电算化初级培训，基本缓解了会计电算化人才匮乏的问题。会计电算化法规、标准体系不断完善，从软件开发到应用的规范现已基本齐全。会计电算化带动了企业管理信息化的进程，成为企业信息化的一个热点。进入21世纪，会计电算化进入融合发展新阶段。互联网的爆发、ERP系统的广泛应用，给会计系统带了很多新特点，集成化、网络化、智能化推动会计系统进入全面数字化阶段。

从企业管理力的信息化来看，企业信息化建设的概念是发展的，它随着管理理念、实现手段等因素的发展而发展。企业信息化经历了从无到有，从低级到高级、从局部到全局、从简单到复杂的过程。国内大部分企业的信息化大致分为如下四个阶段：

第一阶段：业务操作电子化。企业开始有了计算机，可以将日常手工事务性繁重的工作转变为机器工作，企业更关注的是个体工作行为，提升个人的工作效率，在这个阶段中，主要以财务电算化、生产制造自动化等为代表。

第二阶段：业务流程信息化。随着企业业务需求的增长和技术条件的发展，计算机间逐渐产生了部门间信息共享的需求。计算机在局部事务处理中产生了管理功能。企业通过管理重组和管理创新，结合IT优势将业务流程固化，从而提升每个工作组织的效率。在该阶段，广泛开展流程梳理及信息化建设工作，以OA、ERP、CRM、SRM等系统建设为代表。

第三阶段：业务管理知识化。企业让合适的角色在合适的时间、场合获取相关的知识与资源，系统性地推动企业管理生态的建设，并能应对多变的环境，灵活作出反应。过程中持续地改善业务流程、提升各个组织的执行力，从而获得竞争力。该阶段主要以KM（知识管理系统）、协调办公系统、企业门户等为代表。

第四阶段：决策支持阶段（DSS）。其实，当前的计算机信息系统已经从管理信息系统发展成更强调支持企业高层决策的决策支持系统了。

2.2.3 企业信息化策略和挑战

企业信息化进程快速推进、遍地开花，但不同企业间信息化的效果差距巨大，信息化的投入和产出的关系有诸多影响因素，以下几个关键因素需要企业进行充分地考量。

（1）明晰的战略导向。企业管理最高的一个层次就是企业战略，企业信息化属于企业的战术层面，一定要紧紧围绕企业战略。战略始终是企业管理的方向指导，没有方向的企业管理，很容易出现南辕北辙的管理行为，甚至导致内耗量大、重复劳作。

信息化不仅是技术变革，也是管理变革，企业无论采用怎样的技术与管理手段，其最终目的都是为了实现企业战略。

IT规划即信息化建设规划，是指在企业发展战略目标的指导下，结合企业管理需求、业务流程和信息化基础，对信息化目标和内容进行整体规划，全面、系统地指导企业信息化建设。

企业战略不清，IT规划就难于制定，即使花费很多心血和精力制定出来，也往往难以实施。

（2）合理的流程支撑。企业管理的第二层次就是流程，流程是企业运营的基础，流程管理更是一种基础性的管理活动。通过流程，可以有效地将企业的业务活动、管理活动、组织行为、绩效行为等各个环节的管理行为串联起来，从系统的角度来组织、衡量、评价各种专项的管理活动。因此，从这个角度来说，流程将覆盖组织、绩效、信息化等管理活动，有效的流程管理活动也必须考虑相适应的组织架构、绩效模式和信息化程度。在进行流程优化和流程设计的过程中，也需要清晰地设计出流程、组织、绩效、信息化等关键要素之间的关联。

（3）良好的组织互动。企业的组织架构是企业管理的核心框架，企业管理信息的有效传递，企业管理行为的有效执行，均依赖于有效的组织架构模式和人员能力。不同的组织架构会直接影响到企业的各种流程。同样地，不同的组织结构也决定了企业绩效管理的方式和信息化的组织方式。例如，项目部的考核方式显然和职能式部门的考核方式、考核指标、考核目标等环节有很大的差异。

（4）合理的绩效分解。如果企业希望业绩达标、运营高效、质量合格、客户满意，那么最好的管理手段就是通过绩效的方式来督促员工高效、高质的执行，确保各部门的相互协作，激发管理者的管理创新意识。因此，绩效可以理解为企业为实现战略的一种重要管理工具，在战略指导下，在一定的组织下，通过有效评估业务流程执行的过程和结果，为实现企业更有效的管理而采用的一种手段。

（5）高效的技术支持。对于流程来说，其优化结果的落地需要一定的载体，信息化工具就是其中一种比较有效的工具。同样，绩效指标数据的收集也依赖有效的信息化技术手段来实现。因此，对于企业管理来说，其管理的最底层的基础就是信息化技术。

很多企业会选择信息化作为企业管理创新的突破口，但从管理的层次上来说，信息化更多的时候是作为一种工具来被看待。选择信息化，企业首先要考虑的应该是企业的战略、流程优化的需求，以及相配备的组织架构调整、绩效改革等管理要求，不能只是为了从手工变为电脑而考虑信息化的建设。

企业业务在不断发展、信息技术快速涌现，这些因素决定了企业信息化过程一定是一个动态的过程，这给信息化建设带来诸多挑战。

（1）信息化技术更新迅速。信息化技术发展迅速，更新换代频繁，新功能的实现速度远远超过可规划的范围，两年前的信息技术就已经非常落后，两年前的IT规划自然也就无法满足企业信息化需求。

（2）市场与需求不断变化。变化迅速的不仅是信息技术，企业所面对的市场和客户需求也在日益变化，由此造成的业务流程和经营管理变化，使得企业信息化建设不能墨守成规。

（3）实施时间长，并行难度大。企业信息化建设的实施时间一般较长，这使得IT规划的周期难以确定。

（4）企业缺少专业人才。IT规划是通过企业的组织调整、流程优化甚至是绩效体系的改变来促进企业战略的实现，这就需要规划者对企业管理、业务流程、信息化建设等方面有系统的理解和把握。可以想象，能够同时掌握信息化技术和业务流程的人才已经非常难得，如再具备企业的管理能力，并亲自制定IT规划的可能性更是微乎其微。

（5）难与战略保持一致。信息化不仅是技术变革，也是管理变革，企业无论采用怎样的技术与管理手段，其最终目的都是为了实现企业战略。目前，绝大多数企业没有明确、清晰的战略，即使有，也是模糊地存在于最高管理者的脑海中，IT规划的制定者要想运用企业战略指导信息化建设，无疑存在一定困难。

应对上述诸多挑战，企业信息化建设的策略要关注以下几个关键要素：

（1）与企业战略相符。没有明确、清晰的战略，IT规划就无从谈起，也就没有存在的价值和必要性。在整个信息化规划的过程中，其实信息技术方面的规划并不是最难的，难的是战略评估和管理诊断，做好这两步，IT规划才能做到对症下药，有的放矢。

（2）各部门的共同参与和支持。企业信息化建设绝对不单纯是企业IT部门的事，它要求企业所有相关部门参与目标制定、规划建设和实施，IT部门是信息化建设的推动者，而信息化的主人是企业所有的部门和每一位员工。在充分了解各部门的需求之后，再作出IT规划，才可以避免单一部门做无用功。

（3）形成管理闭环。不仅IT规划难以制定，企业中任何领域的规划都是一个复杂的项目，都应该是一个闭环的管理过程，即“制定规划－进行实施－总结反馈－修改规划”，如此不断前行。IT规划作为企业发展的重要方向之一，应当是一个中、长期的规划，在时间上的跨度可以是3—5年，但是每年都应当根据周围新的环境，企业新的发展以及技术新的发展趋势等因素进行补充和调整，形成滚动计划，长期规划与每年规划一次并不是矛盾的对立面。

（4）不断完善IT管理体制。企业信息化规划不但要有硬件、网络、技术的规划，同样重要的是对IT管理机制的发展规划。例如，信息安全制度的建立、信息沟通体系的完善等。信息化发展中经常要对各种IT项目进行分析，确定这些项目的优先顺序，分配有限的IT资源。作为这种分配的基础，企业必须能够建立起一套成熟的IT管理机制。

（5）选择最匹配而非最先进的技术。信息化建设与企业发展相匹配是最好的选择，不能期望信息化的建设能拔高企业的成长，盲目追求最先进的技术，信息技术不可能起到雪中送炭的作用，它的作用更多的是锦上添花。《哈佛商业评论》的一篇文章《当IT的战略优势已成往事》曾经引起了广泛的关注。这篇文章认为：随着信息技术大众化趋势的继续，铺张浪费所带来的惩罚只会加重。要想以信息技术投资来获得竞争优势越来越难，而招致成本劣势倒是容易得多。

（6）从核心基础项目着手。对于信息化项目需求的轻重缓急应当具有明确的规划，先实施企业最需要的基础核心项目，并以此为基础量体裁衣，衍生其他项目的建设，保证数据的整体统一，也可以保证预算的准确性。

（7）借助外部IT技术公司的力量。实力雄厚的IT技术公司可以解决公司专业人才缺乏的问题，并可以从客观的角度提出专业建议，如果企业具备足够的条件，也可以选派专职人员进行相关的培训学习。

总体来说，企业信息化的本质特征在于推动创新，推动企业不断变革。信息化的目的在于提升企业在经济全球化时代的核心竞争力。信息化成功的关键不是信息技术与设备，而是创新思想和人才队伍建设。随着政府不断颁布强制性的节约资源、保护环境的政策，包括税收、技术标准、法规、环境监管、经济激励等措施，再加上通过市场机制的作用，就会形成迫使企业增长方式转变的强大经济驱动力。各企业为获取自身利益的努力就会与提高整体经济效率的目标相一致，转变发展模式就会成为企业的自愿选择和强烈追求。

信息已成为当今企业发展中的重要生产要素，是转变企业经营发展方式的重要特征。信息技术的发展和应用加快了知识更新速度，降低了知识传播成本，提高了信息和知识共享水平，加快了科学技术在生产实践中的应用。企业信息化促进了经济发展方式从粗放型向集约型转变。

信息技术应用是提高经济运行效率的重要手段。随着市场经济发展的深化，市场范围和容量日益扩大、交易日益频繁、交易组织的网络化程度日益提高，在一定程度上增加了交易成本和风险。信息技术的快速发展和应用，使企业的信息获取更加便捷、及时，有利于支持决策、捕捉商机、拓展市场，有利于降低交易成本和提高经济运行效率。

信息化是推动技术改造和提升传统产业的重要途径。应用信息技术改造和提升传统产业，可以提高企业生产的安全可靠性，改变传统设计、生产和流通方式，有利于推动企业流程再造与组织结构调整，提高传统产品科技含量，降低资源消耗，提高生产效率。

信息化是推动技术创新和体制创新的重要引擎。对技术创新而言，通过信息技术推动相关科学知识、技术、人才等创新要素信息扩散，可以促进创新所需知识和信息的获取，降低创新成本。同时，利用信息技术手段，可以缩短新知识创新周期，加快技术创新步伐。对体制创新而言，应用信息技术，不仅要改进生产手段、优化生产流程，而且要求调整组织与管理体制，并建立与之相适应的组织架构和管理模式。

2.3 国际石油企业信息化发展现状

国外油气行业对信息技术历来比较重视，由于油气勘探开发野外作业的特殊性，相对其他行业而言，更早地采用各种信息技术以提升工作效率、降低劳动强度，优化企业成本。特别是近年以来，随着数据实时采集和传输技术的不断发展，采集与传输的可靠性不断提升而建设成本逐渐减少，国际上越来越多的石油天然气公司开始将物联网技术和云计算技术运用到油气生产中。物联网技术通过各种在线的实时测量感知设备，不间断地采集、传输实时数据，各类硬件设备通过约定的协议进行信息交换和通信，以实现人与物、物与物的信息交互和无缝衔接，达到对物理世界实时控制、精确管理和科学决策。通过云计算方式，共享软件、硬件资源，实现计算能力的快速、按需提供。石油天然气公司运用物联网技术和云计算技术将数据与业务、人员进行跨学科、跨组织、跨地区的整合，形成统一的平台，为油气生产提供更安全、更高效、更科学的决策，为公司带来了很好的收益。

随着信息化实践的深入，信息化建设在油田企业经营活动中取得了显著的成效，国际石油公司纷纷加大信息化建设力度，一般在2000年后就已经开始陆续提出数字油田（或称智能油田、智慧油田等）建设理念。经过十几年的建设，他们积累了很多经验，目前不少企业已经进入了实质性推广应用的阶段。英国石油公司（BP）智能油田通过开发ISIS技术进行油井监控和绩效评估；通过开发D2D技术进行地面设施设备监控与绩效评估；关注运营与生产优化，包括基于模型的运营支持、井下流量监控（DHFC）、分布式温度传感器网络（DTS）等。雪佛龙（Chevron）公司通过收集与存储海底、井下及输油管线的数据，优化数据集成；通过物联网技术实现事件监测、确认和报警管理，对井下和地面设施进行自动检测，并将发现的异常与问题及时通知相关人员，实现生产优化。壳牌（Shell）智能油田关注数据标准化、信息架构标准化与IT管控，并基于统一的标准化信息架构，在全球范围内部署协同工作中心。道达尔（Total）智能油田关注数据标准化，实现更高效的数据分析与理解应用，以提高油田生产与管理效率；通过基于数据的决策优化，对油田规划、生产优化、开发钻井和设备操作等业务提供支持。巴西石油公司（Petrobras）智能油田基于数字技术的一体化油田管理（包括稠油油田、海上油田、陆地油田等）进行了广泛试点和应用；搭建远程协作与虚拟环境，用可视化的方法展现整个业务部门的关键运营情况，支持关键决策，实时更新共享的地质模型。挪威石油公司（ Statoil ）智能油田重视针对深水领域的生产信息化系统远程协作与虚拟环境，包括精密信息传输技术、NCS 海上远程控制油田技术、深海拖缆地震数据采集实时现场质量监控系统、平台数据信息管理系统、船舶管理。墨西哥国家石油公司（PEMAX）智能油田注重生产实时管理和优化，包括数据整合、事件监测、问题分析与预测、异常纠正等应用。以下是国外油公司信息化、数字化、智能化建设的一些典型案例，基本上反映了国际油公司信息化建设的发展方向。

2.3.1 荷兰皇家壳牌公司的Smart Field项目

Shell（荷兰皇家壳牌公司）是全世界最早采用物联网技术开发智能油田（或者数字油田）的公司之一，壳牌公司的Smart Fields（智能油田）项目整合了智能井、先进协作环境和油藏管理三个子项目，形成一个统一的智能油田协同工作平台（图2-2）。通过使用物联网技术对大量的传感器的实时数据采集和监控，以及跨地区、跨学科的协作，实现了油田生产的最佳状态。壳牌公司的智能油田项目基于标准化的信息架构，在全球部署协同工作中心，取得了很好的收益，有效地增加了产量，减少了停机时间，提高了石油和天然气的总回收率，同时降低了成本和减少了安全风险。截至2009年，该项目为壳牌公司带来的整体收益高达50亿美元。其在文莱Champion西部油田使油气最高采收率提高了3%—6%、开发成本降低了1—1.5美元/桶。

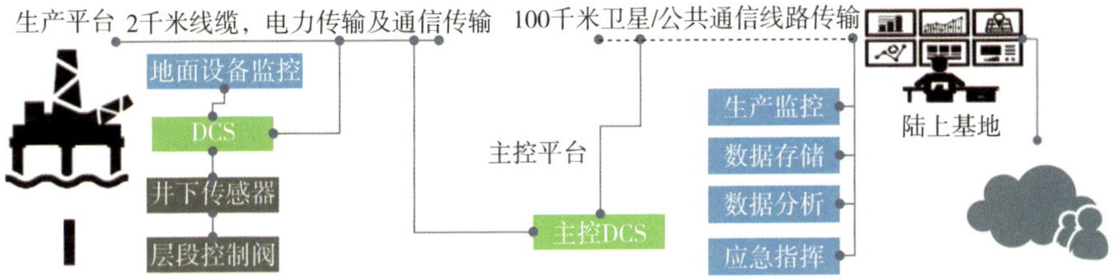

图2-2 荷兰皇家壳牌公司的Smart Field示意图

Shell智能井系统的一部分重要价值在于可以观测到油气生产过程中的实时生产状态，基于获取的实时数据，经过多学科小组的分析，可以很容易地发现一些以往容易被忽视的问题，快速修正那些状态不正常的油气井，提高油田生产的分析能力与反应速度。采取以下四项举措优化气举效率：

（1）远程井下实时数据采集。通过部署井下传感器将生产数据实时上传至地面设备监控系统，以获取油气生产过程中的实时生产状态。

（2）远程井下实时流量控制。陆上基地可以远程实时监控每口井在不同层位的流量情况，通过远程控制液压系统调节井下控制阀，实现流量控制。

（3）实时流量估算及油藏优化。通过模型对油井的实时流量进行估算，并基于估算结果对油藏的开发和生产计划及方案进行优化。

（4）气举优化并快速调整。通过模型实时、持续地优化气举效率，并对油井的生产状况进行预测，并根据预测情况动态调节举升气的压力、温度、流量等参数，以实现气举优化。

基于测试结果和地上、地下数据，可以建立相应的数学模型，通过模型可以实时、持续地优化气举效率，并且可以预测生产状况，因此可以基于预测进行更快的调整，新的优化方式可以每1—5分钟就调整一次，极大地提升了气举效率，而传统的方法在每次调整后必须等待一段时间以验证调整的效果，然后才能进行下一次调整（图2-3）。

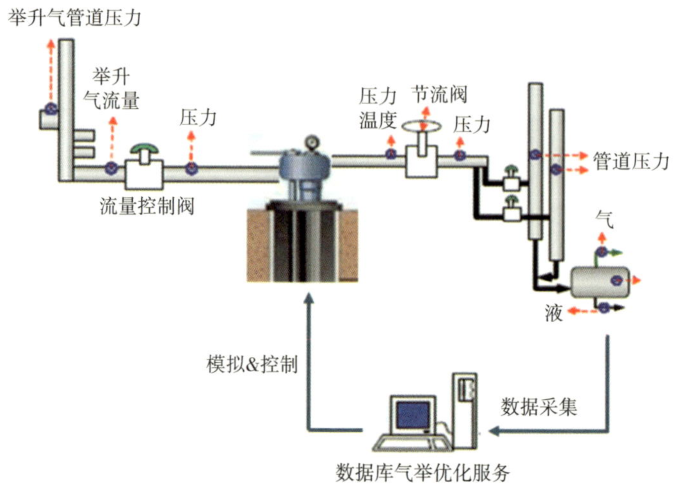

图 2-3　荷兰皇家壳牌公司的气举优化

2.3.2　雪佛龙公司的 iField 项目

雪佛龙公司开发了一系列油藏和生产相关应用系统（总称 i-connect），通过开放的数据标准和共有信息平台整合多重数据并进行应用，提高了其油气田的感知能力和分析能力。

i-DOT 是 i-connect 中的一项应用，这项技术能够快速、及时、可视化地找到异常油井，根据油井的异常状况自动生成建议的行动方案并辅助实时调整生产计划。其功能共分为以下四个部分：

（1）油田异常部分及事件检索地图。及时发现运行异常的油井，并根据异常事件实时在地图上进行标记，用户可以直接检索、查看该井的异常信息。

（2）状态数据、产量数据及注水井数据展示。集中展示各油井的状态数据（包含温度、压力、流量等数据）、产量数据，以及注水井的相关数据。

（3）油气生产调度。根据油井的异常状况自动生成建议的行动方案并辅助实时调整油气生产计划。

（4）井下模拟。结合井下各类传感器上传的数据，通过预先建立的 3D 模型对井下运行状态进行模拟，并在电脑端和移动端进行直观展示。

i-DOT 通过将来自不同数据源的数据进行整合，集中集成到统一的界面进行展示和分析，帮助油藏工程师和采油工程师及时、可视地发现异常油井和油藏，同时，通过集成的辅助工具，能够根据分析出的异常事件自动生成建议的行动方案以及基于方案的执行，实时调整生产计划。

Chevron（雪佛龙公司）的“iField”项目主要关注信息系统对业务流程带来的变革和提升（图2-4）。该项目强调：

（1）数据和信息采集。采用适当的频率收集并存储海底、井下及输油管线的数据，通过数据集成，实现数据在各个系统间的自由流通。

（2）事件监测、确认和报警管理。自动监测井下和地面设施的情况，将发现的异常与问题及时通知相关人员，以实现生产的最优化。

（3）系统集成。将收集到的信息集中整合管理，通过一个统一的平台提供生产、设备、地质、钻井、完井情况等信息。雪佛龙公司估计，该项目促进了2%—8%的产量增加和成本降低。

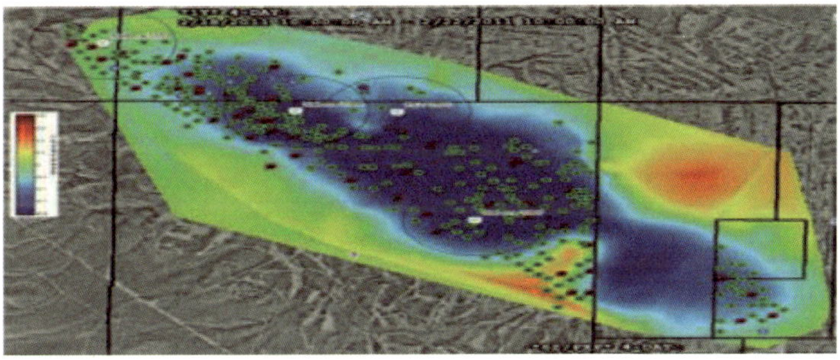

图2-4 雪佛龙石油公司的iField应用

2.3.3 昆士兰天然气公司生产管理与优化项目

昆士兰天然气公司是世界上第一家完全靠煤层气提供LNG的油气公司，拥有400余口生产井，用以满足发电厂、LNG工厂和外输点的需求。并有以下生产诉求：

（1）产量动态调节变化大。发电厂、LNG工厂及外输点对于天然气的需求量巨大，且时常变化。

（2）沟通与协作难度大。气田现场、处理厂、发电厂、水处理厂之间需要大量的沟通协调。

（3）安全环保要求高。地方政府对水资源及电力有严格的管理要求，在生产的过程中需要严格遵守。

针对以上诉求，昆士兰天然气公司提出如下解决方案：

（1）对每口井的生产情况进行模拟、预测、动态调整及优化。

（2）对生产流程中的关键参数进行实时监控。

（3）对每口井的生产状态进行实时监控。

同时，建立了综合油气生产各节点信息的一体化生产分析优化系统，获取并分析各节点运行状态，从全局角度优化油气生产系统。集中展示和分析油藏、生产井、处理设施等各节点的运行状态和潜能，优化调整运行参数；辅助管理层进行分析决策，预测产量、调整生产组织、优化贸易策略，改善上、下游协同等，提高企业整体绩效。通过系统整合及数据融合，综合分析各业务环节信息及历史数据，可显著提升生产预测的准确性及可靠性，增强生产管控能力，各节点数据模型修正因子同时影响生产预测模型，实现模型自动持续优化，改善绩效水平（图2-5）。

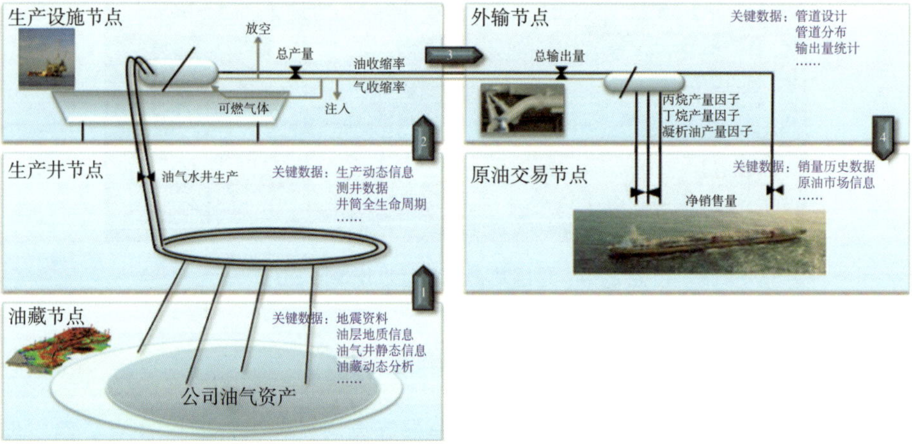

图2-5 昆士兰天然气公司一体化生产分析优化系统

2.3.4 挪威国家石油公司（Statoil）的设备状态监测平台

挪威国家石油公司通过搭建设备状态监测平台，实现对生产现场及关键设备的状态监测与性能监测，设备包括海底/地下管线、电子设备、阀门、钻机、固定设备。

建设内容包括以下内容：

（1）建立唯一的生产现场设备状态监测数据库，为不同层级的管理人员提供信息支持，形成运营和维护的决策中心。

（2）为状态监测提供远程监控中心，同时为不同职能中心、专家、通信系统、数据系统提供支持。

（3）定义设备监测理念与技术，开发早期设备故障监测预警方法及剩余工作年限预测方法。

公司实现了对关键设备的实时监控，制定了一系列关键监控因子，并定义了设备关键因子失效规则模型；系统可以根据设备的历史数据与实时数据及规则模型，对设备的重要因子进行分析和预测，并根据预测结果向维修人员进行提示，实现了设备的状态检修，很好地避免了因设备非正常停机造成的生产损失（图2-6）。

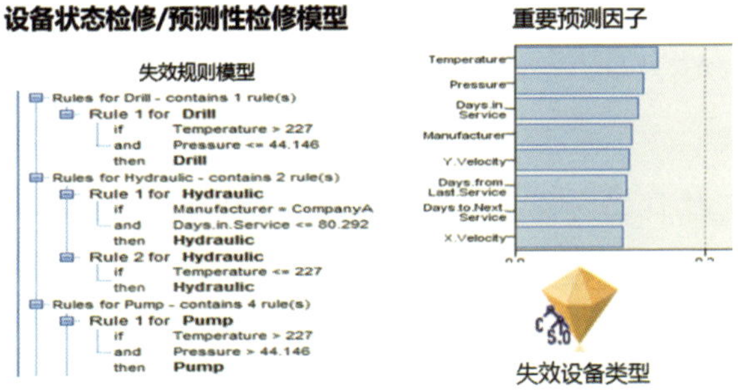

图 2-6　挪威国家石油公司的设备状态监测平台

挪威国家石油公司（Statoil）于2005年启动了“整合运营”（IO，Integrated Operations）项目，通过跨学科、跨组织、跨地区的协同合作，实现了更安全、更高效、更科学的决策。该项目依靠物联网的实时数据，结合创新的工作流程，消除了学科、专业人员和公司之间的边界，克服了人员、供应商和应用系统分布在全球多地区（海上、陆上和不同国家）给运营带来的挑战。该项目还对组织结构和业务流程进行了优化与整合，操作及管理人员无论在生产现场、办公室或监控中心，都能够随时随地对业务状况进行整合管理。该项目给油田带来的显著改善有：改进HSE、优化钻井作业、提供更好的井位、生产参数优化、提高采收率、更好的设备监控和维护、更好的资源开发。“整合运营”项目实施以来，为整个挪威大陆架实现潜在效益达到400亿美元，其中增加储量及提高产量占70%，降低成本占30%。

2.3.5 科威特石油的跨领域协同工作

科威特石油在协同工作环境中，组建跨领域协同工作团队。该团队利用该环境中的实时与历史数据、可视化软件和优化软件实现更快、更准确的生产指挥与决策。在布尔甘油田协同工作中心，来自油田各领域的工作小组人员，包括油气田开发、油气井、生产管理及油田监督等，在同一个工作环境下，共同组成了一个一体化、多领域的团队（图2-7）。

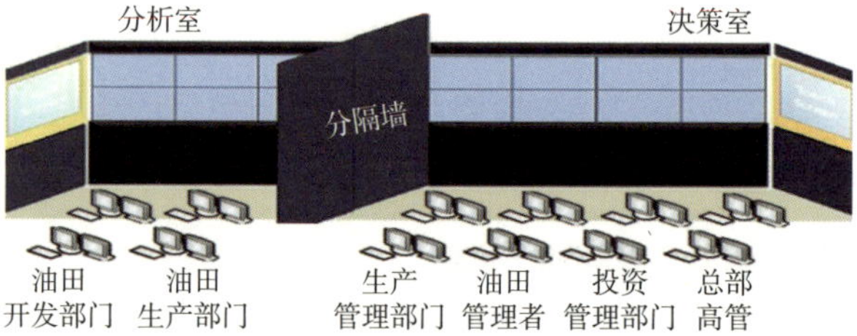

图2-7 科威特石油的协同工作中心

建立协同工作环境所需的工作流程，将日常所用软件整合成为自动化的数字工作流程，实现流程的标准化，促进智能油气田系统与业务的有效性结合（图2-8）。

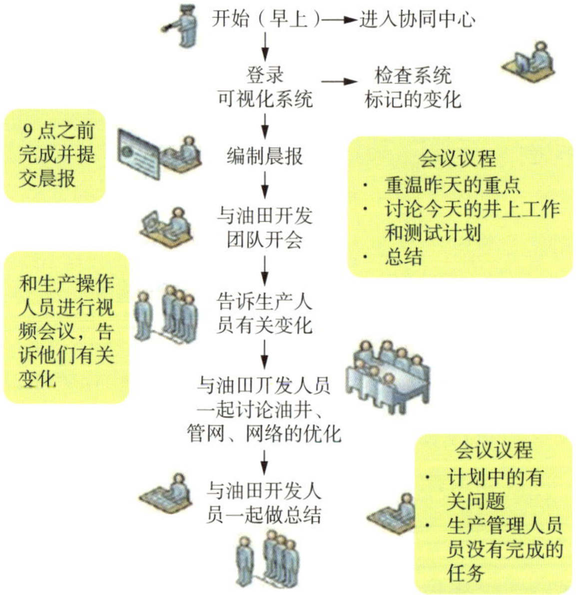

图2-8 协同工作中心的日工作计划示例

2.3.6 英国石油公司的Field of the Future项目

英国石油公司（BP）的“未来油田”（Field of the Future）项目主要使用物联网与自动化技术，将现场与地下的实时数据传送到远端的数据中心进行分析和处理，实现了生产数据的实时采集、传输和快速处理分析。BP还在全球建立了35个“先进协作中心”，这些中心联合起来形成一个统一的平台，实现了多学科、多地点的远程协同，使千里之外的专家都能对生产过程中出现的任何问题进行快速地分析和决断。BP认为，未来油田技术对其总产量的贡献率超过50%，该项目在实现关键业务目标的同时，也带来知识经验共享、人员与组织技术持续提高等其他重要价值（图2-9）。

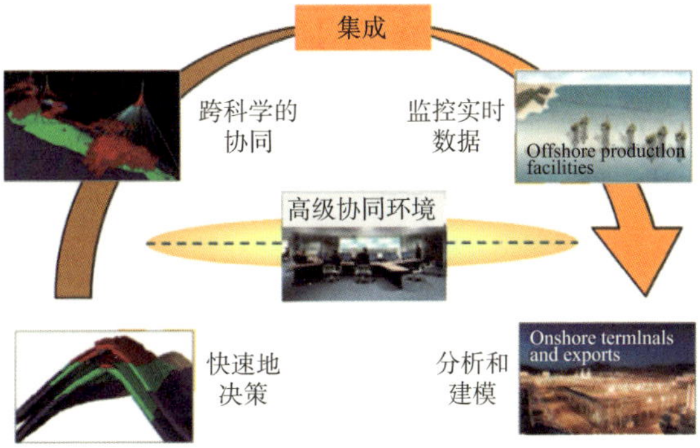

图 2-9 英国石油公司的未来油田概念

2.3.7 英国天然气集团的智能油田项目

英国天然气集团（BG Group）的QGC（昆士兰天然气公司）通过建立覆盖油气生产全业务价值链的智能油田，通过物联网技术整合实时生产数据，对生产过程进行监控和优化，在提高人员、设备安全性的同时，还起到降低运营成本的作用。统一的全产业链监控提供了异常检测管理、自动识别井状态曲线、对开发和预测进行自动建模、天然气处理过程可视化等功能（图2-10）。这是QGC首次采用物联网解决方案和云计算相关技术的智能油田整体解决方案，已在越南进行评估并投入使用。

2.3.8 沙特阿美石油公司的智能油田项目

沙特阿美石油公司（Saudi Aramco）作为油气行业的一家大公司和技术先驱，在智能油田建设方面也有一套既定战略。该公司的智能油田项目的主要目标是通过及时掌握生产状况，提早进行高效井下作业、全油田优化、降低

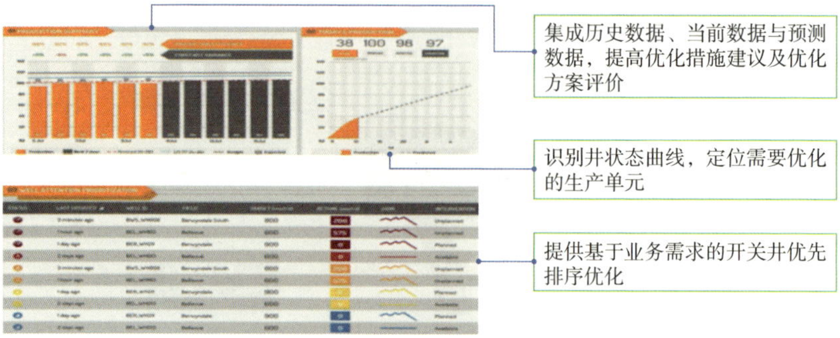

图 2-10　昆士兰天然气公司的生产优化应用

作业成本，以及通过远程监控与报警强化安全措施等来提高油气采收率。为了实现以上目标，截至2012年，该公司采用物联网技术，在所有新老油田部署了永久性井下和地面传感器，以便实时监测油藏动态。这样可以及早发现可能影响采收率的任何油藏动态变化，及时、高效地采取相应的补救措施。

沙特阿美石油公司的智能油田开发框架主要分为四个层面：监控、集成、优化和创新（图2-11）。监控层面连续、实时监测与生产和注入相关的信息，并统一管理和处理；集成层面通过构建一个一体化实时数据处理平台，不间断地对实时生产数据进行分析，以监测储层动态趋势及异常情况。从而以创新的数据处理和知识管理流程，对全油田进行动态优化。沙特阿美石油公司在Qatif、Hardh-III和Abu Hadriya-Fadhili-Khursaniyah等新油田实施智能油田项目，通过及早采取措施来优化生产和延迟水淹时间，使得油田管理达到了更高的优化水平。从而提高了扫油效率和采收率，使采收率大大超过以前的水平。

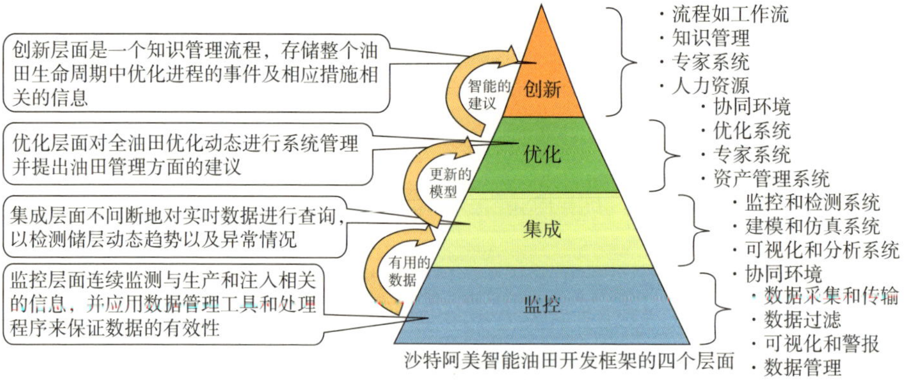

图 2-11　沙特阿美的智能油田开发框架

2.3.9 伍德赛德石油公司的数据分析服务平台

澳大利亚伍德赛德石油公司搭建了先进的数据分析服务平台，帮助工程师确定和分析预测在生产作业过程中出现的数据信息，为公司的生产监控提供了一系列先进的分析方法、技术和工具，为生产运营提供科学的、可靠的数据分析模型，平台可视化工具使伍德赛德石油公司具备的管理运营提供预测性洞察力。重点预测设备故障和过程控制，能够拓展开发并提供更为高级的分析服务，如外部管道腐蚀、海底钻井、物流等（图2-12）。

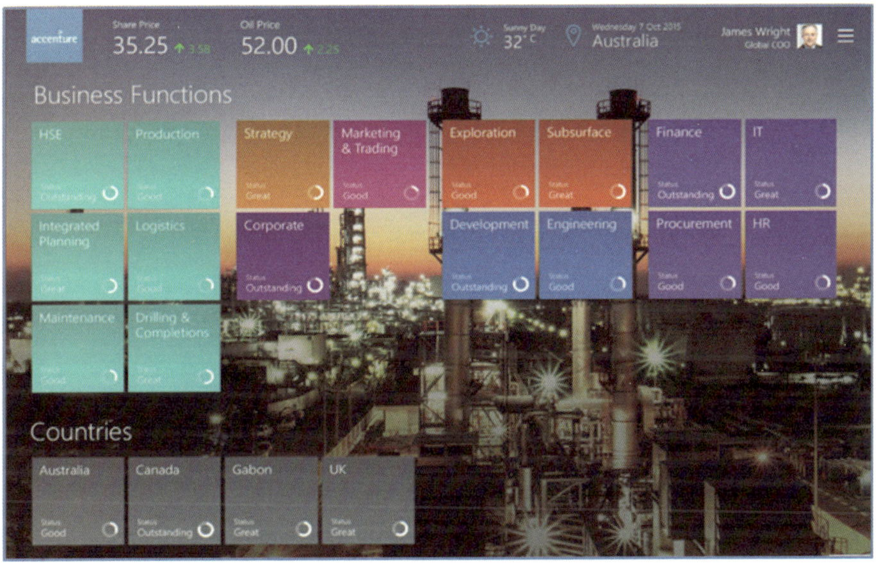

图 2-12　伍德赛德石油公司的数据分析服务平台

其核心技术如下（图2-13）：

（1）集群与网络分析。1000个传感器集群实时监测设备运行状态。

（2）数据质量分析。采用6-SIGMA分析方法分析处理1000个传感器集群数据。

（3）文本挖掘。采用大型数据库存储标识资产细分的关键内容，早期采用SPARK大数据处理分析。

（4）生存分析。建立风险资产排名提醒标识疑似“不良资产”。

（5）贝叶斯置信网络。创建贝叶斯置信网络推理分析关键生产目标的关系，可建立5000个生产模型。

（6）机器学习。应用尖端的机器学习算法建立3500个模型，预测分析公司生产运营数据。

图 2-13 伍德赛德石油公司的数据分析服务平台核心技术

2.4 中国油气行业信息化历程和建设成就

2.4.1 油气行业信息化建设发展历程

油气行业信息化发展历程就是以计算机技术为代表的信息技术在石油工业中的应用普及的历程。2000年以前的企业信息化基本上是以计算机的应用推广为主线，进入21世纪以后，企业信息化因为越来越受到重视而逐渐发展壮大成一个相对独立的业务领域，在实践过程中不断积累开始形成一些信息化自身的方法论。随着智能化时代的到来，信息化已经成为油气工业发展的引导力量。

1）模拟地震仪应用阶段（早期—20世纪70年代）

油气作为一种自然资源，深埋地下数百米到数千米，无法直接看到或者获取，需要借助各种油气勘探的间接手段去寻找和探查。通过采用各种勘探手段了解地下的地质状况，认识地下生油、储油、油气运移、聚集、保存等条件，综合评价含油气远景，确定油气聚集的有利地区，找到储油气的圈闭，并探明油气田面积，搞清油气层情况和产出能力，这中间所有的人工判断都是基于油气勘探获取的深埋地下的资料展开的，没有勘探手段获取的地下数据，就不可能取得对地下情况的认知。因此，油气工业的发展史几乎也就是各种勘探手段的进化史，其中最有效、最成功的勘探方法就是地震勘探法。

地震勘探是近代发展变化最快的地球物理方法之一。它的原理是利用人工激发的地震波在弹性不同的地层内传播规律来勘探地下的地质情况。在地面某处激发的地震波向地下传播时，遇到不同弹性的地层分界面就会产生反射波或折射波返回地面，用专门的仪器可记录这些波，分析所得记录的特点，如波的传播时间、振动形状等，通过专门的计算或仪器处理，能较准确地测定这些界面的深度和形态，判断地层的岩性，是勘探含油气构造甚至直接找油的主要物探方法。早期的这个勘探过程都是使用的模拟仪器，得到的反射地震波不是数字记录，而是描绘在纸质带上的波形曲线，通过对这些波形曲线的分析处理，计算油气层的埋藏深度和构造形态，这些计算手工无法完成，必须借助计算机。因此，油田企业最早利用计算机的领域就是地震勘探。

早在20世纪60年代初大庆石油会战时期，在石油系统成立了第一个计算室，引入了国产103等第一代通用计算机，运算速度为每秒1500次，并配备了磁鼓等外部设备和大型电模拟设备，这实际上是一种专用模拟式电子计算机。同时，集中了从各大院校来的数十名计算机专业高才生，这个阶段，主要是改变思想、积蓄力量、培养各方面的人才，实际计算成果还比较少。

60年代，大庆会战胜利后，国内研制出了每秒运算百万次的计算机，同时研制出数字化地震仪，如野外多道瞬时浮点模数转换器、磁记录器和监视系统、模拟磁带地震仪、磁带回放仪。

这段时间生产上仍是以模拟技术为主，主要用于地震信息的采集和处理。

2）模拟技术向数字技术过渡时期（20世纪70—80年代）

20世纪70年代是我国石油工业应用计算机的发展期。150型百万次计算机成套软件、硬件研制成功，促进了应用计算机进行地震信息处理的热潮，西安石油仪器厂研制的模拟转换输入机和多边地震显示仪也为模拟磁带进行数字处理创造了条件。江汉国产121机地震处理系统的研制成功，启发和促进人们大、小型机共同发展的思路。在此基础上，除150系统外，121（每秒3万次）、108（每秒6万次）、TQ16（每秒10万次）等多种机型相继被开发出来，并投入应用。此后，通过国家各方面的支持和有关方面的努力，又成功地从法国引进了百万次级的CDC1724大型机，从美国引进了4台雷声1704小型机，也从展览会购置了法国IRIS60机，从而使我国主要油田和勘探系统基本上有了自己的处理系统。

70年代中期正是利用模拟地震资料进行数字化处理而发现了日产千吨以上的高产任丘油田。这不仅在理论上，而且在自身的实践上证明数字化的有效性；油田的发现又有力地促进和加快了数字化进程。

与此同时，原石油部也开展了计算机人才的培养，除充实了有关与计算机相关专业毕业生外，对非计算机专业的毕业生和业务人员进行地震数字处理的专业培训，部分骨干利用国外购买机器的机会进行了国外培训。这样通过理论教学和具体实践，各油田也就有了一批从事计算机应用的业务骨干，为计算机在地震数据处理和其他方面的应用创造了条件。

3）计算机技术全面推广，企业信息化起步（20世纪80—90年代）

进入80年代，计算机在石油工业领域进入了全面推广阶段，由先前主要以地球物理勘探为主，逐步向油气开采、测井、地面工程、石油装备、经济管理等多领域渗透。在此阶段，计算机的应用主要以面向油田核心专业的科学计算为主，主要采用软件的引用、消化、开发、应用等方式。

在地震物理勘探方面。80年代是计算机在石油勘探开发上的全面推广时期，在采集和处理全面数字化的基础上，地震数据处理方面的研究、开发和应用有了进一步的加深，发展了以三维处理为代表包括各种专门处理和图形显示的软件，如模拟地震测井、VSP、AVO技术和横向预测等，各主要油田都扩充了相应的处理系统，引进了IBM3083、CDC、VAX11/782、PE3284，同时国内也研制出了银河超级计算机地震处理系统及KJ8920大型机地震处理和油藏模拟系统。这些系统都具有能力很强的处理软件，这大大提高了地震处理的水平和效果。据统计，1987—1989年地震野外采集工作量增加了13.5倍，处理能力提高了24倍，处理工作量增加了2.5倍，已达到年处理二维资料22万千米，三维资料5000平方千米的水平。

在测井资料和遥感资料的处理解释方面。在此阶段，实现了深层（5000米，甚至更深）、高温（≥350℃）、高压（>500大气压）下各种测控仪器（电、声、放射性等多种方法）的小型化、数字化，并能高可靠地长时间作业。地面仪器进行计算机综合处理和解释。有了比较配套的、适应各种地层特点的勘探测井和生产测井系列，有了引进的和自制的地面处理仪器；在软件上既引进了国际先进的处理软件，也完成了自己研制的在各种大、小型计算机、工作站、微型计算机上的系列软件，既能批处理，又能交互处理。不仅可以完成多种单井测量和解释，而且结合地震等资料可以对整个油气藏进行三维空间油气藏描述。遥感资料处理技术快速进步，1980年我国引进了IIS101卫星图像处理系统，以后随着业务的发展又续添和扩充了相关设备和软件，从而使这些系统既可以输入处理各种LANDSAT、SPOT等卫星遥感磁带，也可以处理航空胶片或扫描输入的其他地质地球物理和地形信息，同时可以输出多种彩色或黑白胶片成果，对各种影像可以有效地进行信息分类和影像改进。经过在南疆塔里木盆地、柴达木盆地和滇黔桂地区等应用，遥感资料处理结果在大地构造的划分、油气有关的线型、环型等构造或异常的发现识别等多方面得到应用。

在油气方面，通过微型计算机技术的引进，油田开发充分利用了其易开发、易利用的特点，首先开发了各个油田、各种模式的生产趋势预测软件。变经验预估、少量数据预估为大量数据预测，预测精度大为提高。为了更好地了解、掌握整个油气田的开采开发（从微观到宏观）动态，科学地选择多种开发方案并预测其后效，采用了油气藏数值模拟技术。期间，油气开发软件主要依靠引进。我们根据中国油气田的特点，从美国引进了黑油模拟、裂缝模型、多组分模型、热采模型及其他一些工具软件，经过消化、吸收和改进自主设计软件，使油田开采和开发有了系列软件，使我们在油气藏模拟技术上达到了国际水平。

在石油经济方面，80年代初由于海洋石油对外合作的需要，在联合国跨国公司的协作下，发展了对外合作的各种合作分成经济模型，由此引进和根据我国特点改进的“现金流动模型”，对多个合作合同进行了上百个方案计算，有力地辅助企业进行正确决策。在经济评价等方面，软件应用比较广泛。另外，在油田整体规划优化等方面也做了有效的探索和尝试，在宏观上对国际油价的影响因素和预测也进行了系统的研究，并研制了油价预测模型和软件。

4）数据库与网络兴起，企业信息化发展（20世纪80年代中期—90年代）

开展了大型数据库和全国油田专用网的建设。开始以CYBER720机为基础，对引进的DMS170网状数据库管理系统进行研究。开展了勘探开发数据标准化和建库模式的初步研究。DBASE II和DBASE III的大规模推广应用给数据库技术大规模推广应用创造了物质条件和人员条件。

除勘探开发以外，其他各种专业的数据库也蓬勃兴起，不论是在油气资源评价、钻井工程优化参数工作方面，还是在计划、财务、人事、教育、劳资专业管理、生产调度等管理方面，都形成了数据库应用热潮，建立了各种MIS系统，主要用于统计报表、公文打印及预测、评估和辅助决策等方面。在此阶段，受我国石油系统管理体制和管理模式影响，各专业数据库系统都是采用垂直推广应用模式。在数据库系统开发初期，由采油厂级进行各种MIS系统的开发，随着专业MIS系统的应用，相同专业的不同MIS系统的数据、报表不统一的问题凸显出来，为此上级部门通过统一开发、向下推广方式，统一本专业上、下各层级的MIS系统。各种MIS系统形成了一个个信息孤岛，数据库标准化问题急需解决。

与此同时，石油工业适应自身分散、僻远的特点，通信网络有了很大发展。80年代，除以微波干线（先模拟后数字）为基础外，还增加了卫星通信、光缆和各种蜂窝式移动通信、一点多址、甚高频特高频等多种无线通信手段，为计算机联网提供了有利的介质。在河北固安县建成卫星中心站，分布于各主要油田的17个大型地面站投入使用。80年代初，建立了石油通信网，主要用于点对点数据传输，传输速度最初只有1200—2400bps，逐步提高到64kbps，传输的内容以文字为主。80年代末，开始局域网的建设，LAN之间还构成了区域网，如胜利油田计算中心以DECent为主，石油勘探研究院在多机种网上同时运行DECent和TCP/IP两种协议。

5）大规模数据集成，数字油田建设萌芽（20世纪90年代中后期—2010年）

随着各专业信息系统的广泛应用，各系统之间数据无法共享的现象愈发突出，数据孤岛的问题也越来越严重。同时，前期的各种专业应用软件基本上是专用软件，软件重复开发，模块相互无法集成。这些问题催生了企业信息化的顶层设计。进入21世纪，国内三大石油公司开展了中、长期IT规划。设计了专业数据库（数据银行）及应用系统，选定了基本数据建设平台，初步建成集团公司、主要油田两级共享数据库，开发了勘探、开发、计划、财务、劳资、科技、物资等生产经营管理系统。中国石油国家油气勘探软件工程研究中心研制的地震数据处理软件GRISYS和地震资料综合解释软件GRIStation在国内各油田得到推广应用。发布了石油综合信息服务系统，为各石油公司内、外部信息资源的利用提供界面统一的信息发布平台，为各公司、各专业、各级管理人员和科技人员提供信息服务和辅助决策支持。在办公自动化方面，各油公司统一了办公自动化和电子邮件平台，开发并推广了事务处理、公文处理等基本办公软件，实现文档一体化管理，形成石油总公司、油田（企事业）两级集成的办公自动化环境。在经济信息系统方面，由国家信息中心组织建设了国家宏观经济信息系统的石油分系统，主要包括了石油企业与产品信息系统、石油经济法规信息系统、石油经济运行监测信息系统、石油宏观经济预测信息系统等。

在总部层面，中国石油建立了“能源一号”电子商务网站，中国石化建成了覆盖所有企业的ERP系统。各油田企业纷纷开展数字油田建设，中国石油新疆油田多次组织全国性数字油田会议，大力推动了新疆油田的数字化油田建设实践。中国石化胜利油田承担了国家数字油田的攻关研究课题，结合生产实际取得了一系列先进成果。

不少油田遵循各石油公司总部的IT战略规划，纷纷开展了更为具体的IT建设，“数字油田”的提出为实施IT战略指出了较为系统的架构。“数字油田”是全面信息化的油田，是油田企业的信息基础设施和企业生产管理的基础信息平台，是指以信息技术为手段全面实现油田实体的数字化，其建设内容主要是通过对油田实体的数字化，建立数字盆地、数字油藏、数字井筒等应用系统，“数字油田”涵盖了油田生产系统信息化的全部内容。新疆油田、塔里木油田、胜利油田等根据自己的理解和业务现状提出了各自的“数字油田”体系架构。如新疆油田的“数字新疆油田”框架体系主要包括基础设施、数据中心、应用平台、企业集成、安全体系和标准体系六大系列。

随着网络通信技术的发展，“数字油田”体系架构的内容还在不断丰富和发展，物联网、云计算等新的思想和概念也被溶入新的“数字油田”体系中。胜利油田提出了智能化、数字化、综合化、个性化的“数字油田”方案，利用移动通信网络将实现油田各单位的移动办公、野外施工数据上报与信息查询、电力无线抄表、电力配网自动化、油井监控、油田注水监控、油气集输管线监控、气象数据远程传输、油田社区热力监控、GPS 车辆移动定位等。

总之，“数字油田”的实施，使油田数据采集扩展到油田企业的每一个角落，数据量快速增长，数据之间的关系错综复杂。“数字油田”一个最明显的特征就是，数据成为油田开展生产、科研、经营管理的基础，成为油田企业的最具有核心价值的资源之一。采用一套科学合理的方法，对油田数据资源进行规划、管理、应用，对提升油田企业的竞争力，具有重要而深远的意义。

6）企业信息化集中集成，从数字油田走向智能油田（2010—现在）

互联网的快速发展，改变了整个社会的组织形态和人们的生活方式，有力地推进了信息技术的普及，数字化、移动化、网络化已经成为新常态。数据的积累引发了人工智能的大潮，各种人工智能技术纷纷进入生产环节的不同场景，从而引发了智能油田建设的新浪潮。中国石化、中国石油、中国海油都在不同层面上开展了智能化建设应用实践，已经看到了不少初见成效的应用案例。

2.4.2 油田企业数据治理概况

信息化时代的到来，一方面让人们认识到了数据的价值，数据是信息化时代的“石油”，另一方面也为数据爆炸所带来的庞大数据而苦恼。数据治理日益成为油田企业信息化发展的重要课题。

在数据建设初期，各油田、各专业在MIS系统的基础上进一步开展了生产经营数据库系统统一标准建设工作。从“八五”开始，中国石油开始着手研制总公司范围的油气勘探开发数据库模型，先后发布一系列标准，包括：

（1）《油田开发数据库表结构》（SY/T 6184—2000）。

（2）《气田开发数据库逻辑结构》（SY/T 6329—1997）。

（3）《石油及天然气探井数据库数据文件填写规定》（SY 5311—1987）。

（4）《石油勘探数据库文件格式》（SY/T 6239—1996）。

（5）《油田开发数据库文件格式》（SY/T 6184—1996）。

上述标准的发布与实施，是我国石油勘探开发数据库建设标准化良好的开端，对后续油田数据库建设起到了重要示范和指导作用，推动了油田数据库系统化、标准化的建设。

中国石化在“九五”期间，分专业、按照不同的需求方向开展了包括勘探、开发、采油工程、钻井、地面建设、物资供应、技术检测、综合管理八个专业的“八大数据库”的建设，并同时开发建设了相对应的八个专业业务信息系统，形成了总部、油田分（子）公司、采油厂三级分布式数据管理体系。在油田综合业务数据集成管理方面，完成了油田综合业务集成数据库设计和油田综合业务数据库平台系统的软件开发。

同时，为了实现油田勘探数据和开发数据的集成管理，引进了数据银行技术。数据银行技术在集成化数据资源管理中占有非常重要的地位。“Petro Bank勘探开发数据银行”系统，是专门针对油田勘探开发各种技术数据存储管理的多用户解决方案，由PGS和IBM联合开发，2001年1月2日，哈里伯顿和兰德马克向业界宣布收购PGS数据管理业务——Petro Bank。Petro Bank建立在自动带库存储系统之上，利用TSM存储管理系统实现对自动带库的操作与控制，通过公共关系数据库和多级的安全管理机制，为用户提供了快速存取数据的手段。1999年，东方地球物理勘探有限责任公司引进了中国第一个石油数据银行系统Petro Bank系统。为了适应中国石化西部新区勘探开发事业快速发展、数据量日渐庞大的需求，以及安全、有效地存储与使用所取得的勘探数据资源，从2003年下半年开始，中国石化西部新区勘探指挥部经多方调研论证，分步引进了IBM3494自动带库存储系统和Petro Bank。到2004年7月底，西部新区“Petro Bank勘探开发数据银行”系统对叠后地震数据已经加载了23个二维工区和3个三维工区，存储的数据总量达到1774GB，并有相同数据的拷贝存储。

由于大量国外应用软件的引进，也开展了数据标准的国际接轨方面的工作。

早在1990年，BP Exploration、Chevron、Elf Aquitaine、Mobil、Texaco Inc五大石油公司发起成立了POSC（Petro-technical Open Software Corporation，现在定义为Petro-technical Open Standards Consortium，Inc.），其目的是解决石油勘探开发软件集成化方面的标准问题。POSC于1994年推出了POSC标准，即POSC SIP（Software Integration Platform）1.0版本。1995年，在POSC推出SIP 2.0版本，2000年发布Epicentre V3.beta。中国石油从1993年开始关注POSC的发展，1994年，在石油地球物理勘探局成立了PSP实验室，对POSC标准开展了全面分析、研究。1996年，中国石油开始“九五”重点攻关项目“石油勘探开发应用软件工程化与集成技术”的研究与开发，并把该项目列入总公司“九五”十大重点项目。1998年初，中国石油正式加入POSC组织。POSC组织的工作逐步由以软件标准为中心发展成为以数据标准为中心。POSC SIP由七个标准组成：基础计算机标准、Epicentre数据模型、数据存取与交换（DAE，Data Access and Exchange）、数据交换格式（PEF，POSC Exchange Format）、E&P用户界面风格指南（UISG，User Interface Style Guid）、应用程序间通信（IAC，Inter-Application Communication）、石油工业计算机图形元文件。到2000年时，被各石油公司认可的只有Epicentre数据模型，随着Internet的普及应用，POSC将工作重心转移到基于XML的数据集成标准上，推出POSC能源电子标准，发布了各种基于XML的数据交换标准，如通用数据交换标记语言PEFXML、井场信息交换标准标记语言WITSML、油气生产标记语言PRODML、油藏数据交换标记语言RESQML。

经过多年的持续建设，油田主题数据管理和应用比较成熟。中国石化“八大数据库”，中国石油“开发数据库”“勘探数据库”，均是应用已经比较成熟的专业数据库。同时，也存在各种项目数据库。包括Find、Geoframe等应用软件，都有独立的数据库，是应用软件专用的数据库。为指导油田数据库建设和应用，发布了系列数据库相关标准。在专业数据库的建设过程中，开发了大量的应用软件系统。这些应用软件系统在油田生产、管理、科研中发挥着重要的作用。

随着信息技术的发展，企业的信息资源已经包含了更加丰富的内容，企业信息化建设，除信息基础设施和传统的企业数据库外，企业的法律、新闻、文化、娱乐、员工之间的沟通（电子邮件、聊天、讨论等）等都通过网络形成了企业信息，物联网、云计算将加速这类信息的增长。

传统的油田数据库是围绕油田专业开展建设的，随着各石油公司业务的拓展，油田数据库建设出现了新的需求，主要体现在以下方面：

（1）建立业务驱动的数据资源建设模式。

所谓业务驱动，有两方面的含义：

①从实际业务入手，通过分析勘探开发业务流和数据流，建立勘探开发一体化的数据模型，实现数据集成与共享，支持跨专业的综合应用。一般的数据库应用项目都是依据业务开展的，满足业务需求。

②业务人员主导的业务定义。大部分数据库系统的项目都是以IT人员为主导的，通过IT人员向业务人员咨询和调研后，根据获取的信息，由IT人员进行业务建模、分析和设计。而业务人员主导的业务定义则是业务人员根据自己直接进行业务建模，描述业务的活动、业务中需要的数据、数据处理的方式、提交的结果数据、与其他业务间的协调等。由于业务人员对业务内容非常熟悉，因此可以准确地表达业务的内容。同时，业务人员自身是业务的执行者，因此在实际运行过程中，可随时调整业务。在建模和运维过程中，业务人员不必依赖IT人员，可独立完成业务建模。IT人员成为辅助、支持角色，通过提供技术实现业务。

（2）建立跨专业的油田级的数据资源中心。

在专业数据库建设期间，数据共享主要在专业公司内部进行，部分更全局性的数据库如勘探数据库，仅局限于部分专业公司之间针对上级主管部门完成成果资料的统一管理和共享。但随着各专业公司之间的业务关系逐步向市场化转变，尤其是近年来国内油公司大规模向海外拓展业务，专业公司之间业务合作中，合同成果的汇交逐步由纸质文档向电子文档全面转化。要实现资料跨专业流转、管理、共享，需要建立跨专业集成的油田统一数据资源中心。因此，需要业务驱动，开展数据资源规划，建立新的全局性数据模型，在此基础上，建立油田级数据资源中心。

（3）吸收国内外先进的数据资源建设成果。

在国内，已经建立了大量的专业级数据库，如中国石化的“八大数据库”，中国石油的“勘探数据库”“开发数据库”，还有各油田专业分公司的数据库系统，这些数据库通过长期运行、完善，贴近业务需求。在国际上，发布了PPDM和POSC Epicentre数据模型，它们是跨专业的集成数据模型，其中POSC Epicentre包含了大量先进的数据库建模思想。这些模型中蕴含了大部分油田数据需求，也是国内外油田长期进行数据资源建设成果的积累。继承这些成果中的知识和技术，避免完全重新开始，可节约成本，缩短开发周期，提高数据资源规划的水平。

（4）建立可持续发展的数据规划模式。

在专业数据库的建设期间，每一个数据模型的建设项目，都组织了大量的领域专家和计算机专业人员，通过业务梳理、模型设计、资料数字化、数据迁移、应用软件移植等工作，每一次项目的实施几乎都是从头开始，而且实现过程以计算机技术人员为主导进行项目的开发。油田业务总是在不断适应市场需求和新技术的发展，应用软件和数据模型不能适应业务的变化，导致业务人员放弃某些软件的使用。因此，从长远考虑，资源中心必须适应未来新的业务需求，数据资源规划必须具有可持续性，避免每次需求的升级都需要进行全新的设计。

为满足不断涌现的需求，实现“业务驱动、完整统一、国际接轨、持续发展”，就需要开展业务驱动的数据资源规划（DRP）工作。通过DRP重点解决：一是业务模型标准化问题，包括数据元素标准、信息分类编码标准、用户视图标准、概念数据库标准、逻辑数据库标准，这些标准都是针对数据定义的，强调了数据的标准化，缺少业务模型的标准化。基于业务驱动的思想，业务人员主导的业务定义，并不仅仅局限于梳理数据需求，在数据资源的采集、存储、传输、应用（或处理）等环境中同样需要业务驱动。没有标准化的业务模型或业务定义方法，很难在数据的全生命周期中，实现业务驱动。二是面向主题数据库，没能解决主题之间互操作、集成化问题，即主题库之间数据交换、主题数据库与数据资源中心集成等问题，它们之间是相互协同的，而不是独立存在的。

数据资源规划的范围是针对数据的全生命周期的，包括采集、存储、传输、处理等过程，其中数据模型的设计仅仅是数据存储中的一部分。通过在数据源的全生命周期中进行全面的规划，建立更加完整的方法体系。

2.4.3 油田企业信息化建设典型成果

1）中国石化信息化建设成效

中国石化长期重视信息化工作，始终坚持用先进的信息技术改造和提升石油石化传统产业。自集团公司成立以来，公司信息化发展总体上经历了四个发展阶段：一是分散建设阶段。2000年以前，公司信息化以企业分散建设、自主建设为主，重点建设了一些生产操作层面DCS系统、经营管理层面MIS系统及有关业务系统。二是集中建设阶段。2000—2007年，按照“统一规划、统一标准、统一设计、统一投资、统一建设、统一管理”的信息化“六统一”原则，公司自上而下进行了信息化的统一规划、统一建设，重点建设了ERP、MES、供应链与物流优化、加油（IC）卡等系统，信息化建设迈上了统一、集中的轨道。三是集中集成、深化应用阶段。2008—2015年，遵循“建用结合、以用为主”的工作方针，信息化工作重心从建设转向应用，在深化应用的同时，强化信息系统的集中集成，建成了经营管理、生产营运、信息基础设施及运维三大信息化平台，信息化工作步入了综合应用、集成应用的阶段。四是集成共享、协同创新阶段。2016年以来，集团公司积极落实“制造强国”“网络强国”等国家战略，以“智能制造”和“互联网+”新业态为主线，按照“统筹推进、融合发展，集成共享、协同智能”工作方针，全面推进信息化“421工程”建设。即建设四大平台（集成共享的经营管理平台、协同智能的生产营运平台、互联高效的客户服务平台、敏捷安全的技术支撑平台），建立两大体系（信息标准化体系、信息安全体系），健全一套机制（完善的信息化管理机制）。持续推动企业深化应用，以信息化培育发展新动能、打造竞争新优势，为公司持续健康发展提供更加有力的支撑。

从三大平台到四大平台，不仅仅是数量的增加，更是建设模式的重大变化，从原来关注企业内部管理到走出企业去关注产品消费端的客户，从而首次实现了产品生命周期的信息化闭环管理，即从原材料采购（外部客户）、产品加工生产（企业内部管理）到产品销售（外部客户）这样一个从外部来再回到外部去的循环，从面向生产过程的内向型管理变为面向客户的外向型管理，第一次在系统层面把市场和生产密切联系起来，推动流程工业向着柔性制造迈出了重要的一步。

截至2017年底，公司信息化“421工程”顺利推进，经营管理、生产营运、客户服务、技术支撑四大平台功能更加完善，系统集中集成度进一步提高，信息化综合服务能力显著提升，公司信息化发展更加符合新形势、新环境、新挑战，整体水平持续保持在央企前列。通过持续有效的信息化建设和应用，信息化已深入渗透到各个管理领域和业务环节，全面提升了人、财、物等重要资源集约化管理水平，提高了上、中、下游各板块的生产质量和效率，有效促进了公司经济效益、竞争能力和可持续发展能力的提升，成为公司改革发展和转型升级不可或缺的重要支撑（图2–14）。

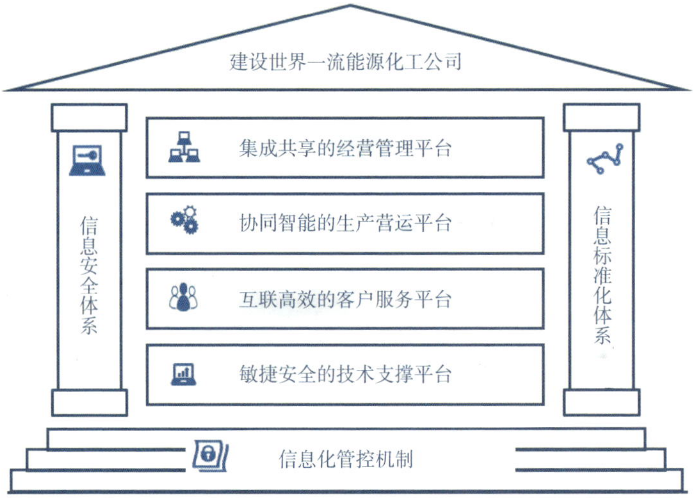

图2–14 中国石化信息化“421工程”

中国石化“两化”融合工作成效得到了国资委、工信部等国家部委的充分肯定。2012年，集团公司被工信部评为“国家级两化深度融合示范企业”；2014年，集团公司获评中央企业“管理信息化专项提升先进单位”；2015年，集团公司获评全国石油和化工行业“两化融合创新示范奖”；2016年，集团公司推进“两化”融合、打造新型能力的典型做法荣获“第二十三届全国企业管理现代化创新成果”一等奖；2017年，集团公司被工信部评为“2017年度两化融合突出贡献单位”。

（1）以ERP为核心的经营管理平台更加完善，促进了管理创新，提升了集约化管控、规范化管理水平。

ERP系统推广应用，支撑了体制机制改革。在股份公司和资产公司122家单位推广了ERP大集中系统，在集团直属单位完成了炼化工程公司ERP推广建设，完成了石油工程本部和5家试点企业实施。ERP大集中实现了与29套总部统建系统和企业自建系统的紧密集成，促进企业规范化管理水平进一步提高；配合专业化重组等体制机制变革，调整优化了润滑油、化工销售、油品销售等企业ERP系统；根据国家财税政策和财务、投资、物资等专业管理提升要求，对百余家企业ERP系统进行了完善优化。

全面推广了会计集中核算系统，实现了集团会计核算信息的实时集中与内部交易线上流程化管理，提高了合并报表的质量，提升了财务风险管控能力。构建了股份公司新报表体系，企业会计报表运算时间从4小时缩短为0.5小时；建成了财务专属模型、财务指标库和新报表工具，实现了国内、国际财务报告自动出具和指标化财务分析，支撑了财务管理和经济活动分析工作。

资金集中管理系统在集团公司境内外企业推广应用，提升了集团公司资金聚合能力和使用效率。建立了全球“资金池”、集团“票据池”，形成了“统一运作、统筹调控”的资金集中管理模式，资金集中度、统一筹融资比例达90%以上，“十二五”以来累计节约财务费用130亿元以上。

合同、HR、法务、审计等系统的推广应用，提升了风险防范能力。合同管理实现境内合同100%线上运行，在线运行合同近400万份；HR系统规范了薪酬管理，实现了从HR向ERP、会计集中核算系统的自动薪酬过账；法律系统实现了纠纷处理、中介选聘、合同签订等多种业务处理贯通；审计项目100%线上管理，有效支撑了全集团千余个审计项目的查证工作，促进了审计工作制度化、规范化和标准化，提高了审计工作效率。

工程电子招投标交易平台获得推广应用。直属企业上线率、必招项目上线率均达到100%，规范了工程采购招标投标行为，提高了招标投标监管水平，支持完成10000余个采购标段招标任务。中国石化电子招标投标交易平台已通过国家检测认证，并获得了最高等级“三星”证书。

建立了共享服务平台，支撑了多业务一体化共享服务。推广了费用报销系统，支持财务共享服务完成97家企业推广、人力资源共享服务完成25家单位试点上线，组建了IT共享服务中心。搭建了统一的全员网络学习平台，注册用户达到73万，每年可节省培训费用上亿元。

（2）以数字化、智能化为方向的生产营运平台建设加快推进，提升了企业生产运行管理和安全环保管控水平。

完善总部生产营运指挥、计划优化系统，提升了一体化管理水平。总部生产营运指挥系统全面升级，综合监控了上、中、下游重点探井、炼化装置、加油（气）站等的近6万类生产数据、20余万路现场视频，支持了跨板块业务的协同、资源优化配置及异常预警分析，为总部及时掌握生产动态、统筹调度、应急指挥提供了重要支撑。提升了计划优化系统，实现了炼化板块生产计划、原油配置的整体优化，"十二五"以来，累计增效40亿元以上。

推广了智能化管线、安全、环保等系统，提高了安全环保管理水平。智能化管线管理系统覆盖全集团3.4万千米管线，实时掌控原油、成品油、天然气等管线运行情况，实现了对1.5万余处风险隐患的分类分级管理，支撑了"总部–企业–现场"三级立体应急响应，提高了管线运行管理和风险隐患监管水平。安全管理系统在110家企业推广应用，实现了对风险管理、安全检查、隐患管理等12大类业务的规范化管理，提升了安全监管水平。推进环保管理系统建设，在炼化企业推广了污染源在线监测、泄漏检测与修复技术（LDAR）监控，实现了362个国控污染源全天候在线监控与分析管理，在油田企业102个勘探开发新区实现了环境敏感目标识别与分析，为绿色生产、降低排放提供了支撑，促进了绿色发展。

推进了油田企业生产数字化建设。推广了勘探开发源头数据采集系统，实现了勘探开发12大类业务数据的规范采集，实时反映了7万余口井的生产动态，满足了基层岗位数据与报表查询和局、厂级综合管理应用；完成了120个采油气区的生产信息化改造，推广了油气生产指挥系统（PCS），实现了设备运行状态实时监控、油水井远程启停，设备参数远程调控，提高了生产运行效率；在西南、江汉等8家企业完成了勘探开发业务协同平台（EPBP）推广建设，支撑了业务协同、数据共享，业务管控更加精细；建成了4个企业级数据中心，管理了4700多个区块（单元）的数据及成果资料，支撑了206个局、厂级重点应用系统，为18类综合研究主流专业软件提供了数据服务；加大自主知识产权软件研发与推广应用，初步形成了勘探、开发、工程、综合4大类24套软件产品目录。其中，油气综合解释系统（NEWS）有效支持了鄂尔多斯、川东北等地区油气勘探目标优选；钻井工程设计一体化系统（IDDS）实现了网上协同设计，完成近10000口井的设计任务；完成了智能油气田试点建设总体方案和云平台架构设计，普光气田入选2017年国家智能制造试点示范项目。

推进了炼化企业智能工厂建设。2015年，完成了镇海炼化、茂名石化、燕山石化、九江石化4家智能工厂试点建设，初步建立了数字化、网络化、智能化的生产运营新模式，4家试点企业的先进控制投用率达到90%以上，生产数据自动化采集率达到95%以上，生产优化从局部优化向一体化优化、在线优化转变，重点环境排放点实现100%实时监控与分析预警，企业的能源优化、节能减排、安全环保、科学决策水平显著提升，促进了提质增效、转型升级，推动了内涵发展和可持续发展，2015—2017年，九江石化、镇海炼化、茂名石化3家试点企业先后被工信部评为智能制造试点示范项目。2017年，完成了智能工厂2.0版方案设计，成功研发出智能制造工业云平台——“石化智云（ProMACE）”，开创了“平台+服务”的工业互联网应用新模式。生产执行系统（MES）在炼化企业全覆盖应用，共有1500余套装置、19000个储罐、28000万个能源节点纳入MES管理，规范了装置、计量、仓储、调度、统计等26个标准业务流程，实现了生产过程在线管理和业务协同，为生产调度指挥、班组绩效考核等提供了有力支撑，促进企业降低能耗2%，“十二五”以来累计增效36亿元。完成操作管理系统在11家企业的推广建设，装置操作平稳率平均提高2%，操作合格率保持在99%以上。先进过程控制系统（APC）在196套生产装置中推广应用，提高了装置运行平稳率和目标产品收率，“十二五”以来累计增效33亿元以上。在9家企业推广了能源管理系统，2017年通过能源在线优化，实现增效6000余万元。实验室信息管理系统（LIMS）全面应用，规范了分析业务流程，统一了质量管理标准，建立了近万种分析方法，可实时对近30000个质量监测点进行监控，提升了产品质量管理水平。

销售企业全面推广了加油卡、零售管理、物流优化等系统，提升了市场开拓能力。加油卡系统覆盖全国31个省市，联网加油站30000余座，实现了“一卡在手，各地加油”，累计发卡量突破2亿张。零售管理、非油品管理系统提升了基层油站精细化管理水平，经营数据上报及时率、准确率达到99%；非油品管理系统覆盖了20000多家易捷便利店，支持了总部统采统购管理，支撑了新业务快速拓展。推进物流管理系统建设，成品油一次、二次物流系统规范了物流配送管理流程，实现了总部、企业和承运单位间的业务协同、资源优化，有效降低了物流成本费用，提高了物流运营精细化管理水平。

推进了科研、工程单位信息化建设，提升了研发管理、项目管理和工程设计水平。科研门径管理系统在5家科研院所试点应用，为科研项目量化评价、项目优选提供了重要支撑；知识管理系统在4家科研单位成功试点，建成了知识管理平台和勘探开发知识库，提升了知识服务能力。推广了远程技术诊断系统，700多名技术专家在线监控炼化生产装置运行状态，远程为企业生产一线把脉问诊，月均解决生产问题50余项。石油工程公司推广应用了钻井设计、轨迹控制、三维地质导向等专业软件，为钻井工程设计、安全生产、精准钻井提供了有力支持。炼化工程公司建设了集工艺、工程、三维工厂为一体的集成化设计平台，在元坝净化厂、天津乙烯、九江油品质量升级等大型工程项目中实现了数字化工厂设计，进一步提升了工艺设计效率和水平。

（3）积极推进客户服务平台建设，提升了拓市扩销能力，促进了商业模式、服务模式创新。

搭建了统一的电商和客户关系管理基础平台。建成了客户中心、商品中心、订单中心等14个共享服务组件；建设了“95388”统一服务热线，实现了物资采购、化工销售、加油卡、润滑油、燃料油等客户服务统一呼叫、统一受理。

建成了易派客、石化e贸等专业电商。“易派客”（工业品采购电商）注册供应商36000万家、线上采购商3800家，为内外部企业提供了一站式采购服务，2017年开通了英文国际网站，增加了定制采购、服务指数评价等业务，平台累计交易额突破了2100亿元；“石化e贸”（化工品销售电商）开辟了化销现货代理业务，建立了网上竞价销售方式，为客户提供了交易、信息、结算、物流等服务；基于统一平台建设了炼油销售电子商务。

基于统一平台建成了化工销售、炼油销售、燃料油、润滑油等客户关系管理系统。润滑油CRM实现了从营销策划到客户交易、物流跟踪的全流程线上营销服务，在线管理客户30000家；油品销售CRM完成了系统部署，并与微信、APP、网厅等前端入口实现了互联互通。

加强了微信、APP等线上营销融合应用。通过统一微信营销平台，油品销售企业实现了销售线上线下良性互动，改善了客户消费体验，截至2017年底，油品销售板块微信粉丝规模超过6300万，注册会员超过3400万，绑卡会员超过1400万，为打造差异化竞争新优势奠定了基础。

推进了统一支付系统建设。建立了多种支付结算方式，覆盖了B2B各类业务，实现了订单流与资金流的线上闭环，加强了在统一电子商务上的推广应用，2017年“易派客”统一支付交易流水超过了700亿元。

推进了供应链与物流系统建设。初步搭建了供应链与物流管理基础平台；完成了一体化现代物流系统整体设计，启动了华南区域成品油物流试点工作；完成了润滑油物流管理系统建设，实现物流业务网上竞标、产品流向跟踪等创新应用上线运行，促进运输业务成本降低2.47%。

（4）加强信息技术支撑平台建设，为公司信息系统安全、稳定运行提供了有力保障。

扩充了数据中心规模，提升了基础设施服务能力。总部数据中心部署服务器达到5000余台、存储总容量超过8PB；实现了ERP大集中、资金集中、加油卡等10个重要系统的异地配备；完善了数据备份集中管理系统，提高了备份数据的可靠性和安全性；建成了石化私有云，规模达56000多核CPU、8PB存储，支撑了易派客、智能化管线等300多个应用平稳运行。

提升了网络性能，网络运行稳定性和传输能力显著提高。主干网络覆盖147家境内外企业，总部及企业局域网达到万兆，主干网总带宽超过21G，在武汉区域中心试点部署了广域网流量优化系统，提高了ERP、资金集中等系统的访问效率；建成境内外13个网络区域中心，建立了总部和企业两层架构的综合网管监控平台，实现网络覆盖境内外所有企业；强化了互联网出口集中管控，关停江苏、湖北等地38家企业的所有互联网出口；对全网接入单位的主干网防火墙进行了国产化更新。

建成了统一的移动应用平台和IT运维平台。统一移动应用平台在总部和企业全面推广，移动办公、移动巡检、移动营销等新应用提高了业务协同和管理效率，提升了客户服务水平。统一邮件、统一通信和高清视频会议系统全面推广，提高了工作效率，减少了管理成本；搭建了统一的IT运维平台，实现了对总部统建的134套应用系统和信息基础设施的集中监控、故障预警和统一运维服务。

（5）进一步强化网络安全管理，提高了网络安全防护水平。

建立信息安全管理体系。初步建立了总部和企业两级信息安全管理组织，形成了风险评估、安全测评和通报预警的信息安全管理机制；组织总部机关、各单位签署重要信息系统网络安全责任书，逐级落实了网络安全责任。

加强网络安全建设。建设了网络安全运营平台，部署了国产防病毒、网络准入、防火墙、入侵防护、网站监控等系统，建设了统一身份管理、数字证书认证、入侵防护、网站监控、文档安全管理等系统，统一身份管理系统推广实现全集团70多万用户集中管理；开展了ERP、MES、资金集中、HR等系统应急演练；加强网络准入控制、防病毒、桌面安全管理的推广应用，系统安装率超过90%，有效保障了总部和企业终端设备安全。

加强网络安全管理与检查评价。推动事业部、专业公司和企业加强信息系统“三同步”过程管理、等级保护合规工作；对网络安全管理薄弱企业进行定向帮扶，指导企业排查隐患、协助整改；定期开展企业网络安全水平评价工作。

健全了网络安全保障与应急响应机制。完善了网络安全通报机制，建立了信息联络员制度，2017年共发布网络安全通报53份、下达整改通知书300余份；建立了应对重大网络安全事件的应急响应机制，成功应对了席卷全球的“勒索”病毒入侵，圆满完成了“两会”“十九大”等重要时期的网络安全保障任务。

（6）加强信息化统筹管理，进一步提升信息化综合管理水平。

加强了信息化组织领导。健全了信息化组织管理体系，落实了各级信息化管理职责；信息化领导小组研究决策了ERP大集中、信息安全、两化融合等重大信息化事项；党组领导牵头推动了ERP大集中、智能工厂试点、智能化管线管理系统等重点项目建设。

强化了信息化顶层设计和统筹管理。制定了中、长期发展规划以及共享服务、大物流、智能工厂等专项规划；规范了信息化计划管理流程，统一组织收集各方面需求，建立了集团信息化项目库，完善了由信息化领导小组审议年度计划和费用预算的管理机制。完成了“信息技术引领石化产业发展”

专题研究，制定了推进两化深度融合工作方案，统一实施了“深化应用创新创效行动计划”。

加强信息化制度体系、标准化体系建设。健全信息化制度体系和信息标准化体系，完善了ERP、智能工厂等应用模板；完善了财务、物料、工程材料、安全环保、客户服务等数据标准，支撑了海外业务应用；完善了云平台、信息安全等技术标准；提升了信息化标准系统功能，强化了数据标准与业务系统的集成联动。

加强了应用软件研发与推广。“十二五”以来，累计形成自主知识产权软件90余项，其中，资金集中管理系统、合同管理系统获得集团公司科技进步一等奖；以MES系统为核心的炼化生产营运管理平台套件填补了国内空白，实现了在中国石化以及神华、中煤、中化等企业的推广应用；“石化行业智能工厂解决方案”入选工信部“制造业与互联网融合发展试点示范项目”。

加强了信息化队伍建设。“十二五”以来，统一组织信息化培训11万余人次，其中高级管理干部600多名；组织了ERP、MES、信息安全、两化融合等竞赛活动，以及信息化专题交流、应用帮扶、示范选树、成果评选等活动，提升了广大员工的信息化技能和应用水平。信息化专业队伍规模达到6000余人。

推进了信息化深化应用。“十二五”以来，相继开展了应用达标、ERP登高示范、管理信息化提升、深化应用创新创效行动计划等活动，促进了企业信息化应用水平提升，公司整体信息化水平持续保持在央企信息化水平第一方阵前列。推进了企业“两化”融合管理体系贯标工作，截至2017年，全公司贯标企业累计达到42家，上海石化、天津石化等4家企业获评2017年全国“两化”融合贯标示范单位，在央企中名列前茅。

2）中国石油长庆油田数字化建设

长庆油田成立于1970年，是中国石油的地区公司，主营鄂尔多斯盆地油气及伴生资源的勘探、开发、生产、储运和销售等业务，工作区域横跨陕、甘、宁、蒙、晋5省（区），勘探开发面积约20万平方千米。

近年来，油气当量以年均500万吨规模增长，2013年突破5000万吨，2014年达到5545万吨，2015年完成5466万吨，实现连续三年5000万吨以上稳产。

（1）数字化建设思路。

长庆油田明确了“两高、一低、三优化、两提升”的建设思路。即建成高水平的生产管理系统，实现生产、管理、安全保障的高效率，坚持低成本发展思路，优化工艺流程、优化地面设施、优化管理模式，提升工艺过程的监控水平、提升生产管理过程智能化水平。

①高水平。建成井站实时数据采集、电子巡井、危害预警、智能诊断油井机泵工况、生产指挥的智能专家系统。将油田管理模式由传统人工巡检、“守株待兔”的被动方式，转变为通过数字化管理智能系统，实现准确分析、判断问题“精确制导”的主动方式。

②高效率。通过数字化管理系统的应用，提高操作人员的工作效率（人力资源的优化效率）、生产运行的管理效率、油气田开发的综合效率。

③低成本。从项目建设投资和运行成本角度综合考虑费用投入，坚持低成本发展思路。通过标准化设计市场化运作，在综合成本不上升的情况下实现数字化管理。

④优化工艺流程。在确保安全、环保的前提下，对工艺流程、生产设施简化、优化，降低建设投资，减少管理流程。

⑤优化地面设施。不追求单台设备的高水平，以系统的最佳匹配为标准，对站场关键设备进行优化。

⑥优化管理模式。精简作业区，取消井区，实行扁平化管理。按厂、区、站（增压点）三级管理模式：增压点、联合站等各类站场以监视、控制、操作为主；作业区以监视、调度、生产管理为主；采油厂以生产管理、优化分析、智能决策为主。实现增压点、联合站等各类站场对单井的日常管理，以及作业区对井组、油藏的重点管理，厂对油藏、油田的综合管理。

⑦提升工艺过程的监控水平。借鉴苏里格气田数字化管理系统的经验，借助数据采集系统和电子巡井系统对工艺过程进行24小时实时监视，对照历史数据和经验数据进行预警、报警。

⑧提升生产管理过程智能化水平。利用数据分析、数据整合、数据共享技术，结合各种数学模型、经验数据、专家系统，对生产管理过程进行智能化指导。

（2）数字化建设历程。

2000—2002年，以网络基础设施建设为主的起步阶段，主要是油田主干网络和各主要生产单位局域网建设。

2003—2007年，以管理应用系统为主的加速阶段，主要以造价、合同、电子商务等部门为满足各自业务需求，独立建设各自的信息系统。

2008至目前，以集成与深化应用为主的快速阶段，主要是加快数字化管理建设步伐，大力推进集团公司统一推广的信息项目建设，实现信息集成与一体化应用，支撑各项业务发展。

（3）信息化建设情况。

①信息化建设框架。长庆油田信息化建设形成了“三端、五系统、三辅助”的基本框架，支撑油田公司业务发展的信息化生产管理模式，从而达到“业务流与数据流相统一、行政管理与业务管理相统一”的一体化管理（图2-15）。

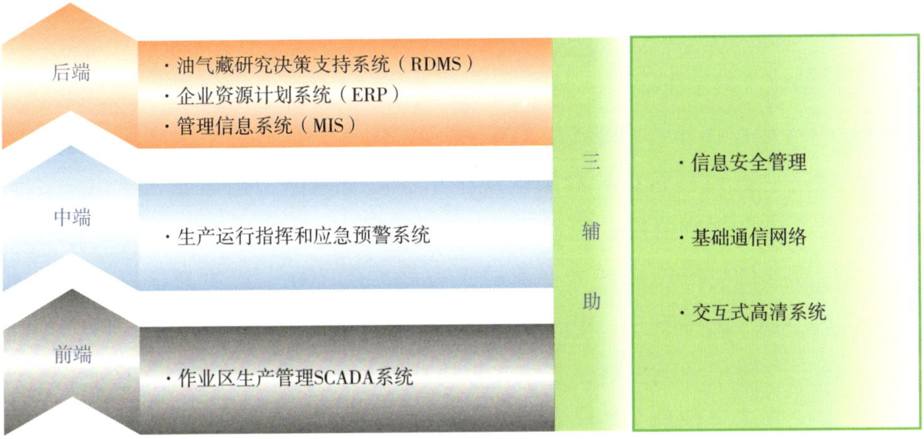

图2-15 长庆油田信息化建设框架

②总体蓝图。长庆油田以信息安全管理系统、交互式信息与高清视频会议系统为支撑，前端通过数据采集层和数据传输层实现了数据采集与传输，中端通过系统应用层实现了生产调度指挥、安全监控、应急抢险管理，后端通过油气藏经营管理决策支持系统、企业资源计划系统、管理信息系统实现业务协同（图2-16）。

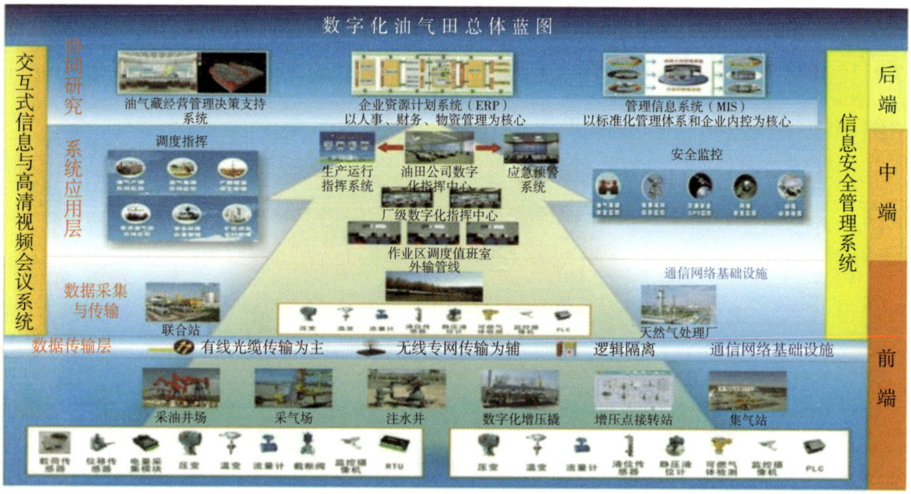

图 2-16　长庆油田数字化油气田总体蓝图

③ 前端建设情况。以基本生产单元过程控制为核心，以站（增压点、集气站、转油站、联合站、净化厂/处理厂）为中心辐射到井，构成基本生产单元。围绕“井、线、站一体化”“供、注、配一体化”，使油、气、水井与场站实现标准化、网络化、数字化。

④ 中端建设情况。中端数字化管理涵盖生产指挥调度、安全环保监控、应急抢险等生产过程管理。利用前端采集的实时数据，构建油气集输、安全环保、重点作业现场监控、应急抢险的运行指挥系统。

为提高整体生产指挥能力，建成了公司、厂（处）级生产指挥系统，该系统涵盖公司5大子系统、45个功能模块，厂（处）4大子系统、35个功能模块。同时，建成了苏里格、陇东、银川和延安四个区域生产指挥中心。

数字化变革了信息采集、传递、控制与反馈方式，传统的经验管理、人工定时巡检的被动方式转变为智能管理、机器实时巡检的主动方式。

通过作业区SCADA的预警报警，使油气泄漏、库容液位、超温超压等及时报警，风险隐患超前预警、及时消除，安全环保本质化水平大大加强。

⑤ 后端建设情况。以油气藏研究为核心，建成业务流、数据流、模型流相统一的油气藏研究与决策支持系统，实现油气藏实时监测、动态优化和及时调整。配套推进企业资源计划系统和管理信息系统的应用，提高油气田开发决策管理的科学化水平。

⑥通信网络基础设施。建成容量110GB的骨干传输光缆2342千米，构成了“两纵、两横、三环”的网络格局；建成支线光缆26021千米，形成“千兆到厂、百兆到作业区、十兆到井站”的网络架构。

⑦交互式高清视频会议系统。建成290个交互式视频会场，形成“集团公司–油田公司–厂（处）–作业区”的高清视频会议系统，成为主流会议组织形式。

（4）数字化建设效益。

①劳动效率显著提高。

2007年以来，逐步实现了由“一线向后勤、生产向生活、地面向地下、固定向移动、电脑向手机”的“五个延伸”，通过数字化管理的换挡升级，人均油气当量从339吨上升到772吨，单井综合用人由2.61人下降到0.86人。油气当量从2007年的2089万吨上升至2015年的5466万吨，但用工总数一直保持在7万人左右。

实现了单井电子巡井、井场数据实时采集、自动化控制和视频监控等功能。站场的数字化管理也取得了重要进展，增压站、接转站、联合站等的压力、温度、流量等控制实现了数字化，显现出强大的生命力。推行了数字化管理的西峰油田，也正是因为数字化的神奇魅力，实现年产百万吨，人员控制到了最低限。

苏里格气田在成功地实现了数字化管理后也产生了众多显著变化。实施数字化管理前人工巡井是3天巡井一次，实施数字化管理后控制平台可每5分钟电子巡井一次，巡井频率是以前人工巡井的800多倍；以前关井需要人工到井场上手工关井，时间少则几十分钟，多则几个小时，管理数字化后员工可直接在操作室实现自动开、关井，时间不超过几十秒。通过数字化管理平台，苏里格各开发单元实现了真正意义上的数据分析、数据整合和数据共享，结合各种数字模型、经验数据、专家系统，对生产管理过程进行智能化指导，大大提高了生产管理水平。

制定了8项管理制度、6项建设标准、4项技术规范、3项标准作业流程，共同构筑了数字化建设的标准体系。

形成了公司统一的数字化管理项目建设主要设备定型目录及控制价格体系和公司数字化管理标准造价体系，涵盖了从井场到站点的每个施工环节；

针对不同的工艺流程和数字化建设方案，完成了公司《长庆油田产建数字化管理标准设计图集》编制。

②助推劳动组织架构的转变。

一方面实现组织机构扁平化，在油田取消井区、集输队，采油作业区管理层级由过去的“四级”简化为“三级”；全面使用数字化增压撬和注水撬后，管理层级简化为“两级”；在气田推行无人值守集气站，构建形成了“作业区（监控中心）–气井”的生产管理模式，实现“两级”管理。另一方面与传统生产模式相比，前端数字化建设节约用工总数约1.8万人，大幅降低人工成本。

③助推生产组织和发展方式的转变。

数字化变革了信息采集、传递、控制与反馈方式，传统的经验管理、人工定时巡检的被动方式转变为智能管理、机器实时巡检的主动方式。

一体化集成装置、数字化抽油机等技术的应用，进一步促进了地面流程的优化、简化，提高了建设速度，有效控制了建设投资，促进了油田现代化。

自动定时投球代替人工投球、液位计大罐计量代替人工计量、撬装集成装置代替现场人工操作，减轻了工人劳动强度，减少高温高压装置的巡检、操作频次，降低操作风险；功图采集、智能视频闯入分析等技术促进了巡井方式的转变。

④安全环保风险控制和远程处置能力得到大大加强。

实现环境敏感区的输油泵、长输管道的远程截断控制，实现重点水域拦油坝、应急物资等基础设施的多级实时监视、统一应急调度。

通过作业区SCADA的预警报警，使油气泄漏、库容液位、超温超压等及时报警，风险隐患超前预警、及时消除，安全环保本质化水平大大加强。

⑤勘探开发协同一体化，大幅度提高工作效率和质量。

长庆油田的油气藏研究与决策支持系统（RDMS）建成了基础管理、数据服务、协同研究、决策支持、云软件5大平台，面向“两院、一中心、两所”开发了29个油气藏研究工作环境，研发了16个油气田勘探生产与动态分析决策支持子系统，建成了“1+4+1”配套设施（1个会审大厅、4个专业研究室、1个中心机房）。RDMS系统集成钻井、录井、测井、试油气、分析试验、储量、油气生产等18类专业数据库和5大类研究成果库，数据量达到10万余口井、2.7亿多条记录、12TB容量，海量数据是可视化集成应用的基础。开发的地质信息与图面作业系统（CQGIS）实现了图元导航、多类型数据快速获取与智能成图。

3）中国石油新疆油田智能油田示范项目

新疆油田是中国石油所属的地区油公司，总部位于新疆维吾尔自治区克拉玛依市，公司主要勘探开发领域为准噶尔盆地，油气总资源量107亿吨，其中石油86.8亿吨，天然气2.5万亿立方米。随着油田的不断发展壮大，勘探开发的范围从盆地西北缘逐步扩展到了全准噶尔盆地乃至整个北疆地区。截至2015年底，累计探明石油、天然气地质储量24.99亿吨、2017.5亿立方米，油气资源探明率分别为28.8%和8.1%。先后开发建设了克拉玛依、彩南、石西、石南、莫北、陆梁以及呼图壁、盆5、玛河、克拉美丽等35个油气田。2002年，公司原油年产突破1000万吨，成为中国西部第一个千万吨级大油田。1981—2008年，原油产量保持连续28年稳定增长。截至2015年底，新疆油田累计为国家生产原油3.42亿吨、天然气744.74亿立方米，连续15年实现安全环保无事故。

2001年，新疆油田公司正式提出建设数字新疆油田的目标，并从基础设施、数据建设、应用系统、标准规范、管理体系五个方面，安排部署了数字新疆油田建设工程的78项建设任务。

经过“十五”期间的档案资料桌面化、业务工作桌面化和新建油田桌面化“三步走”工程，以及“十一五”期间的数据正常化、系统集成化和生产自动化等主题年工作，于2008年底全面建成了数字新疆油田。

数字油田建设中，自主研发了87套计算机软件，有30套获得国家软件著作权。同时，还建立了6大类共344个信息标准的数字油田标准体系。数字油田的成果在油田勘探开发、科学研究、经营管理等领域得到了全面应用，为提高油田科研生产效率、促进油田快速发展发挥了积极作用。

为进一步提升油田信息化水平，2010年提出“由数字化向智能化管理迈进”的总体要求，计划用10年左右时间初步建成智能油田。

智能新疆油田建设简述为“8233工程”，即覆盖8个应用领域，建设2个管理中心，完善3类基础设施改进，提供3种协调工作环境。规划了12大类49

个应用系统建设项目，通过建立完善的油田数据应用体系、优化的决策分析模型、体系化的生产管理知识库，辅助油田管理和决策，实现数据知识共享化、生产流程自动化、系统应用一体化、生产指挥可视化、分析决策科学化，初步实现油田生产的智能化管理和辅助决策。

2011—2016年，智能新疆油田建设开展了重点项目的先导性研究及试点示范。目前，新疆油田信息化仍处于智能化建设的初级阶段，智能油田建设向优化融合及知识管理阶段迈进。

截至2016年5月，智能新疆油田建设已启动可行性研究项目12个，系统研发项目7个，目前风城油田物联网、单井问题诊断和优化两个系统已上线试运行。

2016年，新疆智能油田建设入选国家智能制造试点示范项目（图2-17）。

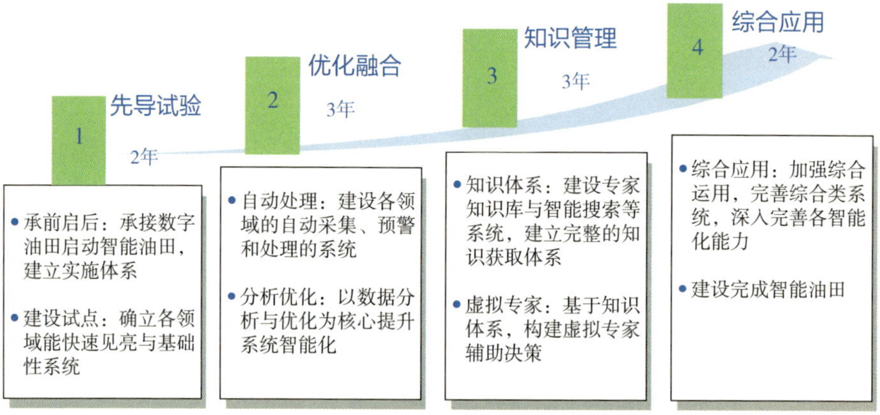

图2-17　新疆油田智能油田示范项目

2.5　中国特色的“两化融合”体系

信息技术走进千家万户、走进工厂企业、走进社会生活的各个角落，这是一个正在发生并将持续进行的伟大变革。在这条路上，各个国家、各个企业都有不同的选择。中国政府倡导并大力推进的“两化融合”的发展道路，契合中国企业文化的特点，发展卓有成效（图2-18）。

2007年10月，党的“十七大”报告提出的“五化并举”，即工业化、信

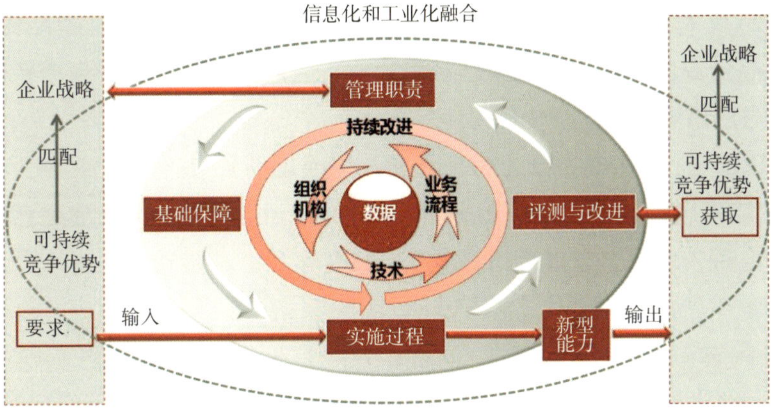

图 2-18 中国特色的“两化融合”体系

息化、城镇化、市场化、国际化的战略任务，正式将信息化列入“五化”，提出“两化融合”的概念——“大力推进信息化与工业化融合”，走新型工业化的道路。这是继2002年11月党的第十六次全国代表大会上提出“以信息化带动工业化，以工业化促进信息化”之后，对于我国新型工业化发展思路的继承和发扬。推进工业化和信息化的融合，是对信息化认识的逐步深入和提高。

国家的相关规划都对企业信息化提出了较高的要求，通过信息化和工业化的深度融合，实现结构调整、产业升级，改善企业在工业化经济中所存在的高消耗、高污染的问题，实现资源、能源的合理利用，以支持绿色、低碳的发展战略。

国家对信息化发展一直高度重视，多年以来制定并出台了一系列相关扶持和鼓励政策措施。

2.5.1 国家从政策层面大力推进信息化发展

《中华人民共和国国民经济和社会发展第十二个五年规划纲要》，在有关转型升级、提高产业核心竞争力的内容中，提出推动信息化和工业化深度融合，加快经济社会各领域信息化。包括构建下一代信息基础设施、推动物联网关键技术研发和在重点领域的应用示范、加强云计算服务平台建设、加强网络与信息安全保障。

国务院《工业转型升级规划（2011—2015年）》，在有关工业转型升级的重点任务的内容中提出坚持把推进两化深度融合作为转型升级的重要支撑，深化信息技术集成应用，加快推动制造业向数字化、网络化、智能化转变。全面提高企业信息化水平，推进从单项业务应用向多业务综合集成转变，从企业信息应用向业务流程优化再造转变。

工信部《石化和化学工业“十二五”发展规划》，在有关加强企业技术改造的内容中，提出推进先进过程控制系统的应用，普及实时在线产品质量成分分析系统，发展工艺流程仿真技术，优化调度、故障诊断，提高集约化生产水平。

2013年，工信部编制了《信息化和工业化深度融合专项行动计划（2013—2018年）》，提出了智能制造生产模式培育行动计划，并开展智能工厂的研究和试点建设工作，智能化成为未来行业两化融合发展的重点方向。

2015年3月，工信部发布《2015年智能制造试点示范专项行动实施方案》报告。报告中指出，自2015年起，聚焦制造的关键环节，在基础条件好和需求迫切的重点地区、行业，优先从符合两化融合管理体系标准要求的企业中选择试点示范项目，2015年启动30个以上智能制造试点示范项目；以智能工厂为代表的流程制造试点示范是重点示范之一，在石油、化工等流程制造领域，推进新一代信息技术与制造技术的融合创新，开展智能工厂试点示范项目建设，提升企业的资源配置优化、实时在线优化、生产管理精细化和智能决策科学化水平。

2016年12月，国务院发布《“十三五”国家信息化规划》，规划中指出“十三五”时期是全面建成小康社会的决胜阶段，是信息通信技术变革实现新突破的发轫阶段，是数字红利充分释放的扩展阶段。信息化代表新的生产力和新的发展方向，已经成为引领创新和驱动转型的先导力量。全球信息化进入全面渗透、跨界融合、加速创新、引领发展的新阶段。物联网、云计算、大数据、人工智能、机器深度学习、区块链、生物基因工程等新技术驱动网络空间从人人互联向万物互联演进，数字化、网络化、智能化服务将无处不在。推动信息化与实体经济深度融合，有利于提高全要素生产率，提高供给质量和效率，更好地满足人民群众日益增长、不断升级和个性化的需求；着力发挥信息化对经济社会发展的驱动引领作用，全面提升信息化应用水平。在“十三五”期间建立统一开放的大数据体系。全面推进重点领域大数据高效采集、有效整合、安全利用，深化政府数据和社会数据关联分析、融合利用，提高宏观调控、市场监管、社会治理和公共服务精准性和有效性。建立国家互联网大数据平台，构建统一高效、互联互通、安全可靠的国家数据资源体系。同时，完善信息化标准体系，建立国家信息化领域标准化工作统筹推进机制，优化标准布局，加快关键领域标准制订修订工作，提升标准实施效益，增强国际标准话语权。

2016年12月，工信部、财政部联合制定了《智能制造发展规划（2016—2020年）》，规划中指出智能制造是基于新一代信息通信技术与先进制造技术的深度融合，在“十三五”期间，国家对智能制造发展提出明确目标。2025年前，推进智能制造发展实施“两步走”战略：第一步，到2020年，智能制造发展基础和支撑能力明显增强，传统制造业重点领域基本实现数字化制造，有条件、有基础的重点产业智能转型取得明显进展；第二步，到2025年，智能制造支撑体系基本建立，重点产业初步实现智能转型。“十三五”期间，我国以面向智能制造发展需求，推动工业云计算、大数据服务平台建设。推动有条件的企业开展试点示范，推进新技术、产品及系统在重点领域的集成应用。加大智能制造试点示范推广力度，开展智能制造新模式试点示范，形成有效的经验和模式。到2020年，建成300个以上智能制造试点示范项目，试点示范项目实施前后，实现运营成本降低20%，产品研制周期缩短20%，生产效率提高20%，产品不良率降低10%，能源利用率提高10%；遴选确定150个以上智能制造标杆企业。另外，推动重点领域智能转型，围绕《中国制造2025》十大重点领域，试点建设数字化车间/智能工厂，加快智能制造关键技术装备的集成应用，促进制造工艺仿真优化、数字化控制、状态信息实时监测和自适应控制。加强关键共性技术创新，到2020年，建成较为完善的智能制造技术创新体系，一批关键共性技术实现突破，部分技术达到国际先进水平；核心支撑软件市场满足率超过30%。另外，还要建设智能制造标准体系，到2020年，国家智能制造标准体系基本建立，制（修）订智能制造国家标准200项以上，建设试验验证平台100个以上，公共服务平台50个以上。

2.5.2 推进两化融合标准体系建设

1）试点探索阶段（2013—2015年）

发布两化融合管理体系试行版，推动管理体系在企业试点应用，逐步形成两化融合管理体系应用推广机制。

2013年8月23日，工信部印发《信息化和工业化深度融合专项行动计划（2013—2018年）》，提出“企业两化融合管理体系标准建设和推广行动”，明确要求制订“两化融合管理体系”国家标准，推动建立第三方认定机构，并在全国范围内开展广泛试点和全面推广。

2013年10月，成立两化融合管理体系工作领导小组、专家指导委员会、联合工作组。

2013年11月4日，召开两化融合管理体系工作领导小组第一次会议，通过了两化融合管理体系的基本框架和主要内容。

2014年1月7日，工信部印发《信息化和工业化融合管理体系要求（试行）》，明确了引导企业强化变革管理、系统推进两化融合的通用管理方法。

2014年5月4日，工信部办公厅印发《2014年两化融合管理体系贯标工作方案和贯标试点企业名单的通知》，遴选了502家企业开展贯标试点，并发布《2014年两化融合管理体系贯标工作方案》，全面启动贯标试点工作。

2014年8月18日，工信部发布《关于公布2014年首批推荐的两化融合管理体系贯标咨询服务机构名单的通告》，确定了80家首批推荐的贯标咨询服务机构。

2014年10月29日，两化融合管理体系工作平台正式启用。

2014年12月15日，工信部印发《信息化和工业化融合管理体系评定管理办法（试行）》。12月25日，联盟确定10家评定机构名单。

2）系统突破阶段（2015—2017年）

形成两化融合管理体系国家标准，明确以管理体系引领两化融合的新路子。

2015年5月，制造强国文件〔国发（2015）28号〕将“推进信息化与工业化深度融合”列为九项战略任务之一，提出建立完善智能制造和两化融合管理标准体系。

2015年6月，工信部办公厅发布《关于印发2015年两化融合管理体系贯标试点企业名单的通知》，正式公布2015年600家贯标试点企业名单。

2015年11月，工信部印发《关于贯彻落实<国务院关于积极推进“互联网+”

行动的指导意见 > 的行动计划（2015—2018年）》，将“两化融合管理体系标准建设推广行动”列为首要行动，提出到2018年形成一套完善的两化融合管理体系基础标准，10000余家企业开展两化融合管理体系贯标，1500余家企业通过两化融合管理体系评定。

2016年3月9日，两化融合服务联盟发布《关于公布两化融合管理体系贯标咨询服务机构第二批推荐名单的通告》，正式公布160家拟推荐和培养的两化融合管理体系贯标咨询服务机构。

2016年5月25日，工信部办公厅发布《关于公布2016年两化融合管理体系贯标试点企业名单的通知》，正式公布2016年600家贯标试点企业名单。

2016年上半年，按照“互联网+”行动计划工作部署，结合近两年贯标评定实践对两化融合管理体系标准进行修订完善和征求意见。形成了《信息化和工业化融合管理体系基础和术语》和《信息化和工业化融合管理体系要求》的报批稿，预计于2016年下半年正式发布实施。

2016年7月，中办、国办印发《国家信息化发展战略纲要》，“普及信息化和工业化融合管理体系标准”。

2017年6月7日，召开两化融合管理体系国家标准发布会，正式发布《信息化和工业化融合管理体系基础和术语》（GB/T 23000—2017）和《信息化和工业化融合管理体系要求》（GB/T 23001—2017）两项国家标准。

2017年11月1日，国家标准委发布2017年第29号中国国家标准公告，批准《信息化和工业化融合管理体系实施指南》（GB/T 23002—2017）发布实施。

3）全面普及持续升级阶段（2017年至今）

研制发布两化融合管理体系指导意见，成功组建两化融合标委会，推动两化融合管理体系登上国际舞台。

2017年6月26日，《工信部、国资委、国家标准委关于深化推进信息化和工业化融合管理体系的指导意见》〔工信部联信软（2017）155号〕，作为未来两化融合管理体系工作的顶层设计，明确了系统推进两化融合管理体系建设和推广工作的指导思想、工作目标、重点任务和保障措施。

2017年9月4日—2017年9月15日，在国际电信联盟电信标准化局第20

研究组全体会议及各工组会议上，两项两化融合国际标准成功立项。

2018年1月11日，国家标准委正式批准筹建全国信息化和工业化融合管理标准化技术委员会。

2018年6月14日，国家标准委发布《关于成立全国信息化和工业化融合管理标准化技术委员会等两个技术委员会的公告》，决定成立全国信息化和工业化融合管理标准化技术委员会，编号为SAC/TC573，秘书处设在国家工业信息安全发展研究中心。

2019年3月19日，国际电信联盟（ITU）正式发布首个两化融合国际标准《企业数字化转型过程中可持续竞争能力建设方法论》，标志着长期以来我国在两化融合领域的理论研究、实践探索和模式创新成果得到了国际同行的认同，与国际社会共享我国两化融合实践成果和产业转型升级方案实现重大突破。

2019年9月22日，两化融合服务联盟正式注册成立并更名为“中关村信息技术和实体经济融合发展联盟”。

在政府的大力推动和引导下，两化融合成效显著。据两化融合服务联盟平台统计，两化融合贯标评定企业数量共13121家，国家贯标试点企业数量3111家，启动评定数量5075家，通过评定数量4036家，通过评定国家级贯标试点企业数量为1243家。各大行业中，原材料、装备、消费品、电子信息四大行业贯标企业数量较多，制造业对两化融合贯标的需求更大。四大行业中，消费品行业占比最高，贯标企业数量4276家，国家级贯标试点企业数量840家，启动评定数量1671家，通过评定数量1317家（图2-19）。

工信部信息化和软件服务司领导在日前召开的全国信息化和软件服务业工作座谈会上说，通过强化顶层设计，制定新时期推进融合发展的政策性文件，我国两化融合水平持续跃升。今年将全面优化融合发展政策环境，激发企业创业、创新、创造活力，加快制造业的数字化、网络化、智能化，打造两化融合廾级版。

近年来，我国两化融合标准化工作取得重大突破，高规格完成了两化融合管理标委会组建，推动成立了两化融合管理体系、工业互联网管理、工业信息安全等5个标准工作组。同时，推动国际电信联盟（ITU）正式发布首个两化融合国际标准，实现了标准国际化零的突破。

我国工业互联网平台体系建设成效初显，2018年推动建立了50家具有一

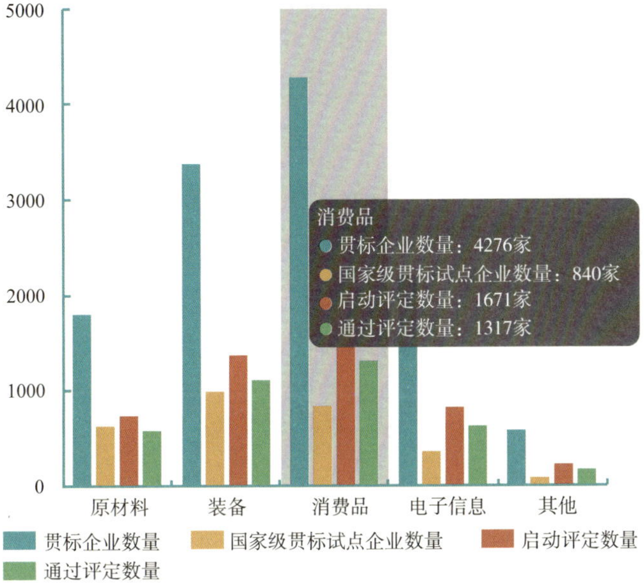

图 2-19　不同领域“两化融合”达标情况

定区域、行业影响力的工业互联网平台，重点平台平均设备连接数达到60万台，平均工业APP数量突破1500个，注册用户数平均超过50万，初步形成了资源汇聚、协同发展、合作共赢的工业互联网平台体系。

今年将进一步完善两化融合管理标委会的组织体系和工作机制，依托已成立的标准工作组，统筹推进一批关键亟需标准的立项和制（修）订，加强国际标准化布局。

通过两化融合这条具有中国特色的发展道路，有力地推动了全国各行各业的信息化发展水平，进一步消除了区域不平衡、行业不平衡等突出问题，打造良好的信息化发展生态。同时，也提高了各行业企业对信息化重要性的认识，促进了企业数字化转型和高质量发展。

通过两化融合贯标工作，在统一标准这一统一标尺下，企业CIO进一步认清了企业信息化发展方向。在当前的发展形势下，制造企业CIO应当对下列问题有清醒、深入的思考：

（1）信息系统如何跟上企业的快速变革，支撑企业的发展战略。中国的经济在政府政策与投资的拉动下，已经初步走出低谷，开始走向复苏，尤其是汽车行业的表现十分抢眼；而一些与基础建设投资密切相关的行业，实际上并未受到经济危机的影响，在过去的一年依然高歌猛进，例如铁路、工程机械；同时，5G给通信行业带来了新的希望；与民生有关的行业，如消费品、制药，则保持稳步发展；中国的军工行业以及国家垄断行业的企业，仍然保持良好的发展势头。在企业迅速变革的过程中，信息系统必须能够支撑企业增收节支，实现精细化管理。同时，制造企业的发展也越来越需要借助于并购、扩张，以及向上、下游的延伸，制造企业的组织形态正在迅速由单工厂变为多工厂，由单组织变为多组织。因此，CIO必须致力于建立具有良好的开放性、可扩展性、可配置性和柔性的信息系统，能够支撑企业组织、运营模式、兼并收购等战略举措，使企业的发展战略能够得以实现。

（2）信息系统如何满足业务运作的需求。通过信息化的深化应用，业务部门已经从被业务部门激发需求，转变为不断在实践当中提出需求。CIO必须有效管理业务部门提出的需求，分析需求是否合理，是否属于共性需求，如何与已建立的信息系统集成，如何控制不合理的需求，从而有计划地组织企业的信息化建设，使信息系统能够最大限度地满足业务正常运作的需求。

（3）信息系统如何适应制造模式的变化。近年来，制造企业的制造模式发生了深刻变化，逐渐由纵向一体化转向横向一体化，越来越多地采用制造外包；制造装备逐渐由以普通机床为主转变为数控化、自动化，越来越多地采用工业机器人；逐渐由离散制造变为流水线制造；精益生产、敏捷制造、智能制造、绿色制造等制造理论逐渐在制造企业中应用。在制造模式的迅速变革趋势下，CIO应当从重点解决企业内部的信息化问题，扩展到解决上、下游企业间的协同信息化问题；企业要实现闭环管理，就必须实时获取生产制造、质量等反馈信息，因此，CIO必须充分考虑条码、RFID等自动识别技术的应用；CIO也必须考虑底层自动化系统与企业级信息系统的集成，因而车间级的信息化成为CIO必须关注的重点。

（4）如何有效管理企业的业务流程。如何能够让流程化繁为简？如何让流程得以贯彻？如何有效监控业务流程的执行？CIO需要深入了解企业的业务流程，致力于让业务流程可视化、标准化、自动化，创建一个统一的业务流程库，实现信息系统之间基于业务流程的集成。

（5）如何实现有效沟通，提升领导力。CIO在信息化建设过程中，需要能够与企业领导、业务部门和IT部门员工进行有效沟通，获取各方的积极支持与参与；同时，CIO还需要与IT合作伙伴，包括硬件、软件提供商，咨询服务与实施合作伙伴，IT外包合作伙伴进行有效沟通，建立企业与合作伙伴之间的相互信任与长期合作，从而支撑企业信息化建设的长期发展。因此，CIO应当致力于提升沟通能力和领导力，有效地集聚资源。

（6）如何有效应用最新的IT技术。IT技术在应用实践当中，不断产生出新理念（例如绿色IT、智慧地球、清晰企业、物联网）、新理论（例如EA、企业架构）、新构架（例如SOA）、新模式（例如SAAS、云计算、云安全）和新技术（例如广域网加速、内网安全），CIO应当积极地吸纳这些新兴技术的精髓，同时谨慎地拂去泡沫，为我所用。

（7）如何有效实现IT治理。随着企业的IT架构和应用系统越来越复杂，制造企业必须进行有效的IT治理。CIO应当致力于建立IT治理体制、IT治理机制，并掌握和应用IT治理方法，在信息化系统的规划、实施和运维过程中，有章可循，实现企业信息化建设的可持续发展。

（8）如何有效实现IT项目的管理。企业每年的信息化建设，应当在信息化总体规划的指导下，通过一个个IT项目的实施，来得以落地。因此，抓好IT项目的管理，准确把握项目的需求，明确项目实施的计划、资源、目标和预算，跟踪项目的进展，把握项目实施的关键，抓好项目实施的文档管理、沟通协调，做好项目实施的风险控制，确保IT项目能够在预期的时间、预计的成本范围内，达到项目的目标，是CIO提升自己威信的关键环节。

2.6 石油企业信息化发展趋势和面临的挑战

根据权威机构进行的全球能源展望分析，未来20—30年人类社会使用的能源一半以上仍将是石油和天然气。面对日益增长的石油、天然气需求，石油上游行业面临着复杂油气藏的勘探与开发、远程协同工作、专家及知识共享等方面的挑战。为了应对这些挑战，全球石油公司都非常重视油田信息化建设。在石油工程师协会（SPE）的智能能源研讨会（Intelligent Energy Conference）上，来自37个国家的1500余位高级管理人、业务领导，以及资产经理人共同强调油田信息化的重要作用，并达成共识：开发及应用数字油田技术（又称智能能源），已经成为油气行业的主流。

数字油田与智能油田是全球石油公司的发展趋势。对于石油、石化企业来说，信息化已从业务的支持者成长为业务的促进者，油田数字化正成为油田信息化的核心。以往，石油、石化行业的生产难题和挑战通常是由改变生产工艺或技术解决。近年来，随着生产信息化技术的引入，IT技术逐步给具体的生产业务带来促进和提升，这表现在：

（1）信息化的通信基础架构增强了沟通能力，使实时、远程监控成为可能，大幅提高了工作效率。

（2）数据、信息、应用的一体化整合促进了协同工作，使多学科的专家能够共同进行决策，降低了管理成本。

（3）高精度自动控制使生产精细化成为可能，数字油田通过采用自动化技术提高了生产效率。

（4）物联网、云计算等信息技术的应用，将信息化的触角延伸到生产一线，增强了对资产的管控，提升了企业的信息处理能力。

综合分析国际上大型石油公司近年来的发展方向，我们可以发现油田发展的两大趋势：

（1）采用物联网技术，在现场和井下安装大量传感器，不间断地采集、传输实时数据，实现集中管理和处理。

（2）采用云计算技术，建立一体化的协作平台，将数据、业务、人员进行跨学科、跨组织、跨地区的整合，形成全新的工作流程。这一新流程能够在各学科之间对数据进行无缝整合，并能够不受地域界限的限制来对这些信息进行处理。随着物联网技术在石油工业中的不断推广，一体化协作平台将在油气生产过程中发挥越来越重要的作用。

相对于国际石油公司而言，国家石油公司的油田信息化项目起步较晚，且项目的规模范围要小一些。国家石油公司往往在特定国家和地区拥有大量的油气资产，并已经历了长期的开发，因此对稳定产量、提高采收率非常关注，信息化建设偏重生产监控和优化。国家石油公司的油田生产信息化建设一般是由迫切的业务需求驱动的，因此针对性很强，应用效果也比较明显。

国家石油公司的信息化建设主要关注生产优化、深入挖潜等方面。

（1）生产优化：不同于国际石油公司偏重勘探开发，国家石油公司的油田生产信息化建设往往偏重于生产优化。如巴西石油（Petrobras）、墨西哥石油（PEMEX）、阿联酋海洋石油（ZADCO）的信息化工作都主要着力在油田生产的实时数据采集与监测、人工举升效果优化等，目标是提高已开发油田的生产效率和油田采收率。

（2）深入挖潜：国家石油公司所拥有油气资产，一般处于地理环境近似的区域，所以国家石油公司经常致力于建立有针对性的生产信息系统，以优化对资产的管理，如沙特阿美（Aramco）和阿联酋海洋石油（ZADCO），都对其所拥有的油田生产信息系统进行了与其油田生产环境相匹配的客户化深入开发。

国家石油公司也非常重视协同工作环境建设，但更侧重于实时生产优化。

在石油行业，最精尖的勘探开发技术已越来越多地由专业油田服务公司所掌握。油田服务公司凭借在勘探与开发专项技术领域的领先地位，通过提供专业服务实现盈利。如斯伦贝谢（Schlumberger）的测井技术、哈里伯顿（Halliburton）的钻井技术、威德福（Weatherford）的井下工具、贝克休斯（Baker Hughes）的完井工具等。因此，油田服务公司非常重视知识资产的管理，其生产信息化建设围绕技术、工具、人才、知识的共享取得了很好的成果。

此外，油田服务公司非常重视知识资产的收集、共享与应用，其自身的信息化建设偏重于知识管理、交流与共享，致力于搭建针对知识资产的协同工作环境。

全球化的大油田服务公司，如斯伦贝谢和哈里伯顿，因为具有多客户、多地域的服务经验，因此经常成为油田信息化的倡导者和服务提供者，为各石油公司的信息化建设提出方法论并辅助实施，并在此过程中积累了丰富的经验。然而，油田服务公司的油田生产信息化建设一般是由客户需求驱动并按客户公司的需求定制开发建设，因此往往看重某一个主题，而缺乏整体建设观。

结合国际、国内最先进的实践经验，总结行业及新技术的发展趋势，中国石化智能油气田建设的关注点主要聚焦几个方面：

（1）依靠数据驱动，引领业务发展。在新的信息技术支撑下，将数据作为企业核心资产，实现数字化采集，建立分析决策模型，形成基于数据的预警预测能力，为管理和决策提供依据，指明方向，推动业务发展。数据治理日益成为企业信息化的关键问题，大数据挖掘能力、数据建模能力及充足的算力，给企业信息化带来新的挑战。

（2）建立组织协同，立足全局优化。建立良好的协同工作机制，对上游全业务链进行整合，搭建一体化的工作平台，开展企业整体的数据治理，构建全业务链条的数据模型，实现对全业务链进行整体分析优化，达到效益的最大化。就目前的技术条件而言，数据治理尤其是全局性的数据治理，成为最关键的环节。

（3）优化生产方式，提高生产效率。通过新技术推广与应用，提高油气田生产效率，降低生产运营成本。特别加大物联网技术的应用力度，通过改变油气田生产模式，降低一线人员劳动强度，优化现场人员配备，提高管理的数字化程度，带动现场生产方式的优化与升级，大幅度提升劳动效率，降低企业运行成本。

（4）关注设备资产的运行优化。油田企业属于重资产企业，一方面设备资产是油田资产的重要组成部分，维护好设备能够大幅度提升企业的设备效率；另一方面大型设备的平稳运行，事关企业安全生产和生产效率，保证设备安全、高效运行是企业生产的核心任务。因此，信息技术在这个领域大有用武之地，尤其是近些年工业互联网平台的发展，使设备的运行管理进入了数字化、智能化的新阶段，需要予以特别关注。

（5）IT服务率先向平台化转型。信息化建设已经习惯了“补丁式”项目模式，这种模式造成了很多信息孤岛，数据难以共享，信息化工具难以复用，重复的开发工作增加了系统开发成本，拖延了开发周期，无法对业务的需求提供快速响应服务。因此，信息化建设模式也到了升级换代的时候，新的模式是平台化、组件化、生态化，要倡导“All in Cloud”（一切都上云），构建服务企业内部所有业务的工业互联网平台，把系统建设从开发系统转变成开发组件，让可复用的组件在平台上形成积累，从而大幅度降低系统开发成本，提升对业务变化的响应速度，从而改善业务用户对IT部门的满意度。

信息化发展已经成为当今油田企业高效发展、绿色发展的重要途径，也是解决油田企业遭遇的一些瓶颈问题的强有力手段。纵观所有油田企业，信息化发展的水平是企业发展好坏、经营效益高低的晴雨表。信息化发展严重滞后的企业，不可能在企业发展和经营效益上有特别突出的表现。

与其他行业相比，油田企业有其特殊性，一般地处偏僻，工作条件艰苦，有不少野外工作，而且油田常分布在不同的地区，路途遥远，交通不便，油田队伍常被形容为“游击队”。这些特殊性给信息化提供了发挥作用的“用武之地”，但也带来诸多方面的挑战。

一是信息化专业人才不足、待遇偏低。我们专门研究过国际知名的大石油公司信息化队伍的情况，大多数占比在几个百分点，个别企业超过10%。国内石油公司的信息化人员占比多数只有千分之几。人员不足的情况在近些年还有日益恶化的趋势，严格的环保政策、电动汽车的发展，让一般的民众也感受到油气行业发展前景的阴影，这在无形中给招募新的信息化人才形成了障碍。

二是企业信息化文化培育滞后。信息技术发展速度太快，以至于企业内部专门的信息化人员都难以跟上信息化更新的速度，更不要说其他业务人员。这种现象长此以往势必造成IT人员和业务人员之间的“信息鸿沟”，二者之间容易产生不同的“语言体系”，造成沟通困难，严重影响信息化的应用效果，影响两化融合的推进。因此，一定要把信息技术的培训作为日常性工作，尤其是在落地一个大的信息化项目之前，一定要先把相关的技术做好培训，才能保证项目的成功。

三是核心专业软件匮乏。当前油田企业核心的大型软件几乎是清一色“舶来品”，如地震资料处理解释软件、油藏描述软件、数值模拟软件等。在当前的国际形势下，这是一个严峻的挑战。面对西方国家可能的“卡脖子”行为，很多企业还缺少自己的“Plan B”。同时，这些核心软件也是企业的核心竞争能力，必须要加大力度迎头赶上。

四是缺少组织架构的同步优化机制。信息化发展到今天，我们说信息化已经进入了“高级阶段”，信息化由于已经贯穿了企业的各个层级，因而，所带来的优化也一定是全局性的，也是价值最大的。但这种全局性的优化几乎总是跨流程、跨部门的，原有的流程和组织往往成为落实优化成效的“梗阻”。物流优化是最典型的案例，在开展全国的物流优化时，分省的组织管理模式就成为明显的优化对象。这就需要我们有配套的组织优化程序。当我们让“数据说话”时，也要有倾听数据说话的耳朵和按照数据操作的勇气。

智能油田
INTELLIGENT OIL FIELD

AR 扫描召唤 AI助理

3

数字时代的油田业务分析

3.1 油气田业务概览

3.1.1 油气田勘探开发业务特点

国内油田勘探开发具有勘探开发对象复杂、设备设施复杂、高危作业多、危险性大、高资本高成本投入、长期计划经济下的劳动密集型生产管理模式、高度依赖数据及信息、行业法规与管控越来越严等特点。

勘探开发对象复杂。地下油气藏是在特定的温度、压力下经过上亿年演化而形成的，并经过运移聚集在特定的构造圈闭中。中国国内油气藏普遍具有埋藏深、规模小、构造复杂、类型多、成因复杂、隐蔽性高等特点。中、东部油气藏埋深以地下1000—5000米为主，西部海相油气藏（如塔里木）埋深可达上万米。中国大陆板块属于板块构造运动剧烈地区，上亿年的持续和反复的构造运动使得中国整装油气田较少（大庆油田是为数不多的整装油田），以受复杂断块控制下次生油气藏为主，规模小、构造复杂，勘探开发难度高。油气藏成因复杂，类型多样，包括构造油气藏（如背斜油气藏、断层油气藏、裂缝性背斜油气藏和刺穿油气藏等）、地层油气藏（如岩性油气藏、地层不整合油气藏、地层超覆油气藏和生物礁块油气藏）、水动力油气藏（构造型水动力油气藏和单斜型水动力油气藏）、复合油气藏（如构造-地层复合油气藏、构造-水动力复合油气藏、地层-水动力复合油气藏和构造-地层-水动力复合油气藏）等，近年来新突破兴起的非常规油气藏物性差、开发技术难度大、开采工艺更加复杂。

勘探开发设备设施类型多样，管理复杂。油气田勘探开发生产过程中，需要各种大型的、复杂的装备支撑。勘探阶段，地震采集施工需要专门的地震采集仪器及车辆、炸药、检波器、记录仪等；钻井需要钻机及钻头、套管、泥浆、录井仪、测井仪等；油气生产设备设施更复杂，包括井口及井下设备、抽油机、计量站、泵、加热炉、油气站库、处理站、油气集输管网等。由于设备设施类型繁多、流程复杂，因维修、更换造成的停产时间难以控制，一旦出现问题容易影响生产。如何保证这些设备设施可靠运行、优化运行、节能降耗，以降低生产及维护成本、提高生产效率，是油田生产运行、维修面临亟待解决的问题。

高危作业多、危险性大。油田大量生产现场具有野外施工操作、重型机械多、高温、高压、高腐蚀、危险气体多等特点，多属于高危特种作业，作业安全是头等大事，做好危险预测与预防工作难度大。另外，油气资源涉及国家安全，油气勘探开发生产数据安全保密程度高，需要切实做好数据与信息安全、工业物联网安全、互联网安全、存储安全。

高资本高成本投入。油气勘探开发是高资本投入产业。勘探开发单项投资动辄上亿元，高能耗（水、电、燃料）、设备设施运行维护高、用工总量大，人工成本高，危险事故高发，计划外的资本损失难以掌控。在低油价下，生产运营压力大。

长期计划经济下的劳动密集型生产管理模式。国内老油气田企业普遍存在用工模式传统、用工总量偏大的问题，组织机构臃肿，劳动力低下，用工结构不合理，前线、后勤人员比例失衡比较严重。组织运行流程繁琐，协调难度大，管理与运行效率低。为优化用工结构，降低用工总量，国内油公司十多年来严控用工规模，减少新员工引进，造成人员结构不合理，员工年龄偏大，人才断层现象突出，知识结构不合理。信息化时代下，勘探开发生产对员工在数字技术方面的技能需求不断提高，需要更高效工作流管理工具，实现有效的企业知识积累、管理与共享，而随着企业员工年龄和知识结构缺失，已明显跟不上新时代信息化发展的需要。

勘探开发高度依赖数据及信息。油气勘探开发的对象——地下地质构造、油气藏，深埋地下数千米，看不见、摸不着。要了解其内部结构、岩性、物性、流体性质等，几乎全部依靠各种勘探开发技术和工具手段，如地震、钻井、录井、测井、试井等都是通过间接测量地层的声、磁、电、放射性、温度、压力、流体等物理化学信号，通过复杂的数据处理解释去还原地下真实物理化学模型。因此，石油行业是一个典型靠“数据”搞勘探开发的行业。而勘探开发数据的复杂多样、数据处理解释的专业化程度、多解性与结果不确定性都是难以想象的。每个油田的勘探开发长期以来都积累了大量的数据，而这些数据专业跨度大，管理分散，普遍存在着跨系统、跨设备的数据难以有效集成，无法对数据进行统一的检视，各业务系统间协同不畅，数据质量、管控及检索不能满足日益复杂的勘探开发需求等问题。

行业法规与管控越来越严。石油行业从物探、钻井、油气开采、注水、油气处理、油气集输等，都大量使用危险品（如炸药、放射性源）、化学药剂

（如泥浆添加剂、水处理剂），以及油、气、水本身都对环境有一定的影响或污染。当前形势下，国家和社会对环境安全保护要求越来越高，各环节新的环境监管法规和要求正在不断被引入，企业在安全环保方面的风险和损失越来越高，直接影响到企业的生存，绿色低碳生产成为发展的必由之路。

3.1.2 油气田勘探开发全生命周期与流程

油气田勘探开发是一个复杂而漫长的历程。一个潜在的含油气盆地，取得勘探突破少则几年，长则几十年，一个大型油气田从发现到开发直至废弃可能长达上百年。在勘探开发不同的阶段，其任务和目标不同，使用的方法和工程技术手段也不完全相同。总体是一个承前启后、不断认识、逐渐深入和清晰的递进过程。了解一个油气田的勘探开发历程，对实现高效、科学的管理具有重要意义，也是油田信息化建设的基石。对油气田勘探开发全生命周期的划分，业界有若干种不同划分方法，这里不去细究哪一种划分方法更科学合理，重点是要对勘探开发全生命流程有一个清晰的结构化、数字化表达，抓住油田勘探开发核心业务，实现数字化、信息化与勘探开发业务的高度融合，实现业务的数字化和智能化应用，用信息化促进高效勘探、效益开发，实现油田企业资产价值最大化，这是信息化的终极目标。

从整体上看，油气勘探开发业务可划分为资源勘查阶段、资源评价阶段、油气发现阶段、油气藏评价阶段、油气田开发生产阶段、油气田废弃阶段六大阶段（图3-1）。

资源勘查阶段的主要目标是寻找含油气盆地。对所辖矿区进行全面普查，野外踏勘、重力勘探、磁法勘探、电法勘探、化学勘探是主要的手段，在对盆地地质地貌整体认识的基础上，通过钻取样井、科学探索井、参数井等，对盆地地层层序和沉积环境建立系统格架，为进一步评估盆地地质地貌和资源前景奠定基础。

资源评价阶段的主要目标是落实盆地的含油气前景和总资源量。包括盆地研究、区带研究和勘探有利目标研究三个阶段。研究的主要资料是地震资料。盆地研究是在二维地震基础上，系统建立盆地的整体地层格架和古地貌，研究沉积环境及生油凹陷，区域构造演化背景及历史，对烃源总量及成熟度，生、排烃及油气运移情况有整体了解，初步评价盆地潜在的油气资源总量，

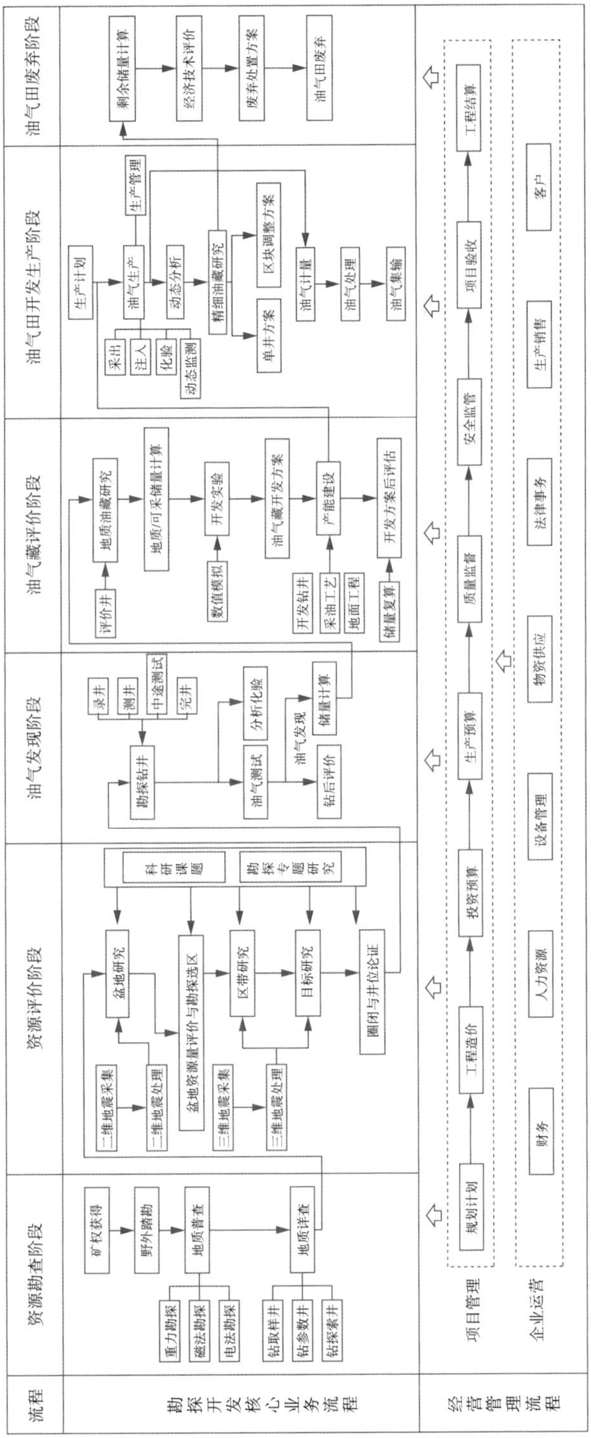

图 3-1 油气田勘探开发全生命周期与流程总览

确定有利的勘探方向和目标。区带研究借助二维、三维地震，针对有利的勘探方向，系统研究油气“生、排、运、聚”通道和历史，区带构造情况，生储盖组合与时空配置，并通过预探井钻探证实和落实油气发现，同时确定出有利的勘探目标。目标研究是对有利勘探目标的进一步详细研究，寻找具备勘探价值和经济价值的圈闭，并进行圈闭优选和论证，提出钻探方向，指导油气钻探。

油气发现阶段的主要目标是寻找有经济开采价值的油气田（藏）。按照勘探部署，通过钻探发现油气藏，并通过试油（气）获得工业油气流后，估算油气藏规模和开采价值，宣布油气藏发现。

油气藏评价的主要目标是对已发现的油气藏，通过评价井和高精度地震等手段，进行油气藏精细研究和描述，获得对油藏地层、储层、流体、地层能量、沉积相的清晰认识，进一步落实地质储量和可采储量。在试油试采基础上，制定出科学的开发方案，编制产能建设方案并实施，完成油气藏的开发。

开发生产阶段的主要目标是实现高效、科学的油气开采。以获得油气藏最终采收率最佳、经济效益最佳双重原则为指导，通过不断调整油气藏开发方案和注采工艺，通过合理提高采收率技术实现油气藏的稳产、高产，努力降低吨油成本。

油气田废弃阶段主要是在油气田开发晚期，对已经达到经济开采下限的油气田（藏），进行地质、技术、经济全方面剩余价值评估，提出废弃方案和资产处置措施，上报国家资源管理部门审批后宣布废弃。

经营管理可划分为人力资源、规划计划、财务、物资供应、生产销售、设备、法律事务等业务，贯穿勘探开发全过程，实现生产经营的规范化管控，为实现高效勘探开发服务。

经营管理业务主要是围绕油气勘探开发主业，以提高效益、提高效率为目标，以人力资源、投资规划计划、财务会计管理为主线，实现勘探开发生产的全面、科学掌控，提供勘探开发生产的人员、物资、设备、资金支持，以及持续组织机构、规章制度，优化管理和生产运行，提高企业整体管理水平，达到企业资产价值最大化。

3.2 油气田企业业务建模方法

为了更好地实现油气田勘探开发业务的数字化和信息化，应采用科学、规范化的方法描述油田业务现状，开展数字化业务建模，以建立油气田勘探开发业务分类体系，构建业务模型、数据模型，为企业数字化、信息化建设奠定基础。

3.2.1 企业建模方法

在国内外，有许多在方法上比较成熟、应用比较广泛的企业建模方法，如CIM-OSA、ARIS、IDEF、PERA、DEM等。本节以CIM-OSA为例，介绍企业建模方法。

1）CIM-OSA体系结构

CIM-OSA（Computer Integrated Manufacturing Open System Architecture）是由欧洲共同体的21家公司和大学组成的ESPRIT-AMICE组织，经过六年多的努力而开发出的一个CIM开放体系结构。其目的是提供一个面向CIM系统生命周期的、开放式的CIM参考体系结构，从多个层次和多个角度反映了CIM企业的建模、设计、实施、运行和维护等各个阶段，提供了CIM系统描述、实施方法和支持工具，并形成了一套形式化体系。作为一个通用、开放的CIM体系结构，CIM-OSA具有完美的框架结构。企业过程模型框架为企业描述和集成提供了结构化的语言，它贯穿于企业过程建模生命周期中的各个阶段（需求分析、详细设计及实施阶段），以及四个视图（功能视图、信息视图、资源视图和组织视图）表述企业过程的各个方面，并根据其通用性将模型分为三个层次（通用、部分和特殊层），从而对企业的设计、建立和运行提供指导与支持。CIM-OSA的模型框架如图3-2所示：

（1）水平坐标。

描述系统的通用性，按照“逐步细化”（stepwise particularization）的趋势，描述了从形成通用模型到建立用于各种类型工业的部分通用模型，再到最后建立特定企业的专用模型的演化过程，是一个从一般到特殊的发展过程。在这一维上有三个层次：

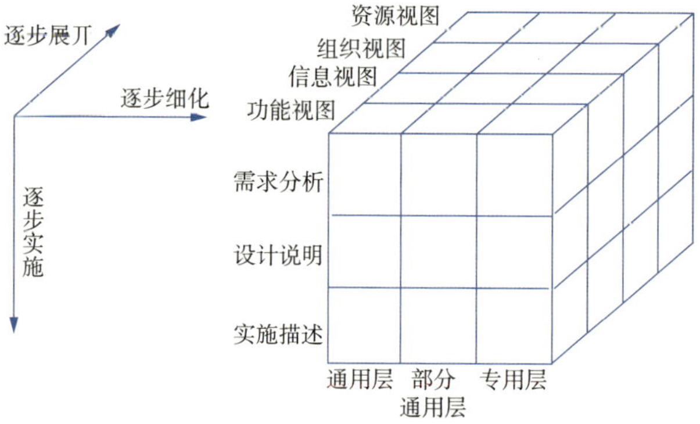

图 3-2 CIM-OSA 模型框架

通用层：描述的内容适合于各类企业，包括建模元件、约束、规则、术语、服务、协议等。

部分通用层：是一组适合某一行业的内容，如石油、汽车、航空、电子等。

专用层：适合于一个特定的企业，如石油中的一个油田。

这三个层次划分是相对的，如果只是对一个企业描述，通用层是适合全企业的内容，部分通用层是某一个专业方面的，专用层则可以是专业分公司的。

（2）垂直（向下）的坐标。

它提供了系统开发的生命周期中不同阶段，称为“逐步推导”（stepwise deviation）：从“需求分析”至“设计说明”再到“实施描述”，每个阶段都有适应其需要和特点的模型。

需求分析：描述一个企业的目标、约束、基本规则等，确定企业的业务需求及对系统的功能需求，即描述为了实现企业的目标本系统应该有些什么。

设计说明：构造基于用户经营需求和系统约束的实现方式，确定需求分析中定义的需求在技术上如何实现，并根据约束条件对企业需求进行优化和重构。

实施描述：描述有效实现企业目标所必需的组成元件，是可部署的软件实体。

（3）多视图坐标。

表示“逐步展开”（stepwise generation）过程，它建立了系统不同方面的模型及其相互关系。CIM-OSA提出了功能、信息、资源和组织四个视图，就是建议从这四个方面来分析全系统，分别建立功能模型、信息模型、资源模型和组织模型。

功能模型：描述满足企业目标的功能结构和控制结构。功能结构主要以功能树的形式描述企业功能分解的层次关系的配置信息。控制结构定义了企业活动的执行顺序，即过程行为。功能视图定义企业中几项主要作业或系统的功能展开图，功能视图的定义视其领域大小而定，大规模则可定义至公司整体应用系统展开结构，小规模则可定义单一作业功能，如发票处理功能图。定义完成的功能展开图可视其处理的复杂程度再定义详细的子功能视图。

信息模型：描述功能模型中各对象的定义、信息结构及结构间的相互关系。包含多种建模方法，其中最主要的是实体关系模型（ERM），包括基本ER模型、扩展ER模型等，信息模型中的实体与组织、资源、功能实体有着紧密的联系。信息模型主要可以通过对业务功能需要输入的数据（业务管理表单）和输出的结果进行定义。信息模型定义可根据其达到功能而有详细与简化之分，如与应用系统连接，则可与信息人员合作，详细定义到数据库表中字段关联等。

资源模型：描述了资源、功能、控制、组织结构之间的关系。

组织模型：描述企业的组织构成，以及组织对企业的功能对象、信息对象、资源对象的职责关系。组织模型使用组织框架图的方式描述组织单元、组织的分解方式、层次结构、隶属关系等，可以辅助组织框架的设计与描述，除了分层次的组织结构之外，还经常使用角色来描述。可以将企业中的各种实体看成是一个个的角色，例如，销售经理、客户销售代表、项目经理、主管人员或生产线负责人等。在组织视图中，其基本元素除了组织单元外，还包括人员、职位、场所等，全面描述企业组织结构的各种信息。组织视图的元素也常常出现在别的视图，尤其在控制视图相关过程建模方法中扮演了重要的角色。通常用“部门”对应于企业的静态结构划分和分工协作的管理体系，部门构成层次性的树状结构，每一个部门都有一个主要负责人（和其他辅助负责人），目前的企业组织建模工具大多能建立树形组织模型。

在不同模型的建模过程中，对系统各个部分和各个方面的认识会不断深化，因此各种模型之间还会相互补充，不断完善，可存在迭代过程。整个体系结构的建模，目的在于描述系统集成的各个方面，又服务于促进系统集成的实现。为了从技术上实现这一集成，CIM-OSA还定义了一个集成平台——“集成基础结构（Integrating Infrastructure）”。它可分为建立企业工程开发环境和企业运行环境，提供通信、经营、信息和前端四种服务，能把各种不同结构、功能和性质的软件、硬件及用户集成为一个有机的整体。

CIM-OSA具有全面性、完整性、开放性、标准化和形式化等优点，因此成为国际标准化组织的一项预标准。目前，许多建模框架是基于CIM-OSA衍生出来的，或在很大程度上借鉴了CIM-OSA的思想，如ARIS模型。

2）企业功能建模方法

企业功能建模的主要目的是描述企业功能，即说明企业中需要完成的工作或任务是什么，或者说企业的目标是通过哪些具体的功能活动来实现的。功能模型确定了企业业务功能的逻辑结构和相互关系。

企业功能通常包括一组活动。这些活动是企业的基本功能单元，它们接受输入信息和物料，占用和消耗一定的资源，延续一定的时间，将给定的输入信息和物料转化成期望的输出信息和产品，从而实现资源的价值增值，为企业创造财富。

在企业生产经营过程中，通常按照一定的顺序对一组活动进行执行来实现某个具体的经营目标。不同活动之间的操作顺序既反映了企业功能之间存在的密切关联，也反映了企业的业务执行规则。

描述活动之间关系的模型称为企业过程模型。由于描述一个企业的业务时，功能和过程存在非常密切的联系，因此在一些建模方法中，将过程模型和功能模型统一为一个模型，既反映功能的分解结构，又表示活动之间的顺序关系。CIM-OSA的功能模型就将二者合为一体进行描述。

CIM-OSA采用了自顶向下的递阶建模结构，由上到下依次分成领域（DM，Domain Model）、领域过程（DP，Domain Process）、业务过程（BP，Business Process）、企业活动（EA，Enterprise Activity）和功能操作（FO，Function Operation）。

领域是模型的最上层模块，它由事件驱动。一个领域可以有多个领域过程，企业业务工作可以表示成一个由事件驱动的领域过程网络，不同领域之间通过事件关联，如图3-3所示。

领域过程由一组业务过程和业务活动组成，一个领域过程可以表示成由规则驱动的企业活动组成的网络。领域过程的功能结构如图3-4所示。

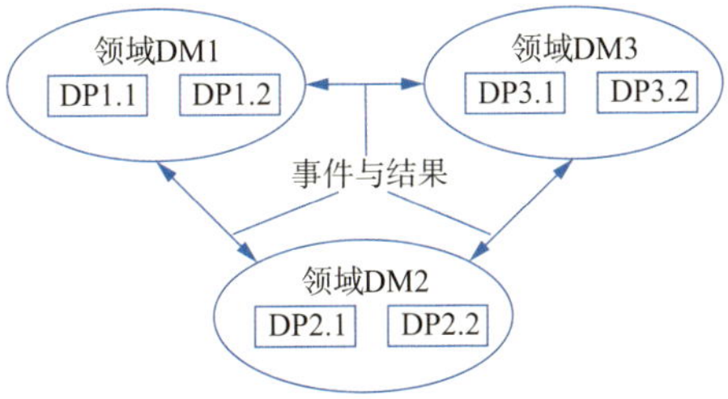

图3-3 事件驱动的领域过程网络构成企业业务

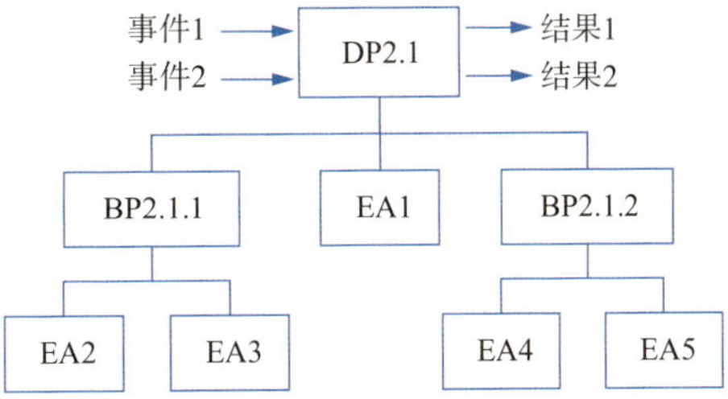

图3-4 领域过程中的功能结构树

领域过程中的企业活动之间相互关联，构成业务过程。企业活动之间的控制流由过程规则PR（Process Rule）确定。如图3-5所示，领域过程和业务过程的画法是一样的，只是领域过程位于较高的层级。

业务过程中定义了五类过程规则，这些规则确定了被使用的企业活动之间的顺序或并发关系：无条件执行、条件执行、条件并行、预约型、循环型。

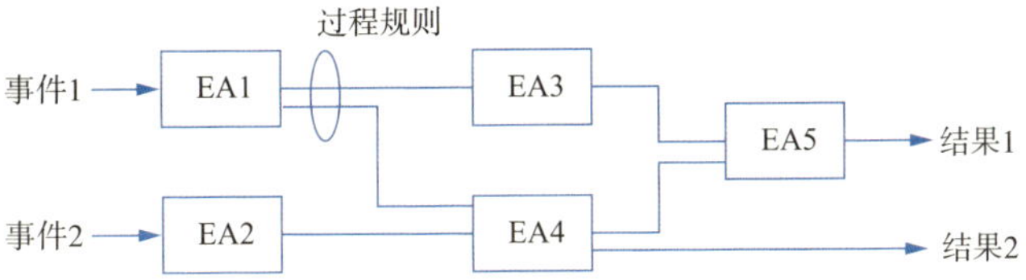

图3-5 领域过程和业务过程

企业活动由一组功能操作（FO，Function Operation）组成，每个企业活动中定义了一个活动特性，表示企业活动使用的不同功能操作之间的逻辑关系，即一个FO完成操作后，如何根据FO的结束状态决定下一个执行的FO，如图3-6所示。一个企业活动特性有七种控制类型：顺序控制、条件控制、选择控制、迭代控制、根据数值的条件迭代控制、根据时间间隔的条件迭代控制、并发控制。

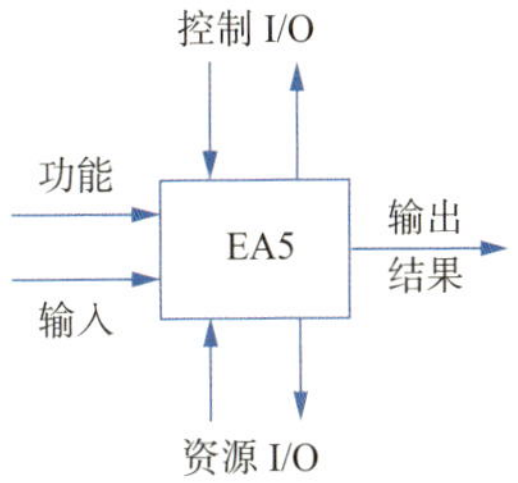

图3-6 企业活动的不同功能操作（FO）

CIM-OSA提供了一个描述模板，对描述事件、领域模型、领域过程、业务

过程、业务活动、功能操作进行描述，每一个被描述的对象称为企业模型的一个构件，所有描述构成CIM-OSA的构件库（Pool）。描述模板的内容包括：

（1）类型：表示这个构件是描述事件、领域模型、领域过程、业务过程、业务活动、功能操作中的哪一类。

（2）标识：构件的代码，必须是唯一的。

（3）名称：构件的名称。

（4）功能描述：对构件进行说明。

（5）使用者：定义该构件在哪些构件中使用。如一个活动可在多个领域过程和业务过程中被使用。

3）企业资源建模方法

在资源建模中，我们把企业资源定义为：资源是支持企业活动实现过程的实体。资源是企业进行生产经营所必需的物质因素。企业经营过程和活动的运行、企业功能的执行、企业组织的活动、企业经营目标的最终实现，都必须得到企业资源的支持。

从广义上讲，企业资源包含了企业所有的实体，包括材料、产品、设备、资金、人员等物化资源，也包括技术、文档、数据、知识等无形资源。

资源模型用来描述企业资源的结构和属性、资源之间的关系、资源与其他模型之间的关联，是企业模型的重要组成部分，是对功能模型（过程模型）、信息模型和组织模型的重要补充。

资源建模的目的和作用如下：精确描述企业资源的结构；精确描述企业资源的属性；为企业资源的描述提供统一的方法；实现资源的优化配置和调试。

资源的定义涉及资源的能力和可用性两个概念。资源的能力是指资源支持某一活动的能力，一般用能力集来描述；资源的可用性表示为“可用”和“不可用”，与资源的状态、使用、调用有关。

资源的分类可以按照以下方法进行：国际、国家和行业标准；企业习惯或企业管理模式；资源的固有性质。

常用的企业资源有以下类别：原材料、在制品；产品与半成品；人力资源；技术资源；设备资源；信息资源；财务资源；能源资源；时间资源；无形资产。

一个比较全面的资源建模方法一般要描述资源的以下几个通用的特性：

（1）资源的可重用性：资源是否可以重复使用。

（2）资源的共享性：资源是否可以被多个过程、活动所共享。

（3）资源的可移动性：资源的位置是固定的还是可以改变位置的。

（4）资源的自治性：包括自治的、半自治的、非自治的三种。就资源的移动性来讲，自治的就是指资源可以自己决定移动方向和距离。

（5）资源的独占性：指一个资源在被某个活动使用时，该活动结束前是否可以被其他资源使用。

为了管理资源，必须定义资源的一组属性，常用的属性包括：资源的标识（ID）；资源的类型；资源的性质（可重复使用性）；资源的能力；资源的作用；资源的功能性（资源的功能操作集）；资源的位置；资源的共享性；资源的可移动性；资源的独占性；资源的成本；资源的运行状态。资源的状态包括空闲、被使用或被预订、暂时失败、彻底失败或不存在等。

资源的管理状态：包括释放状态、保留状态、获取状态、分配状态。

对资源的控制涉及申请资源的企业活动在执行期间对资源的管理，资源的使用与控制是根据资源的状态进行的。资源的状态及转换原理如图 3-7 所示。

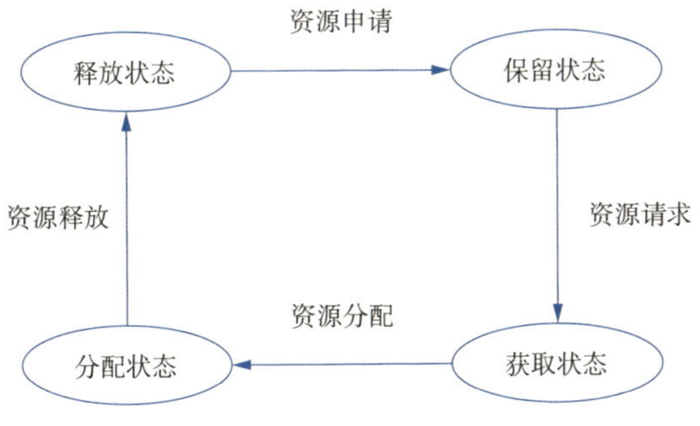

图 3-7 资源的状态及转换原理

通常，使用资源型、资源实体、资源池、资源组合等模型元素来描述资源分类及组织。

资源型：也称资源类，从资源分类的角度描述企业资源，可以嵌套定义，子资源型可以继承父资源型的属性，从而构成企业的资源分类树。

资源实体：描述企业的现实中具体的原子级资源，也称资源实例。

资源池：是具有同类属性和同种行为的资源的一个集合，如一堆同型号的螺丝。

资源组合：是不同类资源的集合，它们组合在一起，共同供活动使用。资源的组合方式有永久性组合和临时性组合。

资源模型的架构如图 3-8 所示。

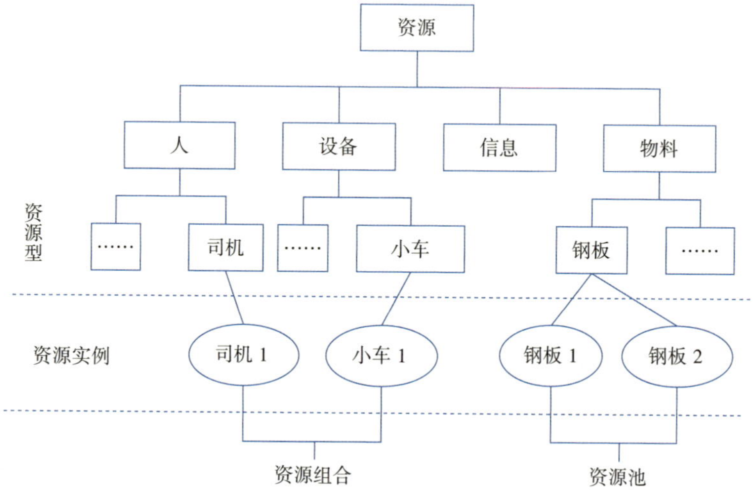

图 3-8　资源模型的架构

4）企业组织建模方法

企业的组织结构由一系列层次化的组织单元构成，每一个组织单元属于某一个层次，对其下层次的组织单元具有管理职责和权限，并对上一层次的组织单元负责，从而形成企业的组织树。组织树中的每一个节点定义了对底层节点的约束和目标。

组织建模涉及企业组织结构的设计与建立。组织模型以职责、权限的形式定义了企业成员、企业的各个部门的作用与任务。集成化企业建模方法中的组织视图提供了系统的组织结构信息。

企业组织模型描述了企业组织对象的属性、组织对象之间的关系、组织对象与其他模型之间的联系等。企业组织对象包括组织单元和人员。组织单元间的层次联系构成组织结构树，它描述了企业的静态组织结构，适用于传统的层次型组织方式。

CIM-OSA的组织模型中的模型元素有以下几个：

（1）基本组织单元（BOU，Basic Organization Unit）。

基本组织单元描述了在一个给定的层次结构中能够完成给定的企业功能实体的决策和问题求解任务的组织。基本组织单元的作用是在其职责范围内采取适当的行动，以解决问题或者完成一定的任务。

每一个基本组织单元从属于一个组织单元。

基本组织单元的属性包括：类型；标识；名称；权限；功能实体；任务；技能；职责；权力；所属组织单元。

（2）组织单元（OC，Organization Cell）。

组织单元是基本组织单元和/或其他组织单元的组织。组织单元定义了企业在一个职责范围处理问题的职责和权力。

组织单元的属性包括：类型；标识；名称；组织单元描述；设计权限；操作权限；操作职责；过程权限；过程职责；信息权限；信息职责；资源权限；资源职责；所属组织单元。

（3）人员（Human）。

组织单元或基本组织单元中包含的人员。

（4）角色（Role）。

描述人和组织在经营过程和企业活动中的作用，以及组织模型与其他视图模型之间的关联。

企业组织结构中组织单元、基本组织单元、人员的结构如图3-9所示。

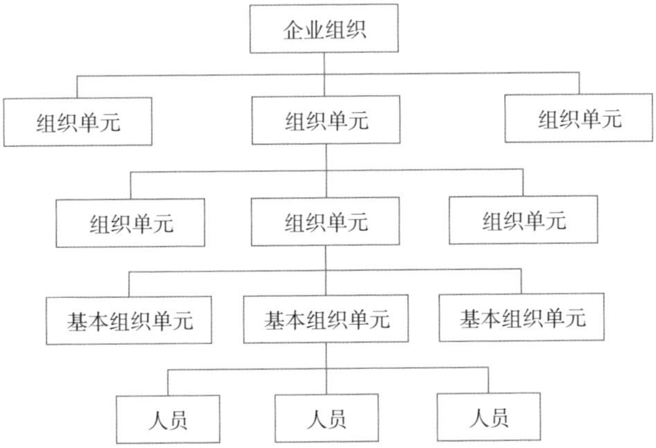

图3-9 企业组织结构

组织模型、资源模型、功能模型之间的关系如图3-10所示。

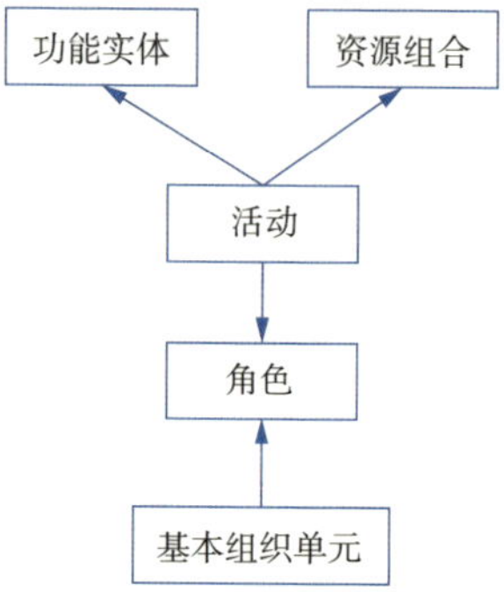

图3-10 组织模型与其他模型之间的关系

3.2.2 业务定义标准化

1）业务定义标准化的基本思想

业务建模（Business Modeling）是以软件模型方式描述企业管理和业务所涉及的对象和要素，以及它们的属性、行为和彼此关系，业务建模强调以体系的方式来理解、设计和构架企业信息系统。业务建模是软件开发的基础，是定义需求分析的第一步，通过业务建模获取应用系统的需求。在实际应用开发中，按照上述模式进行软件开发时，存在以下问题：

（1）需求难以重用，每次项目的开展都要进行调研。

（2）需求难以稳定，业务在变化，模型难以得到持续发展。

（3）需求难以统一，各单位都有自己独特的业务，不同层次的需求也不相同。

（4）业务建模方法主要面向软件开发人员，业务人员掌握比较困难。

业务定义标准化就是通过对业务全面和深入地梳理，采取从上到下，逐层分解的方式描述企业的功能，形成基本的业务组件，通过对业务组件进行标准化描述，建立企业标准化的业务组件库。根据实际业务情况，从业务组件库取合适的业务组件，确定业务参与的角色、业务的管理模型，构建用户数据视图，并将其映射到应用系统模块。总体来说，业务标准化包含业务组件建模、用户视图建模、业务重建等方面的研究。其核心是标准化的业务组件库。

如图3-11所示是一个标准化业务组件库的体系架构。

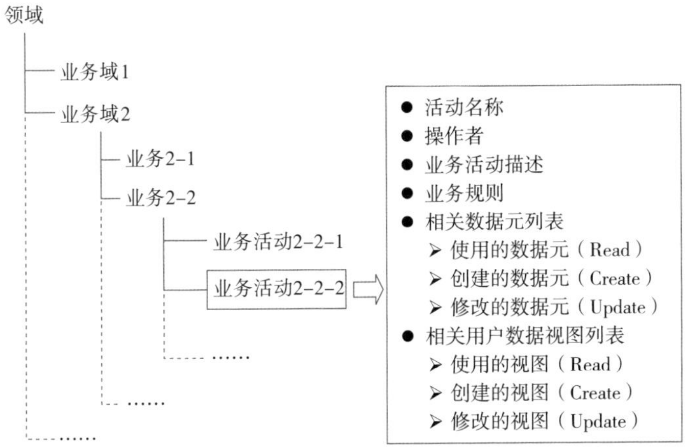

图3-11 标准化业务组件体系架构

业务模型（Business Model）是一种通过定义组成活动及活动之间逻辑关系来描述企业经营生产过程的模型。将油田企业整个勘探开发生产经营管理全生命周期中涉及的业务抽象为一个完整的业务功能结构，建立企业级业务模型。

建立业务模型的目的是：从信息工程的角度来认识企业，以便系统地、本质地、概括地把握企业的功能结构，获取企业的信息模型。

业务模型采用“领域-业务域-业务流程-业务活动”四层结构。

（1）领域。也称领域模型（DM，Dominic Model），是对企业中的一些主要业务领域的抽象，而不是现有机构部门的照搬。领域可以由多个业务域组成，它由事件驱动。如勘探领域、开发领域、生产领域、经营管理领域等。

（2）业务域。业务域（BD，Business Domain）是对领域的分解。业务域的划分和识别一般可根据某一主题进行，如专业、职能、工作目标等。油田业务域的划分一般按油田专业进行，如物化探、地面工程、综合研究、分析化验、油气开发生产、井筒工程。现实中实际业务域的内容之间可能有重叠部分，但逻辑业务模型的业务域之间不允许有交叉，也不允许有遗漏，业务域的划分必须覆盖业务建模的全部需求范围。

（3）业务流程。具有完整流程的一组活动的集合，可具体完成一项事务，通常用业务流程（BP，Business Process）来描述业务的内容。业务是对业务域的进一步划分。业务可以根据需要划分为若干层级。各层可以用一级业务、二级业务等来分级。

（4）业务活动。业务活动（BA，Business Activity）是企业功能分解后最基本的功能单元。业务活动的命名要采用动宾结构的短语。一般来说，一个业务过程会包括若干个业务活动。

标准业务模型具有以下特点：

（1）标准业务模型是一个逻辑业务模型。逻辑业务模型与现实企业中的业务并不是完全一致的，它是对现实业务的抽象。逻辑业务模型中的业务元素可以用来描述现实中的业务。

（2）标准业务模型按照“领域－业务域－业务流程－业务活动”对企业功能进行分解。每一个分解得到单元都是一个完成的整体，可独立运行，通常也称为业务组件。

（3）业务活动是业务定义的基本单元，是不可再分的原子单元，可以独立运行。

（4）对业务活动的描述侧重于信息的视角，即数据的产生和使用。

（5）标准业务模型中的各部分之间互不交叉。

（6）标准业务模型可覆盖企业所有的业务类型。

可见，标准业务模型事实上是一个逻辑性的业务参照模型，标准化的业务组件单元可以通过组合和具体化的方式，对企业现实业务进行描述，或定义新的业务、新的流程。标准化业务模型是从现实业务实践中抽象出来的，最终目标还是回到现实业务实践中去。这也充分体现了“实践－理论－再实践”循环、螺旋式上升的辩证关系。

现实中的业务不一定按“领域－业务域－业务流程－业务活动”进行描述，可以按企业习惯的方式进行定义。从信息系统的角度，最常见的企业业务组织方式是按岗位（或角色）进行组织的，同一类岗位承担的任务用一个或几个业务活动进行组合，形成一个具有个性化特色的用户数据视图集（各种表单、报表、界面），通过操作这组用户数据视图，完成业务规定的任务。

由于标准业务模型具有较强的灵活性，适合采用柔性企业建模的方法进行建模。在后面的章节中重点介绍相关的技术：动态企业建模方法和业务构件。

2）动态企业建模方法

变化的市场、客户对产品越来越多的个性化要求和为客户提供高质量的服务，要求现代企业具有较高的柔性及数字化转型能力，以适应市场的动态变化。很多企业正在寻找这么一种解决方案，它需要满足以下要求：

（1）支持企业组织重构和业务过程重组。

（2）面向企业业务流程。

（3）基于众多成功企业管理实践的总结和提炼。

（4）支持不断变化的业务流程和业务流程的持续改进。

过去，人们一直着眼于传统的静态企业模型。实施静态模型的企业必须完成下面一系列工作：

（1）企业组织和业务过程建模。

（2）手工地将模型转化为产品应用程序配置。

（3）实际系统的实施。

但是，静态模型存在以下问题：

（1）预先定义的业务模型过于僵化。

（2）太多需要重新配置的参数。

（3）过长的配置与实施时间。

其结果是，客户的前期建模投资往往不能在建成后的系统中得到预期的回报。这是因为，随着时间的变迁，按照旧的业务模式来定义的静态系统往往不再适应新的快速变化的业务需求。

为了克服这种静态企业模型的不足，人们开始将目光转向支持工业互联网开放技术环境，以业务流程不断改善为目标的动态企业建模技术的研究。这种动态模型具有内在的动态能力，从现存业务流程建模和支持企业业务流程的连续改进这两个方面充分显示了其“以变应变”的优势，这也是数字化时代的特点。

具体来说，动态企业模型具有如下特点：

（1）一个不断丰富、改进的业务模型库。

（2）完全能够适应业务流程的变化。这些变化包括逻辑流程上的改动及技术实现上的改进。

（3）生成一个客户化的系统运行环境。客户无须手工设置任何系统参数、改变代码或定义用户界面。

动态企业建模，必须符合企业业务运作和管理的本质规律，从企业的业务需求出发，尽可能地简化流程、降低业务成本、提高业务的效率和质量。而动态建模工具则是为企业建立、改造、简化、记录、分析工作流程的强有力工具。基于上述观点，动态企业模型建模体系遵循以下五个基本原则：

（1）持续完善原则。企业的业务是一个逐步演进的、持续完善的过程。在一个企业的生存和发展过程中，由于体制的变革、机制的调整、市场的变化、业务的扩展和管理模式的改变等诸多原因，导致企业业务规则的频繁变化。从一个全局的角度来看，企业业务的完善是一个循环和螺旋上升的过程，而其中的完善循环则包括了规划、实施、检查、分析这四个步骤。

（2）整体集成原则。企业的业务和管理是由一系列的基本要素构成的，这些要素可以很清晰地划分出来，但是，在企业的运行和管理中，这些要素是紧密联系的，只有通过全面、整体地分析这些要素的作用过程及彼此关系，才能清楚企业业务的内在体系问题，从而对业务进行有效地改造和优化。

（3）动态关联原则。在企业的一个业务过程中，组成企业业务的各个要素处于不断的变化之中，而且，这些要素之间的关联，也是动态变化的。只有将这些要素的动态变化和关联过程描述出来，才能有效分析企业的业务过程。

（4）体系原则。企业业务的各个要素间的关联虽然异常复杂，但这些关联绝对不是随意和混乱的。只有对企业的诸要素及其关联的本质进行深刻分析，抽取出科学、合理、清晰、有效的描述体系，才能为建模体系提供坚实的理论和实现基础。建模体系的基本目标之一就是构造企业业务管理的模型，由于企业管理的高度复杂性，真正的建模体系需要深入、精确地描述企业业务的诸多要素及其正确关联，任何仅仅包含一些简单概念和模糊关联的所谓“建模体系”，不仅不可能对企业建模提供有效的支持，反而会误导用户。

（5）业务优化原则。企业建模的根本任务就是帮助企业优化流程，以更低的成本、更高的效率为客户提供质量更好的产品和服务。但是，许多建模思想往往将重点放在模型符号上，忽视对业务流程本质的抽取和优化。这样的建模体系工具，根本不可能引导用户简化和优化流程。同时，作为良好的动态企业建模体系，也不应该是简单的企业活动执行工具，动态企业建模体系所倡导的是通过建模、执行、分析、优化、流程再造这一持续优化过程，帮助企业在业务过程中，全面记录和分析信息流的内容，优化过程流的环节，降低协作流的时滞，压缩资源流的成本，有效引导企业经营管理者改善企业业务流程。这些功能才是建模体系所要实现的目标，也是企业真正需要的管理功能。

从业务模型到业务流程的分析中，业务管理模型贯穿于整个过程，为业务模型进行管控，对业务组件进行演化和管理，对业务流程进行改进，业务建模分析如图3-12所示。

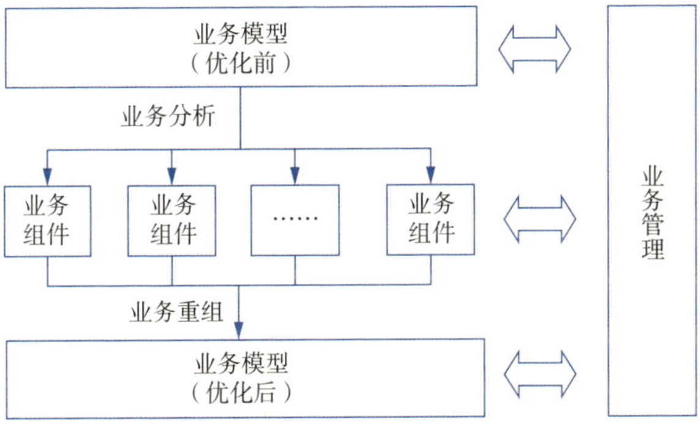

图3-12 业务组件建模与应用

（1）业务组件建模。

业务组件是一些标准的组件，它们经过装配构成了专业的企业业务。业务组件是人、技术和资源的集合，他们可以提供特定的商业价值，并且具备独立运作的潜在能力。理想的业务组件拥有定义良好的接口，组件之间可以非常容易地结合，也可以随意地整合或剥离。

业务组件建模的目标是构建符合企业需求的业务组件模型（CBM，Component Business Model）。业务组件模型主要解决两个方面的问题：一是在企业业务重组时，解决诸如职能冗余、产能过剩、服务水平低等难题；二是市场发生自然变化，行业竞争日趋激烈时，业务需要细分为若干个专门的子行业，在价值链中重新找到自己的位置。业务组件建模把业务分解为多个自主的、可管理的部件，协助决策者给组织“松绑”，克服了原有的按产品、渠道、地域和行业来划分组织机构的弊端。

业务组件模型的设计思想，就是要将业务处理逻辑最小化，确保最小化的处理单元“颗粒”可以被相关的业务模块重用和引用，通过“颗粒”聚合，形成完整的、可以实现业务功能的业务处理插件，这些插件“插”在“软件总线”上，与其他插件一道，共同组成完整的业务处理组件。“粒化”处理单元，使得业务处理单元之间的耦合性大为降低，大大增强了系统的鲁棒性。

业务组件具有以下特点：

①一个业务组件必须具备其需要实现的业务目标，它必须为其他业务组件提供服务。

②每个业务组件都实现相互排斥的业务活动，以实现其特定的业务目标。业务构件内的每个服务都是唯一的，而且不会和其他构件内的服务重复。

③业务组件需要资源、人、知识和资产来支持它们实现的业务。

④每个业务组件都可以作为一个独立的实体，拥有自己独立的治理模式。

⑤和一个独立的业务服务一样，每个业务组件都对外提供业务服务或者使用其他业务服务。

⑥业务组件可以将业务服务内聚成独立的模块，这些模块可以在整个企业内部共享。

⑦组件拥有定义良好的接口，组件之间可以非常容易地结合，也可以随意地整合进来或剥离出去，就像砌砖一样。

业务组件的分类：

将业务组件按照能力分类，可以从它们为企业提供的价值角度有一个更高级别的视图。不同行业的不同公司对业务能力建模的方式也不一样，但是，不管怎样，每项活动都会依据某种能力组织起来。

每项活动被分配到三个可靠性级别：决策、控制和执行。

①决策。这一层次的业务组件为其他业务组件提供战略决策和企业政策。它们还简化与其他业务组件之间的协作。

②控制。这些中间层的业务组件在“决策”和“执行”层之间完成检查和平衡的功能。它们监控工作执行情况、管理出现的异常。

③执行。这些底层业务组件提供商业行动，这些行动为企业创造价值。它们处理资产和其他业务组件或者客户用到的信息。

这三个层次的可靠性级别优先考虑的内容是不一样的。比如在“执行”

这一层，重点是保持员工的工作饱满和富有成效。建立这一层的业务组件的目标是让信息更容易获得。从技术上说，数据访问的速度和及时性是关键。决策层的系统设计不是关注于数据访问的速度，而是为了分析的简洁、广度和深度。

（2）业务流程建模。

业务流程建模（BPM，Business Process Modeling）是对业务流程进行表述的方式，它是过程分析与重组的重要基础。在跨组织业务流程重组的前提下，流程建模的主要目的就是提供一个有效的跨组织流程模型，并辅助相关人员进行跨流程的分析与优化。

流程是指定的活动顺序，包含明确确定的用于提供业务值的输入和输出。对流程进行建模是非常大的挑战。业务流程建模应该注意以下几个方面：

① 建模应当确保捕获的相关信息的一致性及完整性，以便相关人员能够理解模型所捕获的业务需求。

② 在建模过程中，除了正常操作以外，标准流程的其他操作和异常必须获取。

③ 需要具有不同领域兴趣的专职人员和专家构建适合于大范围业务对象的流程模型。

④ 业务建模必须基于现有的流程分析，通过修改现有的模型来创建新的流程模型，而不是从头重新创建。

（3）业务建模工具。

业务建模人员从业务需求中收集需求，通过使用适当的工具，构建业务流程（BP）模型，作为构建模型的输入条件。业务流程建模涉及一系列复杂的工具和方法，目前理想的BPM标准是由相关组织和集成厂商推动，以国际工作流管理联盟（WFMC，Workflow Management Coalition）的参考模型为基础，提出了一个理想的BPM标准，在这个标准中，BPEL（Business Process Execution Language）、BPMN（Business Process Modeling Notation）和WS-CDL（Web Services Choreography Description Language）都被包含进来，作为执行、设计和编排的最好解决方案的标准和规范。

3.2.3 油气田标准化业务模型分析与建模

业务分析与建模可分为四个阶段：

（1）业务领域划分。

（2）分业务领域建模。分业务领域建模包括：业务划分；业务流程划分；业务活动描述；业务模型建立。

（3）业务模型集成。

（4）业务模型标准化。

1）业务领域划分

对于油田企业来说，业务领域的划分应以某种与石油相关的主题为指导，从整体上对油田主要业务进行划分。它不是现有机构部门的照搬，也不是基础业务的整理，而应是概括的、总结性的划分。通常可以按照业务管理形式或油田生命周期组织方式进行划分，比如按照业务管理，可划分为“勘探、开发、生产、经营”四大类。按照POSC国际标准业务参照模型分类方法，将油田勘探开发划分为“公司管理（B）、概念设计（G）、地质调查（F）、操作井和设备（Q）、钻井工程（E）、维护井和设备（R）、油气销售（M）、试验服务（P）、调整或废弃（H）”九项不重复的内容。

业务领域的划分原则是：

（1）根据专业划分业务领域。某一专业在油气田勘探、开发中承担了某一确定领域的业务，具有明晰的业务边界。如“物化探”“钻井”“采油”“分析化验”等，不同专业间具有明显不同的业务范畴和业务特性。

（2）根据油气田勘探、开发生命周期划分业务领域。油气田勘探、开发存在着明显的阶段性，且有较明显的阶段性标志，如勘探阶段、开发阶段、废弃阶段等，同一阶段内的若干子业务往往具有一定的相关性，如钻探阶段中的“钻、测、录、试”等。

（3）根据油气田勘探、开发管理阶段划分管理业务域。针对油气田不同生命周期或阶段，存在着一些重要的阶段性管理业务。其油气田管理手段和管理方式都不相同，管理内容也不相同，如勘探规划部署阶段、勘探综合研究阶段、开发部署规划阶段等。管理业务可能集中于勘探、开发的一个或几个阶段，也可能贯穿于勘探、开发的全过程。

业务领域的划分可以参照以上三种原则进行，尽量符合油气田勘探、开发管理的约定俗成的管理习惯，做到不同业务域间的业务不重复，并保证能覆盖所有的勘探、开发业务。根据以上原则，可以初步把油气勘探开发业务领域划分为“勘探规划与部署”“物化探”“井筒工程”“分析化验”“综合研究”“开发规划与开发方案”“油气生产”“油气集输”八大业务领域。

2）业务划分

业务领域中包含一个个独立的业务。每个业务中包含该业务的业务流程，业务流程中包含更细的、更小的子业务流程。

业务的划分要依据不同业务领域业务的特点进行。一般有以下几个方面的原则：

（1）按照业务类别进行划分。如“勘探规划部署”业务领域包含“勘探规划”“勘探部署”两大业务。

（2）按照业务的专业或职能进行划分。如“井筒工程”业务领域包含“钻、测、录、试”等业务。

（3）按照施工方法和工作目标进行划分。如“物化探”业务领域包含“二维地震”“三维地震”等业务。

（4）按照业务主题和阶段进行划分。如“综合研究”业务领域包含“构造研究”“资源评价”“油藏描述与评价”“剩余油研究”“油藏数值模拟”等业务。

大的业务包含更小的子业务。按照同样的业务划分原则，可以对业务继续细分。业务的划分要覆盖业务领域中的全部业务，直到将该业务领域中的业务全部细分出来为止。

一般情况下，业务域-业务的划分不超过三级。如果确实超过三级，则向上一级压缩，或重新规划分级层次。

3）业务流程划分

大的业务域中包含更细的、更小的子业务和业务流程。业务流程是对业务域的再分解，是业务域中一组联系紧密的活动。一个业务域中可以包括多个业务流程。按照同样的原则，可以将业务逐级细分下去，直至不可细分的业务功能单元为止，称为业务活动。

一般情况下，“业务域－业务－业务流程－业务活动”的层次要大于或等于三级，业务流程的分级不超过三级，如果确实超过三级，则向上一级压缩，或重新规划分级层次。

界定一个业务流程，需要有一个概括其作用的命名，还需要对其作用有一简短的描述。在业务流程分析时，识别和定义业务流程是非常重要的，它是进一步划分业务活动的基础。在实际业务中，业务流程可以划分为多个层次，同一级别的划分原则上要保持一致。例如：井筒业务域可按业务的生命周期划分为设计、钻井施工、完井、井下作业、试油/测试等业务，钻井施工业务里面可以再按照专业分为钻井、测井、录井等业务流程。

4）业务活动划分

业务活动是业务流程分解后最基本、不可再分解的最小功能单元，业务活动的命名要采用动宾结构的短语。一般来说，一个业务流程包括若干个业务活动，如测井业务包括测井设计、测井施工、测井数据预处理、测井数据处理、测井资料解释五个业务活动。

业务活动的划分在活动分析时是比较难的，所谓“最基本、不可再分解”是相对的，应根据对业务功能描述详细程度的要求不同而进行灵活定义，但业务活动的划分应掌握一定的原则。业务活动应是一类凝聚性的活动，其特征表现为以下几点：

（1）会产生某种清晰可识别的结果。这种结果可以是一个方案、一个报表、一种图件、一个数据体等。相反，一个非凝聚性的活动，总是产生不可确定的结果，或者几个无关的结果。

（2）有清楚的时空界限。在这个确定的时间和空间里，可以清楚地指出，谁在这个活动中工作和谁不在这个活动中工作。活动有时间性，可以确定开始时间和结束时间。凝聚性的活动之间的转换具有清楚的标志，而非凝聚性的活动则相互重叠且复杂，不能确定在何时何地进行。

（3）是一个执行单元。活动的管理职责有类似的明确规定，它明确规定由一个人或一个小组去执行而产生结果并为此负责。但是，一个没有明确定义的活动可能由一些不确定的人去执行，谁应该做什么是不明确的，他们的工作虽有某种协同，但不作为一个整体去工作，互相缺乏良好的联系和配合。

（4）在很大程度上是独立于其他活动的。如果一个活动按某种方式与另一个活动相互作用十分紧密，就可以把它看作一个活动。

（5）业务活动的划分与业务分析的视角有关系。例如：如果从测井公司的测井工作管理流程来分析，会侧重过程管理，活动的划分可以将每一个工作步骤都划为一个业务活动。

业务活动划分从勘探开发核心业务的角度进行，则注重关键性结果，淡化工程细节。按照产生与分析目标有明显关系的标志性成果进行业务活动划分。例如：测井设计产生测井施工设计方案；测井施工产生现场测井数据；测井预处理产生经过校正了的测井数据；测井处理产生成果曲线数据；测井解释生成解释成果及相关报告。每一个成果都和最终的解释直接相关，也都是测井业务的重要环节。

5）业务活动描述

业务活动是业务模型中最基本的业务组件，我们定义了业务单元来描述业务活动。

一个业务单元（Business Unit）是在实际勘探开发生产过程中可独立组织实施的、不必再分的最小业务活动及相关环境的描述。构成业务单元的各对象、活动、执行者、特性、规则称为业务要素，描述业务要素定义及业务要素之间关系的模型称为业务要素模型。描述业务要素的类和属性都采用数据元的定义，因此业务要素模型也称为数据元素模型，即数据元之间的关系。

一个业务单元包括以下八类要素：

（1）一个业务活动。

（2）该活动作用的1个业务对象。

（3）实施该活动的组织机构。

（4）一组结果对象（输出）。

（5）一组参与对象（输入）。

（6）该业务单元的业务规则，即实施该活动的条件与约束。

（7）相关对象的特性。

（8）对象之间的关系。

八要素之间的关系如图3–13所示：

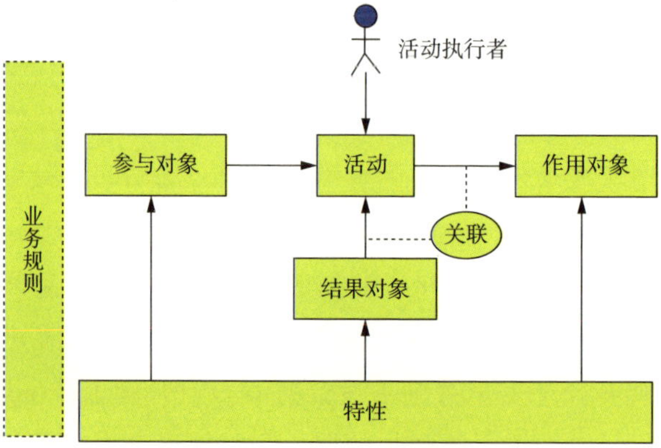

图3–13 业务单元的构成

定义业务单元有两个作用：

（1）在进行业务分析时，作为业务定义和划分的基本单元，用于对业务进行细化，是进一步定义数据元及数据元素模型的依据。概念层的业务单元描述了业务的现状，描述粒度比较粗，特别是对数据与主体对象的关系，而实际上数据可能是构成主体对象的组件对象的特性。例如，一次测井施工数据应该是与一个井筒段有关的，但在业务单元中可能只定义与井有关，而不关注井筒段这个对象。因此，需要进一步的细化工作。

（2）在设计逻辑数据模型时，逻辑层的业务单元是一组业务对象和特性的集合，给出了定义逻辑数据模型的基类，直接缩小了选择对象的范围，业务单元的约束条件使数据的语义清晰明确。

业务对象（Business Object）是与勘探开发业务相关的对象，受政策、合同等业务规则的约束。对象的概念是一个广义的概念，它可能包括具体对象，也可能包括抽象对象，如："研究项目"是抽象对象，"数据文件"和"资料清单"是具体对象。在油田勘探、开发、经营和管理等活动中涉及的对象相当繁多，其中的"业务对象"既包括了空间拓扑对象、设备材料对象，又包括了文档规范对象；而空间拓扑对象又细化为可定位的对象与空间对象，这里的空间对象主要包括点、线、面、体等。可定位的对象既包括了由地震解释所获得的地质特征对象，又包括了对井筒中地质特征的解释对象。对象是由活动产生的，例如"地质构造图"，它是通过"构造解释"活动产生的"文档规范对象”。所以，活动是以对象为中心的，对象与活动相互影响并派生，对象间的作用产生了活动，而活动又产生了新的对象及对象特性。

业务特性（Business Character）是用“数据”来表达“业务对象特性”或“业务活动特性”的统称。有两个主要的作用：一是用来描述对象本身的静态特性，即描述对象不变属性的那些特性。如单井的编号、位置等信息，这部分特性以对象为中心。二是用来描述对象与活动相互作用而产生的过程特性，即对象的动态特性。如钻井过程中的泥浆性能、钻头尺寸等。它们以活动为中心，在活动中既产生了新的特性，又有可能产生一些新的对象，如“泥浆”和“钻头”。利用业务特性能够从不同的角度定义对象的属性，以实现从不同的方面描述对象及活动的目的。

针对具体的业务活动，描述模板中应包括以下几个方面内容：

（1）活动名称：采用动宾结构的短语，要简洁明了，从字面上就能看出活动的主要目的、内容，如测井资料处理、钻井方案设计、地震资料解释等。

（2）操作者：填写完成或主要参加该活动的角色，即最终用户。可以是岗位、组织或某类角色的统称，如地质技术员、资料处理岗、测井施工队、采油队、测井资料解释单位等。

（3）业务活动描述：对业务活动的文字性概要描述，描述按照“6W”的模式进行描述，即活动是由谁（Who）发起的、在什么时间（When）发起的、在哪里（Where）发起的、为什么（Why）要发起这个活动、在这个活动中都涉及哪些（Which）对象、这些对象的特性是什么（What）。

（4）格式化数据描述：是指对该业务活动中所有相关数据项（字段）的描述，为了尽可能全地描述数据项，可按如下思路梳理数据项：首先分析该活动过程中的角色（这里是泛指，包括人、系统、设备仪器等），然后抽取实体对象，而后梳理角色和实体对象的所有属性，再凭专业知识检查是否缺少了重要信息，如有，则考虑是否有疏漏的角色和实体，重复此过程。当然，为了提高工作效率，在整个梳理过程中都应把已有勘探开发数据库作为基础，但不能原封不动地把数据库照搬过来，因为原勘探开发数据库并不是完全以活动来设计的，也就是说，可能一张表中有的数据项属于该活动，有的数据项不属于该活动。

格式化数据项描述的内容包括：业务分类、数据名称、代码、活动中对数据的操作和备注五大部分，各部分的填写方法和规则如下：

①业务分类：是指同一项活动可能有很多种并列的实施方法，如“测井解释”这项活动，它要解释的测井曲线可能是裸眼测井采集的，也可能是套管测井采集的，还可能是地震测井采集的。这时，由于三种测井方法所要解释的数据项（或者我们主要关心的解释数据项）不同，因此，要进行业务分类，要分别理出各个业务的数据项。如果某个活动中各个并列业务类型的数据项完全相同，则不必进行业务分类。

②数据名称：如果是已有勘探开发数据库中的数据项，则仍引用原来的名称；如果是增加的数据项，则根据软件的提示，填写数据项的详细描述，用石油行业常用的名称填写临时名称，最后由数据库专家组统一讨论确定。

③代码：如果是已有勘探开发数据库中的数据项，仍按原勘探开发数据库中对代码的命名规则；新增加的数据项的代码编制，先采用名称的首字母的方式，当有重复时，加上数字代码来区别，最后由数据库专家组统一讨论确定。

④活动中对数据的操作，有四种可选的数据类型：

产生（Create）是指在该活动过程中产生了该项数据，如测井解释活动中产生了“解释报告”“解释人”等数据项。

读（Read）是指在该活动过程中直接使用某项数据，这个数据项是该活动之前的其他活动中已经产生并存在了的，如测井解释活动中的“原始曲线类型”“测井井深”等数据项。

修改（Update）是指在该活动之前已经存在某项数据，但是在该活动过程中要修改其具体的值，如从钻井到开发的过程中，始终有字段“井名”，但由探井变成开发井时，井名的值发生了变化。

删除（Delete）是指在该活动过程中，对原来存在的某个数据项进行删除操作。

⑤备注：是需要对数据项作的补充说明。

具体的描述见范例。

（5）代码描述：数据分类代码是指某一数据项的取值在事先明确定义的范围内，通常是有限个可列举的值，例如：数据项“井型”，其取值范围是直井、定向井、斜直井、救援井、开窗侧钻井等。为了用数据表示信息以及方便使用，用指定的代码表示各个值，如“10”表示直井，“13”表示定向井，

“18”表示斜直井等，这样就用“井型代码”代替了“井型”数据项。业务人员要在活动中把类似这样的数据项全部抽取出来进行描述。描述的内容包括代码类型、代码、名称。填写说明如下：

①代码类型：是指要对何种数据项指定分类代码，如局级单位代码、油田单位代码、井型代码等。

②代码：是指对应代码类型中某一取值的代码，如10、13、18等。

③名称：是指对应代码类型中某一取值的名称，如直井、定向井、斜直井。

如果是已有勘探开发数据库中的代码类型则直接引用，若是新的代码类型则先自行分类，然后由专家统一定义其名称和代码。

（6）行业标准：是指业务活动过程中所参照的行业标准，包括施工操作标准、图表制作的参照标准等。该部分内容是业务分析时重要的行业标准参考依据。代码、名称的填写说明与前面相同，附件是关于该项标准实际内容的电子文档。

（7）相关资料：是指在活动中引用、依据和产生的关键性资料的登记，资料类型包括图、表、文档、数据体等。在业务建模时，对业务流程分析将起到关键作用的资料必须进行登记和描述。描述的内容包括代码、名称、关键词、描述、本过程中对资料的操作，以及资料的电子文档附件。其中，代码、名称、本过程中对资料的操作及资料的电子文档附件与前面各项的填写说明相同。此外，关键词是能说明资料内容的主要词组，便于检索文档资料；描述是对该资料的简要叙述，包括说明是什么资料，怎样产生的，有何作用等，如果是数据体则要说明数据体的格式。

6）业务模型集成

勘探开发业务是一个整体，各业务域之间不是孤立的，它们将通过数据流程或特定业务流程紧密地连接在一起。业务模型的集成就是要通过梳理业务流程和数据流程，将各业务域紧密连接起来。首先整体梳理各业务域的业务流程，寻找跨业务域的业务流程；其次在全业务域范围内对分业务域模型中的业务活动和数据项进行C/U矩阵分析，梳理出每一个数据项的产生和使用操作的流程，找出数据项的多头产生、有使用未产生、有产生无使用等异常情况，进一步交叉验证、完善业务流程分析和业务活动描述，确保每一个数据项在全业务域内有且只有一个源头业务活动，每一项数据都有“产生（Create）-使用（Use）”的完整流程。

7）业务模型规范化

业务模型的规范化是指对已经集成好的业务模型，为了实现模型转化和管理而进行的优化、再加工和规范化。主要包括两部分内容：一是对业务模型的规范化，使用统一的数据元对业务模型进行规范化检查和再描述；二是面向对象的分析方法，按照业务单元描述模板进行业务单元定义。为业务模型向逻辑模型转化、逻辑模型到物理模型的投影奠定基础。业务模型的规范化也是业务模型的标准化。

8）业务单元设计实例

业务单元采用业务单元模板进行描述。在业务单元模板里，我们要根据业务分析的结果，将业务单元进一步细化；参考数据元素模型，将业务要素及其相关数据项进行映射。业务单元模板的格式如图3-14所示。

1	编号	业务单元	业务要素	业务要素类别	数据元素模型对应实体	数据项编号	数据项名称	数据项代码	单位	数据项标识	数据项表达式	数据项映射路径	操作	操作唯一约束	数据项约束	业务单元约束
2																
3																
4																
5																
6																
7																
8																
9																
10																
11																
12																
13																
14																
15																

图3-14　业务单元模板

模板里涉及以下几部分内容：

（1）编号：业务单元的编号。

（2）业务单元：业务单元的名称。

（3）业务要素：列出业务单元的所有业务要素名称。

（4）业务要素类别：具体包括活动、活动类型、执行者、作用对象、参与对象、结果对象等（其中，在一个业务单元中，活动、活动类型、执行者、作用对象是必须存在的）。我们从中选出每一个业务要素相对应的类别。

（5）数据元素模型对应实体：即数据元素模型中与业务要素对应的源实体的名称。

（6）数据项编号：在一个业务单元内部，对数据项按照顺序进行编号。

（7）数据项名称：业务要素的一些特性/属性（它们是业务分析的结果）的名称。

（8）数据项代码：填写数据项的拼音代码（它们是业务分析的结果）。

（9）单位：数据项的单位（它们是业务分析的结果）。

（10）数据项标识：有三类数据项选项，即普通数据项、计算数据项、辅助数据项。

（11）数据项表达式：如果数据项是通过计算得到的，那在这里填写数据项的计算公式。

（12）数据项映射路径：通过参照数据元素模型，确定与数据项对应的源实体（对象实体、参照实体、特性实体），并确认源实体对应的属性（SPT类型），用它直接存入数据项的具体数据值。

（13）操作：对数据项有四类操作，分别是创建（C）、读取（R）、更新（U）、删除（D）。

（14）操作唯一约束：业务单元中数据元素模型对应的实体存在唯一约束，如果数据项存在于该实体的唯一约束中，那针对该数据项的操作如R（Read）就不单单是这一个数据项了，而是其所在唯一约束的所有数据项，这时将所涉及的其他数据项填写在操作唯一约束中。

（15）数据项约束：为了能够正确地表达业务单元中数据元素模型对应实体及实体之间的关系，引入了数据项约束。业务单元中的任何一个数据元素模型对应的实体在该业务单元中均有特定的含义，它们之间也有着特定的关系，通过数据项描述将这些含义及关系表达出来。

（16）业务单元约束：业务单元涉及的数据项约束条件的组合。

以地化录井为例，设计业务单元分析模板如图3-15所示。这是一个地化录井的业务单元，由业务分析可知，它涉及的活动是地化录井，活动执行者为某录井单位，该活动作用对象是井段，结果对象是岩石。于是，在相应的

编号	业务单元	业务要素	业务要素类别	数据元素模型对应实体	数据项编号	数据项名称	数据项代码	单位	数据项标识	数据项表达式	数据项映射路径	操作	操作唯一约束	数据项约束	业务单元约束
001	地化录井	地化录井	活动	SPE_ACTIVITY	1							C		SPE_ACTIVITY.kind[SPE_ACTIVITY_CLASS].identifier=地化录井	
		井	参与对象	SPE_WELL	2	井号	JH		普通数据项		SPE_WELL.identifier	R			
		井段	作用对象	SPE_WELLBORE_INTERVAL	3	顶界深度	DJSD1	m	普通数据项		SPP_GEOMETRY_SIMPLE_1D_EDGE.maximum_value	C		SPP_GEOMETRY_SIMPLE_1D_EDGE.edge.locatedobject=SPE_WELLBORE_INTERVAL	
					4	底界深度	DJSD2	m	普通数据项		SPP_GEOMETRY_SIMPLE_1D_EDGE.minimum_value	C		SPP_GEOMETRY_SIMPLE_1D_EDGE.edge.locatedobject=SPE_WELLBORE_INTERVAL	
		岩石	结果对象	SPE_DRILL_CUTTINGS_SAMPLE	5	岩石名称	YSMC		普通数据项		SPE_DRILL_CUTTINGS_SAMPLE.kind[SPE_MATERIAL_CLASS].identifier	R			
					6	岩石代码	YSDM		辅助数据项						
					7	颜色名称	YS		普通数据项		SPR_LITHOLOGIC_COLOR.identifier	R		SPP_LITHOLOGIC_COLOR.rock_material=SPE_DRILL_CUTTINGS_SAMPLE; SPP_LITHOLOGIC_COLOR.ref_lithologic_color=SPR_LITHOLOGIC_COLOR;	
					8										
					9	含油级别	HYJB		普通数据项		SPP_FLUID_SHOW_QUALITY.SHOW_DISTRIBUTION	C			
					10	气态烃	QTTSO		普通数据项		SPP_PYROLYSIS_SO.data_value	C		SPP_PYROLYSIS_SO.rock_mat	

图 3-15 地化录井业务单元

业务要素类别中选择活动、活动执行者、作用对象、结果对象。这四个业务要素在数据元素模型里对应的实体分别是：SPE_ACTIVITY、SPE_BUSINESS_ASSOCIATE、SPE_WELLBORE_INTERVAL、SPE_DRILL_CUTTINGS_SAMPLE。

将业务分析时得到的数据项、数据项名称、单位和操作依次对应到业务要素上。与单位对应的数据项是单位；与井段对应的数据项是井号、顶界深度、底界深度；与岩石对应的数据项是岩石名称、颜色名称、含油级别、气态烃、液态烃、裂解烃、最高热解温度、有机碳。

由于该业务单元里除岩石代码外每一个数据项都不是通过计算得到的，且它们所要表达的含义都必须由每一个数据项自身表达出来，而不能由其他数据项代替它表达其含义，所以该业务单元里这些数据项都是普通数据项，它们的数据项标识是普通数据项，岩石代码语义能够由岩石名称来表达，所以岩石代码数据项标识为辅助数据项。

确定业务单元约束。该业务单元对每个业务要素都没有特殊的要求，故业务单元约束一栏为空。

数据项映射路径的填写。首先要寻找每个数据项对应的源实体，再在源实体里寻找存放数据值的SPT类型的属性名，则可确定该数据项的最终存放点（如AZ29的井号：SPE_WELL.identifier）。但基于源实体均要与核心对象建立关系的考虑，数据项映射路径的填写分为两种情况：

（1）如果源实体与核心实体有隐式或显式的关联关系，以井号为例：源实体SPE_WELL与作用对象SPE_WELLBORE_INTERVAL之间存在关联关系，即SPE_WELLBORE_INTERVAL中的属性wellbore指向SPE_WELLBORE，SPE_WELLBORE中的属性well指向SPE_WELL，这种情况下，数据项映射路径不仅要把数据项与源实体之间的关系表达出来，也要将源实体与核心实体之间的关联关系表达出来。所以，在井号这一数据项中应该填写：

SPE_WELLBORE_INTERVAL.wellbore[SPE_WELLBORE].WELL[SPE_WELL].identifier。

（2）如果源实体和核心实体不存在这种关系，这种情况下，在映射路径中填写源实体和数据项的关系表达式，以颜色名称为例：映射路径中填写SPR_LITHOLOGIC_COLOR.identifier，但为了表达源实体SPR_LITHOLOGIC_COLOR和核心实体SPE_DRILL_CUTTINGS_SAMPLE之间的关联关系，此时还应填写约束条件来使二者关联起来：约束条件为：

SPP_LITHOLOGIC_COLOR.rock_material=SPE_DRILL_CUTTINGS_SAMPLE;

SPP_LITHOLOGIC_COLOR.ref_lithologic_color=SPR_LITHOLOGIC_COLOR。

数据项约束的填写。数据项约束的填写分为两个方面：一方面，数据项需要具体的约束值来限定，在此表现为直接给约束实体的某属性一个约束值，如数据项“单位”的约束条件是：

SPE_ BUSINESS_ASSOCIATE .kind[SPR_BUSINESS_ASSOCIATE].identifier='单位'。

另一方面，数据项约束通过实体之间的关系来表达，这种情况下，表达式有三种情况：

（1）如与数据项顶界深度、底界深度对应的源实体是：SPP_GEOMETRY_SIMPLE_1D_EDGE，核心实体是SPE_WELLBORE_INTERVAL，它们的源实体与核心实体的关联关系就需要在数据项约束中表达出来。具体的关联关系是实体SPP_GEOMETRY_SIMPLE_1D_EDGE有一个属性是edge，表示该属性含义的实体edge的一个属性located_object正是SPE_WELLBORE_INTERVAL，所以这条约束条件的表达为：

SPP_GEOMETRY_SIMPLE_1D_EDGE.edge.locatedobject=SPE_WELLBORE_INTERVAL。

（2）与数据项颜色名称对应的源实体是SPR_LITHOLOGIC_COLOR，核心实体是SPE_DRILL_CUTTINGS_SAMPLE，这两个实体没有直接的关联关系，但它们分别与特性实体SPP_LITHOLOGIC_COLOR有直接的关联关系，所以将SPP_LITHOLOGIC_COLOR看作一个中间实体，将这两个实体关联到一起。这条约束条件的表达分为两个部分：

SPP_LITHOLOGIC_COLOR.rock_material=SPE_DRILL_CUTTINGS_SAMPLE;

SPP_LITHOLOGIC_COLOR.ref_lithologic_color=SPR_LITHOLOGIC_COLOR。

（3）数据项气态烃、液态烃、裂解烃、最高热解温度、有机碳的数据项约束的情况相同，在此以气态烃为例。气态烃对应的源实体是SPP_PYROLYSIS_S0，核心实体是SPE_DRILL_CUTTINGS_SAMPLE。能表达SPP_PYROLYSIS_S0的属性rock_material的含义的实体是SPE_ROCK_MATERIAL，它是一个抽象类，而SPE_DRILL_CUTTINGS_SAMPLE正好是它的一个子类，所以这条约束条件的表述为：

SPP_PYROLYSIS_S0.rock_material=SPE_DRILL_CUTTINGS_SAMPLE。

3.3 油气田勘探开发业务分类方法

3.3.1 业务分类目的及意义

对油田企业，按照信息工程的方法，将油田整个勘探开发生命周期中涉及的业务抽象为一个完整的业务功能结构，以数字化、可视化的形式描述整体勘探开发业务的层级关系和数据范围，是进一步分析业务数据之间逻辑关系的重要依据，也是信息工程数据模型体系（业务模型、逻辑模型、物理模型）的基础；基于业务分类体系形成的油田数据资产编目，是各级业务人员浏览查询油田数据资产的索引。进行油田业务分类的作用和意义主要包含以下几个方面：

（1）通过对企业勘探开发业务进行梳理与分析，可以理清整体业务的层级关系和数据范围，并进一步优化企业现有业务流程和数据流程；分析业务数据之间逻辑关系，为构建数据模型、物理模型提供业务支持。

（2）理清业务模型分析的业务及业务活动，为开发人员弄懂业务提供支持，建立业务人员和软件开发人员沟通交流的桥梁。

（3）是模型驱动的顶层（与CIM计算无关），为企业一体化数据管理奠定业务基础。基于业务分类体系构建油田企业勘探开发业务模型，能够打通业务－模型－存储之间的关系，为数据模型及物理模型提供模型转化。

（4）为油田企业数据资源建设提供依据。基于业务分类体系建立数据资源编目，形成数据资源管理与源头采集标准，通过建立清晰的业务前、后置关系及管理数据范围，数据齐、全、准、完整性等质检规则，从而全面规范企业数据采集，保证数据源头唯一，实现油田企业的勘探开发数据资产化管理。

（5）基于业务分类体系，可以清晰地厘清勘探开发全部业务及流程，可全面分析信息化尚未覆盖的业务，开展信息化建设（数据库、系统、软件），同时避免重复建设。同时，为专业库完善、应用系统建设提供科学依据和业务支持，为全面业务数字化提供业务参照。

（6）全面管理勘探开发业务，真正打破专业壁垒，为打造业务“中台”提供业务参照及模型转换，支持服务平台化。

3.3.2 业务分类方法

1）业务分类基本结构

业务分类是对勘探开发业务层级及相互关系、业务流程、业务活动、业务的操作及输入输出等数字化、规范化的表达，形成企业的完整勘探开发业务功能结构，以清晰地表达业务层级关系及业务流和数据流关系，为企业业务“数据化”提供基础和依据。

业务分类结构应包含业务域、业务、业务流程、业务活动、业务活动描述、活动资料及数据定义等。如图3-16所示：

业务分类基本术语定义：

（1）业务域（Business Domain）：是对企业中的一些主要业务活动领域的抽象，而不是现有组织机构部门的照搬。

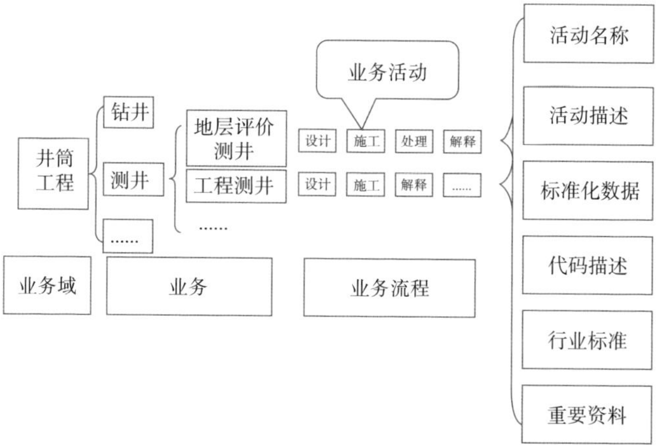

图 3–16　业务分类基本结构

（2）业务（Business Area）：是对业务域的细化和再分解。一个业务可能是业务领域的某一项特定的职能，或是某种业务阶段，或是某种独立的专业活动。每个业务都是相对独立的，所有的业务构成完整的业务领域。业务是概念上相对较小的业务领域。

（3）业务流程（Business Process）：是一组联系紧密的活动，完成一个业务的实施过程。界定一个业务流程，需要能概括其作用的命名，还需要对其作用有一简短的描述。

（4）业务活动（Business Activity）：是企业功能分解后最基本的功能单元。业务活动的命名要能明确表达业务的性质和工作内容。一般来说，一个业务流程会包括若干个业务活动。

（5）数据集：是业务模型管理数据资料的最小组织单元，是业务单元定义的基础。

（6）业务单元（Business Unit）：是在实际勘探开发生产过程中可独立组织实施的不必再分的最小业务活动及相关环境。

（7）对象（Object）：是一些相关物体变量和方法的集合。它具有两个特征，即状态和行为。

（8）业务对象（Business Object）：业务人员处理和使用的对象（业务类和对象）。它可以是具体对象，也可以是抽象对象。

（9）业务特性（Business Character）：是用“数据”来表达“业务对象特

性”或“业务活动特性”的统称。

（10）具体对象：现实中实际存在的物体，比如井筒，地震仪等。

（11）抽象对象：过程描述、研究方法等。

2）业务分类设计原则

一个企业完整的业务分类应满足且遵循以下几个原则和要素：

（1）要做到业务完整性。要做到业务的全覆盖，不遗漏所有勘探开发业务。

（2）业务结构要清晰，做到业务分类的唯一性。所有勘探开发业务划分要做到无重复，不交叉，且划分合理，有机有序。

（3）要做到业务描述的规范性：业务流程规范，业务活动描述准确，数据标准统一，数据质量及采集要求清晰。

（4）业务分类应具有良好的可扩展性。能够预留新增业务，保证持续发展，同时又保证业务分类体系的稳定性，结构能在扩展中保持稳定不被破坏。

（5）业务分类应剥离组织机构，保证结构稳定，具有通用性。也就是能够最大限度地不受企业组织体制机制变化的影响。

3）业务分类具体方法

业务分类设计的一般流程包括业务域及业务划分、业务流程定义、业务活动分析、业务活动描述、数据标准设计、建立业务模型等几个阶段（图3-17）。

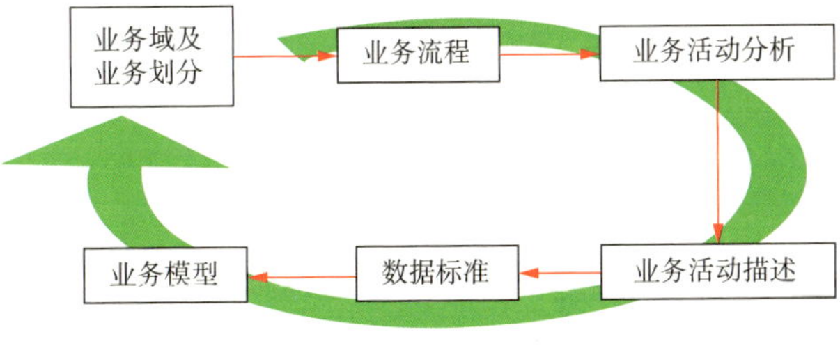

图 3-17 业务分类设计方法流程

（1）业务域划分方法。

建立业务分类首先是对业务科学地划分。业务的划分应以某种与石油相关的主题为指导，从整体上对油田主要业务进行划分。它不是现有机构部门的照搬，也不是基础业务的整理，而应是概括的、总结性的划分。

业务的划分有多种不同的划分维度（或方法），一般来说有以下几种：

①按照专业划分业务域。某一专业在油气田勘探开发中承担了某一确定领域的业务，具有明晰的业务边界。如“物化探”“钻井”“采油”“分析化验”等，不同专业间具有明显不同的业务范畴和业务特性。

②根据油气田勘探、开发管理职能划分确定专业域。针对油气田不同生命周期或阶段，存在一些重要的阶段性管理业务。其油气田管理手段和管理方式都不相同，管理内容也不相同，如勘探规划部署阶段、勘探综合研究阶段、开发部署规划阶段等。管理业务可能集中于勘探、开发的一个或几个阶段，也可能贯穿于勘探、开发的全过程（表3-1）。

表3-1 国际POSC标准的石油勘探开发业务域划分

业务域	代码
公司管理	B
概念设计	G
区域勘测	F
操作井和设备	Q
钻井工程	E
维护井和设备	R
油气销售	M
试验服务	P
调整或废弃	H

（2）业务划分（细分）方法。

对业务域中的业务进行逐级细化和定义，识别和定义出其中的所有业务。不能漏掉业务，以便对业务逐个进行分析，可概括为业务划分方法：从大到小，逐级划分，不重不漏，相对独立，避免交叉。业务逐级细分的方法如下：

①要做到一个业务不在两个业务域中出现，如果出现业务交叉情况，则说明业务域或上级业务划分方法不合理、不科学，需要调整。

②要做到一个业务域中的业务完整，不漏掉业务域中的任何业务。出现“漏业务”的现象一般原因包括：业务域或上级业务边界模糊，概念不清晰有歧义；业务混乱，层级不一致等。

③业务划分按层次逐层细化，业务划分层次保持一致。当出现业务层次不一致时，可采取业务流合并，或删除上级划分层次等手段。但业务划分的层数应有所控制，一般以从业务域到最小一级业务活动最多不超过4级为宜。

④要做到业务之间相对独立，上、下级业务之间可以有子流程包含关系，但同级业务与业务之间不能有流程上的相互依赖关系。须业务自身构成一个完整的业务流程体系。

业务逐级细分可依据业务域和业务的具体特点进行，一般包括按业务的专业和职能进行细分、按施工方法和目标进行细分、按业务主题或阶段进行细分等。但同一业务域内业务的细分应遵循同一原则，避免因划分标准不一致造成层次结构不清晰，层级混乱。

业务的细分直到分到不可再分的业务活动为止，不可再分的业务活动称为最小业务单元。不可再分指的是从业务信息化角度定义的无须再细分的最小业务单元。

（3）业务活动定义与描述方法。

如何定义一个业务活动？从业务本身来说，业务活动是可以无限细分的，业务活动的划分跟管理粒度有关系，与信息化的目标有关系。在一定的层级上，业务活动是可以标准化的，比如钻井地质设计，不管哪个分公司，都需要完成此业务活动，但这个业务活动细化的业务过程却要与其组织机构设置及管理流程相关，这些有个性的业务过程我们在应用系统中通过定制来实现，在勘探开发业务分类体系建立时，只需要关注其可标准化的特性和内容，以保持勘探开发业务体系的相对稳定性。

定义一个业务活动，应该遵循以下标准：

①业务活动是一个基本的、完整的业务执行单元。一个基本的业务活动，可能由一个人、一个小组，或一个职能部门去执行而产生结果并为此负责。但无论是一个人，还是一个小组、一个职能部门，所有参与该业务活动的人员的业务职责是相同的，在该活动中承担了同一种角色（即操作者）。若不是一个基本的、完整的业务执行单元，则该活动具有不确定性，参与该活动的

人员或组织将会职责不清（或不同），各自产生无关的或不同的结果。活动的参与者应该归属于一个参与活动，参与活动与该活动是相互独立的，它们之间具有清晰可辨的界限。

②有清楚的时空界限。作为活动，一定具有时间性，可以确定开始时间和结束时间。在这个确定的时间和空间里，可清楚地指出，谁在这个活动中工作和谁不在这个活动中工作。凝聚性的活动之间的转换具有清楚的标志，而非凝聚性的活动则会相互重叠交叉，不能确定在何时、何地进行。

③独立于其他活动。一个业务活动是一个业务功能单元。因此，它所承担的业务功能应该是完整的，即可独立于其他业务活动而独立执行。一个业务活动，可以引用或依赖其他业务活动产生的结果，但无须其他业务活动参与其中，活动结果的产生也与其他活动无关。

④会产生某种清晰可辨的结果。作为一个有意义、可管理的业务活动，一定有且只有一种明确的活动结果，它可以是一个方案、一个报表、一种图件、一个数据体等；如果该业务活动产生了多个结果，但这几个结果能组成一个有机的整体，即业务对象。如果一个活动产生的结果不确定，或者产生几个无关的结果，则业务活动的定义是不合适的。

因此，业务活动是业务分解后最基本、不可再分解的最小功能单元。一般来说，一个业务包括若干个业务活动。这些业务活动组成完整的业务流程。业务活动的划分与业务分析的视角和对业务功能的界定有关，即业务活动的定义是基于可标准化和信息化的最小业务管理单元来划分的。

为了避免对业务活动的内涵产生歧义，需要对业务活动名称进行规范化。业务活动的名称要能准确表达业务活动的含义和功能，一般采用动宾结构的短语（动词 + 名词或名词 + 动词），或动词化的名词。动词为活动的概括说明，名词为过程或对象。比如“岩屑录井”“钻井作业动态”“开发工程方案编制”等。即高度概括，简明而不含糊，不要加入描述性说明或嵌套概念，独立而避免相互依存，且在全业务域具有唯一性，同一层次保持命名逻辑结构一致。

定义出业务活动后，需要对业务活动进行分析和描述。一个业务活动应包含业务活动的名称、业务活动的操作者（活动的承担者）、业务活动的研究对象及其他参与对象、业务活动的输入（引用）资料、业务活动参照的业务标准（操作规范、行业标准等）、业务活动的输出结果（产生资料）、业务活动描述等内容。业务活动的描述可使用一段文字，也可以建立一个结构化描述模板，对业务活动发生的原因、地点、参与单位或人员、工作内容和方法、使用的资料及产生的结果、作用等进行精练和准确地描述，目的是使业务分析人员和信息技术人员等能一目了然地理解业务活动。

对业务活动的描述应建立科学的描述规范，即“6W”描述规范。对“6W”的定义如下，如图3-18所示。

①操作者（Who）：活动完成的主体，它与活动划分粒度密切相关，操作者名称必须包括这个活动产生的数据项。例如地质技术员、资料处理岗、测井施工队、采油队、测井研究所等 。

②活动时间（When）：指该活动发生的某个时间点或某段时间，某个业务或业务活动的时间位置，便于连接业务之间关系。

③活动地点（Where）：指该活动发生的位置、场所、环境等。

④作用对象（Which）：指该活动所作用的对象，可以是具体对象，也可以是抽象对象。

⑤活动原因（Why）：指为什么要发起该活动，该活动的目的和意义。

⑥产生结果（What）：指该活动产生的结果，这些结果是信息化的重要数据。

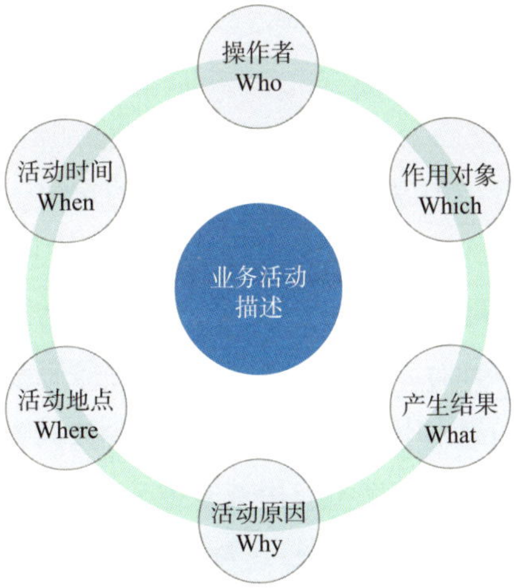

图3-18　业务活动的“6W”描述规范示意图

对业务活动的文字化描述可以按照以下描述格式进行。即

谁（业务角色Who）在什么时间（业务时间When）在什么地点（活动承担的单位或场所Where）针对什么业务对象（作用对象Which）做了什么事，活动的原因或目的是什么（Why），该业务活动使用哪些资料（参与对象Which，包括必需的资料和可选的资料），产生了哪些结果（结果对象What）。同时，描述了该活动发生必须遵守的相关标准规范，并收集相关规范的文件，另外对此活动按照6W的语法进行整体描述。即

活动是由谁（Who）发起的、在什么时间（When）发起的、在哪里（Where）发起的、为什么（Why）要发起这个活动、在这个活动中都涉及了哪些（Which）对象、这些对象的特性是什么（What）。

（4）业务成果资料分析方法。

对每个业务活动执行和发生后所产生的关键性成果资料进行分析，同时分析该业务活动需要的资料（由前置业务活动产生的成果资料）。然后收集样例资料，成果资料包括输入的其他业务活动产生的成果和本业务产生的成果。从资料构成上进行详细分析，拆解成一个个单项成果资料（数据、图、表），并确定哪些（单项）成果资料是本业务产生的，哪些（单项）成果资料是从其他业务引用（输入）的成果，并确定具体来源于哪个业务的哪个环节（业务活动）。这样才能真正厘清业务之间的关系，建立起完整的业务流和数据流，从而为以后的数据采集设计、数据结构设计和应用设计奠定基础。

资料的分类应按照“报表、文档、图件、体数据”四类进行，并分别建立不同的数据描述规范和模板。

（5）业务数据集的拆分及定义方法。

在业务活动成果分析的基础上进行数据集的定义，为建立企业勘探开发数据管理奠定基础。业务活动数据集是企业一体化数据管理的最小数据单元，也是业务单元定义的基础。

具有保存价值的评判标准是该资料对后续业务有参考作用或者后续业务需要使用本资料，这分两种情况：一是该资料会被其他业务共享使用；二是数据资料对后来的同类业务有参考作用或需要应用该数据资料。

为了清晰表达数据流之间的关系，有必要对现有的业务成果资料进行拆分（或细分），数据集的拆分和定义应遵循以下原则：

①应保证业务活动数据集的最小组织单元特性，无引用关系（C/R关系）的不同业务活动产生的数据项不能在一个数据集中描述。

②有引用关系（C/R关系）的数据项在引用（R）的活动中也需要描述，在未来的数据管理中要管理这种场景，但要保证其与产生活动数据的一致性，一般在数据库中用外键关系来表达。

③有父子关系的数据项不能在一个数据集中描述。

④对拆分后的数据集需要重新定义和命名。数据集的命名应参照相关标准与规范，反映数据资料的真实内容，同时兼顾业务人员的习惯；同时，保证在勘探开发业务体系范围内数据集名称不重复；若两个数据集为父子表关系，命名要包含父子关系的含义。命名时，结构化数据类型一般命名为“XX数据表”，文档数据类型一般命名为“XX报告”“XX总结”等，图形数据一般命名为“XX图”，曲线体数据命名为“XX曲线集数据表”，体数据命名为“XX数据体”。

（6）业务数据项的分析与定义方法。

对业务数据集中的每一个数据项进行分析并标准化，其本质是构建起数据E-R关系，也是复杂业务逻辑在数据层面上最小粒度的具体体现。建立数据项定义模板，主要包含以下内容：

①数据集名称：定义的标准数据集名称。

②要素类别：针对每个数据项进行业务活动“九要素”分析，确定该数据项在业务活动的位置。

③对象名称：该数据项对应业务活动中的对象具体名称。

④属性类型：该数据项归属于某个对象的属性，可以不标识，通过对象名称确定。

⑤对象关系：该数据项对应的对象与其他对象的关系。

⑥数据项名称：数据项中文名称，尽量能完整表达其业务含义，力求简洁、清晰，一般不超过6个汉字。

⑦拼音代码：数据项名称的拼音首字母组合，使用大写字母，同一数据集中如存在不同数据项拼音代码相同的情况，在尾部增加数字1、2区分。

⑧英文代码：数据项名称翻译成英文后能够表达其含义的关键单词或关键单词经缩写处理后的组合，单词或单词缩写首字母大写，对象标识字段一律用“XX_ID”表示，如果同一数据集中出现相同的代码，在尾部增加数字1、

2区分，代码的总长度不能超过27个字符。

⑨数据项描述：对数据项的详细描述，描述数据项在业务中表达的含义，标准是不熟悉本业务的人能够通过描述明白数据项的含义。

⑩示例：填写一个实例，帮助理解。

⑪备注：其他补充说明。

⑫CR关系：C（creat）是数据产生的源点，R（read）是数据的引用。

⑬数据来源：对于数据操作为R的数据项，指向其产生源头（其他业务活动数据集的数据项，与本数据项相同含义，数据操作为C），用“数据集名称.数据项名称”表达，对于附录，填写附录表代码。

⑭数据类型：数据项的类型，统一用“CHAR、NUMBER、DATE、TIME、CLOB、BLOB”六种类型划分，分别代表“字符型、数字型、日期型、时间型、文本大数据、二进制大数据”。

⑮精度：数据宽度，对于“DATE、TIME、CLOB、BLOB”无须指定，宽度包含小数位宽度，如精度为10，小数位为3，则整数位为7。

⑯小数位：对于NUMBER型要指定，不指定的则认为整数。

⑰量纲：数据项的量纲，用标准的量纲缩写名表达。

⑱非空：业务中对数据的非空约束，是非空的填“Y”，不是的不填。

⑲数据来源：填写本数据项来源于现行专业库（或系统）名称、表名、字段名等。

至此，按照以上的分类方法，可以构建企业完整的业务分类，基于这样构建的业务分类，可以实现企业业务分类的结构化、数字化表达，这将为今后企业信息化建设、勘探开发数据资产管理奠定坚实基础。

3.4 油气田业务分类体系

通过上述业务分类方法，可构建数字时代的勘探开发业务分类体系，以满足未来数据驱动和数据服务的需要，满足数字油田和智能油田建设的需要，支撑形成油田企业一体化完整的业务应用体系架构，为建立跨业务协同、知识共享、一体化应用的油田企业信息化格局服务。

基于以上业务分类方法，笔者基于多年的油田企业信息化建设实践，提出了一套油田企业业务分类体系，为石油行业信息化人员理解业务分类体系的思想，构建自己的勘探开发分类体系提供借鉴和参考。

3.4.1 油气勘探开发业务分类体系描述和说明

1）勘探开发业务域划分

本书以勘探开发生命周期划分方法为主线，将按专业划分与按管理划分方法有机地结合起来，提出一套勘探开发业务域划分方案，在尽量符合油气田勘探、开发管理的约定俗成的管理习惯的同时，做到不同业务域间的业务不重复、不遗漏，确保覆盖所有的勘探、开发业务。

根据以上原则和方法，把油气田勘探开发业务划分为“物化探”“井筒工程”“分析化验”“综合研究”“油气田生产”“地面与海洋工程”“人力资源管理”“计划管理”“财务管理”九大业务域，见表3-2。

表3-2 油气勘探开发业务域分类体系划分表

业务领域	业务域
勘探开发生产	物化探
	井筒工程
	分析化验
	综合研究
	油气田生产
	地面与海洋工程
经营管理	人力资源管理
	计划管理
	财务管理

2）业务划分

按照业务划分的方法及原则，对勘探开发、经营管理九大业务域业务进行细分，直到最小的业务活动为止，并按照业务划分层级最大不超过5级（含业务活动）的原则，形成九大业务域业务划分成果，见表3-3。

表3-3 一级业务分类体系划分表

业务域	一级业务
物化探	物化探部署
	地震勘探
	重力勘探
	磁力勘探
	化学勘探
	电法勘探
井筒工程	井位设计
	钻井工程
	地质录井
	地球物理测井
	试井
	试油
	井下作业
	完井
分析化验	岩心常规分析
	岩心专项分析
	流体性质分析
	地层古生物分析
	地球化学分析
	提高采收率室内分析
综合研究	规划与部署
	勘探地质研究
	开发地质研究
	油气藏工程
	开发方案设计
油气田生产	油气藏工程管理
	采油气工程管理

续表

业务域	一级业务
地面与海洋工程	地面工程设计
	地面工程施工
人力资源管理	组织管理
	劳动用工管理
	招聘和人才引进管理
	员工日常管理
	干部管理
	人才管理
	人工成本管理
	薪酬管理
	培训管理
	绩效管理
	统计及档案管理
计划管理	投资项目管理
	投资计划
	投资统计
	生产计划
	生产统计
	综合分析
财务管理	成本预算管理
	资金管理
	涉税管理
	资产管理

3）业务活动定义与描述

按照业务活动“6W”描述规范，对业务分类体系中的所有业务活动进行描述，以下是一个描述实例，见表3-4。

表3-4　业务活动定义描述表

业务活动	操作者（Who）	活动时间（When）	活动地点（Where）	作用对象（Which）	参与对象（Which）	活动原因（Why）	必输入数据（What）	可选输入数据（What）	产生结果（What）	业务相关标准规范	描　述
总体发展规划	财务部	每年四季度	分公司	分公司	勘探开发部钻完井部	确定分公司发	历年的分公司		总体发展规划		每年四季度，
专业规划											
勘探年度计划	勘探开发部	每年9-12月份	勘探开发部	分公司	研究院勘探项目组物	研究制定分公	勘探规划与历		勘探年度计划		每年9-12月份
开发年度计划	勘探开发部	每年9-12月份	勘探开发部	分公司	研究院油藏工程室	研究制定分公	开发规划与历		开发年度计划		每年9-12月份
生产年度计划	生产部	每年9-12月份	生产部	分公司	勘探开发部	研究制定分公	生产规划与历		生产年度计划		每年9-12月份
钻完井年度计划	钻完井部	每年9-12月份	钻完井部	分公司	钻采工艺室	研究制定分公	钻完井规划与		钻完井年度计		每年9-12月份
工程年度计划											
勘探开发研究年	研究院	年初	研究院	分公司	研究院	研究制定分公			勘探开发研究		每年年初，研
总体年度计划	勘探开发部	每年12月份	勘探开发部	分公司	研究院钻完井部生产	汇总各专业计	勘探年度计划		总体年度计划		每年12月份，
勘探月度工作总	勘探项目主管	每月	勘探开发部	分公司		对每月勘探工			勘探月报		勘探项目主管
开发月度工作总	开发项目主管	每月	勘探开发部	分公司		对每月开发工			开发月报		开发项目主管
钻完井月度工作	钻完井部	每月	钻完井部	分公司		对每月钻完井			钻完井月报		钻完井部相关
油气田生产月度	生产部	每月	生产部	分公司		对每月油气田			油气田生产月		生产部相关人
勘探年度总结	勘探项目主管	每年四季度	勘探开发部	分公司		对当年勘探工	勘探年度计划	研究院项目总结	勘探年度总结	油气勘探年	每年四季度，
开发年度总结	开发项目主管	每年四季度	勘探开发部	分公司		对当年开发工	开发年度计划	钻后评价报告	开发年度总结		每年四季度，
钻完井年度总结	钻完井部	每年四季度	钻完井部	分公司		对当年钻完井	钻完井年度计	钻后评价报告	钻完井年度总		每年四季度，
油气田生产年度	生产部	每年四季度	生产部	分公司		对当年油气田	油气田生产年		油气田生产年		每年四季度，
合作区块年度总	联管会	每年四季度	勘探开发部	分公司	对外合作主管	对当年对外合		历年的合作区块	合作区块年度		每年四季度，
勘探开发研究年	研究院	每年四季度	研究院	分公司		对当年勘探开	勘探开发科研		勘探开发研究		每年四季度，
勘探开发年报编	勘探开发部	每年四季度	勘探开发部	分公司		汇总各专业年	勘探年度总结		勘探开发年度		每年四季度，

4）业务成果资料描述

业务产生和需要的资料在业务上具有清晰的规定，即“勘探开发资料（归档）管理规定”。虽然在具体业务中，随着不同业务场景个性化不同，对资料的内容和模板有所取舍，但仍可归纳形成一个相对固定和规范的业务成果全集，即形成勘探开发数据资料清单。

以下是一个业务活动产生和需要的资料实例，见表3-5。

表3-5　业务活动成果资料描述表

业务活动	业务成果资料名称	数据资料名称	资料分类	数据操作	所属业务来源	管理方式	参考样例	样例文件名称
储层预测	储层预测解释报告附图	构造及属性叠合图	图件	C		图件管理	XX地区储层预测及烃类检	
		构造及属性叠合图	图件	C		图件管理	XX组砂体边界图	西湖凹陷平北地区储层
		地震属性剖面图	图件	C		图件管理	6储层预测多媒体样例-边	6储层预测多媒体样例.p
		地震属性平面图	图件	R	地震勘探-烃类检测	图件管理	6储层预测多媒体样例-X	6储层预测多媒体样例.p
		地震相特征识别平面图	图件	C		图件管理	p6-p8地震相特征识别平	p6-p8地震相特征识别平
		含油气异常预测平面图	图件	R	地震勘探-烃类检测	图件管理	XX地区储层预测及烃类检	西湖凹陷平北地区储层
		储层厚度图	图件	C		图件管理	砂体厚度图	砂体厚度图.jpg
		储层厚度图	图件	C		图件管理	p6底部砂体预测平面图	p6底部砂体预测平面图.
		储层预测立体显示图	图件	C		图件管理	图形类成果	
		岩石物理统计分析图	图件	C		图件管理	XX地区储层预测及烃类检	西湖凹陷平北地区储层
		合成记录地震标定图	图件	C		图件管理	图形类成果	
		储层厚度图	图件	C		图件管理	p8底部砂体预测平面图	p8底部砂体预测平面图.
	储层预测研究报告及汇报材料	储层预测研究报告	文档	C		文档化管理	XX地区储层预测及烃类检	XX地区储层预测及烃类
		储层预测多媒体	文档	C		文档化管理	6储层预测多媒体样例	6储层预测多媒体样例.p
		储层预测研究报告	文档	C		文档化管理	XX地区储层预测及烃类检	XX地区储层预测及烃类
	岩性预测成果数据体	岩性预测成果数据体	数据体	C		体数据管理	大数据体文件	
烃类检测	烃类检测成果数据体	烃类检测成果数据体	数据体	C		体数据管理	大数据体文件	
	烃类检测解释报告附图	储层预测评价图	图件	R	地震勘探-储层预测	图件管理	XX地区储层预测及烃类检	XX地区储层预测及烃类
		烃类检测立体显示图	图件	C		图件管理	图形类成果	
		构造及属性叠合图	图件	R	地震勘探-储层预测	图件管理	XX地区储层预测及烃类检	XX地区储层预测及烃类
		地震属性平面图	图件	C		图件管理	6储层预测多媒体样例-X	6储层预测多媒体样例.p
		频谱分析图	图件	C		图件管理	频谱分析图	频谱分析图.jpg

5）业务活动数据集

在业务活动成果资料基础上，对成果资料进行数据集拆分，每个数据集针对其业务活动来讲，具有清晰且唯一的产生（C）或引用（R）关系，以下为某业务活动数据集拆分与定义实例，见表3-6。

表3-6 业务活动数据集描述表

专业域	一级业务	二级业务	三级业务	业务活动	数据集名称	数据集代码	原始数据表名（或样例数据资料名）	原始数据库表来源（或样例）	数据集主键	备注
井筒工程										
	测井									
		测井作业								
					测井井次基本数据表	W0601000000001	测井基本数据表	测井库		
					测井通知单	W0601000000002	测井通知单	样例		
					测井作业要求数据表	W0601000000003	测井通知单表	样例		
					测井环境参数表	W0601000000005	测井通知单	样例		
			地层评价测							
				常规随钻测井	常规随钻测井项目组合基本数据表	W0601010001001	测井项目	测井库		
						W0601010001001	测井	WELLVIEW		
					常规随钻测井仪器组合配置表	W0601010001003	下井仪器数据	测井库		
					常规随钻测井仪器配置表	W0601010001004	下井仪器数据	测井库		
					常规随钻测井原始数据体曲线信息表	W0601010001005	测井原始数据体曲线信息表	新增		
					常规随钻测井原始数据体	W0601010001006	常规随钻测井原始数据	样例		
					常规随钻ASCII数据体	W0601010001007	常规随钻ASCII数据（las）	样例		
					常规随钻原始测井图	W0601010001008	常规随钻原始测井图	样例		
					常规随钻测井原始数据体曲线集数据	W0601010001009	常规随钻测井原始数据体曲	新增		记录数据体
				常规电缆测井	常规电缆测井项目组合基本数据表	W0601010002001	测井	WELLVIEW		
						W0601010002001	测井项目	测井库		

6）业务数据规范化描述

针对每一个业务活动数据集，完成数据项层面的定义和描述。下面是一个参考实例，见表3-7。

表3-7 数据项描述表

油气田生产

油气田原油年度配产计划:PPL_OGF_Oil_ALLOC_PLAN_YEARLY

序号	列名	列代码	数据类型	主键	外键	唯一键	非空	精度	小数	缺省量纲	量值类型	计算公式	附录	描述	填写示例
1	油气田原油年度配产计	Field_ALLO	RAW	Y		1	Y	16						油气田原油年度配产计划	
2	数据集编码	Dataset_Cl	NVARCHAR2			2.0	Y	14						数据集编码	
3	编制日期	Compile_Da	DATE											编制日期	2013-09-07
4	油气田(区块)标识	OGF_ID	RAW		生产统计单	2.1	Y	16						油气田(区块)的唯一标识，	
5	计划年度	Plan_Year	DATE			2.2	Y							计划年度	2013
6	计划类型代码	Plan_Type	NVARCHAR2			2.3	Y	15					油气田生产	生产计划的类型，见附录	
7	基础产量	Basic_PRO	NUMBER					10	6	10^4m3	较大体积			该油气田(区	28.996200
8	开发新井产量	New_Well_	NUMBER					10	6	10^4m3	较大体积			该油气田(区	3.156800
9	调整井产量	Adjust_Wel	NUMBER					10	6	10^4m3	较大体积			该油气田(区	0.824700
10	措施产量	STIM_PRO	NUMBER					10	6	10^4m3	较大体积			该油气田(区	2.888100
11	年净产量	Net_Yearly	NUMBER					12	8	MMBBL	较大体积			该油气田(区	2.21371518
12	标定日产水平	Decide_Lev	NUMBER				Y	7	2	m3/d	体积流速			该油气田(区	1195.52
13	年末综合含水率	Composite	NUMBER					5	2	%	体积比			该油气田(区	18.85
14	综合递减率	Composite	NUMBER					5	2	%	比值			该油气田(区	10.40
15	自然递减率	Natural_De	NUMBER					5	2	%	比值			该油气田(区	24.90
16	备注	Remark	NVARCHAR2					255						备注	

3.4.2 油气勘探开发业务分类体系

1）物化探业务分类体系

详见表3-8。

表3-8　物化探业务分类体系表

<table>
<tr><td rowspan="37">物化探</td><td rowspan="10">物化探部署</td><td rowspan="6">地震勘探部署</td><td rowspan="3">地面地震部署</td><td colspan="2">地震勘探总体部署</td></tr>
<tr><td colspan="2">二维工区测线部署</td></tr>
<tr><td colspan="2">三维工区范围部署</td></tr>
<tr><td rowspan="3">井场地震部署</td><td colspan="2">VSP部署</td></tr>
<tr><td colspan="2">井间地震部署</td></tr>
<tr><td colspan="2">随钻勘探部署</td></tr>
<tr><td colspan="4">重力勘探部署</td></tr>
<tr><td colspan="4">磁力勘探部署</td></tr>
<tr><td colspan="4">化学勘探部署</td></tr>
<tr><td colspan="4">电法勘探部署</td></tr>
<tr><td rowspan="27">地震勘探</td><td rowspan="4">地面地震采集</td><td colspan="3">地面地震工程设计</td></tr>
<tr><td rowspan="3">地面地震资料采集试验</td><td colspan="2">近地表结构调查</td></tr>
<tr><td colspan="2">干扰波调查</td></tr>
<tr><td colspan="2">地震施工参数试验</td></tr>
<tr><td rowspan="6">地面地震采集</td><td rowspan="2">地面地震资料采集</td><td colspan="2">二维地震资料采集</td></tr>
<tr><td colspan="2">三维地震资料采集</td></tr>
<tr><td rowspan="4">地面地震处理</td><td colspan="2">地面地震常规处理</td></tr>
<tr><td colspan="2">地面地震转换波处理</td></tr>
<tr><td colspan="2">地面地震叠前时间偏移</td></tr>
<tr><td colspan="2">地面地震叠前深度偏移</td></tr>
<tr><td rowspan="2">地面地震解释</td><td colspan="3">构造解释△</td></tr>
<tr><td colspan="3">储层预测△</td></tr>
<tr><td rowspan="15">井场地震</td><td rowspan="5">零偏移距VSP</td><td rowspan="3">零偏移距VSP采集</td><td>零偏移距VSP井况调查</td></tr>
<tr><td>零偏移距VSP施工设计</td></tr>
<tr><td>零偏移距VSP采集</td></tr>
<tr><td colspan="2">零偏移距VSP处理</td></tr>
<tr><td colspan="2">零偏移距VSP解释</td></tr>
<tr><td rowspan="5">二维VSP</td><td rowspan="3">二维VSP采集</td><td>二维VSP井况调查</td></tr>
<tr><td>二维VSP施工设计</td></tr>
<tr><td>二维VSP采集</td></tr>
<tr><td colspan="2">二维VSP处理</td></tr>
<tr><td colspan="2">二维VSP解释</td></tr>
<tr><td rowspan="5">三维VSP</td><td rowspan="5">三维VSP采集</td><td>三维VSP近地表调查</td></tr>
<tr><td>三维VSP井况调查</td></tr>
<tr><td>三维VSP施工设计</td></tr>
<tr><td>三维VSP试验分析</td></tr>
<tr><td>三维VSP采集</td></tr>
</table>

续表

<table>
<tr><td rowspan="28">物化探</td><td rowspan="12">地震勘探</td><td rowspan="12">井场地震</td><td rowspan="2">三维VSP</td><td colspan="2">三维VSP处理</td></tr>
<tr><td colspan="2">三维VSP解释</td></tr>
<tr><td rowspan="5">井间地震</td><td rowspan="3">井间地震采集</td><td>井间地震采集井况调查</td></tr>
<tr><td>井间地震采集观测方法论证</td></tr>
<tr><td>井间地震采集</td></tr>
<tr><td colspan="2">井间地震处理</td></tr>
<tr><td colspan="2">井间地震解释</td></tr>
<tr><td rowspan="5">随钻地震</td><td rowspan="3">随钻地震采集</td><td>随钻地震井况调查</td></tr>
<tr><td>随钻地震施工设计</td></tr>
<tr><td>随钻地震采集</td></tr>
<tr><td colspan="2">随钻地震处理</td></tr>
<tr><td colspan="2">随钻地震解释</td></tr>
<tr><td rowspan="4">重力勘探</td><td rowspan="2">重力勘探采集</td><td colspan="3">重力勘探施工设计</td></tr>
<tr><td colspan="3">重力勘探资料采集</td></tr>
<tr><td colspan="4">重力勘探处理</td></tr>
<tr><td colspan="4">重力勘探解释</td></tr>
<tr><td rowspan="4">磁力勘探</td><td rowspan="2">磁力勘探采集</td><td colspan="3">磁力勘探施工设计</td></tr>
<tr><td colspan="3">磁力勘探资料采集</td></tr>
<tr><td colspan="4">磁力勘探处理</td></tr>
<tr><td colspan="4">磁力勘探解释</td></tr>
<tr><td rowspan="4">化学勘探</td><td rowspan="2">化学勘探采集</td><td colspan="3">化学勘探施工设计</td></tr>
<tr><td colspan="3">化学勘探样品采集</td></tr>
<tr><td colspan="4">化学勘探处理</td></tr>
<tr><td colspan="4">化学勘探解释</td></tr>
<tr><td rowspan="4">电法勘探</td><td rowspan="2">电法勘探采集</td><td colspan="3">电法勘探施工设计</td></tr>
<tr><td colspan="3">电法勘探数据采集</td></tr>
<tr><td colspan="4">电法勘探处理</td></tr>
<tr><td colspan="4">电法勘探解释</td></tr>
</table>

2）井筒工程业务分类体系

详见表3-9。

表3-9　井筒工程业务分类体系表

<table>
<tr><td rowspan="4">井筒工程</td><td rowspan="4">井设计</td><td>井位设计</td></tr>
<tr><td>井位测量</td></tr>
<tr><td>钻井地质设计</td></tr>
<tr><td>钻井工程设计</td></tr>
</table>

续表

井筒工程	钻井工程	钻井施工	钻前	井位复测
				钻井设备迁安
			钻进	井控设备安装
				钻具装配
				钻井液性能调配及固相控制
				正常钻进
				钻井取心
				定向钻进
				地层压力检测
				地层漏失试验
			井下复杂情况及事故处理	复杂情况处理
				井下事故处理
			固井	
			完井	
			交井	
		钻井施工设计		
	地质录井	录井工程设计		
		录井作业	录井仪录井	气测参数录井
				工程参数录井
				钻井液参数录井
			常规录井	岩屑录井
				岩心录井
				井壁取心录井
				观察录井
			现场分析录井	热真空蒸馏脱气分析
				泥页岩密度测定
				碳酸盐岩含量测定
				后效录井
				岩心扫描
				罐顶气轻烃录井
				定量荧光录井
				岩石热解地化录井
				岩矿鉴定
				古生物鉴定
				核磁共振录井
		录井资料解释	岩性地层解释	地质层位解释
				岩心录井剖面数据归位

续表

井筒工程	地质录井	录井资料解释	岩性地层解释	岩心样品解释归位
				岩屑录井剖面数据归位
				含有物解释归位
			油气综合解释	岩性油气水综述
				油气层综合解释
			录井仪录井解释	地层压力评价
				录井仪录井综合解释
	地球物理测井	测井资料采集	裸眼井测井	裸眼测井设计
				裸眼测井施工
				测井井壁取心设计
				测井井壁取心施工
				裸眼井资料验收
			套管井测井	套管测井设计
				套管测井施工
				套管井资料验收
		测井资料解释	测井资料解释设计	
			测井资料预处理	
			测井资料处理	储层评价
				特殊项目解释（电）
				特殊项目解释（其他）
				固井解释
				吸水剖面解释
				产出剖面解释
				工程测井解释
	试井	高压试井	干扰试井反应井测试	
			干扰试井激动井测试	
			水井压降	
			水井验封	
			油井恢复测试	
			注水井分层测试及调配	
			温度、压力测试	
			流、静压测试	
		低压试井	动、静液面测量	
			液面恢复	
			示功图测试	
		试油	射孔设计	
			试油地质设计	
			常规试油施工	

续表

井筒工程	试井	试油	地层测试施工
			试油地质成果总结
			测试地质成果总结
	井下作业	作业施工设计	
		井作业施工	压井施工
			起杆柱施工
			起管柱施工
			替喷施工
			抽吸施工
			气举施工
			冲洗炮眼施工
			洗井施工
			通井施工
			刮削施工
			试压施工
			试挤施工
			封窜施工
			封堵施工
			化学剂除垢施工
			修补套管作业施工
			爆破施工
			取换套管作业施工
			同位素验封验窜施工
			封隔器验封验窜施工
			坐封施工
			打桥塞施工
			侧钻施工
			解堵施工
			打捞施工
			套铣施工
			磨铣施工
			解卡施工
			侦探、打铅印施工
			钻塞钻铣施工
			捞砂作业施工
			打水泥塞施工
			填砂施工
			滤砂管防砂施工

续表

井筒工程	井下作业	井作业施工	绕丝割缝筛管防砂施工
			绕丝筛管防砂施工
			酚醛树脂防砂施工
			涂料充填防砂施工
			干灰砂防砂施工
			化学防砂施工
			热采井注汽施工
			杆内电加热施工
			管外电伴热施工
			酸化施工
			挤化学剂施工
			压裂施工
			改层施工
			调剖施工
			水井调配施工
			射（补）孔施工
			水力喷砂射孔施工
			完井管柱施工
			完井杆柱施工
		完井施工总结	施工工作日总结
			施工总结

3）分析化验业务分类体系

详见表3-10。

表3-10　分析化验业务分类体系表

分析化验	岩心常规分析	孔隙度分析
		渗透率分析
		油水饱和度分析
		岩石碳酸盐含量分析
		岩石氯盐含量测定
	岩心专项分析	稳态法油水相对渗透率测定
		非稳态法油水相对渗透率测定
		非稳态法油气相对渗透率测定
		非稳态法气水相对渗透率测定
		水驱油效率测定
		岩石电阻率测定

续表

分析化验	岩心专项分析	自吸法岩石润湿性测定
		压汞法毛管压力曲线的测定
		离心法毛管压力曲线的测定
		隔板法毛管压力曲线测定
		覆压下岩石孔隙度渗透率测定
		岩石孔隙体积压缩系数测试
		岩石力学参数测定
		岩石声学参数测定
		岩石气体突破压力测定
		流速敏感性评价
		水敏感性评价
		盐度敏感性评价
		酸敏感性评价
		碱敏感性评价
		应力敏感性评价
		正反向流动评价
		系列流体伤害评价
		体积流量评价
		钻井液完井液损害油层室内评价
		岩石热物性测定
	流体性质分析	地层原油物性分析
		天然气藏流体物性分析
		凝析气藏流体物性分析
		易挥发原油物性分析
		稠油油藏流体物性分析
		地面原油物性测定
		稠油油藏原油黏度测定
		稠油油藏原油渗流流变特性测试
		原油黏温曲线测定
		油气田水分析
		碎屑岩油藏注水水质分析
		示踪剂检测
	地层古生物分析	含油薄片鉴定
		普通薄片鉴定
		铸体薄片鉴定
		荧光薄片分析鉴定
		岩石比表面和孔径分布测定
		包裹体分析

续表

分析化验	地层古生物分析	电子探针测定
		重矿物鉴定
		铸体薄片孔隙特征图像分析
		阴极发光分析鉴定
		碎屑岩粒度分析
		黏土矿物X衍射分析
		X-衍射全岩矿物分析
		黏土阳离子交换及盐基分量测定
		岩石样品扫描电子显微镜分析
		岩心岩石矿物能谱定量分析
		岩屑岩石矿物能谱定量分析
		ICP-AES样品金属含量分析
		孢粉分析鉴定
		介形类化石分析鉴定
		轮藻化石鉴定
		腹足类化石分析鉴定
		牙形石分析鉴定
		几丁虫化石分析鉴定
	地球化学分析	干酪根显微组分鉴定及类型划分
		沉积岩中镜质组反射率测定
		全岩光片显微组分测定分析
		岩石热解分析
		原油全烃气相色谱分析
		岩石中总有机碳的测定
		岩石有机质中碳、氢、氧元素分析
		岩石中氯仿沥青的抽提测定
		岩石可溶有机物和原油族组分分析
		岩石氯仿抽提物及原油中饱和烃气相色谱分析
		天然气的组成分析
		石油和沉积有机质的碳同位素分析
		碳酸盐岩碳、氧同位素测定
		生物标志物芳烃色谱-质谱分析
		生物标志物饱和烃色谱-质谱分析
		岩石热蒸发烃气相色谱分析
		岩屑罐顶气轻烃气相色谱分析
		轻烃气相色谱分析
		棒薄层色谱分析
	提高采收率室内分析	稠油油藏高温相对渗透率测定
		稠油油藏驱油效率测定

续表

分析化验	提高采收率室内分析	表面活性剂室内评价
		交联剂性能实验
		聚合物性能测定
		最低混相压力细管实验测定
		驱油用石油磺酸盐性能测定
		表面及界面张力测定
		泡沫排水采气用起泡剂评价方法
		碱产品检测

4）综合研究业务分类体系

详见表3-11。

表3-11 综合研究业务分类体系表

综合研究	规划与部署	勘探规划与部署	勘探规划设计		
			勘探部署设计		
		开发规划与部署	开发规划设计		
			开发部署设计		
	勘探地质研究	地层研究	单井研究	岩心描述	颜色及沉积构造特征描述
					粒度特征分析
					磨圆度特征分析
					岩心照片特征分析
				薄片特征分析	薄片矿物特征分析
					薄片岩石特征分析
					薄片鉴定照片特征分析
				岩心、岩屑样品特征分析	重矿物特征分析
					黏土矿物特征分析
					黏土矿物照片特征分析
					岩石发光特征分析
				岩石化学属性分析	常量元素特征分析
					微量元素特征分析
					稀有元素特征分析
					同位素特征分析
				古生物特征分析	
				年代地层划分	
				古地磁特征分析	
				沉积相分析	沉积旋回分析
					沉积相序列分析

续表

综合研究	勘探地质研究	地层研究	标准层与层序界面确定	单井标准层确定	
				单井层序界面确定	
			地层对比与层序地层解释	地层对比	综合录井资料对比分析
					测井曲线资料对比分析
					地层对比剖面制作
					地层栅状对比图剖面制作
				层序地层对比	层序地层对比剖面分析
					层序地层栅状对比剖面分析
			地层分布特征与岩相古地理研究	地层沉积厚度分析	
				地层岩相古地理分析	
				层序地层厚度分布分析	
				层序地层岩相古地理分析	
			剥蚀地层恢复	井点地层剥蚀量分析	
				平面地层剥蚀量分析	
			地层研究总结		
		构造研究	构造解释	测井曲线综合校正	
				合成记录标定	
				地震资料预处理	地震资料品质评价
					叠后解释性处理
				断层解释	断裂系统地震识别
					断层闭合解释
				层位解释	地层产状特征的地震识别
					层位闭合解释
				三维可视化解释	
				时间构造图编制	
				时深转换	
				深度构造图编制	
			构造背景研究	重力资料解释	
				磁法资料解释	
				电法资料解释	
				重磁电联合解释	
			构造特征描述	断裂系统特征描述	
				构造单元与构造带描述	
				圈闭描述	圈闭十字剖面编制
					圈闭构造图编制
					圈闭要素分析
			演化史研究	单井沉降演化史分析	
				地层发育史剖面制作	
				平衡剖面制作	

续表

综合研究	勘探地质研究	构造研究	演化史研究	古构造图制作
				古地质图制作
			构造研究总结	
		烃源岩评价	有机质类型特征研究	有机质生物及生物组合特征分析
				氯仿沥青“A”族组成特征分析
				全岩光片显微组分特征分析
				干酪根显微组分特征分析
				干酪根元素组成特征分析
				岩样热解特征分析
				热解色谱特征分析
				碳同位素分布分析
				有机质类型综合评价
			有机质丰度特征研究	烃源岩残余有机碳含量（TOC）特征分析
				烃源岩残氯仿“A”含量特征分析
				烃源岩总烃含量（HC）特征分析
				总烃转化率特征分析
				烃源岩生烃潜量（S_1+S_2）特征分析
				有机质丰度综合评价
			有机质成熟度特征研究	镜质体反射率 R_o 特征分析
				生物标志化合物特征分析
				H/C 特征分析
				岩样热解特征分析
				热解色谱特征分析
				孢粉（干酪根）颜色特征分析
				烃转化率特征分析
				有机质成熟度综合评价
			有机质综合评价	
			烃源岩展布特征研究	干酪根类型分布
				残余有机碳百分含量分布
				原始有机碳百分含量分布
				烃源岩厚度平面分布
			烃源岩生烃潜力研究	烃产率曲线分析
				地球化学探测分析
				生烃量计算
				聚集系数计算
				资源量计算
				资源丰度计算
				剩余资源潜力计算
			烃源岩评价研究总结	

续表

综合研究	勘探地质研究	储层评价	沉积相与沉积体系研究	沉积特征分析	岩性特征描述
					沉积构造特征描述
					成熟度、粒度分布描述
					旋回特征分析
					测井相特征分析
					地震相特征分析
					古生物特征分析
					沉积相及形成条件分析
				亚相划分	
				微相划分	
				相层序与相模式建立	
				区域沉积格架建立	
				沉积体系平面分布	储层厚度分布特征分析
					砂岩储层百分含量分布特征分析
					沉积体系分布特征分析
				沉积相综合分析报告编制	
			储层特征研究	储层岩石学特征分析	
				储层岩石组合类型分析	
				储集空间类型及特征分析	
				储层物性特征分析	
				储层成岩作用分析	
				储集孔隙结构及成因演化分析	
				储集空间形成的主控因素分析	
				储层特征分析研究报告编制	
			储层预测	储层岩电性特征分析	
				储层综合标定	地震子波分析
					单井标定
					时深关系曲线对比分析
					多井综合标定
				模型正演	
				储层地震响应特征分析	
				古地形分析	
				地震相分析	
				地震属性分析	
				分频解释	
				测井约束反演	反演处理
					反演效果分析
				储层综合解释	储层预测成果及评价分析

续表

综合研究	勘探地质研究	储层评价	储层预测	储层综合解释	储层顶面构造图编制
					储层厚度图编制
				油气检测	道集分析
					AVO 属性分析
					弹性反演
					亮点处理
					吸收分析
					其他特征属性分析
				储层预测综合研究总结	
			储层综合评价	储层评级划分标准制定	
				储层评价依据制定	
				储层对比	
				储层的综合分析	
			储层评价总结		
		盖层研究	盖层类型研究	岩石类型研究	
				盖层性质研究	
			盖层有效性研究	盖层厚度分析	
				突破压力分析	
			盖层分布研究		
			储盖组合分析		
			盖层分析综合研究总结		
		圈闭评价	圈闭要素描述		
			圈闭资源量计算		
			圈闭优选		
			圈闭综合评价总结		
		油气运移研究	骨架砂体分析		
			断层分析		
			不整合分析		
			成藏地球化学分析		
			输导体系综合研究总结		
		成藏研究	成藏动力分析		
			成藏时间期次分析		
			油藏分布特征分析		
			成藏模式分析		
			油气成藏综合研究总结		
		井位部署	探井井位设计	井位部署原则制定	
				井位设计依据	
				钻探目的分析	

续表

<table>
<tr><td rowspan="39">综合研究</td><td rowspan="36">勘探地质研究</td><td rowspan="12">井位部署</td><td rowspan="5">探井井位设计</td><td colspan="2">钻井液性能设计</td></tr>
<tr><td colspan="2">取资料要求</td></tr>
<tr><td colspan="2">中途测试要求</td></tr>
<tr><td colspan="2">井身结构及质量要求</td></tr>
<tr><td colspan="2">技术规范要求</td></tr>
<tr><td colspan="3">探井地层压力预测</td></tr>
<tr><td rowspan="6">探井井位部署</td><td rowspan="4">井位部署基础图件编制</td><td>地层地质剖面编制</td></tr>
<tr><td>过井剖面编制</td></tr>
<tr><td>构造图编制</td></tr>
<tr><td>油气藏剖面编制</td></tr>
<tr><td colspan="2">井位部署建议书编制</td></tr>
<tr><td colspan="2">井位部署表编制</td></tr>
<tr><td rowspan="24">储量计算</td><td colspan="3">申报区的位置与矿权描述</td></tr>
<tr><td colspan="3">勘探开发与储量申报简况描述</td></tr>
<tr><td rowspan="5">油(气)藏特征综述</td><td colspan="2">油(气)藏控制因素与划分分析</td></tr>
<tr><td colspan="2">油(气)藏类型与要素分析</td></tr>
<tr><td colspan="2">压力与温度分析</td></tr>
<tr><td colspan="2">流体性质分析</td></tr>
<tr><td colspan="2">油(气)藏产能情况分析</td></tr>
<tr><td rowspan="2">地质储量的计算单元与储量类别研究</td><td colspan="2">储量计算单元划分</td></tr>
<tr><td colspan="2">储量类别分析</td></tr>
<tr><td rowspan="7">地质储量计算参数研究</td><td colspan="2">含油(气)面积计算</td></tr>
<tr><td colspan="2">有效厚度计算</td></tr>
<tr><td colspan="2">有效孔隙度计算</td></tr>
<tr><td colspan="2">含油(气)饱和度分析</td></tr>
<tr><td colspan="2">原始原油(天然气)体积系数分析</td></tr>
<tr><td colspan="2">原始溶解气油比分析</td></tr>
<tr><td colspan="2">地面原油密度分析</td></tr>
<tr><td rowspan="2">地质储量与技术可采储量研究</td><td colspan="2">地质储量计算</td></tr>
<tr><td colspan="2">技术可采储量计算</td></tr>
<tr><td rowspan="3">经济可采储量与剩余经济可采储量计算</td><td colspan="2">开发可行性评价</td></tr>
<tr><td colspan="2">经济可采储量计算</td></tr>
<tr><td colspan="2">剩余经济可采储量与次经济可采储量计算</td></tr>
<tr><td rowspan="3">储量综合报告编制</td><td colspan="2">预测储量综合报告编制</td></tr>
<tr><td colspan="2">控制储量综合报告编制</td></tr>
<tr><td colspan="2">探明储量综合报告编制</td></tr>
<tr><td rowspan="3">开发地质研究</td><td rowspan="3">油藏流体及温压系统研究</td><td colspan="3">压力系统研究</td></tr>
<tr><td colspan="3">温度系统研究</td></tr>
<tr><td colspan="3">油气水性质研究</td></tr>
</table>

续表

综合研究	开发地质研究	油藏类型研究	油水关系的确定	
			油藏类型划分	
		油藏地层研究	确定地层层序	
			地层对比	确定标准层
				小层对比
		油藏构造研究	构造发育史分析	
			区域构造特征分析	
			构造系统解释	制作合成记录确定时深关系
				构造解释
			构造系统研究	构造轴向研究
				长短轴比例研究
				两翼及倾没端的倾角研究
				闭合面积研究
				闭合高研究
			断裂系统研究	断层展布研究
				断层分级研究
				断块划分
				断层性质研究
		油藏储层研究	区域沉积背景研究	
			敏感性分析	
			储层综合评价及分类	
			油层分布规律及控制因素	
			沉积相研究	建立标准微相柱状剖面图
				测井相研究
				单井相研究
				剖面相研究
				平面相研究
				建立沉积相模式
			岩性研究	岩矿组分研究
				岩石结构研究
			测井二次解释	泥质含量解释模式建立
				孔隙度解释模式建立
				渗透率解释模式建立
				原始含油饱和度解释模式建立
			物性研究	有效孔隙度研究
				有效渗透率研究
				原始含油饱和度研究
				岩石表面润湿性研究

续表

综合研究	开发地质研究	油藏储层研究	物性研究	相对渗透率研究	
				压缩系数研究	
				导热系数研究	
				力学特性研究	
			非均质性研究	宏观非均质性研究	层内非均质性研究
					平面非均质性研究
					层间非均质性研究
				微观非均质性研究	储层微观孔隙结构特征研究
			储层预测研究	储层反演	
				储层描述	
				精细构造解释	
				储层标定	
		油藏储量计算	储量评价		
			储量计算	含油面积研究	
				有效厚度研究	
				孔隙度研究	
				含油饱和度研究	
				地面原油密度研究	
				体积系数研究	
				储量计算	
	油气藏工程	油藏开发评价	试油试采分析	分析油井产能	分析产气量
					分析产水量
					分析产油量
				分析油藏基本参数	分析油藏温度
					判别油藏压力系统
				油藏天然能量分析	
				确定油井产能	油井生产压差确定
					油井采油指数确定
			开发历程与现状分析	开发历程分析	开发阶段划分
					开发阶段特征分析
				开发现状分析	
			开发状况分析	储量动用状况分析	分层储量动用状况分析
					分砂体储量动用状况分析
					水驱储量控制程度分析
				层系适应性分析	层间储层物性差异分析
					原油性质差异分析
					压力系统差异分析
					层间干扰程度分析

续表

综合研究	油气藏工程	油藏开发评价	开发状况分析	井网适应性分析	井网控制程度分析
					合理井网密度确定
					注采对应率分析
				能量状况分析	弹性驱能量分析
					气顶气驱能量分析
					注气能量分析
					注水能量分析
					溶解气驱能量分析
					边底水驱能量分析
				产能状况评价	
				含水上升规律评价	
				可采储量评价	
				注水效果评价	
				新井效果评价	
				老井措施效果评价	
		剩余油研究	水淹状况分析	小层水淹状况分析	
				平面水淹状况分析	
				层内水淹状况分析	
			剩余油分布规律研究	小层剩余油分布规律研究	
				平面剩余油分布规律研究	
				层内剩余油分布规律研究	
			剩余油潜力分析	小层剩余油潜力分析	
				平面剩余油潜力分析	
				层内剩余油潜力分析	
	开发方案设计	采油工程方案设计	微生物驱油方案设计	微生物驱监测方案研究	
				微生物驱工艺适应性评价	
				微生物驱矿场注入方案研究	
				菌种与激活剂研究	
				空气辅助工艺适应性评价	
				微生物驱区块开发效果评价	
				微生物驱油投资概算	
			压裂酸化方案设计	压裂酸化泵注程序优化设计	
				压裂酸化参数优选	
				压裂酸化投资概算	
			防砂工艺方案设计	油井出砂因素分析	
				防砂工艺设计	
				防砂投资概算	
			化学驱油方案设计	水驱开发效果评价	

续表

综合研究	开发方案设计	采油工程方案设计	化学驱油方案设计	化学驱矿场注入方案研究
				化学驱物理模拟研究
				驱油剂的化学特征及适应性研究
				化学驱数值模拟研究
				转后续水驱工艺方案研究
				化学驱监测方案制定
				化学驱油藏特征描述
				化学驱油投资概算
			浅海采油方案设计	浅海采油方式技术筛选
				浅海采油安全设备设计
				浅海采油生产管柱设计
				毛细管测压
				海上注水井分层测试
				浅海采油投资概算
			油层保护方案设计	开发全过程油层保护要求
				油层伤害因素分析
				油层保护室内评价实验研究
				针对性油层保护技术研究
				油层保护投资概算
			采气工艺方案设计	采气生产系统节点分析
				采气生产管柱设计
				采气生产制度优化
				排水采气设计
				采气投资概算
			注水工艺方案设计	注水投资概算
				注水井洗井工艺设计
				油藏注水可行性分析
				注水工艺可行性分析
			举升方式优选及设计	举升工程投资概算
				举升方式优选
				举升工艺设计
			完井工程方案设计	完井投资概算
				完井管柱设计
				完井方式选择
				射孔工艺设计
			稠油注蒸汽工艺方案设计	注汽投资概算
				稠油试油试采分析
				注汽工艺管柱及注汽参数设计
				稠油黏温实验分析

续表

综合研究	开发方案设计	采油工程方案设计	稠油注蒸汽工艺方案设计	注汽设备确定	
				高温防膨剂的实验分析	
				注蒸汽动态监测	
				生产系统设计	
			采油气工程方案设计文档		
		油藏工程方案设计	开发层系划分	层系划分的必要性研究	层系内层间压力系统差异分析
					层系内层间干扰程度分析
					层系内层间原油性质差异分析
					层系间储层物性差异分析
				层系划分的可行性研究	储量条件研究
					隔层条件研究
					产能条件研究
			开发方式选择	天然能量开发可行性	弹性驱研究
					溶解气驱研究
					气顶气驱研究
					边底水驱研究
				人工补充能量开发可行性	注水开发可行性研究
					热采开发可行性研究
					三采开发可行性研究
			井网井距选择	合理井距确定	经济合理井网密度计算
					经济极限井网密度计算
				井网形式选择	
			油井单井初产预测	生产压差确定	
				采油指数确定	
			压力保持水平确定	无因次采油采液指数计算	
				最大生产压差确定	
				最大产液量确定	
				吸水指数确定	
				破裂压力及启动压力计算	
				单井注水量测算	
				地层压力保持水平及注水时机确定	
			方案部署	布井范围确定	
				新井部署	
				老井措施制定	
			开发指标预测	油井生产指标预测	
				水井注水指标预测	
			开发原则制定		
		地面工程方案设计			
		经济评价方案设计			

5）油气田生产业务分类体系

详见表3-12。

表3-12 油气田生产业务分类体系表

油气田生产	油气藏工程管理	生产计划	单井生产计划	配产计划
				配注计划
				措施计划
				动态监测计划
			油气田生产计划	油气田配产计划
				油气田配注计划
				油气田措施计划
				油气田产能建设计划
				油气田动态监测计划
		油气生产	单井生产	油井日度生产
				气井日度生产
				水井日度生产
				水源井日度生产
				吞吐井注汽日度生产
				注聚井日度生产
				油井月度生产
				气井月度生产
				水井月度生产
				吞吐井周期生产
				注聚井月度生产
			油气田生产	
		动态分析	单井动态分析	生产井生产指标跟踪
				注入井生产指标跟踪
				动态变化原因分析
				井下管柱工作状况分析
				措施效果分析
				单井潜力分析
				措施制定
			井组动态分析	井组生产指标跟踪分析
				油气层连通状况分析
				注采平衡分析
				井组潜力分析
				调整措施制定
			区块单元动态分析	生产指标跟踪分析

续表

油气田生产	油气藏工程管理	动态分析	区块单元动态分析	动态变化原因分析
				开发调整及措施制定
	采油气工程管理	注采工程管理	机采系统管理	热采井生产情况分析
				油井举升方式管理
				机采系统效率管理
			井下技术状况分析	水井井下作业工作量分析统计
				油气水井井下技术状况分析
				停产停注井原因分析
				油井井下作业工作量分析统计
			注水系统管理	增压注水运行管理
				水质管理
				注水系统效率管理
		注采工艺管理	单井工艺设计	压裂工艺设计
				酸化工艺设计
				滤砂管防砂工艺设计
				复合防砂工艺设计
				化学防砂工艺设计
				绕丝筛管砾石充填防砂工艺设计
				电潜泵工艺设计
				有杆泵工艺设计
				螺杆泵工艺设计
				水力活塞泵工艺设计
				水力喷射泵工艺设计
				气举工艺设计
				微生物采油工艺设计
				自喷工艺设计
				采气工艺设计
				完井工艺设计
				封堵工艺设计
				转注井设计
				笼统注水工艺设计
				分层注水井设计
				堵水调剖工艺设计
				稠油井井筒化学降黏举升工艺设计
				稠油井注蒸汽采油工艺设计
			配套工艺设计	清防蜡工艺设计
				防水化物设计
				防腐设计
			采气工艺管理	气藏自喷开采

续表

油气田生产	采油气工程管理	注采工艺管理	采气工艺管理	柱塞气举排水采气
				气藏增压开采
				气藏注气开采
				机抽排水采气
				开式排水采气
				半封闭式排水采气
				小油管排水采气
				泡沫排水采气
			工艺效果追踪	
		油气集输管理	站库生产运行	计量站运行
				配水间运行
				注水站运行
				配气站运行
				污水站污水加药
				联合站轻烃、液化气生产
				原油外输计量
			站库设备维护	管线巡查
				污水过滤罐反冲洗
				常压容器维护
				泵维护
				管线阴极保护测试
				管线穿孔记录
				集输管线清管作业
				管线补漏作业
				管线换管作业
				管道检测
			集输设备运行	气体流量计运行
				原油换热器运行
				原油稳定塔运行
				脱水器运行
				外输管线运行
				天然气输差分析
				加热炉运行
				压缩机运行
				常压容器运行
				锅炉运行
				分离器运行
				液体流量计运行
				集输机泵运行

6）地面与海洋工程业务分类体系

详见表3-13。

表3-13 地面与海洋工程业务分类体系表

地面工程	地面工程设计	电网设计	电力线路设计
			变电站设计
			变电站常规设计
			开关设计
			变压器设计
			计量箱设计
			线杆设计
		管线设计	管线常规设计
			管线跨越设计
			阴极保护站设计
		站库设计	站库基建设计
			站库设备常规设计
			站库消防设计
			站库能力设计
			站库常压容器设计
			站库压力容器设计
		油田设施设计	道路设计
			涵洞设计
			桥梁设计
			通信光缆设计
			通信电缆设计
		采油平台设计	
	地面工程施工	管线施工	单井流程施工
			集输管线施工
			线路施工
			防腐施工
			管道穿跨越施工
		站库施工	天然气处理系统施工
			站场施工
			采出水处理系统施工
			给排水施工
			供配电施工
			通信施工
			消防施工

续表

地面工程	地面工程施工	电网施工
		采油平台施工
		油田设施施工

3.5 油气田经营管理业务分析

油田企业经过多年的信息化建设，在生产方面，随着源头数据采集和数据中心的建设，已初步形成“标准唯一、源点唯一、结构合理、内外兼有、上下一致、数据集中管理、授权共享”先进的数据管理模式，满足勘探开发内部管理和专业化服务数据管理的要求。在经营方面，随着ERP系统的成功实施和深化应用，已形成了以ERP信息为主，相关经营管理系统信息为辅，较好的数据、应用体系。但油田生产过程中，实物量和价值量是同步发生、同步变化的，以实现油田的生产过程中价值量与实物量对接为目标，借鉴油田勘探开发源头数据资源建设的模式，以价值量数据产生源头为接入点，从实际业务出发，分析了油田生产活动所伴随发生的经济活动。

具体包括：

（1）按照油气田勘探开发业务分析方法和工作模版，完成了投资、成本、资产、设备、人力资源、物资等经营管理业务分析，补充完善了经营管理业务模型，建立了油田勘探、开发、经营管理的统一业务模型。

（2）补充完善勘探开发经营类数据元素，形成油田企业勘探、开发、经营管理一体化的数据元字典。

（3）完善油田源头采集，补充规范经营数据采集标准，形成经营管理源头数据采集规范，确保数据源头唯一、真实、准确、权威。

（4）运用勘探开发数据模型业务流、数据流分析方法，梳理业务流程，分析经营数据所在的产生环节，形成业务数据流、格式及状态，识别业务活动。

业务流程是对业务域的再分解，是业务域中一组联系紧密的活动。一个业务域中可以包括多个业务流程。不可分的业务流程一定是一个业务活动。业务流程所要表达的重点是业务活动相互间的关系和规则。分析生产业务活动同时发生的经营业务流程，识别同时发生的经营活动。针对每一个业务，分析业务流程，对业务流程中的每一个业务活动进行描述。识别业务活动的操作和业务涉及的业务对象。

按照业务特点，为了经营管理数据源头分析的顺利展开，按照经营管理业务数据的特点将经营管理业务分为以下三类：

（1）决策层面业务。此类包含发展规划、投资计划、财务预算、科研计划、物资采购计划等业务，这类业务的特点是周期性较强，一般以月、季、年为频率；业务分级管理，一般有分（子）公司、厂两级，甚至三级。此类业务各级产生的数据都是源头，例如投资计划、厂级计划和局级计划都是投资计划业务的源头数据。

（2）业务规范层面业务。例如招投标管理业务、合同管理业务、队伍准入管理业务、费用审批、工程造价、油气成本定额、协同办公业务等。业务特点是比较注重过程和业务规范性，多部门协作性较强。这类业务不仅业务数据本身是源头，其过程数据，例如审批人、审批意见等信息都应作为源头数据。

（3）执行层面业务。例如物资收支存、财务结算、成本费用、投资统计、原油盘库、劳资管理、组织管理等业务。特点是业务发生数据及时、专业性较强。这类业务仅将发生的源点数据作为经营关联数据源头，因经营管理需要的汇总、统计数据不作为数据源头。

三类业务既有区别又有关联关系，针对不同类型的业务采取不同的分析方法，产生不同的业务数据流模型。最终形成各自的业务数据流模型，并和勘探开发数据模型对应，实现实物量和价值量的对接。

3.5.1 人力资源管理业务分析

目前，中国石化的人力资源管理业务主要包括组织管理、劳动用工管理、招聘和人才引进管理、员工日常管理、干部管理、人才管理、人工成本管理、薪酬管理、培训管理、绩效管理、统计及档案管理等共11部分，如图3-19、表3-14所示。管理上分为五个层级，分别是人事部、事业部（石油工程、炼化工程）、直属单位、中层单位、基层单位；业务处理过程岗位分为三种角色，具体为每个层级的业务经办人、审核人、审批人，角色对应的承办人或

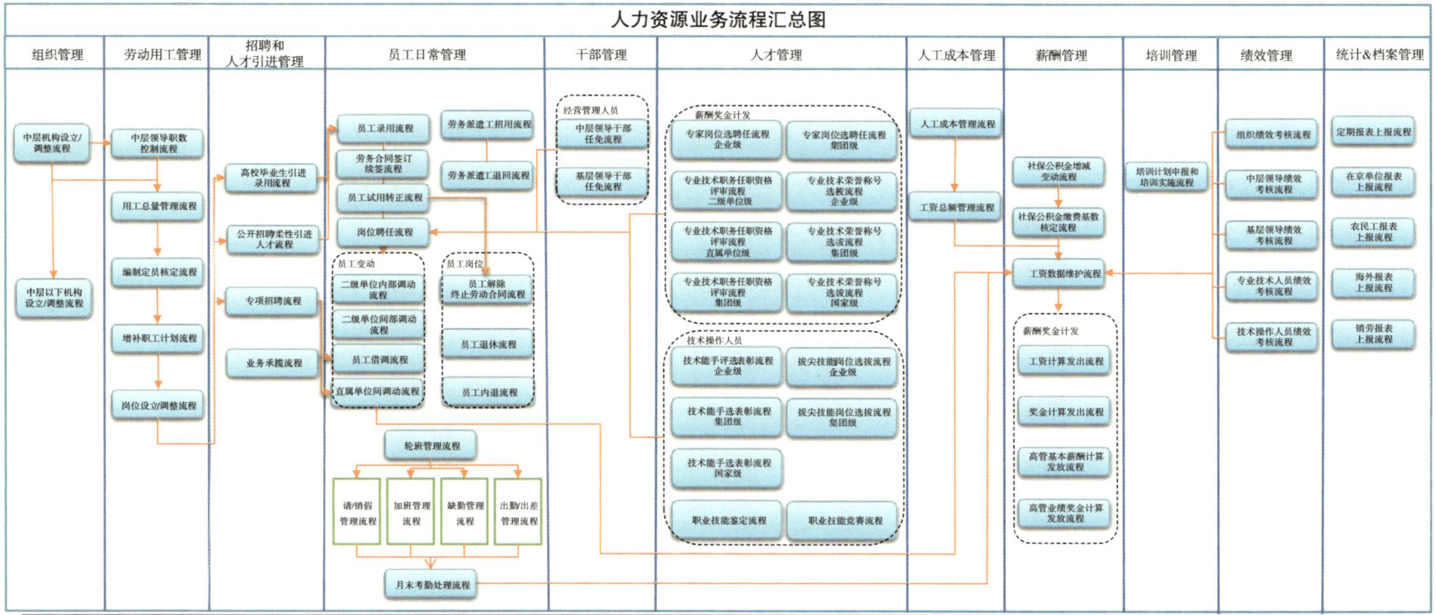

• 组织管理流程：	2 个	• 干部管理：	2 个	• 培训管理：	1 个
• 劳动用工管理：	5 个	• 人才管理：	15 个	• 绩效管理：	5 个
• 招聘管理：	4 个	• 人工成本管理：	2 个	• 统计&档案管理：	5 个
• 员工日常管理：	19 个	• 薪酬福利管理：	7 个	• 合计：	67 个

图 3-19　人力资源管理业务流程图

岗位可根据实际情况确定。

根据企业管理特点及业务需求，在确保业务完整性和可实现信息化的基础上，初步对业务节点和业务表单进行规范，提出流程优化建议，并把业务管理规则固化到业务流程中，实现了业务规则标准化。例如，在调动时，关键岗位的调动规则是否符合集团规定，根据系统数据自行判断，杜绝出现线下审批流程完成后，在系统操作时才发现不符合集团调动规范的情况。

表3-14 人力资源部分业务标准流程名称表

序 号	流程名称	流程编号	表 单
1	中层机构设立（调整）流程	HR_LD_010201	
2	用工总量与计划管理流程	HR_LD_030101	3
3	中层干部职数管理流程	HR_LD_030201	
4	校园招聘流程	HR_ZP_010101	7
5	校园招聘–调剂招聘岗位流程	HR_ZP_010102	3
6	员工入职流程–高校毕业生	HR_YG_010101	1
7	员工入职流程–社会录用	HR_YG_010102	1
8	员工离职流程	HR_YG_010201	1
9	员工调动流程–调入本企业	HR_YG_010301	4
10	员工调动流程–调出本企业（含调出中国石化）	HR_YG_010302	5
11	员工调动流程–调出本企业–工程板块（含调出中国石化）	HR_YG_010303	5
12	员工调动流程–企业内部调动	HR_YG_010304	7
13	员工调动流程–企业内部调动–工程板块适用	HR_YG_010305	8
14	员工调动流程–二级单位内部调动–工程板块适用	HR_YG_010306	7
15	员工调动流程–调入中国石化	HR_YG_010307	4
16	定岗定薪流程	HR_YG_010399	3
17	岗位变动流程–二级单位内部变动	HR_YG_010401	3
18	岗位变动流程–三级单位内部变动–工程板块适用	HR_YG_010402	2
19	岗位变动流程–三级单位内部变动	HR_YG_010403	2
20	岗位变动流程–四级单位内部变动–工程板块适用	HR_YG_010404	2
21	定薪流程	HR_YG_010499	1
22	内部退养流程	HR_YG_010601	
23	员工借调流程–借入本企业	HR_YG_010701	3
24	员工借调流程–借出本企业	HR_YG_010702	3
25	员工借调流程–企业内部借调	HR_YG_010703	4
26	员工借调流程–企业内部借调–工程板块适用	HR_YG_010704	4

续表

序　号	流程名称	流程编号	表　单
27	劳动合同签订流程	HR_YG_020101	1
28	单位提出变更劳动合同流程	HR_YG_020102	1
29	员工提出变更劳动合同流程	HR_YG_020103	1
30	劳动合同法续订流程	HR_YG_020104	2
31	解除劳动合同－单位提出协商解决（终止）劳动合同流程	HR_YG_020105	1
32	解除违法违纪员工劳动合同流程	HR_YG_020106	2
33	员工申请解除（终止）劳动合同流程	HR_YG_020107	1
34	人工成本与工资总额预算管理流程	HR_XC_010101	1
35	人工成本与工资总额调整流程	HR_XC_010102	
36	奖金分配流程－计划管控模式	HR_XC_020501	2
37	奖金分配流程－预算报批模式	HR_XC_020502	2

3.5.2　投资计划管理业务分析

油田企业投资计划管理包含投资项目管理（含产能项目专项投资管理）、投资计划、投资统计、生产计划、生产统计等业务。

（1）项目管理：跟踪和控制投资项目管理的全过程，包括项目立项申请和审批、投资计划的审批和下达、项目实施过程的监测与控制、项目的后评价。在工程设计环节上，重点把握设计编制、设计预算的审批和控制业务流程，用“甲方设计”和“事前控制”的管理原则和理念强化钻井工程投资等专项投资的管理。

（2）投资计划管理：在投资项目管理的基础上，满足多项目管理，实现由项目库转列入建议计划，汇总上报计划，下达正式计划，执行计划及检查计划完成情况，一直到项目投产后的后评估等过程管理，实现对多项目的汇总统计、对比分析及投资平衡。

（3）投资统计管理：投资统计管理主要对投资计划执行结果及项目完成结算情况进行统计分析，快速生成统计报表、总公司报表、地方快报等，实现项目投资全过程的跟踪管理。

（4）生产计划管理：生产计划管理主要是根据上级下达的生产任务，各生产单位上报生产建议计划，汇总上报计划，下达正式生产计划，执行计划及检查计划完成情况，实现生产计划的编制、执行、检查、问题和措施等业务流程管理。

（5）生产统计管理：生产统计管理针对生产计划的管理要求，实现油田企业重点生产数据的采集、上报、汇总、统计和分析等业务流程，包括各生产单位的原油天然气盘库、产销平衡、油田用水、用电等各类生产的统计汇总，形成各类快报及其集团公司报表。

（6）综合分析：以统一的项目库为基础，对项目前期过程中的数据资料、项目实施过程中的进度、成本、质量等信息及项目后评估情况等项目管理全过程进行分析，对生产计划的编制、下达、执行、分析及反馈全过程的数据进行监控，辅助管理和决策。

以投资计划管理为例。其业务模型见表3-15。

表3-15 投资计划管理业务模型数据表

领 域	业务域	业务流程	业务活动	业务活动说明
财务计划	计划管理	可行性研究报告	科研报告编制	
			科研报告审核	
		评估报告	评估报告	项目评估
		可行性研究报告批复	可行性研究报告批复	
		初步设计	初步设计编制	
			初步设计批复	
		建议计划	建议计划编制	建设单位根据已经确定的生产经营目标确定生产和经营的实物量和资金量需求，形成建议计划
			建议计划上报	
		下达计划	下达计划	下达投资计划
		施工图设计	施工图设计	
		项目结算	项目结算	
		项目后评估	项目后评估	

投资计划管理主要包括投资计划管理、概预算管理、成本归集管理与分析、服务采购管理、时间进度管理等。

（1）投资管理流程。

详见表3-16。

表3-16 投资管理流程表

序 号	流程编号	说 明
1	PS_P04	投资计划上报流程
2	PS_P05	投资程序维护及年度资金计划分配流程
3	PS_P06	建立项目并分配项目年度投资总体预算流程

投资管理：

①投资计划上报流程，如图3-20所示。

②投资程序维护及年度资金计划分配流程：年末投资计划岗位将上一年度剩余投资概算退回，同时打开（IM27）新一年度的投资程序，关闭（IM27_close）上一年度的投资程序。年度投资调整计划批复后，投资计划岗位复制总体和年度投资计划形成投资总概算和年度概算。

③建立项目并分配项目年度投资总体预算流程：投资计划岗位根据各专业部门所提供的年度投资计划，判断是否为新项目，进行创建项目定义和第一层WBS结构并与投资结构相关联，并分配总体预算。

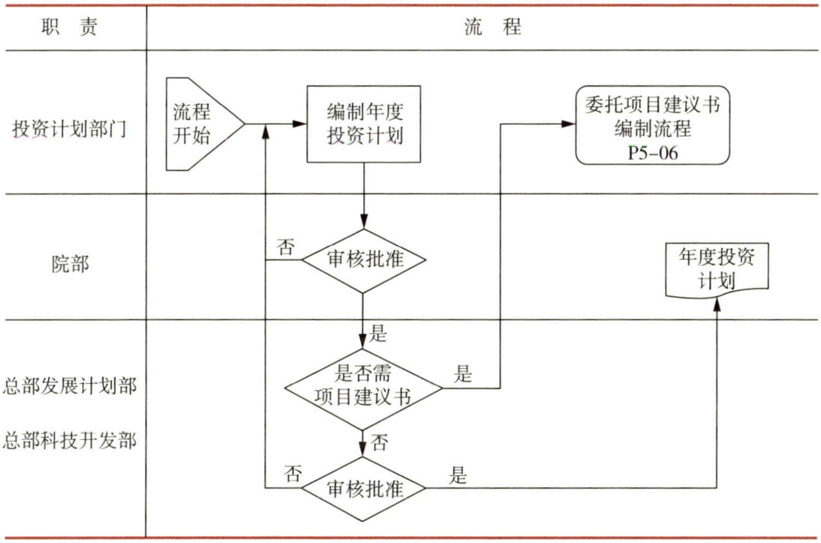

图3-20 投资计划上报流程图（PS-P04 投资计划上报流程）

(2)项目立项流程。

详见表3-17。

表3-17 项目立项流程表

序 号	流程编号	说 明
1	PS_P07	委托项目建议书编制流程
2	PS_P08	委托可研报告编制及批复流程
3	PS_P09	前期支出费用化流程
4	PS_P10	委托基础设计及批复流程
5	PS_P11	追加项目流程
6	PS_P12	项目前期施工流程
7	PS_P13	细分项目整体结构并分配下达项目概算流程
8	PS_P14	项目物资需求流程

项目立项:

①委托项目建议书编制及批复:各专业投资需求提出部门根据需要,在线外委托项目建议书编制及交给专业部门批复,批复成功后在系统中维护项目建议书信息,批复不成功关闭项目。

②委托可研报告编制及批复流程:各专业投资需求提出部门根据需要,在线外委托可研报告编制及交给专业部门批复,批复成功后在系统中维护项目可研信息,批复不成功关闭项目。

③前期支出费用化流程:在项目立项之前,需要对项目进行可行性研究和调研等前期活动,前期活动产生的费用在项目确认是否立项后,需要做相应的处理(立项的项目费用计入正式的项目结构中,未立项的项目费用计入当期期间费用)。

④委托基础设计及批复流程:投资管理部门线外委托相关单位进行基础设计并报总部对口部门批复,形成项目概算总表。

⑤追加项目流程:各专业部门在生产和工作中,因安全、环保、市场等难以预见因素未列入计划,需要紧急实施一些项目,在上报项目建议书后,经公司领导审核同意后,计划岗位建立项目并与投资结构关联,建立资金计划,以后根据项目管理流程进行,如图3-21所示。

⑥项目前期施工流程:可研报告批复后,为配合项目设计,部分项目需

要进行地质勘探或试桩，或建设用地前期拆迁、平整等工作，根据项目进度的要求，同意部分内容提前实施，分配部分预算。

⑦细分项目整体结构并分配下达项目概算流程：项目管理部门计划科室根据设计单位编制的概算总表细分WBS结构，并对细分结构分配概算。

⑧项目物资需求流程：项目结构细分后，进行各项作业的排产，同时在各项作业下输入工程项目对各种物资的需求，以便物资采购部门进行物资的平衡及采购和日后的工程领料，如图3-22、表3-18所示。

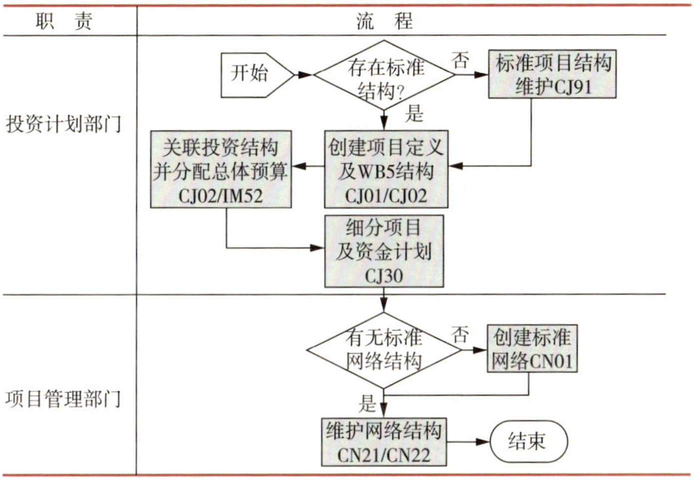

图3-21　追加项目流程图（PS-P11追加项目流程）

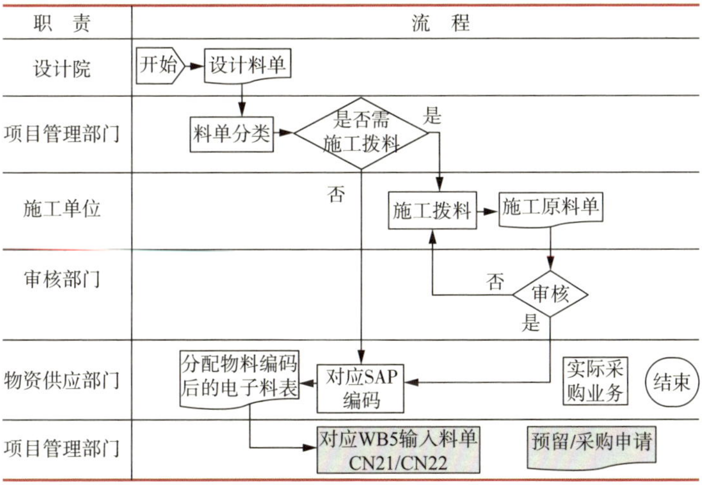

图3-22　项目物资需求流程（PS-P14项目物资需求流程）

表3-18　PS_P14：项目物资需求流程说明表

<table>
<tr><td>流程名称</td><td colspan="5">PS_P14：项目物资需求流程</td></tr>
<tr><td>流程说明</td><td colspan="5">此流程描述了设计图纸料单如何在线上提报给物资供应部门进行后续处理的过程</td></tr>
<tr><td>试点单位</td><td colspan="5"></td></tr>
<tr><td>对此流程的要求/期望</td><td colspan="5">1. 项目物资需求在线上顺利提报，保证项目施工建设所需物资供应渠道顺畅。
2. 项目物资的领用，在系统内根据提报生成的预算进行发料</td></tr>
<tr><td colspan="6">流程输入</td></tr>
<tr><td>输入</td><td>项目物料需求清单</td><td>提供部门</td><td>项目管理部门</td><td>频率</td><td>需要时</td></tr>
<tr><td colspan="6">流程输出</td></tr>
<tr><td>输出</td><td>项目物资需求和预留</td><td>接受部门</td><td>物资供应部门</td><td>频率</td><td>需要时</td></tr>
<tr><td colspan="6">业务流程描述</td></tr>
<tr><td>01</td><td colspan="5">流程目的</td></tr>
<tr><td></td><td colspan="5">项目物资需求在线上顺利提报，保证项目施工建设所需物资供应渠道顺畅</td></tr>
<tr><td>02</td><td colspan="5">流程主要阶段</td></tr>
<tr><td></td><td colspan="5">1. 设计单位在图纸设计过程中，分设计阶段出相关的项目设计图纸和项目设计料单。
2. 项目管理部门在得到设计图纸后，进行设计资料分发，分发至项目相关部门。
3. 设计图纸视是否需要进行施工图拨料，若需要则由施工单位进行施工图拨料，并由相关审核单位（如监理单位、造价审核机构等）进行审核，审核通过后对施工拨料单进行签字确认。
4. 不需要进行施工图拨料的料单和经过施工图拨料的料单交至物资供应部门，进行汇总并对应系统物资编码处理。
5. 经过编码的物资文档返回至项目管理部门，在ERP系统上输入对应的WBS下的网络活动，如静设备的物资需求，则输入静设备WBS下的网络活动（网络活动总是挂在WBS下）。
6. ERP系统将自动产生项目物资预留，线上传递到物资供应部门管辖的MRO功能模块。
7. 物资供应部门根据实际的库存平衡需求，进行后续采购业务。
8. 如项目进度紧急，经项目管理部确认，物资供应部门将直接依据设计资料进行实际采购，后续工作如料单录入须在一定时间内补上。
9. 有些设计单位设计出来的资料并没有设计料单，则由施工单位直接根据设计图纸进行拨料活动，进而得到施工拨料单。
10. 流程结束</td></tr>
<tr><td>03</td><td colspan="5">控制点描述</td></tr>
<tr><td></td><td colspan="5">1. 施工图拨料是否准确（线下控制）。
2. 料单跟物资编码对应是否准确，否则将影响采购。
3. 料单的输入是否准确，是否对应到正确的WBS，否则影响财务核算及项目概算控制</td></tr>
<tr><td>04</td><td colspan="5">单据流转说明</td></tr>
<tr><td colspan="6">有物资编码的项目物资需求</td></tr>
</table>

续表

05	权限控制说明
	1. 由专门岗位的人负责项目料单的录入。 2. 料单录入后的更改需要有更改记录并及时通知采购计划业务人员
06	附注
	1. 各单位可根据实际情况安排项目物资跟物资编码匹配、项目料单输入的岗位。 2. 必须保证料单输入（线上项目物资需求提报）的准确、及时，避免影响采购及领料
与AS-IS不同点的说明	
01	
报表需求	
01	项目物资批量导入程序

（3）项目实施流程。

详见表3-19。

表3-19 项目实施流程表

序 号	流程编号	说 明
1	PS_P15	项目开工流程
2	PS_P16	服务合同维护流程
3	PS_P17	已开工项目前期费用结转流程
4	PS_P18	工程领料（甲方供料）流程
5	PS_P19	工程退料（甲方供料）流程
6	PS_P20	维护结算规则（核算规则）流程
7	PS_P21	工程进度管理/进度款流程
8	PS_P22	工程其他费用支付流程

项目实施：

①项目开工流程：项目立项后，由施工管理部门对项目进行线上的排产并下达执行。

②已开工项目前期费用结转流程：对于项目前期开工的费用，在项目立项后进行相关的账务处理。

③工程领料（甲方供料）流程：项目施工建设工程中，甲方人员或施工

单位根据施工用料要求进行领料，领料过程中打印领料单。

④工程退料（甲方供料）流程：项目建设完毕，对多余的领料在供应部门确认可以退料的情况下，进行退料处理。

⑤维护结算规则（核算规则）流程：项目建立后，财务人员根据财务核算要求维护WBS元素结算规则，定义项目成本的接收对象。

⑥工程进度管理/进度款流程：项目实施部门收到服务供应商的发票后，在系统中进行服务接收，财务操作发票校验，并根据实际的情况进行相关的扣款的账务处理。

⑦工程其他费用支付流程：财务人员根据发票等凭证将工程其他费用计入项目成本。

（4）项目结算流程。

详见表3-20。

表3-20 项目结算流程表

序 号	流程编号	说 明
1	PS_P23	工程结算款流程
2	PS_P24	工程质保金支付流程
3	PS_P25	项目期间成本结转至在建工程流程
4	PS_P26	项目年末结转流程
5	PS_P27	在建工程结转流程
6	PS_P28	项目关闭流程
7	PS_P29	项目重新开启流程

项目结算：

①工程结算款流程：项目实施部门进行完工确认，将服务进行接收，财务操作发票校验。

②工程质保金支付流程：服务合同完成一定时间后，财务根据项目实施部门的申请将工程质保金支付给服务供应商。

③项目期间成本结转至在建工程流程：财务人员在日常业务处理完毕后，将项目WBS上规集的费用结转至总账中的在建工程科目。科研企业的PS应用

要求每期都必须结转。

④项目年末结转流程：投资部在第二年初进行上一年度项目承诺事项和预算的结转。此流程只有允许将当年的预算挪用到次年的项目才可操作。

⑤在建工程结转流程：

项目完成后的竣工结算流程，将在建工程转为固定资产：

对于在建工程估交的，直接建立固定资产和新的在建工程工程主数据，直接做账为：Dr固定资产－暂估Cr在建工程－暂估。

对于非估交转固的，如工程已估交过，直接进行公司代码内的资产置换，对后续发生费用不再提折旧处理；如工程原先没有估交，则直接建立固定资产进行转固。

⑥项目关闭流程：财务部门对二级单位的项目关闭请求确认并批准后，项目施工管理部门业务人员将整个项目结构关闭。

⑦项目重新开启流程：投资计划管理部门审核通过了项目重新开启的申请后，对项目重新开启，投资计划管理部门追加调整资金计划。

（5）超概算流程。

详见表3-21。

表3-21 超概算流程表

序号	流程编号	说明
1	PS_P30	调整概算流程

超概算流程：

调整概算流程：在项目实施的任何阶段，当发生资金超概算情况，项目实施部门申请追加投资或内容，投资计划部门审核同意后，视项目超概情况追加总体概算或由项目管理部门修改WBS结构、调整概算。

3.5.3 财务管理业务分析

根据财经法规制度，按照财务管理的原则，组织企业财务活动，处理财务关系的一项经济管理工作。

主要包括成本预算管理、资金管理、涉税管理、资产管理等业务。

（1）成本预算管理：是指对企业未来一段时期内的收支情况的预计。分年度及月度对预算进行编制、上报、汇总和下达等工作，并对预算的执行、控制、结果进行全过程的监督检查的工作。

（2）资金管理：按照股份公司“统一计划、统一管理、统一调度、统一结算、统一借贷”的资金管理原则，进行资金预算、筹融资管理、资金指标管理、资金往来管理、银行账户管理等业务。

（3）涉税业务核算：实现石油企业涉税业务数据的采集和管理业务流程，采集消费税、矿产资源补偿费、资源税、教育费附加、城市维护建设税、企业所得税、增值税、营业税、个人所得税、印花税、关税、车船使用税、房产税、土地增值税、土地使用税等涉税业务数据，进行计算和汇总，形成向税务主管部门（国税、地税）申报和向上级单位上报的税务数据。

（4）纳税工作管理：实现纳税日常工作的管理，包括个人纳税人信息管理、税务月度分析报告管理、企业所得税税前调整管理、增值税控制台账管理等业务。

（5）资产管理：固定资产管理流程包括资产盘盈、资产报废、资产盘亏、资产处置、财产保险、保险代办费、资产出租、资产出借、经营租入、借入、融资租入、资产调拨、安保基金、安保基金返还使用、资产占用费、闲置资产管理、报废资产管理等子业务。

在成本核算管理中，选择油气生产过程为试点，进行了11类费用的对接分析，分别为电费、作业费、维修费、材料费、人工成本、水费、青苗补偿、运输费、技术服务费、租赁费、车辆使用费，此11类费用项目均为采油厂的重点费用，占据了采油厂成本费用的70%左右，其中剩余成本项目中折旧、折耗大约占20%，其他费用如办公费、差旅费、绿化费、保险费等费用占10%左右。此11类费用基本满足了目前经营管理和经营业务分析的需要。

下面以井下作业为例，说明经营管理业务分析及数据分析的基本方法。如图3-23、表3-22所示。

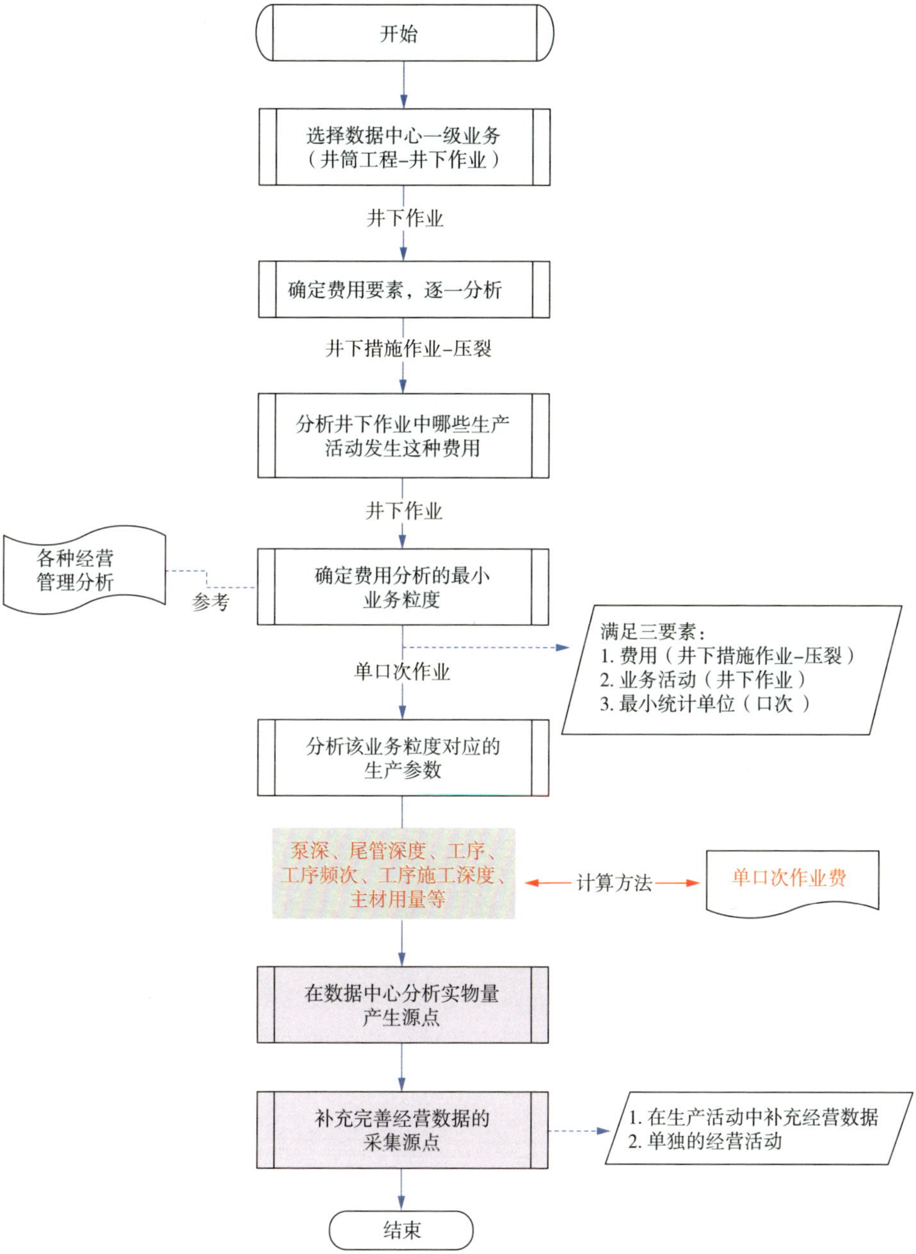

图 3-23　井下作业费用管理流程图

表3-22　井下作业费用管理流程节点分析表

节点序号	业务描述	建议采集岗位	审核点	采集频率	采集时间	目前采集方式	目前采集数据	采集数据说明	是否作为采集点	备　注
ZY-01	作业劳务： 作业公司作业小队手工记录作业施工进度信息，作业队技术员将施工过程中的工作量信息(含射孔工作量信息)整理录入临时库，经过采油厂作业监督人员审核信息的真实性，采油厂信息中心数据室运行检查程序，核对数据录入的完整性，提交进入源头库	作业队技术员	采油厂作业监督	每日	作业施工开始后次日上午8:00	通过源头库采集入库	ZD-ZY-01单井作业施工班报表	主要是描述作业工序和管杆施工进度数据，ZD-ZY-01：按日填报当天作业施工内容	是	每日作业劳务实际工作量，经过采油厂作业监督审核，进入源头数据库
ZY-02	作业材料： 1. 乙方供料：作业公司小队持“器材需用单’到作业准备大队领料(化工料和工具到工具队领料、管杆到油管厂领料)，准备大队资料员开“器材发料单”，领料人拿“器材发料单”到保管员处领料，并由采油厂作业监督审核。 2. 甲方供料：不走作业审核流程，由ERP物装模块管理，月末，由采油厂作业中心材料管理岗位人员提供材料消耗单，一次分配计入成本中心和开发管理单元	发料岗	采油厂作业监督	领料	开“器材发料单”时	手工	ZD-ZY-02器材发料单	作业过程中领用的材料，“器材发料单”为用料结算依据	是	每日作业材料实际工作量和实际价值量，经过采油厂指定的审核人员认可后按单井归集，用于支持结算

续表

节点序号	业务描述	建议采集岗位	审核点	采集频率	采集时间	目前采集方式	目前采集数据	采集数据说明	是否作为采集点	备注
ZY-03	施工单位（常规作业由作业三公司负责、压裂、酸化由井下作业公司负责、射孔由测井公司负责）提供“单井结算资料”，经采油厂作业监督（审作业工作量）、地质所（审射孔工作量）、出资方（审资金来源）、采油厂作业中心（检查资料）等监督审核，审核后的资料作为结算依据	作业队技术员	采油厂作业监督、出资方、地质所、作业中心等	单井完工	完井后5天内	“井下作业网上运行管理系统”手工录入或编制	单井结算资料：ZD-ZY-03单井工作量签认单；ZD-ZY-04射孔工程单井工作量审核签认单	施工单位根据采油厂的作业方案出施工设计，并根据施工设计开始施工，单井完工后，为结算而编制的作业工作量内容资料	是	完工井的实际工作量，经过采油厂作业中心等部门审核后的工作量
ZY-04	施工单位将单井基础信息、工作量、材料等信息录入“石油工程造价系统”发起结算，生成施工单位上报值，形成采油厂预算岗的待办业务	施工单位结算岗	采油厂作业监督、出资方、地质所、作业中心等	单井完工	完井后5天内	“石油工程造价系统”手工录入或编制	ZD-ZY-05单井作业工程预（结）算书；ZD-ZY-06测井工程结算书；ZD-ZY-07xx射孔工程费用结算	按“石油工程造价系统”规定的单井信息计算井下作业费	否	未经甲方审定的价值量，不能作为实际价值量
ZY-05	采油厂预算岗依据审核确认的“单井结算资料”，在“石油工程造价系统”中审核施工单位录入的基础信息、工作量、材料等信息，形成建设单位审定值，并编制“工程结算审查表”。采油厂与施工单位带着结算资料（包括单井结算资料、作业工程费用结算表和工程结算审查表）一起到局定额价格管理中心石油工程处审核盖章（形成定额中心审定值），以上资料交采油厂财务中心井下作业费成本岗进行网上结算	采油厂定额预算管理中心预算岗	定额价格管理中心石油工程处审核	单井完工	结算手续齐全后	“石油工程造价系统”手工录入或编制	ZD-ZY-05单井作业工程预（结）算书；ZD-ZY-06测井工程结算书；ZD-ZY-07xx射孔工程费用结算；ZD-ZY-08工程结算审查表	记录一个施工单位在一段时间内的结算资料，经施工单位、采油厂和局定额价格处、财务处审核确认，可以支持结算的单井数据及汇总数据	是	完工井的实际价值量，按照审核后的工作量使用定额标准计算出价值量

续表

节点序号	业务描述	建议采集岗位	审核点	采集频率	采集时间	目前采集方式	目前采集数据	采集数据说明	是否作为采集点	备　注
ZY-06	与存续单位结算时，厂财务依据采油厂定额预算管理中心预算岗提供的相关资料在“工程劳务网上结算系统”和“网上实时结算系统”中进行网上签认。与外部单位结算时不经过网上签认	采油厂财务中心井下作业成本岗	采油厂财务中心井下作业成本岗	月末或结算手续齐全后	月末或结算手续齐全后	“网上实时结算系统”手工录入或编制	ZD-ZY-05单井作业工程预（结）算书； ZD-ZY-08工程结算审查表	记录一个施工单位在一段时间内的结算资料，经相关部门审核确认，可以支持结算的单井数据及汇总数据	否	只是网上确认，还没有实际到ERP系统财务挂账，故不能作为结算价值量
ZY-07	作业费的结算： 存续单位：网上签认后，自动生成FI凭证并集成到“ERP集成环境”系统，收到施工单位的合同、发票后在“ERP集成环境”中分配到“孤岛共用－油气生产成本中心”进行财务挂账结算； 外部单位：提供合同、发票和责任部门认可的工作量签认单直接到财务挂账结算	采油厂财务中心井下作业成本岗	采油厂财务中心井下作业成本岗	月末或结算手续齐全后	月末或结算手续齐全后	ERP中形成凭证	ERP标准凭证	生成FI凭证并集成到“ERP集成环境”，在系统中分配到“孤岛共用－油气生产成本中心”	是	ERP中只有已结算价值量，没有工作量，价值量是按供应商结算的值，不分井次和口次
ZY-08	厂财务将“月度结算统计表”给油藏经营管理区财务，油藏经营管理区财务将表交付给地质人员，地质人员将单井费用与ERP科目、成本中心和开发管理单元对应，地质人员逐级反馈给厂财务	采油厂地质管理人员	采油厂地质管理人员	月末	月末	手工	ZD-ZY-09月度结算统计表	单井作业费与ERP科目和成本中心、开发管理单元的对应数据。此表作为在ERP结算的附件	否	还没有到ERP系统财务挂账，故不能作为分配到具体的成本中心和开发管理单元的单井结算价值量

续表

节点序号	业务描述	建议采集岗位	审核点	采集频率	采集时间	目前采集方式	目前采集数据	采集数据说明	是否作为采集点	备注
ZY-09	作业费的分配： 厂财务通过ERP系统，将“孤岛共用－油气生产成本中心”分配到具体成本中心，并明确开发管理单元	采油厂财务中心井下作业成本岗	采油厂财务中心井下作业成本岗	月末	月末	ERP中形成凭证	ERP标准凭证	单井作业费在ERP系统中成本中心、开发管理单元的对应数据	是	在ERP系统分配到具体的成本中心和开发管理单元的单井结算价值量
ZY-10	月末厂财务对已完工未结算的井下作业费进行暂估，形成完整的井下作业费	采油厂财务中心井下作业成本岗	采油厂财务中心井下作业成本岗	月末	月末	将单井费用分配计入成本中心及开发管理单元	ZD-ZY-10作业费用完工统计表	生成当期已完工未结算井成本，暂估作业费、工作量和价值量	否	暂估作业费、工作量和价值量

智能油田
INTELLIGENT OIL FIELD

AR 扫描召唤 AI助理

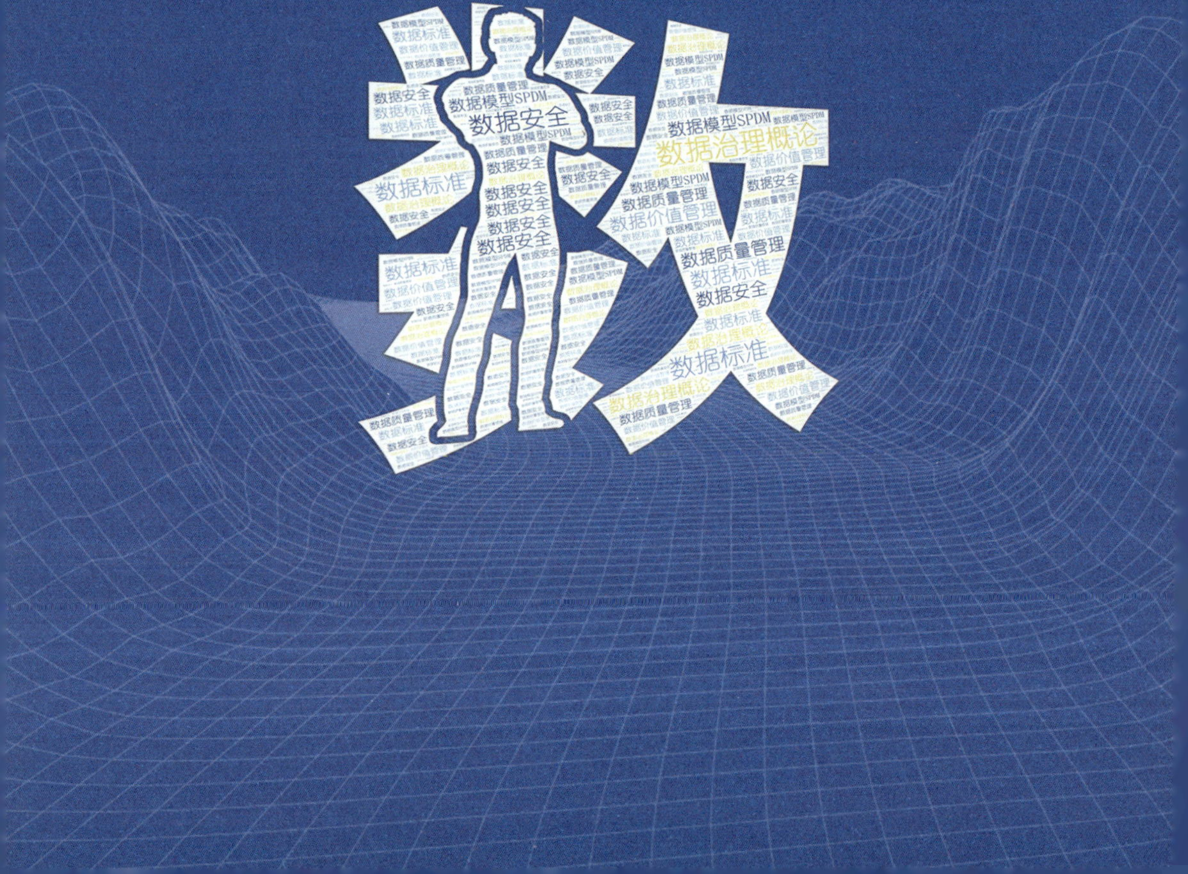

4 油田数据治理

4.1 数据治理概论

在移动互联网及云计算等技术的推动下，人们可获取并控制的数据日益丰富，我们已进入一个创造数据、获取数据、应用数据的“数据时代”，销售平台可以根据买家的浏览记录作出精准推送以提高销量，制造企业可以通过分析流水线上数据对生产情况作出及时调整以提高生产效率，家居公司可以通过分析客户的生活习惯数据创造“智慧家居”以提高生活服务质量，种种应用展示出数据在被有效地挖掘、整合后可能产生巨大的价值。数据逐渐成为与人、技术、流程同样重要的第四大核心竞争力。

数据通常是指对客观事物进行记录、未被加工的原始素材，是基础生产资料。互联网时代下，具有价值的数据通常具有体量大、种类繁多、价值密度低、反应速度快等特点，也就是行业所谓的大数据。数据资产的概念由信息资产、数字资产衍生出来，并随着大数据的蓬勃发展而被提出。信息资产概念来源于信息技术对各个领域和生活方式的影响，强调数据的信息属性；数字资产概念来源于“数字经济”的提出，对应着数据的物理属性；数据资产概念来源于将数据视为一项战略资产，对应着数据的存在属性。实质上，这三个概念具有一致的内涵。Gartner（2015）认为需要具有更强的决策力、洞察发现力和流程优化能力的处理模式来适应海量、高增长和多样化的信息资产。通过数据的定义，我们看到当下的模式，主要体现为：对巨量数据进行分析，提取出有价值的信息，并利用该信息为企业创造经济价值。

4.1.1 数据资源建设的现状及存在问题

油田数据资源建设主要体现在勘探开发数据的建设和管理方面。

在数据建设初期，各油田、各专业在MIS系统的基础上进一步开展了生产经营数据库系统的开发。从“八五”开始，中国石油开始着手研制总公司范围的油气勘探开发数据库模型，先后发布了一系列标准（详见第2章）。

这些标准的发布与实施，成为我国石油勘探开发数据库建设标准化良好的开端，对后续油田数据库的建设起到了重要示范和指导作用，推动了油田数据库的系统化、标准化建设。

“九五”期间，中国石化油田企业开展了包括勘探、开发、采油工程、钻井、地面建设、物资供应、技术检测、综合管理八个专业的“八大数据库”的建设，并同时开发建设了相应的八个专业业务信息系统，形成了总部、油田分（子）公司、采油厂三级分布式数据管理体系。同时，颁布了与之相关的各专业系统的数据模型标准，如中国石化勘探数据库逻辑结构及填写规定，中国石化开发数据库逻辑结构及填写规定等，俗称为“中国石化八大数据库”。这些数据库标准与管理系统建设，对有效地管理勘探开发数据、提高生产效率起到了一定的作用。

但是，物探、钻井、测井、录井、开发生产等核心生产和业务数据虽能及时入库管理和支持专业应用，由于各部门单独采集、独立建库，缺乏统一规划、整体设计，不同程度地存在着数据采集标准不统一、采集不全、编码不完善等问题，致使标准不一致、数据一致性差、冗余高，给跨应用系统、跨专业、跨部门的综合应用带来了困难。而且，数据多头产出，数据采集覆盖面不全，也不能满足油田勘探开发应用的需要。

除了结构化数据的问题，还有大量的实时数据、音视频文档等非结构化数据也快速增长，导致了数据管理工作量和难度越来越大，随着大数据时代的到来，油田数据触角扩展到油田企业的每一个角落，数据量快速增长，数据成为油田开展生产、科研、经营管理的基础，成为油田企业最具核心价值的资源之一。迫切需要采用一套科学、合理的方法，对油田数据资源进行规划、管理、应用，并通过数据治理扩展数据管理覆盖范围、提升数据质量、支撑云上应用及大数据应用，同时能够打通企业全量多类型数据通道，提升数据对于应用的响应能力，提升油田企业的竞争力。

4.1.2 数据治理概论

数据治理是专注于将数据作为企业的商业资产进行应用和管理的一套管理机制，能够消除数据的不一致性，建立规范的数据应用标准，提高企业的数据质量，实现数据广泛共享，并能够将数据作为企业的宝贵资产应用于业务、管理、战略决策中，发挥数据资产的商业价值。

国际数据管理协会（DAMA）针对数据治理进行了定义：数据治理是对数据资产行使权利和控制的活动集合，它处于数据管理的核心地位，指导其他相关数据管理职能的执行。主要涉及九项内容：元数据管理；文档和内容管理；数据仓库和商务智能管理；参考数据和主数据管理；数据安全管理；数据操作管理；数据开发；数据架构管理；数据治理管理（图4-1）。

图 4-1　数据治理简图

企业数据管理的内容及范畴通常包括业务数据、主数据以及元数据，业务数据的概念相对清晰不再赘述，主数据和元数据概念如下：

（1）主数据（MD，Master Data）：指系统间共享数据（例如客户、供应商、账户和组织部门相关数据）。与记录业务活动、波动较大的交易数据相比，主数据（也称基准数据）变化缓慢。

企业主数据是用来描述企业核心业务实体的数据，比如客户、员工、产品、物料单、账户等。它是具有高业务价值的、可以在企业内跨越各个业务部门被重复使用的数据，并且存在于多个异构的应用系统中。企业主数据可以包括很多方面，除了常见的客户主数据之外，不同行业的客户还可能拥有其他各种类型的主数据，对于某一个企业的不同业务部门，其主数据也不同，例如市场销售部门关心客户信息，产品研发部门关心产品编号、产品分类等产品信息，人事部门关心员工机构、部门层次关系等信息。

（2）元数据：即关于数据的数据，用以描述数据及其环境的结构化信息，便于查找、理解、使用和管理数据。元数据分为业务元数据、技术元数据和操作元数据，三者之间关系紧密。业务元数据指导技术元数据，技术元数据以业务元数据为参考进行设计，操作元数据为两者的管理提供支撑。

①业务元数据。业务元数据是定义和业务相关数据的信息，用于辅助定位、理解及访问业务信息。业务元数据的范围主要包括业务指标、业务规则、数据质量规则、专业术语、数据标准、概念数据模型、实体/属性、逻辑数据模型等。

②技术元数据。它可以分成结构性技术元数据和关联性技术元数据。结构性技术元数据提供了在信息技术的基础架构中对数据的说明，如数据的存放位置、数据的存储类型、数据的血缘关系等。关联性技术元数据描述了数据之间的关联和数据在信息技术环境之中的流转情况。技术元数据的范围主要包括技术规则（计算/统计/转换/汇总）、数据质量规则技术描述、字段、衍生字段、事实/维度、统计指标、表/视图/文件/接口、报表/多维分析、数据库/视图组/文件组/接口组、源代码/程序、系统、软件、硬件等。技术元数据一般以已有的业务元数据作为参考设计的。

③操作元数据。操作元数据主要指与元数据管理相关的组织、岗位、职责、流程，以及系统日常运行产生的操作数据。操作元数据管理的内容主要包括与元数据管理相关的组织、岗位、职责、流程、项目、版本，以及系统生产运行中的操作记录，如运行记录、应用程序、运行作业。

4.1.3 数据治理的主要内容

目前，总结的数据治理领域包括但不限于以下内容：数据标准、元数据、数据模型、数据质量、数据安全及数据共享服务。每个数据治理的领域都可作为一个独立方向进行研究，同时各领域之间需要有机结合，如数据标准、元数据、数据质量等几个领域相互协同和依赖。

（1）数据标准。数据标准是企业建立的一套符合自身实际，涵盖定义、操作、应用多层次数据的标准化体系。它包括基础标准和指标标准（或称应用标准）。良好的数据标准体系有助于数据的共享、交互和应用，可以减少不同系统间数据转换的工作。

数据标准的主体构成：

①业务定义。业务定义主要是明确标准所属的业务主题及标准的业务概念，包括业务使用上的规则及标准的相关来源等。对于代码类标准，还会进一步明确编码规则及相关的代码内容，以达到定义统一、口径统一、名称统一、参照统一及来源统一的目的，进而形成一套一致、规范、开放和共享的业务标准数据。

②技术定义。技术定义是指描述数据类型、数据格式、数据长度及来源系统等技术属性，从而能够对信息系统的建设和使用提供指导和约束。

③管理信息。管理信息是指明确标准的所有者、管理人员、使用部门等内容，从而使数据标准的管理和维护工作有明确的责任主体，以保障数据标准能够持续地进行更新和改进。

（2）数据模型。数据模型是数据治理中的重要部分，合适、合理、合规的数据模型能够有效提高数据的合理分布和使用，它包括概念模型、逻辑数据模型和物理数据模型，是数据治理的关键、重点。

（3）数据质量管理。数据质量管理已经成为数据治理的有机组成部分。高质量的数据是企业进行分析决策、业务发展规划的重要基础，只有建立完整的数据质量体系，才能有效提升数据整体质量，从而更好地为客户服务，提供更为精准的决策分析数据。

①真实性：表示数据的真实程度。如果数据有偏差，那么使用结果可能会差之毫厘失之千里；若数据造假，更将失去数据统计的意义。真实的数据才具有价值。

②完整性：表示数据对被记录对象的所有相关指标的完整程度。关键数据的缺失，将影响数据在应用中的价值贡献，或需要增加成本去补充数据。数据的采集范围越广，完整性可能越高，数据资产的价值相对也会越大。

③准确性：表示数据被记录的准确程度。在工作中，拿到的数据都需要先进行清洗工作，排除异常值、空白值、无效值、重复值等，这项工作很可能会占到整个数据分析过程将近一半的时间。专职工种“数据清理工程师”的出现也说明数据清洗工作的复杂性。数据的准确性越高，对数据的清理成本越低，数据的价值也就越大。

④数据成本：在数据交易市场不活跃的情况下，数据的价值没有一个明确的计算方式，卖方出售数据的报价首先会考虑数据的成本。数据的获取方式通常为公司内部收集或者外购。对于公司内部产生和收集数据，显性成本主要有收集、持有程序下的人力成本、存储设备成本等，无法可靠计量的隐形成本主要为数据所附着业务的研发成本、人力成本摊销等。通常，获取成本越大，数据的交易价值相对越大。

⑤安全性：表示数据不被窃取或破坏的能力。数据自身的安全性越高，就可以为企业产生越稳定的价值贡献；同时，数据持有企业对其支付的保护成本越低，其数据资产的价值越大。

4.1.4 油田企业数据治理战略和路径

2018年6月，颁布了国家标准《信息技术服务治理 第5部分：数据治理规范》(GB/T 34960.5—2018)，对数据治理的四大方面内容进行规范，包括顶层设计、数据治理域、数据治理过程、数据治理环境（图4-2）。

多年来，中国石化一直致力于数据资产化管理和全生命周期的数据管控，建立健全了数据治理组织，建立了总部、企业两个层面的信息标准化管理组织架构及运维支持团队，制定了各部门分工负责的标准化管理制度，完善制定数据管理办法、业务标准和流程规范、源头数据采集管理规范等一系列管

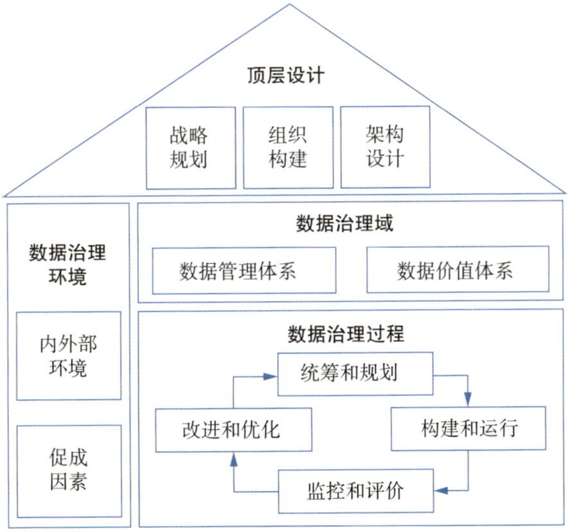

图4-2 数据治理规范

理制度和规范，并按照业务管控条线和职责，统筹推进数据开放共享管理机制建设。在油田企业，由于有多年数据建设的基础，数据治理路径为：整体设计，分步实施；急用先建，滚动发展。“业务”驱动“系统”，“技术”推动“业务”，取得了较好的效果。主要开展了以下工作：

（1）建立组织架构，工作流程、角色职责清晰，数据资源管理工作井然有序。

（2）制定数据标准，建立从标准数据的录入、申请、审批、修改、发布、稽核的闭环管理。

（3）建立数据模型，以元数据模型为核心，以分层驱动的数据模型体系架构为特点，包括业务模型、逻辑模型、物理模型的三层模型体系。

（4）在数据质量管理方面，制定了油田勘探开发工程数据一体化源头数据标准，开发了源头采集平台，统一经营管理业务系统和流程模板，从源数据录入到应用输出的全过程提高数据质量，进行数据质量监控。

（5）在数据价值管理方面，实现了资产全生命周期管理、资产地图、资产价值评估及运行审计、数据资源服务接口等，已经形成数据资源综合运营能力。

（6）在数据安全管理方面，全面实现了数据访问安全、数据服务安全、数据存储安全、平台组件安全、业务流程安全。

在以结构化数据为主，严格定义的数据标准，服务现有业务流程的传统数据管控的基础上，随着数据湖、人工智能等新技术的广泛应用，对数据治理模式提出了更高的要求。中国石化正在开展面向数据湖和人工智能的云管控，从数据类型、存储架构、处理及服务能力等方面进行提升，支撑企业数字化转型。

4.2 数据标准

通过制定数据标准，可以提升数据合法性、合规性，进一步提升数据质量，减少数据生产问题；在元数据管理的基础上，进行数据生命周期管理，有效控制在线数据规模，提高生产数据访问效率，减少系统资源浪费；通过元数据和数据标准管理，将表、文件等数据资源按主题进行分类，明确当事人、产品、协议等相关数据的数据源归属、数据分布情况，有效实施数据治理。

4.2.1 业务数据标准

1）数据域划分与编码标准

数据域的划分与业务的划分有不可分割的关系，为了保持数据域与业务划分的紧密联系，以一级业务作为数据域的划分标准，并在此基础上进行数据集的编码。

（1）数据分类与编码规则。

按照业务划分与编码规则，业务编码按照业务域代码、业务代码、业务活动代码三者组成，最多十六位。编码约定如下：

位1为业务域标识码（业务域标识码用汉语拼音第一个字母，如果已经占用，顺延第二个字母）。

业务分类及业务活动编码采用“层次码+顺序码”，位2为层次码。

数据域以业务域划分和一级业务划分为标准。数据域划分与编码标准见表4-1：

表4-1　数据域划分与编码标准表

数据域名称	数据分类名称	数据分类编码	数据分类描述
物化探	物化探部署	WA01	包含地震勘探部署
	地震勘探	WA02	包含地面地震资料采集、地面（海洋）地震资料处理、井孔地震勘探、海洋地震资料采集
	重力勘探	WA03	包含重力勘探采集
	磁法勘探	WA04	包含磁法勘探采集
	化学勘探	WA05	包含化学勘探采集
	电法勘探	WA06	包含电法勘探采集
井筒工程	井设计	JA01	包含井位设计、井位测量、钻井地质设计、钻井工程设计
	钻井工程	JA02	包含钻井施工
	地质录井	JA03	包含录井作业、录井资料解释、完井地质总结
	地球物理测井	JA04	包含测井资料采集、测井资料解释

续表

数据域名称	数据分类名称	数据分类编码	数据分类描述
井筒工程	试井	JA05	包含高压试井、低压试井
	试油	JA06	包含射孔设计、试油（气）地质设计、常规试油（气）施工、地层测试施工、测试地质成果总结、试油（气）地质成果总结、试气施工设计、地层测试施工设计、试气成果报告、试油（气）工程设计、含硫气井试气施工
	井下作业	JA07	包含井作业施工、完井施工总结
分析化验	岩心常规分析	FA01	包含孔隙度分析、渗透率分析、油水饱和度分析、岩石碳酸盐含量分析、岩石氯盐含量测定
	岩心专项分析	FA02	包含稳态法油水相对渗透率测定、非稳态法油水相对渗透率测定、非稳态法油气相对渗透率测定、非稳态法气水相对渗透率测定、水驱油效率测定、岩石电阻率测定、自吸法岩石润湿性测定、压汞法毛管压力曲线的测定、离心法毛管压力曲线的测定、隔板法毛管压力曲线测定、覆压下岩石孔隙度渗透率测定、岩石孔隙体积压缩系数测试、岩石力学参数测定、岩石声学参数测定、岩石气体突破压力测定、流速敏感性评价、盐度敏感性评价、酸敏感性评价、碱敏感性评价、应力敏感性评价、正反向流动评价、系列流体伤害评价、体积流量评价、钻井液完井液损害油层室内评价、岩石热物性测定、岩石比表面、孔径分布测定、黏土阳离子交换及盐基分量测定、核磁波谱测定、稠油油藏高温相对渗透率测定、稠油油藏驱油效率测定、滤液侵入岩心量的测定
	流体性质分析	FA03	包含地层原油物性分析、天然气藏流体物性分析、凝析气藏流体物性分析、易挥发原油物性分析、稠油油藏流体物性分析、地面原油物性测定、稠油油藏原油黏度测定、稠油油藏原油渗流流变特性测试、原油黏温曲线测定、油气田水分析、碎屑岩油藏注水水质分析、水中氢同位素分析
	地层古生物分析	FA04	包含岩矿分析、古生物分析
	地球化学分析	FA05	包含岩石地球化学分析、原油地球化学分析、天然气地球化学分析
	提高采收率室内分析	FA06	包含交联剂性能实验、聚合物性能测定、最低混相压力细管实验测定、驱油用石油磺酸盐性能测定、常规油藏泡沫驱油用泡沫剂评价方法、酸液性能测定、支撑剂性能检测、压裂液性能测定
	油气化探分析	FA07	包含变碳酸盐分析、热释汞分析、稠环芳烃分析、芳烃及其衍生物总量分析、顶空间轻烃气相色谱分析、酸解烃气相色谱分析、溶解烃气相色谱分析、热释烃气相色谱分析、游离烃气相色谱分析

续表

数据域名称	数据分类名称	数据分类编码	数据分类描述
综合研究	规划与部署	ZA01	包含勘探规划与部署、开发规划与部署
	勘探地质研究	ZA02	包含地层研究、构造研究、烃源岩评价、储层评价、盖层研究、圈闭评价、油气运移研究、成藏研究、井位部署、储量计算
	开发地质研究	ZA03	包含油（气）藏地层研究、油（气）藏构造研究、油（气）藏储层研究、油（气）藏储量计算、油（气）藏流体及温压系统研究、油（气）藏类型研究
	油气藏工程	ZA04	包含油藏开发评价、剩余油研究
	开发方案设计	ZA05	包含油气藏工程方案设计、钻井工程方案设计、采油气工程方案设计、地面工程方案设计、经济评价方案设计
开发生产	油气藏工程管理	KA01	包含生产计划、油气生产、动态分析、油气田产能管理、动态监测
	采油气工程管理	KA02	包含采油气工程、注水气工程、油气集输工程
地面（海洋）工程	地面工程设计	DA01	包含电网设计、管线设计、站库设计、油田设施设计
	地面工程施工	DA02	包含管线施工、站库施工
	海洋工程设计	DA03	包含工艺设计、海洋工程路由和场址调查、海洋工程方案论证、结构设计、供配电设计、健康安全环保设计
	海洋工程建设施工	DA04	包含陆上建造、海上安装、海管预制和铺设、陆上终端、海洋工程验交
	海洋工程修理维护	DA05	包含修理和维护
	海洋工程设施弃置	DA06	包含海上设备废弃、水下设备废弃、陆上设备废弃

（2）数据集定义规范与编码规则。

①数据集定义规范。

要保证业务活动数据集的最小组织单元特性，不同业务活动产生的无引用关系（C/R 关系）数据项不能在一个数据集中描述，现行勘探开发数据库中的数据表如果存在这种情况，需要根据这一原则进行拆分；多个不同活动产生的数据项在同一个数据集中的，如井设计基本数据中包含来自地质设计和工程设计两个活动；不同活动产生的相同数据集也需要拆分，如设计靶点坐标和实际靶点坐标也需要拆分为两个数据集。

有引用关系（C/R关系）的数据项在引用（R）的活动中也需要描述，但要保证其与产生活动数据的一致性，一般在数据库中用外键关系来表达。

对于有父子关系的数据内容（实际业务中一个报表内，有些数据是单条记录的，有些是多条记录的，但又是一个整体），拆分成父子表进行管理，在子表中建立与父表的引用关系（外键关系），在数据集命名时同时要表达这种关系。

业务范围之外的数据集内容不建活动主键，只建对象主键，作为对象表管理，放在“公共”→“对象表”中，只管理该对象的最终结果，作为静态属性处理，在业务数据集中引用时指向此对象表。

②数据集编码规则。

数据集编码在业务活动编码的基础上+三位标识码，三位标识码从001—999顺序编码，见表4-2：

表4-2 数据集编码表

业务域	一级业务	二级业务	业务活动	数据集	数据集编码
井筒工程J					
	钻井 JA03				
		随钻跟踪 JA03B03			
			钻井作业动态 JA03B03H01		
				钻井日报	JA03B03H01001
				钻井地质作业动态表	JA03B03H01002
				钻井参数	JA03B03H01003
				钻井液性能	JA03B03H01004
				钻井日志	JA03B03H01005
				钻头使用记录表	JA03B03H01006
				钻头使用记录表	JA03B03H01007
				钻头使用记录	JA03B03H01008
				钻井液日报	JA03B03H01009

2）数据集结构定义规范

（1）数据项提取及方法。

数据项提取是业务分析中最重要和最繁琐的工作，必须参考现行专业数据库、业务活动成果资料成果和数据的C/R关系，仔细检查、核对、补充数据项，完成数据项提取工作。

数据项定义是指对该业务活动中所有相关数据项（字段）的描述，为了尽可能全地描述数据项：首先分析成果资料，根据活动的6W要素进行分类，再在此基础上进行补充该活动过程中的角色（这里是泛指，包括人、系统、设备仪器等），然后抽取实体对象，而后梳理角色和实体对象的所有属性，再依据专业知识检查是否缺少了重要信息，如有，则考虑是否有疏漏了的角色和实体，重复此过程。梳理工作不能原原本本地把现行勘探开发数据库照搬过来，因为现行勘探开发数据库并不是完全以活动来设计的，也就是说，可能一张表中有的数据项属于该活动，有的数据项不属于该活动；另外，按活动梳理数据项的目的之一就是要补充现行勘探开发数据库中没有涉及的重要信息。从原则上来说，此描述的数据项至少应能完全覆盖现行勘探开发数据库核心的数据项。

可以根据以下几个方面的数据源来提取数据项：

①现行勘探开发数据库。

②业务活动成果资料分析结果。

③相关行业标准与规范。

④业务经验。

⑤活动6W要素分析，作用对象和活动必须齐全，相应补充工具、方法等参与对象信息。

⑥数据的C/R关系约束。

数据项的提取与描述遵循以下原则：

①具有唯一性（本业务活动）。

②描述是什么，而不描述不是什么。

③名词或名词性短语。

④普遍能理解的缩略词。

⑤不要引用下层概念。

（2）数据项命名规则。

数据项的命名可以遵循以下原则：

①明确描述对象的属性特征。

②通常是名词或动词的名词形式。

③每个名称在本数据集中都必须是唯一的。

④避免使用发音或拼写类似的词以及同义词作为名称。

⑤可能需要用好几个单词来组成一个明确的、无须额外说明的名称。

所有相同描述的数据项在全局必须统一，如顶深、起始深度等，但是对于含义相近但描述不同的数据项需要区分，如井号和邻井井号不能统称为井号。

（3）数据项编码规则。

采用拼音首字母与英文缩写两种方式对数据项进行编码。

拼音代码由数据项名称首字母组成，同一数据表中数据项拼音代码重复地在后面加数字区分。

英文代码按照下述规则进行：数据项名称翻译成英文后能够表达其含义的关键单词或关键单词经缩写处理后的组合，单词及缩写词间用下划线（_）隔开，单词或缩写词首字母大写，形成由字母（或下划线）组成的英文代码；对象标识字段一律用“XXX_ID”表示，同一数据表中不出现相同的英文代码，代码的总长度不能超过30个字符。

数据项编码示例见表4-3：

表4-3　数据项编码表

序　号	数据项名称	拼音代码	英文代码
1	井号	JH	Well_ID
2	井筒名称	JTMC	Wellbore_Name
3	起始深度	QSSD	Depth_Start
4	造斜深度	ZXSD	Kick_Off_Depth
5	造斜方式	ZXFS	Kick_Off_Method

（4）附录代码编码规则。

①附录代码编码规则及结构定义。

建立统一的附录代码结构对附录代码数据进行管理，附录代码根据所在业务按照统一的编码命名，以“X”打头，后接一级业务两位编码和下划线，再加上附录代码英文翻译，英文单词（或缩写）间用下划线隔开，公用代码用“XCM_”打头，实际的例子如，岩性代码：XCM_Lithology（公用），测井类型代码：XLG_LOG_Type（测井业务），采用通用的结构管理代码值，结构见表4-4：

表4-4　附录代码结构表

列　名	列代码	数据类型	主　键	非　空	精　度	描　述
附录值代码	Appendix_Value_Code	NVARCHAR2	Y	Y	15	附录值代码
附录值名称	Appendix_Value_Name	NVARCHAR2		Y	80	附录值名称
父附录值代码	Parent_Code	NVARCHAR2			15	父附录值代码
类型	Appendix_Type	NVARCHAR2			50	类型
附录值HTML	Appendix_Value_Html	NVARCHAR2			255	附录值HTML
描述	Appendix_DESC	NVARCHAR2			255	对附录值的描述
备注	Remark	NVARCHAR2			255	备注

②附录代码附录值编码规则。

附录代码附录值按下述规则编码：

序号：附录序号，同一附录表从1开始，按顺序编码。

命名空间：在逻辑模型设计阶段需要，在数据标准制定阶段不填写。

附录代码：填写附录代码，按附录代码编码规则填写。

附录代码名称：附录代码中文名。

附录值：业务中的标准值。

附录值代码：按照统一规则编制标准值代码，有标准和规范的遵循标准和规范，没有标准和规范的遵循国家与行业相关标准的规定统一编码。

父附录值代码：通过父附录值代码描述建立树形结构的编码体系。

备注：其他说明。

（5）数据项定义规范。

数据项用下述要素进行标准化：

活动名称：业务活动名称，引用业务活动划分中的业务活动名。

数据集名称：定义的数据集名称，引用数据集定义中的数据集名。

序号：数据项序号，从1开始编号，表达数据项的排列顺序，重要的数据项往前排，同类的数据项放在一块，表达深度段的字段放在一起，先小后大（顶深—底深）。

数据项名称：数据项中文名称，尽量能完整表达其业务含义，力求简洁、清晰，一般不超过6个汉字。

拼音代码：数据项名称的拼音首字母组合，用大写字母，同一数据集中如存在不同数据项拼音代码相同的情况，在尾部增加数字1、2区分。

英文代码：数据项名称翻译成英文后能够表达其含义的关键单词或关键单词经缩写处理后的组合整理出统一的缩写规则，单词或单词缩写首字母大写，对象标识字段一律用“XXXID”表示，如果同一数据集中出现相同的代码，在尾部增加数字1、2区分，代码的总长度不能超过30个字符。

数据类型：数据项的类型，统一用“RAW、CHAR、NUMBER、DATE、TIME、CLOB、BLOB”七种逻辑类型（是对业务数据的逻辑描述，与具体的数据库系统的数据类型无关）划分，分别代表“UID（唯一标识符）、字符型、数字型、日期型、时间型、文本大数据、二进制大数据”。

精度：数据宽度，对于“DATE、TIME、CLOB、BLOB”无须指定，数据宽度包含小数点和小数位宽度，如精度为10，小数位为3，则整数位为10−3−1=6。

小数位：对于NUMBER型要指定，不指定的认为是0。

量纲：数据项的量纲，用标准的量纲缩写名表达；公制，特殊的如吨、方；对于DATE与TIME类型，用“YYYY-MM-DDHH24:MI:SS”格式表达，如填写到日期，则为“YYYY-MM-DD”。

附录代码：按附录代码编码规则填写相关的附录代码。

唯一键：业务中对数据的唯一性约束，数据主键填写“1”，第一组业务主键填写“2.1，2.2，……”，第二组业务主键填写“3.1，3.2，……”，依此类推，没有的不填。

非空：业务中对数据的非空约束，是非空的填“Y”，不是的不填。

数据项描述：对数据项的详细描述，描述不是对数据项的业务含义进行定义，而是对数据项在业务中表达的含义进行描述，描述的标准是不熟悉本业务的人能够通过描述明白数据项的含义。

CR关系：数据在此业务中的“C、R、U、D”。

R数据来源：对于数据操作为R的数据项，指向其产生源头（其他业务活动数据集的数据项，与本数据项相同含义，数据操作为C），用“数据集名称.数据项名称”表达，对于附录，填写“附录.”+附录中文名，如“附录.油气藏类型_按储层类型分类”。

附录代码：填写附录代码，如“XCM_SJZXFL57”。

示例：填写一个实例，帮助理解。

来源库（或样例）：填写本数据项来源于现行专业库的库名或“样例”。

来源数据表：填写来源库的表名或样例名。

来源字段：填写来源数据表的字段名或样例的表头名（包含样例表名和其中对应字段名称）。

量值类型：填写量值类型，如“面积”。

备注：其他说明。

4.2.2 管理元数据标准

元数据（Meta Data）是关于数据的数据，当人们描述现实世界的现象时，就会产生抽象信息，这些抽象信息便可以看作元数据，元数据主要用来描述数据的上下文信息。通俗地讲，假若图书馆的每本书中的内容是数据的话，那么找到每本书的索引则是元数据，元数据之所以有其他方法无法比拟的优势，就在于它可以帮助人们更好地理解数据，发现和描述数据的来龙去脉，特别是那些即将要从OLTP系统上升到DW/BI体系建设的企业，元数据可以帮他们形成清晰、直观的数据流图，元数据是数据管控的基本手段。

元数据可以提升共享、重新获取和理解企业信息资产的水平，是企业信息管理的润滑剂，不对元数据进行管理或管理不得当，信息将被丢失或处于隐匿状态而难以被用户使用，数据集成将十分昂贵，不能对业务进行有效支撑。终端用户要识别相关的信息将十分困难，最终用户将失去对数据的信任。

元数据管理的范围包括数据产生、数据存储、数据加工和展现等各个环节的数据描述信息，帮助用户理解数据来龙去脉、关系及相关属性。按其描述对象的不同可以划分为三类元数据：技术元数据、业务元数据和管理元数据。其中，管理元数据是描述数据系统中管理领域相关概念、关系和规则的数据，主要包括人员角色、岗位职责和管理流程等信息。

管理元数据的内容可以从以下六个角度进行概括，即“向前看”：“我”是谁加工出来的；“向后看”：“我”又支持了谁的加工；“看历史”：过去的“我”长什么样子；“看本体”：“我”的定义和格式是什么；“向上看”：“我”的父节点是谁；“向下看”：“我”的子节点是谁。

通过元数据管理活动，可以使企业数据信息的描述和分类实现格式统一，有助于理解数据的真实含义，为数据资源的管理和数据应用奠定了基础。

为了更好地规范石油天然气勘探开发数据采集、管理及数据模型建设，制定了各类勘探开发数据类型的管理元数据标准，主要包括对数据的产生场景、录入场景、数据质量、数据安全、参考系及数据特性的描述。

梳理过程参考了国标及企业成熟标准成果，包含《信息交换用汉字编码字符集基本集》（GB 2312）、《地理信息元数据（ISO 19115:2003）》（GB/T 19710—2005）和《石油天然气勘探开发业务分类与编码规则》（Q/SH 0418—2013）。

1）管理元数据结构

石油天然气勘探开发管理元数据由四个元数据实体组成：

（1）标识实体：包括业务活动的标识和该活动产生的数据集的名称和标识等元数据元素。

（2）定义实体：包括业务活动产生的数据集的概要说明。

（3）管理实体：包括业务活动中数据的责任人（单位），以及数据质量、数据安全级别等元数据元素。

（4）表示实体：包括数据产生场景（操作者、时间、地点等），以及参考系等元数据元素。

2）管理元数据分类

按照石油天然气勘探开发数据的表现形式可分为结构化数据、体数据、文档数据和图形数据四类，这四类数据的元数据实体集合构成以下四种元数据子集：

（1）结构化数据元数据子集：描述石油天然气勘探开发业务活动中可以表格化的数据的子集。

（2）体数据元数据子集：描述石油天然气勘探开发业务活动中具有特定格式的体数据的子集。

（3）文档数据元数据子集：描述石油天然气勘探开发业务活动中产生的文档数据的子集。

（4）图形数据元数据子集：描述石油天然气勘探开发业务活动中产生的图形数据的子集。

结构化数据元数据子集见表4-5。

表4-5　石油天然气勘探开发结构化数据元数据子集

元数据实体	元数据元素	语义描述	示　例	约　束
标识信息	业务活动标识	业务活动唯一标识	JA03B02C03H07	M
	数据集名称	业务活动产生的数据集名称	定量荧光录井原始分析	O
	数据集标识	业务活动产生的数据集标识	自动生成	M
定义信息	说明	对活动产生的数据简要说明	定量荧光录井原始分析数据	M
管理信息	质量标识	一级审核、二级审核、三级审核	三级审核	M
	安全标识	资料秘密等级：1、2、3、4	2	M
	录入人	数据录入人	王某	M
	录入时间	数据录入时间	2009年8月1日	M
	数据录入单位	录入数据单位名称	267录井队	M
	审核人	数据审核人	张某	M
	审核时间	数据审核时间	2009年8月10日	M
	数据审核单位	审核数据单位名称	胜利石油管理局录井公司	M
	数据更新时间	数据更新时间	2009年8月8日	C
	分发单位	数据分发单位	胜利石油管理局录井公司	O
	备注	其他说明事项		O

续表

元数据实体	元数据元素	语义描述	示　例	约　束
表示信息	作用对象c	业务活动中唯一目标对象	SL_滨355_1368	M
	操作者	责任人	李某	M
	操作者	责任单位	胜利石油管理局录井公司	M
	活动时间	活动发生时间	2009年2月5日	M
	活动地点	活动发生地点	胜利石油管理局录井公司	M
	活动原因	活动产生原因	荧光录井	O
	参照系	坐标参照系	北京54	C（注：涉及空间数据时此项内容应填写）
	覆盖范围	数据所属地理范围	20686125，4089762；20686125，4116462；	C（注：涉及空间数据时此项内容应填写）

石油天然气勘探开发体数据元数据子集见表4-6。

表4-6　石油天然气勘探开发体数据元数据子集

元数据实体	元数据元素	语义描述	示　例	约　束
标识信息	业务活动标识	业务活动唯一标识	WA02B02H03	M
	体数据名称	业务活动产生的体数据名称	林樊家高清3D叠前时间偏移处理叠后纯波数据	O
	体数据标识	业务活动产生的体数据标识	自动生成	M
定义信息	说明	主要对体数据进行详细表述	2008年“林樊家高清3D”项目地震勘探	M
管理信息	质量标识	一级审核、二级审核、三级审核	三级审核	M
	安全标识	资料秘密等级：1、2、3、4	2	M
	录入人	数据录入人	王某	M
	录入时间	数据录入时间	2008年5月1日	M
	数据录入单位	录入数据单位名称	胜利石油管理局物探院	M
	审核人	数据审核人	张某	M
	审核时间	数据审核时间	2008年6月1日	M
	数据审核单位	审核数据单位名称	胜利石油管理局物探院	M
	数据更新时间	数据更新时间		C

续表

元数据实体	元数据元素	语义描述	示　例	约　束
管理信息	分发单位	数据分发单位	胜利石油管理局物探院	O
	备注	其他说明事项		O
表示信息	类型	所属类型	叠前时间偏移叠后纯波数据	M
	格式	体数据格式	SEG-Y	M
	存储介质	数据存储介质形式	磁带	C（注：存储介质为磁带或光盘时应填写此项内容）
	存放地点	用磁带或光盘离线存储时的架号、带号、盘号等	5架20#带	C（离线存储时填写此项内容）
	大小	体数据大小	2G	M
	引用	相关注释资料		O
	作用对象c	业务活动中唯一的目标对象	SL_林樊家高清3D	M
	操作者	责任人	处理员：xxx	M
	操作者	责任单位	胜利石油管理局物探院	M
	活动时间	活动发生时间	2009年2月5日	M
	活动地点	活动发生地点	胜利石油管理局物探院	M
	活动原因	活动产生原因	三维资料处理	O
	参照系	坐标参照系	北京54	M
	覆盖范围	体数据内容覆盖的地理范围	20686125，4089762；20686125，4116462；20700224，4089762；20700224，4116462	M

石油天然气勘探开发文档数据元数据子集见表4-7。

表4-7　石油天然气勘探开发文档数据元数据子集

元数据实体	元数据元素	语义描述	示　例	约　束
标识信息	业务活动标识[a]	业务活动唯一标识	JA03H01	M
	文档名称	业务活动产生的文档名称	Y37井录井工程设计	O
	文档标识[b]	业务活动产生的文档标识	自动生成	M

续表

元数据实体	元数据元素	语义描述	示　例	约　束
定义信息	说明	文档内容简要说明	包括井地质简介、基本数据、预测油气水层位置、录井任务、关键录井施工环节及其质量控制、设计依据等内容	M
管理信息	质量标识	一级审核、二级审核、三级审核	三级审核	M
	安全标识	资料秘密等级：1、2、3、4	2	M
	录入人	数据录入人	王某	M
	录入时间	数据录入或更新时间	2008年5月1日	M
	数据录入单位	录入数据单位名称	地质录井公司设计室	M
	审核人	数据审核人	张某	M
	审核时间	数据审核时间	2008年6月1日	M
	数据审核单位	审核数据单位名称	胜利石油管理局地质录井公司	M
	数据更新时间	数据更新时间		C
	分发单位	数据分发单位	胜利石油管理局地质录井公司	O
	备注	其他说明事项		O
表示信息	关键词	为了适应计算机检索的文档主题词汇	地区、井号、录井工程、设计	M
	格式	说明该文档的格式（Word、Excel等）	Word	M
	大小	文档大小	156kb	M
	引用	相关注释资料	勘探任务书、定井位数据、变更通知、临井地质录井资料等	C（注：涉及注释资料时应填写此项内容）
	语种	描述文档内容语种	中文	O
	作用对象[c]	业务活动中唯一的目标对象	Y37	M
	操作者	责任人	李某	M
	操作者	责任单位	地质录井公司	M
	活动时间	活动发生时间	2009年2月5日	M
	活动地点	活动发生地点	地质录井公司设计室	M

续表

元数据实体	元数据元素	语义描述	示　例	约　束
表示信息	活动原因	活动产生原因	增加钻井取心	O
	参照系	坐标参照系	北京54	O
	覆盖范围	数据所属地理范围	20686125，4089762	O

石油天然气勘探开发图形数据元数据子集见表4-8。

表4-8　石油天然气勘探开发图形数据元数据子集

元数据实体	元数据元素	语义描述	示　例	约　束
标识信息	业务活动标识[a]	业务活动唯一标识	ZA01B02H02	M
	图形文件名称	业务活动产生的图形文件名称	焉耆盆地宝浪油田2008开发部署	O
	图形文件标识[b]	业务活动产生的图形文件标识	自动生成	M
定义信息	说明	主要对图形内容的说明	开发部署图应包含的图件。如构造平面图（包括含油面积、井位等）；油藏剖面图；综合柱状图等	M
管理信息	质量标识	一级审核、二级审核、三级审核	三级审核	M
	安全标识	资料秘密等级：1、2、3、4	2	M
	录入人	数据录入人	刘西	M
	录入时间	数据录入时间	2008年1月5日	M
	数据录入单位	录入数据单位名称	河南油田分公司勘探开发研究院绘图组	M
	审核人	数据审核人	张三	M
	审核时间	数据审核时间	2007年12月30日	M
	数据审核单位	审核数据单位名称	河南油田分公司勘探开发研究院	M
	数据更新时间	数据更新时间	2007年12月20日	C
	分发单位	数据分发单位	河南油田分公司勘探开发研究院	O
	备注	其他说明事项		O
表示信息	关键词	可以概括数据集某一方面特征的词和短语	开发部署图	M
	类型	图形分类名称	开发部署	M

续表

元数据实体	元数据元素	语义描述	示 例	约 束
表示信息	格式	图形格式名称与版本号	Mapgis V6.5	M
	语种	数据集使用语种	中文	M
	字符集	数据集采用字符集	GB 2312	M
	地理标识	说明数据集空间范围约定成俗的或众所周知的地名、地理范围，如地名、图符名	新疆巴州焉耆县	O
	空间分辨率	空间数据密度参数，如比例尺分母、平均地面采样间隔	100000	M
	数据表示方式	空间数据的表示方式	矢量图	M
	参照系	坐标参照系及投影参数	北京54 高斯－克吕格投影、6度带投影	M
	覆盖范围	图形数据内容覆盖地理范围	20686125，4089762； 20686125，4116462； 20700224，4089762； 20700224，4116462	M
	业务对象类型	如盆地、构造、油气田等	油气田	M
	浏览图文件名称	提供数据集说明的相关浏览图文件名称	2008开发部署.jpg	O
	浏览图文件类型	相关浏览图的文件类型	jpg	O
	作用对象[c]	业务活动中唯一的目标对象	331016	M
	操作者	责任人	张三	M
	操作者	责任单位	河南油田分公司勘探开发研究院	M
	活动时间	活动发生时间	2007年11月25日	M
	活动地点	活动发生地点	河南油田分公司勘探开发研究院	M
	活动原因	活动产生原因	开发部署	O

3）勘探开发元数据管理

为保障数据一致性，实现多源异构数据的统一管理，要对元数据采集/抽取、元数据解析、元数据存储、元数据变更及维护过程进行统一管控（图4-3）。

（1）元数据采集/抽取：对企业的数据资产的元数据内容进行人工采集维

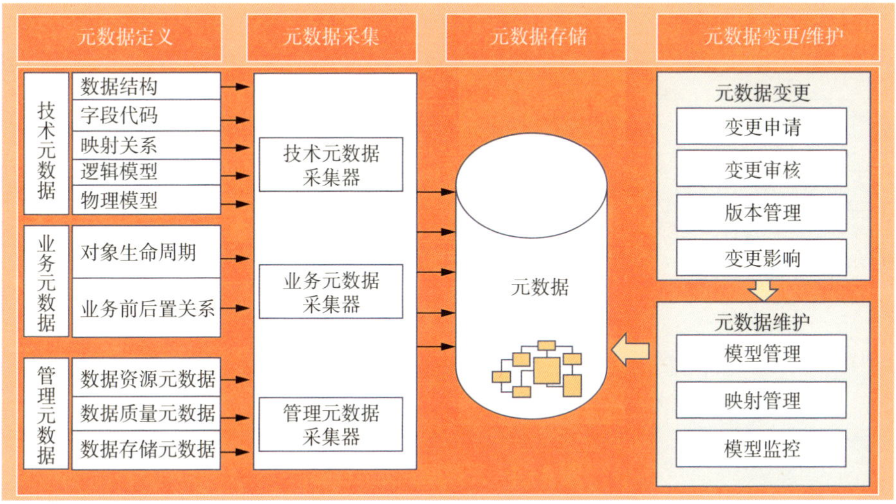

图 4-3 元数据统一管理示意图

护，或建立自动抽取机制，按照元数据定义内容进行提取。

（2）元数据存储：按照企业勘探开发数据元字典，完成元数据库的建设，并将元数据内容加载至元数据库中。

首先明确元数据获取方式、获取时效、准确性、粒度等方面的要求，通过元数据管理工具开展元数据抽取，确保加载入库的元数据满足元数据规范化管理的需要。

定义元数据导入模板，针对各类元数据提供相应的元数据导入文件模板。在导入文件模板中规定元数据类型、属性和关系等信息的填写格式，以及新增、修改和删除操作的标记方法。元数据管理模块应支持XMI文件和EXCEL文件两种导入文件模板。

对企业勘探开发数据资产的内容进行扫描，开展元数据获取工作，获取工作分为自动获取和手动获取。自动获取是利用配置数据源信息自动抽取元数据。对于数据处理过程中的SQL脚本程序，元数据管理模块可以通过编译技术自动获取数据处理元数据。对于无法通过获取接口或者编译技术进行自动获取的元数据，需要通过手工整理的方式进行处理。

元数据自动获取和手工获取两种方式都可以将元数据写入到XMI或EXCEL文件，再将这些文件提交到元数据变更管理流程中；也可以直接将元数据变更内容提交到元数据变更管理流程中，如图4-4所示。

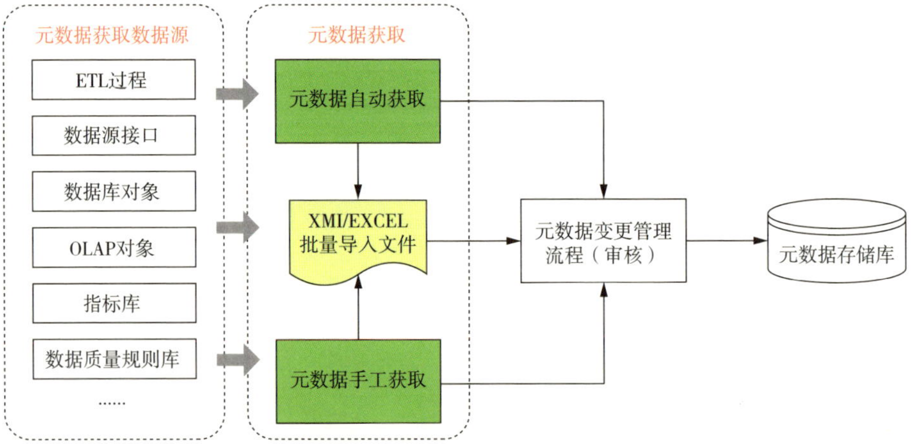

图 4-4　元数据变更流程图

4）勘探开发元数据服务

包含元数据查询、元数据统计、元数据分析等方面内容。

元数据查询指对元数据库中的元数据基本信息进行查询的功能，通过该功能可以查询数据库表、维表、指标、过程及参数的输入、输出实体信息，以及其他纳入管理的实体基本信息，查询的信息按处理的层次及业务主题进行组织，查询功能返回实体及其所属的相关信息。元数据查询功能要求支持对历史版本信息的查询，以了解具体实体的历史变更情况。

元数据统计指用户可以按不同类别进行元数据个数的统计。方便用户全面了解元数据管理模块中的元数据分布，该统计功能可以按元数据类型、元数据创建者和元数据的版本号来进行统计。

元数据分析功能包含如下：

（1）血缘分析。

血缘分析（也称血统分析）是指从某一实体出发，往回追溯其处理过程，直到分析系统的数据源接口。对于不同类型的实体，其涉及的转换过程可能有不同类型，如：对于底层仓库实体，涉及的是ETL处理过程；而对于仓库汇总表，可能既涉及ETL处理过程，又涉及仓库汇总处理过程；而对于指标，则除了上面的处理过程，还涉及指标生成的处理过程。数据源接口实体由源系统提供，作为系统的数据输入，其他的数据实体都经过了一个或多个不同类型的处理过程。血缘分析正是提供了这样一种功能，可以让使用者根据需要了解不同的处理过程，每个处理过程具体做什么，需要什么样的输入，又产生什么样的输出。

为实现血缘分析，对于任何指定的实体，首先获得该实体的所有前驱实体，然后对这些前驱实体递归地获得各自的前驱实体，结束条件是所有实体到达数据源接口或者是实体没有相应的前驱实体。血缘分析应能够以图形的方式展现所有实体和处理过程。

（2）影响分析。

影响分析是指从某一实体出发，寻找依赖该实体的处理过程实体或其他实体。如果需要，可以采用递归方式寻找所有的依赖过程实体或其他实体。该功能支持当某些实体发生变化或者需要修改时，评估实体影响范围。影响分析应能够以图形的方式展现所有实体和关联关系。

（3）数据地图展示。

数据地图展示是以拓扑图的形式对信息系统的各类数据实体、数据处理过程元数据进行分层次的图形化展现，并通过不同层次的图形展现粒度控制，满足开发、运维或者业务上不同应用场景的图形查询和辅助分析需要。

（4）实体关联分析。

实体关联分析是从某一实体关联的其他实体和其参与的处理过程两个角度来查看具体数据的使用情况，形成一张实体和所参与处理过程的网络，从而进一步了解该实体的重要程度。本功能可以用来支撑需求变更影响评估的应用。

对于关系数据表，可以分析与某个表有关的实体或处理过程，查看具体数据的使用情况，从而判断该表的重要程度。该功能有助于寻找数据库中关键表和冗余表，为系统调优提供支持。

（5）实体差异分析。

实体差异分析是对元数据的不同实体进行检查，用图形和表格的形式展现它们之间的差异，包括名字、属性及数据血缘和对系统其他部分影响的差异等。

在系统中存在许多类似的实体。这些实体（如数据表）可能只有名字上或者是在属性中存在微小的差异，甚至有部分属性名字都相同，但处于不同的应用中。由于各种原因，这些微小的差异直接影响了数据统计结果，经营分析系统需要清楚了解这些差异。本工作有助于进一步统一统计口径，评估近似实体的差异。

（6）指标一致性分析。

指标一致性分析是指用图形化的方式来分析比较两个指标的数据流图是否一致，从而了解指标计算过程是否一致。该功能是指标血缘分析的一种具体应用。指标一致性分析可以帮助用户清楚地了解到将要比较的两个指标在分析数据流图中各阶段所涉及的数据对象和转换关系是否一致，帮助用户更好地了解指标的来龙去脉，清楚理解分布在不同部门且名称相同的指标之间的差异，从而提高用户对指标值的信任度。

4.2.3 数据标准体系

依据石油天然气勘探开发全业务的业务模型和数据模型成果，把勘探开发数据模型作为一个综合体进行全面研究，采用元数据管理技术，制定了一套完整的勘探开发数据标准体系，为勘探开发数据资源采集、存储、管理和应用提供了完备的标准支持。标准体系分7大类，共83项标准。其中，基础标准1项、元数据数据元标准3项、信息分类与代码标准8项、源点数据采集规范33项、业务模型标准33项、图形标准3项、交换标准2项（表4-9）。

表4-9 石油天然气勘探开发数据标准体系表

序号	分类	标准名称
1	基础标准	石油天然气勘探开发数据中心管理规定
2	元数据数据元	石油天然气勘探开发数据元字典
3		石油天然气勘探开发元数据数据管理
4		石油天然气勘探开发元数据图形
5	分类与代码	石油天然气勘探开发业务分类与编码规则
6		基础信息代码
7		物化探信息代码
8		井筒工程信息代码
9		分析化验信息代码
10		综合研究信息代码

续表

序号	分类	标准名称
11	分类与代码	油气开发信息代码
12		地面工程信息代码
13	业务模型	物化探业务模型第1部分：物化探部署
14		物化探业务模型第2部分：地震勘探
15		物化探业务模型第3部分：重力勘探
16		物化探业务模型第4部分：磁法勘探
17		物化探业务模型第5部分：电法勘探
18		物化探业务模型第6部分：化学勘探
19		井筒工程业务模型第1部分：井设计
20		井筒工程业务模型第2部分：钻井工程
21		井筒工程业务模型第3部分：地质录井
22		井筒工程业务模型第4部分：地球物理测井
23		井筒工程业务模型第5部分：试井
24		井筒工程业务模型第6部分：试油
25		井筒工程业务模型第7部分：井下作业
26		分析化验业务模型第1部分：岩心常规分析
27		分析化验业务模型第2部分：岩心专项分析
28		分析化验业务模型第3部分：流体性质分析
29		分析化验业务模型第4部分：地层古生物分析
30		分析化验业务模型第5部分：地球化学分析
31		分析化验业务模型第6部分：提高采收率室内分析
32		分析化验业务模型第7部分：油气化探分析
33		综合研究业务模型第1部分：规划与部署
34		综合研究业务模型第2部分：勘探地质研究
35		综合研究业务模型第3部分：开发地质研究
36		综合研究业务模型第4部分：油气藏工程
37		综合研究业务模型第5部分：开发方案设计
38		油气开发生产业务模型第1部分：油气藏工程管理
39		油气开发生产业务模型第2部分：采油气工程管理
40		地面工程业务模型第1部分：地面工程设计
41		地面工程业务模型第2部分：地面工程施工

续表

序　号	分　类	标准名称
42	业务模型	地面工程业务模型第3部分：海洋工程设计
43		地面工程业务模型第4部分：海洋工程建设施工
44		地面工程业务模型第5部分：海洋工程修理维护
45		地面工程业务模型第6部分：海洋工程设施弃置
46	源头采集规范	物化探源点信息采集规范第1部分：物化探部署
47		物化探源点信息采集规范第2部分：地震勘探
48		物化探源点信息采集规范第3部分：重力勘探
49		物化探源点信息采集规范第4部分：磁法勘探
50		物化探源点信息采集规范第5部分：电法勘探
51		物化探源点信息采集规范第6部分：化学勘探
52		井筒工程源点信息采集规范第1部分：井设计
53		井筒工程源点信息采集规范第2部分：钻井工程
54		井筒工程源点信息采集规范第3部分：地质录井
55		井筒工程源点信息采集规范第4部分：地球物理测井
56		井筒工程源点信息采集规范第5部分：试井
57		井筒工程源点信息采集规范第6部分：试油
58		井筒工程源点信息采集规范第7部分：井下作业
59		分析化验源点信息采集规范第1部分：岩心常规分析
60		分析化验源点信息采集规范第2部分：岩心专项分析
61		分析化验源点信息采集规范第3部分：流体性质分析
62		分析化验源点信息采集规范第4部分：地层古生物分析
63		分析化验源点信息采集规范第5部分：地球化学分析
64		分析化验源点信息采集规范第6部分：提高采收率室内分析
65		分析化验源点信息采集规范第7部分：油气化探分析
66		综合研究源点信息采集规范第1部分：规划与部署
67		综合研究源点信息采集规范第2部分：勘探地质研究
68		综合研究源点信息采集规范第3部分：开发地质研究
69		综合研究源点信息采集规范第4部分：油气藏工程
70		综合研究源点信息采集规范第5部分：开发方案设计
71		油气开发生产源点信息采集规范第1部分：油气藏工程管理
72		油气开发生产源点信息采集规范第2部分：采油气工程管理

续表

序号	分类	标准名称
73	源头采集规范	地面工程源点信息采集规范第1部分：地面工程设计
74		地面工程源点信息采集规范第2部分：地面工程施工
75		地面工程源点信息采集规范第3部分：海洋工程设计
76		地面工程源点信息采集规范第4部分：海洋工程建设施工
77		地面工程源点信息采集规范第5部分：海洋工程修理维护
78		地面工程源点信息采集规范第6部分：海洋工程设施弃置
79	图形	石油天然气勘探开发图形标准第1部分：图形符号
80		石油天然气勘探开发图形标准第2部分：图层
81		石油天然气勘探开发主要成果图编图规范
82	交换	石油天然气勘探开发信息交换标准第1部分：数据交换
83		石油天然气勘探开发信息交换标准第2部分：图形交换

4.3 数据模型的概念和案例

4.3.1 数据模型的概念与发展

数据库技术发展至今，主要有三种数据模型：层次数据模型、网状数据模型、关系数据模型。层次模型发展最早，它以树结构为基本结构，典型代表是IMS模型。由于多数实际问题中，数据间关系不简单的是树型结构，层次型数据模型逐渐被淘汰。网状数据模型通过网状结构表示数据间联系，开发较早且有一定优点，目前使用仍较多。关系模型开发较晚，它是通过满足一定条件的二维表格来表示实体集合及数据间联系的一种模型，具有坚实的数学基础与理论基础，使用灵活方便，适应面广，所以发展十分迅速。目前，流行的一些数据库系统，如ORACLE、SYBASE、INGRESS、INFORMIX，以及具有“大众数据库”之称的dBASE III等都属于关系型数据库。

随着数据库学科的发展，数据模型的概念也逐渐深入和完善。早期，一般把数据模型仅理解为数据结构。其后，在一些数据库系统中，则把数据模型归结为数据的逻辑结构、物理配置、存取路径和完整性约束条件四个方面。现代数据模型的概念，则认为数据结构只是数据模型的组成成分之一。数据的物理配置和存取路径是关于数据存储的概念，不属于数据模型的内容。此外，数据模型不仅应该提供数据表示的手段，还应该提供数据操作的类型和方法，因为数据库不是静态的而是动态的。因此，数据模型还包括数据操作部分。

数据模型（Data Model）是数据特征的抽象。数据（Data）是描述事物的符号记录，模型（Model）是现实世界的抽象。数据模型从抽象层次上描述了系统的静态特征、动态行为和约束条件，为数据库系统的信息表示与操作提供了一个抽象的框架。数据模型所描述的内容有三个部分：数据结构、数据操作和数据约束。

（1）数据结构：主要描述数据的类型、内容、性质及数据间的联系等，是目标类型的集合。目标类型是数据库的组成成分，一般可分为两类：数据类型、数据类型之间的联系。数据类型如DBTG（数据库任务组）网状模型中的记录型、数据项，关系模型中的关系、域等。联系部分有DBTG网状模型中的系型等。数据结构是数据模型的基础，数据操作和约束都基本建立在数据结构上。不同的数据结构具有不同的操作和约束。

（2）数据操作：数据模型中数据操作主要描述在相应的数据结构上的操作类型和操作方式。它是操作算符的集合，包括若干操作和推理规则，用以对目标类型的有效实例所组成的数据库进行操作。

（3）数据约束：数据模型中的数据约束主要描述数据结构内数据间的语法、词义联系、它们之间的制约和依存关系，以及数据动态变化的规则，以保证数据的正确、有效和相容。它是完整性规则的集合，用以限定符合数据模型的数据库状态，以及状态的变化。约束条件可以按不同的原则划分为数据值的约束和数据间联系的约束、静态约束和动态约束、实体约束和实体间的参照约束等。

4.3.2 典型石油勘探开发数据模型

1）PPDM石油数据模型

1988年建立的公共石油数据模型协会（Public Petroleum Data Model Association），研究和开发了PPDM石油数据模型标准，用于描述、定义、支持以下有关方面内容：可视化环境；地震资料处理和解释；地质分析；油藏地球物理；地理信息系统；计算机制图和建模；地质统计学分析；油藏数值模拟；井位设计和井筒管理；钻井和生产工程；经济评价；生产数据管理。

PPDM数据模型因业务需求的变化而不断地扩展与升级，其版本3.9包含2688张数据表，总数据项达到71171个。

PPDM数据模型采用面向对象设计，并采用严格的命名约定，涵盖业务分析、数据库表、列、类别和代码等，同时PPDM数据模型也非常强调约束关系，约束关系主要通过主键、外键、检查约束和互斥关系（ARCS）来体现。

对于数据模型中索引的建立，PPDM也提出了自己的解决方案。PPDM模型本身提供了基本的索引，并允许用户在实施过程中新建索引。

对于重复性事件的版本控制和顺序控制，PPDM建议将数据来源作为主键的一部分，也即必须保存此信息。此外，应将首选数据放在业务表，并通过版本表来管理其他各种版本的数据。

在顺序控制方面，PPDM有三种方式，即以时间序列、先后排序序列和观测顺序序列来进行管理。

在量纲管理方面，PPDM采用元模型进行管理。测量值的默认度量单位存储在元模型中，业务表中存储原始的度量单位，该单位仅用于还原回原始值（通常用于监管报告，也可以是生产日报等需要审计的报表）。PPDM使用元模型实现单位制式的转换。

在空间信息方面，PPDM建议以默认方式存储地理坐标（纬度、经度）。考虑到本地参照系对部分业务功能而言非常重要，在某些情况下，允许其他坐标参照系。PPDM要求坐标系统至少在区域内统一，但同时也支持多种坐标系统。

为了保证模型的有序升级，保证模型的持续应用，PPDM确定了模型的扩展与升级原则：模型的扩展由业务需求引起，扩展应遵循建模原则并做好变更管理，但不能修改原始表的主键，不能新建内容重复的表。而在模型更新方面，亦须遵循相应的流程，例如对外键和主键的更新。

（1）PPDM数据模型表示方法。

PPDM模型以E-R关系图及数据字典的方式发布。

PPDM的模型E-R关系图示方式说明如下（图4-5）：

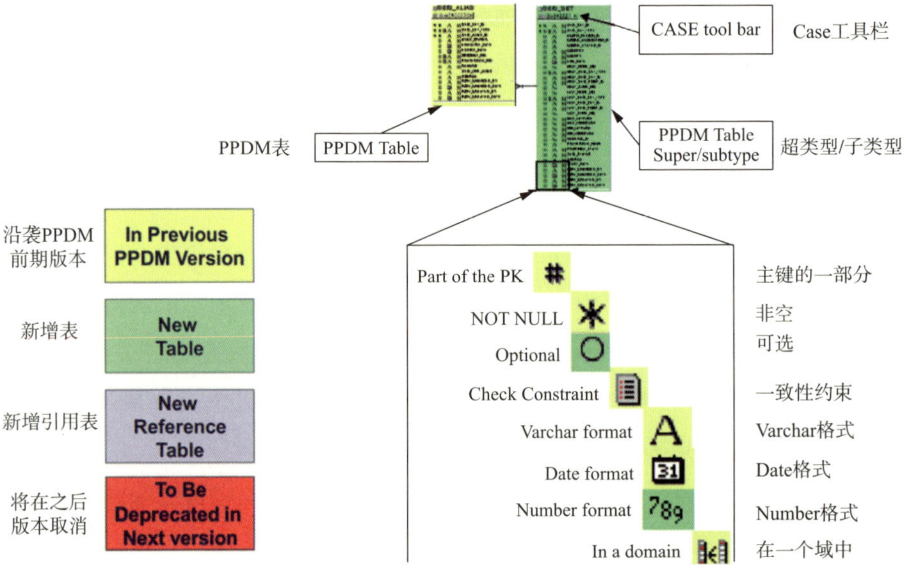

图 4-5　PPDM 模型 E-R 关系图例

黄色的表表示沿袭前期版本的表，绿色的表表示该版本新增的业务表，蓝色的表表示新增的引用表（附录表），红色的表表示将在以后的版本中取消的表。另外，主键、非空、可选、一致性约束及数据类型的图示表达如图中所述。

图 4-6 是对油田（FIELD）实体及相关实体的 E-R 关系图：

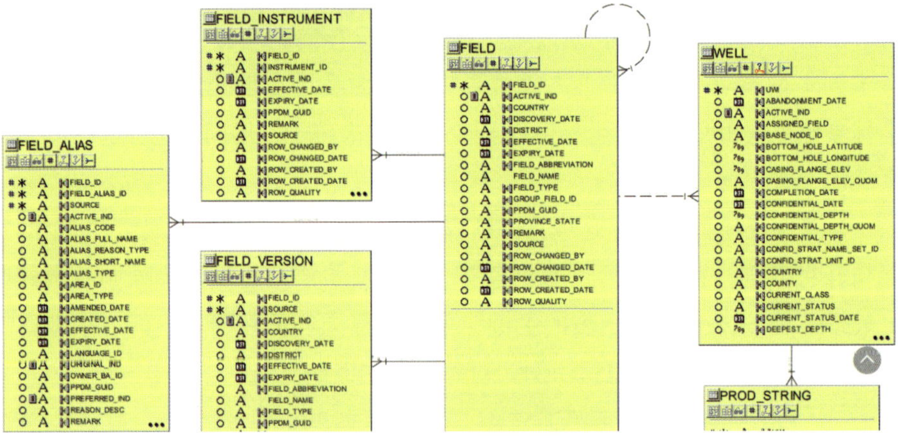

图 4-6　油田（FIELD）及相关实体 E-R 关系图

从图 4-6 中我们看到井（WELL）有一个可空的外键指向油田（FIELD），

表示井可能属于某个油田，而油田别名（FIELD_ALIAS）以及油田版本（FIELD_VERSION）则分别有一个非空外键指向油田（FIELD），表明油田别名与油田版本一定属于某一个油田。

PPDM数据字典分数据表列表（描述数据表的名称与描述）如图4-7所示，以及数据表字段列表（描述数据表名称、字段名称、是否可空、数据类型、长度、主键、外键、字段描述等内容）如图4-8所示。

By using this documentation, you agree to the Terms and Conditions Copyright 2014, PPDM Association.

	Table Name	Table Comment
2678	WORK_ORDER_CONDITION	WORK ORDER CONDITION: This table tracks some information about conditions in a work order, such as payments.
2679	WORK_ORDER_DELIVERY	WORK ORDER DELIVERY: This table is used to track delivery of products from the work order. The subordinate table, WORK ORDER DELIVERY COMP, tracks the individual products in the delivery.
2680	WORK_ORDER_DELIVERY_COMP	WORK ORDER DELIVERY COMPONENT: This table tracks the delivery of specific components with a work order. Note that the meaning of the term DELIVERY varies according to the value in DELIVERY TYPE in the parent table.
2681	WORK_ORDER_INSTRUCTION	WORK ORDER INSTRUCTIONS: This table captures all of the instructions provided with a work order, including details about what is to be done, where products are to be shipped and so on.
2682	WORK_ORDER_INST_COMP	WORK ORDER INSTRUCTION COMPONENT: This table allows each compoonent of a work order to be explicitly associated with one or more instructions.
2683	WORK_ORDER_XREF	WORK ORDER CROSS REFERENCE: a cross refernce table capturing the relationships between work orders. These relationships may be historical (work order replaces another), functional (this work order was divided into two subordinate work orders) or transactional (company A sent a work order which was used to create a new work order).
2684	ZONE	ZONE: The ZONE table contains the name of a zone described within a wellbore. A zone may be a regular or irregular belt, layer, band, or strip of earth materials disposed horizontally, vertically, concentrically or otherwise, and character ized as distinct from surrounding parts by some particular property or content.
2685	Z_PRODUCT	PRODUCT TYPE: A table identifying the type of product (fluid) such as GAS, OIL, WATER, NGL, etc. Includes the less common products like STEAM, METHANE, BUTANE, HELIUM, etc.
2686	Z_PRODUCT_COMPOSITION	PRODUCT COMPOSITION: This table is used to describe the subproducts into which products can be broken down.
2687	Z_R_OIL_BASE_TYPE	OIL BASE TYPE: The type of oil base used in the fluid analysis.
2688	Z_R_OIL_TYPE	REFERENCE OIL TYPE: This reference table identifies the type of oil which is being analyzed. For example, asphalt, paraffin.
2689	Z_R_SAMPLE_WATER_TYPE	REFERENCE SAMPLE WATER TYPE: The type of water sample that is analysed, such as injection water, disposal water.
2690	Z_R_WATER_TYPE	REFERENCE WATER TYPE: This reference table identifies the type of water being analyzed. For example, fresh water, salt water or brackish water.
2691		
2692		

Terms and Conditions | PPDM_Documentation_Tables_39 | PPDM_Documentation_Columns_39 ...

图4-7 PPDM数据模型数据表列表

By using this documentation, you agree to the Terms and Conditions Copyright 2014, PPDM Association.

	Table Name	Column Name	Nullable	Data Type	Length	Key	Referenced Tables (pipe separated)	Column Comment
71157	Z_R_WATER_TYPE	WATER_TYPE	N	VARCHAR2	40	P		WATER TYPE: This reference table identifies the type of w alyzed. For example, fresh water, salt water or brackish
71158	Z_R_WATER_TYPE	ABBREVIATION	Y	VARCHAR2	12			ABBREVIATION: Abbreviation used for reference type or cod
71159	Z_R_WATER_TYPE	ACTIVE_IND	Y	VARCHAR2	1			ACTIVE INDICATOR: A Y/N flag indicating whether this row currently either active / valid (Y) or inactive / invalid
71160	Z_R_WATER_TYPE	EFFECTIVE_DATE	Y	DATE	0			EFFECTIVE DATE: The date that the data in this row first
71161	Z_R_WATER_TYPE	EXPIRY_DATE	Y	DATE	0			EXPIRY DATE: The date that the data in this row was no lo effect.
71162	Z_R_WATER_TYPE	LONG_NAME	Y	VARCHAR2	255			LONG NAME: Common long name given to reference type or co
71163	Z_R_WATER_TYPE	PPDM_GUID	Y	VARCHAR2	38			ROW_MANAGEMENT_GUID: This value may be used to provide a identifier for this row of data. Use of this column is no used, optional PPDM NOT NULL and UNIQUE INDEX constraints data model DDL should be created.
71164	Z_R_WATER_TYPE	REMARK	Y	VARCHAR2	2000			REMARK: Narrative remarks about this row of data.
71165	Z_R_WATER_TYPE	SHORT_NAME	Y	VARCHAR2	30			SHORT NAME: Common short name given to reference type or
71166	Z_R_WATER_TYPE	SOURCE	Y	VARCHAR2	40		R_SOURCE	SOURCE: The individual, company, state, or government age the source of information for this row.
71167	Z_R_WATER_TYPE	ROW_CHANGED_BY	Y	VARCHAR2	30			ROW CHANGED BY: Application login id of the user who last
71168	Z_R_WATER_TYPE	ROW_CHANGED_DATE	Y	DATE	0			ROW CHANGED DATE: System date of the last time the row wa
71169	Z_R_WATER_TYPE	ROW_CREATED_BY	Y	VARCHAR2	30			ROW CREATED BY: System user who created this row of data.
71170	Z_R_WATER_TYPE	ROW_CREATED_DATE	Y	DATE	0			ROW CREATED DATE: Date that the row was created on.
71171	Z_R_WATER_TYPE	ROW_EFFECTIVE_DATE	Y	DATE	0			ROW_EFFECTIVE_DATE: A system assigned date that specified is effective from a systems perspective. This may be the data was made available to end users, for example.
	Z_R_WATER_TYPE	ROW_EXPIRY_DATE	Y	DATE	0			ROW_EXPIRY_DATE: A system assigned date that specified wh no longer effective from a systems perspective. This may

PPDM_Documentation_Tables_39 | PPDM_Documentation_Columns_39

图4-8 PPDM数据模型数据表字段列表

（2）PPDM数据模型技术特点分析。

①业务需求驱动，来源于整合的数据业务需求而非IT需求，明确数据如何反映业务；不面向特定应用设计，面向勘探开发一体化而设计；支持业务

个性化差异。

②关系型数据库表达方式；抽象度适度，比较好理解。

③数据以活动为维度组织，对勘探开发专业应用存取效率高，能够很好支持，但随着业务的不断细化和新业务的不断扩展，需要不断升级，升级需要做数据迁移；支持数据的业务生命周期管理。

④属于商业化系统，资料不全，核心技术保密；没有逆属性的描述，基于对象的数据组织需要另外梳理；没有统一的体数据描述方式，体数据的存取需要开发特殊的接口。

2）POSC Epicentre数据模型

1990年10月建立的石油开放软件协会（Petrotechnical Open Software Corporation）是一个非营利性国际会员组织。组织主要任务是开发石油综合软件集成平台技术，发布相应的工业标准。

POSC组织研究和开发了勘探开发中心数据模型标准Epicentre，其标准规范包括：基本的环境配置；数据和信息管理；应用程序数据访问；数据交换；用户接口等。

POSC Epicentre是一个统一的逻辑数据模型，涵盖的专业面宽，它定义了大约1500个E&P技术领域中的技术和商业对象语义，将不同学科、不同领域的数据集成在一起，是一个逻辑意义上的数据模型，独立于任何应用程序。

目前，国际标准的勘探开发中心数据模型POSC Epicentre 3.0，对勘探开发数据定义了567项这样的数据，约1260个数据类。POSC数据模型标准是一个统一的、可扩充的模型标准，它的数据管理模型是一个面向对象的模型，但它的数据访问模型标准和数据交换模型标准根据计算机技术和网络技术的发展也在不断地发展。增加了对分布式计算技术（CORBA、WEB Service）、XML技术的支持。

（1）Epicentre模型表示方法。

Epicentre逻辑模型包括两部分内容：一部分是模型本身，是按EXPRESS语言规定的格式编写的模型定义文件，是一种文本磁介质文件，我们称之为EXPRESS文件；另一部分是对该模型的解释，采用HTML发布，这一部分文档我们称之为Epicentre数据词典。

EXPRESS的模型描述方式非常适于石油技术数据模型，但标准的EXPRESS提供的数据类型不能满足油气勘探开发应用软件的需要，因此Epicentre对其进行了扩充。

全部Epicentre模型包括多个EXPRESS文件，每个EXPRESS文件包括一个或多个SCHEMA，即模式。模式中还包括实体定义语句ENTITY、自定义类型说明语句TYPE。实体中包括属性定义、规则说明等。

Epicentre有相当丰富的数据类型，这些数据类型适合于表达石油勘探开发上复杂的技术数据，这是其他的数据模型不可比拟的。

Epicentre定义的数据类型包括：

①标准EXPRESS数据类型：REAL——实数；INTEGER——整数；STRING——字符串；BOOLEAN——布尔型，取值为TRUE或FALSE；LOGICAL——逻辑型，取值为TRUE、FALSE或UNKNOWN；BINARY——二进制型；AGGREGATE DATA TYPE——聚集类型；ENTITY DATA TYPE——实体类型；DEFINED DATA TYPE——自定义数据类型；ENUMERATED DATA TYPE——枚举类型。

②扩展类型：COMPLEX——复数；RATIONAL——有理数；RATIO——比率；MONEY——货币。

③日期时间类型：DATE——日期；TIME——时间；TIMESTAMP——时戳。

④量值类型：YEAR MONTH INTERVAL——时间段；DAY TIME INTERVAL——时间段；QUANTITY——量值；ANY QUANTITY——任意量值；ANGLE——平面角度。

⑤空间数据：LOCATION——位置；POINT——点；LINE——线；SURFACE——面；VOLUME——体；SAMPLE——样本数据；ELEMENT——元素。

⑥拓扑数据类型：UNSTRUCTURED_3D_TOPOLOGY——非结构化3D拓扑。

（2）Epicentre模型的关系型数据库投影。

Epicentre作为一种逻辑的数据模型，不能直接利用物理数据库来实现，只有通过将逻辑数据模型定义成物理数据模型才能实现。Epicentre数据模型是利用EXPRESS语言描述，采用面象对象数据建模技术来实现的，但EXPRESS语言不等价于数据定义语言（DDL），所以，按照与目标数据库DBMS相符的规则建立POSC数据库的过程，就是将Epicentre的EXPRESS转化成一组DDL语句的过程，POSC称这个过程为投影（Projection）。

（3）Epicentre模型技术特点分析。

①面向对象设计方法。

Epicentre采用面向对象的设计方法，通过活动、对象、属性及其三者之间的关系能够清晰表达勘探开发业务以及与现实世界的关系。

采用面向对象的设计实现对勘探开发业务的逻辑表达，不局限于任何数据库系统，通过投影技术实现与数据库系统的适配，实现与数据库系统的无关性。

具有面向对象的本质特征，以客观现实中的实体为依据进行数据组织，摆脱了对具体公司需求、管理体制、具体应用软件等主观性因素的依赖；面向对象的继承属性可以简化实体属性的设计；可描述多对多关系；可描述逆向引用关系、聚集、继承。

面向对象的设计可以快速实现面向对象的接口，加快接口层的交付。

面向对象的设计与接口可以实现不同投影间的互操作，使数据共享更便捷。

②业务适应性。

业务活动的抽象以及业务活动分类的元数据表达方式，能够对新的业务形态进行快速适配，增强业务的适应性。

业务活动的“6W”描述方法，即活动是由谁（Who）发起的、在什么时间（When）发起的、在哪里（Where）发起的、为什么（Why）要发起这个活动、在这个活动中都涉及了哪些（Which）对象、这些对象的特性是什么（What），能够清晰地描述业务。

Epicentre专门定义一套能够描述点、线、面、体等空间模型数据和网格化数据的类型，同时DAEF又配套地定义了一套用于对这类数据进行操作的API函数，这样Epicentre就适合处理大容量数据、三维地质体数据和各类小型曲线数据，满足了油田企业生产、技术应用软件的需要。

③数据版本管理与历史追溯。

通过活动实例的不同确定了数据产生的场景的不同，从而可以区分不同的业务过程中产生的同类数据，清洗并区分了数据版本。

通过活动实例的时间顺序，可以追溯业务的发生过程。

④ 国际化适应性。

通过坐标系统和坐标转换模型，解决了对不同的坐标系统的适应性问题，能实现多种坐标系统之间的转换。

通过量纲管理模型，使设计的模型能够适应不同的量纲体系并能相互转换。

通过命名系统解决多语言问题，实现国际化支持。

⑤ 扩展性与稳定性。

高层模型中对对象实体、属性、活动、分类体系、数据描述体系、代码管理体系的抽象与元数据管理模式，使新的对象、属性、业务活动、分类、数据类型、代码能够按需扩展，保持模型主体框架的相对稳定性，使之适应业务管理模式的变化。

属性实体抽象到量值类型，基本上是一种量值类型一张表，通过业务活动实例与对象实例来区分业务与对象，使模型可以表达任何业务在任何对象上产生的任何属性，使模型具有超强的稳定性，同时也带来了一个业务活动产生的多个属性分布在不同的表中，使面向业务的组织效率不高，但面向对象与面向属性的组织效率高，适宜进行面向对象的数据查询和面向属性的数据分析。

⑥ 一体化管理。

基于勘探开发全业务建模，实现勘探开发一体化管理。Epicentre 覆盖了勘探开发所有领域的对象，这些对象并不按专业进行分割，而是按客观世界中对象间的联系组织，因此各专业的应用软件都可以对该模型进行操作，其数据是相互一致的。这为不同应用软件在数据一级上集成提供了可能。

⑦ 可读性、效率等方面存在欠缺。

由于整体模型基于面向对象设计，抽象度高，另外为了保证扩展性强，大量采用元数据描述方式，致使模型的可读性较差。

数据粒度划分太细，存取效率比较低。

体数据用统一的结构描述，必须辅助专用 DAE 接口进行存取。

4.3.3 中国石化勘探开发一体化数据模型SPDM

为了彻底解决“烟囱式”建设所带来的标准不统一、数据共享困难等一系列问题，中国石化采用自主研发的方式进行勘探开发全业务数据模型体系研究，通过借鉴、继承和发展国际先进的数据模型建模理念，运用面向对象技术和模型驱动架构，对中国石化油田企业勘探开发业务进行了全面分析，形成了以元数据模型为核心，以业务模型、逻辑模型、物理模型三层模型为内容，以分层驱动的数据模型体系架构为特点的勘探开发全业务数据标准体系。

中国石化勘探开发一体化数据模型涉及石油勘探开发全领域，是一个大规模的数据模型。建立这个模型，有两条主要途径：一是集成现存多个模型成一个新模型，好处是符合实际的情况，容易理解，但有建模技术不够，周期长，难以满足可扩展性、适应性的风险；二是对较成熟模型进行扩展和完善，好处是快捷、技术风险小，但也有模型陌生复杂，需要研究学习，不能保证完全满足需求的风险。

通过总结其他石油公司的经验和教训，开展充足的分析、实验、评估，我们采用了第二种方式。通过综合POSC Epicentre、PPDM两个数据模型的优势，以POSC Epicentre为基本框架，结合中国石化勘探开发全业务的分析与PPDM好的处理方式，进行优化和扩展，形成中国石化勘探开发一体化数据模型SPDM。

1）SPDM逻辑字典发布形式

中国石化石油天然气勘探开发数据模型被称为SPDM（Sinopec Data Model），它由逻辑模型字典、E-R关系图、标准值、版本变更历史及物理模型五部分组成。

中国石化石油天然气勘探开发逻辑模型逻辑字典提供了完整的逻辑数据模型的描述。字典提供继承和直接属性的详细资料（关系是属性的类型）以及各个实体的规则。该字典将实体所有的相关信息聚集到一个描述中（表4-10）。

表4-10 通用字典格式

实体名 （abstract）（Fixed|Open|Local）（OOC###）	（规则）
实体的描述	
属性名称（属性限定词:（集合[#:#]）相关实体（成对的属性）|spt）属性描述.（从父类实体_1继承）	
局部规则：－唯一性约束 属性_1，属性_2，……	
父类路径（s）：－父类实体_1 > 父类实体_2 > 实体名.	
相关ER图：AA#:ER图的名字	

①实体名。

父类实体将被标记为Abstract（抽象的）；如果是非抽象的，则不带有标注。在中国石化逻辑模型建模方法论中，只有非抽象的父类实体的实例可以独立存在。包含标准SPDM实例的实体被指定为Fixed（固定的）或Open（开放的）。

Fixed（固定的）意思是其数目已经被SPDM指定。

Open（开放的）意思是SPDM没有指定的附加部分。

Local（局部的）意思是SPDM没有定义标准实例。

②（OOC###）标注版本变化。

前一个版本的SPDM发生变化时，变化次数都被标出。如果前一个版本的实体、属性或规则发生变化，这些变化将通过圆括号中的变化次数（每一个数字前都标有“OOC”）表现出来。

③规则。

规则（Rules）规定了实体定义的规则。

④属性名称。

一个标准关系表的属性都是单值的。例如，一个标准的关系表可以有两个属性，如纬度和经度。SPDM的方法论和报告允许多值属性的存在。如纬度和经度两个属性在SPDM方法论中被位置这个属性所替代。这个属性指向一个已命名且被定义过的类型oot_location，它有两个值，而不是以前的一个值。

一个属性（当表示一个关系时）也可以指向另一个实体。在先前的例子中，属性可以指向一个顶点，而不是指向一个位置。这使得通过几个业务对象间的顶点来分享一个点的位置成为可能。属性也可以指向一个实体的几个实例。如一口井可以指向几个井筒的实例。一个集合体被定义为（包、集合、列表、数组）用来指定与目标实体间的关系类型。这些属性类型相当于典型的关系，在图表中作为典型关系展现出来。

在圆括号里，紧跟着属性名的是属性的限定词列表。这些限定词用逗号隔开，以冒号作为结束，它们分别有以下含义：

I：表明该属性继承于一个实体的父类。继承属性能作为正规属性通过API直接引用。如一个地质特征有一个属性地质区域。它的一个子类是岩石特征。实体岩石特征没有属性地质区域，但当它继承于它的父类地质特征时，就可以查询岩石特征的地质区域。

K：表明该属性是一个关键字。一个实体的所有关键字属性的组合被称为实体的次要标识符（SI）。为了识别现实世界事物的实例描述，这些属性将被择优使用。一个SI的组成可以是随意的或强制性的。当所有组成都是强制性的时，模型要求实体的SI是唯一的。

M：表示此属性是一个强制属性。它不能为空，实体的有效实例必须有该属性。

O：表示此属性是一个可选项。

V：该属性表示逆相关。

如果属性表示一个关系，那么当每个属性（一个集合体）可能有多个实例时，紧跟着属性限定词的是一个基数。典型的集合体有包、集合、列表和数组。集合体的下界是方括号里的第一个值，上界是第二个值。

属性下一个被括入括号的项是与属性相关的、已命名且被定义过的类型或实体。具体的命名约定如下：

已命名且被定义过的类型附有前缀“oot_”。

参考实体附有前缀“oor_”。

特性附有前缀“oop_”。

实体附有前缀“ooe_”。

属性最后一个被括入括号的项仅出现于属性与实体相关时，这一项是相关实体里相应属性的名称。如果这一项是一个逆向属性，则它是相应的正向属性，如果这一项是一个正向属性，则它是相应的逆向属性。文档最后一项是属性的一个描述。

⑤规则。

规则影响实体行为，它的属性和关系在显示时都在底部加一条实线，以区别规则与属性。如果某个实体是一个超类，它的子类实体被列于此。

⑥继承路径。

指明了哪些实体是该实体的直接子类，哪些是间接子类。间接子类是直接子类的子类。首先将子类实体列于最高层，接下去是它的直接子类，以此类推，直到到达当前的实体。

⑦相关类图。

“相关类图”给出了一份类图列表，实体就是在这些类图中展示出来的。

⑧数据类型。

数据类型（oot）用于描述SPDM里属性的结构和表示法。定义紧跟在名字后。

数据类型的参数列于oot描述下面的表格里。spt参数的意义在方法论部分给出。

⑨参考实体。

用于SPDM的参考实体通常不会出现于数据模型图表上。参考实体名称以“oor_”开头，紧跟着一个用于说明参考实体用处的名称。参考实体又被称为标准值实体。

紧接着是参考实体的结构描述。如图4-9所示为SPDM逻辑模型字典。

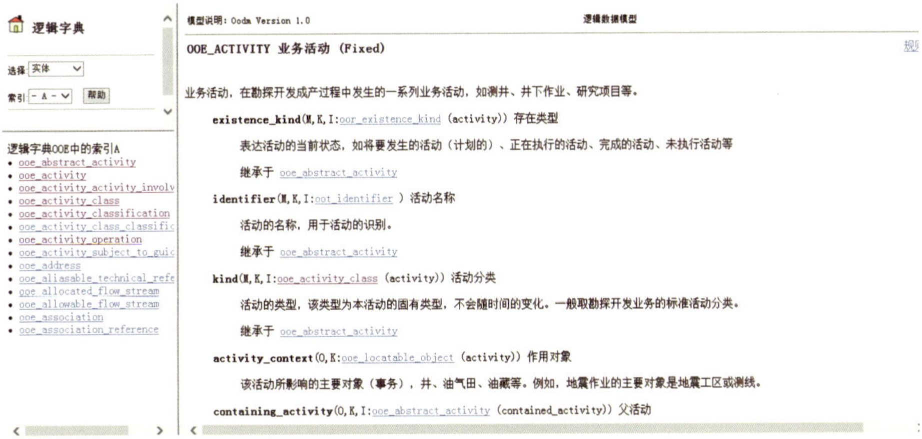

图4-9 SPDM逻辑模型字典

2）SPDM逻辑模型设计与优化

（1）利用Epicentre模型把业务模型中对业务域、业务、业务活动的划分通过逻辑模型中的活动分类对象管理起来，并可以根据新业务的产生而增加（图4-10）。

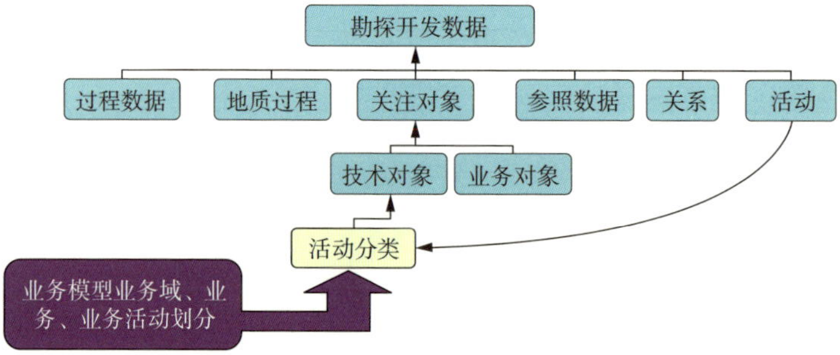

图4-10　SPDM逻辑模型业务扩展

（2）把现行勘探开发所用的代码统一整理后用参照数据相关实体管理起来。“参照数据”可以满足所有代码的管理需求（图4-11）。

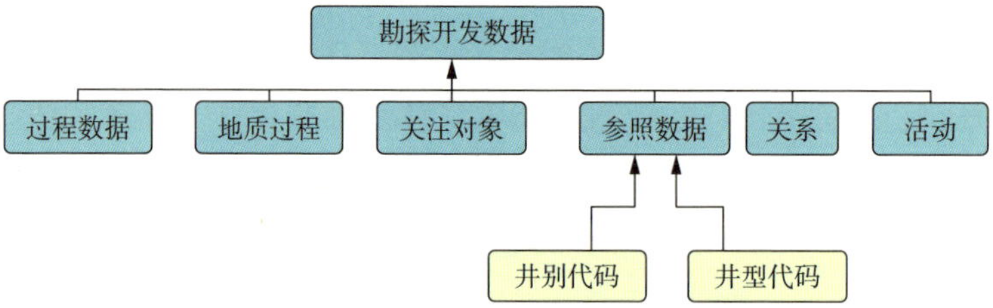

图4-11　SPDM逻辑模型代码管理

（3）把勘探开发业务对象通过业务对象相关实体管理起来。业务对象实体可以管理所有的业务对象（包括可能新出现的对象）（图4-12）。

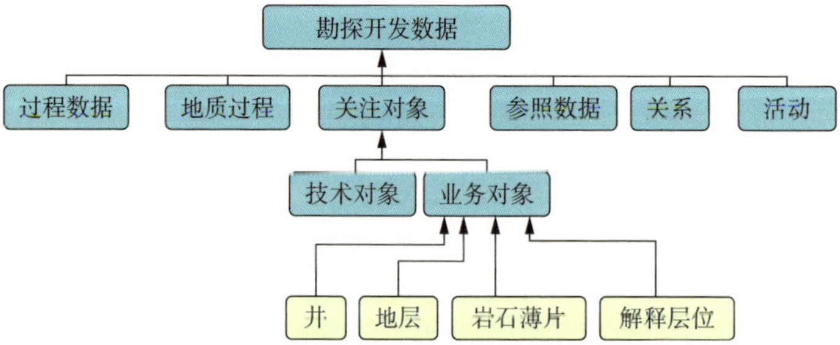

图4-12　SPDM逻辑模型业务对象管理

（4）把Epicentre3.0最顶端的活动实体修改为抽象活动，按照不同的活动类型扩展三个子类，具体如下：

①业务活动（OOE_ACTIVITY）：表达真正的业务产生活动，例如钻井作业活动、测录井作业活动等。

②记录活动（OOE_SUB_ACTIVITY）：主要用于记录行级的记录数，便于数据资源统计。

③工序活动（OOE_ACTIVITY_OPERATION）：是一种细粒度的活动，业务上只关心工序本身及发生时间，不产生业务数据。

（5）参照PPDM模型对井及其相关业务对象的定义和关系，完善井及其相关实体模型，例如：完井管柱和井管的关系；地层和井筒段的关系；套管单根与套管串的关系。利用对象之间的关联关系，我们可以画出一口井的井身结构图、完井管柱图等。勘探开发几个关键对象的例子：

①井：在地层中钻出的具有一定深度的圆柱形孔眼。

②井筒：从井口到井底的一口井的整体。

③地下岩石段：井筒与任意井筒顶底深度相交的部分。

④地层段：井筒与某一开发地层相交的地下岩石段。

⑤井管：流体在地面与地下地层之间流动的通道，常规指油管及其形成的空间，对于通过套管进行流体注入或采出的情况，则套管与油管之间的隔离环空也定义为一个井管。

⑥生产段：为了对工业油流进行生产，在一个或多个井筒中通过封隔器将一个或多个井筒连通段组合在一起，通过井管提供的通道进行油气的生产或流体注入。

井身结构指由直径、深度和作用各不相同，且均注水泥封隔环形空间而形成的轴心线重合的一组套管与水泥环的组合，管理了套管串对象、套管单根对象、水泥环对象，套管与水泥环同属于井筒组成设施，通过连接关系建立关联关系，套管串是由若干套管单根组合而成，通过所属父设施属性将单根拼接成套管串，这样就能完整地表达一口井的井身结构图（图4-13）。

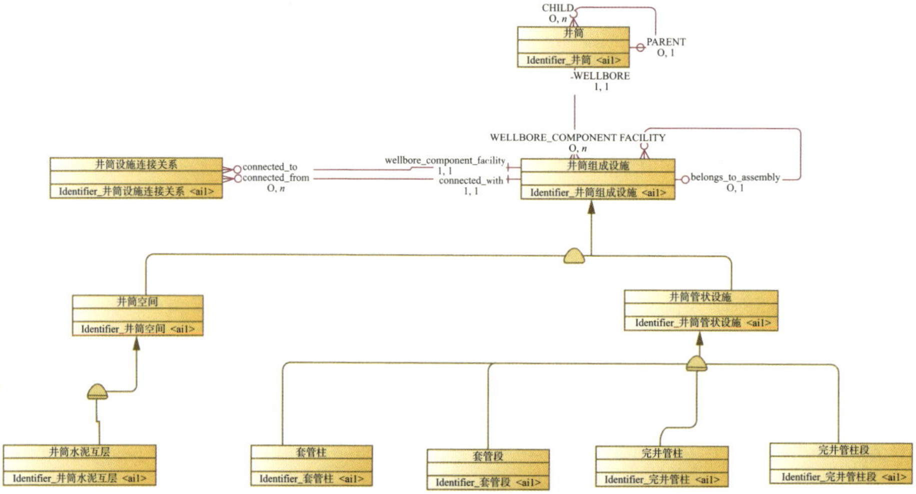

图 4-13　SPDM 逻辑模型井身结构实体关系图

井管可以分别与射孔段、裸眼井段、筛管等井筒连通段对象建立关系，也可以表达井管和完井管柱的关系，这样就可以建立一个从目的层开始到井口的完整油流系统（图4-14）。

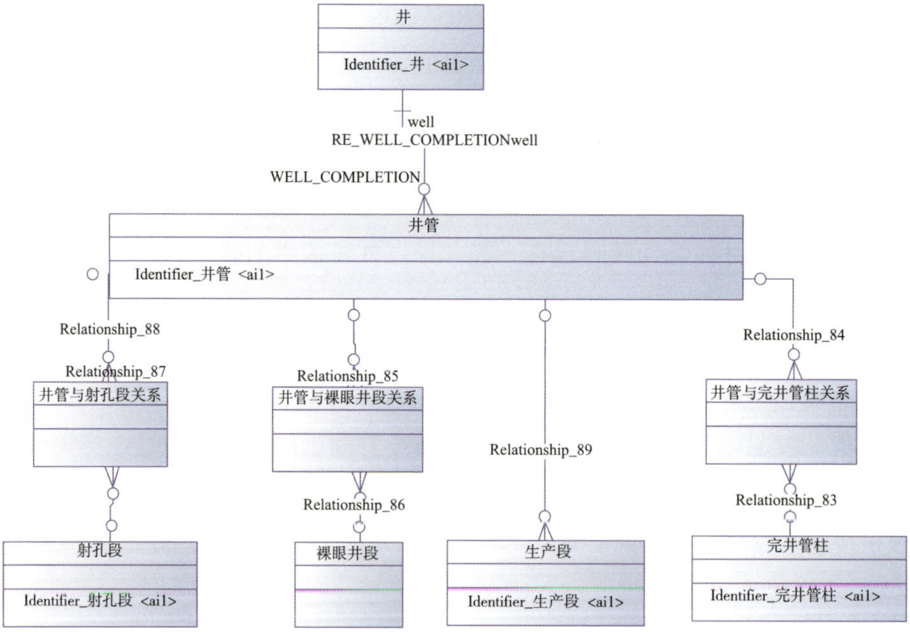

图 4-14　井管实体关系图

（6）体数据优化：

对测录井曲线、分析化验类曲线进行体数据结构定义与管理。

各种类型的体数据由Protobuf消息格式文件定义对应的结构，自动转换成Java、DotNet类（图4-15）。

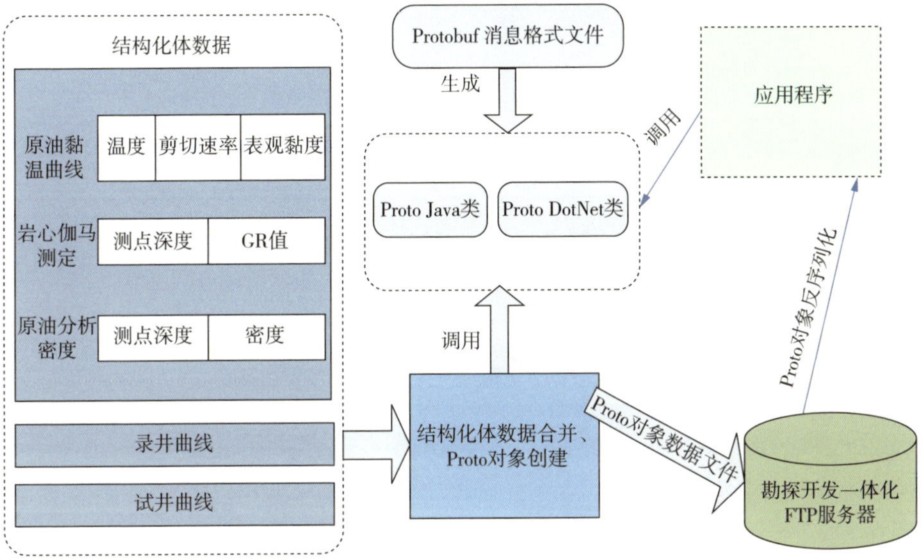

图4-15 Protobuf结构的体数据管理与解码示意图

将结构化的体数据转换合并成以Proto对象文件的形式存储的文件。

应用程序将Proto对象文件反序列化成对应的Java或DotNet对象，进行体数据的处理。

体数据优化管理内容见表4-11：

表4-11 体数据模型优化内容

业务域	内 容
物化探	地震体数据
井筒工程	井斜数据
	井时深关系数据
	测井曲线数据

续表

业务域	内　容
井筒工程	录井、测试曲线数据： QFT数据、工程参数录井数据、钻时气测数据、吸水指数测试数据、干扰试井数据、流压流温梯度测试数据、流压流温测试数据、静压静温梯度测试数据、静压静温测试数据、压力恢复试井数据、压力降落试井数据
	试井曲线数据： 吸水指数测试数据、干扰试井数据、流压流温梯度测试数据、流压流温测试数据、静压静温梯度测试数据、静压静温测试数据、压力恢复试井数据、压力降落试井数据
分析化验	两项相对渗透率曲线、毛管压力曲线、黏温曲线、原油分析密度记录、岩心伽马测定、原油分析黏度记录、原油分析蒸馏记录、岩石电阻率

SPDM最终版本包含1030个实体，353种数据类型，8700多个属性。具体统计数据见表4-12：

表4-12　SPDM逻辑模型实体及数据类型统计表

序　号	类　别	个　数	属　性
1	OOE实体	371	2681
2	属性实体	484	5442
3	参照实体	175	601
合计		1030	8724
4	数据类型	353	

3）SPDM模型特点

（1）继承了Epicentre模型和PPDM模型的优点，如面向对象的设计、对业务的适应性、数据版本管理、多语言、多量纲、多坐标系统、扩展性与稳定性等。

（2）参照PPDM模型对相对固化的业务数据进行了属性实体的扩展，使其可读性更强，应用效率更高。

（3）对体数据通过Protobuffer技术进行了存储，并封装了操作接口，与工业标准Segy、Las等组成了完整的体数据存储解决方案。

（4）实现了版本管理与增量投影技术，使其能够不断扩展并平滑升级，满足持续发展需求。

4.3.4 中国石化SPDM数据库建立

SPDM作为一种逻辑的数据模型，与POSC Epicentre一样，不是直接的物理数据模型，只有通过将逻辑数据模型定义成物理数据模型才能建立物理数据库。按照与目标数据库DBMS相符的规则建立物理数据库的过程，POSC称这个过程为投影（Projection），中国石化SPDM也是通过投影技术，建立了物理数据库。

1）源头数据采集模型投影

采集模型投影需要建立抽取的业务单元到物理数据表的转换过程，建立了一套一体化数据采集库的建库脚本（DDL）。

主要分以下几个步骤：

（1）业务单元数据项抽取。

从业务单元抽取中，我们实现了对相同业务单元数据集与业务单元对应关系的描述，业务单元数据项抽取就是把这些数据集的数据项进行合并，相同的合并成一个，不同的增加进来（不同的主要是应用场景数据，产生结果应该都相同），形成业务单元数据项集。数据项描述包含数据项序号、数据项名称、拼音代码、数据项英文代码、数据类型、数据精度、小数位、主键、唯一键、非空键、附录代码、数据项描述。

数据项抽取后，在业务单元的数据项集中增加表的主键（实例编号，拼音编码:SLBH，英文编码:Instance_S，数据类型:char，数据精度:20，主键:Y），同时增加“数据集分类”数据项（数据集分类，拼音编码：SJJFL，英文编码：Dataset_Class，数据类型：char，数据精度：20，唯一键：Y，非空：Y），与原数据集唯一键共同组成表的唯一键。

表4-13是业务单元抽取示例：

表4-13 业务单元抽取示例

数据集名称	业务单元名称	业务单元代码
工程地质调查报告	文档管理表	DOCUMENT
作业风险分析报告	文档管理表	DOCUMENT
钻井地质设计报告	文档管理表	DOCUMENT

续表

数据集名称	业务单元名称	业务单元代码
靶点设计数据表	靶点数据表	DRILLING_TARGET_DATA
靶点实际数据表	靶点数据表	DRILLING_TARGET_DATA

表4-14是业务单元数据项描述示例：

表4-14　业务单元数据项描述示例

业务单元名称	序号	数据项名称	拼音代码	英文代码	数据类型	精度	小数位	量纲	附录代码	主键	唯一键	非空	数据项描述	数据操作	R数据来源
井筒基本数据表	1	实例编号	SLBH	Instance_S	char	20				Y				C	
	2	数据集分类	SJJFL	Dataset_Class	char	20					Y	Y		R	
	3	井号	JH	Well_ID	char	50					Y	Y		R	
	4	井筒名称	JTMC	Wellbore_Name	char	50					Y	Y		R	
	5	起始深度	QSSD	Depth_Start	number	8	2	m						C	
	6	造斜深度	ZXSD	Kick_Off_Depth	number	8	2	m						C	

（2）数据项引用关系抽取。

抽取数据集定义中的C/R关系，形成数据项之间的引用关系。

（3）投影规则。

①业务单元名称作为数据表中文名，数据表名遵循数据表分类及编码规则。

②数据表数据项编码规范遵循数据表数据项编码规范。

③对象表直接用数据集代码作为表名。

④规范值表用附录表代码作为表名，字段名为：instance_s、code、value、parent、comment，分别代表实例编号、附录代码、附录值、父附录代码、描述。

⑤数据项描述中的C/R关系投影成外键关系。

⑥数据项描述中有附录代码描述的投影成外键关系。

⑦唯一键和非空描述投影成数据表的唯一键和非空约束。

⑧建立统一的instance_s主键，外键关系通过该字段进行关联。

⑨把raw、char、number、date、time、clob、blob转换成要投影的RDBMS的相应数据类型。

⑩数据精度继承数据集数据项定义的精度。

⑪投影出某专业单独的采集库时，对于需要R（Read）到其他专业的数据项有两种处理方式：第一种是单独建立公共对象表及其属性，建立该数据项与公共对象表的外键关系，公共对象表的属性数据由本专业人员收集录入或者由数据共享系统推送过来；第二种是直接把R改成C，在该数据项处由本专业人员收集相关资料进行录入，在进入一体化库时进行数据一致性校验。

2）中心数据库物理模型投影

（1）投影实现原理与步骤。

SPDM是一个逻辑数据模型，它不能直接实现为物理数据库。SPDM是用面向对象的建模语言描述的模型，它不等同于数据描述语言（DDL），它更像结构化的查询语言（SQL）DDL。要建立一个一体化数据存储，就要采用与目标数据存储一致的规则，将SPDM转换成一组DDL说明。这个过程即为投影。

建一个SPDM逻辑模型的物理实现分为三步：

第一步：目标数据库拥有一个数据范围，基于该数据范围对逻辑模型进行裁剪。

第二步：将裁剪后得到的子逻辑模型投影到一个物理模型上。在关系实现中，创建一个DDL文件，定义代表逻辑子集的表和列的建表说明。

第三步：将“参照数据”完整性实施机制，应用到数据存储上。这可以通过在RDBMS中应用完整性约束和触发器完成；也可以把这种约束在服务平台中实现。

SPDM的任何投影都要管理一个从SPDM的逻辑实体到它们在数据库里的物理投影的相互关系。为了实现SPDM数据处理和交换应用程序设计接口，保证在数据存储中具有明确的数据解释，有必要管理这种关系。逻辑模型与物理模型的这种关系我们称之为投影规则和投影关系。这种关系在数据服务引擎的开发中至关重要。

管理这种投影关系的模型我们称之为投影元模型，是这个数据模型管理元模型中的一种，其他还有管理业务模型的元模型、管理逻辑模型的元模型、管理物理模型的元模型、管理业务单元模型的元模型。

（2）投影操作。

投影操作是将全逻辑模型或逻辑模型的子集转化成数据库物理实现（如果是关系实现，则创建DDL语句）。

在一般情况下，获得一个用实体、属性和关系描述的逻辑模型并将其转化为DDL，是一个相对标准的操作，可以通过许多CASE工具来实现。按照标准CASE工具的方法，实体转化为表，属性转化为列，一对一和一对多关系转化为外键列，多对多关系转化为交集表。通常，用这种方法生成DDL后，要经过DBA的编辑以实现物理纲要（Schema），来满足应用的需求。

基于以下原因，这种手工生成DDL的方式不适用于SPDM：

①SPDM的庞大数据规模使之无法用手工编辑的方法实现DDL。

②从逻辑模型到DDL的映射需要被作为元数据，仔细、无差错地记录下来，并用于创建数据服务层来操作物理模型。

③SPDM有些结构与标准E-R建模方法论并不一致（比如多继承和复合数据类型）。

因此，有必要创建投影算法，用于自动、可重复地转化SPDM逻辑模型，来保证：

①生成的DDL语句正确描述逻辑模型的语义。

②物理模型到逻辑模型的映射作为有效元数据保存。

我们通过开发特定的投影工具来实现对SPDM的投影操作。

（3）交付成果。

投影的结果是DDL语句的集合，投影元数据（符合投影元模型结构定义）定义了从逻辑模型到物理模型的映射。

（4）基本操作。

①标准操作：

传统的投影方法是将实体转化为表，将属性转化为列，将一对多关系转化为外键列，将多对多关系转化为交集表。

②父类和子类：

在SPDM模型中的逻辑类型的层次在投影过程中会被处理。不是每一个实体都被转化为关系表。

在层次结构的顶部，一些父类没有转化为表，而是消失了。不过，它们的行为（属性和关系）通过继承转移到子类中。这个操作被称为复制（Replicate）。

在层次结构的底部，一些实体没有转化为表。在这种情况下，它们的行为被合并到它们的父类中。这种操作称为合并（Consolidate）。被合并的必选属性（非空）将在投影模型中被改为可选的。注意：即使结果列是可选的，但在创建或修改它的实例，逻辑上需要它们是非空的情况下，我们必须将结果列看作是非空的，在数据服务层实现这种非空约束。如果合并实体的多个属性拥有相同的数据类型和相同的投影名，我们就假设它们具有相同的语义，并将它们合并。这样，我们就用一个单列或者单列的组合来描述所有子类中的重复属性。当合并时，会创建一个非空列（ENTITY_TYPE_NM），它的值被指定为合并子类的名字。

③主键和次主键：

代理键被用作主键来唯一地识别一条记录。在复杂模型中，代理键的使用非常重要，因为自然键会很复杂。然而，代理键不要求被写入外部文件或用于存储数据间的数据交换。以下是使用自然键和代理键的规则：

代理键是每个表的主键（除了生成的交集表）。每个表的主键列的名称是“instance_s”。

当模型有实际意义的标识符存在时，每个表会定义次标识符。次标识符源于业务唯一性规则。

次标识符是由业务需要设立的。

④代理键的结构：

每个表的代理键必须是唯一的，在数据存储中也是唯一的。它由数字和字母组成，最大长度是19个字符。强烈建议在每个数据存储中使用代理键生成器。建议代理键由唯一的表引用和序号组合而成。

⑤外键：

关系通过使用外键来实现。在以下情况下外键用代理键来定义：

实现复制规则实体的关系需要一个复合外键，它包括一个实例列、一个实体名列和一个表名列，用来说明代理键所描述的记录、实体类型和物理表。

实现直接投影成表的实体的关系时，如果次标识符是强制的而且由字符串类型的单一列组成时，可使用次标识符来代替代理键。决定是否使用次标识符（自然键）是一个投影参数。

传统的外键定义通过引用数据库的外键定义来实现。

⑥命名约定：

每个逻辑模型有其独特的名称，在以下特殊情况下，命名不被此文件控制：

命名不分大小写。

表名的最大长度受限于目标RDBMS的表名的最大长度。

用代理键作外键的列的最大长度不大于目标RDBMS的MaxColLen最大列长度减2。这是为了能加后缀“_S”。

有的属性，它的数据类型投影到表的多列中，必须有一个投影名，它的列数是目标RDBMS的MaxColLen最大列长度减去与投影方法相关的后缀的最大长度。

名称有“OOP_”或“OOR_”前缀的实体或属性，在投影转化时，自动改变为相应的“P_”和“R_”前缀，作为默认的投影名称。

⑦集合：

一对多关系的通常处理方法是在具有多关系的表中加外键列。注意，如果逆向属性没有定义，那么集合SET[0:?]就被假设为逆向的。

多对多关系转化为交集表。它设定强制外键列与相关表关联。生成的交集表的默认名称是逻辑模型中的正向关系的投影名称加后缀“_X”。

顺序集合，如LIST和ARRAY，会产生一列来表达顺序。此列的名称加后缀“_L”。

（5）数据类型的投影实现。

表的数据列的定义按照ISO SQL 92数据类型标准描述。SQL数据类型与SPDM模型中定义的数据类型不是直接等价的，但可以对它们进行映射。我们将其分为四个部分，复杂度逐渐增加。

①外键：

外键的实现有三种情况，见表4-15。后缀被应用于属性的投影名称。外键作为与这些数据类型相关联的投影方法的一部分被生成。

表4-15 外键的实现

情况	任务	SQL 92 类型	后缀
与实体的关系，该实体满足：①可以投影成一张表；②不使用外键的自然键对其进行标识	记录的代理键	CHAR VARYING（19）	"_S"
与实体的关系，该实体满足：①可以投影成一张表；②对于类型string（*n*）的次标识符，该实体有一个单一的必填属性；③用外键的自然键对其进行标识	记录的次标识符	CHAR VARYING（*n*）	
与一个被复制的实体的关系	记录的代理键	CHAR VARYING（19）	"_S"
与一个被复制的实体的关系	包含记录的实体的名称。Max Ent Len是实体名称的最大长度	CHAR VARYING（MaxEntLen）	"_E"
	包含记录的表的名称。Max Tab Len是一个投影的表名称的最大长度	CHAR VARYING（MaxTabLen）	"_T"

②简单数据类型：

如表4-16所示，与ANSI SQL 92中列的数据类型非常接近。列名不加后缀。表中包括Oracle数据类型，在创建Oracle DDL时被使用，与ANSI SQL 92数据类型相对照。

表4-16 简单类型的投影

数据类型	类型参数	SQL 92 类型	Oracle 类型
STRING（*n*）	固定的	CHAR（*n*）	CHAR（*n*）
	可变的	CHAR VARYING（*n*）	VARCHAR2（*n*）
INTEGER		INTEGER	INTEGER
REAL（*n*）		FLOAT（*n*）	NUMBER
LOGICAL		CHAR（1）= T or F or U	CHAR（1）
BOOLEAN		CHAR（1）= T or F	CHAR（1）
BINARY（*n*）	固定的	BIT（*n*）	LONG RAW
	可变的	BIT VARYING（*n*）	LONG RAW
DATE		DATE	DATE

续表

数据类型	类型参数	SQL 92 类型	Oracle 类型
TIME（*n*）		TIME（*n*）	DATE
YEARMONTHINTERVAL		INTERVALYEAR（5）TO MONTH	INTEGER
DAYTIMEINTERVAL		INTERVALDAY（5）TO SECOND	INTEGER
ENUMERATION（*n*）		CHAR VARYING（*n*）	VARCHAR2（*n*）

③复合数据类型：

复合数据类型由2—3个数据列来表示，各列用列名后缀来区分。复合数据类型中的每一列都不可或缺（例如，列组中的一列被赋值，那么所有列都要被赋值）。如何选择复合数据类型由逻辑属性定义。复合数据类型和它们对应表列的数据类型及其后缀可查看表4-17。

表4-17　复合类型的投影

数据类型	列的角色	SQL92 类型	后　缀
COMPLEX（*n*）	实部	FLOAT（*n*）	"_R"
	虚部	FLOAT（*n*）	"_I"
RATIONAL	整数部分	INTEGER	"_N"
	小数部分	INTEGER	"_D"
RATIO（*n*）	分子部分	FLOAT（*n*）	"_N"
	分母部分	FLOAT（*n*）	"_D"
QUANTITY（*a*，*n*）	数值部分	FLOAT（*n*）	
	表示Ref_unit_of_measure的表的外键	投影依赖	"_U"
ANGLE（*a*，*n*）	数值部分	FLOAT（*n*）	
	角度的分	INTEGER	"_MA"
	角度的秒	FLOAT（*n*–5）	`_SA'
	表示Ref_unit_of_measure的表的外键（数值部分的单位）	投影依赖	"_U"
MONEY	数值部分	FLOAT（*n*）	
	表示Ref_unit_of_measure的表的外键（货币单位）	投影依赖	"_U"
ANYQUANTITY（*n*）	数值部分	FLOAT（*n*）	
	表示Ref_unit_of_measure的表的外键（量纲）	投影依赖	"_U"
	表示Ref_quantity_type的表的外键（数量类型）	投影依赖	"_Q"

注意，组列中的列如果是外键列，那么外键后缀添加在类型后缀的后面。比如，如果度量单元实体复制到它的子类中，那么QUANTITY数据类型会生成三个表列：一个没有后缀，一个有后缀“_U_S”，一个有后缀“_U_T”。因此，如果所需实体投影为表，那么生成的列比较少。

④复杂数据类型：

复杂数据类型表示由可选的多个部分组合实现的数据类型，见表4-18。

表4-18 复杂类型的映射

数据类型	列的角色	SQL 92 类型	后 缀	可选性
POINT	该列保存实例使用的表示类型。该列总是可选的，因为所有需要的信息都被保留在辅助库中。相关的聚合值以二进制结构保存，二进制结构定义为独立的补充结构或框架表。存储该数据非常复杂，必须使用软件方法进行存取。补充的或框架表的使用在数据存取和交换的文档中进行描述	CHAR VARYING（16）	“_SL”	NOT NULL
LINE				
SURFACE				
VOLUME				
ELEMENT				
SAMPLE				
TIMESTAMP（n）	完全精确的值。其他的部分允许其中的一个特征指定真实了解的部分	TIMESTAMP（n）		
	时间戳的内容的代码，必须是“G”、“C”、“D”、“M”、“W”或“Q”中的一个	CHAR VARYING（n）	“_CD”	
	年。依赖于内容代码的值。可能是地质年代，仅仅是世纪或年（包括世纪）	FLOAT（6）	“_YR”	
	年的组成部分。依赖于内容代码的值，可能是季度、月或周	INTEGER	“_YP”	
	天。依赖于内容代码的值，可能是一年的某天，一月的某天或一周的某天	INTEGER	“_DY”	
	一天中的小时	INTEGER	“_HR”	
	某小时的分钟	INTEGER	“_MT”	
	某小时的秒钟	FLOAT（n）	“_ST”	
	从UCT得到的以小时为单位的时区差	FLOAT（n）	“_OF”	
LOCATION（n）	坐标系统，是表示实体Coordinate_system的表的外键	投影依赖	“_CS”	NOT NULL
	坐标系统的坐标原点，是表示实体Vertex的表的外键	投影依赖	“_O”	

续表

数据类型	列的角色		SQL 92 类型	后缀	可选性
LOCATION(*n*)	Axis "*i*"(*i* = 1 through 5)	坐标值	FLOAT(*n*)	"_i"	NOT NULL(*i*=1 only)
		坐标的分度值	INTEGER	"_i_MA"	
		坐标的秒度值	FLOAT(*n*)	"_i_SA"	
LOCATION(*n*)	Axis "*i*"(*i* = 1 through 5)	坐标单位，是表示Ref_unit_of_measur的表的外键。如果知道角度的单位，那么分和秒的单位也被指定	投影依赖	"_i_U"	NOT NULL(*i*=1 only)

⑤例外:

除上述基本数据类型外，有少数的例外，这些例外重载了基本类型的方法，见表4-19。

表4-19 例外类型的投影

例外	实现
ndt_location_1d	与LOCATION的实现基本一致，除了只指定了一个轴(例如，*i*=1)
ndt_location_2d	与LOCATION的实现基本一致，除了指定了两个轴(例如，*i*=1或2)，并且所有的"_i"和"_i_U"的数据列是必需的
ndt_location_3d	与LOCATION的实现基本一致，除了指定了三个轴(例如，*i*=1，2和3)，并且所有的"_i"和"_i_U"的数据列是必需的
LIST OF REAL(*n*)	通过生成一张表来实现，该表以属性的投影名称加后缀"_A"(聚合)命名。例如，属性XXX将生成表XXX_A。表中包括: 一个强制外键，支持包含实型值列表的记录。列的基本名称将是父类实体的投影名称。 一个命名类型FLOAT(*n*)的值的强制列。 一个命名类型INTEGER的VALUE_L的强制列，表示值的索引
LIST OF STRING(*n*)	与LIST OF REAL的实现基本一致，除了值的类型是CHAR VARYING(*n*)而不是FLOAT(*n*)。注意:类型LIST OF REAL或LIST OF STRING的多重属性有相同的名称时，需提供一个可选的投影名称以避免命名冲突

4.4 数据质量管理

数据质量管理已经成为数据治理的有机组成部分。高质量的数据是进行分析决策、业务发展规划的重要基础，只有建立完整的数据质量体系，才能有效提升数据整体质量，从而提供更为精准的决策分析数据。

从技术层面上，应该完整、全面地定义数据质量的评估维度，包括完整性、时效性等，按照已定义的维度，在系统建设的各个阶段都应该根据标准进行数据质量检测和规范，及时进行治理，避免事后的数据清洗工作（表4-20）。

表4-20 数据质量评价维度

维 度	描 述	衡量标准
完整性	必需的数据项已经被记录	业务指定必需的数据是否缺失，不允许为空字符或者空值等。例如，数据源是否完整、维度取值是否完整、数据取值是否完整等
时效性	数据被及时更关心，以体现当前事实	当需要使用时，数据能否反映当前事实。即数据必须及时，能够满足系统对数据时间的要求。例如处理（获取、整理、清洗、加载等）的及时性
唯一性	该数据在特定数据集中不存在重复值	在指定的数据集中是否存在重复值
参照完整性	数据项在被引用的父表中有定义	数据项是否在父表中有定义
依赖一致性	数据项取值满足与其他数据项之间的依赖关系	数据项取值是否满足与其他数据项之间的依赖关系
基数一致性	数据项在子表中出现的次数符合标准	数据项在子表中表出现的次数是否符合标准。例如，一个账户每年的计息次数为4次，即要符合账户计息次数为1：4的规定
正确性	数据正确体现了真实情况	数据内容和定义是否一致
精确性	数据精度满足业务要求的程度	数据精度是否达到业务规则要求的位数
技术有效性	数据符合已定义的格式规范	数据项是否按已定义的格式标准组织
业务有效性	数据符合已定义的业务规则	数据项是否符合已定义的业务要求
可信度	数据的可信赖程度	根据客户调查或客户主动提供获得
可用性	数据在需要时是可用的	数据可用的时间和数据需要被访问时间的比例
可访问性	数据易于访问	数据是否便于自动化读取
适用性	数据格式和展现满足用户需要	根据客户调查或客户主动提供获得

4.4.1 业务数据源头治理

为全面提高油田勘探开发业务的数据质量，通过建立源头数据采集体系实现数据采集、审核、加载、存储管理一体化，实现数据的“一次采集、集中管理、授权共享”，满足各专业各层次的应用需求，源头采集管理体系主要包括数据采集标准及采集平台软件、数据审核和配套管理办法等。

1）勘探开发一体化源头数据采集规范

油气田勘探开发进程涉及多学科、多专业，学科及专业之间互相依赖、互相渗透、互相支撑，按照“生命周期理论”贯穿油气田勘探开发各级业务，业务流程梳理赋予每一级业务生命特性，逐一梳理业务节点自产生到终结的各类数据，确保数据的一致性和唯一性（图4-16）。

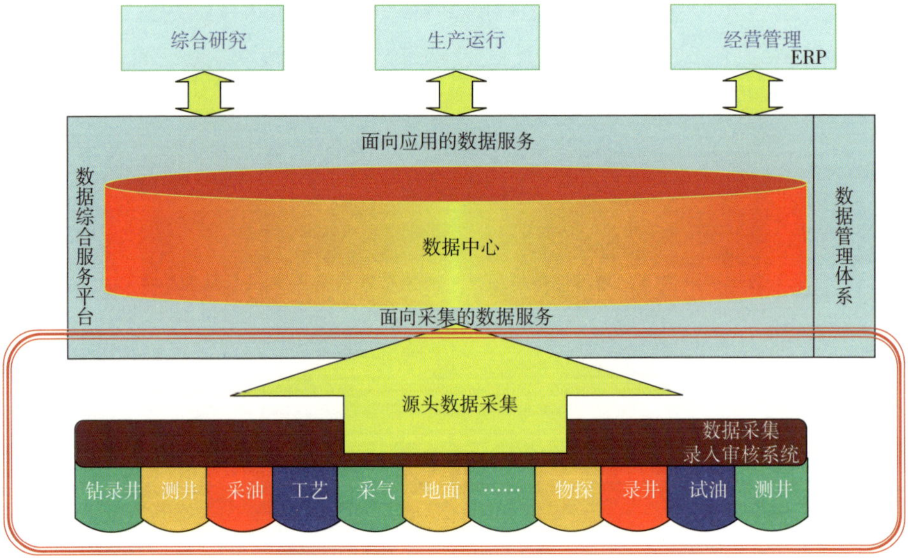

图4-16　源头数据采集逻辑架构图

勘探开发业务流程的梳理用“剥茧抽丝”的方法从每一级业务的产生追踪到业务终结或业务转换，做到不遗漏、不交叉、不重复、不冗余。梳理清楚生产过程和管理流程中的应用需求，以业务分析中的每一个实体为对象，结合各油田公司各专业业务部门对数据的需求和生产现场的各种报表，全面分析每个对象本身的属性数据和生产活动中产生的动态数据，确定源头产生的数据和经过计算处理得到的数据。例如，对于甲、乙方数据的梳理，首先理清了乙方单位内部重复采集的数据，如地质录井内部重复采集的数据；其次理清了不同单位之间重复采集的数据，如地质录井业务与钻井、测井、岩心库、试油重复采集的数据，试油与测井重复采集的数据等，进行全面分析，明确了每一项数据的源点，避免数据的重复。

结合勘探开发的业务流程和应用实际，以存储油田勘探开发生产过程中产生的源点数据为目的，采用科学、合理的数据抽取分析方法论，形成了涵盖物探、钻井、录井、测井、试油（测试）、分析化验、地质综合研究、储量管理、油藏地质、采油工艺、井下作业、油气集输、地面建设13大类源头数据采集标准，基本涵盖了勘探开发各业务领域的结构化源头数据（表4-21）。

按照“继承性、科学性、完整性、可扩展性”的原则，设计了数据库逻辑结构，建立起了涵盖13大专业源头数据的源点总库，一体化的设计消除了数据冗余和重复存储，保证了数据唯一（以前各专业库数据项共有34000多项，目前只有16000多项），确保源点数据结构既能满足局级数据中心建设和应用需要，又能为勘探开发等各专业数据库提供数据支持。

表4-21 源头数据标准的业务覆盖范围

专业分类	业务覆盖范围
物探部分	地震采集成果、VSP测井、生产管理、非地震数据、地震处理成果数据
钻井部分	钻井井史、生产管理
录井部分	基础数据、工程录井、地质录井、综合分析、生产管理
测井部分	设计数据、施工数据、测井井基础数据，测井评价数据（测井曲线数据、测井解释数据、测井图头数据、测井图件数据）、生产管理
试油（测试）部分	试油、测试、特殊施工、生产管理
分析化验部分	常规岩心分析、特殊岩心分析、流体性质、地球化学分析、三采
综合地质研究	构造研究、资源评价、圈闭管理、井位设计、经济评价
储量管理部分	预测、控制、探明储量、开发储量、未开发储量
油藏地质部分	地质基础数据、油气田生产、开发测井、开发试井、方案、经济评价、生产计划
采油工艺部分	机采设备、设备运行、工艺管理、后勤管理
井下作业部分	施工准备、井筒施工、特殊作业、施工总结
油气集输部分	站库数据、设备运行、管线数据
地面建设部分	电力、桥梁、道路、通信

2）源头数据采集平台及配套管理运行体系

围绕勘探开发业务源头数据采集体系建设，研发了一系列配套软件辅助实施。首先，研发了中国石化源头数据采集平台，支撑了物探、钻井、录井、测井、试油、油田开发生产、分析化验等多个专业的数据采集，涵盖了数据采集、质量检查、数据上报、审核入库等流程，包括数据的录入、上报、审核、下发、考核、迁移、安全、备份等功能，采用XML描述定制，通用程序解析的模式，实现了数据采集与组织机构、上报流程、入库规则、业务需求、管理方式、数据库结构的无关性，大大增加了程序的弹性与适应能力，能够较快地适应采集任务变化、采集数据项变化、组织机构变更等各种变化。

其次，开发了数据标准管理软件，实现对源头数据标准的发布、更新，供相关单位查询和使用。数据标准管理软件是针对源头数据标准的版本发布、新增标准内容、删除标准内容和标准内容变更等进行管理的软件。实现了源头数据标准的导入、导出，数据标准版本的发布，数据标准内容的变更（新增、删除和修改），按数据标准直接建库，数据标准与数据库结构差异对比分析，数据标准之间差异对比分析，数据标准历史多版本的查询，依据数据标准对数据库结构进行修正等功能。

第三，开发了源头数据采集考核管理系统，实现了从采集点到源点总库各个环节的质量检查和考核。数据采集考核管理系统与源头数据采集体系配套，通过软件定义校验规则，配置检查任务，实现定时、自动对入库数据进行数量和质量检查，对采集数据的上报、入库情况进行统计，将检查结果存储到数据库中，检查结果通过数据考核网站统一进行发布，保障了源头数据齐全、及时和准确。

数据管理人员可以随时掌握当天数据采集上报的及时性、齐全性、规范性情况，实现对相关单位数据质量进行评比，进行综合排名，实现按阶段进行统计，实现生成数据质量考核公告。

数据录入人员可查询数据检查结果，针对不符合逻辑的数据进行整改，提升数据的质量，促进源头业务数据库建设。

第四，数据入库后，由对如何统一数据管理问题开发了数据库管理系统，实现了对数据的迁移管理、用户及权限管理和基本查询功能。

第五，建立了配套的管理运行制度。业务源头数据采集是一项系统工程，涉及专业广、岗位多，有效的管理机制是保障源头采集长期正常稳定运行的根本。因此，配套了数据采集、数据审核验收、数据存储管理、数据结构标准、数据应用、考核与奖惩等管理制度，配合软件运行，理顺了采集流程，明确了采集点、采集内容等。包括两大部分内容：

（1）《行政单位采集管理规定》从行政单位的角度，规定了各源头采集单位采集流程、职责、采集业务范围（精确到数据表）、采集方式、上报方式等信息采集要求。具体包括：范围；引用标准；采集单位；采集管理流程、职责；数据库的建立与管理；采集方式；上报方式上报时间；信息采集内容及规定；错误信息更改规定；信息使用权限及安全保密规定；管理规定的实施监督。

（2）《数据库信息采集管理规定》从数据表的角度，描述了每一个数据表的采集频度、上报时间，以及详细规定了每一个数据项的填写要求。具体包括：范围；引用标准；采集单位；采集时间；上报时间；信息采集内容及规定；保存时间。

除此管理规定外，各油田分公司还有适合自己油田分公司的《数据中心运行维护管理办法》《数据标准修订流程》等相关配套管理制度，来保障源头数据及时、齐全和准确地入库，并按固定的流程进行应用，保障数据的安全性。

3）经营管理数据源头治理

中国石化集团经历了十余年三个阶段的建设，建成了以ERP为核心的集中统一的经营管理业务系统，支持日常经营管理活动的开展。

中国石化集团经营管理数据仓库按主题进行建设，涵盖油田、炼油、化工、销售、工程和科研六大板块，建成了财务、采购、生产、销售、库存等十大数据主题，抽取涵盖ERP、电子商务等300多个源系统，汇集了资金管理、人力资源和合同管理等经营管理核心系统的数据（图4-17）。

数据仓库的源系统层是数据仓库系统的数据来源，目前主要为中国石化内部的各类业务操作系统，包括：集团ERP系统、物装电子商务、合同管理系统、TBM预算系统、资金集中TMS等，加油站零售管理、非油品交易、加油卡等系统，其数据质量取决于源系统，而源系统均为业务系统，以ERP系

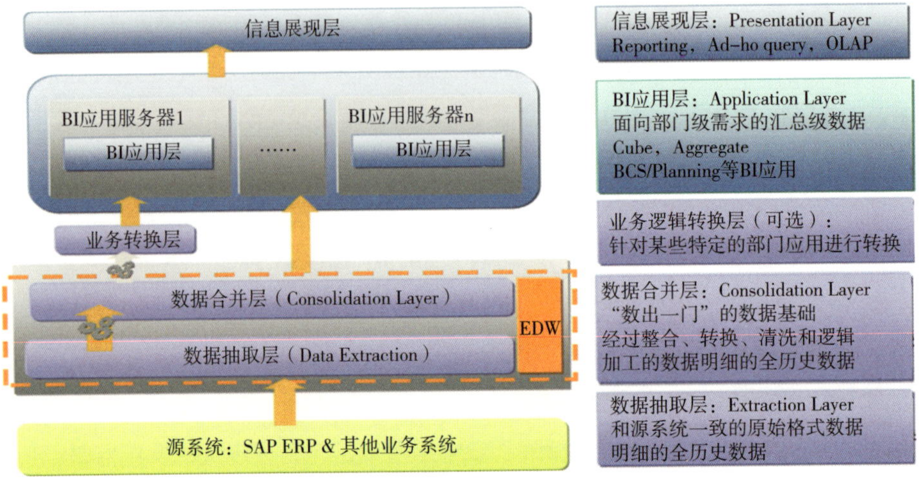

图 4-17　数据仓库数据架构图

统为主。通过标准化流程和规范数据接口，对原来分布式的各企业相对独立的ERP系统进行整合和集成，建立集团统一的业务流程模板，流程标准化率达到90%以上，规范447个企业自建应用，标准化接口模板749个；为122家企业提供ERP基础表数据的高效分发，从而提高流程标准化和数据标准化程度，保证业务数据质量。

4.4.2　主数据治理

自2003年开始，油田企业先后开展了源头数据采集和油田数据中心建设工作，将油田所有勘探开发数据包括前期的八大数据库进行统一管理。在应用和管理过程中，发现各大数据库中的井号不统一，勘探井号为汉字井号，开发井号为代码井号，在对勘探开发数据进行关联使用时，数据连续性存在问题，往往需要查阅大量资料才能进行有效关联，针对此问题，油田从三个方面对油田井号进行集中整理，最终形成有效的集中统一管理，便于单井数据的连续管理。

（1）设计并建立井号基础信息表，油田所有井编制统一的井号代码，作为该井的唯一标识，其主要内容包含该井的汉字井号、代码井号，以及井号、井别的变更过程，实现井号的全生命周期管理，并通过数据中心对各应用系统提供井号的查询、使用等服务。

（2）从新井号的产生进行管理，通过与勘探、开发业务部门沟通协调，确定了井号来源，新产生的井号自动存入井号基础信息表；并在井由勘探转为开发、开发井别变更时，由各采油单位上报汉字井号与代码井号的对应关系，经开发业务部门确认后存入数据库。确保了新产生井号的唯一性与准确性。

（3）已有井号的对照核实管理，通过组织开展历史数据比对工作，在对老井资料的电子化工作同时，对照单井资料核实井号信息，将汉字井号、代码井号进行一一匹配，修正并完善井号基础信息表，校准了所有井号的基础信息。

在后续的应用中，又发现各类数据各个系统之间，存在诸多数据不一致问题，见表4–22：

表4–22 主数据不一致问题列表

问　题	字　段	举　例
表达方式不一致	层位	T_3x_2、T_3x_6，T_1f_3—P_2ch
	层位	P_2l，P_2L
设备对象名称不一致	储罐编号	751VFT102A，751–VFT102A
	储罐名称	P101–2H加热，P101–2H加热炉，1井加热炉
业务对象名称不一致	生产层位	飞一二段，飞一、二段
	层位	T1f1–3–P2ch，T1f1–3_P2ch
对象编码不规范	设备编码	2009.3，sm1j1400
单位名称不一致	单位名称	普光分公司，1303556
	单位名称	普光分公司天然气净化厂净化车间，普光分公司天然气净化厂净化一车间
	施工单位名称	中原油田钻井三公司，中原钻井三公司

该如何从多个业务系统中、多年历次变更的历史数据库中对最核心的、最需要共享的数据，以服务的方式把统一的、完整的、准确的、具有权威性的主数据分发给全企业范围内使用这些数据应用，主数据治理就是解决之道！

主数据是指在整个企业范围内各个系统间要共享的、高价值的数据，定义企业核心业务对象及对象之间的关系。主数据需要在整个企业范围内保持一致性、完整性、准确性。在经营管理领域，主数据是指企业内各个系统间需要共享的基础性数据，例如客户、供应商、账户、组织单位、员工、合作伙伴等，企业内大部分的交易数据、账单数据等都不是主数据。在油田勘探开发领域，主数据用来描述勘探开发核心业务对象、对象间关系及规范值、表等内容，是企业内部相对稳定，跨业务重复使用率高的共享数据，例如油气田、单元、井、样品、站库、设备、管线、项目信息、工区、盆地等。

1）勘探开发主数据治理

在业务分析的基础上，对主数据进行了辨识。我们对分类的数据表进行结构分析，通过数据表与数据项的内容含义，辨别出存储主数据的数据表，进行归纳整理，最终梳理出勘探开发主数据25类，标准值176个（表4-23）。

表4-23 勘探开发主数据表

一级分类	二级分类	三级分类
地质对象	盆地信息表	
	构造单元注册表	
	圈闭注册表	
	油气藏信息表	
	油气田信息表	
	单元信息表	
	地层	年代地层注册表
		盆地标准地层数据表
		开发层位注册表
		生产段注册表
附录标准	供电站代码	
	探井井别代码	
管理对象	组织机构注册表	
	站库信息表	
	钻井平台（船）注册表	
	井	井信息表
		井筒信息表
		井管注册表
	设备信息表	
	工区信息表	

续表

一级分类	二级分类	三级分类
管理对象	项目信息表	
	储量计算单元	
	样品	岩石样品信息表
		流体样品信息表
		化学药剂注册表

形成了主数据编码规范（表4-24）：

表4-24　主数据编码规范

业务对象	编码规范	示　例
地震工区	构造位置+地震工区类型+年度	XX凹陷_2D_2010
非地震工区	构造位置+非地震工区类型+年度	XX凹陷_M_2010
井筒	探井参照SY/T 10012—1998；开发井参照Q/HS 2047—2009	ST11-1
岩心	井筒号+样品类型+取心次序+盒号+岩心起止深度	ST11-1_CORE_1_3/20_2170.50-2175.00
油气田	参照Q/HS 2047—2009	ST
区块	参照Q/HS 2047—2009	ST南块
圈闭	参照SY/T 10012—1998	DF1-1

建立了主数据业务模型后，研发了勘探开发主数据管理系统，面向所有应用系统，进行了主数据抽取、整理、清洗。

（1）模型映射。建立主数据业务模型与应用系统的映射关系。

（2）应用系统连接。配置主数据管理系统到应用系统的连接方式、地址和抽取策略，建立主数据管理系统到应用系统的连接通道。

（3）数据抽取。主数据管理系统的数据抽取模块依据应用系统连接配置，按照抽取策略将主数据从应用系统抽取到主数据库中。

（4）数据检查。应用主数据管理软件工具从齐全性、准确性、规范性三个方面进行数据检查，检查未通过的进行数据修订。

（5）数据整改。应用主数据管理软件工具进行数据的整改，根据错误类型，进行规则定义，并对所有应用系统数据库的数据资源进行清洗（图4-18）。

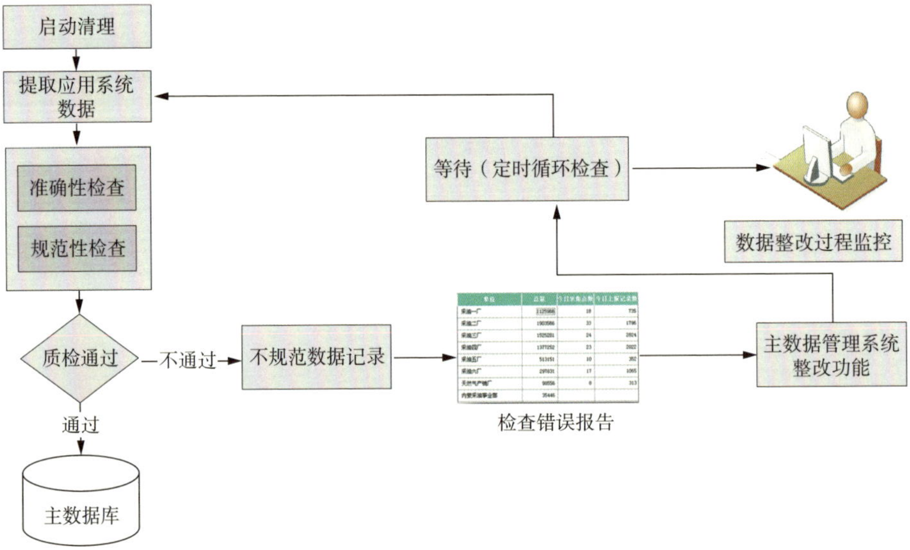

图 4-18 主数据整改流程图

2）经营管理主数据治理

在经营管理方面，中国石化统一实施了ERP系统，在主数据管理平台MDM基础上，建立了信息标准化管理系统，把主数据相关规范通过技术手段应用在ERP等系统里，确保数据一致性和准确性，实现各类主数据在线管理维护，为用户提供主数据维护的唯一数据源。实现了统一门户入口，统一信息化标准和管理规范的发布和查询管理，实现主数据统一分发管理（图4-19）。

按照“归口管理，分工负责”的原则，建立总部、企业两个层面的信息标准化管理体系，配套了《信息标准代码管理办法》《内部单位代码维护细则》等相关管理办法，进行主数据申报、审批、维护、发布。图4-20是以物料主数据为例，说明主数据维护流程。

截至目前，共管理420万物料主数据，138万单位类主数据，40万财务类主数据，40万生产层面主数据，分别由业务牵头单位进行专业审核。

通过逐步完善的主数据标准及主数据管理，共形成集团层面上20大类，73中类，588小类的代码标准，全面支撑了ERP等信息系统的深度集成、数据共享和深化应用。代码体系表如图4-21所示。

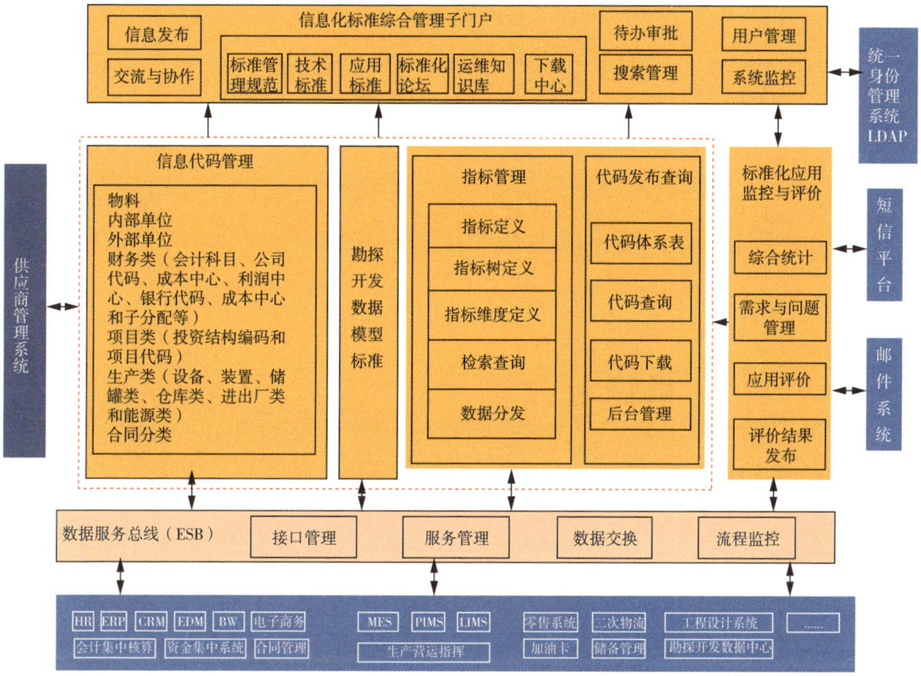

图 4-19 信息标准化管理系统架构

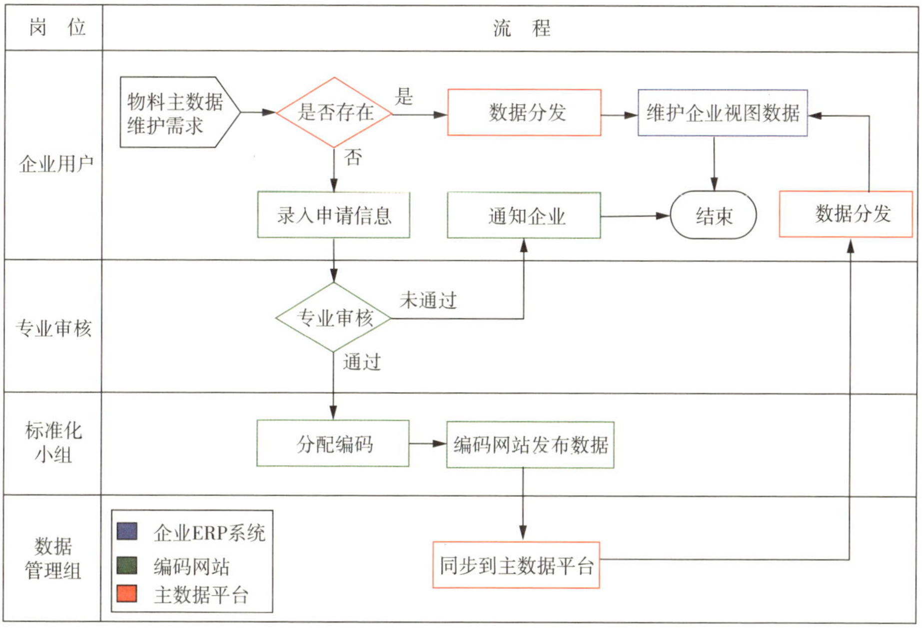

图 4-20 物料主数据维护流程图

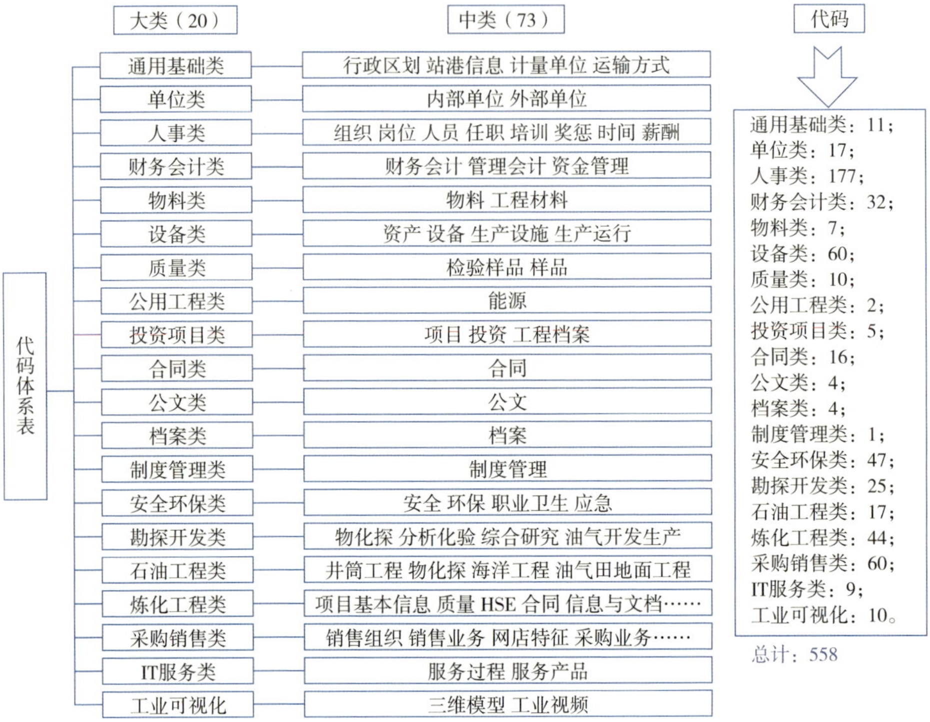

图 4-21　代码体系表

通过主数据治理，使得总部及油田企业能够集中化管理数据，在分散的系统间保证主数据的一致性，改进数据合规性、快速部署新应用、充分了解客户、加速推出新产品的速度。从IT建设的角度，主数据治理增强了 IT 结构的灵活性，构建了覆盖整个上游企业范围内的数据管理基础和相应规范，并且更灵活地适应业务需求的变化。

4.5　数据价值管理

4.5.1　数据资产化

数据资产一般来说是指企业在运营活动中形成的，由企业拥有，在数据的产生、获取、处理、存储、传输和应用全过程可控的，并能够给企业带来价值的数据。数据资源作为一种新型资产，已经受到个人、企业和国家广泛认可和越来越高的重视。数据是资产的概念已经成为广泛的共识。

结合国际权威机构的数据资产分析资料，在资产化之下，数据作为资产所具有的特性可以总结为五个方面：通用性、外部性、可无限共享、集合使用价值更高和数据权利不同造成价值差异。

（1）通用性。资产具有通用性和专用性，数据资产与传统资产最重要的区别在于数据资产的通用性更强。资产的通用性是指资产替换使用程度及与其他资产结合使用的程度。替换使用是指资产不仅能担当原来的用途，还能直接担当其他的用途。结合使用是指资产与资产之间通过互补、重组，形成新的资产，担当新的用途。通过结合使用，原来的资产间接转为它用。数据相对于一般的无形资产、实物资产可以说具有更高的通用性。有形资产往往由于其形态限制，用途有限，例如专用设备只能用于加工某类产品；通用设备虽然可加工的产品种类较多，但仅能用于生产制造。而数据通常可以用于不同行业、不同领域，例如个人的信用信息，在金融行业和消费领域都是非常重要的营销、运营依据。

（2）外部性。数据除企业自用外，还可以打包形成数据产品、数据服务等在外部市场销售，以产生更大的商业价值，而且数据的外部性往往是其价值的重要组成部分。生产数据的企业可以利用数据提升自身的业绩，同时这些数据对其他企业也会具有相当的价值。例如，租车企业在搜集到用户的用车习惯后，不仅可以进行针对性的客户维护和营销活动，还能在合法合规的前提下，把相关数据提供给保险公司作为其分析寻找目标客户的重要信息。

（3）可无限共享。数据可以在同一时间被多方使用而没有任何损失，这一特性使得数据具有更大的使用价值。

（4）集合使用价值更高。数据的价值取决于数据的应用场景，单一数据的应用有限，多维度的数据结合应用可能产生“1+1>2”的价值。

（5）数据权利不同造成价值差异。鉴于数据资产的特殊性，在纯学术推演的理想状态下，完整的数据权可以根据应用情况分为多个权利束，如占有权、使用权、收益权、共享权、跨境传输的权利等。权利人可以同时拥有一个或多个权利束，不同权利束下，数据资产的价值也会不同。

4.5.2 数据价值评估

影响数据资产价值的因素主要从数据资产的收益和风险两个维度考虑，

数据资产的收益取决于数据资产的质量和数据资产的应用价值。数据资产的质量是应用价值的基础，对数据的质量水平有一个合理的评估，有利于对于数据的应用价值进行准确预测。总体上，可以将影响维度归为三大类：质量维度、应用维度和风险维度（图4-22）。

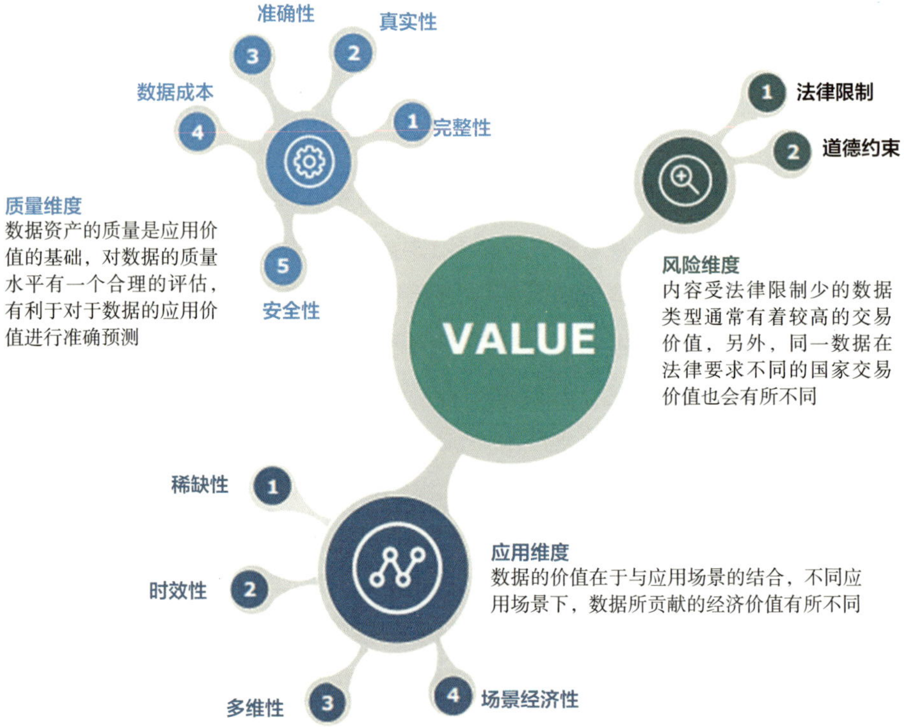

图4-22　数据价值影响维度构成图

1）数据质量对价值的影响

数据资产质量是应用的基础，对数据质量进行科学的评估将有利于对数据价值的准确预测。质量价值的影响因素包含真实性、完整性、准确性、数据成本、安全性等。

（1）真实性。表示数据的真实程度。如果数据有偏差，那么使用结果可能会差之毫厘失之千里；若数据造假，更将失去数据统计的意义。真实的数据才具有价值。

（2）完整性。表示数据对被记录对象的所有相关指标的完整程度。关键数据的缺失，将影响数据在应用中的价值贡献，或需要增加成本去补充数据。数据的采集范围越广，完整性可能越高，数据资产的价值相对也会越大。

（3）准确性。表示数据被记录的准确程度。在工作中，拿到的数据都需要先进行清洗工作，排除异常值、空白值、无效值、重复值等，这项工作很可能会占到整个数据分析过程将近一半的时间。专职工种“数据清理工程师”的出现也说明数据清洗工作的复杂性。数据的准确性越高，对数据的清理成本越低，数据的价值也就越大。

（4）数据成本。在数据交易市场不活跃的情况下，数据的价值没有一个明确的计算方式，卖方出售数据的报价首先会考虑数据的成本。数据的获取方式通常为公司内部收集或者外购。对于公司内部产生和收集数据，显性成本主要有收集、持有程序下的人力成本、存储设备成本等，无法可靠计量的隐形成本主要为数据所附着业务的研发成本、人力成本摊销等。通常，获取成本越大，数据的交易价值相对越大。

（5）安全性。表示数据不被窃取或破坏的能力。数据自身的安全性越高，就可以为企业产生越稳定的价值贡献。同时，数据持有企业对其支付的保护成本越低，其数据资产的价值越大。

2）数据应用价值的影响因素

数据资产应用价值的影响因素包含稀缺性、时效性、多维性、场景经济性。

（1）稀缺性。表示数据资产拥有者对数据的独占程度。商业竞争的本质，部分来自对于稀缺资源的竞争。在制造差异化趋平的情况下，稀缺数据资源背后潜在的商业信息更加价值凸显。比如司机驾驶习惯的数据，驾驶速度的稳定系数、刹车油门踩动的频繁程度等（保险公司拿到这些数据），有助于它分析出司机的驾驶习惯、事故风险概率，从而相对精准地计算车险保费金额，更有效地提高经营效率。然而，这类数据是稀缺的，一般只有汽车生产商或出行服务运营商可以获得这类数据。相对于司机的姓名、联系方式等普通信息，驾驶习惯数据由于其稀缺性而体现出更高的价值。

（2）时效性。数据的时效性决定了决策在特定时间内是否有效。比如交通信息数据，在没有智能交管之前，交管中心收集的交通数据通常比较滞后，司机收到的路况信息已经是几十分钟之前的，低时效导致数据的价值大打折扣。在有了智能交管之后，信息中心通过获取智能手机、车辆的实时位置，可以实时提供地区的人流量和车流量情况，提前分散车流、缓解交通压力。由此可见，数据的时效性在某些应用场景下至关重要。

（3）多维性。表示数据覆盖范围的多样性。比如用户在搜索引擎提问“美妆”“学区查询”“金融招聘”等问题，搜索引擎可以根据这些问题及打开的相关链接，分析出用户的年龄段、性别、文化背景、职业大类、需求偏好，再根据使用的手机或电脑品牌，更换通信设备的频率等推测出收入阶层，将这些数据挖掘整理后连接起来，就刻画出一个多维的用户形象。数据维度越多，适用的范围越广，数据的价值也就越大。

（4）场景经济性。数据的价值在于与应用场景的结合，不同应用场景下，数据所贡献的经济价值有所不同。比如我们上述提到的，司机驾驶习惯数据可以帮助保险公司更准确地计算保费和理赔概率以提高利润，该数据也可以帮助交通公司招聘合适的司机，但招聘场景下的应用价值，可能没有帮助保险公司提高利润所带来的价值更大；又如交通路况信息用于物流公司的场景，比个人出行场景下的经济价值更大；再如，当多维度的用户信息用于寻找高净值客户时，也比用于普通生活用品推广场景下的经济价值更大。

4.5.3 数据价值实现

数据价值实现包括直接和间接的过程，直接的价值实现可以通过直接的数据交易，发布有偿的数据服务，或者提供数据分析结果和报告等形式，而间接的价值实现是通过把数据进行处理分析，在此基础上用结论指导传统的企业行为，如产品制造优化、新产品开发等，通过产品和技术的改进带来新增效益，从而实现数据价值。

1）直接的数据价值实现

（1）以数据或数据服务为商品进行交易。

大数据作为一种特殊的商品，背后蕴藏着巨大的经济价值和社会效益，国内外已有很多成功交易数据的案例，但全球数据交易的规模并不大。近年来，我国相继出台了一系列政策扶持大数据产业的发展，其中不乏鼓励数据交易的政策。商业大数据交易模式比政府大数据交易模式在隐私保护技术、制度、法律方面表现更为成熟。数据产权的归属主要考虑三个因素：数据的来源、权利主体对生成数据产品的贡献度、权利主体的相关义务。数据来源方、采集方、预处理方、分析方、买方、使用反馈方、最终处置方分别享有完整度不同的所有权、使用权、支配权、收益权。在数据定价方面，可以采用供需均衡价格论作为商业大数据定价的理论基础，利用公共产品定价中的受益原则作为当前政府大数据的定价准则，待政府数据交易市场成熟，则利用公共产品定价中的损益平衡原则作为定价准则。现行的数据定价策略主要分为平台预定价、平台自动计价、买卖双方协议定价、卖方拍卖定价、卖方捆绑定价、买方自由定价六类。我国数据交易模式还存在缺乏有效盈利模式、交易效率较低、交易反馈机制不健全等问题，如何在确保数据安全和合法合规的前提下，完善数据交易机制将是今后数据交易发展的重点。

（2）提供数据分析报告。

数据不仅能够直接交易，对于咨询公司和数据分析机构，提供数据分析报告实现数据价值。数据分析报告的作用就是展示分析结果以及提供决策依据。数据分析报告常见的种类有三种：专题分析报告、综合分析报告和日常数据通报。

①专题数据分析报告。它的主要作用就是为决策者制定某项政策，解决某个问题提供决策参考和依据。这类报告的特点是：单一性，专题分析报告不要求反映事物的全貌，主要针对某一方面或某一个问题进行分析；深入性，由于专题分析报告内容单一，重点突出，因此便于集中精力抓住主要问题进行深入分析。它不仅要对问题进行具体描述，还要对引起问题的原因进行分析，并且提出切实可行的解决办法。

②综合数据分析报告。这类报告的作用是全面评价一个地区、单位、部门业务或者其他方面的发展情况。该类报告的特点：全面性，综合分析报告反映的对象，无论是什么范围都需要站在全局的高度，反映总体特征，作出总体评价，得出总体认识。在分析总体现象时，必须全面，综合地反映对象的各个方面的情况。联系性，要把互相关系的一些现象、问题综合起来全面系统地分析。这种综合分析不是对全面资料的简单罗列，而是在系统地分析指标体系的基础上，考察现象之间的内部联系和外部联系。

③日常数据通报。该类报告的作用是以定期数据分析报表为依据，从而反映计划执行情况，并分析影响和形成原因。它的特点：进度性，由于日常数据通报主要反映计划的执行情况，因此必须把计划执行的进度与时间的进展结合起来分析，观察比较两者是否一致，从而判断计划完成的好坏。因此，需要进行一些必要的计算，通过一些绝对数据和相对数据指标来突出进度。规范性，一般来说，日常数据通报基本上成了数据分析部门的例行报告，定时向决策者提供。所以，这种分析报告就形成了比较规范的结构形式。一般包括以下几个基本部分：反映计划执行的基本情况、分析完成或未完成的原因、总结计划执行中的成绩和经验，找出存在的问题、提出措施和建议。时效性，时效性由日常数据通报的性质和任务决定，它是时效性最强的一种分析报告。只有及时提供业务发展过程中的各种信息，才能帮助决策者掌握企业经验的主动权，否则将会丧失良机，贻误工作。

2）间接的数据价值实现

数据除了直接带来的商品价值，还可以通过为产品优化、技术提升等提供依据来实现自身价值。在油田企业的油气勘探、油气开发、生产运行、综合研究、经营决策等各个领域，数据都能够而且不断发挥越来越大的价值，油气藏勘探开发生产全过程本身就是数据价值体现的过程。

（1）油气勘探业务主要就是数据采集、处理和解释。地球物理勘探业务的三个主要阶段，就是地震数据的采集、资料处理和解释（分析）的过程。通过海量数据、先进模型、先进算法的不断融合，对于复杂区块解释的准确性和科学性在不断提升，经过几代科研人员的不懈努力，已经形成符合我国国情的较为成熟的勘探解释处理理论方法，为国家探明大量油气储量。

（2）数据指导注采平衡和科学调配，有效控制自然递减。数据价值在油气开发中主要体现在更好地保障采储平衡和控制自然递减，鉴于油气藏自身特性，我国油气生产中自喷井普遍较少，大部分需要通过注水保持地层压力，部分区块还需要注入蒸汽、聚合物等材料，油气生产成本普遍较高。依托开发数据分析等综合应用，合理进行注采调配，对于提高单井/单元产量，控制自然递减，提高采收率具有巨大的意义。油气生产早已摒弃过去只追求短期产量的野蛮开采模式，转而形成注重长期采储平衡、提高采收率、控制自然递减的高质量科学发展模式，建立了“营养油藏”的管理理念，实现油气效益开发和长期稳产。

（3）数据指导设备长效运行。油气开发生产运行中使用了大量机泵设备，机泵设备维护主要包括保养、检修、故障维修等几种方式，故障维修80%为事后维修，事后维修经常给生产带来无法预期的影响，不仅影响单井生产时率，处理不及时更可能影响地下油藏以及带来安全环保风险。通过对设备运行数据、故障数据、报警及处置数据的分析和综合应用，从而能够对油田设备的运行趋势进行预测和自动诊断，及时发现潜在问题、解决安全隐患，通过增加计划性、预测性维护，减少突发故障给生产运行造成的不良影响，提高运行时率、降低设备能耗。

4.6 数据安全

4.6.1 数据安全框架（DSM）

信息化早期的“数据安全”多指“数据库安全”，主要是针对存储状态的业务数据在数据库层面开展的安全保护，侧重于对数据库中的数据进行访问控制和加密存储，以及通过一定的备份和恢复机制防止数据损失，该阶段的数据安全多为对关系型数据库中存储的结构化数据的安全管理。伴随着云计算和大数据技术的发展和普及，政府、企业等各类组织开始关注对半结构化数据和非结构化数据的价值挖掘，数据逐渐成为组织机构的重要资产，在业务发展、企业运营等关键环节中产生着更多的价值。

然而，在云计算和大数据环境及多样化的工作方式、BYOD等新型模式的冲击下，组织的电子化数据不再仅仅存储于单一的信息系统和工作环境中，数据会经由组织及组织相关的业务流程及应用，在各业务系统、云平台、工作终端、员工的个人终端等不同的系统环境中进行流转和处理。同时，数据作为组织的重要资产面临着内外部的双重风险——外部日益复杂的攻击形式（甚至是国与国之间的安全对抗）及恶意或误操作引发的内部风险，对组织的数据安全能力提出了更高的要求。

一方面，传统“边界安全防护”的思想所指导的安全工作聚焦于对承载数据的资产对象（如网络、系统）的独立安全控制，重点关注资产对象之间的边界安全，而大数据环境下数据在各安全边界之间的流转则是在打破原有的安全边界，边界安全防护的思想无法实现对数据的有效保护。另一方面，伴随着大数据产业的发展，对数据的安全保护面临着诸多合法合规要求，与国家安全、经济利益和个人隐私保护等利益相关的数据往往都需要符合数据的留存地点、留存时长等要求，数据的价值特性决定了大数据环境下安全工作的开展需要考虑对合法合规要求的符合。

组织需要围绕数据的生命周期、结合大数据业务的需求及监管法规的要求，持续不断地提升组织整体的数据安全能力，以数据为核心的安全是大数据环境下的组织数据安全工作开展的核心。

数据安全成熟度模型（Data Security Maturity Model，DSMM）的架构如图4-23所示，模型包含以下三个维度：

（1）数据生命周期维度：组织在数据生命周期各阶段开展的数据安全实践构成了数据安全的过程域。

（2）数据安全能力维度：组织完成数据安全过程域所需要具备的能力。

（3）能力成熟度等级维度：对组织的数据安全能力进行成熟度等级评估的标准。

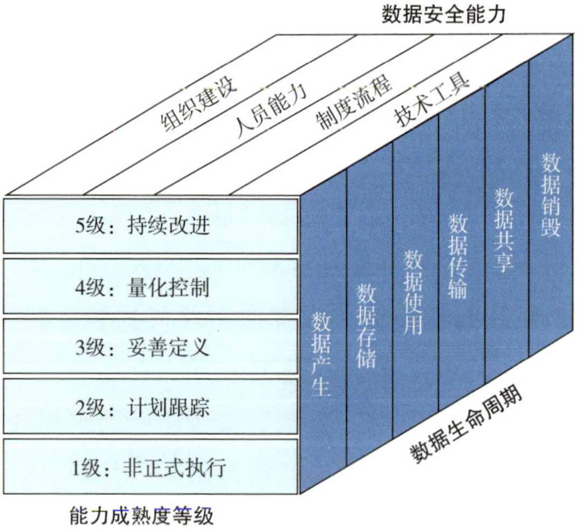

图4-23 数据安全成熟度模型

通过对模型的应用可以帮助组织机构了解其整体的数据安全风险，有针对性地制定解决方案；建立组织内部整体的数据安全管理体系；明确自身的数据安全管理水平并确定后期建设的方向。

数据生命周期基于大数据环境下数据在组织业务中的流转情况，定义了数据的六个生命周期阶段，如图4-24所示，各阶段的定义如下：

（1）数据产生：指新的数据产生或现有数据内容发生显著改变或更新的阶段。

（2）数据存储：指非动态数据以任何数字格式进行物理存储的阶段。

（3）数据使用：指组织在内部针对动态数据进行的一系列活动的组合。

（4）数据传输：指数据在组织内部从一个实体通过网络流动到另一个实体的过程。

（5）数据共享：指数据经由组织与外部组织及个人产生交互的阶段。

（6）数据销毁：指利用物理或者技术手段使数据永久或临时性的不可用的过程。

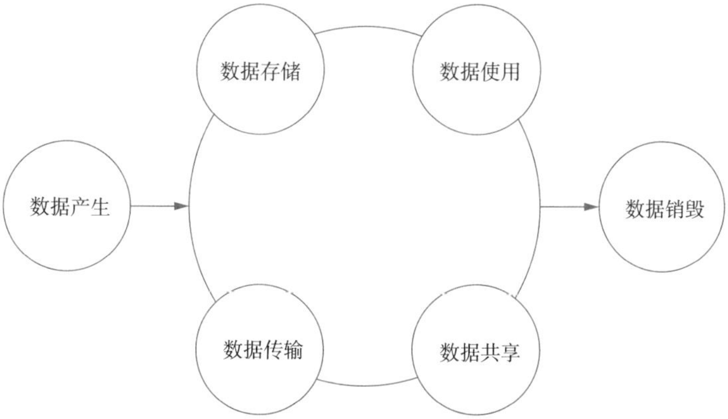

图4-24 数据生命周期

通过对各项安全过程所需要具备安全能力的量化，可供组织评估每项安全过程的实现能力。数据安全能力从组织建设、人员能力、制度流程及技术工具四个维度展开：

（1）组织建设：数据安全组织的架构建立、职责分配和沟通协作。

（2）人员能力：执行数据安全工作的人员的意识及专业能力。

（3）制度流程：组织关键数据安全领域的制度规范和流程落地建设。

（4）技术工具：通过技术手段和产品工具固化安全要求或自动化实现安全工作。

能力成熟度等级见表4-25：

表4-25 成熟度等级表

成熟度等级	详 述	特 征
等级1：非正式执行	组织只具备一些约定俗成的流程。 在响应特定业务需求时才会进行数据安全方面的考虑。 仅依据特定项目来非正式地进行数据安全过程。 无证据表明安全过程的执行过程得到持续性的优化。 无明确的与数据安全相关的岗位或职责定义	随机、被动的安全过程
等级2：计划跟踪	组织对数据安全进行风险评估并根据安全过程实施了正式的控制和管理。 大部分安全控制仍依赖人工执行，只有部分安全过程通过实现工具和系统化执行。 组织层面具有清晰的与数据安全相关的岗位和职责定义	主动、非正式的安全过程
等级3：妥善定义	与安全过程配套的流程制度基本具备并能够随着时间的推移得到改进。 安全过程经过有效的评估和定制能够与组织的数据安全风险保持一致。 对安全过程的执行结果进行持续地衡量，以保证执行效果。 关键岗位具有兼职或专职的数据安全人员	正式的规范的安全过程
等级4：量化控制	数据安全流程制度具有一定的自动化能力支持落地操作，且能够覆盖到关键的业务领域。 关键岗位的数据安全人员具备应有的能力素质要求，可保证安全过程的执行。 数据安全与业务方向一致，并向下分解，同时通过持续测量和跟踪得到及时更新。 技术控制过程应用在关键控制环节，并正常使用了新技术与新产品	安全过程可控
等级5：持续改进	数据安全的整体管理是一个可以调整的过程。 通过数据安全控制提升业务价值，并满足技术和业务的变化。 持续地评估数据安全风险，并进行控制与改进。 通过新技术的创新与应用驱动业务的创新。 密切关注国内外最新的数据安全标准及规范，并结合本组织特点合理采纳并更新组织内的数据安全解决方案	安全过程可调整

通过基于数据安全能力成熟度模型（Data Security Maturity Model）的实践指南框架有层次地来缓解业务过程中带来的数据安全风险（图4-25）。

在数字化经济社会中，网络攻击使企业面临多种数据安全的风险，数据的泄露、滥用、误用会导致竞争力下降、违反监管与法律、企业名誉受损、

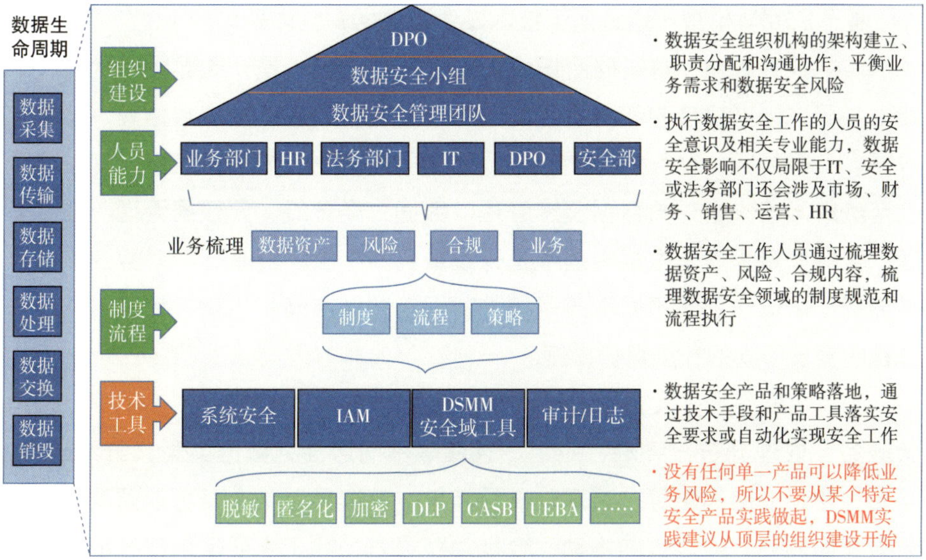

图 4-25 DSMM 实践指南框架

业务中断等种种风险，如何平衡数字业务与安全，保护数据安全和隐私，迎合监管合规，按照DSMM实践指南框架来构建数据安全体系缓解业务数据风险。

（1）组织建设：从组织建设开始构建数据安全体系，数据安全组织机构的建立架构、分配职责和沟通协作、保证资金和资源分配、平衡业务需求。

（2）人员能力：确保企业所有相关方都能参与数据安全的建设，提升人员对数据安全的意识和能力，不仅局限于IT、安全或法务部门，还会涉及市场、财务、销售、运营、HR；所有的活动流程、制度规范、技术落地都需要人持续地执行、落实和推动。

（3）制度流程：数据安全技术团队按照数据生命周期梳理所有类型的敏感信息和重要数据，围绕数据问题、安全和合规需求在业务和技术之间建立联系，评估威胁并选择制定数据安全规范和流程，设立管理风险的控制措施，使整个体系流程高效。

（4）技术工具：以数据为中心，梳理贯穿到整个数据生命周期中的策略、技术、产品，绘制部署实施路线蓝图。通过技术工具系统地评估保护数据机密性、完整性和可用性，以使风险降低到可接受的水平。

基于DSMM模型，通过如下技术域建设数据安全体系：

（1）数据治理。将数据治理设置为战略优先级，是开展数据安全工作的能力基础，以减轻威胁和合规性问题导致的业务风险。关键数据集，如个人数据、公司数据、政务公共数据、国家重要数据等是数字经济业务的生命线，甚至威胁国家安全，故数据资产管理、数据分类分级、元数据管理、血缘管理、数据质量管理等数据治理项是开展数据安全工作的基础。对数据进行分类分级，用以达到对不同敏感等级的数据在数据存储、传输、使用、共享等过程中开展不同的数据保护措施。

（2）数据安全。大数据时代，数据表现出的存储环境不同，如私有部署、云服务，处理分布在终端、应用、存储等不同层面，数据类型又分结构化、半结构化、非结构化等，这意味着没有单一的产品解决方案可以解决数据安全所有问题。数据泄露的推动、合规隐私要求，除了需要采用传统的密钥管理、DLP、文件和数据加密、水印、数据库审计和保护、安全删除等产品技术，根据自身业务和场景选择性地采用和实施包括隐私影响评估和管理工具、ML和UEBA技术、差分隐私、匿名化技术、密文计算、区块链技术的安全应用、数据访问治理等技术和产品。

（3）IAM（Identity and Access Management，身份认证与访问安全管理系统）。身份和访问管理技术用于保护敏感数据免受未经授权的访问，包括身份验证机制、数据和资源访问控制、细粒度授权等。IAM或IDM技术灵活的策略实施引擎是关键，能够准确地跟踪和管控整个企业的用户权限。

（4）日志和审计。全生命周期的系统的管理，监控和自动化合规性控制的技术对于验证系统和数据访问控制是否有效运行非常有用。数据库、人员操作、共享调用、数据传输等日志和审计可用于数据泄露溯源，恶意行为告警，并帮助系统进一步对攻击行为进行阻断。

4.6.2 数据安全管理模式和经验

数据安全的保障和管理，应从数据生命周期的各个阶段开展，围绕数据生命周期的六个阶段（数据采集、传输阶段、存储阶段、处理阶段、交换阶段、销毁阶段），制定相应的安全防护措施，建立健全安全保障和安全管理体系。

1）数据采集阶段风险分析及应对措施

数据的采集阶段主要是指系统数据的生产和采集过程，该过程会遇到非授权数据生产、系统后门、操作风险、数据等级不清、数据污染、数据密级不清等相关风险，使得对于数据的重要性级别划分模糊、混淆，数据文档被非法篡改，植入木马等相关风险。针对数据采集阶段的风险应对措施：

（1）策略和制度。制定数据采集过程数据安全保护制度，对数据采集方法、过程、保护措施等进行规定；制定数据分类、分级制度，针对不同类别、级别的数据采取不同的安全保护措施。

（2）访问控制。对数据进行分类分级；由授权主体配置基于数据分类、分级的访问控制策略，规定主体对客体的访问规则；访问控制的粒度需要达到文件、数据库表级、列级、记录或字段级；对分类、分级识别的敏感信息或个人信息等重要数据设置安全标记；安全标记需要全程携带，并保证在机构内部不同业务系统中基于安全标记的保护策略应保持一致。

（3）授权许可。采集个人信息过程中，数据的使用目的和范围需要获得本人的授权，保留授权记录，数据的使用应遵照授权执行；业务数据的导入需要获得数据源管理者的授权，保留授权记录，数据的使用应遵照授权执行；仅采集业务必需的信息。

（4）数据导入管理。需要对数据源进行管理，确保数据的真实、可信；需要保证对导入数据的安全保护措施，满足数据源对数据安全保护的要求；需要保留数据溯源记录。

（5）采集终端数据保护。需要采用技术手段保护采集终端留存数据的安全性；需要对数据采集终端及用户实施身份鉴别。

（6）安全审计。需要提供数据采集过程的安全审计功能，审计覆盖到各系统每个用户，与数据采集过程相关的重要用户行为和重要安全事件保留审计日志并进行审计；审计日志产生时的时间需要由机构范围内唯一确定的时钟产生，以确保审计分析的正确性。

2）数据传输阶段的风险分析及应对措施

对于数据的使用是数据价值体现的关键所在，因此不论在网内还是网间，存在着大量的数据传输过程，在这个过程中，主要承担的风险有窃听、篡改、数据密级不清等问题，因此造成了数据内容极容易被人窃取等风险。针对数据传输阶段的风险应对措施：

（1）策略和制度。需要基于数据分类、分级制定，并执行数据传输的安全保护策略。

（2）数据保密性。需要采用技术手段保证采集终端数据上传通道安全；需要采用加解密技术保证鉴别信息、敏感信息、个人信息等重要数据在传输过程中的保密性。

（3）数据完整性。需要采用校验码技术或加解密技术保证鉴别信息、敏感信息、个人信息等重要数据在传输过程中的完整性。

（4）属地管理。数据跨境传输需要获得授权和审批，并对传输过程执行监管。

（5）安全审计。需要提供数据传输过程的安全审计功能，审计覆盖到各系统每个用户，对数据传输过程中重要的用户行为和重要安全事件保留审计日志并进行审计；审计日志产生时的时间需要由机构范围内唯一确定的时钟产生，以确保审计分析的正确性。

3）数据存储阶段的风险分析及应对措施

数据的存储阶段主要是指对于存储在介质上面的数据资源进行的一个风险识别，该阶段主要涉及数据篡改、设备丢失、非授权访问、存储介质故障、数据泄露等风险问题，一旦存储出现了问题，对于原有数据资源就形成了致命的打击，因此对于终端设备和存储媒介设备，应该对于内部存储的内容进行多方面、多维度的保护。针对数据存储阶段的风险应对措施：

（1）策略和制度。需要制定并执行数据存储的安全保护制度，对数据存储方式、存储策略、保护措施等进行规定；需要根据数据的分类、分级，制定数据的备份方式、备份频度、存储介质、保存期及恢复策略等；需要制定对存储数据的访问控制策略，防止用户对数据的非授权访问。

（2）访问控制。需要根据访问控制策略，实现主体对客体的访问控制；需要基于安全标记控制主体对数据资源的访问，安全标记应全程携带，并保证在机构内部不同业务系统中基于安全标记的保护策略保持一致。

（3）属地管理。需要保证承载大数据存储的设备机房应位于中国境内。

（4）数据保密性。需要采用加解密技术保证敏感信息、个人信息等重要数据在存储过程中的保密性。

（5）数据完整性。需要采用校验码技术或加解密技术保证敏感信息、个人信息等重要数据在存储过程中的完整性。

（6）安全审计。需要提供数据存储过程的安全审计功能，审计覆盖到各系统每个用户，对数据存储过程中重要的用户行为和重要安全事件保留审计日志并进行审计；应对审计日志进行保护，定期备份，避免受到未预期的删除、修改或覆盖等；审计日志产生时的时间应由机构范围内唯一确定的时钟产生，以确保审计分析的正确性。

（7）备份恢复。需要识别需要定期备份的重要业务信息、系统数据等；需要提供重要数据的本地数据备份与恢复功能；需要提供异地实时备份功能，利用通信网络将重要数据实时备份至备份场地；备份数据需要采取与原数据一致的安全保护措施；需要事前检查重要业务数据备份的可用性。

4）数据处理阶段的风险分析及应对措施

数据处理阶段是指对于数据的编辑、更改及储存的过程，该过程可能会有篡改或窃取数据使用记录、系统漏洞威胁、非法使用、不同等级数据混乱等风险，主要涉及通过漏洞的利用，违规的操作而进行的一系列风险行为。针对数据处理阶段的风险应对措施：

（1）策略和制度。需要制定并执行数据集成、数据分发等数据处理的安全管理制度。

（2）访问控制。需要对数据处理过程产生的数据进行分类、分级。需要由授权主体配置基于数据分类、分级的访问控制策略，规定主体对客体的访问规则；访问控制的粒度需要达到文件、数据库表级、列级、记录或字段级；数据处理过程需要根据访问控制策略，实施主体对客体的访问控制；需要对敏感信息或个人信息等重要数据设置安全标记，并基于安全标记控制主体对数据资源的访问；安全标记需要全程携带，并保证在机构内部不同业务系统中基于安全标记的保护策略保持一致。

（3）授权许可。数据集成需要获得授权，保留授权记录，数据的使用应遵照授权执行；数据接口的封装和使用需要获得授权，并遵照授权执行。

（4）属地管理。承载大数据处理的设备机房应位于中国境内。

（5）数据处理保护。为数据应用提供服务的数据接口，如数据操作接口、数据接口，应实施访问控制；需要对数据接口输出结果中的敏感信息或个人信息进行脱敏或去隐私化；如数据接口输出中涉及敏感信息或个人信息等重要数据，输出数据应携带安全标记，并保证在机构内部不同业务系统中基于安全标记的保护策略应保持一致。

（6）信息保护。需要采用技术手段防止数据受到未授权的集成。

（7）安全审计。需要提供数据处理过程的安全审计功能，审计覆盖到各系统每个用户，与数据处理过程相关的重要用户行为和重要安全事件保留审计日志并进行审计；审计日志产生时的时间需要由机构范围内唯一确定的时钟产生，以确保审计分析的正确性。

（8）数据溯源。需要采用技术手段实现敏感信息、个人信息等重要数据的数据溯源。

5）数据交换阶段的风险分析及应对措施

数据交换是指在多个数据终端设备之间，为任意两个终端设备建立数据通信临时互连通路的过程。该过程的威胁主要有非法访问、篡改、窃取或劫持、系统漏洞威胁、不同等级数据混乱等内容，通信渠道的安全需要认证系统、网关系统、分级系统等内容来进行协调保障。针对数据交换阶段的风险应对措施：

（1）策略和制度。需要制定并执行数据应用管理制度，对数据应用的范围等进行规定；需要制定并执行数据输出管理制度，对数据输出范围、处理规则等进行规定，并严控数据输出的知悉范围；需要制定并执行数据交换、数据共享的安全管理制度，对可交换可共享的数据类型、范围、时间周期等进行规定；需要制定并执行数据披露和公开的管理制度，对公开和披露的数据类型、范围、时间周期等进行规定；数据分析的程度和范围应符合国家的相关政策法规。

（2）访问控制。需要根据访问控制策略，实施主体对客体的访问控制；需要基于安全标记控制主体对数据资源的访问；安全标记需要全程携带，并保证在机构内部不同业务系统中基于安全标记的保护策略保持一致。

（3）授权许可。数据应用需要获得授权，保留授权记录，并遵照授权执行；数据分析和挖掘等需要获得授权，并遵照授权范围执行；数据交换和共享需要获得授权，保留授权记录，并遵照授权执行；数据披露和公开需要获得授权，保留授权记录，并遵照授权执行；数据或数据接口的使用需要获得授权，并遵照授权执行。

（4）属地管理。跨境的数据应用需要获得授权和审批，并对使用过程执行监管。

（5）输出限制。需要对数据展示或输出的终端及用户实施身份鉴别；需要对数据交换、共享的接收方进行认证；需要基于安全标记对数据输出范围和方式进行限制。

（6）信息保护。需要采用技术手段防止进行未授权的数据分析；需要采用去隐私化技术防止在数据应用过程中识别出个人身份；需要采用去隐私化技术手段限制在终端输出个人身份；需要采用数据加密或脱敏技术手段限制在终端输出敏感信息。

（7）抗抵赖。重要数据交换的过程中，数据收发双方须保存相应记录，防止抵赖。

（8）安全审计。需要提供数据应用过程的安全审计功能，审计覆盖到各系统每个用户，与数据应用过程相关的重要用户行为和重要安全事件保留审计日志并进行审计；审计日志产生时的时间需要由机构范围内唯一确定的时钟产生，以确保审计分析的正确性。

（9）数据溯源。需要采用技术手段实现敏感信息、个人信息等重要数据的数据溯源。

6）数据销毁阶段的风险分析及应对措施

数据销毁阶段是数据生命周期的终点，也是数据整个周期的最后一步，该阶段主要面临的风险有非授权操作、行为审计、内存残留、数据被还原等，主要涉及销毁的不彻底及非法销毁两个方面。针对数据销毁阶段的风险应对措施：

（1）策略和制度。需要建立数据归档、销毁的管理制度，对数据归档和销毁的流程、数据销毁的相关方、保护策略等进行规定，如用户请求删除数据、用户退出服务、超出数据保存期限。

（2）数据归档。需要对数据归档介质进行控制和保护，并保留相应记录。

（3）数据销毁。需要使用机构授权的技术和方法对敏感信息进行清除或销毁，保证无法还原。

（4）授权许可。数据销毁需要获得授权，保留授权记录，并遵照授权执行；在获得用户的授权许可或用户请求后，需要对用户数据进行清除或销毁。

（5）属地管理。需要在中国境内对数据进行清除或销毁。

（6）数据保密性。需要保证重要数据在销毁过程中的保密性。

（7）剩余信息保护。需要保证包括鉴别信息、敏感信息、个人信息等重要数据所在的存储空间被释放或重新分配前得到完全清除。

（8）安全审计。需要提供数据销毁过程的安全审计功能，审计覆盖到各系统每个用户，对数据销毁过程中重要的用户行为和重要安全事件保留审计日志并进行审计；审计日志产生时的时间需要由机构范围内唯一确定的时钟产生，以确保审计分析的正确性。

4.7 大数据时代的数据治理新特点

数据治理是人类社会信息化发展及进入数字时代的必然产物。随着信息化的快速发展，数据资源的总量和类型都呈现出快速增长的趋势，一方面数据总量始终以几何级速度在不断增长，另一方面数据的类型也由传统的二维结构化数据，扩展到文档、图形、音视频等多种类型，远远突破了传统“数据”的含义，可以说只要能以计算机记录的信息内容，皆可成为数据。与传统的数据治理理念对比，大数据时代的数据治理呈现出了许多新的特点：

（1）通过数据融合（Data Blending）支撑多类型数据全面治理。

大数据时代的数据治理面向的不仅是传统的以二维表存储的结构化数据，同时也需要面向文档、图形、图片、音频、视频、专业格式数据体等非结构化数据，而且这些非结构化数据的数据量、复杂程度都远大于结构化数据。为了实现对这些非结构化数据的有效治理和应用，开始引入了数据融合技术。

传统的数据治理、统计分析等应用经常是对单一数据源（如企业生产、经营、决策、营销、报表、调查等）进行深入地追踪和分析。数据的使用人对数据的来源和结构有一定的控制和深层的了解。在大数据时代，数据源是多样的、自然形成的、海量的，数据常常是半结构或非结构的。这就要求数据的分析和应用能够驾驭多样、多源的数据，将它们梳理后进行挖掘和分析。在这个过程中，数据融合就成为不可或缺的一步。数据融合的目的不是将一个企业或组织的所有数据集中在一起并标准化而产生唯一的真相，它是以产生决策智能为目标，将多种数据源中的相关数据提取、融合、梳理整合成一个或多个数据集。这个数据集是个独立的和灵活的实体，可随数据源的变化重组、调整和更新。

数据融合的方法有多种，其中常用的方法有：

第一种是根据数据源之间的关系，可将数据分为互补类型、冗余类型和合作类型。互补类型的数据往往属于同一范畴，比如同样属于语音数据。冗余类型的数据也属于同一范畴，但是数据本身有较多重叠，比如覆盖范围重叠的两个摄像头。合作类型的数据不属于同一范畴，比如多模态识别中同时利用语音和图像信息。

第二种是Dasarathy提出的三个融合层面，第一个是在数据（data）层面直接融合，第二个是从数据中提取特征（feature）后在特征层面的融合，最后一个是根据数据得到决策（decision）后在决策层面的融合。

第三种是Luo提出的四个层面，第一个是信号源（signal），第二个是像素（pixel），第三个是特征（characteristic或feature），最后一个是符号（symbol）或者决策（decision）。

第四种是Joint Directors of Laboratories（JDL）和美国国防部提出的五个层面，第0层直接来源于数据本身（source），第1层来源于数据所代表的实体（object），第2层为实体所处的状态（situation），第3层为实体所处状态会造成的影响（impact），最后一层对前四层精炼处理（process）。

第五种是根据数据的组织结构，可分为中心结构（centralized）、去中心结构（decentralized）、分散结构（distributed）和层次结构（hierarchical）。

通过采用数据融合方法，不仅实现了对更大范围数据资源的管理和应用，同时增强了数据价值发现和价值创造的潜力和能力。

（2）聚焦数据的价值发现和价值创造。

在过去传统的信息化工作模式下，数据的总量较少，采集、存储、管理和应用的成本较低，因此数据的价值尚未受到足够的重视。进入大数据时代，在数据总量快速增长，数据类型趋向多样化的形势下，基于数据的“采、存、管、用”等行为所需的成本也快速升高，同时数据挖掘的能力和智能化技术的发展，也给数据的价值创造带来了更多可能性。因此，大数据时代，企业和个人都更加注重数据的价值创造和价值发现。

数据的价值发现。主要是通过数据的流程优化、分析和处理等，支撑传统业务效率的提升，方式的转变，以及新业务的开拓等，比如实现精准营销等。在油田企业，数据的价值发现还主要体现在对勘探开发等业务的支撑方面，提高大数据的分析和处理，支撑油藏的精细化管理。

数据的价值创造。在大数据时代下，数据资源的直接衍生产品也逐渐丰富多样起来。

（3）对数据质量、一致性和数据模型的要求有所降低。

在传统的数据治理工作中，数据质量是一个十分重要的治理项目，但是在大数据时代的数据资源管理，对数据质量的重要性不再像以往那么高，这里不是说不需要注重数据质量，而是更加强调在面向多样化的应用需求时，数据的针对性的服务能力。例如，在面向实时型业务应用时，系统更加强调数据的实时服务能力，强调数据的“鲜”和“快”，相应的对数据质量的要求就已经有所降低了，这其中最常见的场景，就是每年“双十一”期间各大电商即时发布的在线交易数据，在每秒数十万至数百万次的交易量下，网站的交易系统、展示系统、结算系统等都承受着巨大的交易压力，电商的首要目标是保障系统的即时响应和交易的快速处理，实时发布最新交易数据，同时避免因交易量暴增引发的系统“宕机”，这些数据一般都不会是最终的准确结果，最终的准确数据往往会在活动结束后一段时间，经更加慎重地核实后才予以公布。另一个例子就是“异常分析”型的应用，根据对原始数据分析，找出质量异常数据的规律，从而找到系统或管理中的薄弱环节，例如对设备运行数据的分析，找到数据质量异常对应的设备、生产状况、生产厂家、维护操作、人员及组织机构等细节和规律，从而找到设备运行管理的薄弱环节，就能正向地提高设备运行的稳定性，减少故障率。

综上所述，在大数据时代更加强调对数据原始特性的保持。数据质量的控制是针对某些将质量作为首要因素的应用所需考虑的内容，但是除了数据质量，多样化的应用对数据的要求变得越来越多、越来越不固定，包括及时性、原始性、合理性等。这就是大数据时代对数据质量要求有所降低的内在原因。

智能油田

（下）

李剑峰　肖波　肖莉　景帅
编著

INTELLIGENT OIL FIELD

中国石化出版社
HTTP://WWW.SINOPEC-PRESS.COM

图书在版编目（CIP）数据

智能油田 / 李剑峰等编著．— 北京：中国石化出版社，2020.6（2021.11 重印）
ISBN 978-7-5114-5821-6

Ⅰ．①智…　Ⅱ．①李…　Ⅲ．①智能技术－应用－油田开发－研究　Ⅳ．①TE34

中国版本图书馆 CIP 数据核字（2020）第 081116 号

中国石化出版社出版发行
地址：北京市东城区安定门外大街58号
邮编：100011　电话：（010）57512446
发行部电话：（010）57512575
http：//www. sinopec-press. com
E-mail：press@ sinopec. com
北京富泰印刷有限责任公司印刷
全国各地新华书店经销
*
710×1000 毫米 16 开本 47.5 印张 708 千字
2021 年 11 月第 1 版　2021 年 11 月第 3 次印刷
定价：366.00 元

序 1

石油作为工业经济的血液，在人类进步和社会发展过程中发挥了重要作用，当前正把世界推到工业4.0数字时代的门口。放眼全球，数字经济加速崛起，已成为转型升级的重要驱动力。2018年，主要发达国家数字经济在GDP中的占比超过60%，中国数字经济在GDP中占比达到34.8%、增速连续三年位居世界第一。2008年，全球市值排名前三位的公司分别是埃克森美孚、中国石油和通用电气，到2018年已变成苹果、亚马逊和谷歌。我们不得不承认，数字已经成为核心生产要素，计算能力已经成为新的核心生产力。正如李剑峰同志在他的新书《智能油田》中所说，整个工业界已经开始了“换血、换力、换智”的崭新征程。

看到《智能油田》的样书，我内心感到欣喜。剑峰同志在中国石化长期从事信息化工作，丰富的实践经历为其研究和思考智能化发展方向和前沿提供了广阔舞台。近年来，剑峰同志参与组织智能工厂、智能管网、智能油田、智能研究院、易派客平台、石化e贸平台等大型系统建设，使中国石化信息化水平保持在央企前列。《智能油田》的出版，一定程度上也反映了中国石化在信息化、数字化和智能化领域勇于探索、大胆创新的最新成果。

当前，新冠肺炎疫情肆虐全球，国际油市风云突变，油价持续低位运行，石油公司压力剧增。肩负保障国家能源安全的职责使命，面对前所未有的困难挑战，我国石油企业逆势而上的动力在哪里，出路在哪里，这些都是我们必须回答的时代考题。习近平总书记强调，“信息化为中华民族提供了千载难逢的机遇”，这一重大论断无疑为我国石油石化工业指明了前进方向，提供了根本遵循。大力推进两化深度融合，积极开拓数字化转型新路，用人工智能、区块链、物联网等技术塑造企业核心竞争力，无疑是一条康庄大道。

本书结构清晰、论述深入浅出，首章开宗明义探讨了智能油田的内涵，提出智能油田“九化”的整体业务架构，并给出智能油田实践落地的“三个一工程”思路。其后，系统研究了油田业务分析、数据治理、工业互联网平台、数字化转型等内容，展示了人工智能、大数据、边缘计算等最新成果，为油田企业进行智能化建设提供了借鉴参考。最后，展望了CPS系统、数字孪生技术在未来油气工业中的应用前景，提出了“虚实结合、向数而生”的美好愿景。

本书还把AI技术应用到了图书出版上，为读者提供阅读“数字助理”，实现问答互动，让图书成为一本“活”书，不因印刷出版而定型，可以不断增添新的内容、补充新的知识，让读者常读常新。

我国石油工业正处在转型升级的十字路口，数字化、智能化技术未来将发挥更大作用。希望本书能帮助读者全面了解智能油田最新发展情况，引发共鸣，启迪方向，加快推动我国石油工业数字化进程。

中国石油化工集团有限公司总经理、党组副书记

中国工程院院士

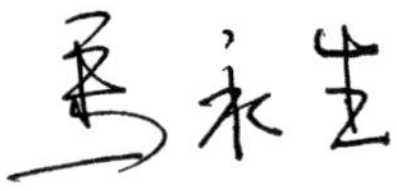

序 2

当前，中国的原油对外依存度已经超过70%，如何争取更多的石油发现，保障国家能源安全，这是国家战略；由于美国页岩油气的快速上产，自2014年以来，国际油价进入低位运行周期。就在今年3月9日，由于“OPEC+”未达成协议，加之受多国新冠肺炎疫情影响，国际油价创近30年来最大单日跌幅，WTI原油每桶34.03美元，降幅达17.56%，布伦特原油每桶36.56美元，降幅达19.24%。如何降低勘探开发成本，保持公司充足的现金流，是公司能否生存和可持续发展的关键；全人类都在关心气体温室效应，努力践行《巴黎协定》，油气公司如何进行整体优化，提高效率，减少排放，绿色低碳发展，是整个石油行业面临的共同课题。两化融合，“人工智能+石油工业”也许能够为这些课题寻找到答案。从这个角度来看，《智能油田》作出了有益的探索。

当前学科发展，百舸争流，信息科学仍然是领头学科，影响着各行各业；能源领域正处在大转型时期，能源低碳化、多元化、智能化、分散化和国际化是其典型特征。以互联网、物联网、大数据、人工智能、区块链为代表的信息技术与能源的高度融合，将是能源领域的一场新的革命，信息技术将重塑能源未来。《智能油田》的出版恰逢其时！

也正因为如此，本书作者李剑峰请我为本书作序时，我欣然应允。

我和李剑峰博士相识多年，他曾在中国石化石油勘探开发研究院工作，先后任副总工程师，兼任地球物理研究所所长、南京地球物理研究所（现中国石化石油物探技术研究院）所长，2006年调入中国石化集团总部信息和数字化管理部，任副主任至今，一直在油气勘探和信息化领域深耕细作，脚踏实地，践行油气工业和信息化的融合之路，并取得了丰硕的成果。2006年李剑峰曾出版《数字油田》一书，对推进石油行业数字化发展发挥了积极的影响。时隔十余年后再出版《智能油田》，前后呼应、厚积薄发，走出了一条从数字化到智能化的升级之路。

人工智能正处在快速发展期，各种概念、理论与技术不断涌现，各个领域应用不断扩展。智能油田还是一个比较新的概念，在业界尚无定论。本书在智慧地球、智能制造、工业4.0、工业互联网等宏大背景下，结合油田信息化发展现状，勾勒了智能油田的业务架构和发展路径，并探讨了油田数据治理、知识管理及数字化转型等话题，书中还介绍了人工智能、区块链、边缘计算等实用的ICT技术进展，给出了多个智能油田建设实践的探索案例，内容丰富，我有幸先睹为快，学习了很多新知识，相信对油气行业的从业者和科研人员具有很高的参考价值。

书中首次提出了“油田数字生命体”的概念，把油田看作一个数字化的生命，很有创意！并进一步提出了“油田智脑+油田生命数据体=油田数字生命体”的构想，初步描绘了未来智能油田的完整图像。

本书还利用AI技术，打造了自己的数字助理，读者可以召唤数字助理讲解本书、回答问题、与读者互动，这在图书出版模式上也是一个创新。出版的是《智能油田》图书，却开创了“智能出版”业务，这种勇于实践的精神，值得称赞。

智能油田建设刚刚起步，希望本书的出版能够助推新一代人工智能技术在石油行业的深化应用，更希望本书作者能够再接再厉，在油田智能化的道路上走得更远。

中国石油学会副理事长
中国科学院院士

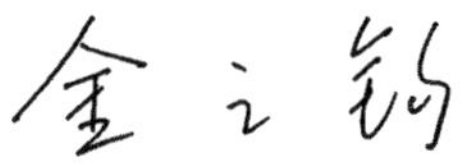

序3

拿到《智能油田》的样书，进行了认真拜读。全书的九个章节环环相扣、浑然一体，而且深入浅出。本书开宗明义地提出了对智能油田的理解，从不同的视角阐述了智能油田的基本特征，描绘了智能油田未来的发展途径和重点方向。针对大数据技术的发展和应用，提出了油田数据治理的基本框架，并介绍了人工智能、大数据、增强现实、区块链等数字技术的发展及智能化油田建设的一些实践案例。

当前受新冠疫情、地缘政治等多重因素的影响，国际经济低迷，油价一直在低价位徘徊，给石油公司的经营发展带来了巨大的压力。如何在勘探开发生产业务中优化流程、降低成本、提高生产率，进而提升企业的竞争力，油田数字化、智能化建设无疑是一条有效的途径。

油气田智能化发展呈现三个趋势：一是推进智能油田的建设；二是推进工程技术的智能化；三是推进与IT公司的深度合作。从国际上看，各大油公司积极推进智能化建设。有报告显示，荷兰皇家壳牌公司是全世界最早采用物联网技术开发智能油田的公司之一，壳牌公司的Smart Fields（智能油田）项目整合了智能井、先进协作环境和油藏管理等内容，形成一个统一的智能油田协同工作平台。通过使用物联网技术对大量传感器的实时数据采集和监控，以及跨地区、跨学科的协作，实现了油田生产的最佳状态。截至2009年，该项目已为壳牌公司带来了高达50亿美元的整体收益。其在文莱Champion西部油田的应用，使最高采收率提高了3%—6%、开发成本降低了1—1.5美元/桶。道达尔公司与世界知名的IT公司谷歌签署合作协议，合作探索油气勘探和生产的智能化解决方案，聚焦地下成像的智能化处理与解释，加速石油、天然气勘探开发和生产。全球最大的油气服务公司斯伦贝谢今年五月份开展了业务重组，将公司的17条产品线合并为四个新的业务部门：数字与集成（digital and integration）、油藏性能（reservoir performance）、油井建设（well construction）、生产系统（production systems）。“数字与集成”成为新四大业务之首。过去几年，斯伦贝谢已将数字化作为一项优先事项，进行了大量投资以拓展其产品。公司拥有1000多名软件工程师，并投入了50%的研发经费用于数字化（2018年的研发经费总额约为7亿美元）。

在国内，走向数字化、智能化，是油田企业升级发展的正确方向，这一点毫无疑问已经成为油田行业的共识。中国石化早在2013年就开始了智能油田建设的预研究和规划设计工作，2017年在两家油田企业正式立项开始试点建设。中国石油去年发布了勘探开发梦想云平台，初步构建了“两统一、一通用”（即统一数据湖、统一技术平台，通用应用和标准规范体系）的数字技术应用建设体系，标志着中国石油的上游业务将实现在数字化方面的重大转型升级。

《智能油田》的出版，顺应了当前数字化转型、智能化发展的潮流，必将对推动我国油田企业升级发展、提升企业生存竞争能力，产生良好的影响。

中国工程院院士 李阳

自序——人工智能时代的油气工业

“这个世界之所以是这个样子，乃是因为我们的存在。”

——霍金（1942—2018）

新时代

人类进入了人工智能时代！

在人类将近300万年历史中，有超过299万年的时间，人类都在吃不饱、穿不暖的农业社会、原始社会乃至更古老落后的社会形态中踟蹰不前。

直到最近300年左右的18世纪下半叶，起源于英国的工业革命，人类才第一次放下了背负在身上体力劳动的重担，迈开了快速前进的步伐，人类的温饱水平得以大幅度提升。不过短短的200年之后，人类的大多数还没有暖热工业社会的板凳，一个被称为计算机的小小发明，犹如一颗强劲的引擎，使人类社会的发展再次提速。特别是进入20世纪80年代之后，以互联网技术为核心，生物工程、纳米技术、新能源、新材料、机器人和移动通信等一大批新兴技术把人类社会一举送入信息社会，让人类社会的发展从骑马到开车再到现在几乎是坐着火箭前进。如果可以穿越，让大美女妲己穿越到乾隆皇帝的紫禁城，即使有将近3000年的时间跨度，妲己同学也不会有太大的吃惊，但如果让乾隆同学穿越到300年后的北京城，绝对会被客厅里会说话的电视“吓尿”，有人用吓尿指数衡量日益加速的发展变化，这些年的吓尿指数毫无疑问是居高不下的。

我说，人类已经进入了人工智能时代，有些人的吓尿指数是不是要爆表了？

21世纪的第一个10年刚刚过去，人类进入信息社会才不过几十年的时间，人工智能时代犹如一只天外飞来的UFO已经纤尘不惊地悄然降落。

2016年是人工智能历史上一个具有特殊意义的年份，它是一个时代的结束，也是新时代的开始。这一年距离1956年麦卡锡、明斯基、罗彻斯特和香农等人提出人工智能概念整整过去了60年。按照中国人的习惯说法，正好过去了一个甲子。而当年在达特茅斯学院提出这个概念的10位科学家中最后一位科学家明斯基也在这一年的年初离开了人世，这或许标志着人类在人工智能领域第一阶段的努力落下了帷幕。就在明斯基去世后的两个月，谷歌公司的围棋软件阿尔法狗（AlphaGo）在与世界著名围棋选手李世石的对局中，以4∶1的压倒性优势获胜，成为第一个战胜围棋世界冠军的机器人。它的意义要远远超过1997年IBM公司的深蓝战胜国际象棋大师卡斯帕罗夫，因为从难度上讲，围棋比国际象棋的难度要高出6—9个数量级。这件事不仅是人类在机器智能领域取得的又一个里程碑式的胜利，而且标志着一个新时代——智能时代的开始。

暗知识

人类之所以能够成为万物之灵，成为这个蓝色星球的主宰，根本原因在于人类能够不断地总结、发现知识，并一代代传承下去。一代代的积累让人类逐渐从动物界脱颖而出，成为超越动物界高高在上的“神灵”。发现知识的能力是人类最重要的本质特征。

人工智能作为一种技术，而且还是一种不断发展完善中的技术，居然能够标志一个新的时代，自有其超越凡俗的特质——发现人类发现不了的知识！正是这一点，让人类大惊失色，担心不已，担心机器人会不会像人类超越动物界一样，逐渐超越人类，成为人类之上的、新的人造“神灵”。

前文提到的阿尔法狗围棋软件带给人类的就是这种巨大的冲击。

围棋被认为是人类历史上最复杂的游戏。在19×19的纵横棋盘上黑白双方轮流下子，可能的走法是一个无法计算的巨大数值。粗略估算一下，按照平均下完一盘棋要走100步，每一步有200种走法，每局棋可能的走法就有200^{100}种，人们测算过，即使使用世界上运算速度最快的超级计算机，要遍历所有的走法，所需要的时间比宇宙的年龄都要长得多（宇宙的年龄大约是138亿年），人类早已承认这超出了人类能力的范畴，但阿尔法狗却做到了。

在阿尔法狗4∶1战胜韩国著名棋手李世石后，当时世界排名第一的中国围棋手柯洁不以为然地放言：阿尔法狗胜不了我！然而，无情的事实是，柯洁在阿尔法狗面前毫无抵抗力，以0：3完败。在接受采访时，这位天才棋手感叹，阿尔法狗太完美了，简直看不到任何获胜的希望，甚至流着眼泪承认：我们人类下了几千年的围棋，好像还没入门。中国老牌棋圣聂卫平对阿尔法狗的棋艺崇拜不已，他说："阿尔法狗的着法让我看得如醉如痴。围棋是何等深奥和神秘，但阿尔法狗对下棋的顺序、时机的把握都堪称完美！它的水平完全超越了人类。我们应该让'阿老师'来教我们下棋。阿老师至少是20段，简直是围棋上帝。"

阿尔法狗彻底击碎了人类在围棋这种高度复杂的游戏中的尊严，几千年来，人类一代代棋手在这项游戏中积累下来的知识和智慧瞬间变得一文不值，这让许多棋迷简直无法接受，有人甚至痛哭流涕。

为什么会这样？围棋的可能着法比全宇宙的原子数都多，而人类历史上留下的所有对弈记录不过数万盘，二者相比的差距比整个太平洋对比一个水分子之间的差距还要大。人类在一代代的传承过程中，基本上都是沿着前人探索过的成功路径小心翼翼地向前探索，人生有限，想要快速取得成功，就一定要走在前人走过的路上，再慢慢向外探索，而不能自己信马由缰地胡乱摸索。阿尔法狗则不同，随后推出的升级版AlphaGo Zero在下棋时，根本不需要学习人类积累下来的任何棋谱，而是一开始就是自己跟自己"随机"地下棋，每下一盘就自己产生一个棋谱，所有的路都是自己走出来的，不受前人经验框框的约束，所以它探索过的地方，都是人类未曾触碰过的区域，它就能发现人类发现不了的知识——人们称这类知识为"暗知识"。

人工智能的发展，让暗知识现象越来越常见。深度神经网络是一种常用的人工智能算法，在图像识别等众多领域得到成功应用，在著名的ImageNet图像识别竞赛中，成功地击败人类，这种算法就存在无法解释的"隐藏层"。因为无法解释，所以即使取得了成功，人们也无法解释为什么成功，这也成为当前人工智能算法推广应用的一个瓶颈。大数据技术的发展给人类带来了同样的困惑。随着数据量的增大，不同来源、不同类型的数据汇集到一起，大数据算法就能从这些数据中发现一些新的"关系"，这些关系对人类生产或者经营活动有巨大的帮助，但人类说不清为什么会这样。人类总是习惯于因果关系的描述，但当大数据给出我们"有用"的关系时，我们便恐慌地发现，我们找不到是什么因、产生什么果。

19世纪的最后一天，欧洲著名的科学家欢聚一堂，开尔文男爵（英国著名物理学家威廉·汤姆生）发表了面向新世纪的新年祝词。他自豪地宣称，人类物理学的“大厦”已经落成，所剩只是一些修饰工作，物理学理论的晴朗天空上，只剩下两朵乌云。残酷的事实是，这些所谓的“修饰工作”和两朵乌云居然是相对论、量子力学等物理学发展的一个个高峰，相比之下牛顿力学只能算是基础。人类的自信不断地被自己所超越，这种超越带给人类的不是沮丧而是不断进步的希望。但人工智能不同，人类发现知识的能力和人工智能相比，差不多相当于一个是在山路上蹒跚跋涉的老人，一个是驾驶着越野车狂奔的青年。人类第一次深刻地体会到自身感受能力和表达能力的局限，第一次深刻地体会到有太多自己无法发现、无法理解、甚至是无法表达的知识，人工智能技术结合越来越强大的超级计算能力必将发现越来越多的“暗知识”，人类又一次给自己造了一尊“神”，这尊神不是泥塑木胎，不是只存在于宗教的臆想之中，而是存在于身边的现实之中。这带给人类的冲击是前所未有的，或许人类第一次真正地理解了2000多年前苏格拉底这位智慧老人的名言：“我唯一知道的，是我什么也不知道。”

革命

易经中《革卦·彖传》有：“顺天而动，不失其时。汤武革命，顺乎天而应乎人。革之时，大矣哉！”这是“革命”一词的起源。从汤武开始，3000多年过去了，人类经历一次次革命的洗礼，在血与火的废墟上昂首前行。今天我们再次站在了革命的门槛上。与以往不同，这次革命也许没有炮火硝烟、没有流血牺牲，但这一次比以往任何一次都彻底，这一次是“人工智能”革命，革掉的不是一个阶层、一个王朝，而是对整个人类的颠覆，要么毁灭、要么成神，人类真正站在了命运的岔路口。

革命发生在各个层面，当然也会发生在石油工业。石油作为燃料的“命”，也许很快就会被革掉，但作为材料，一定会有更长远的价值。

一是换血。石油作为“工业的血液”，差不多随着现代工业的诞生就在工业界的体内流淌，支撑着现代工业一路发展壮大，大幅度提升了人类整体的富裕水平。

而今，在信息化时代，中国数字经济在国民经济中的占比已经超过三分之一，并且在快速地增长之中。传统工业的身体已经发生了变化，血液自然也需要更换，数据已经逐渐成为新经济的“新鲜血液”。

越来越多的企业依靠数据的丰足变得兴旺发达，而缺少数据积累、没有使用数据的能力，已经成为不少企业供血不足、增长乏力的致命伤。对比2008年和2018年全球市值500强企业排名，你会发现排名前十的企业由原来的银行、石油、汽车等传统企业，转变为微软公司、苹果公司、亚马逊等数据型企业。十年之间，天翻地覆，只有换血，才能新生。

从事油气勘探的人有一句流行的行话：石油在哪里？在地质家的头脑里！现在这句话恐怕要改一改了：石油在哪里？在数据中。

石油行业具有数据采集、存储、处理、应用的优良传统，以及丰富的经验积累。但面对迅猛发展的人工智能和大数据技术，石油工业需要有更彻底革命的勇气，丢掉拍脑袋做决策的陋习，更多地让数据说话、让数据做决策。这就要求我们做好数据治理的基础性工作，构建强有力的数据治理团队，引进并重用大数据人才，树立数据第一的观念，更多的油气发现、更低的运营成本都在其中。

二是换力。化学是传统的实验性科学，许多科学家埋头实验室，皓首穷经，却创新寥寥。2019年和2018年的诺贝尔化学奖都颁给了计算化学家，他们不是摆弄试管药剂，而是利用超级计算机，对化学过程建模、模拟，利用计算机代替了实验仪器，利用算力代替了劳力，取得了前所未有的丰硕成果。

同样，油气藏是可以模拟的，钻井过程是可以模拟的，开发生产是可以模拟的，压裂注水是可以模拟的，集输过程也是可以模拟的，利用强大的计算能力，我们能够做到“未卜先知”。充分利用好强大的计算能力，用已有的数据进行精确地建模和反复地优化模拟，是节省人力物力、提高运行效率的不二法门。计算力就是生产力！

三是换智。人工智能来了，不管你是否理解它，都要学会接纳它。它确实能够发现一些目前人力无法发现的知识，而这些知识也许就是你在勘探、开发、生产过程中遭遇的各种难题的指路明灯。人都没有办法，机器还能有办法？这句话的问号应该改成感叹号。石油深埋地下数千米，已经远远超出了人类正常的感知能力，但我们能够发现石油，并开采它、使用它，依靠的是人类的学习能力和知识积累。而这一点，正是人工智能超越人类之处，许多蕴含在数据中的“暗知识”必须借助人工智能。即使是需要常规的知识，借助人工智能也会提供更快、更优的解决方案。人工智能是人类智能的重要补充，在某些方面是人类智能的升级版。

在英文中，Go的本意是围棋的意思，AlphaGo不过是一个叫阿尔法的围棋软件，但中国喜欢把它亲切地称为阿尔法狗，让这个智能软件显得更有灵性、更有生机、更有亲和力，像一只通人性的宠物狗。

石油工业当然不会放过这只狗，去年，斯伦贝谢公司就把这只狗领进了石油圈。

但狗毕竟还只是狗，在驯兽师手里能表演算数、唱歌的特异功能，别人领回家去就不一定那么灵了。目前，还没有听到阿尔法狗在石油领域的辉煌业绩，但我们充满期待。

这是一个技术为王的时代，技术、技术、一切都是技术！
我们要么做一个技术狂人，要么做一个崇拜技术狂人的人！

万能的人工智能来了，垂垂老矣的石油工业一定要想方设法地披上这件魔法外衣，甚至是换掉大脑、换掉骨骼、换掉血液，才能让自己焕发新的生机，甚至是返老还童。

有了数据的血、计算机的骨、软件的心脏和脉络、AI的大脑，智能油田这一崭新的生命体将会逐渐揭开神秘的面纱。著名词作者方文山为周杰伦撰写的《青花瓷》歌曲中写到“素胚勾勒出青花，笔锋浓转淡，瓶身描绘的牡丹一如你初妆”，智能油田的“初妆”能否如牡丹般国色天香，还要靠各路专家手中的浓淡笔锋精心描画。

智能油田

因为人工智能，所以智能油田。越是复杂的问题，本质反而很简单。

智能油田该是什么样子？智能油田就是智能油田的样子，就像你问：人长什么样子，回答一定是：人长得就是人的样子。但胜利油田的智能油田和大庆油田的智能油田一定不是一个样子。

油气地质情况不同、业务不同、数据不同、采用的技术不同，还有人员不同、文化不同，这一切落实到智能油田系统中去，让不同的智能油田自然不完全是一个样子。但底层的思路、逻辑是一致的。

所以，本书不是描述人长什么样子，也不是描述山东人和东北人分别长什么样子，而是描述一个文明人应该有的学问修养、道德规范、举止行为等共性的、基本的东西。

我们关注的是智能油田建设底层的、共性的思路和逻辑。

因此，本书不是智能油田的“定妆照”，而是一幅简笔画。除几个主线条之外，更多的是大量的“留白”，大家可以在此基础上跃马扬鞭、神思飞扬。

人工智能的概念尽管已经提出了60多年，但人工智能技术真正实用的也只是有限的几种。人们总有疑问，而今铺天盖地的人工智能热潮，其中有多少是真正的人工智能技术，又有多少不过是噱头、不过是赶时髦、不过是装点门面。

其实这些并不重要！知道用人工智能来装点自己，说明至少有向学之心，也算是为人工智能增加了热度，总比漠不关心、不管不问要好得多。

前些年，人们讨论是“互联网+”，还是“+互联网”，国家提出的两化融合就更高明一些，没有先后、主次，两个方面同等重要。智能油田也是一体两面，智能化技术的一面，油田生产工业技术的一面，二者不可偏废，同等重要。

美国著名超市Costco落户上海，开业第一天人潮汹涌、应接不暇，考虑到安全原因下午不得不临时关门，对比国内这些年越来越多的实体零售店关门，仍在营业的有不少也是门庭冷落车马稀，这种巨大的反差绝对不是国内热炒的“新零售”带来的，也不是采用了什么最新的ICT技术，而是零售业的最本质问题：商品价格。业内人士表示，零售业毛利一般都在15%—30%，而Costco严格控制在只有8%，任何毛利超过14%的商品上架必须经过总经理批准。2018年年报中的年度净利润是31.34亿美元，而会员费单项收入已达到31.42亿美元，其公司利润根本不是来自商品零售的差价。可见，做好零售业本质的工作比采用什么“新零售”的噱头要靠谱得多。

近日，在与Gartner的一位咨询师讨论工业互联网的发展时，他谈到参观海尔电器的感受让我印象深刻，他说海尔的工业互联网平台是我见过的落地最棒的系统，对内“人单合一”，任何一个订单都通过竞争机制落实到成本最低的团队，对外各种需求都可以在平台上提交，构成了一个很好的生态，但是公司的盈利情况并不乐观。我追问原因，他思考了半天，轻轻地说：“造冰箱还是要先把造冰箱的技术提升上来。”

信息技术不是万能良药，人工智能技术同样不是，至少在现阶段还不是。两化融合才是发展的王道。

关于本书

《易经·系辞下传》中有这样一段话：“变动不居，周流六虚，上下无常，刚柔相易，不可为典要，唯变所适。”

善变、快速应变，是生存之本。见微知著，脚边刚破土的嫩芽，不经意间就会变成参天大树。

本书成书在一个快速变化的时代，尤其是ICT技术日新月异，上个月刚刚写好的一篇内容，眼看着技术潮流已经转向，不得不重新写过。因此，交付印刷期间，我自己都无法保证自己的想法是不是已经改变，对一些问题是不是又有了新的看法和新的思路。因此，有缘看到这本书的朋友，大可以从目录看起，选择没有过时的内容细读。

本书共有9章，9乃数之极。写书写到此处，当止则止。

起承转合，第1章就是“起”，讨论了智能、智慧等不同概念，以及智能油田发展演变的不同路径。对本书所讨论的智能油田给出了一个基本的定义。本章赋予一个“念”字，念即概念、念头，一念生则千百个念头随之，所以有了本书。

第2章讨论了企业信息化的发展，毕竟信息化是智能化的基础，一定要走过信息化、数字化之后，才有可能到达智能化的彼岸。这既是技术发展的必然，也是业务、文化乃至企业组织发展的必然。本章赋予一个“化”字，化即教化，化育万物，世界都沐浴在信息技术的化育之中。

第3章开始分析油田业务，特别强调用数字化的视角解剖传统的油田业务，所有的业务活动、业务组织，最终的目的当然是为了高效地获取石油，但第一步首先是拿到数据，以此为出发点，看到的业务一定是“横看成岭侧成峰，远近高低各不同”了。本章赋予一个“业”字，业乃业务、事业。石油人建功立业的事业就是本章讨论分析的业务。

第4章承接上一章，开始讨论数据治理，把所有油田业务所产生的数据，按照数据分析、大数据挖掘的不同需求“治理”好。本章赋予一个“数”字，所有的油田业务都可以变成数字，未来的业务操作对象也将是“数字”。

第5章讨论了当前ICT技术中的几项关键技术，诸如物联网、大数据、人工智能、区块链、数据湖、边缘计算等，由于技术众多，这里只是择要对智能油田中应用较多、价值较大的几项技术做了介绍。本章赋予一个“术”字，“术业有专攻”，每一种技术都能够解决一些特殊的问题，而我们遭遇的各种问题也要通过发展技术来解决。

第6章讨论了知识管理。这是智能油田建设中智能化的核心。从十余年前开始，几位作者或主持或参与了中国石化知识管理体系建设的全过程，今年这些成果先后获得了亚洲MIKE大奖和全球MIKE大奖，标志着在知识管理领域建设成就的领先地位。本章赋予一个“知”字，知即知识，是智慧的基础，是传承的载体。知识发展到今天，其渊博宏大是任何一个单独的个体都无法全部掌握的，而未来的智能机器却可以做到这一点，机器超越人类在这一点上似乎并不遥远。

第7章专门讨论了平台化的问题。这是当前信息化建设发展转型的关键技术，也是智能化建设可持续发展的核心问题。本章赋予一个“台”字，台即平台，也是舞台，无论是技术人员还是业务人员都要在同一个舞台上共同演绎智能油田的大戏。

第8章是一些智能油田建设的案例。当今各种智能油田建设“百花竞秀”，各展风采。这些案例供大家相互借鉴。本章赋予一个“鉴”字，鉴同镜，“以铜为镜可以正衣冠、以史为镜可以明得失”，相互借鉴，智能油田的发展会更顺畅。

第9章是数字化转型，在易经中“9”为老阳，物极必反、阳爻到此必变。数字化转型就是变，传统的企业、业务、组织等向数字化转变，在油气市场过度饱和的情况下，寻找变化、寻找转型的契机、寻找新的价值增长点。本章赋予一个“变”字，变即变化，《周易·系辞上》有云：“知变化之道者，其知神之所为乎！”数字化时代，向数而变，才是发展之道。

序章

在该说结束的时候我用了“序章”。因为，序言的结束，才是正文的开端。

“凡是过去，皆为序章（Where of what's past is prologue）”，这句话出自英国著名戏剧家莎士比亚的剧作《暴风雨》,《暴风雨》是莎士比亚的最后一部完整的杰作。或许莎翁觉得，他过去的作品都是序章，正文和主题寄望于后人。

这篇文章是序章，这部书也是！

这篇文章是本书的序章，这部书是智能油田的序章。

人工智能的发展方兴未艾，智能油田的认识、建设和实践都刚刚起步，各种技术、各类应用、各种探索层出不穷。

在本书的编写过程中，我们阅读了大量图书和来自网络、微信的文章，也引用了不少其中的观点和图片，我们都尽可能地注明来源和出处。但是，来自网上和神奇的微信朋友圈不少内容，有些很难追究来源，未能尽数标明出处，在这里特别致歉。相信这些朋友愿意在网上分享自己的观点，也一定愿意我们通过本书助其传播。你们独到的见解，如海滩上闪闪发光的贝壳，我们偶然捡到一定会擦得更加闪亮，并欢欣鼓舞地与大家分享。对以上标明名字或者匿名的作者们对本书作出的贡献，在这里一并表示万分的感谢。

顺便给微软公司提个建议，Windows系统的“复制+粘贴”很好用，但重要的问题是在复制的时候不能一同复制版权信息，粘贴的时候内容粘贴了，版权信息丢失了。一段时间后再审阅文章时，有时候已经分不清哪些是自己的原创，哪些是复制粘贴的内容。鉴于此，也为了向那些已经遗失了原出处的精彩文字的原始作者致敬，我们也将陆续把本书的一些内容在网上发布，分享内容、共享快乐，分享是快乐之本。

伟大的牛顿曾经说过：“我好像是一个在海边玩耍的孩子，不时为拾到比通常更光滑的石子或更美丽的贝壳而欢欣鼓舞，而展现在我面前的是完全未探明的真理之海。”

打开本书，便踏上了探索未知真理之海的小舟。

目录

智能油田（上）

1 智能油田概论

2 油田企业信息化发展

3 数字时代的油田业务分析

4 油田数据治理

智能油田（下）

5 智能油田的技术基础

6 知识管理

7 工业互联网与智能油田建设

8 智能油田建设实践

9 石油行业的未来与数字化转型

智能油田

INTELLIGENT OIL FIELD

AR 扫描召唤 AI助理

5

智能油田的技术基础

5.1 云计算

云计算是英文Cloud Computing的中文翻译，这个单词在2006年前后才开始偶尔出现。2007年末，Cloud Computing出现的频率迅速增加。2008年初，Cloud Computing在中文中开始被翻译为“云计算”。

云计算这个概念的直接起源来自Dell的数据中心解决方案、亚马逊EC2产品和Google-IBM分布式计算项目。为什么要采用这个单词，很大程度上取决于这两个项目与网络的关系十分密切，而“云”在很多示意图里面是表示互联网的，云计算的原始含义即将计算能力放在互联网上。当然，云计算发展至今，早已超越了其原始的概念。亚马逊EC2产品起始于2006年，是现在公认最早的云计算产品，但那时它们被命名为“Elastic Computing Cloud”，即弹性计算云，只有个别报道无心地或者是由于某种失误称之为“Cloud Computing”。最早从企业层次提出Cloud Computing的，则是Dell。在亚马逊EC2产品和Google-IBM分布式计算项目之前，也就是Dell在2007年6月初发布的第一季度财报，里面提到“在产品与服务方面，戴尔都将不断采纳新的标准化技术、降低客户部署解决方案、维护安全稳定的系统架构的复杂度和成本。为此，戴尔最近采取了一系列措施，比如组建新的戴尔数据中心解决方案部门（Dell Data Center Solution Division），提供戴尔的云计算（Cloud Computing）服务和设计模型，使客户能够根据他们的实际需求优化IT系统架构”，说明Dell当时已经在公司范围内使用云计算的概念。但是，这些早期的其他组织对云计算概念本身的影响，远不如IBM-Google并行计算项目和亚马逊EC2产品。

5.1.1 云计算概念和特征

对于云计算概念，目前有很多种定义，最典型的是美国国家标准与技术研究院（NIST）定义：云计算是一种按使用量付费的模式，这种模式提供可用的、便捷的、按需的网络访问，进入可配置的计算资源共享池（资源包括网络、服务器、存储、应用软件、服务），这些资源能够被快速提供，只需要投入很少的管理工作，或与服务供应商进行很少的交互。

其实简单地说，云计算是一种基于互联网络的计算模式，它将大量的计算资源整合在一起，进行统一的分配和协同合作，以便提供更好的数据存储和网络计算服务。有三种服务模式：

（1）云基础设施即服务（IaaS）。提供给消费者的能力是出租处理能力、存储、网络和其他基本的计算资源，用户能够依此部署和运行任意软件，包括操作系统和应用程序。消费者不管理或控制底层的云计算基础设施，但能控制操作系统、储存、部署的应用，也有可能选择网络组件（例如防火墙、负载均衡器）。

（2）云计算软件即服务（SaaS）。提供给客户的能力是服务商运行在云计算基础设施上的应用程序，可以在各种客户端设备上通过瘦客户端界面访问，比如浏览器。消费者不需要管理或控制底层云计算基础设施、网络、服务器、操作系统、存储，甚至单个应用程序的功能，可能的例外就是一些有限的客户可定制的应用软件配置设置。

（3）云计算平台即服务（PaaS）。提供给消费者的能力是把客户利用供应商提供的开发语言和工具（例如Java、Python、Net）创建的应用程序部署到云计算基础设施上去。客户不需要管理或控制底层的云基础设施、网络、服务器、操作系统、存储，但消费者能控制部署的应用程序，也可能控制应用的托管环境配置。

1）云计算的分类：公有云、私有云和混合云

公有云通常指第三方提供使用的云，公有云一般可通过互联网使用，使用成本较低。公有云的最大意义是能够以低廉的价格，提供有吸引力的服务，创造新的业务价值。公有云作为一个支撑平台，还能够整合上游的服务（如增值业务、广告）提供者和下游最终用户，打造新的价值链和生态系统。它使客户能够访问和共享基本的计算机基础设施，其中包括硬件、存储和带宽等资源。

私有云是为一个公司单独使用而构建的，因而提供对数据、安全性和服务质量的最有效控制。该公司拥有基础设施，并可以控制在此基础设施上部署应用程序的方式。私有云可部署在企业数据中心的防火墙内，也可以将它们部署在一个安全的主机托管场所。私有云极大地保障了安全问题，目前有些企业已经开始构建自己的私有云。

混合云是公有云和私有云两种服务方式的结合。由于安全和控制原因，并非所有的企业信息都能放置在公有云上，这样大部分已经应用云计算的企

业将会使用混合云模式。很多将选择同时使用公有云和私有云，有一些也会同时建立公众云。因为公有云只会向用户使用的资源收费，所以集中云将会变成处理需求高峰的一种非常便宜的方式。比如对一些零售商来说，他们的操作需求会随着假日的到来而剧增，或者是有些业务会有季节性的上扬。同时，混合云也为其他目的的弹性需求提供了一个很好的基础，比如灾难恢复。这意味着私有云把公有云作为灾难转移的平台，并在需要的时候去使用它。这是一个极具成本效应的理念。另一个好的理念是，使用公有云作为一个选择性的平台，同时选择其他的公有云作为灾难转移平台。

2）云计算的特征

云计算具备以下五大基本特征：

（1）按需自助服务。消费者无须同服务提供商交互，就可以自动地得到自助的计算资源和能力。

（2）无所不在的网络访问。借助于不同的客户端，通过标准的应用，获得对网络访问的可用能力。

（3）划分独立资源池。根据消费者的需求，来动态地划分或释放不同的物理和虚拟资源。这些池化的供应商计算资源以多租户模式来提供服务。用户并不经常控制或了解这些资源池的准确划分，但要知道这些资源池在哪个行政区域或数据中心。例如存储、计算处理、内存、网络带宽及虚拟机个数等。

（4）快速、弹性。一种对资源快速弹性提供和释放的能力。对消费者来讲，所提供的这种能力是无限的（随需的、大规模的计算机资源），并且是在任何时间、以任何量化方式可购买的。

（5）服务可计量。“云”系统对服务类型，通过计量的方法来自动控制和优化资源使用（例如存储、处理、带宽及活动用户数）。资源的使用可被监测、控制，以及向供应商和用户提供透明的报告（即付即用的模式）。

5.1.2 云计算关键技术

1）云计算技术架构

云计算技术体系结构（图5-1）分为四层：物理资源层、资源池层、管理中间件层和SOA构建层。

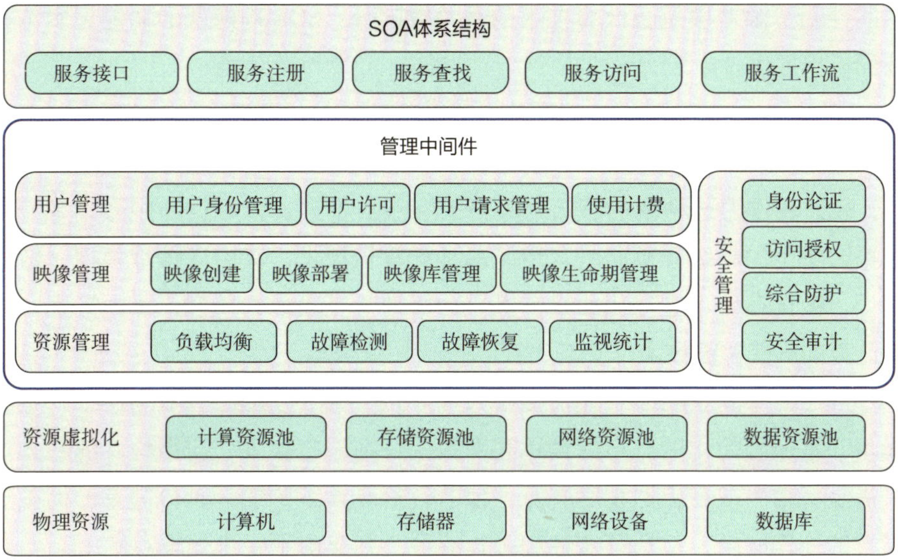

图5-1 云计算技术架构图

物理资源层包括计算机、存储器、网络设施、数据库和软件等。

资源池层是将大量相同类型的资源构成同构或接近同构的资源池，如计算资源池、数据资源池等。构建资源池更多是物理资源的集成和管理工作，例如研究在一个标准集装箱的空间内如何装下2000个服务器，解决散热和故障节点替换的问题并降低能耗。

管理中间件负责对云计算的资源进行管理，并对众多应用任务进行调度，使资源能够高效、安全地为应用提供服务。计算的管理中间件负责资源管理、任务管理、用户管理和安全管理等工作：资源管理负责均衡地使用云资源节点，检测节点的故障并试图恢复或屏蔽之，并对资源的使用情况进行监视统计；任务管理负责执行用户或应用提交的任务，包括完成用户任务映像（Image）的部署和管理、任务调度、任务执行、任务生命期管理等；用户管理是实现云计算商业模式的一个必不可少的环节，包括提供用户交互接口、管理和识别用户身份、创建用户程序的执行环境、对用户的使用进行计费等；安全管理保障云计算设施的整体安全，包括身份认证、访问授权、综合防护和安全审计等。

SOA构建层将云计算能力封装成标准的Web Services服务，并纳入SOA体系进行管理和使用，包括服务注册、查找、访问和构建服务工作流等。管理中间件和资源池层是云计算技术的最关键部分，SOA构建层的功能更多依靠外部设施提供。

2）云计算关键技术

云计算作为一种新的超级计算方式和服务模式，以数据为中心，是一种数据密集型的超级计算。它运用了多种计算机技术，其中以编程模型、数据管理、数据存储、虚拟化和云计算平台管理等技术最为关键。下面分别介绍云计算的一些关键技术：

（1）编程模型MapReduce。作为Google开发的Java、Python、C++编程模型，是一种简化的分布式编程和高效的任务调度模型，应用程序编写人员只需要将精力放在应用程序本身，使云计算环境下的编程十分简单。而关于集群的处理问题，包括可靠性和可扩展性，则交由平台来处理。MapReduce模式的思想是通过“Map（映射）”和“Reduce（化简）”这样两个简单的概念来构成运算基本单元，先通过Map程序将数据切割成不相关的区块，分配（调度）给大量计算机处理，达到分布式运算的效果，再通过Reduce程序将结果汇整输出，即可并行处理海量数据。

（2）海量数据分布存储技术。云计算系统采用分布式存储的方式存储数据，用冗余存储的方式保证数据的可靠性。云计算系统中广泛使用的数据存储系统是Google的GFS和Hadoop团队开发的GFS的开源实现HDFS。GFS即Google文件系统（Google File System），是一个可扩展的分布式文件系统，用于大型的、分布式的、对大量数据进行访问的应用。GFS的设计思想不同于传统的文件系统，是针对大规模数据处理和Google 应用特性而设计的。它虽然运行于廉价的普通硬件上，但可以提供容错功能。它可以给大量的用户提供总体性能较高的服务。一个GFS集群由一个主服务器（Master）和大量的块服务器（Chunkserver）构成，并被许多客户（Client）访问。主服务器存储文件系统所有的元数据，包括名字空间、访问控制信息、从文件到块的映射及块的当前位置。它还控制系统活动范围，如块租约（Lease）管理、孤立块的垃圾收集、块服务器间的块迁移。主服务器定期通过心跳（Heart Beat）消息与每一个块服务器通信，并收集它们的状态信息。

（3）海量数据管理技术。海量数据管理是指对大规模数据的计算、分析和处理，如各种搜索引擎。以互联网为计算平台的云计算能够对分布的、海量的数据进行有效、可靠地处理和分析。因此，数据管理技术必须能够高效地管理大量的数据，通常数据规模达TB甚至PB级。云计算系统中的数据管理技术主要是Google的BT（Big Table）数据管理技术，以及Hadoop团队开发的开源数据管理模块HBase和Hive，作为基于Hadoop的开源数据工具，主要用于存储和处理海量结构化数据。BT是建立在GFS、Scheduler、Lock Service和MapReduce之上的一个大型的分布式数据库，与传统的关系数据库不同，它把所有数据都作为对象来处理，形成一个巨大的表格，用来分布存储大规模结构化数据。Google的很多项目使用BT来存储数据，包括网页查询、Google Earth和Google金融。这些应用程序对BT的要求各不相同，数据大小（从URL到网页再到卫星图像）不同，反应速度不同（从后端的大批处理到实时数据服务）。对于不同的要求，BT都成功地提供了灵活、高效的服务。

（4）虚拟化技术。虚拟化技术是云计算系统的核心组成部分之一，是将各种计算及存储资源充分整合和高效利用的关键技术。云计算的特征主要体现在虚拟化、分布式和动态可扩展，而虚拟化作为云计算最主要的特点，为云计算环境搭建起着决定性作用。虚拟化技术是伴随着计算机技术的产生而出现的，作为云计算的核心技术，扮演着十分重要的角色，提供了全新的数据中心部署和管理方式，为数据中心管理员带来了高效和可靠的管理体验，还可以提高数据中心的资源利用率。通过虚拟化技术，云计算中每一个应用部署的环境和物理平台是没有关系的，通过虚拟平台进行管理、扩展、迁移、备份，种种操作都通过虚拟化层次完成。虚拟化技术实质是实现软件应用与底层硬件相隔离，把物理资源转变为逻辑可管理资源。目前，云计算中虚拟化技术主要包括将单个资源划分成多个虚拟资源的裂分模式，也包括将多个资源整合成一个虚拟资源的聚合模式。虚拟化技术根据对象可分成存储虚拟化、计算虚拟化、网络虚拟化等，计算虚拟化又分为系统级虚拟化、应用级虚拟化和桌面虚拟化。

5.1.3 云计算典型应用

中国石化在2015年建立了勘探开发云，计算能力突破1500万亿次，1200 CPU+144GPU，并行存储能力突破5PB，共集中部署并实现了15套大型专业软件系统的共享应用。通过虚拟化技术，将计算、存储、网络等基础设施资源池化；集成 xCAT 高性能部署系统，通过模板化自动部署和配置，实现资源池的在线申请和按需分配的自助服务；通过集成 CJM 的并行计算作业调度技术，实现对地震资料处理、并行反演、数值模拟等并行软件作业的统一监控和管理。通过 Flexnet 许可证管控技术进行封装和二次开发，实现了对专业软件许可证使用的动态监测、许可证用户黑白名单、许可证的控制和释放、许可证使用统计，建立了许可证资源池，实现了许可证的集中管理和全局共享应用。通过节能技术，在无须安装任何插件和硬件的“零改造”情况下，成功实现了云中心装备的节能减排能耗监控，智能化的能耗策略管理，试运行期间最高节省能耗达 34%。自主设计了计算、存储和软件资源的计费模型，并通过云平台实现了云计算中心项目使用资源量（机时、存储、软件许可）的计算和虚拟计费。而自主设计开发的云平台管理软件，具有视频监控、温湿度监控、漏水监控等机房管理功能，具有许可证管理、流程管理、项目管理、存储管理监控、计算管理监控、服务器监控等云管理功能，具有资源发布、资源分配、远程应用等应用管理功能，极大地方便了云计算的应用和管理。通过勘探开发云，成为国内首家实现千万节点组分模型油藏数值模拟的企业，使油藏描述成果直接应用于数值模拟，成为精细化油藏地质综合研究、建模和数模一体化的重要手段。

“十三五”以来，中国石化按照“平台 + 应用”的架构理念，持续推进石化智云（图 5-2）平台建设，提供集中管控、实时计算、智能分析、物联网接

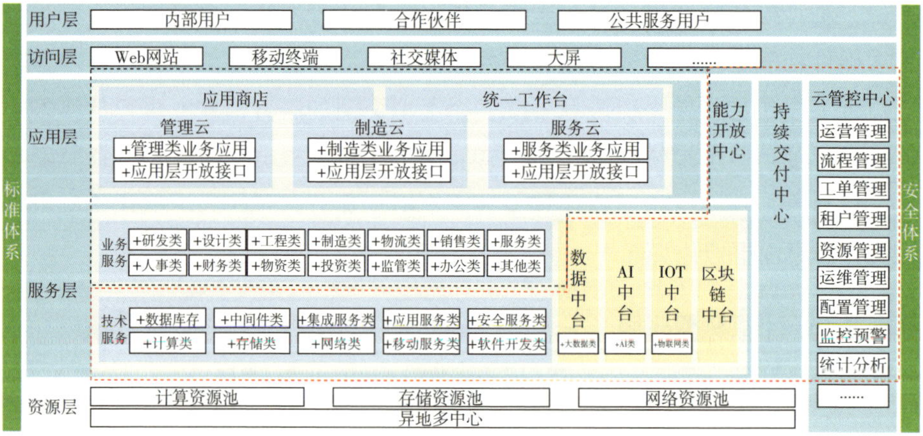

图 5-2　石化智云能力模型图

入等技术服务，同时考虑了不同业务板块的业务特点，为各板块在统一框架下建设满足各业务板块云平台提供了坚实的技术支撑。

其中：红色虚线部分为PaaS下，提供基础云服务，云管控中心对云平台中所有云服务进行统一管控，持续交付中心对应用开发、测试、部署过程进行统一管控，能力开放中心进行对外发布及统一管控调用API；黑色虚线部分为PaaS上，形成各版块业务服务能力，提炼涵盖产业链的业务服务，是“厚平台、薄应用”的关键。

在上游板块，以智能油田云平台为基础，结合平台公共服务支撑能力、组件复用共享能力、敏捷持续交付能力及专业应用集成能力“四大能力”，搭建智能油田云平台框架（图5-3），建设适合上游板块的业务服务及应用，创新基于云的工作组织模式。

图5-3 智能油田云平台架构图

通过智能油田云平台，实现如下功能：

（1）公共服务：统一认证、统一授权、统一流程、统一日志、统一门户等。

（2）工业APP商店：实现专业应用功能的集中统一管理、授权共享服务。

（3）持续交付中心：实现油田信息化标准的固化和研发全过程管理。

（4）服务管控中心：实现对所有服务的集中统一监控、预警和处置。

（5）平台核心框架：解决软件部署与硬件的无缝对接问题，屏蔽了硬件系统的复杂性。

（6）云管控中心：实现对云平台运行情况的展示和价值化服务。

5.2 物联网

5.2.1 物联网的概念

2010年政府工作报告中对物联网的定义：指通过信息传感设备，按照约定的协议，把任何物品与互联网连接起来，进行信息交换和通信，以实现智能化识别、定位、跟踪、监控和管理的一种网络。它是在互联网基础上延伸和扩展的网络。

物联网是物物相连的互联网，是互联网的延伸，它利用局部网络或互联网等通信技术把传感器、控制器、机器、人员和物等通过新的方式联系在一起，形成人与物、物与物相联，实现信息化和远程管理控制。

物联网概念的问世，打破了之前的传统思维。过去的思路一直是将物理基础设施和IT基础设施分开：一方面是机场、公路、建筑物，而另一方面是数据中心、个人电脑、宽带等。而在物联网时代，钢筋混凝土、电缆将与芯片、宽带整合为统一的基础设施，在此意义上，基础设施更像是一块新的地球工地，世界的运转就在它上面进行，其中包括经济管理、生产运行、社会管理乃至个人生活。

5.2.2 物联网主要技术

欧盟于2009年9月发布的《欧盟物联网战略研究路线图》白皮书中列出13类关键技术（图5-4），包括标识技术、物联网体系结构技术、通信与网络

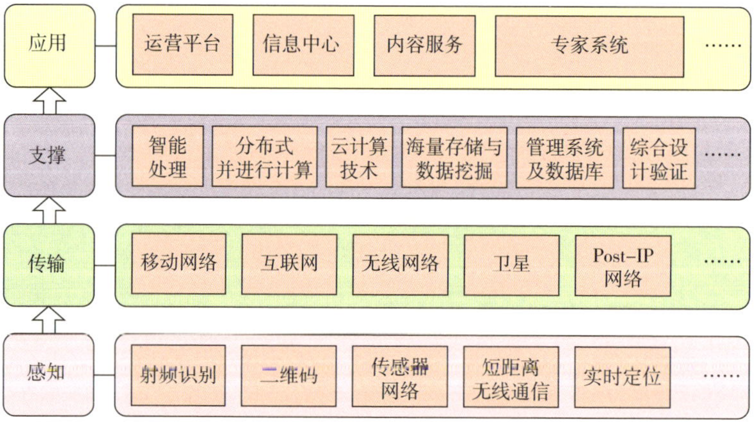

图5-4 物联网的技术体系框架图

技术、数据和信号处理技术、软件和算法、发现与搜索引擎技术、电源和能量储存技术等。

物联网中的关键技术包括识别和感知技术（二维码、RFID、传感器等）、网络与通信技术、数据挖掘与融合技术等。

1）感知、网络通信和应用关键技术

（1）传感和识别技术是物联网感知物理世界获取信息和实现物体控制的首要环节。传感器将物理世界中的物理量、化学量、生物量转化成可供处理的数字信号。识别技术实现对物联网中物体标识和位置信息的获取。

（2）网络通信技术主要实现物联网数据信息和控制信息的双向传递、路由和控制。重点包括低速近距离无线通信技术、低功耗路由、自组织通信、无线接入M2M 通信增强、IP 承载技术、网络传送技术、异构网络融合接入技术及认知无线电技术。

（3）海量信息智能处理技术综合运用高性能计算、人工智能、数据库和模糊计算等技术，对收集的感知数据进行通用处理，重点涉及数据存储、并行计算、数据挖掘、平台服务、信息呈现等。

（4）面向服务的体系架构（Service-Oriented Architecture，SOA）是一种松耦合的软件组件技术，它将应用程序的不同功能模块化，并通过标准化的接口和调用方式联系起来，实现快速可重用的系统开发和部署。SOA 可提高物联网架构的扩展性，提升应用开发效率，充分整合和复用信息资源。

2）支撑技术

物联网支撑技术包括嵌入式系统、微机电系统（Micro Electro Mechanical Systems，MEMS）、软件和算法、电源和储能、新材料技术等。

（1）微机电系统可实现对传感器、执行器、处理器、通信模块、电源系统等的高度集成，是支撑传感器节点微型化、智能化的重要技术。

（2）嵌入式系统是满足物联网对设备功能、可靠性、成本、体积、功耗等的综合要求，是可以按照不同应用定制裁剪的嵌入式计算机技术，是实现物体智能的重要基础。

（3）软件和算法是实现物联网功能、决定物联网行为的主要技术，重点

包括各种物联网计算系统的感知信息处理、交互与优化软件与算法、物联网计算系统体系结构与软件平台研发等。

（4）电源和储能是物联网关键支撑技术之一，包括电池技术、能量储存、能量捕获、恶劣情况下的发电、能量循环、新能源等技术。

（5）新材料技术主要是指应用于传感器的敏感元件实现的技术。传感器敏感材料包括湿敏材料、气敏材料、热敏材料、压敏材料、光敏材料等。新敏感材料的应用可以使传感器的灵敏度、尺寸、精度、稳定性等特性获得改善。

3）共性技术

物联网共性技术涉及网络的不同层面，主要包括架构技术、标识和解析、安全和隐私、网络管理技术等。物联网架构技术目前处于概念发展阶段。物联网需要具有统一的架构、清晰的分层，支持不同系统的互操作性，适应不同类型的物理网络，适应物联网的业务特性。

（1）标识和解析技术是对物理实体、通信实体和应用实体赋予的或其本身固有的一个或一组属性，并能实现正确解析的技术。物联网标识和解析技术涉及不同的标识体系、不同体系的互操作、全球解析或区域解析、标识管理等。

（2）安全和隐私技术包括安全体系架构、网络安全技术、“智能物体”的广泛部署对社会生活带来的安全威胁、隐私保护技术、安全管理机制和保证措施等。网络管理技术重点包括管理需求、管理模型、管理功能、管理协议等。为实现对物联网广泛部署的“智能物体”的管理，需要进行网络功能和适用性分析，开发适合的管理协议。

4）物联网发展面临的五个问题

（1）技术标准问题。由于物联网是互联网的延伸，同样基于TCP/IP，但在接入层面，协议类别就十分繁杂，如TD-SCDMA、GPRS、传感网等多种通道，而标准化是大规模部署和扩展的必不可少的技术，如果没有大规模部署就谈不上物联网。欧洲电信标准论坛等组织呼吁增加国际电联来参与统一RFID协议。EPCglobal在2004年底提出了第一个全球RFID标准的建议，它定义了多种类型的RFID标签及相应的工作频率。

（2）安全问题。RFID当初的设计是完全开放的，所以信息安全机制存在严重缺陷。对RFID标签加密将使标签成本增加。云服务的透明度也是安全隐患，黑客正是通过操作系统的漏洞来攻击它所服务的应用程序载入内存中的数据。提供内存数据的保护和隔离是云计算的重要安全需求之一。目前，可以通过服务级别协议向用户担保，但如何做到安全服务SLA的可审计性，这是云计算必须面临的挑战。无线传感网络受到的安全威胁与传统网络不同，现有的网络安全机制无法应用于无线传感网络，需要开发专门协议。现有的思想是从维护路由安全的角度出发，寻找尽可能安全的路由以保证网络的安全，另一种思想是把着重点放在安全协议方面。现行有效的传统网络安全协议例如SSL和IPSec，也存在缺陷，比如难以实施在嵌入式设备中。因此，一个完整统一的安全系统呼之欲出。

（3）协议问题。物联网与传统网络有明显不同的技术要求，前者以数据为中心，后者以传输数据为目的。传统网络的设计依照端到端的边缘论思想，强调将一切与功能相关的处理都放在网络的端系统上，中间节点仅仅负责数据分组的转发。对于物联网，这未必是一种合理的选择。例如一些为自组织的Ad-hoc网络设计的协议和算法，未必适合物联网的特点和应用的要求。在密集性极高的物联网中，相邻节点间的距离非常短，低功耗的多跳通信模式节省功耗，同时增加了通信的隐蔽性，避免了长距离无线通信易受外噪声干扰的影响。这些独特的要求和制约因素为物联网提出了新的技术问题。

（4）IP地址问题。每个物品都会在物联网中出现，那么每个物品都需要一个地址。在IPv4资源即将耗尽的背景下，物联网需要更多的IP地址。需要IPv6的支持，但由于IPv4网络的庞大规模导致IPv4向IPv6过渡存在一个漫长的过程，因此物联网一旦使用IPv6地址，就必然会存在与IPv4的兼容性问题。

（5）终端问题。物联网中的终端除了具有自己的功能外，还有传感器和网络接入功能，且不同的行业千差万别，如何满足终端产品的多样化需求，对研究者和运营商都是一个巨大挑战。

5.2.3 物联网技术在油田的应用

中国石化油田生产信息化项目，在油田分（子）公司、采油厂、管理区部署三级生产指挥中心，三级应用平台风格一致、上下贯通、层层穿透、功能对应，形成从生产现场到局级指挥中心一体化油气生产监控、运行、指挥、应急应用模式（图5-5）。

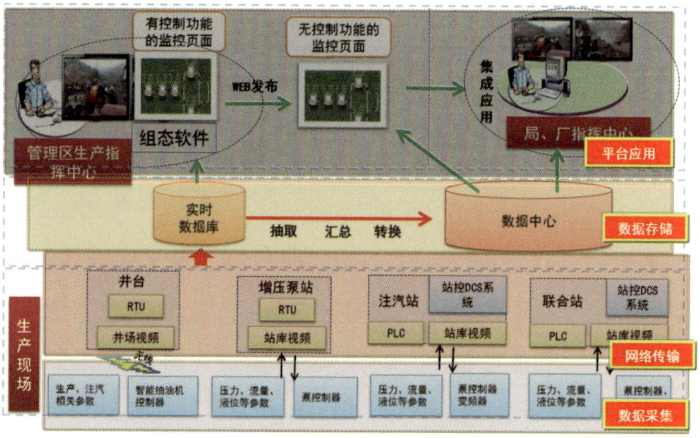

图5-5　中国石化油田生产信息化框架

生产现场的采集仪表基于智能传感技术进行开发，具有模拟量转换、数据处理、主动报警（SOE）、集成通信等功能。现场部署的摄像头能够进行前端影像智能分析，具有入侵检测、周界防护、逗留（滞留）检测、图像异常等报警识别功能，并能进行相关的报警联动。通过采集内容、采集设备、采集方式的一体化建设，使数据采集方式由人工定时采集转变为自动实时采集（图5-6、图5-7），由人工现场操作转换为远程操控，提升了数据采集和资料录取的及时性、准确性，为生产运行状态及时掌控、设备运行参数全面监控奠定了基础。

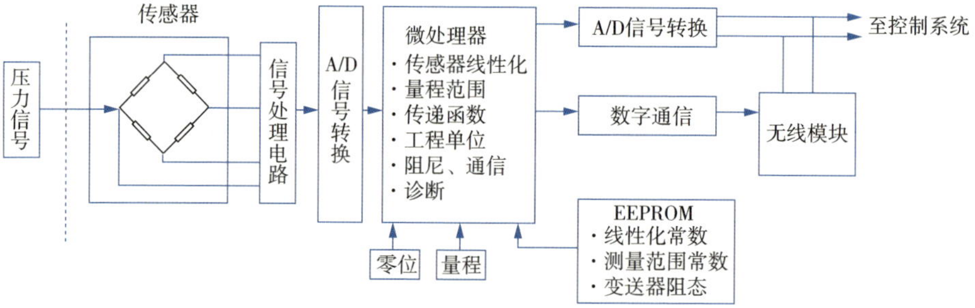

图5-6　压力变送器原理图

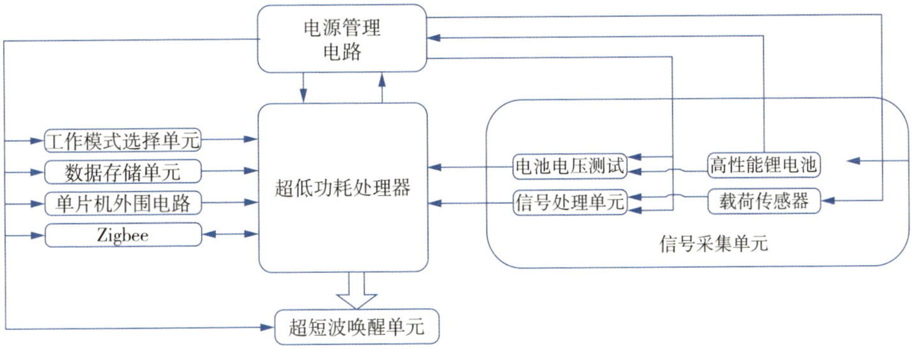

图5-7 载荷传感器原理图

在网络传输方面，突出安全、快速、稳定，在充分考虑现场条件和详细测算数据流量的基础上，兼顾先进性和经济性，选取成熟先进、适合现场条件的传输技术，优化组网方式，按传输方式分为有线传输、无线传输两种方式，按传输范围分为井场范围内传输、井场范围外传输（图5-8）。在井场范围内，采用了Zigbee无线组网技术，温度变送器、压力变送器、载荷传感器等仪表采用Zigbee无线组网技术，使设备具有自组网、信道管理、路由管理能力，能够与RTU进行通信。并根据需要进行定制设计，确定了实时通信协议，具有报警主动推送，传输效率高等特点。

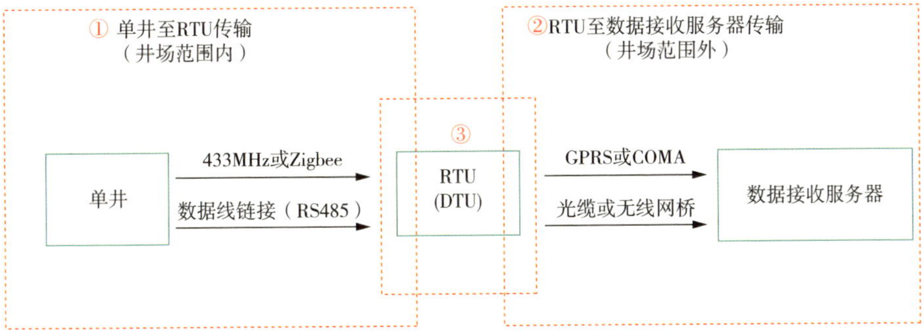

图5-8 网络传输示意图

井场范围外网络建设时，优先考虑铺设光缆，不具备铺设光缆条件，则采用无线网桥作为数据传输设备。分别针对有线、有线加无线、无线等不同传输方式，进行了数据接入、汇聚、上传等网络架构的研究和标准化。采用同根光缆中不同的光芯，按功能划分为工控网、视频网、办公网。工控网传输自动采集数据和控制信号，为保证网络安全，在工控网出口部署网闸，进行安全隔离；视频网传输现场视频监控信号；办公网传输应用系统所需的各类油田办公网内数据；实现了“一缆构建三网、三网协调运行”，既提升了传输能力，也有效保证了操控安全。通过物联网建设，实现了良好的效益（详见第8章）。

5.3 大数据技术

5.3.1 大数据的概念和特征

大数据本身是一个比较抽象的概念，单从字面来看，它表示数据规模的庞大。但是，仅仅数量上的庞大显然无法看出大数据这一概念和以往的“海量数据”（Massive Data）、“超大规模数据”（Very Large Data）等概念之间有何区别。对于大数据尚未有一个公认的定义，不同的定义基本都是从大数据的特征出发，通过这些特征的阐述和归纳试图给出其定义。

维基百科对大数据的定义简单明了：大数据是指利用常用软件工具捕获、管理和处理数据所耗时间超过可容忍时间的数据集。眼下，在大数据定义问题上很难达成一个完全的共识，这点和云计算的概念刚提出时的情况是相似的。在面对实际问题时，不必过度地拘泥于具体的定义之中。

麦肯锡：大小超出常规的数据库工具获取、存储、管理和分析能力的数据集。同时，并不是说一定要超过特定大小的数据集才能算是大数据。

IBM提出了大数据“5V”特征：数据量大（Volume）、类型繁多（Variety）、价值密度低（Value）、速度快时效高（Velocity）、数据真实性（Veracity）。

第一个特征是数据量大，随着互联网的普及和技术革新，数据量成几何级数增长，包括采集、存储和计算的量都非常大。传统的数据存储计算方式无法应对规模异常庞大的数据，当量变达到质变时，就催生出新的研究价值。

第二个特征是种类和来源多样化。包括结构化、半结构化和非结构化数据，具体表现为网络日志、音频、视频、图片、地理位置信息等，多类型的数据对数据的处理能力提出了更高的要求。

第三个特征是价值密度相对较低，或者说是浪里淘沙却又弥足珍贵，价值密度的高低与数据总量的大小成反比。随着互联网及物联网的广泛应用，信息感知无处不在，信息海量，但价值密度较低，如视频监控数据，如何结合业务逻辑并通过强大的机器算法来挖掘数据价值，是大数据时代最需要解决的问题。

第四个特征是数据更新频繁。这是大数据区分于传统数据的显著特征，对分析对象，要求是频繁更新过的数据，比如搜索引擎要求几分钟前的新闻能够被用户查询到，个性化推荐算法尽可能要求实时完成推荐。

第五个特征是数据的不确定性高，数据中有一定的错、漏等。

5.3.2 大数据主要技术

1）大数据处理技术

（1）非结构化数据处理技术。

大量的钻井设计报告、完井报告、井史等非结构数据，数据解析难、数据质量不高，井场现场的井下声波、岩屑图像、视频监控等多媒体数据也蕴含大量信息，要从这些数据中提取出高质量设计施工数据，涉及文件格式解析、文本挖掘、图形图像识别，以及自然语言处理等技术。

（2）数据集构建技术。

构建数据集是大数据分析的基础，其主要任务是围绕分析数据集进行数据定义、数据关联、数据抽取、数据融合、数据清洗等。

①分析数据集定义：分析数据集的结构由专家确定基本属性，参照已有的数据模型、领域本体、数据元标准，并通过关联分析，自动扩展属性，通过学习其他用户自行扩展的属性，积累对象刻画知识。

②数据关联：关联是建立分析数据集各维度间的关系、分析数据集与数据源间的关系、分析数据集之间的关系。通过数据关联关系，可引导进行分析数据集定义、数据抽取，以及分析数据集的维度变换。

③数据抽取：根据分析数据集的定义及分析数据集与数据源之间的关联关系，从不同数据源将数据抽取到分析数据集。

④数据融合：将不同数据源获取的数据按照统一的尺度、表示方法、综合模式进行规范化处理，转换为适合数据分析的数据集。从不同数据源抽取过来的数据、不同计算节点收集来的分析结果、不同数据采集方法得到的数

据在计量单位、数据编码、值的刻画尺度、数据密度等方面不统一，需要按统一的度量尺度进行转换，或进行综合计算。

⑤数据清洗：大数据的数据清洗目的是在不影响总体分析效果的前提下，去除分析数据集中不符合某些规则的数据，保证分析和统计的正确性。

2）分析模型设计技术

分析模型是以流程和规则的方式定义如何采用模型进行分析，其难点在于不但要深入理解业务逻辑，而且要熟悉算法的内涵（图5-9）。

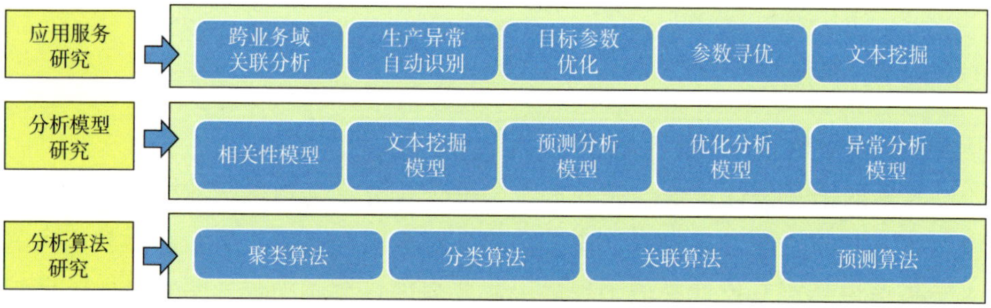

图5-9 大数据分析模型设计技术

分析算法研究主要是根据业务目标，优选分析算法。算法主要包括四大类（表5-1），分别是聚类算法、分类算法、关联算法和预测算法。

（1）聚类算法：是对数据分组，把相似的数据归在一个聚集里。

（2）分类算法：按照分类模式将一组数据对象映射、划分为不同的类。

（3）关联算法：发现关联规则，这些规则表示一起频繁发生在给定数据集的特征值的条件。

（4）预测算法：通过分类或估值得出模型，该模型用于对未知变量的预言，在未来验证预测的准确性。

表5-1 数据挖掘的经典算法

方法分类	算　法
聚类	K-Means（划分聚类）、ROCK（随机抽样聚类）、Chameleon（两阶段聚类）、DBSCAN（密度聚类）、STING（网格单元聚类）
分类	Naive Bayes（朴素贝叶斯）、Logistic Regression（逻辑回归）、Decision Tress（决策树）、SVM（支持向量机）、卷积神经元网络

续表

方法分类	算法
关联	Apriori（布尔关联规则）、FP-tree（频繁模式树）、CBA（关联分类）、Page Rank（网页排名）、Prefix Span（序列模式）、PPMCC（皮尔逊相关系数）
预测	EM（概率模型）、Finding reduce（粗集类）、gSpan（频繁子图）、GSP（序列模式分析）、Adaboost（自适应的Boosting算法）、Linear Regression（线性回归）

分析模型研究是研究如何利用现有分析资源，结合业务目标与业务特征，通过拟合不同模型研究、不同关系来构建符合业务的分析模型，并进行可视化描述，以及规范分析模型的存储与交换。

应用服务研究是研究如何为用户、应用程序提供已验证的、可行的分析模型并进行数据分析服务，规范分析服务定义方式和分析服务请求方式。

3）大数据展现与可视化技术

大数据技术能够将隐藏于海量数据中的信息和知识挖掘出来，为人类的社会经济活动提供依据，从而提高各个领域的运行效率，大大提高整个社会经济的集约化程度。在大数据场景下，结果展现更加注重交互式和可视化。

（1）用户交互技术：大数据所提供的用户交互方式主要有五种类型，分别是统计分析和数据挖掘、任意查询和分析、立方体分析、企业报表、报表分发和预警，它们在交互程度和用户群类型及规模上各有差异。

（2）数据可视化技术：数据结果展现实现了数据可视化，它从底层平台处理的数据挖掘结果中构造图片、映射关系或表格，以简单、好用、易用的图形化、智能化的形式呈现给用户供其分析使用，可通过数据访问接口或商业智能门户实现。

5.3.3 油气大数据应用

钻井复杂情况的实时识别一直是影响钻井进度的难题，前人对复杂情况预测的研究主要是采用录井单参数规则的方式，对各种参数如总池体积、入口流量、立管压力等参数设置门限值，这种方式会产生大量的误报和漏报。由于油田积累的复杂情况数据越来越多，目前中国石化石油工程技术研究院采用大数据方法，对数据进行学习，挖掘数据的内部规律，建立复杂情况大数据识别模型，从而解决钻井复杂情况实时识别问题。

1）数据提取与预处理

从实时分析数据集和复杂情况案例知识库中自动提取钻井复杂情况样本，包括复杂类型、发生时间、井深、录井参数等。由于录井实时数据存在空值、异常、重复、噪声等情况，如不处理将对模型产生影响，因此对数据进行预处理，选取多种数据处理方法，开发数据提取和预处理模块。

2）业务标签

基于业务专家理论及中国石化西北油田历史井实钻经验，业务专家按照正常作业、故障征兆、故障发生等作业状态，对实钻录井时间域原始数据划分时间段（图5-10）。

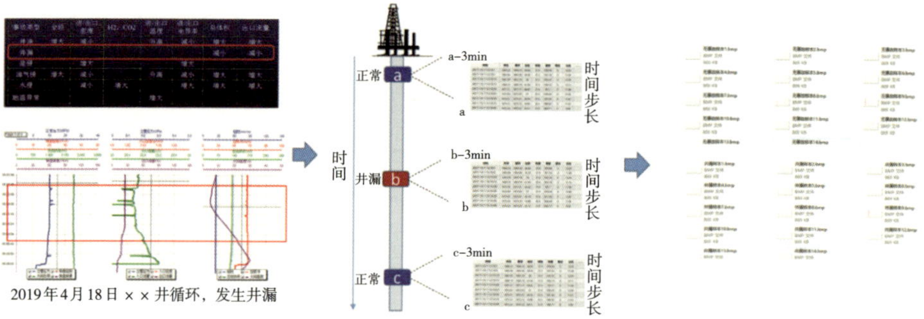

图5-10　专家业务标签逻辑图

3）特征选取

根据数据相关性分析结果，确定不同钻井复杂情况的特征参数。以井漏和溢流为例，井漏和溢流的特征存在相似性，因此对出口流量、总池体积、机械钻速等参数的原始数据，提取偏度、峰度、范围、相关性等特征，找到正常作业、井漏征兆、井漏发生之间数据变化的差异性，最终确定特征参数，如工况、入口流量、出口流量、立管压力等（图5-11）。

卡钻的发生原因复杂，本项目主要围绕坍塌卡钻、压差卡钻等常见卡钻类型，与井漏溢流的特征提取方式相同（表5-2），分析各个参数相关性，确定特征参数：工况、大钩载荷、大钩载荷变化率、钻速、立压等。

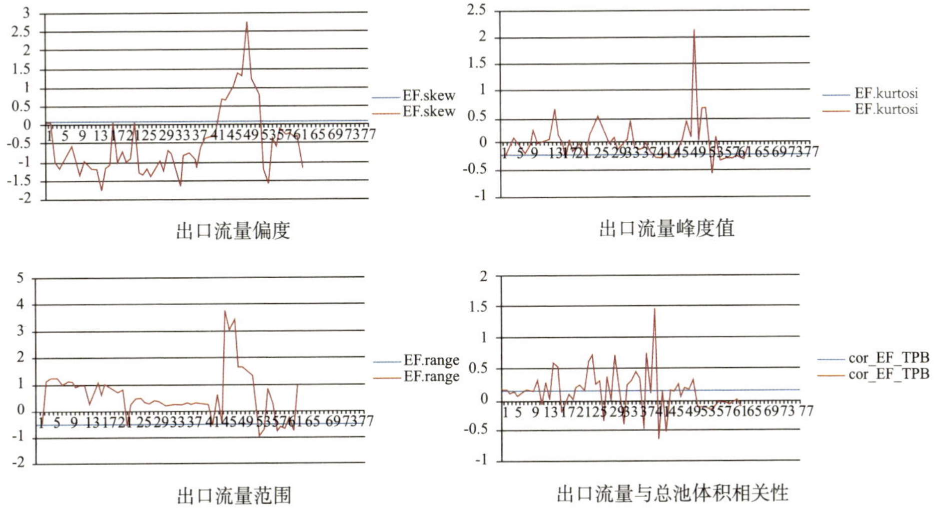

图5-11　井漏特征选取逻辑图

表5-2　卡钻特征参数

WellID	Operation	HK	HK_AVG	HK_RATE	ROP	SPP	SPP_AVG	SPP_RATE	Tor	Tor_AVG	Tor-RATE	WOB	Flow_in	RPM	…
1	起钻	1907	1961.28	19	0	15.3	15.43	53	0	1.11	42	0	32.02	0	…
2	下钻	2061.56	2260.38	-32	0	9.75	10.42	56	0	0	0	0	16.33	0	…
3	下钻	1650.6	1789.89	-8	0	15.69	14.62	37	0	4.77	-18	0	38.47	0	…
4	钻井	1667.93	963.54	-40	0	11.9	12.08	27	17.6	17.59	30	0	0	0	…
5	起钻	2429.38	2429.38	8	0	19.9	19.9	20	6.85	17	31	61.39	15.43	74.49	…
6	下钻	2328.54	2318.54	7	0	19	18	25	0	18	32	0	18	0	…
7	下钻	2318.53	2516.67	-12	0	21.98	22.18	8.78	0	0.87	-48	0	0	0	…
8	起钻	2186.59	2041.85	4	0	19.09	19.19	0	0	5.03	30	0	11.51	0	…
9	起钻	2141.97	2003.11	44	0	17.98	13.06	38	0	0	0	0	12.76	0	…

4）模型选择

根据不同复杂情况的特征参数不同，将钻井复杂情况识别问题简化为二分类问题，即井漏和非井漏、溢流和非溢流、卡钻和非卡钻。大数据分类算法有很多，包括决策树、随机森林、支持向量机等，目前应用较多的主要是以决策树为基础的集成算法，XGBoost就是其中效果最好的算法之一。XGBoost全名叫极端梯度提升，是华盛顿大学科研人员提出的研究成果。它是一个整体加法模型，由几个基学习器共同构成，其经常被用在一些比赛中，效果显著。它是大规模并行Boosted Tree的工具，是目前最快、最好的开源Boosted Tree工具包。XGBoost所应用的算法就是GBDT（Gradient Boosting Decision Tree）的改进，既可以用于分类，也可以用于回归问题中。XGBoost属于梯度提升树（GBDT）模型这个范畴，GBDT的基本想法是让新的基模型（GBDT以CART分类回归树为基模型）去拟合前面模型的偏差，从而不断将加法模型的偏差降低。相比于经典的GBDT，XGBoost做了一些改进，从而在效果和性能上有明显的提升。

（1）GBDT将目标函数泰勒展开到一阶，而XGBoost将目标函数泰勒展开到了二阶。保留了更多有关目标函数的信息，对提升效果有帮助。

（2）GBDT是给新的基模型寻找新的拟合标签（前面加法模型的负梯度），而XGBoost是给新的基模型寻找新的目标函数（目标函数关于新的基模型的二阶泰勒展开）。

（3）XGBoost加入了和叶子权重的L2正则化项，因而有利于模型获得更低的方差。

（4）XGBoost增加了自动处理缺失值特征的策略。通过把带缺失值样本分别划分到左子树或者右子树，比较两种方案下目标函数的优劣，从而自动对有缺失值的样本进行划分，无须对缺失特征进行填充预处理。

5）结果验证

利用训练样本数据，依据混淆矩阵进行推算，验证模型准确率（1-误报）与召回率（1-漏报），通过反复调整模型框架参数（如RF算法主要调整n_estimators），逐步得到最优模型。表5-3以井漏为例，展示混淆矩阵计算结果。最终经过10口井的钻井复杂情况预警验证：井漏准确率80%，溢流准确率82.7%，卡钻准确率71.2%。

表5-3 井漏预测结果混淆矩阵

混淆矩阵		真实值	
		井漏	非井漏
预测值	井漏	5	1
	非井漏	1	3

5.4 人工智能

5.4.1 人工智能概念

人工智能（Artificial Intelligence），英文缩写为AI。它是研究、开发用于模拟、延伸和扩展人的智能的理论、方法、技术及应用系统的一门新的技术科学。人工智能是计算机科学的一个分支，它企图了解智能的实质，并生产出一种新的能以人类智能相似的方式作出反应的智能机器，该领域的研究包括机器人、语言识别、图像识别、自然语言处理和专家系统等。人工智能从诞生以来，相关的理论和技术快速发展，应用领域也不断扩大，但没有一个统一的定义。

最早的定义是由当时麻省理工学院的约翰·麦卡锡在1956年的达特矛斯会议上提出人工智能概念时给出的定义：人工智能就是要让机器的行为看起来就像是人所表现出的智能行为一样。

著名的图灵测试从实证的角度，定义了什么样的机器具有人工智能：

即一个人在不接触对方的情况下，通过一种特殊的方式，和对方进行一系列的问答，如果在相当长时间内，他无法根据这些问题判断对方是人还是计算机，那么，就可以认为这个计算机具有与人相当的智能。

之后的研究者从不同的侧面给出其他一些定义，包括：

（1）人工智能是与人类思考方式相似的计算机程序。这个定义在人工智能的发展早期非常流行。但这种类似仿生学的直观思路，在科技发展中不一定可行。比如，人类一直想按照鸟类扑打翅膀的方式飞上天空，但最终带着人类在长空翱翔的飞机，其飞行原理却与鸟类有着极大的差别。而且，人类对大脑工作机理的认识尚浅，计算机走的几乎又是完全不同的技术道路。因此，这个定义很不准确。

（2）人工智能是与人类行为相似的计算机程序。相比仿生学派强调模仿人类的思维方式，实用主义者只关注结果。他们认为只要计算机表现出来的功能和人类在类似环境下的行为相似，那么这个计算机程序就是人工智能。但是，他们并不关注人工智能应该如何实现，也就是需要遵循何种规则或者理论框架。因此，这个定义过于片面，缺乏周密的逻辑。

（3）人工智能是会学习的计算机程序。这个定义将人工智能等同于机器学习。但机器学习只是现阶段实现人工智能的一种手段，它在未来肯定会被其他更先进的手段替代。因此，这个定义过于片面，不太合适。

（4）人工智能是根据对环境的感知，作出合理的行动，并获得最大收益的计算机程序。这个定义的关键在于，它并不强调仿生学，而是强调收益最大化。它不仅包含了前面几个定义的内容，同时又放弃了人工智能需要模仿人脑运作机制的错误思想。总体来说，它是目前学术界，最为全面均衡并被广泛接受的定义。

从字面上来看，人工智能的定义可以分为两个部分，即“人工”和“智能”。“人工”比较好理解，争议性也不大，就是指人力所能制造或者创造的。“智能”的定义比较复杂，可能涉及诸如意识（Consciousness）、自我（Self）、思维（Mind）[包括无意识的思维（Unconscious-Mind）]等问题。人唯一了解的智能是人本身的智能，但是我们对自身智能的理解也非常有限，对构成人的智能的必要元素也了解有限，所以就很难定义什么是“人工”制造的“智能”了。因此，人工智能的研究往往涉及对人的智能本身的研究。

人工智能是一门极富挑战性的科学，从事这项工作的人必须懂得计算机知识、心理学和哲学。人工智能是内容十分广泛的科学，它由不同的领域组成，如机器学习、计算机视觉等，总体说来，人工智能研究的一个主要目标是使机器能够胜任一些通常需要人类智能才能完成的复杂工作。但不同的时代、不同的人对这种“复杂工作”的理解是不同的。

随着人工智能技术的发展，人工智能的研究领域不断拓展，新的技术不断涌现。现阶段人工智能的研究有两个大的方向：一是基于生物学的研究方向，重点是研究“脑机接口”，主要是研究人脑的作用机理，把人脑的智力输出到计算机系统。最突出的成就是人工外骨骼的使用。对于肢体瘫痪的病人，已经能够把人脑发出的指令输出到计算机系统，从而指挥和调动机械肢体，让瘫痪的病人能够在机械的帮助下自由活动。外骨骼系统在单兵作战系统中也有广阔的应用前景。二是一般在讨论人工智能时，很多时候不讨论这一部分内容，因为有人认为脑机接口使用的是人脑的智力，不属于“人工”的智能。通常讨论的人工智能一般是在计算机科学领域，从技术流派上分为三类：

1）符号主义

规则驱动的确定性智能，该流派认为人工智能源于数理逻辑，以专家系统为代表。

古希腊人将欧几里得几何归纳整理成欧几里得公理体系，整个宏伟的理论大厦奠基于几条不言自明的公理之上，整个大厦完全由逻辑构造出来，这为整个人类科学发展提供了一套标准的范式。后来，牛顿编撰他的鸿篇巨著《自然哲学的数学原理》也遵循公理体系的范式，由公理到定义、引理、定理再到推论。人类的现代数学和物理知识最终都被系统化整理成公理体系，比如爱因斯坦的广义相对论也是遵循公理体系的范式。

符号主义的主要思想就是应用逻辑推理法则，从公理出发推演整个理论体系。

人工智能中，符号主义的一个代表就是机器定理证明。

比如，人类借助计算机完成了地图四色定理的证明。但是，对于这一证明的意义一直富有争议，许多人认为地图四色定理的证明实际上“验证”了一个事实，而非“证明”了一个定理。目前，机器定理证明的主流逐渐演变成机器验证。因此，和人类智慧相比，人工智能的符号主义方法依然处于相对幼稚的阶段。即便如此，人工智能在某些方面的表现已经超越人类。例如，基于符号主义的人工智能专家系统IBM的沃森，在电视知识竞赛Jeopardy中表现出色，击败人类对手，赢得冠军。目前，IBM进一步发展沃森认知计算平台，结合深度卷积神经网络后获得了更强的数据分析与挖掘能力，在某些细分疾病领域已能达到顶级医生的医疗诊断水平。

2）联结主义

该流派认为人工智能源于神经网络，以深度学习为代表，是人工智能领域当前最活跃的应用研究方向。

人工智能中的联结主义的基本思想是模拟人类大脑的神经元网络。David Hunter Hubel和Torsen Wiesel共同获得了1981年的诺贝尔生理学或医学奖。1959年，Hubel和Wiesel在麻醉的猫的视觉中枢上插入了微电极，然后在猫的眼前投影各种简单模式，同时观察猫的视觉神经元的反应。他们发现：猫的视觉中枢中有些神经元对于某种方向的直线敏感，另外一些神经元对于另外一种方向的直线敏感；某些初等的神经元对于简单模式敏感，而另外一些高级的神经元对于复杂模式敏感，并且其敏感度和复杂模式的位置与定向无关。这证明了视觉中枢系统具有由简单模式构成复杂模式的功能，也启发了计算机科学家发明人工神经网络。进一步的研究使人们逐步发现，人类具有多个视觉中枢，并且这些视觉中枢是阶梯级联，具有层次结构的。人类的视觉计算是一个非常复杂的过程。在大脑皮层上有多个视觉功能区域（V1至V5等），低级区域的输出成为高级区域的输入。低级区域识别图像中像素级别的局部的特征，例如边缘折角结构，高级区域将低级特征组合成全局特征，形成复杂的模式，模式的抽象程度逐渐提高，这启发计算机科学家将人工神经网络设计成多级结构，从而引发了深度学习技术的蓬勃发展。

3）行为主义

该流派认为人工智能源于控制论，以粒子群算法等群体智能算法为代表。控制论思想早在20世纪40—50年代就成为时代思潮的重要部分，影响了早期的人工智能工作者。维纳（Wiener）和麦克洛克（McCulloch）等人提出的控制论和自组织系统及钱学森等人提出的工程控制论和生物控制论，影响了许多领域。控制论把神经系统的工作原理与信息理论、控制理论、逻辑及计算机联系起来。早期的研究工作重点是模拟人在控制过程中的智能行为和作用，如对自寻优、自适应、自镇定、自组织和自学习等控制论系统的研究，并进行“控制论动物”的研制。到20世纪60—70年代，上述这些控制论系统的研究取得一定进展，播下智能控制和智能机器人的种子，并在20世纪80年代诞生了智能控制和智能机器人系统。行为主义是20世纪末才以人工智能新学派的面孔出现的，引起许多人的兴趣。这一学派的代表作者首推布鲁克斯（Brooks）的六足行走机器人，它被看作是新一代的“控制论动物”，是一个基于感知-动作模式模拟昆虫行为的控制系统。

从技术上讲，AI有强人工智能、弱人工智能、超人工智能之分：

（1）弱人工智能，或者称之为狭义人工智能（Artificial Narrow Intelligence，ANI），指人工智能只能够在某一方面的人类工作上协助或者替代人类，如图像识别、信息检索、信息判断等，而不具备全面复合自我学习的能力，无法全面与人类智慧相比。在弱人工智能阶段，人工智能依然具有高度的机器属性，人工智能的程度受制于人类。在其自我学习与进化上，人工智能同样主要由人类对其进行训练和进行修正。人工智能依然高度从属于人类，依然是人类所创造出的工具，AI是一台机器，能给人类社会带来便利和效率提升，能代替人类做一些简单的、重复的劳动，如家政服务、图像识别、网络应答、智能检索、工业制造、自动驾驶等。

（2）强人工智能又称通用型人工智能（Artificial General Intelligence，AGI），是指人工智能具备强大的自我学习和自我适应能力，能够迅速地对外界环境进行适应和对新的领域进行自我学习，并进行相应的适应性判断和反应的人工智能。由于通用型人工智能具备像人一样的普遍的自我学习能力，因此可以自我进化、自我修复、自我完善，并广泛适应从生产生活到社会交际乃至重大决策中各种传统需要自然人才能从事的领域。对于强人工智能何时能出现，目前有着比较大的分歧，最为乐观的观点是在2020年左右出现，而保守一点的认为在2050年左右出现，然而对于其出现，学界和产业界普遍认为是确定无疑的。因此，我们今天正处于从弱人工智能向强人工智能转型的过渡时期。在强人工智能阶段，人们首先感受到的是人工智能的更为强大和更为便利，任何设备由于接入了网络人工智能接口，都能够具备与人进行友好交流的能力，人们似乎享受到了无所不在的服务。

（3）超人工智能（Artificial Super Intelligence，ASI）指的是远远超过人类智慧的人工智能，有学者定义为远远超过人类智慧总体的人工智能。超人工智能已经远超过今天人们所能够实现的理解与想象。在超人工智能阶段，人类创造出了一个具有强大信息检索、自我学习与逻辑进化能力的智能体，并且随着网络连接上所有可连接的设备，能够实现自我循环，自我学习，自我进化，自我修复。对于这一时代的到来，还远没有定论，目前最为乐观的估计是在2060年左右。

5.4.2 人工智能发展历程

2017年初,《福布斯》杂志发表了人工智能编年体简史,时间跨度超过700年,涵盖心理学、数学、哲学、艺术、计算机科学等学科领域,以及与人工智能的发展息息相关的历史大事件。这篇文章将人工智能的历史追溯到1308年,西班牙加泰罗尼亚诗人、神学家拉蒙·鲁尔(Ramon Lull)出版《伟大的艺术》(Ars Generalis Ultima),阐述了他提出的使用“逻辑机”从概念的组合中创造新知识的方法。

但人们对人工智能的追求直到现代才迈出坚实的步伐。第二次世界大战期间,许多学科领域出现了优秀的科学家,包括新兴的神经科学和计算机领域。在英国,神经学家威廉·格雷·沃尔特(William Grey Walter)和数学家阿兰·图灵(Alan M.Turing)是首先向智能机器发起挑战的两位科学先驱。1948年,沃尔特制造了有史以来第一个机器人。1948年,图灵就写过一篇题为《智能机器》(Intelligent Machinery)的论文,描绘了人工智能中联结主义的大部分内容。这篇论文是图灵在英国国家物理实验室工作时写的,但当时的实验室主任查尔斯·达尔文爵士称这是一篇“学生论文”,并写信给图灵,抱怨论文“满是脏痕”的外观。可贵的是,图灵是在没有电子计算机的时代,用纸和铅笔模拟大脑,作出了这项开创性的研究。事实上,这篇具有远见卓识的论文是关于人工智能的第一个宣言,但遗憾的是图灵从未发表它。在这篇论文中,图灵不仅阐述了联结主义的基本原理,而且出色地引入了许多后来成为人工智能核心的概念,包括具有学习能力的遗传算法和神经网络(他称之为“无组织机器”),甚至强化学习的思想。当然,这些概念是在其他人重新发明之后才成为核心的。

1950年,图灵发表论文《计算机器和智能》(Computing Machinery and Intelligence),提出了图灵测试,为智能机器设置了标准:一种可以让某人以为自己在和另一个人说话的机器。

“人工智能”这一概念是在1956年才被正式提出的。

1956年夏天,一些年轻科学家在美国达特茅斯学院开会研讨“如何用机器模拟人的智能”时,首次提出“人工智能”的概念,这标志着人工智能学科的诞生。

那年，28岁的约翰·麦卡锡（John McCarthy，1971年图灵奖获得者），37岁的纳撒尼尔·罗切斯特（Nathaniel Rochester，约翰·麦卡锡的老板，IBM第1代通用机701的主设计师），28岁的马文·明斯基（Marvin Minsky，麻省理工学院人工智能实验室的创始人之一）和40岁的克劳德·香农（Claude Shannon，信息论创始人）4人提议在麦卡锡工作的达特茅斯学院召开一场头脑风暴式的研讨会。这场研讨会被称为“达特茅斯夏季人工智能研究会议”。参加会议的除了以上这4位，还有6位年轻的科学家。

这次研讨会讨论了当时计算机科学领域尚未解决的一些问题，包括人工智能、自然语言处理和神经网络等。这些绝顶聪明的科学家在经历了长达一个月的头脑风暴后并没有产生其他历史性的突破，但他们提出了“人工智能”这一概念，推动其成为计算机科学中的一门学科，并在以后大放异彩。

值得一提的是，这次研讨会的出席者几乎囊括了当时全球人工智能领域的主要人物。在随后的20年里，人工智能这个舞台基本被这些人物和他们在麻省理工、卡内基-梅隆、斯坦福等大学和IBM等企业中的同事们所占据（图5-12）。

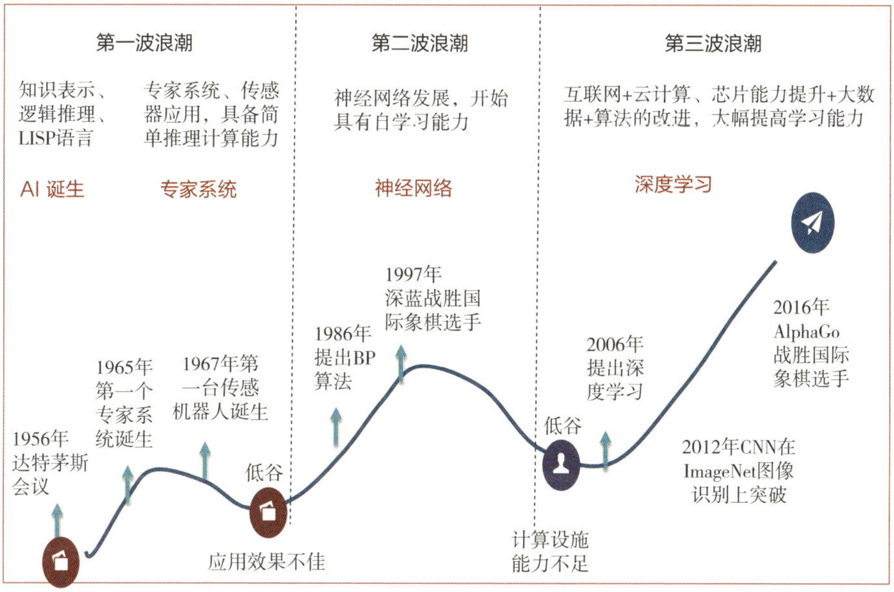

图5-12 人工智能发展历程

1）第一波浪潮：朝阳初升（1956—1976年）

达特茅斯会议之后的数年是人工智能快速发展黄金时期。对当时的许多人而言，这一阶段开发出的程序堪称神奇：计算机可以解决代数应用题，证明几何定理，学习和使用英语。当时，大多数人几乎无法相信机器能够如此“智能”。

AI程序能够为实现一个目标（例如赢得游戏或证明定理）一步步地前进，就像在迷宫中寻找出路一般；如果遇到了死胡同则进行回溯。这就是“搜索式推理”，一些研究者基于搜索算法用程序证明了几何与代数问题，还有一些程序通过搜索目标和子目标作出决策。

AI研究的一个重要目标是使计算机能够通过自然语言（例如英语）进行交流。Joseph Weizenbaum的ELIZA是第一个聊天机器人，可能也是最有趣的、会说英语的程序。与ELIZA“聊天”的用户有时会误以为自己是在和人类，而不是和一个程序交谈。一系列的研究进展让当时的人们普遍产生一种盲目乐观的思潮。第一代AI研究者们曾作出了如下预言：

1958年，H. A. Simon和Allen Newell：“十年之内，数字计算机将成为国际象棋世界冠军。”及“十年之内，数字计算机将发现并证明一个重要的数学定理。”

1965年，H. A. Simon：“二十年内，机器将能完成人能做到的一切工作。”

1967年，Marvin Minsky：“一代之内……创造‘人工智能’的问题将获得实质上的解决。”

1970年，Marvin Minsky：“在三到八年的时间里我们将得到一台具有人类平均智能的机器。”

研究者们在私下的交流和公开发表的论文中表达出强烈的乐观的情绪，认为具有完全智能的机器将在二十年内出现。这种情绪给AI研究带来了蜂拥而至的投资。ARPA（美国国防高等研究计划署）等政府机构向这一新兴领域投入了大笔资金。1963年6月，MIT从新建立的ARPA（即后来的DARPA，国防高等研究计划局）获得了二百二十万美元经费，用于资助包括Minsky和McCarthy建立的AI研究组。此后ARPA每年提供三百万美元，直到70年代为止。ARPA还对Newell和Simon在卡内基-梅隆大学的工作组及斯坦福大学AI

项目（由John McCarthy于1963年创建）进行类似的资助。经费几乎是无条件地提供的，并且允许研究者去做任何感兴趣的方向。这导致了MIT无约无束的研究氛围，但是好景不长。到了70年代，AI研究遭遇了瓶颈。AI研究者们对其课题的难度未能作出正确判断，即使是最杰出的AI程序也只能解决它们尝试解决的问题中最简单的一部分，也就是说所有的AI程序都只是“玩具”。当时的计算机有限的内存和处理速度不足以解决任何实际的AI问题。例如，在自然语言方面的研究结果只能用一个含二十个单词的词汇表进行演示，因为内存只能容纳这么多，计算机离智能的要求还差上百万倍。许多重要的AI应用，例如机器视觉和自然语言，都需要大量对世界的认识信息。程序应该知道它在看什么，或者在说些什么。这要求程序对这个世界具有儿童水平的认识。研究者们很快发现这个要求太高了：1970年没人能够做出如此巨大的数据库，也没人知道一个程序怎样才能学到如此丰富的信息。AI研究者们遭遇了无法克服的基础性障碍。尽管某些局限后来被成功突破，但许多至今仍无法满意地解决。此前的过于乐观使人们期望过高，当承诺无法兑现时，AI开始遭遇批评，由于项目缺乏进展，对AI提供资助的机构（如英国政府，DARPA）对无方向的AI研究逐渐停止了资助，NRC（National Research Council，美国国家科学委员会）在拨款二千万美元后停止资助。到了1974年，已经很难再找到对AI项目的资助，60年代那种对自由探索的资助一去不复返。人工智能研究逐渐进入第一个低谷。

2）第二波浪潮：快速进步（1976—2006年）

在80年代，一类名为“专家系统”的AI程序开始为全世界的公司所采纳，而“知识处理”成了主流AI研究的焦点。日本政府在同一年积极投资AI以促进其第五代计算机工程。80年代早期，另一个令人振奋的事件是联结主义研究重获新生。AI研究终于东山再起。

专家系统是一种程序，能够依据一组从专门知识中推演出的逻辑规则在某一特定领域回答或解决问题。最早的研究在60年代中期已经开始并陆续有一些成功的应用案例。专家系统仅限于一个很小的知识领域，从而避免了常识问题；其简单的设计又使它能够较为容易地编程实现或修改。总之，实践证明了这类程序的实用性。这一成果让AI开始变得实用起来。

1980年，CMU为DEC（Digital Equipment Corporation，数字设备公司）设计了一个名为XCON的专家系统，这是一个巨大的成功。在1986年之前，它每年为公司省下四千万美元。全世界的公司都开始研发和应用专家系统，到1985年，它们已在AI上投入十亿美元以上并带动相关产业蓬勃发展。

专家系统的能力来自它们存储的专业知识。知识库系统和知识工程成了80年代AI研究的主要方向。第一个试图解决常识问题的程序Cyc也在80年代出现，其方法是建立一个容纳一个普通人知道的所有常识的巨型数据库。发起和领导这一项目的Douglas Lenat认为，让机器理解人类概念的唯一方法是一个一个地教会它们。

1981年，日本经济产业省拨款八亿五千万美元支持第五代计算机项目。其目标是造出能够与人对话、翻译语言、解释图像，并且像人一样推理的机器。其他国家纷纷响应。英国开始了耗资三亿五千万英镑的Alvey工程。美国一个企业协会组织了MCTC（Microelectronics and Computer Technology Corporation，微电子与计算机技术集团），向AI和信息技术的大规模项目提供资助。DARPA也行动起来，组织了战略计算促进会（Strategic Computing Initiative）并开始大规模投资。

联结主义的重生是这一时期的一个重要事件。1982年，物理学家John Hopfield证明一种新型的神经网络（现被称为“Hopfield网络”）能够用一种全新的方式学习和处理信息。大约在同时产生了神经网络“反向传播方法”（Back Propagation），这些进展使1970年以来一直遭人遗弃的联结主义重获新生。90年代，神经网络获得了商业上的成功，它们被应用于光字符识别和语音识别软件。1997年5月11日，深蓝成为战胜国际象棋世界冠军卡斯帕罗夫的第一个计算机系统，这也成为AI之冬降临前最后一次辉煌。

“AI之冬（AI winter）”一词是经历过上一轮经费削减的AI低谷的研究者们创造出来的。他们注意到了对专家系统的狂热追捧，预计不久后人们将转向失望。事实被他们不幸言中。变天的最早征兆是1987年AI硬件市场需求的突然下跌。Apple和IBM生产的台式机性能不断提升，昂贵的Lisp机等老产品失去了存在的理由，仿佛一夜之间这个价值五亿美元的AI硬件产业土崩瓦解。最初大获成功的XCON等专家系统维护费用居高不下，难以升级、难以使用、脆弱性等各种各样的问题纷纷暴露，促使人们认识到专家系统的实用性仅仅局限于某些特定情景。

到了1991年，人们发现日本人宏伟的“第五代工程”并没有实现。与其他AI项目一样，期望比真正可能实现的要高得多。随着各方面投资的停止或减少，AI研究逐渐沉寂下来，AI之冬再次降临。

3）第三波浪潮：大潮再起（2006—现在）

年过半百的AI逐渐开始实现它最初的一些目标，它已被成功地用在技术产业中。这些成就部分归功于计算机性能的提升，根据摩尔定律描述：计算速度和内存容量每两年翻一番。计算性能上的基础性障碍已被逐渐克服。越来越多的AI研究者们开始开发和使用复杂的数学工具。人们广泛地认识到，许多AI需要解决的问题已经成为数学、经济学和运筹学领域的研究课题，概率论和决策理论被引入AI，投入应用的新工具包括贝叶斯网络、隐马尔可夫模型、信息论、随机模型和经典优化理论。针对神经网络和进化算法等“计算智能”范式的精确数学描述也被发展出来。数学语言的共享不仅使AI可以与其他学科展开更高层次的合作，而且使研究结果更易于评估和证明。AI成为一门更严格的科学分支。各种AI算法开始应用并解决了大量的应用问题，AI技术在数据挖掘、工业机器人、物流、语音识别、银行业软件、医疗诊断和Google搜索引擎等众多领域中应用并得到不断优化。一系列深度学习算法的出现是这一波浪潮的助推剂，特别是在图像识别中的成功应用，使这一波浪潮达到了前所未有的新高度。之后围棋软件阿尔法狗横扫人类围棋冠军的轰动效应，让象牙之塔中的人工智能变成了妇孺皆知的流行话题。

5.4.3 人工智能关键技术

人工智能技术关系到人工智能产品是否可以顺利应用到我们的生活场景中。但人工智能研究领域非常广泛，各种技术层出不穷，这里介绍几种比较普遍、比较通用的技术，他们包括机器学习、自然语言处理、人机交互、计算机视觉、生物特征识别、知识图谱等关键技术。

1）机器学习

机器学习（Machine Learning）是一门涉及统计学、系统辨识、逼近理论、神经网络、优化理论、计算机科学、脑科学等诸多领域的交叉学科，研究计算机怎样模拟或实现人类的学习行为，以获取新的知识或技能，重新组织已有的知识结构，使之不断改善自身的性能，是人工智能技术的核心。基于数据的机器学习是现代智能技术中的重要方法之一，研究从观测数据（样本）出发寻找规律，利用这些规律对未来数据或无法观测的数据进行预测。根据学习模式、学习方法及算法的不同，机器学习存在不同的分类方法。

根据学习模式将机器学习分类为监督学习、无监督学习和强化学习等。根据学习方法可以将机器学习分为传统机器学习和深度学习。

深度学习是目前应用最广泛、研究最集中的前缘领域。它是在早期人工神经网络的基础上发展起来的。脑神经科学的一些突破性进展使人们彻底改变了对大脑学习机制的传统看法，认识到大脑实际上是一台“通用学习机器”（Universal Learning Machine），同样的学习机制可以用于完全不同的应用。换句话而言，学习的机制人人相同，但是学习的内容决定了人的思维。人的大脑具有极强的可塑性，许多功能取决于后天的训练。这表明大脑神经网络具有极强的可塑性。这种大脑学习算法的普适性和可塑性的认识一直激励着计算机科学家不懈地努力探索。2006年左右，计算机科学家Geoffrey Hinton、Yann Lecun和Yoshua Bengio突破传统神经网络的技术瓶颈，引领了深度学习的浪潮。深度学习的最大特色在于神经网络的层数大为增加。目前，深度网络动辄上百层，连接参数数十亿，训练样本经常数千万直至上亿，训练算法需要在大规模计算机集群上运行数月。这些训练过程需要非常庞大的计算资源。首先是计算机计算能力的提升，特别是GPU的迅猛发展，为深度学习提供了强有力的硬件保障。其次是数据的积累。特别是互联网的大规模普及，智能手机的广泛使用，使得规模庞大的图像数据集能够被采集，上传到云端，集中存储处理。深度学习需要使用越来越大的数据集和大数据的积累提供数据保障。目前的方法是用非监督数据来训练模型以达到特征自动提取，有针对性地初始化网络，加速了学习过程的收敛，提高了学习效率。采用更加简单的优化方法，特别是随机梯度下降方法的应用提高了收敛速率和系统稳定性。

2）自然语言处理

自然语言处理是计算机科学领域与人工智能领域中的一个重要方向，研究能实现人与计算机之间用自然语言进行有效通信的各种理论和方法，涉及的领域较多，主要包括机器翻译、机器阅读理解和问答系统等。

机器翻译技术是指利用计算机技术实现从一种自然语言到另外一种自然语言的翻译过程。基于统计的机器翻译方法突破了之前基于规则和实例翻译方法的局限性，翻译性能取得巨大提升。基于深度神经网络的机器翻译在日常口语等一些场景的成功应用已经显出了巨大的潜力。随着上下文的语境表征和知识逻辑推理能力的发展，自然语言知识图谱不断扩充，机器翻译将会在多轮对话翻译及篇章翻译等领域取得更大进展。

语义理解技术是指利用计算机技术实现对文本篇章的理解，并且回答与篇章相关问题的过程。语义理解更注重于对上下文的理解及对答案精准程度的把控。随着 MCTest 数据集的发布，语义理解受到更多关注，取得了快速发展，相关数据集和对应的神经网络模型层出不穷。语义理解技术将在智能客服、产品自动问答等相关领域发挥重要作用，进一步提高问答与对话系统的精度。

问答系统分为开放领域的对话系统和特定领域的问答系统。问答系统技术是指让计算机像人类一样用自然语言与人交流的技术。人们可以向问答系统提交用自然语言表达的问题，系统会返回关联性较高的答案。尽管问答系统目前已经有了不少应用产品出现，但大多是在实际信息服务系统和智能手机助手等领域中的应用，在问答系统鲁棒性方面仍然存在问题和挑战。

自然语言处理面临四个方面的挑战：一是在词法、句法、语义、语用和语音等不同层面存在不确定性；二是新的词汇、术语、语义和语法导致未知语言现象的不可预测性；三是数据资源的不充分使其难以覆盖复杂的语言现象；四是语义知识的模糊性和错综复杂的关联性难以用简单的数学模型描述，语义计算需要参数庞大的非线性计算。

3）计算机视觉

计算机视觉是使用计算机模仿人类视觉系统的科学，让计算机拥有类似人类提取、处理、理解和分析图像及图像序列的能力。自动驾驶、机器人、智能医疗等领域均需要通过计算机视觉技术从视觉信号中提取并处理信息。近年来，随着深度学习的发展，预处理、特征提取与算法处理渐渐融合，形成端到端的人工智能算法技术。根据解决的问题，计算机视觉可分为计算成像学、图像理解、三维视觉、动态视觉和视频编解码五大类。

目前，计算机视觉技术发展迅速，已具备初步的产业规模。未来计算机视觉技术的发展主要面临以下挑战：一是如何在不同的应用领域与其他技术更好地结合，计算机视觉在解决某些问题时可以广泛利用大数据，已经逐渐成熟并且可以超过人类，而在某些问题上却无法达到很高的精度；二是如何降低计算机视觉算法的开发时间和人力成本，目前计算机视觉算法需要大量的数据与人工标注，需要较长的研发周期，以达到应用领域所要求的精度与耗时；三是如何加快新型算法的设计开发，随着新的成像硬件与人工智能芯片的出现，针对不同芯片与数据采集设备的计算机视觉算法的设计与开发也是挑战之一。

4）生物特征识别

生物特征识别技术是指通过个体生理特征或行为特征对个体身份进行识别认证的技术。从应用流程看，生物特征识别通常分为注册和识别两个阶段。注册阶段通过传感器对人体的生物表征信息进行采集，如利用图像传感器对指纹和人脸等光学信息、麦克风对说话声等声学信息进行采集，利用数据预处理及特征提取技术对采集的数据进行处理，得到相应的特征并进行存储。

识别过程采用与注册过程一致的信息采集方式对待识别人进行信息采集、数据预处理和特征提取，然后将提取的特征与存储的特征进行比对分析，完成识别。从应用任务看，生物特征识别一般分为辨认与确认两种任务，辨认是指从存储库中确定待识别人身份的过程，是一对多的问题；确认是指将待识别人信息与存储库中特定单人信息进行比对，确定身份的过程，是一对一的问题。

生物特征识别技术涉及的内容十分广泛，包括指纹、掌纹、人脸、虹膜、指静脉、声纹、步态等多种生物特征，其识别过程涉及图像处理、计算机视觉、语音识别、机器学习等多项技术。目前，生物特征识别作为重要的智能化身份认证技术，在金融、公共安全、教育、交通等领域得到广泛的应用。

5）知识图谱

知识图谱本质上是结构化的语义知识库，是一种由节点和边组成的图数据结构，以符号形式描述物理世界中的概念及其相互关系，其基本组成单位是“实体-关系-实体”三元组，以及实体及其相关“属性-值”对。不同实体之间通过关系相互联结，构成网状的知识结构。在知识图谱中，每个节点表示现实世界的“实体”，每条边为实体与实体之间的“关系”。通俗地讲，知识图谱就是把所有不同种类的信息连接在一起而得到的一个关系网络，提供了从“关系”的角度去分析问题的能力。

知识图谱可用于反欺诈、不一致性验证、组团欺诈等公共安全保障领域，需要用到异常分析、静态分析、动态分析等数据挖掘方法。特别地，知识图谱在搜索引擎、可视化展示和精准营销方面有很大的优势，已成为业界的热门工具。但是，知识图谱的发展还有很大的挑战，如数据的噪声问题，即数据本身有错误或者数据存在冗余。随着知识图谱应用的不断深入，还有一系列关键技术需要突破。

6）人机交互

人机交互主要研究人和计算机之间的信息交换，主要包括人到计算机和计算机到人的两部分信息交换，是人工智能领域的重要的外围技术。人机交互是与认知心理学、人机工程学、多媒体技术、虚拟现实技术等密切相关的综合学科。传统的人与计算机之间的信息交换主要依靠交互设备进行，主要包括键盘、鼠标、操纵杆、数据服装、眼动跟踪器、位置跟踪器、数据手套、压力笔等输入设备，以及打印机、绘图仪、显示器、头盔式显示器、音箱等输出设备。人机交互技术除了传统的基本交互和图形交互外，还包括语音交互、情感交互、体感交互及脑机交互等技术。

5.4.4 人工智能的应用及挑战

1）图像识别

2009年，普林斯顿大学计算机系的华人学者（第一作者为Jia Deng）发表论文《ImageNet: A large scale hierarchical image database》，宣布建立第一个超大型图像数据库供计算机视觉研究者使用。2010年，以ImageNet为基础的大型图像识别竞赛ImageNet Large Scale Visual Recognition Challenge 2010（ILSVRC 2010）第一次举办。竞赛最初的规则是以数据库内120万个图像为训练样本，这些图像从属于1000多个不同的类别，都被手工标记。经过培训的程序，再用于5万个测试图像评估，看看它对图像的分类是否准确。2012年，Hinton教授和他的两个研究生Alex Krizhevsky、Illya Sutskever将深度学习的最新技术用到ImageNet的问题上。他们的模型是一个总共八层的卷积神经网络，有65万个神经元，6000万个自由参数。Hinton教授的团队使用两个GPU，让程序接受120万个图像训练，花了接近6天时间。经过训练的模型，面对15万个测试图像，预测的头五个类别的错误率只有15.3%，在有30个团体参与的2012年ImageNet的竞赛中，测试结果稳居第一。排名第二的来自日本团队的模型，相应的错误率则高达26.2%。这标志着神经网络在图像识别领域大幅度超越其他技术，成为人工智能技术突破的一个转折点。2015年12月的ImageNet图像识别的竞赛中，来自微软亚洲研究院（Microsoft Research Asia，MSRA）的团队夺冠。MSRA团队尝试了一种称为“深度残余学习”（Deep Residual Learning）的算法。MSRA的深度残余学习模型，使用深达152层的神经网络，头五个类别的识别错误率创造了3.57%的新低，这个数字已经低于一个正常人的大约5%的错误率。这一卓越的成果使图像识别技术成为人工智能技术中应用最普遍的技术之一。图像识别应用遍地开花：公共安全的识别犯罪、识别车牌号，生产领域危险区域的闯入识别，生产过程中的各种构件或产品识别，仓储领域的库存盘点、自动装卸等。

2）语音识别

语音识别则是采用另一类神经网络：RNN（Recurrent Neural Network）也称循环神经网络或多层反馈神经网络，则是另一类非常重要的神经网络。

2012年10月，Geoffrey Hinton等研究者联合发表论文《深度神经网络在语音识别的声学模型中的应用：四个研究小组的共同观点》。研究者们用Hinton使用的“限制玻尔兹曼机”（RBM）的算法对神经网络进行了“预培训”。深度神经网络模型（DNN）被用来估算识别文字的概率。在谷歌的一个语音输入基准测试中，单词错误率（word error rate）最低达到了12.3%。2013年3月，多伦多大学的Alex Graves领衔发表论文《深度循环神经网络用于语音识别》论文中使用RNN/LSTM 的技术——一个包含三个隐层、430万个自由参数的网络，在一个叫TIMIT的基准测试中“音位错误率”达到17.7%，优于同期的其他所有技术的表现水准。2015年5月，谷歌宣布依靠RNN/LSTM 相关的技术，谷歌语音（Google Voice）的单词错误率降到了8%（正常人大约4%）。2015年12月，百度AI实验室发表论文《英语和汉语的端对端的语音识别》，论文的模型使用的是LSTM的一个简化的变种，叫“封闭循环单元”（Gated Recurrent Unit）。百度的英文语音识别系统接受了将近12000小时的语音训练，在16个GPU上完成训练需要3—5天。在一个叫WSJ Eval' 92的基准测试中，其单词错误率低至3.1%，已经超过正常人的识别能力（5%）。在另外一个小型汉语基准测试中，机器的识别错误率只有3.7%，而一个五人小组的集体识别错误率则为4%。机器在语音识别的各种基准测试上的准确度已经全面赶上并且超过普通人类。这是继图像识别之后人工智能攻克的另一个难关。从而使语音识别迈入实用化阶段。

3）游戏、娱乐及艺术创作

很久以来，人们倾向于认为机器可以理解人类的逻辑思维，却无法理解人类的丰富感情，更无法理解人类的美学价值，当然机器也就无法产生具有美学价值的作品。事实胜于雄辩，阿尔法狗对局李世石下出石破天惊的一步，棋圣聂卫平先生向阿尔法狗的下法脱帽致敬，这说明深度学习算法已经能够自发创造美学价值。许多棋手在棋盘方寸间纵横一生，所追寻的就是美轮美奂的神机妙手。如此深邃优美，玄奥抽象，一夜间变成了枯燥平淡的神经元参数，这令许多人心生幻灭。

其实，在视觉艺术领域，人工神经网络已经可以将一幅作品的内容和风格分开，同时向艺术大师学习艺术风格，并把艺术风格转移到另外的作品中，用不同艺术家的风格来渲染同样的内容。这意味着人工神经网络可以精确量化原本许多人文科学中模糊含混的概念，例如特定领域中的“艺术风格”，博弈中的“棋风”，并且使这些只可意会、无法言传的技巧风格变得朴实无华，容易复制和推广。

在游戏博弈方面，谷歌Deep Mind团队开发的深度Q网络（DQN）在49种Atari像素游戏中，29种达到乃至超过人类职业选手的水平。

2016年5月，来自谷歌的AI实验室报道，研究者用2865部英文言情小说培训机器，让机器学习言情小说的叙事和用词风格。从程序的演化过程看，机器模型先领悟了单词之间的空格的结构，然后慢慢认识了更多单词，由短到长，标点符号的规则也慢慢掌握，一些有更多长期相关性的语句结构，慢慢地也被机器掌握。

2016年5月，谷歌的Deep Mind团队撰文他们开发了一个“神经编程解释器”（NPI），这个神经网络能够自己学习并且编辑简单的程序，可以取代部分初级程序员的工作了。

随着人工智能与大数据、云平台、机器人、移动互联网及物联网等的深度融合，人工智能技术与产业开始扮演着基础性、关键性和前沿性的核心角色。智能机器正逐步获得更多的感知与决策能力，变得更具自主性，环境适应能力更强；其应用范围也从制造业不断扩展到家庭、娱乐、教育、军事等专业服务领域。人工智能在图像识别、语音识别、文本处理、游戏博弈、艺术美学、软件设计等诸多方面全面赶超人类，并在医疗、金融、保险、律师、新闻、数字个人助理等现代服务业中开始逐步占据核心地位，并且不断渗入人们的日常生活。

人工智能是计算机技术发展到高级阶段，融合了数学、统计学、概率、逻辑、伦理等多学科于一身的复杂系统，是当下所有信息技术所不能达到的高级应用。其最为核心的技术便是人工智能算法。如何让计算机能像人类一样进行思考，如同人一样利用现有的知识进行学习并实现合乎逻辑的推理，是人工智能算法试图实现的目标，但这绝非易事。虽然人工智能取得了一些突破性进展，但是它还是在婴幼儿时期。如何通过小样本进行学习，特别是从周围环境自主学习（增强型学习），增加学习的泛化能力，这些都是人工智能研究的热点问题。目前来看，人工智能前方的道路依然遥远。

5.5 虚拟现实（VR）与增强现实（AR）技术

5.5.1 虚拟现实的概念及构成

虚拟现实（Virtual Reality）是利用计算机生成一种模拟环境（如飞机驾驶舱、操作现场等），让使用者在视觉、听觉、触觉等感官上如同身临其境一般，并可以通过多种传感设备使用户“投入”到该环境中，实现用户与该环境直接进行自然地交互。

虚拟现实是多种技术的综合，包括实时三维计算机图形技术，广角（宽视野）立体显示技术，对观察者头、眼和手的跟踪技术，以及触觉/力觉反馈、立体声、网络传输、语音输入输出技术等。

从本质上说，虚拟现实就是一种先进的计算机用户接口，它通过给用户同时提供诸如视、听、触等各种直观而又自然的实时感知交互手段、最大限度地方便用户操作，从而减轻用户的负担、提高整个系统的工作效率。

虚拟现实技术有以下四个重要特征：

（1）多感知性。所谓多感知性就是说除了一般计算机所具有的视觉感知外，还有听觉感知、力觉感知、触觉感知、运动感知，甚至包括味觉感知、嗅觉感知等。理想的虚拟现实就是应该具有人所具有的感知功能。

（2）存在感又称临场感。它是指用户感到作为主角存在于模拟环境中的真实程度。理想的模拟环境应该达到使用户难以分辨真假的程度。

（3）交互性。交互性是指用户对模拟环境内物体的可操作程度和从环境得到反馈的自然程度（包括实时性）。例如，用户可以用手去直接抓取环境中的物体，这时手有握着东西的感觉，并可以感觉物体的重量，视场中的物体也随着手的移动而移动。

（4）自主性。是指虚拟环境中物体依据物理定律动作的程度。例如，当受到力的推动时，物体会向力的方向移动、或翻倒、或从桌面落到地面等。

虚拟现实系统的用户通过传感装置直接对虚拟环境进行操作，并得到实时三维显示和其他反馈信息（如触觉、力觉反馈等）。当系统与外部世界通过传感装置构成反馈闭环时，在用户的控制下，用户与虚拟环境间的交互可以对外部世界产生作用（如遥操作等）。因此，构成虚拟现实系统通常需要多个功能模块：

（1）检测模块：检测用户的操作命令，并通过传感器模块作用于虚拟环境。

（2）反馈模块：接受来自传感器模块信息，为用户提供实时反馈。

（3）传感器模块：一方面接受来自用户的操作命令，并将其作用于虚拟环境；另一方面将操作后产生的结果以各种反馈的形式提供给用户。

（4）控制模块：对传感器进行控制，使其对用户、虚拟环境和现实世界产生作用。

（5）建模模块：获取现实世界组成部分的三维表示，并由此构成对应的虚拟环境。

5.5.2 虚拟现实技术发展历程

从人机交互界面的角度来看，虚拟现实技术的起源可以追溯到1965年，Sutherland在篇名为《终极的显示》的论文中首次提出了包括具有交互图形显示、力反馈设备，以及声音提示的虚拟现实系统的基本思想，从此，人们正式开始了对虚拟现实系统的研究探索历程。随后的1966年，美国MIT的林肯实验室正式开始了头盔式显示器的研制工作。在这第一个HMD的样机完成不久，研制者又把能模拟力量和触觉的力反馈装置加入这个系统中。1970年，出现了第一个功能较齐全的HMD系统。

基于从60年代以来所取得的一系列成就，美国的Jaron Lanier在80年代初正式提出了“Virtual Reality”一词。80年代，美国宇航局（NASA）及美国国防部组织了一系列有关虚拟现实技术的研究，并取得了令人瞩目的研究成果，从而引起了人们对虚拟现实技术的广泛关注。1984年，NASA Ames研究中心虚拟行星探测实验室的M.McGreevy和J.Humphries博士，组织开发了用于火星探测的虚拟环境视觉显示器，将火星探测器发回的数据输入计算机，为地面研究人员构造了火星表面的三维虚拟环境。在随后的虚拟交互环境工作站（VIEW）项目中，他们又开发了通用多传感个人仿真器和遥现设备。

进入90年代，迅速发展的计算机硬件技术与不断改进的计算机软件系统相匹配，使得基于大型数据集合的声音和图像的实时动画制作成为可能。人机交互系统的设计不断创新，新颖、实用的输入输出设备不断地进入市场。而这些都为虚拟现实系统的发展打下了良好的基础。例如1993年的11月，宇航员利用虚拟现实系统成功地完成了从航天飞机的运输舱内取出新的望远镜面板的工作，而用虚拟现实技术设计波音777获得成功，是近年来又一件引人注目的科技创新。

虚拟现实是由计算机生成一个虚拟世界，用户能够进行视觉、听觉、触觉、力觉、嗅觉、味觉等全方位交互。主要包括模拟环境、感知、自然技能和传感设备等方面。现阶段在计算机的运行速度达不到虚拟现实系统所需要的情况下，相关技术就显得尤为重要。要生成一个三维场景，并使场景图像能随视角不同实时地显示变化，只有设备还不够的，还要有相应的技术理论相支持。当前主要关注的技术还包括：

（1）立体显示和传感器技术。虚拟现实的交互能力依赖于立体显示和传感器技术的发展。现有的虚拟现实还远远不能满足系统的需要，例如，数据手套有延迟大、分辨率低、作用范围小、使用不便等缺点；虚拟现实设备的跟踪精度和跟踪范围也有待提高，因此有必要开发新的三维显示技术。

（2）应用系统开发工具。虚拟现实应用的关键是寻找合适的场合和对象，即如何发挥想象力和创造力。选择适当的应用对象可以大幅度地提高生产效率、减轻劳动强度、提高产品开发质量。为了达到这一目的，必须研究虚拟现实的开发工具。例如虚拟现实系统开发平台、分布式虚拟现实技术等。

（3）系统集成技术。由于虚拟现实中包括大量的感知信息和模型，因此系统的集成技术起着至关重要的作用。集成技术包括信息的同步技术、模型的标定技术、数据转换技术、数据管理模型、识别和合成技术等。

可以看出，正是因为虚拟现实系统极其广泛的应用领域，如娱乐、军事、航天、设计、生产制造、信息管理、商贸、建筑、医疗保险、危险及恶劣环境下的遥操作、教育与培训、信息可视化及远程通信等，人们对迅速发展中的虚拟现实系统的广阔应用前景充满了憧憬与兴趣。

5.5.3 虚拟现实关键技术

1）动态环境三维建模技术

动态环境建模技术虚拟环境的建立是虚拟现实的核心技术，其目的是获取实际环境的三维数据，并根据应用的需要，利用获取的三维数据建立相应的虚拟环境模型。三维数据的获取可以采用CAD技术（有规则的环境），而更多的环境则需要采用非接触式的视觉建模技术，两者的有机结合可以有效地提高数据获取的效率。只有设计出反映研究对象的真实、有效的模型，虚拟现实系统才有可信度。

（1）模仿真实世界中的环境（系统仿真）。

（2）人类主观构造的环境。

（3）模仿真实世界中人类不可见的环境（科学可视化）。

三维建模一般主要是三维视觉建模。三维视觉建模可分为几何建模、物理建模、行为建模。

2）立体显示技术

立体显示是虚拟现实的关键技术之一，它使人在虚拟世界里具有更强的沉浸感，立体显示的引入可以使各种模拟器的仿真更加逼真。因此，有必要研究立体成像技术并利用现有的计算机平台，结合相应的软、硬件系统在平面显示器上显示立体视景。目前，立体显示技术主要以佩戴立体眼镜等辅助工具来观看立体影像。随着人们对观影要求的不断提高，由非裸眼式向裸眼式的技术升级成为发展重点和趋势。目前，比较有代表性的技术有分色技术、分光技术、分时技术、光栅技术、全息显示技术。

3）实时三维图形生成技术

要实现虚拟现实系统中的虚拟世界，仅有立体显示技术是远远不够的，虚拟现实中还有真实感与实时性的要求，也就是说虚拟世界的产生不仅需要真实的立体感，而且虚拟世界还必须实时生成，这就必须要采用真实感实时绘制技术。其关键是如何实现“实时”生成。为了达到实时的目的，至少要保证图形的刷新率不低于15帧/秒，最好是高于30帧/秒。在不降低图形的质量和复杂度的前提下，如何提高刷新频率将是该技术的研究内容。

真实感实时绘制是在当前图形算法和硬件条件限制下提出的在一定时间内完成真实感绘制的技术。“真实感”的含义包括几何真实感、行为真实感和光照真实感。几何真实感指与描述的真实世界中对象具有十分相似的几何外观；行为真实感指建立的对象对于观察者而言在某些意义上是完全真实的；

光照真实感指模型对象与光源相互作用产生的与真实世界中亮度和明暗一致的图像。而“实时”的含义则包括对运动对象位置和姿态的实时计算与动态绘制，画面更新达到人眼观察不到闪烁的程度，并且系统对用户的输入能立即作出反应并产生相应场景以及事件的同步。它要求当用户的视点改变时，图形显示速度也必须跟上视点的改变速度，否则就会产生迟滞现象。

4）三维虚拟声音的实现技术

三维虚拟声音能够在虚拟场景中使用户准确地判断出声源的精确位置，符合人们在真实境界中的听觉方式。虚拟环绕声技术的价值在于使用两个音箱模拟出环绕声的效果，虽然不能和真正的家庭影院相比，但是在最佳的听音位置上效果是可以接受的，其缺点是普遍对听音位置要求较高。

5）人机交互技术

在计算机系统提供的虚拟空间中，人可以使用眼睛、耳朵、皮肤、手势和语音等各种感觉方式直接与之发生交互，这就是虚拟环境下的人机自然交互技术。在虚拟相关技术中，嗅觉和味觉技术的开发处于探索阶段，而恰恰这两种感觉是人对食物和外界最基础的需要。并且，随着智能移动设备的普及，人们的各种基础需求会不断得到满足。因此，气味传送或嗅觉技术的现实应用空间将会很大，也更能引起人们的兴趣。在虚拟现实领域中较为常用的交互技术主要有手势识别、面部表情的识别、眼动跟踪及语音识别等。

6）碰撞检测技术

碰撞检测经常用来检测对象甲是否与对象乙相互作用。在虚拟世界中，由于用户与虚拟世界的交互及虚拟世界中物体的相互运动，物体之间经常会出现相碰的情况。为了保证虚拟世界的真实性，就需要虚拟现实系统能够及时检测出这些碰撞，产生相应的碰撞反应，并及时更新场景输出，否则就会发生穿透现象。正是有了碰撞检测，才可以避免诸如人穿墙而过等不真实情况的发生，影响虚拟世界的真实感。

在虚拟世界中关于碰撞，首先要检测到有碰撞的发生及发生碰撞的位置，其次是计算出发生碰撞后的反应。在虚拟世界中通常有大量的物体，并且这些物体的形状复杂，要检测这些物体之间的碰撞是一件十分复杂的事情，其检测工作量较大，同时由于虚拟现实系统中有较高实时性的要求，要求碰撞检测必须在很短的时间（如30—50ms）内完成，因而碰撞检测成了虚拟现实系统与其他实时仿真系统的瓶颈，碰撞检测是虚拟现实系统研究的一项重要技术。

5.5.4 增强现实（AR）技术

增强现实（Augmented Reality，简称AR）是在虚拟现实的基础上发展起来的新兴技术，它是通过将计算机生成的虚拟物体、场景或系统提示信息叠加到真实场景中，从而实现对现实的“增强”，增加用户对现实世界的感知。同时，由于用于与真实世界的联系并未被切断，交互方式也就显得更加自然。

增强现实技术是一种将真实世界信息和虚拟世界信息“无缝”集成的新技术，是把原本在现实世界的一定时间、空间范围内很难体验到的实体信息（视觉信息、声音、味道、触觉等），通过电脑等科学技术，模拟仿真后再叠加，将虚拟的信息应用到真实世界，被人类感官所感知，从而达到超越现实的感官体验。真实的环境和虚拟的物体实时地叠加到了同一个画面或空间而同时存在。

增强现实技术，不仅展现了真实世界的信息，而且将虚拟的信息同时显示出来，两种信息相互补充、叠加。在视觉化的增强现实中，用户利用头盔显示器，把真实世界与电脑图形多重合成在一起，便可以看到真实的世界围绕着它。

增强现实技术有三个显著的特点：一是虚实结合，它可以将显示器屏幕扩展到真实环境，使计算机窗口与图标叠映于现实对象，由眼睛凝视或手势指点进行操作。让三维物体在用户的全景视野中根据当前任务或需要交互地改变其形状和外观。对于现实目标通过叠加虚拟景象产生类似于X光透视的增强效果，还可以将地图信息直接插入现实景观以引导驾驶员的行动。二是实时交互，它使交互从精确的位置扩展到整个环境，从简单的人面对屏幕交流发展到将自己融合于周围的空间与对象中。运用信息系统不再是自觉而有意的独立行动，而是和人们的当前活动自然而然地成为一体。交互性系统不再具备明确的位置，而是扩展到整个环境。三是三维定位，用户可以在三维空间运动并调整计算机产生的增强信息，也可在三维尺度空间中增添定位虚拟物体。

增强现实技术包含了多媒体、三维建模、实时视频显示及控制、多传感器融合、实时跟踪及注册、场景融合等新技术与新手段，综合利用这些技术将图像、视频、3D模型等计算机生成的虚拟物与真实世界融为一体，实现了对真实世界的增强，它与虚拟现实的完全沉浸相比，AR用户仍然可以感受由计算力视觉增强的现实世界。

增强现实的一些关键技术包括：

（1）即时定位与地图构建SLAM（Simultaneous Localization and Mapping）技术。它是增强现实技术中最先进的技术之一。通过处理一系列复杂的算法和管理传感器数据，SLAM可以映射未知的环境，并且同时确定自己的定位。

SLAM的概念诞生于20世纪80年代，但在近几年才真正开始实现。多数专家认为，SLAM将成为自动驾驶的关键驱动力，无人驾驶飞机、自动驾驶汽车，甚至机器人都将使用SLAM技术。

（2）基于标记的追踪。基于标记的追踪需要摄像头和特殊的触发标记，而AR标记可以是从二维码到印刷图像的任何一切。另外，触发标记可以集成至任何真实世界的对象中。由于设备与用户可以轻松识别二维码，所以这成为流行的解决方案。当应用程序识别标记后，系统将恢复与之相关的特殊数字内容。在这种情况下，系统将计算AR内容和标记的位置。所以，标记的位置变化同样会影响AR内容的位置。另外，一些AR模型是专门设计成完全覆盖它们的标记。

（3）基于地理位置的AR。这种技术主要使用GPS数据，集成指南针、陀螺仪和加速度计来提供有关对象当前位置的信息，而这些数据将决定你在身边所找到和体验的AR内容。在这种情况下，增强现实内容应该包含附加的数据（如GPS数据），因此大部分内容都与真实场所相关联。基于无标记方法的应用包括线下事件和信息、商业和广告弹出窗口、导航支持。

（4）基于投影的AR。这种方法主要是基于投射人造光，并且感知其变化。它允许用户与投影灯进行交互，从而与应用程序进行交互。由于可以感测真实表面上已知的（或预期的）光反射差异，基于投影的方法是一种行得通的解决方案。因此，特殊的变化可以触发应用程序对其作出反应。基于投影的逆向方法就是科幻作品中常见的全息图。对于全息图，其主要是通过等离子体激光功能将三维交互模型直接投影至现实世界之中。

实现增强现实需要特殊的外部设备。这可以包括普通的智能手机、平板电脑，以及专用设备。增强现实眼镜和平视显示器等工具可以增强用户眼前的现实。另外，手持设备则可以通过摄像头来增强我们的现实，然后通过显示屏向用户展示结果。一些新的发展包括隐形眼镜，甚至是视网膜显示器。

5.5.5 VR/AR应用及发展前景

VR技术的应用已经非常广泛，在很多领域都能看到成功的应用案例，常见的有游戏、医疗、直播、影视、营销、教育、社交等。VR游戏是目前应用最广、规模最大的领域。游戏行业竞争者多，产品内容迭代快，现在游戏的体验感成为游戏用户最迫切的需求，而深度的游戏用户更倾向游戏内容与个人感觉的交互性。过去一些简单的操作玩法及低质的游戏感受已成为游戏用户的痛点。VR游戏比传统游戏最大的优势在于它的沉浸感，更能达到物我两忘的境界。第二大的应用领域是在教育和培训方面，VR教育被认为是最具发展前景的应用领域。VR教育能够实现学生主动地获取知识，让学习变得有趣、高效，同时沉浸式环境也能够让学生更加专注。此外，培训特别是一些成本高昂的培训诸如飞机驾驶员的培训，大型设备的操作培训等，借助特殊搭建的虚拟环境，可以大幅度降低培训成本、提高技能培训成效。

在医疗领域，实习生在VR技术构建的虚拟环境中学习相关工作场景操作，快速走上工作岗位，还可以利用虚拟环境实现远程医疗指导，通过VR技术有针对性地创造虚拟场景可以帮助治疗许多心理问题，如自闭症、老年孤独症、幽闭恐惧症、恐高症，以及其他心理障碍。

VR/AR购物也有广阔的应用前景，相比传统的线上购物，VR购物有极大的优势，虚拟购物商城环境，以三维的形式观看相关物品，触摸、把玩、试用、提升购物体验，还可以瞬间切换商城，满足在家逛商城的梦想。VR的应用领域越来越多，VR直播、VR视频、VR看房、VR社交、VR军事、VR工业等。VR应用会让我们的工作更轻松，让生活更加丰富多彩。

相比而言，增强现实技术的应用还处在蓄势待发阶段。国内外众多科技巨头都在AR领域持续发力，谷歌、脸书、苹果、索尼和三星等都已向AR领域投入了数十亿美元，国内也有很多创新公司投入了AR研发，并在文旅、展览、工业应用等众多领域拓展应用场景。许多人认为AR将带来一场新的革命。

VR/AR发展前景十分诱人，而与网络通信特性的结合，更是人们所梦寐以求的。在某种意义上说，它将改变人们的思维方式，甚至会改变人们对世界、自己、空间和时间的看法。它是一项发展中的、具有深远的潜在应用方向的新技术。

目前，虚拟现实/增强现实面临的挑战主要体现在智能获取、普适设备、自由交互和感知融合四个方面。在硬件平台与装置、核心芯片与器件、软件平台与工具、相关标准与规范等方面存在一系列科学技术问题。总体来说，虚拟现实/增强现实呈现虚拟现实系统智能化、虚实环境对象无缝融合、自然交互全方位与舒适化的发展趋势。

5.6 边缘计算与5G技术

5.6.1 边缘计算的概念

边缘计算指在靠近物或数据源头的网络边缘侧，将网络、计算、存储、应用核心能力融合为一体的开放平台，就近提供边缘智能服务。其应用程序在边缘侧发起，产生更快的网络服务响应，满足行业在敏捷连接、实时业务、数据优化、应用智能、安全与隐私保护等方面的关键需求。边缘计算处于物理实体和工业连接之间，或处于物理实体的顶端。而云端计算，仍然可以访问边缘计算的历史数据。

边缘计算并非是一个新鲜词。早在2003年，云服务提供商阿卡迈（AKAMAI）在其一份内部研究项目中即提出“边缘计算”的概念，当时它承担了全球15%—30%的网络流量，流量的压力促使他们探索这种新的服务方式，并通过IBM在其Web Sphere上提供基于边缘计算的全球服务。

边缘计算被定义为：将计算能力提供给网络的逻辑末端，以便改善应用和服务的性能、运营成本和可靠性。通过缩短设备与提供给设备的云资源之间的距离，减少网络跳数，边缘计算消除了当今互联网在延迟和带宽方面的限制，从而带来全新的应用类别。实际上，这意味着沿着今天的集中式数据中心和越来越多的现场设备之间的路径，分配新的资源和软件堆栈，而这条路径邻近最后一英里网络，连接基础设施和设备两端。

David Linthicum（德勤咨询公司的首席云战略官）认为："就边缘计算而言，计算系统和存储系统也位于边缘，尽可能接近生成所处理的数据的部件、设备、应用或人。目的是消除处理延迟，因为数据不必从网络边缘发送到中央处理系统，然后发回到边缘。"

边缘计算由Linux基金会主持的开源项目Edge X Foundry负责推广。Edge X Foundry的目标包括：构建和推广Edge X成为统一物联网边缘计算的通用平台，认证Edge X组件以确保互操作性和兼容性，提供快速创建基于Edge X的物联网边缘解决方案的工具，并与相关的开源项目、标准组织和行业联盟合作。

据Edge X Foundry声称："该项目注重的是边缘节点，比如嵌入式PC、集线器、网关、路由器和本地服务器，以克服分布式物联网雾架构中互操作性方面的重大挑战。"

Edge X Foundry的技术指导委员会包括来自IOTech、ADI、Mainflux、戴尔、Linux基金会、三星电子、VMware和Canonical的代表。

边缘计算的概念和以思科为代表的网络公司所倡导雾计算（Fog Computing）相近但有所不同。雾计算更强调在设备的网关里处理数据，数据被雾计算收集到设备的网关，进而被处理、存储，并将处理后的数据发回需要数据的设备中。而边缘计算更强调边缘，也就是更靠近数据生成的设备端，雾计算则介于云计算和边缘计算之间。

雾计算是思科公司杜撰的一个术语，得到了开放雾联盟的支持，该联盟由Arm、思科、戴尔、英特尔、微软和普林斯顿大学边缘实验室于2015年共同成立。其使命内容如下（部分）：

致力于定义涵盖分布式计算、网络、存储、控制和资源的一种架构，以支持物联网边缘处的智能，包括自我感知的自主机器、物件、设备和智能对象。开放雾联盟的成员还将确定和开发新的运营模式。最终，我们的工作将有助于实现和推动下一代物联网。

无论是云、雾还是边缘计算，本身只是实现物联网、智能制造等所需要计算技术的一种方法或者模式。严格来讲，雾计算和边缘计算并没有本质的区别，都是在接近于现场应用端提供的计算。

对物联网而言，边缘计算技术取得突破，意味着许多控制将通过本地设备实现而无须交由云端，处理过程将在本地边缘计算层完成。这无疑将大大提升处理效率，减轻云端的负荷。由于更加靠近用户，还可为用户提供更快的响应，将需求在边缘端解决。

边缘计算有着诸多先天优势：一是更实时、更快速的数据处理能力。由于减少了中间传输的过程，数据处理的速度也更快。二是成本更低。边缘计算处理的数据是小数据，从数据计算、存储上都具有成本优势。三是更低的网络带宽需求。随着联网设备的增多，网络传输压力会越来越大，而边缘计算的过程中，与云端服务器的数据交换并不多，因此也不需要占用太多网络带宽。四是提升应用程序的效率。当数据处理更快、网络传输压力更小、成本也更低时，应用程序的效率必然会大大提升。五是边缘计算让数据隐私保护变得更具操作性，这在今年5月欧盟通过史上最严格的数据保护法律之后意义重大。由于数据的收集和计算都是基于本地，数据也不再被传输到云端，因此重要的敏感信息可以不经过网络传输，能够有效避免传输过程中的泄露。

有研究案例表明，借助边缘计算，在人脸识别领域，响应时间由900ms减少为169ms；把部分计算任务从云端卸载到边缘之后，整个系统对能源的消耗减少了30%—40%；数据在整合、迁移等方面可以减少20倍的时间。

5.6.2 5G技术促进了边缘计算的发展

5G中的“G”代表“Generation（代）”，5G是指第五代移动通信的意思。从第一代移动通信到第五代，手机的功能不断提升，1G时代只能用手机打电话，2G时代可以互发短信、看文字信息，3G时代可以上网、看图片，而4G时代能够看视频和直播，从1G到4G，不仅信号越来越好，安全性越来越高，上网也越来越快，更重要的是由于移动通信成本的降低，手机的普及程度大幅度提升，从小学生到老人，从城市到乡村，几乎人人都持有手机。

那么从4G到5G会有多大的变化呢，根据国际通信标准组织3GPP的定义，5G将带来三大突破性提升：

（1）eMBB大带宽：下载速率理论值将达到每秒10GB，将是当前4G上网速率的10倍。

（2）URLLC低延时：5G的理论延时是1ms，是4G延时的几十分之一，基本达到了准实时的水平。

（3）mMTC广连接：5G单通信小区可以连接的物联网终端数量理论值将达到百万级别，是4G的十倍以上。

无线通信技术所追求的就是“如何利用有限频谱，让更多的人、更少的成本，更好地传递更多的信息。”

这里提到的频谱指的就是一部分的无线电资源，无线电资源按照无线电磁波的频率来划分，属于国家所有的。就像土地一样，任何组织和个人不能未经批准就占用，必须向国家申请。国家会将一定频率跨度的无线电资源进行分配，用于军用及民用的通信，比如在我们国家，立体声广播会占用917MHz到925MHz；民航通信会占用1785MHz到1805MHz的频率；卫星通信会占用2170MHz到2200MHz等。无线电频谱总体上有一个特点，就是频率越高，允许分配的带宽范围越大，单位时间内所能传递的数据量就越大。

从通信1G（900MHz）到4G（1.8GHz以上）所应用的无线电磁波的频率越来越高，单位时间内传输的信息也就越丰富，传输速率提高了，在我们看来，就是“网速变快了”。这就有点像路越修越宽，跑在上面的车就可以越来越多，也可以越来越快。

当前，我们国家分配给三大运营商的4G主力频段位于1800MHz到2700MHz的一部分频段，而国际电信标准组织定义的5G的主流频段是3000MHz到6000MHz，比4G要高出很多，所以5G的信息传输速率较4G就会产生革命性变化。

频谱资源非常有限，怎么才能在有限的频谱资源内容纳更多的用户，同时让每个用户传递更多的信息？这就涉及无线通信中最重要的技术——复用。目前，有三大主流复用技术：FDMA、TDMA、CDMA。

（1）频分多址（FDMA）：利用不同的频率分割成不同信道的复用技术。就好像一条划分了多个车道的大路，你可以将一段完整的信息分成很多份的数字信号，转载在不同的卡车上，每个卡车占用其中的一条车道帮你将信息运送到道路的另一端，然后在另一端将分装在不同车道卡车上的信息收集下来组装在一起，拼成完整的信息。

（2）时分多址（TDMA）：允许多个用户在不同的时间段（时隙）来使用相同的频率的复用技术，允许多用户共享同样的频率。这就像很多人共用一条高速公路，每个人有一个卡车车队运送信息，不过你可以在别人的车队中插空行驶，因为每辆卡车并不是紧紧地前后贴在一起，中间都有空当。

（3）码分多址（CDMA）：简单地说，指的就是将共享一条信道上的信息进行了不同方式的编码。我们可以理解成这次既和别人共用了高速，也和别人共用了卡车。这就需要将不同人的箱子涂上不同颜色，接收端的人根据箱子的颜色接收各自的信息。这样就实现了共用道路和卡车，大大提升了频谱的利用率。

FDMA、TDMA、CDMA这三种技术大大提升了频谱利用效率，也推动了通信技术的长足发展，其实我们当前的2G/3G/4G的技术标准在频谱效率提升上都应用了这三项核心技术。根据国家的规定，中国的三大运营商分别采用了不同的技术路线：

2G：中国移动GDM（TDMA+FDMA）、联通CDMA（CDMA）。

3G：联通WCDMA（CDMA）、电信CDMA2000（CDMA）、移动TD-SCDMA（TDMA+CDMA）。

4G：联通/电信FDD-LTE（FDMA）、移动TD-LTE（TDMA）。

而5G的技术是将截至目前各种技术的优势都结合在了一起，属于2G/3G/4G的融合升级加强版，使无线频谱的利用率大幅提升，接近甚至达到香农极限。

在5G时代，要保证每一个基站所覆盖的用户无论距离远近，无论人们是否均匀地分布在基站覆盖的范围内，都要有大带宽和低时延的上网体验，就对信号覆盖提出了高的技术要求，一些重要的技术创新包括：

（1）大容量多入多出技术（Massive-MIMO）：4G时代“多入多出”和“波束赋形”技术主流达到“4T（Transit）4R（Receive）”即一个天线可以有4个“波束”负责向多个手机传递信号，同时有4个“波束”负责接收手机上行回传到基站的信号。而5G天线的主流技术推进到了“8T8R”，中国的华为公司已经可以做到“64T64R”，远远领先于业界水平。

（2）上下行解耦技术：5G应用的主流频谱是3—6GHz，这个波段也被业界称为C-Band（C波段）或称黄金波段，这个波段频率很高，频率高传递的信息量就大，然而频率越高的无线电波长也越短，波越短，传递的距离就短，还容易被阻挡，衰减非常厉害。为了稳定的信号，华为提出了“上下行解耦”方案，可以理解为“下行5G频率，上行4G频率”。当然，还有很多解决信号覆盖和降低建网成本的技术，不再一一赘述。

5G的使用，意味着更快的下载和上传速度、更流畅的在线内容流、更高质量的语音和视频通话、更多的联网设备、更丰富的包括自动驾驶汽车和智慧城市在内的先进技术，特别是对物联网技术的广泛应用和边缘计算的落地实施提供了强有力的技术支持。

5G技术现在已经投入商业应用。2018年2月22日在西班牙巴塞罗那，华为公司与英国电信运营商沃达丰合作打通了全球5G的第一个电话。2019年4月12日，北京5G实验网上成功地打通了第一个5G电话。10月31日，在2019年中国国际信息通信展览会上，中国移动正式发布5G商用套餐，同时，中国移动北京公司宣布首位5G商用用户产生。5G正式走入老百姓的日常生活。

数以亿计的物联网设备接入，大数据和人工智能对计算需求的急剧增大，5G带来的高速度、大容量的传输能力，这三股力量的融合必将推动计算工作负载的部署方式发生深远而重大的变化，边缘计算的广泛应用前景可期。

5.6.3 边缘计算的应用领域

近年来，计算工作负载一直在迁移，先是从本地数据中心迁移到云，现在日益从云数据中心迁移到更靠近所处理的数据源的“边缘”位置。旨在缩短数据的传输距离，从而消除带宽和延迟问题，最终提升应用和服务的性能和可靠性，并降低运行成本。随着业务驱动的IT项目不断增加（通常超出传统IT预算的范围），实施物联网解决方案、边缘计算环境和“非传统”IT的现象在迅速增多。

从Gartner 2018年云计算热度曲线上看，边缘计算还处于发展热度的高峰期，在标准和最佳实践得以确定之前，还要经历一段相当长的幻灭期，之后才会得到主流界的采用，不少应用还处于探索阶段。

自动驾驶成为边缘计算领域重要的行业应用，图5-13是英特尔对于自动驾驶汽车上的“数据洪流”的描述。

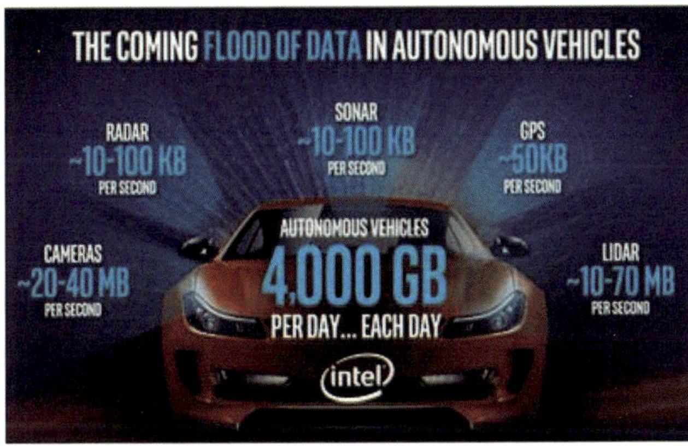

图5-13　自动驾驶汽车上的数字洪流（据网络）

不过，当下自动驾驶也处在早期阶段，车联网或者联网汽车则是汽车领域可以马上落地的场景。

在国内，不管是阿里旗下的斑马网络还是百度的小度车载，都在将汽车变成一种“移动的数据中心”，只是相对于自动驾驶，联网汽车的数据量和处理要求要简单很多。即便如此，由于汽车的数据处理不能出现任何的卡顿和延迟，这也就需要在汽车里部署数据处理能力。

另一个应用场景则是医疗。前几年，风靡一时的所谓智能手环，本质上就是一个数据采集器，但是由于需要和云端服务器进行数据交换，使得整个手环的“智商”几乎为零。随着苹果发布Apple Watch所带来的新穿戴设备潮流，这些边缘设备也终于开始拥有了自己的芯片，并能实现一些简单的计算。医生也可以通过这些计算结果作出一些简单诊断。

在工业领域，边缘计算也正在发挥越来越重要的作用。从工业发展的方向来看，数据将成为驱动生产制造的重要生产资料，那么如何处理这些海量、实时产生的数据就成为企业能否快速发展的重要课题。

以流程型生产为例，一条生产线其实就是数据流动的通道，产品从上一名工人传递到下一名工人，同时伴随着产品数据的传递。在这个过程中，如果由于某一名工人的错误操作导致了数据异常，在下一名工人开始操作时，基于边缘计算的生产线可以作出预警提示。如果再进一步，当机器学习能力被边缘计算融入生产线时，工人的不合规操作可以被实时监测出来并预警，这对提升产品的良品率意义重大。

1）视频分析

随着移动设备的增加，以及城市中摄像头布控的增加，利用视频来达成某种目的成为一种合适的手段，但是云计算这种模型已经不适合用于这种视频处理，因为大量数据在网络中的传输可能会导致网络拥塞，并且视频数据的私密性难以得到保证。

因此，提出边缘计算，让云中心下放相关请求，各个边缘结点结合本地视频数据对请求进行处理，然后只给云中心返回相关结果，这样既降低了网络流量，也在一定程度上保证了用户的隐私。

举例而言，有个小孩儿在城市中丢失，那么云中心可以下放找小孩儿这个请求到各个边缘结点，边缘结点结合本地的数据进行处理，然后返回是否找到小孩儿这个结果。相比把所有视频上传到云中心，并让云中心去解决，这种方式能够更快地解决问题。

2）智能家居

物联网的发展让普通人家里的电子器件都变得活泼了起来，仅仅让这些电子器件连上网络是不够的，我们需要更好地利用这些电子元件产生的数据，并利用这些数据更好地为当前家庭服务。考虑到网络带宽和数据私密保护，我们需要这些数据最好仅能在本地流通，并直接在本地处理即可。我们需要网关作为边缘结点，让它自己消费家庭里所产生的数据。同时，由于数据的来源有很多（可以是来自电脑、手机、传感器等任何智能设备），我们需要定制一个特殊的OS，以至它能把这些抽象的数据糅和在一起并能有机地统一起来。

3）智慧城市

边缘计算的设计初衷是为了让数据能够更接近数据源，因此边缘计算在智慧城市中有以下几方面优势：

（1）海量数据处理：在一个人口众多的大城市中，无时无刻不在产生着大量的数据，而这些数据如果全部交由云中心来处理，那么将会导致巨大的网络负担，资源浪费严重。如果这些数据能够就近进行处理，在数据源所在的局域网内进行处理，那么网络负载就会大幅度降低，数据的处理能力也会有进一步的提升。

（2）低延迟：在大城市中，有很多服务是要求具有实时特性的，这就要求响应速度能够尽可能地进一步提升。比如在医疗和公共安全方面，通过边缘计算，将减少数据在网络中传输的时间，简化网络结构，对于数据的分析、诊断和决策都可以交由边缘结点来进行处理，从而提高用户体验。

（3）位置感知：对基于位置的一些应用来说，边缘计算的性能要通过云计算。比如导航，终端设备可以根据自己的实时位置把相关位置信息和数据交给边缘结点来进行处理，边缘结点基于现有的数据进行判断和决策。整个过程中的网络开销都是最小的。用户请求可以极快地得到响应。

4）边缘协作

由于数据隐私性问题和数据在网络中传输的成本问题，有一些数据是不能由云中心去处理的，但是这些数据有时又需要多个部门协同合作才能发挥它最大的作用。于是，我们提出了边缘协同合作的概念，利用多个边缘结点协同合作，创建一个虚拟的共享数据的视图，利用一个预定义的公共服务接口来将这些数据进行整合，同时，通过这个数据接口，我们可以编写应用程序为用户提供更复杂的服务。

举个多个边缘结点协同合作共赢的例子。比如流感爆发的时候，医院作为一个边缘结点与药房、医药公司、政府、保险行业等多个节点进行数据共享，把当前流感的受感染人数、流感的症状、治疗流感的成本等共享给以上边缘结点。药房通过这些信息有针对性地调整自己的采购计划，平衡仓库的库存；医药公司则能通过共享的数据得知哪些为要紧的药品，提升该类药品生产的优先级；政府向相关地区的人们提高流感警戒级别，此外，还可以采取进一步的行动来控制流感爆发的蔓延；保险公司根据这次流感程度的严峻性来调整明年该类保险的售价。总之，边缘结点中的任何一个节点都在这次数据共享中得到了一定的利益。

B2B调研公司Markets and Markets表示，在预测期内，边缘计算市场增长最快的细分领域很可能是零售：与智能应用相连接的物联网传感器、摄像头和信标生成大量数据，这些数据可以更有效地在网络边缘而不是在云或本地数据中心加以收集、存储和处理。

Markets and Markets声称："到2022年，边缘计算市场的价值将达到67.2亿美元，比2017年的14.7亿美元大幅增多，年复合增长率（CAGR）高达35.4%。"

另一家公司Grand View Research的观点较为保守，"估计到2025年，边缘计算市场的价值将达到32.4亿美元，不过在2017—2025年预测期内，CAGR仍达到'惊人'的41%。"这家研究公司表示，从地区来看，由于物联网设备在美国和加拿大的普及率日增，北美将领跑全球市场，CAGR最高的垂直细分领域将是医疗保健和生命科学，这归因于"边缘计算解决方案提供了存储能力和实时计算。"Grand View Research表示，"由于边缘计算解决方案能够降低运营成本，中小企业在预测期内的CAGR将最高达到46.5%。"

尽管侧重点各不相同，但这些预测清楚地表明，两股合力正形成边缘计算的"完美风暴"：数量快速增加的联网设备（图5-14）和即将出现的高带宽、低延迟5G网络。爱立信2018年6月的《移动报告》总结了这些领域的预期发展动向。

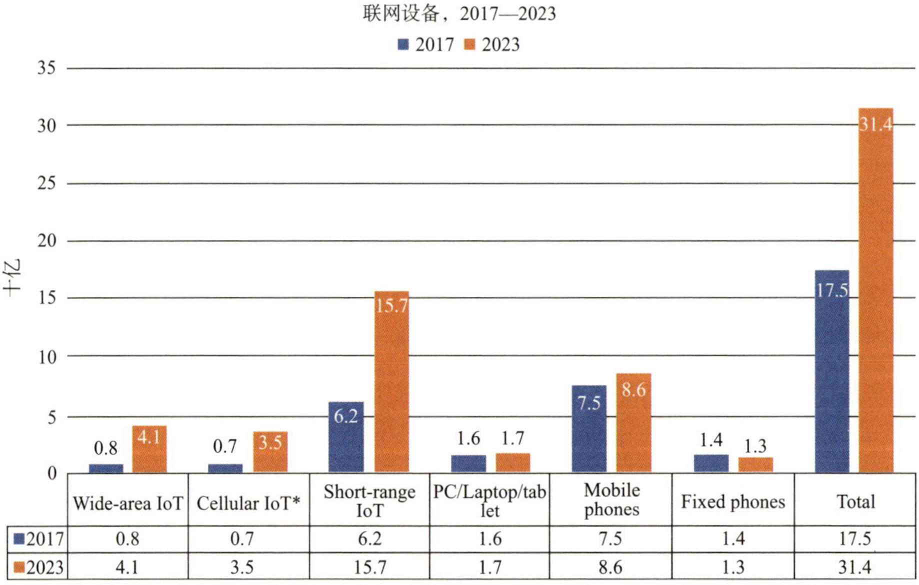

	Wide-area IoT	Cellular IoT*	Short-range IoT	PC/Laptop/tablet	Mobile phones	Fixed phones	Total
2017	0.8	0.7	6.2	1.6	7.5	1.4	17.5
2023	4.1	3.5	15.7	1.7	8.6	1.3	31.4

图5-14 联网设备的快速增加

虽然PC、笔记本电脑、平板电脑及手机数量在2017—2023年增长平缓，但物联网设备增长迅猛：拥有广域连接的设备其CAGR将达到30%，短距离物联网设备的增长势头要弱一些（CAGR为17%）。这导致2017年（175亿个）至2023年（314亿个）的联网设备数量增长近80%（79.4%）。

Futurum Research在2017年底调查了500多家北美公司（员工数量从500人到50000人不等），以了解它们在边缘计算方面的状况：采用、部署及投资意向等。Futurum表示，所有调查对象都对边缘计算的投资决策有影响，其中41.8%是“运营人员”，25.6%是“董事、经理和团队负责人”，不过只有8.6%属于“主管、高管、老板和合作伙伴”。

Futurum声称，近四分之三（72.7%）的公司已经实施了边缘计算战略，或正在实施这一战略。此外，几乎所有（93.3%）的公司打算在今后12个月内投入于边缘计算（图5-15）：

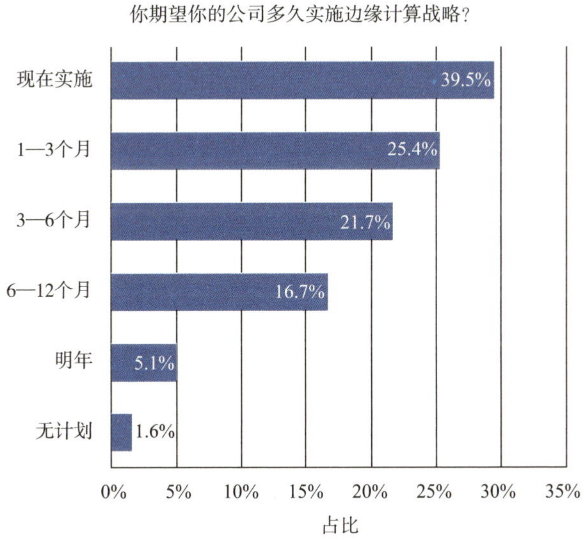

图5-15 投入边缘计算的趋向

一些企业巨头的积极参与，成为边缘计算快速发展的强大推动力。美国的微软公司和谷歌公司，都推出了系列产品解决方案。

微软在BUILD 2017开发者大会上推出Azure IoT Edge，2018年6月以后开始面市，它让云工作负载可实现容器化，并在从Raspberry Pi到工业网关的多种智能设备上本地运行。

Azure IoT Edge包含三个部分：IoT Edge模块、IoT Edge运行时环境和IoT

中心。IoT Edge模块是运行Azure服务、第三方服务或自定义代码的容器，它们部署到IoT Edge设备上，并在本地执行。IoT Edge运行时环境在每个IoT Edge设备上运行，管理已部署的模块。而IoT中心是基于云的界面，用于远程监控和管理IoT Edge设备。

推出正式版后，微软为Azure IoT Edge添加了新功能，包括支持开源、设备配置、安全和管理服务，以及简化的开发者体验。

2018年7月，谷歌宣布推出两款大规模开发和部署智能联网设备的产品：Edge TPU和Cloud IoT Edge。Edge TPU是一种专用的小型ASIC芯片，旨在在边缘设备上运行Tensor Flow Lite机器学习模型。Cloud IoT Edge是软件堆栈，负责将谷歌的云服务扩展到物联网网关和边缘设备。

Cloud IoT Edge有三个主要组件：便于网关级设备（至少有一个CPU）存储、转换和处理边缘数据，并从中提取信息的运行时环境，同时与谷歌云IoT平台的其余组件协同操作；Edge IoT Core运行时环境，可将边缘设备安全地连接到云；Edge ML运行时环境，它基于Tensor Flow Lite，使用预先训练的模型执行机器学习推理。

5.6.4 边缘计算的发展方向和机遇

数据的快速产生是边缘计算发展的根本推动力。美国部署了3000余万个监控摄像头，每周生成超过40亿小时的海量视频数据。中国已经部署的各类监控摄像头接近两亿只并仍在快速增加中。在工业领域，随着设备自动化程度的提升，物联网领域不断扩大，联网的终端设备剧增，如果这些设备产生的数据聚在一起，会是个超出想象的天文数字。海量数据的分析与储存对网络带宽提出了巨大的挑战，而边缘计算的诞生，为这一问题提供了最佳的解决方案。

1）低延迟计算解决快速响应问题

许多数据流由边缘设备生成，但是通过“远处”的云计算处理和分析，不可能作出实时决策。例如使用可穿戴式摄像头的视觉服务，响应时间需要在25—50ms，使用云计算会造成严重的延迟；再比如工业系统检测、控制、执行的实时性高，部分场景实时性要求在10ms以内，如果数据分析和控制逻辑全部在云端实现，则难以满足业务要求；还有那些会生成庞大数据流的多媒体应用，如视频或是基于云平台的网络游戏，依赖云计算也会为玩家造成类似于等待时间过长的问题，无法满足用户的需求。

云计算往往并不是最佳策略，计算需要在更加靠近数据源的地方执行。这个优点可以扩展到任何基于Web的应用程序上。能更快地作出响应的APP，会在移动用户中变得越来越受欢迎。这说明在更靠近用户的边缘节点上提供服务，边缘计算可以大幅度改进服务。

作为云计算的有益补充，可以利用边缘节点（例如路由器或离边缘设备最近的基站），用以减少网络等待时间。近距离的数据传输也意味着更小的泄密风险。

2）应对数据爆炸和网络流量压力

边缘设备的数量正在超速增长——世界上超过三分之一的人口将拥有智能手机或者可穿戴设备，这些设备将生成43万亿GB的数据。处理这些数据需要进一步扩展数据中心，这再次引起了人们对网络流量压力的广泛关注。

与数据中心的服务器相比，用户终端（例如智能手机）的硬件条件相对受限。这些终端设备以文本、音频、视频、手势或运动的形式获得数据输入，但由于中间件和硬件的限制，终端设备无法执行复杂的分析，而且执行过程也极为耗电。因此，通常需要将数据发送到云端，进行处理和运算，然后再把有意义的信息通过中继返回终端。

然而，并非来自终端设备的所有数据都需要由云计算执行，数据可以利用适合数据管理任务的空闲计算资源，在边缘节点处过滤或者分析。通过在边缘设备上执行数据分析，可有效应对数据爆炸，减轻网络的流量压力。边缘计算能够缩短设备的响应时间，减少从设备到云数据中心的数据流量，以便在网络中更有效地分配资源。

3）去数据中心化，节约能源，发展绿色IT

大量研究显示，云计算会消耗庞大的能源，未来十年，数据中心所消耗的能源量可能是如今消耗量的3倍。随着越来越多的应用转移到云，能量需求会日益增长，甚至无法满足。因此，采用能量效率最大化的计算策略显得尤为迫切。

一些嵌入式小型设备的基础信息采集处理完全可以在端完成，即手机传感器把数据传送到网关后，就通过边缘计算进行数据过滤和处理，没必要每条原始数据都传送到云，这省去了大量的能源成本。

4）边缘计算驱动业务智能

不仅是消费级的物联网终端，边缘计算还将在工业应用中发挥重要作用。业务流程优化、运维自动化与业务创新驱动业务走向智能，边缘侧智能能够带来显著的效率提升与成本优势。事实上，对于从事工业自动化工作的人而言，边缘计算并不陌生。比如，在目前普遍采用的基于PLC、DCS、工控机和工业网络的控制系统中，位于底层、嵌于设备中的计算资源，或多或少都是边缘计算的资源。计算可以分层执行，利用网络远端的资源完成。例如，典型的生产流水线可以过滤设备上生成的数据，在传输数据的边缘节点上执行部分分析工作，之后再通过云端执行更加复杂的计算任务。边缘节点可以通过分担云计算的部分任务，增强数据中心的计算能力。

目前，大中型企业的信息化已经颇具成效，但缺少的恰恰是末端智能。生产端的数据经常会出现完整性和一致性的问题，俗称“脏”数据。解决不好这方面的问题，会给能源管理和智能管理环节造成很大的困扰。边缘计算在其中发挥着重要作用，成为工业物联网技术的有效补充。

边缘计算仍处于起步阶段，有可能为更高效的分布式计算铺平道路。尽管在实现边缘计算时出现了不少挑战，但边缘计算将会催生更多的发展机遇，为产业界和学术界提供了独特的发展机会。在下列几个方面还有广阔的发展前景。

（1）亟须建立相关标准。

统一数据连接和数据聚合是业务智能的基础，面对当前工业现场存在的多样化与异构的技术和标准，离不开跨厂商、跨领域的数据集成与互操作。网络边缘侧的本地计算服务无疑会在异构环境中迎来IT厂商、IT方案商，以及开发者集成融合服务的挑战，标准化亟待形成。

许多组织正在定义各种边缘计算标准，例如美国国家标准和技术协会（NIST）、IEEE标准协会、国际标准化组织（ISO）、云计算标准客户委员会

（CSCC）和国际电信联盟（ITU）等。只有当边缘节点的性能可以根据广泛认可的度量指标可靠地进行基准测试时，才能形成标准。

（2）需要轻量级库和算法。

与大型服务器不同，由于硬件限制，边缘节点不支持大型软件。低端的CPU和有限内存，不足以执行复杂的数据处理工作。因此，边缘分析需要轻量级算法，以支持进行合理的机器学习或数据处理任务。

已有一些轻量级库（如Apache Quarks）可以在小型边缘设备（如智能手机）上使用，以实现实时数据分析。但是，能够支持的基本数据处理不足以满足高级分析任务。消耗更少内存和使用更小磁盘的机器学习资源库有利于实现边缘节点的数据分析。Tensor Flow是另一个支持深度学习算法并支持异构分布式系统的示例框架，但其边缘分析的潜力仍有待探索。

（3）开发架构和语言需要探索和提升。

随着支持通用计算的边缘节点不断增加，开发框架和工具包的需求也会随之增长。边缘分析与现有流程不同，由于边缘分析将在用户驱动的应用程序中实现，编程模型需要利用边缘节点支持任务和数据的并行，并且同时在多个层级的硬件上执行计算。现有框架不一定适合表达边缘分析的工作流，编程语言需要考虑工作流中硬件的异构性和各种资源的计算能力。这比云计算的现有模型更加复杂。

（4）微型操作系统和虚拟化部署问题。

为了解决在异构边缘节点上部署应用，需要解决微型操作系统或微型内核的诸多技术问题。有研究表明，跨越多个虚拟设备复用设备硬件的移动容器可以提供与本地硬件接近的性能。容器技术（如Docker）正在成熟，并且能够在异构平台上快速部署应用程序。

5.6.5 边缘计算的发展和挑战

边缘计算仍处于起步阶段，当前的云计算服务（如Amazon Web Service，Microsoft Azure和Google App Engine）可以支持数据密集型的应用程序，但在网络边缘部署应用程序进行实时的数据处理仍然面临诸多挑战。如何处理不同类型节点的异构性问题，如何在有限的算力上合理地部署工作负载，在边缘计算的硬件、中间件和软件层面都面临一些关键技术问题需要解决。

1）边缘节点上的通用计算能力

理论上，可以在位于边缘设备和云平台之间的某几个节点上完成边缘计算，包括接入点、基站、网关、业务节点、路由器、交换机等。例如，基站可以根据工作负载能力，执行数字信号处理（DSP）。但是在实践中，基站可能并不适合处理分析工作，因为DSP并不是为通用计算设计的。此外，这些节点是否可以执行除了现有工作之外的计算还不太清楚。

许多供应商也已经迈出了使用软件解决方案实现边缘计算的第一步。例如，诺基亚针对移动边缘计算（MEC）的软件解决方案旨在为基站站点提供边缘计算能力。同样，思科的IOx为其集成的服务路由器提供了一个边缘计算环境。这些解决方案应用于特定硬件，因此不适合部署在异构环境中。

软件解决方案面临的一个挑战是如何开发跨越不同环境的可移植的解决方案。某些公司正在研究升级边缘节点，以支持通用计算需求。例如，可以升级无线家庭路由器以支持额外的计算任务。英特尔的Smart Cell Platform使用虚拟化技术，支持额外的计算任务。通用CPU替换专用DSP提供了另一种解决方案，但却需要高昂的成本。

2）发现边缘节点

到2020年，将有500亿的终端和设备联网，除了边缘设备与终端联网最大的“异构”特征之外，产品生命周期越来越短、个性化需求越来越高、全生命周期管理和服务化的趋势越来越明显，这些新趋势都需要边缘计算提供强大的技术支撑。

如何在分布式计算环境中发现资源和服务是一个有待拓展的领域。为了充分利用网络的边缘设备，需要建立某种发现机制，找到可以分散式部署的适当节点。因为可用设备的数量庞大，这些机制不能依靠人工手动实现。此外，还需要使用多种异构设备满足最新的计算需求，比如大规模的机器学习任务。

这些机制必须在不增加等待时间或损害用户体验的前提下，实现不同层次和等级的计算工作流中无缝集成，原有的基于云计算的机制在边缘计算领域不再适用。

3）分区和拆分任务

对于边缘计算来说，最大的难点在于如何动态、大规模地部署运算和存储能力，以及云端和设备端如何高效协同、无缝对接。

不断发展的分布式计算已经催生了许多技术用来促进在多个地理位置分区执行任务。任务分区通常在编程语言或管理工具中明确表示。

然而，利用边缘节点来实现分区计算不仅仅带来了有效分割计算任务的挑战，对于如何能在不需要明确定义边缘节点的能力或位置，以自动化的方式进行计算的问题上，也遇到了瓶颈。因此，需要一种新型的调度方式，以便将分割的任务部署到各个边缘节点上。

4）高水准的服务质量（QoS）和服务体验（QoE）

另一个挑战是需要确保边缘节点实现高吞吐量，并且在承接额外计算工作量时运行可靠。例如，当基站过载时，可能影响连接到基站的其他边缘设备。

因此，需要对边缘节点的峰值时间全面了解，以便可以用灵活的方式来分割和调度任务。复杂的算法如何在云端和边缘设备之间合理分解和整合，需要一个对云管端三者都有控制力的技术来实现。

5）开放和安全的使用边缘节点

安全横跨云计算和边缘计算，需要实施端到端的防护。由于更贴近万物互联的设备，网络边缘侧访问控制与威胁防护的广度和难度因此大幅提升。边缘侧安全主要包含设备安全、网络安全、数据安全与应用安全。此外，关键数据的完整性、保密性是安全领域需要重点关注的内容。

如果把终端设备（例如交换机、路由器和基站）当作可共享接入的边缘节点，则需要定义边缘设备使用者和拥有者相关联的风险。当设备用于边缘计算节点时，设备原有的功能不能被损害。需要考虑工作负载、计算能力、数据位置和迁移、维护成本和能源消耗，以便建立合适的定价模型。

总体看来，向边缘/雾计算转变是IT界近期出现的一种模式转变，就像从大型机转向台式机、转向本地数据中心、再转向云数据中心一样。现在，我们看到众多的现有组件连同数十亿个智能物联网设备由网关和节点组成的“雾”连接起来。设备连接一向是阻碍这种转变的瓶颈，但随着5G移动网络问世，这种情况将得到极大改善。

凡是得益于及时分析物联网数据流的行业部门（几乎各行各业）都会对边缘/雾计算感兴趣。这就是为什么技术堆栈所有层面的供应商都大有机会：标准、网络、计算、存储、应用和服务。由于越来越多的数据在更多的地方生成、处理和存储，基础设施管理及数据安全、隐私和治理方面的问题会变得比现在更重要。这些问题依然是边缘计算普及应用需要直面的挑战。

5.7 区块链

5.7.1 区块链的概念、特征与分类

狭义来讲，区块链是一种按照时间顺序将数据区块以顺序相连的方式组合成的一种链式数据结构，并以密码学方式保证的不可篡改和不可伪造的分布式账本（分布式数据库）。

广义来讲，区块链技术是利用块链式数据结构来验证与存储数据，利用分布式节点共识算法来生成和更新数据，利用密码学的方式保证数据传输和访问的安全，利用由自动化脚本代码组成的智能合约来编程和操作数据的一种全新的分布式基础架构与计算范式。

可以从下列几个方面理解区块链：

（1）一个分布式的连接账本，每个账本就是一个“区块”。

（2）基于分布式的共识算法来决定记账者。

（3）账本内交易由密码学签名和哈希算法保证不可篡改。

（4）账本按产生的时间顺序连接，当前账本含有上一个账本的哈希值，账本间的连接保证不可篡改。

（5）所有交易在账本中可追溯。

区块链不是一项新技术，而是一个新的技术组合。其关键技术包括P2P动态组网、基于密码学的共享账本、共识机制、智能合约等技术。

科技史上，大部分创新都是与生产力有关的，提升效率，让人做更少的工作，让机器做更多的工作；区块链带来的最主要的颠覆却是生产关系上的。

互联网实现了信息的传播，区块链实现了价值的转移；区块链可以看作“价值互联网”的基础协议，类似于“信息互联网”的HTTP协议，二者都是建议在TCP/IP协议之上的应用层协议。

区块链并不是一项全能技术，在某些应用领域里相比传统技术并不具备明显的技术优势，因此创业者及投资机构都需要考虑技术适用性问题。

区块链底层技术及协议层可能出现几家平台型公司；但大部分发展机会在于应用层，即基于行业应用的“区块链+”项目。

1）区块链特征

区块链是一种共享的分布式数据库技术。尽管不同报告中对区块链的介绍措辞都不相同，但以下四个技术特点是共识性的。

（1）去中心化（Decentralization）：区块链由众多节点组成一个端到端的网络，不存在中心化的设备和管理机构，任一节点停止工作都不会影响系统整体的运作。图5-16的左侧描述了当今金融系统的中心化特征，右侧描述的是正在形成的去中心化金融系统。

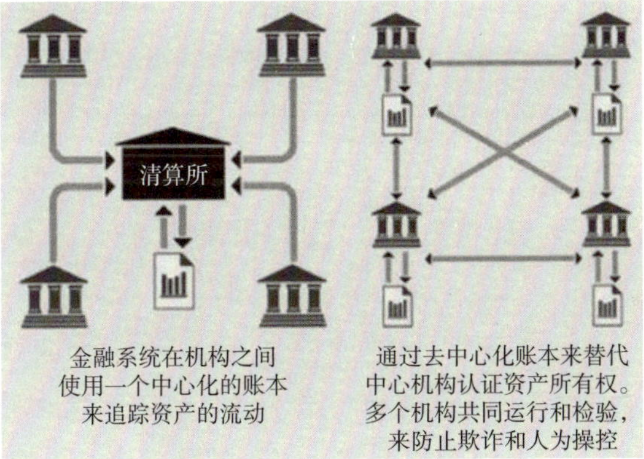

图5-16 中心化与去中心化

（2）去信任化（Trustless）：系统中所有节点之间通过数字签名技术进行验证，无需信任也可以进行交易，只要按照系统既定的规则进行，节点之间不能也无法欺骗其他节点。

（3）集体维护（Collectively Maintain）：系统是由其中所有具有维护功能的节点共同维护的，系统中所有人共同参与维护工作。

（4）可靠数据库（Reliable Database）：系统中每一个节点都拥有最新的完整数据库拷贝，单个甚至多个节点对数据库的修改无法影响其他节点的数据库，除非能控制整个网络中超过51%的节点同时修改，这几乎不可能发生。区块链中的每一笔交易都通过密码学方法与相邻两个区块串联，因此可以追溯到任何一笔交易的前世今生。

2）区块链分类

以参与方分类，区块链可以分为公有链、联盟链和私有链；从链与链的关系来分，可以分为主链和侧链。

（1）公有链（Public Blockchain）。

公有链通常也称为非许可链（Permissionless Blockchain），无官方组织及管理机构，无中心服务器，参与的节点按照系统规格自由接入网路、不受控制，节点间基于共识机制开展工作。

公有链是真正意义上的完全去中心化的区块链，它通过密码学保证交易不可篡改，同时也利用密码学验证及经济上的激励，在互为陌生的网络环境中建立共识，从而形成去中心化的信用机制。在公有链中的共识机制一般是工作量证明（PoW）或权益证明（PoS），用户对共识形成的影响力直接取决于他们在网络中拥有资源的占比。

公有链一般适合于虚拟货币、面向大众的电子商务、互联网金融等B2C、C2C或C2B等应用场景，比特币和以太坊等就是典型的公有链。

（2）联盟链（Consortium Blockchain）。

联盟链是一种需要注册许可的区块链，这种区块链也称为许可链（Permissioned Blockchain）。联盟链仅限于联盟成员参与，区块链上的读写权限、参与记账权限按联盟规则来制定。整个网络由成员机构共同维护，网络接入一般通过成员机构的网关节点接入，共识过程由预先选好的节点控制。由于参与共识的节点比较少，联盟链一般不采用工作量证明的挖矿机制，而是多采用权益证明（PoS）或PBFT（Practical Byzantine Fault Tolerant）、RAFT等共识算法。

一般来说，联盟链适合于机构间的交易、结算或清算等B2B场景。例如，在银行间进行支付、结算、清算的系统就可以采用联盟链的形式，将各家银行的网关节点作为记账节点，当网络上有超过三分之二的节点确认一个区块，该区块记录的交易将得到全网确认。联盟链对交易的确认时间、每秒交易数都与公有链有较大的区别，对安全和性能的要求也比公共链高。

由40多家银行参与的区块链联盟R3和Linux基金会支持的超级账本（Hyperleder）项目都属于联盟链架构。目前，国内有影响力的区块链联盟——中国分布式总账基础协议联盟（China Ledger）、中国区块链研究联盟、金链盟（金融区块链联盟）等，也都在致力于开发联盟区块链项目。

（3）私有链（Private Blockchain）。

私有链建立在某个企业内部，系统的运作规则根据企业要求进行设定。私有链的应用场景一般是企业内部的应用，如数据库管理、审计等；在政府行业也会有一些应用，比如政府的预算和执行，或者政府的行业统计数据，这个一般来说由政府登记，但公众有权力监督。私有链的价值主要是提供安全、可追溯、不可篡改、自动执行的运算平台，可以同时防范来自内部和外部对数据的安全攻击，这个在传统的系统是很难做到的（表5-4）。

表5-4 三种不同形式的区块链对比分析

类　型	公有链	联盟链	私有链
参与者	任何人自由进出	联盟成员	个体或公司内部
共识机制	PoW/PoS/DPoS	分布式一致性算法	分布式一致性算法
记账人	所有参与者	联盟成员协商确定	自定义
激励机制	需要	可选	不需要
中心化程度	去中心化	多中心化	（多）中心化
突出特点	信用的自建立	效率和成本优化	透明和可追溯
承载能力	30000—200000笔/秒	1000—10000笔/秒	1000—100000笔/秒
典型场景	虚拟货币	支付、结算	审计、发行
代表项目	比特币、以太坊	R3、Hyperleder	

（4）侧链（Side Chain）。

侧链是用于确认来自其他区块链的数据的区块链，通过双向挂钩（Two Way Peg）机制使比特币、Ripple币等多种资产在不同区块链上以一定的汇率实现转移。

所谓“多种资产在不同区块链上转移”其实并不会实际发生。以比特币为例，侧链的运作机制是，将比特币暂时锁定在比特币区块链上，同时将辅助区块链上的等值数字货币解锁；当辅助区块链上的数字货币被锁定时，原先的比特币就被解锁。

侧链进一步扩展了区块链技术的应用范围和创新空间，使区块链支持包括股票、债券、金融衍生品等在内的多种资产类型，以及小微支付、智能合约、安全处理机制、真实世界财产注册等；侧链还可以增强区块链的隐私保护。

5.7.2 区块链关键技术

区块链产业链主要包括基础网络层、中间协议层及应用服务层（图5-17）。

（1）基础网络层。基础网络层由数据层、网络层组成，其中数据层包括了底层数据区块及相关的数据加密和时间戳等技术；网络层则包括分布式组网机制、数据传播机制和数据验证机制等。

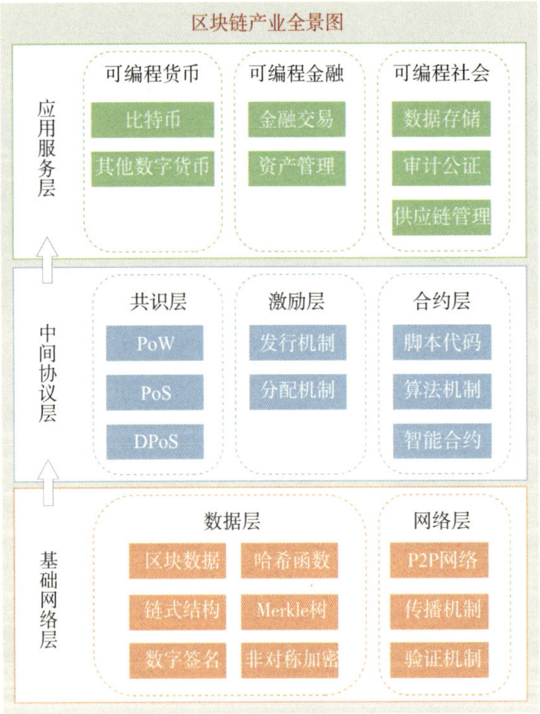

图5-17 区块链的三层架构图

（2）中间协议层。中间协议层由共识层、激励层、合约层组成，其中共识层主要包括网络节点的各类共识算法；激励层将经济因素集成到区块链技术体系中来，主要包括经济激励的发行机制和分配机制等；合约层主要包括各类脚本、算法和智能合约，是区块链可编程特性的基础。

（3）应用服务层。应用

服务层作为区块链产业链中最重要的环节，则包括区块链的各种应用场景和案例，包括可编程货币、可编程金融和可编程社会。

区块链核心技术：区块链技术是指多个参与方之间基于现代密码学、分布式一致性协议、点对点网络通信技术和智能合约编程语言等形成的数据交换、处理和存储的技术组合（图5–18）。

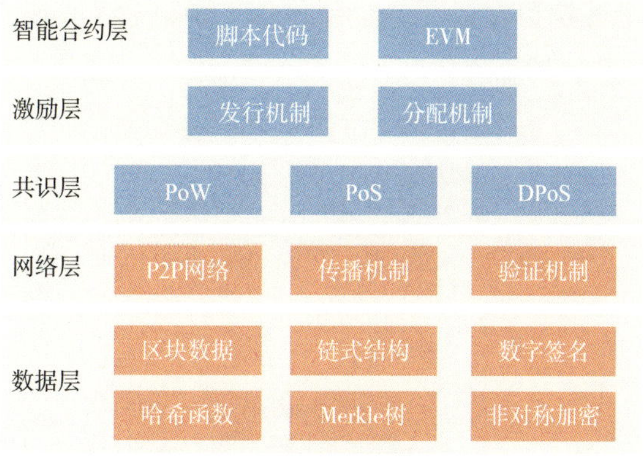

图5–18 区块链的技术架构图

1）数据层：设计账本的数据结构

（1）区块+链。

从技术上来讲，区块是一种记录交易的数据结构，反映了一笔交易的资金流向。系统中已经达成的交易的区块连接在一起形成了一条主链，所有参与计算的节点都记录了主链或主链的一部分。

每个区块由区块头和区块体组成（图5–19），区块体只负责记录前一段时间内的所有交易信息，主要包括交易数量和交易详情；区块头则封装了当前的版本号、前一区块地址、时间戳（记录该区块产生的时间，精确到秒）、随机数（记录解密该区块相关数学题的答案的值）、当前区块的目标哈希值、Merkle数的根值等信息。从结构上来看，区块链的大部分功能都由区块头实现。

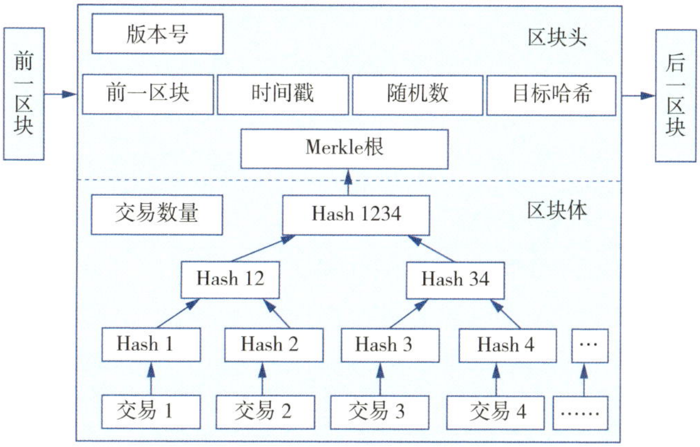

图5–19 区块结构图

概括来看，一

个区块包含以下三个部分：交易信息、前一个区块形成的哈希散列、随机数（图5-20）。

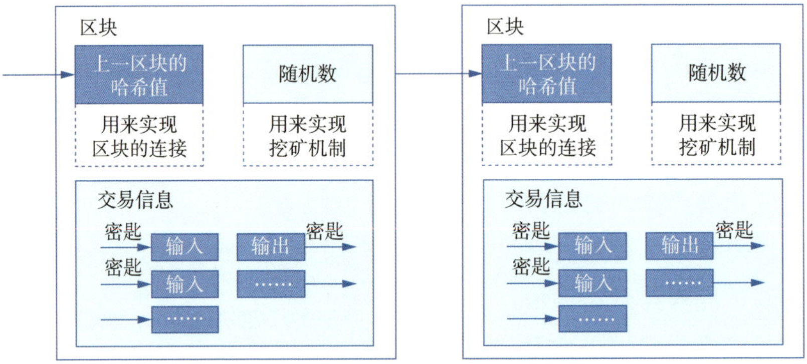

图5-20　区块链结构图

交易信息是区块所承载的任务数据，具体包括交易双方的私钥、交易的数量、电子货币的数字签名等；前一个区块形成的哈希散列用来将区块连接起来，实现过往交易的顺序排列；随机数是交易达成的核心，所有矿工节点竞争计算随机数的答案，最快得到答案的节点生成一个新的区块，并广播到所有节点进行更新，如此完成一笔交易。

（2）哈希函数。

哈希函数可将任意长度的资料经由Hash算法转换为一组固定长度的代码，原理是基于一种密码学上的单向哈希函数，这种函数很容易被验证，但是却很难破解。通常业界使用y =hash（x）的方式进行表示，该哈希函数实现对x进行运算，计算出一个哈希值y。

常使用的哈希算法包括MD5、SHA-1、SHA-256、SHA-384及SHA-512等。以SHA-256算法为例，将任何一串数据输入到SHA-256将得到一个256位的Hash值（散列值）。其特点：相同的数据输入将得到相同的结果。输入数据只要稍有变化（比如一个1变成了0）则将得到一个完全不同的结果，且结果无法事先预知。正向计算（由数据计算其对应的Hash值）十分容易。逆向计算（破解）极其困难，在当前科技条件下被视作不可能。

（3）Merkle树。

Merkle树是一种哈希二叉树，使用它可以快速校验大规模数据的完整性。在区块链网络中，Merkle树被用来归纳一个区块中的所有交易信息，最终生成这个区块所有交易信息的一个统一的哈希值，区块中任何一笔交易信息的改变都会使得Merkle树改变。

（4）非对称加密算法。

非对称加密算法是一种密钥的保密方法，需要两个密钥：公钥和私钥。

公钥与私钥是一对，如果用公钥对数据进行加密，只有用对应的私钥才能解密，从而获取对应的数据价值；如果用私钥对数据进行签名，那么只有用对应的公钥才能验证签名，验证信息的发出者是私钥持有者。

因为加密和解密使用的是两个不同的密钥，所以这种算法叫非对称加密算法，而对称加密在加密与解密的过程中使用的是同一把密钥。

2）网络层：实现记账节点的去中心化

P2P网络：

P2P网络（对等网络），又称点对点技术，是没有中心服务器、依靠用户群交换信息的互联网体（图5-21）。与有中心服务器的中央网络系统不同，对等网络的每个用户端既是一个节点，也有服务器的功能。国内的迅雷软件采用的就是P2P技术。

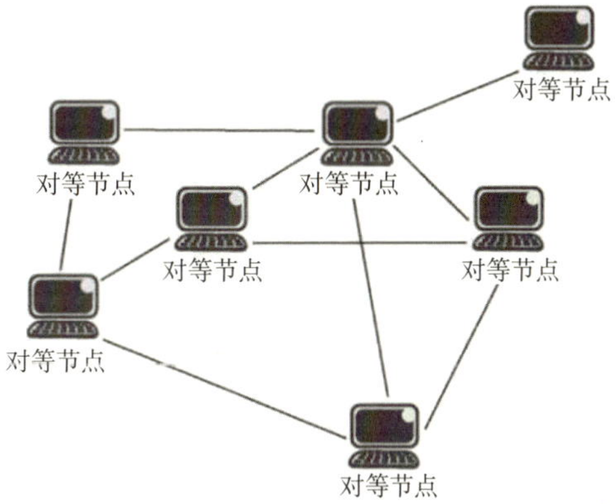

图5-21　P2P网络结构图

P2P网络具有去中心化与健壮性等特点：

（1）去中心化：网络中的资源和服务分散在所有结点上，信息的传输和服务的实现都直接在结点之间进行，可以无需中间环节和服务器的介入。

（2）健壮性：P2P架构天生具有耐攻击、高容错的优点。由于服务是分散在各个结点之间进行的，部分结点或网络遭到破坏对其他部分的影响很小。

3）共识层：调配记账节点的任务负载

共识机制：

共识机制，就是所有记账节点之间如何达成共识，去认定一个记录的有效性，这既是认定的手段，也是防止篡改的手段。目前，主要有四大类共识机制：PoW、PoS、DPoS和分布式一致性算法。

（1）PoW（Proof of Work，工作量证明）。

PoW机制，也就是像比特币的挖矿机制，矿工通过把网络尚未记录的现有交易打包到一个区块，然后不断遍历尝试来寻找一个随机数，使得新区块加上随机数的哈希值满足一定的难度条件。找到满足条件的随机数，就相当于确定了区块链最新的一个区块，也相当于获得了区块链的本轮记账权。矿工把满足挖矿难度条件的区块在网络中广播出去，全网其他节点在验证该区块满足挖矿难度条件，同时区块里的交易数据符合协议规范后，将各自把该区块连接到自己版本的区块链上，从而在全网形成对当前网络状态的共识。

优点：完全去中心化，节点自由进出，避免了建立和维护中心化信用机构的成本。只要网络破坏者的算力不超过网络总算力的50%，网络的交易状态就能达成一致。

缺点：目前，比特币挖矿造成大量的资源浪费；另外，挖矿的激励机制也造成矿池算力的高度集中，背离了当初去中心化设计的初衷。更大的问题是PoW机制的共识达成的周期较长，每秒只能最多做7笔交易，不适合商业应用。

（2）PoS（Proof of Stake，权益证明）。

PoS机制，要求节点提供拥有一定数量的代币证明来获取竞争区块链记账权的一种分布式共识机制。如果单纯依靠代币余额来决定记账者必然使得富有者胜出，导致记账权的中心化，降低共识的公正性，因此不同的PoS机制在权益证明的基础上，采用不同方式来增加记账权的随机性来避免中心化。例如，点点币（Peer Coin）PoS机制中，拥有最多链龄长的比特币获得记账权的概率就越大。NXT和Blackcoin则采用一个公式来预测下一记账的节点。拥有多的代币被选为记账节点的概率就会大。未来，以太坊也会从目前的PoW机制转换到PoS机制，从目前看到的资料看，以太坊的PoS机制将采用节点下赌注来赌下一个区块，赌中者有额外以太币奖，赌不中者会被扣以太币的方式来达成下一区块的共识。

优点：在一定程度上缩短了共识达成的时间，降低了PoW机制的资源浪费。

缺点：破坏者对网络攻击的成本低，网络的安全性有待验证。另外，拥有代币数量大的节点获得记账权的概率更大，会使得网络的共识受少数富裕账户支配，从而失去公正性。

（3）DPoS（Delegated Proof-of-Stake，股份授权证明）。

DPoS很容易理解，类似于现代企业董事会制度。比特股采用的DPoS机制是由持股者投票选出一定数量的见证人，每个见证人按序有两秒的权限时间生成区块，若见证人在给定的时间片不能生成区块，区块生成权限交给下一个时间片对应的见证人。持股人可以随时通过投票更换这些见证人。DPoS的这种设计使得区块的生成更为快速，也更加节能。

从某种角度来说，DPoS可以理解为多中心系统，兼具去中心化和中心化优势。

优点：大幅缩小参与验证和记账节点的数量，可以达到秒级的共识验证。

缺点：选举固定数量的见证人作记账候选人有可能不适合于完全去中心化的场景。另外，在网络节点数少的场景中，选举的见证人的代表性也不强。

（4）分布式一致性算法。

分布式一致性算法基于传统的分布式一致性技术。其中，又分为解决拜占庭将军问题的拜占庭容错算法，如PBFT（拜占庭容错算法）。另外，解决非拜占庭问题的分布式一致性算法（Pasox、Raft），详细算法本书不做说明。该类算法目前是联盟链和私有链场景中常用的共识机制。

优点：实现秒级的快速共识机制，保证一致性。

缺点：去中心化程度不如公有链上的共识机制；更适合多方参与的多中心商业模式。

综合来看，PoW适合应用于公链，如果搭建私链，因为不存在验证节点的信任问题，所以采用PoS比较合适；而联盟链由于存在不可信局部节点，采用DPoS比较合适。

4）激励层：制定记账节点的“薪酬体系”

发行机制和激励机制：

以比特币为例。比特币最开始由系统奖励给那些创建新区块的矿工，刚开始每记录一个新区块，奖励矿工50个比特币，该奖励大约每四年减半。依此类推，到公元2140年左右，新创建区块就没有系统所给予的奖励了。届时，比特币全量约为2100万个，这就是比特币的总量，所以不会无限增加下去。

另外一个激励的来源则是交易费。新创建区块没有系统的奖励时，矿工的收益会由系统奖励变为收取交易手续费。例如，你在转账时可以指定其中1%作为手续费支付给记录区块的矿工。如果某笔交易的输出值小于输入值，那么差额就是交易费，该交易费将被增加到该区块的激励中。只要既定数量的电子货币已经进入流通，那么激励机制就可以逐渐转换为完全依靠交易费，那么就不必再发行新的货币。

5）合约层：赋予账本可编程的特性

智能合约：

智能合约是一组情景应对型的程序化规则和逻辑，是通过部署在区块链上的去中心化、可信共享的脚本代码实现的。通常情况下，智能合约经各方签署后，以程序代码的形式附着在区块链数据上，经P2P网络传播和节点验证后记入区块链的特定区块中。智能合约封装了预定义的若干状态及转换规则、触发合约执行的情景、特定情景下的应对行动等。区块链可实时监控智能合约的状态，并通过核查外部数据源，确认满足特定触发条件后激活并执行合约。

5.7.3 区块链典型应用及发展前景

按照区块链技术的应用范围和发展阶段，区块链应用被划分为区块链1.0、区块链2.0、区块链3.0。区块链1.0支撑虚拟货币应用，也就是与转账、汇款和数字化支付相关的密码学货币应用，比特币是区块链1.0的典型应用；区块链2.0支撑智能合约应用，合约是经济和金融领域区块链应用的基础，区块链2.0应用包括了股票、债券、期货、贷款、抵押、产权、智能财产和智能合约，以太坊、超级账本等是区块链2.0的典型应用；区块链3.0应用是超越货币和金融范围的泛行业去中心化应用，特别是在政府、医疗、科学、文化和艺术等领域的应用。

1）区块链1.0：数字货币

目前，区块链技术最广泛、最成功的运用是以比特币为代表的数字货币。近年来，数字货币发展很快，由于去中心化信用和频繁交易的特点，使得其具有较高交易流通价值，并能够通过开发对冲性质的金融衍生品作为准超主权货币，保持相对稳定的价格。

自比特币诞生以后，已经陆续出现了数百种的数字货币，围绕着数字货币生成、存储、交易形成了较为庞大的产业链生态。以比特币为例，参与机构主要可分为基础设施、交易平台、ICO融资服务、区块链综合服务等四类（表5-5）。

表5-5 国内外部分比特币类服务机构

服务领域	应用场景	国内主要机构	国外代表机构
交易平台	比特币交易平台、比特币钱包等	OKCoin、聚币网、火币网、比特币中国、元宝网、33.CN、云币网、比特币世界等	Bittrex、Poloniex、Coinbase、Bitfinex、Bithumb、Coinone、bitFlyer、Korbit、kraken、Mt.Gox、BitX等
	比特币（跨境）支付	Gempay、Oklink、BlockPay等	Bitnet、Monaco、Bitspark、BitPay等
基础设施	比特币挖矿基础设备供应商（挖矿机、软件应用）	嘉楠耕智、比特大陆、SFARDS理安科技、QtumOS、龙矿科技、闪电矿机、矿池科技等	Butterfly Labs、ASIC Miner、GAW Miners、KnCMiner、BitFury Group、21 Inc、BTCS、Spondoolies-Tech等
ICO融资服务	区块链项目发行数字加密货币，众筹ICO融资等	币众筹、币投资、Icoage.com、Ico.info、大伙币（DHC）、ico365、ICOAGE、人人ICO等	Omni、NXT、Bitshares、Ethereum、Lis、The DAO等
区块链综合服务	比特币等媒体、导航、社区和数据分析平台	巴比特、币看、区块链铅笔、链金社、BTC123、币富网、鸣金网等	

2）区块链2.0：泛金融应用

区块链应用于金融领域有着天生的绝对优势，用互联网语言来说，这是区块链的基因决定的。从主观来看，金融机构在区块链应用的探索上意愿最强，需要新的技术来提高运营效率，降低成本来应对整个全球经济当前现状。客观来看，金融行业市场空间巨大，些许的进步就能带来巨大收益。金融行业是对安全性、稳定性要求极高的行业，如果区块链在金融领域应用得以验证，那么将会产生巨大的示范效应，迅速在其他行业推广。

在金融领域，除去数字货币应用，区块链也逐渐在跨境支付、供应链金融、保险、数字票据、资产证券化、银行征信等领域开始了应用。

（1）跨境支付。

该领域的痛点在于到账周期长、费用高、交易透明度低。以第三方支付公司为中心，完成支付流程中的记账、结算和清算，到账周期长，比如跨境支付到账周期在三天以上，费用较高。以PayPal为例，普通跨境支付交易手续费率为4.4%外加0.3美元，提现到国内以美元进账，单笔一次35美元，以人民币进账为1.2%的费用。

区块链去中介化、交易公开透明和不可篡改的特点，没有第三方支付机构加入，缩短了支付周期、降低费用、增加了交易透明度。在这一领域，Ripple支付体系已经开始了的试验性应用，主要为加入联盟内的成员商业银行和其他金融机构提供基于区块链协议的外汇转账方案。国内金融机构中，招商银行落地了国内首个区块链跨境支付应用，民生银行、中国银联等也在积极推进。

（2）数字票据。

该领域痛点在于三个风险问题。操作风险：由于系统中心化，一旦中心服务器出问题，整个市场瘫痪；市场风险：根据数据统计，在2016年，涉及金额达到数亿以上的风险事件就有七件，涉及多家银行；道德风险：市场上存在“一票多卖”、虚假商业汇票等事件。

区块链去中介化、系统稳定性、共识机制、不可篡改的特点，减少传统中心化系统中的操作风险、市场风险和道德风险。

目前，国际区块链联盟R3联合以太坊、微软共同研发了一套基于区块链技术的商业票据交易系统，包括高盛、摩根大通、瑞士联合银行、巴克莱银行等著名国际金融机构加入了试用，并对票据交易、票据签发、票据赎回等功能进行了公开测试。与现有电子票据体系的技术支撑架构完全不同，该种类数字票据可在具备目前电子票据的所有功能和优点的基础上，进一步融合区块链技术的优势，成为一种更安全、更智能、更便捷的票据形态。在国内，浙商银行上线了第一个基于区块链技术的移动数字汇票应用，央行和恒生电子等也在测试区块链数字票据平台。

（3）征信管理。

该领域的痛点在于：数据缺乏共享，征信机构与用户信息不对称；正规市场化数据采集渠道有限，数据源争夺战耗费大量成本；数据隐私保护问题突出，传统技术架构难以满足新要求等。

在征信领域，区块链具有去中心化、去信任、时间戳、非对称加密和智能合约等特征，在技术层面保证了可以在有效保护数据隐私的基础上实现有限度、可管控的信用数据共享和验证。国内目前有中国平安在开展区块链征信方向的探索，创业公司如LinkEye、布比区块链等也在这一领域进行尝试。

（4）资产证券化。

这一领域业务痛点在于：底层资产真假无法保证；参与主体多、操作环节多、交易透明度低、出现信息不对称等问题，造成风险难以把控。数据痛点在于：各参与方之间流转效率不高，各方交易系统间资金清算和对账往往需要大量人力物力；资产回款方式有线上线下多种渠道，无法监控资产的真实情况；还存在资产包形成后，交易链条里各方机构对底层资产数据真实性和准确性的信任问题。

区块链去中介化、共识机制、不可篡改的特点，可提高数据流转效率，减少成本，实时监控资产的真实情况，保证交易链条各方机构对底层资产的信任问题。

目前，欧美各大金融机构和交易所都在开展区块链技术在证券交易方面的应用研究，探索利用区块链技术提升交易和结算效率，以区块链为蓝本打造下一代金融资产交易平台。在所有交易所中，纳斯达克证券交易所表现最为激进。其目前已正式上线了FLinq区块链私募证券交易平台。此外，纽交所、澳洲交易所、韩国交易所也在积极推进区块链技术的探索与实践。国内多家金融机构、百度、京东、蚂蚁金服等也在积极推进基于区块链技术的资产证券化业务，其中百度金融先后与华能信托、长安新生等落地了国内首个区块链技术支持证券化项目和区块链技术支持交易所ABS项目。

（5）供应链金融。

这一领域的痛点在于融资周期长、费用高。以供应链核心企业系统为中心，第三方增信机构很难鉴定供应链上各种相关凭证的真伪，造成人工审核的时间长、融资费用高。

区块链去中介化、共识机制、不可篡改的特点，不需要第三方增信机构鉴定供应链上各种相关凭证的真实性，降低融资成本、减少融资的周期。

国内上市公司易见股份与IBM合作发布了国内首个区块链供应链金融服务系统“易见区块”；宜信、点融网与富金通、群星金融等机构也推出了相关应用。

（6）保险业务。

随着区块链技术的发展，未来关于个人的健康状况、事故记录等信息可能会上传至区块链中，使保险公司在客户投保时可以更加及时、准确地获得风险信息，从而降低核保成本、提升效率。区块链的共享、透明特点降低了信息不对称性，还可降低逆向选择风险；而其历史可追踪的特点，则有利于减少道德风险，进而降低保险的管理难度和管理成本。

目前，英国的区块链初创公司Edgelogic正与Aviva保险公司进行合作，共同探索对珍贵宝石提供基于区块链技术的保险服务。国内的阳光保险采用了区块链技术作为底层技术架构，推出了“阳光贝”积分，成为国内第一家落地区块链应用的保险公司。中国平安、众安保险、中国人寿等多家保险公司也在推进区块链技术应用落地。

3）区块链3.0：区块链＋行业应用

随着区块链技术在金融领域应用的不断验证，其技术优势在其他行业领域也逐渐体现出价值。目前，医疗健康、IP版权、教育、文化娱乐、通信、慈善公益、社会管理、共享经济、物联网等领域都在逐渐落地区块链应用项目，“区块链+”正在成为现实（图5-22）。

（1）区块链＋医疗。

医疗领域，区块链能利用自己的匿名性、去中心化等特征保护病人隐私。电子健康病例（EHR）、DNA钱包、药品防伪等都是区块链技术可能的应用领域。IBM在去年的报告中预测，全球56%的医疗机构将在2020年前将投资区块链技术。

目前，国外如飞利浦医疗、Gem等医疗巨头和Google、IBM等科技巨头都在积极探索区块链技术的医疗应用，也有Factom、BitHealth、BlockVerify、DNA.Bits、Bitfury等区块链技术公司参与其中。国内，阿里健康与常州市合作

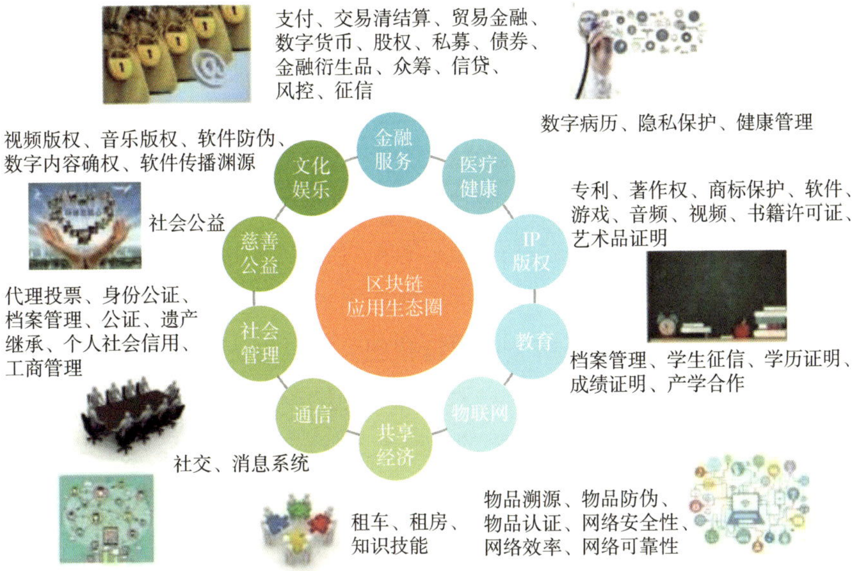

图5-22 区块链应用场景

了医联体+区块链试点项目，众享比特、边界智能等区块链技术创业公司也在布局相关项目。

（2）区块链+物联网。

物联网是一个非常宽泛的概念，如果将通信、能源管理、供应链管理、共享经济等涵盖在内，区块链技术的物联网应用将成为一个非常重要的应用领域。

①场景一：供应链管理。

现代企业的供应链不断延长，出现零碎化、复杂化、地理分散化等特点，给供应链管理带来了很大的挑战。核心企业对于供应链的掌控能力有限，同时对假冒商品的追溯和防范也存在很大的难度。作为一种分布式账本技术，区块链能够确保透明度和安全性，也显示出了解决当前供应链所存在问题的潜力。

应用层面，IBM早在2016年就推出了一个区块链供应链服务，客户可以在云环境中测试基于区块链的供应链应用来追踪高价值商品，区块链初创企业Everledger就使用了该项服务来推动钻石供应链实现透明度。在国内，IBM也与易见股份合作了“易见区块链应用”，用于医药供应链及供应链金融领域。微软推出的区块链供应链项目“Project Manifest”也已经吸引了13家合作伙伴，行业涉及汽车零部件、医疗设备等。

初创型区块链公司仍然是区块链供应链项目落地的主体，国外如Skuchain主要开发区块链供应链的解决方案，解决贸易融资当中的痛点，实现无纸化；Everledger主要开发钻石防伪的区块链应用；Chronicled利用区块链技术来帮助验证收藏类运动鞋；BlockVerify主打药品的追踪溯源等。

在国内，除了上述提到的易见供应链应用外，众安科技推出了一项基于区块链技术的鸡养殖追踪系统；区块链初创公司食物优提供了一套基于区块链技术的农场供应链客户系统，已对接全球500多家农场，在提供验证溯源服务的同时，还会提供基于物联网的农业大数据分析，精准营销获客等服务，以增加服务附加值；唯链（VeChain）开发了一个基于区块链技术的透明供应链平台，与Chronicled类似，也是从奢侈品流通溯源入手，已经和10多个行业客户展开合作，等等。

②场景二：共享经济。

共享经济是“去中心化”的典型例子。如Airbnb对接了有闲置房屋或者床位的房东和租房者，Uber、滴滴对接了闲置的汽车和乘客，摩拜、ofo提供的共享单车，等等。但共享经济始终面临的一大问题便是信用缺失。区块链技术可以很好地解决这个问题，区块链去中介化、共识机制、不可篡改的特点能有效解决人与人之间信任基础薄弱、个人信用体系不健全等阻碍共享经济发展的因素。

基于以上特点，在共享经济领域，Airbnb、Uber和滴滴、摩拜和ofo都在主动拥抱区块链，希望借助区块链技术提升效率、降低成本。创业公司中，费特数字科技推出了运行在区块链上的物联网智能锁系统，以此切入共享经济领域。

③场景三：能源管理。

分布式能源的发展带来的一个问题是微电网的管理及与现有的中央电网之间如何平衡。区块链具有分布式账本和智能化的合约体系功能，能够将能源流、资金流和信息流有效地衔接，成为能源互联网落地的技术保障。

在国外，欧洲能源巨头TenneT、Sonnen、Vandebron也在与IBM合作运用区块链技术，将分布式弹性能源整合至电网，以确保供电平衡。纽约初创LO3 Energy和ConsenSys合作，由LO3 Energy负责能源相关的控制，ConsenSys提供区块链底层技术，在纽约布鲁克林区实现了一个点对点交易、自动化执行、无第三方中介的能源交易平台，实现了10个住户之间的能源交易和共享。

国内也有一家能源区块链初创企业Energo Labs，提供基于微电网和区块链的P2P清洁能源生产和交易平台及解决方案，目前在菲律宾已经有落地的试点项目，在澳大利亚和泰国也设立了分公司。另外，能链众合打造的能源区块链实验室也在开发适用于能源环保行业的区块链分布式账本及企业级区块链应用。

除了上述提到的三大应用场景，区块链技术在物联网领域还可应用于充电桩共享、工业互联网、智能家居等领域，不一而足，本书不再展开讨论。

（3）区块链+IP版权&文化娱乐。

互联网流行以来，数字音乐、数字图书、数字视频、数字游戏等逐渐成为主流。知识经济的兴起使得知识产权成为市场竞争的核心要素。但当下的互联网生态里，知识产权侵权现象严重，数字资产的版权保护成为行业痛点。

区块链去中介化、共识机制、不可篡改的特点，利用区块链技术，能将文化娱乐价值链的各个环节进行有效整合、加速流通，缩短价值创造周期；同时，可实现数字内容的价值转移，并保证转移过程的可信、可审计和透明，有效预防盗版等行为。

目前，区块链行业致力于解决版权问题的项目已为数不少，国外如Blockai帮助艺术工作者在区块链上注册作品版权；Mediachain针对图像作品进行认证和追溯；Ascribe进行知识产权登记；Decent发布了一个去中心化的数字版权管理解决方案。等等。

在国内，海螺区块链与“猪八戒网”合作完成了基于海螺链构建的One Fair平台和猪八戒网的对接；亿书则瞄准的是数字出版行业，做一个集写作、出版、分享为一体的综合平台；ETChain泛娱链打造IP数字资产交易平台；国内首个获得虚拟货币交易许可的区块链资产交易平台——黑石区块链，也将IP作为第一批交易品种。另外，像YOYOW、纸贵科技、物链、知产链IPChain等创业公司也都在涉足IP版权领域。

（4）区块链+公共服务&教育。

在公共服务、教育、慈善公益等领域，档案管理、身份（资质）认证、公众信任等问题都是客观存在的，传统方式是依靠具备公信力的第三方作信用背书，但造假、缺失等问题依然存在。区块链技术能够保证所有数据的完整性、永久性和不可更改性，因而可以有效解决这些行业在存证、追踪、关联、回溯等方面的难点和痛点。

应用层面，如普华永道与区块链技术公司Blockstream、Eris合作提供基于区块链技术的公共审计服务；BitFury与格鲁吉亚政府合作落地区块链技术土地确权；蚂蚁金服区块链公益项目；索尼基于区块链的教育信息登记平台；数软件针对教育行业的区块链项目。等等。

综合来看，作为一项基础类技术，区块链在众多具备分布式、点对点交易、去信任等特点的行业领域都有极大的应用价值，现阶段整个区块链产业生态仍处于起步阶段，各行业应用大多还有待探索和试验，各行各业的应用不一而足。

5.7.4 区块链工业应用面临的挑战和前景

区块链本质上是通过数学密码学解决了人与人之间价值交互的信任及公平性问题，是对现有互联网技术的升级补充。所以，从这个意义上来说，它会对非常多的行业产生非常大的影响。

但并不是所有行业都适合应用区块链技术。合适的区块链应用场景应具有如下特征：一是业务涉及多个信任主体，大家需要有去信任中介的方式来更好地开展合作；二是业务主体之间因为商业的需要，有比较强的合作关系；三是有比较完备、可持续的商业模式。此外，目前的区块链技术还只能用于中、低频交易，已有的主流公有链技术区块还都是几MB级别容量，大量的数据写进区块，区块链还无法支持。

总体来看，金融、供应链管理、交通运输、能源管理、电子政务等都是适合区块链融合应用的领域。

区块链目前仍是一项进化中的技术，推动区块链与实体经济深度融合，让“区块链+”服务于各行各业，积极发展联盟链有着极强的现实意义。但达到实用阶段，还有五个方面需要继续突破的核心技术。

（1）高性能关键技术。目前，区块链在大规模应用或者出现大量数据节点时，性能会急剧下降。国内领衔的联盟链技术，目前每秒可以处理上万笔交易，但在“双十一”高峰时期，阿里云峰值处理交易速度达到每秒50多万笔。这两者的数量级还存在鸿沟，需要高性能关键技术加以解决。

以工作量证明机制为代表的共识机制需要消耗大量的算力来产生新区块，英国电力资费对比公司Power Compare的研究表明，比特币挖矿年平均耗电量已经超过159个国家的年均用电量。

希望通过高性能的共识算法、高效智能合约引擎，能够提高共识效率。

（2）安全隐私关键技术。如在中国要用，首先要全面支持我国的加密算法和标准。商业应用需要平台支持对业务数据的隐私保护，比如通过命名空间隔离的方式在物理层面对业务数据进行分离，还有更细粒度的隐私交易机制，实现交易可验证但是不可见。还有基于可信执行环境等技术实现节点密钥管理和数据加密存储，防止文件被篡改。对于联盟链和私有链而言，弱中心化架构的安全性尚未得到时间的验证。2016年6月，基于以太坊建立的、创造了众筹世界纪录的区块链项目The DAO遭遇了黑客攻击，黑客利用其上智能合约的一个漏洞偷走了360万以太币（当时市值约5亿人民币），造成市场大面积被抛压，引发整个区块链产业的最大危机。

（3）高可用性的关键技术。这方面包括动态成员的准入机制，以及节点失效后的快速恢复机制，不能整个系统停下来加节点，应该是可以实时、动态的。还有联盟自治管理机制和高效的热备切换机制，这也是联盟链需要的关键技术。

（4）高可扩展的关键技术。联盟链要方便适用于各场景，必然支持多种编程语言的使用。同时，还需要支持多类型、多组织形式的数据可信存储，支持跨链协同等。

（5）标准统一、政策监管问题。目前，国内外在区块链领域还没有通用、统一的标准，将产生后续的各种应用兼容性和互联互通问题，不利于整体效益的提高。国内外的重要联盟如HyperLedger、R3、ChinaLedger、BCOS等都致力于开发统一的标准，我国工信部在2016年10月制定了国家区块链技术标准技术路线图，国际标准化组织也正在努力协调制定有关标准。这项工作的推进还有待时日。

区块链技术对现有法律法规和监管框架带来挑战。形形色色的数字货币创造了一个触角遍及全球每个角落的、史无前例的人造市场，遭遇了广泛质疑。数字货币体系中服务的提供商和用户均为匿名，使得不法分子易于掩盖其资金来源和投向，这为洗钱、恐怖融资及逃避制裁提供了便利。

需要加强国际监管协调，形成一致的监管政策。区块链应用到其他商业场景上也有一系列法律和监管问题，例如如何界定智能合约的法律主体性质、如何解决金融交易的最终确认时点等。

合适场景仍有限。与传统商业基础设施相比，区块链技术的优点在于凭借去中心化获得的高效稳健、数据记录的高度可靠、引入智能合约后的灵活和自动化。但是，目前许多传统商业基础设施在效率、稳定性、可靠性、自动化等方面显示出难以克服的缺陷与故障。

例如，国家的支付和清结算系统、证券交易所、商业银行等关键金融基础设施的运转稳定、良好、安全，也具有异地灾备方案来保障系统的稳健性，那么相比于要付出的改造成本，进化为区块链技术系统所能提升的效益究竟有多大，即“成本-效益”分析是区块链在场景落地时必须要考虑的重要因素，区块链必须要找到真正具有显著成本收益的场景。

针对“区块链+”大规模应用，最重要的是解决链上链下数据协同，以确保链上链下数据的关联性和一致性。

区块链技术正在引领全球新一轮技术变革和产业变革。然而，刚满十岁的区块链技术仍处于发展初期，不仅需要政府、行业联盟、企业合作制定技术标准和共识机制，更需要与5G、物联网、人工智能、大数据等技术全面融合，从而开辟出快速发展的康庄大道。

5G网路解决传输问题。大型公链的每秒交易吞吐量有限、交易确认时间长（比特币目前仅支持每秒7笔交易，一笔交易一般需要1个小时后确认），除了以太坊、Blockstream主导的侧链和闪电网络技术外，未来5G网络大范围商业化应用，有望大幅提升数据传输速度、减少网络拥堵，大型公链的性能将得以提升并逐渐适用于每秒上万笔交易的商业应用场景。

物联网连接链下数据。当前，区块链技术仅能解决链上的信任问题，但对于链下数据的真实性与准确性几乎无能为力。物联网技术进一步发展后，链下数据的观测、采集、处理、传输、更新都将实现自动化，真实性和准确性得到有力保证，区块链的应用场景也将得到扩展。

人工智能提升智能合约。工作量证明机制被诟病浪费了大量电力与硬件资源，目前比特大陆等矿机生产商已经和比原链合作开发应用于人工智能算法的共识机制与芯片，将哈希计算转化为应用于深度学习的矩阵计算，创造更大的经济与社会价值。

智能合约可能是区块链上最具革命性的应用。如果智能合约在区块链上实现广泛运用，经济分工将在互联网时代进一步细化，更广泛的社会协同将得以实现。世界经济史实质上是一部工业革命推动的纵向发展与全球化推动的横向扩张的交织历史。

工业革命推动了特定领域的分工专业化和生产规模化，最终使得生产效率大幅提高、生产成本大幅降低。全球化则是各行业产业链的研发设计、原料采购、生产加工组装、品牌包装、销售等环节在世界范围内实现分工协作的最终表现。

与前三次工业革命不同，以互联网为主要标志的第四次工业革命首次推进了网络拓扑意义上的全球化。在古典互联网中，人们利用网络搜索信息和资料，却仍须依托物理世界中的公司等组织形式来建立信任、签订合约、组织生产和分工协作。而在价值互联网中，素未谋面的人们通过区块链来完成以上任务首度成为可能。

通过智能合约的广泛运用，区块链将创造多个特定领域的线上细分市场，直接对接全球范围内各网络节点间的需求和生产。网络拓扑意义上的分工协同将与地理意义上的分工协作形成更紧密和更深层次的互补，区块链也有望从“信任机器”升级成为产业浪潮的重要“引擎”。

已经出现了以太坊、超级账本、Open Blockchain等可商业化的底层协议，行业应用逐渐增多。对于一种新兴技术，我们往往会在短期内高估它的价值，但在长期的时间轴线上又往往会忽视它的影响，因此，对于区块链技术我们始终抱有一种谨慎而乐观的态度，多关注行业内的创业公司，你会发现改变随时都在发生。

5.8 数字孪生

5.8.1 数字孪生的概念和发展

数字孪生（Digital Twins，也叫数字双胞胎），是指针对物理世界中的物体，通过数字化的手段来构建一个数字世界中一模一样的实体，借此来实现对物理实体的了解、分析和优化。

数字孪生体的概念（图5-23）可以追溯到2002年密歇根大学产品生命周期管理中心（Product Lifecycle Management Center）的成立。当时，Grieves博士讲解题为《PLM的概念性设想》（Conceptual Ideal for PLM），它确实拥有数字孪生体的所有元素：现实空间、虚拟空间，从现实空间到虚拟空间的数据流连接，以及从虚拟空间到现实空间和虚拟子空间的信息流连接。

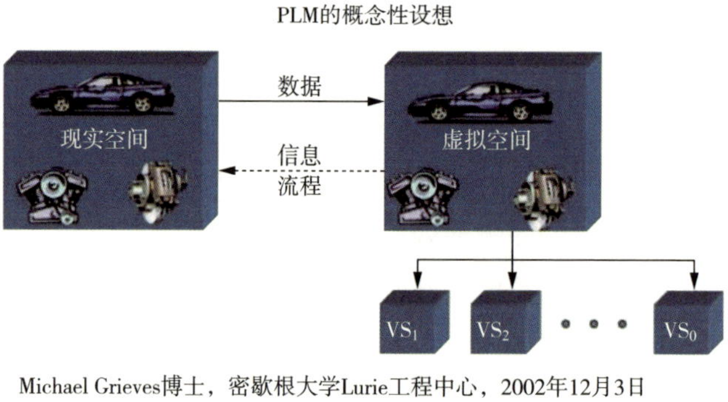

图5-23 数字孪生概念的提出

驱动该模型的前提是，每个系统都由两个系统组成：一个是一直存在的物理系统；另一个是包含了物理系统所有信息的新虚拟系统。这意味着在现实空间中存在的系统和虚拟空间中的系统之间存在一个镜像（Mirroring of Systems），或者叫“系统的孪生”（Twinning of Systems），反之亦然。

通过物理设备的数据，可以在虚拟（信息）空间构建一个可以表征该物理设备的虚拟实体和子系统，并且这种联系不是单向和静态的，而是在整个产品的生命周期中都联系在一起。

显然，这个概念不仅仅指的是产品的设计阶段，而是延展至生产制造和服务阶段，但是由于当时的数字化手段有限，因此数字孪生的概念也只是停留在产品的设计阶段，通过数字模型来表征物理设备的原型。

在那之后，数字孪生的概念逐步扩展到了模拟仿真、虚拟装配和3D打印这些领域，而到了2014年以后，随着物联网技术、人工智能和虚拟现实技术的不断发展，更多的工业产品、工业设备具备了智能的特征，而数字孪生也逐步扩展到了包括制造和服务在内的完整的产品周期阶段，并不断丰富着数字孪生的形态和概念。

一般认为，数字孪生是充分利用物理模型、传感器更新、运行历史等数据，集成多学科、多物理量、多尺度、多概率的仿真过程，在虚拟空间中完成映射，从而反映相对应的实体装备的全生命周期过程。

美国国防部最早提出利用Digital Twins技术，用于航空航天飞行器的健康维护与保障。首先在数字空间建立真实飞机的模型，并通过传感器实现与飞机真实状态完全同步，这样每次飞行后，根据结构现有情况和过往载荷，及时分析评估是否需要维修，能否承受下次的任务载荷等。

数字孪生，有时候也用来指代将一个工厂的厂房及产线，在没有建造之前，就完成数字化模型。从而在虚拟的赛博空间中对工厂进行仿真和模拟，并将真实参数传给实际的工厂建设。而厂房和生产线建成之后，在日常的运维中二者继续进行信息交互。值得注意的是，Digital Twins不是构型管理的工具，不是制成品的3D尺寸模型，不是制成品的MBD定义。

今天的数字化技术正在不断地改变每一个企业。未来，所有的企业都将成为数字化的公司，这不只是要求企业开发出具备数字化特征的产品，更指的是通过数字化手段改变整个产品的设计、开发、制造和服务过程，并通过数字化的手段连接企业的内部和外部环境。

随着产品生命周期的缩短、产品定制化程度的加强，以及企业必须同上、下游建立起协同的生态环境，都迫使企业不得不采取数字化的手段来加速产品的开发，提高开发、生产、服务的有效性，以及提高企业内外部环境的开放性。

这种数字化的转变对于传统的工业企业来说可能会非常困难，因为它同沿用了几十年的基于经验的传统设计和制造理念相去甚远。设计人员可能不再需要依赖于通过开发实际的物理原型来验证设计理念，不需要通过复杂的物理实验才能验证产品的可靠性，也不需要进行小批量试制就可以直接预测生产的瓶颈，甚至不需要去现场就可以洞悉销售给客户的产品运行情况。

这种方式，无疑将贯穿整个产品的生命周期，不仅可以加速产品的开发过程，提高开发和生产的有效性和经济性，更有效地了解产品的使用情况并帮助客户避免损失，更能精准地将客户的真实使用情况反馈到设计端，实现产品的有效改进。

而所有的这一切，都需要企业具备完整的数字化能力，而其中的基础，就是数字孪生，即Digital Twins技术。

5.8.2 数字孪生的不同形态

数字孪生技术贯穿了产品生命周期中的不同阶段，它同PLM（Product Lifecycle Management）的理念是不谋而合的。可以说，数字孪生技术的发展将PLM的能力和理念，从设计阶段真正扩展到了全生命周期。

数字孪生以产品为主线，并在生命周期的不同阶段引入不同的要素，形成了不同阶段的表现形态。

1）设计阶段的数字孪生

在产品的设计阶段，利用数字孪生可以提高设计的准确性，并验证产品在真实环境中的性能。

这个阶段的数字孪生，主要包括如下功能：

（1）数字模型设计：使用CAD工具开发出满足技术规格的产品虚拟原型，精确地记录产品的各种物理参数，以可视化的方式展示出来，并通过一系列的验证手段来检验设计的精准程度。

（2）模拟和仿真：通过一系列可重复、可变参数、可加速的仿真实验，来验证产品在不同外部环境下的性能和表现，在设计阶段就验证产品的适应性。

例如，在汽车设计过程中，由于对节能减排的要求，达索帮助包括宝马、特斯拉、丰田在内的汽车公司利用其CAD和CAE平台3D Experience，准确进行空气动力学、流体声学等方面的分析和仿真，在外形设计上通过数据分析和仿真，大幅度地提升流线性，减小了空气阻力。

2）制造阶段的数字孪生

在产品的制造阶段，利用数字孪生可以加快产品导入的时间，提高产品设计的质量、降低产品的生产成本和提高产品的交付速度。

产品阶段的数字孪生是一个高度协同的过程，通过数字化手段构建起来的虚拟生产线，将产品本身的数字孪生同生产设备、生产过程等其他形态的数字孪生高度集成起来，实现如下功能：

（1）生产过程仿真：在产品生产之前，就可以通过虚拟生产的方式来模拟在不同产品、不同参数、不同外部条件下的生产过程，实现对产能、效率及可能出现的生产瓶颈等问题的提前预判，加速新产品导入的过程。

（2）数字化生产线：将生产阶段的各种要素，如原材料、设备、工艺配方和工序要求，通过数字化的手段集成在一个紧密协作的生产过程中，并根据既定的规则，自动地完成在不同条件组合下的操作，实现自动化的生产过程；同时，记录生产过程中的各类数据，为后续的分析和优化提供依据。

（3）关键指标监控和过程能力评估：通过采集生产线上的各种生产设备的实时运行数据，实现全部生产过程的可视化监控，并且通过经验或者机器学习建立关键设备参数、检验指标的监控策略，对出现违背策略的异常情况进行及时处理和调整，实现稳定并不断优化的生产过程。

3）服务阶段的数字孪生

随着物联网技术的成熟和传感器成本的下降，很多工业产品，从大型装备到消费级产品，都使用了大量的传感器来采集产品运行阶段的环境和工作状态，并通过数据分析和优化来避免产品的故障，改善用户对产品的使用体验。

这个阶段的数字孪生，可以实现如下功能：

（1）远程监控和预测性维修：通过读取智能工业产品的传感器或者控制系统的各种实时参数，构建可视化的远程监控，并给予采集的历史数据，构建层次化的部件、子系统乃至整个设备的健康指标体系，并使用人工智能实现趋势预测；基于预测的结果，对维修策略及备品备件的管理策略进行优化，降低和避免客户因为非计划停机带来的损失。

（2）优化客户的生产指标：对于很多需要依赖工业装备来实现生产的工业客户，工业装备参数设置的合理性及在不同生产条件下的适应性，往往决定了客户产品的质量和交付周期。而工业装备厂商可以通过海量采集的数据，构建起针对不同应用场景、不同生产过程的经验模型，帮助其客户优化参数配置，以改善客户的产品质量和生产效率。

（3）产品使用反馈：通过采集智能工业产品的实时运行数据，工业产品制造商可以洞悉客户对产品的真实需求，不仅能够帮助客户加速对新产品的导入周期，避免产品错误使用导致的故障，提高产品参数配置的准确性，更能够精确地把握客户的需求，避免研发决策失误。

例如，通过数字孪生技术构建石油钻井设备提供的预测性维修和故障辅助诊断系统，不仅能够实时采集钻机不同关键子系统，如发电机、泥浆泵、绞车、顶驱的各种关键指标数据，更能够根据历史数据的发展趋势，对关键部件的性能进行评估，并根据部件性能预测的结果，调整和优化维修的策略；同时，还能够根据钻机的实时状态的分析，对钻井的效率进行评估和优化，能够有效地提高钻井的投入产出比。

5.8.3 数字孪生关键技术及应用

数字孪生的关键技术是建模，即根据物理实体建立其对应的“孪生”数字体，或者反之，根据数字体建立其孪生的物理实体。各种数据在建模过程中发挥核心作用，除静态数据外，还包括行为、过程和动态数据。

建模方法一般可以划分为两大类：第一性原理或基于物理的方法（如流体力学建模）和数据驱动的方法（如深度学习）。数字孪生也可能是各种建模行为和建模方法的综合，并且有可能随着更多用途被发现而越来越详尽。

数字体和物理体之间要在所有方面尽可能“逼真”。一是在规模上，能够提供不同规模（从细节到大型系统）的对数字孪生体的洞察力，在结构上不丢失细节，尽量映射物理孪生体的细微之处。二是互操作性，能够在不同数字模型之间转换、合并和建立“表达”的等同性，以多样性的数字孪生体来映射物理孪生体。三是可扩展性，集成、添加或替换数字模型的能力，如随时、随处添加若干扩展结构。四是保真性，描述数字虚体模型与物理实物产品的接近性。不仅在外观和几何结构上相像，在质地上、行为上也要相像，环境也要真，如工况场景要描述数字孪生体的位置、方位、振动、湿度、高温等所有细节。

数字孪生和CPS（赛博物理系统，也称信息物理系统）不能混为一谈。

应该说，数字孪生是建设CPS的基础，是CPS发展的必经阶段。所谓建立数字孪生关系，就是以“软件定义”的方式，对物理实体（物理孪生体）建立了完全对应的数字虚体（数字孪生体），所创建的数字虚体经历了一个从其“形”、其“态”，逐渐向物理实体的“形、态”逼近的过程，直至看起来完全“相像”，如同同胞兄弟一般。在“相像”程度上，可以用不同级别的仿真度来衡量，见表5-6。

表5-6　数字虚体对物理实体的仿真度

仿真度		简　述
形	外观像	两“体”在外部表面形体上相像
	结构像	两“体”在内部结构上相像
	材料质地像	两“体”在细微材料质地上相像
态	行为像	两“体”在功能行为上相像
	状态像	两“体”在时空状态上相像

当数字虚体与物理实体在时空状态上都相像之后，距离CPS还有一步之遥，即控制。从物理实体一侧，是否能实现对数字虚体的控制（以P控C）？反之，从数字虚体一侧，是否能实现对物理实体的控制（以C控P）？尤其是“以C控P”，是判断是否实现了CPS的核心要求。

数字孪生并非无所不能，而是有一定限度的。虽然经常说“数字化一切可以数字化的事物”，但是并非“一切都是可以数字化的”，也意味着并非“一切都是可以用软件定义的”。因此，数字世界和物理世界之间尚无法做到一一对应、完全能够相互映射。

从物理侧（P）来看，未知的事物谈不上数字化，当然也不可能有数字孪生；已知但是无法定义、无法描述的事物不能数字化（如暗能量、弦等），物理形态不确定或者无法描述的物体也无法建立数字孪生（如海水）；从数字/赛博侧（C）来看，神话、传说可以随意展现，动漫创意和想象中的事物也是如此，都可以通过数字虚体不受限制地表现出来，但是在物理空间找不到对应的物理实体。因此，在两“体”中都存在暂时无法延伸、映射到对方，可供建立孪生关系的内容，如图5-24所示。

数字孪生伴随产品终生，在产品的全生命周期中的每一个阶段都有数字

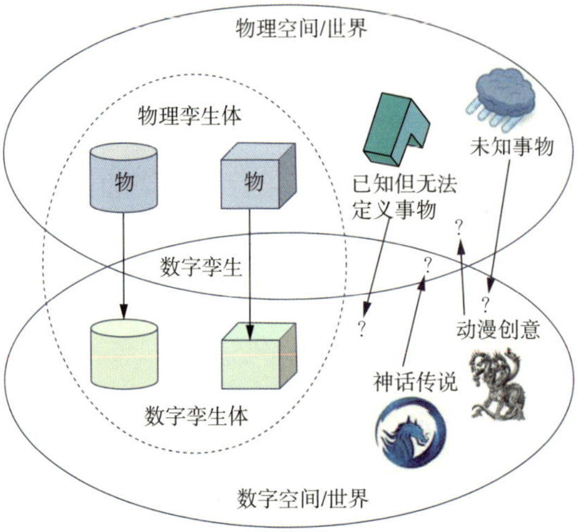

图5-24 数字孪生的范畴不是无限的（据英诺维盛公司）

虚体的“伴生”，而且，由于每个阶段与每个物理孪生体所对应的“数字孪生体”的模型不止一种（不同的算法、不同的逼真/抽象程度等）。有了越来越多的数字孪生体，人们可以做越来越多的事情，很多新技术、新模式、新业态也就此产生。在两个“体”之间，信息可以双向传输：当信息从物理孪生体传输到数字孪生体，数据往往来源于用传感器来观察物理孪生体（例如GE用大量传感器观察航空发动机运行情况）；反之，当信息从数字孪生体传输到物理孪生体，数据往往是出自科学原理、仿真和虚拟测试模型的计算，用于模拟、预测物理孪生体的某些特征和行为（例如用流体仿真技术计算汽车高速行驶的风阻）。

德国西门子是比较强调产品生命周期管理的企业，较早提出了数字孪生。他们给出了对一个物理产品及其数字孪生“在全产品生命周期进行更新和维护”的认识，特别是CPS中的数字孪生体中都包含了哪些内容，如图5-25所示。

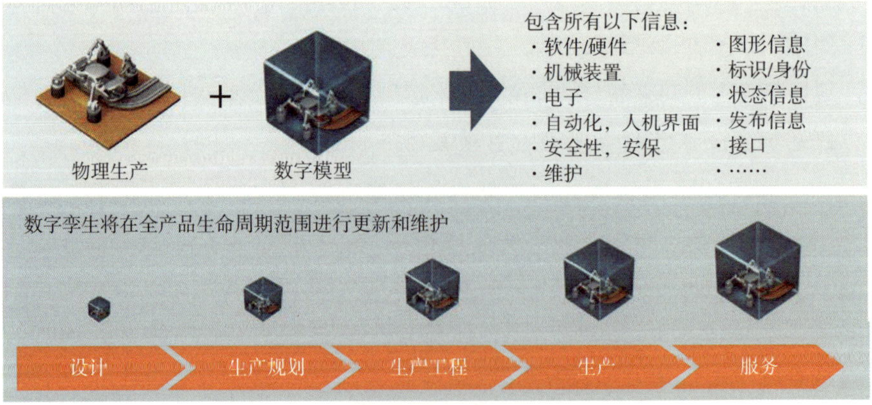

图5-25 西门子对数字孪生的认识

PTC公司一直推动数字孪生（图5-26），甚至以“数物融合”作为公司的新发展战略，在一个更大的工业互联网场景中描述了数字孪生的作用，企业的物理产品都通过云服务，在其产品平台中建立了一个或多个数字孪生体，用于制造、研发、销售、服务、财务等各个业务环节。

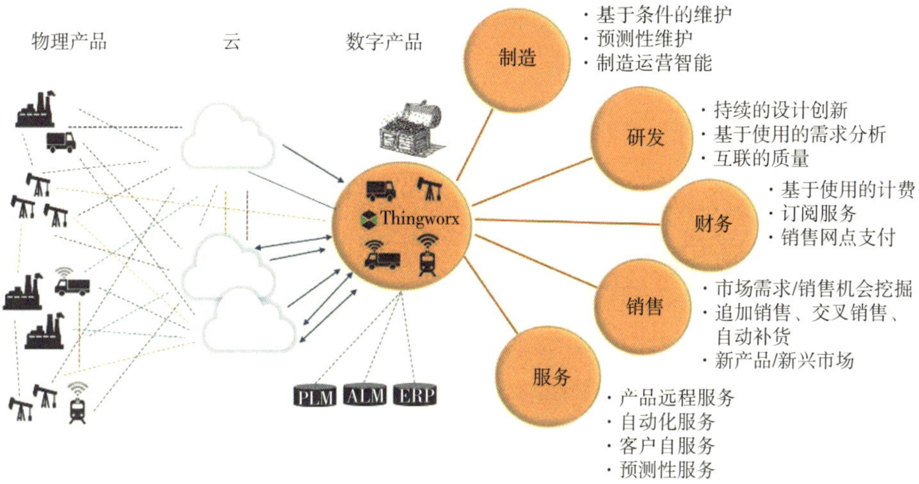

图5-26 PTC对数字孪生的认识

数字孪生体模型必须保持实时更新，并根据运营中的资产进行调优，这通常涉及将来自资产的数据直接传输到调优数字孪生的算法中去。这允许考虑资产环境、寿命和配置等方面的问题。

一旦确认数字孪生可用并保持最新后，您可以用它以各种方式预测未来行为、精细化控制或优化资产运营。一些例子，包括模拟真实资产上不存在的传感器、模拟任意数量的未来情景，以便为当前和未来运营提供更多信息，或通过向数字孪生发送当前真实输入来提取当前运营状态。

数字孪生技术一些常见的应用领域包括：

（1）运营优化：根据实时数据、设备大小、能源成本或性能因素等变量，触发模型运行成百上千个假设分析仿真，评估是否就绪或对当前系统设置点进行必要调整。这样就能够在运营过程中对系统运行进行优化或控制，从而缓解风险、降低成本或提高系统效率。

（2）预测性维护：在工业4.0应用中，模型可以用来确定剩余使用寿命，通知运营部门在最适当的时间检修或更换设备。

（3）异常检测：模型与实际资产并行运行，并会立即标记偏离预期（仿真）行为的运营行为。例如，石油公司可以流式采集持续运转的海上石油钻井平台的传感器数据。数字孪生模型会寻找运营行为中的异常现象，以帮助避免灾难性破坏。

（4）故障隔离：异常可能触发一连串的仿真，以便隔离故障，识别根本原因，使工程师或系统能够采取适当措施。

5.8.4 数字孪生的应用价值

数字孪生技术在不断地快速演化，无论是对产品的设计、制造还是服务，都能够产生巨大的价值。

（1）便捷、高效、低成本的创新能力。

数字孪生通过设计工具、仿真工具、物联网、虚拟现实等各种数字化的手段，将物理设备的各种属性映射到虚拟空间中，形成可拆解、可复制、可转移、可修改、可删除、可重复操作的数字镜像，这极大地加速了操作人员对物理实体的了解，可以让很多原来由于物理条件限制、必须依赖于真实的物理实体而无法完成的操作，如模拟仿真、批量复制、虚拟装配等，成为触手可及的工具，更能激发人们去探索新的途径来优化设计、制造和服务。

（2）更全面、准确的数字计量能力。

只要能够测量，就能够改善，这是工业领域不变的真理。无论是设计、制造还是服务，都需要精确地测量物理实体的各种属性、参数和运行状态，以实现精准的分析和优化。但是传统的测量方法，必须依赖于价格不菲的物理测量工具，如传感器、采集系统、检测系统等，才能够得到有效的测量结果，而这无疑会限制测量覆盖的范围，对于很多无法直接采集到测量值的指标，往往无能为力。

而数字孪生技术，可以借助于物联网和大数据技术，通过采集有限的物理传感器指标的直接数据，并借助大样本库，通过机器学习推测出一些原本无法直接测量的指标。

例如，我们可以利用润滑油温度、绕组温度、转子扭矩等一系列指标的历史数据，通过机器学习来构建不同的故障特征模型，间接推测出发电机系统的健康指标。

（3）生产运行实时优化能力。

在数字空间，可以方便地对生产运行过程进行调整和优化，模拟可能产生的优化效果。这在现实的生产过程中是很难实现的，特别是流程性产业，停产意味着巨大的生产成本和安全风险。数字孪生能够轻松地在虚拟空间模拟各种生产状况，达到产能的最优化，然后再择机落实到实际生产中去。

（4）更全面的分析和预测能力。

现有的产品生命周期管理，很少能够实现精准的预测，因此往往无法对隐藏在表象下的问题提前进行预判。

而数字孪生可以结合物联网的数据采集、大数据的处理和人工智能的建模分析，实现对当前状态的评估、对过去发生问题的诊断，以及对未来趋势的预测，并给予分析的结果，模拟各种可能性，提供更全面的决策支持。

（5）经验和知识的数字化。

在传统的工业设计、制造和服务领域，经验往往是一种模糊而很难把握的形态，很难将其作为精准判决的依据。而数字孪生的一大关键进步，是可以通过数字化的手段，将原先无法保存的专家经验进行数字化，并提供了保存、复制、修改和转移的能力。

例如，针对大型设备运行过程中出现的各种故障特征，可以将传感器的历史数据通过机器学习训练出针对不同故障现象的数字化特征模型，并结合专家处理的记录，将其形成未来对设备故障状态进行精准判决的依据，并可针对不同的新形态的故障进行特征库的丰富和更新，最终形成自治化的智能诊断和判决。

（6）超前的安全管控能力。

可以在虚拟空间中，模拟所有可能出现的安全风险、实验极限条件，探索安全阈值，从而为企业提供准确、可靠的安全红线，能够大幅度减少安全生产事故，降低企业风险。

数字孪生，不过是长期以来人们用数字世界的数字虚体技术，来描述物理世界的物理实体的必然结果。数字孪生这个术语和与之相关的技术，并非是突然产生的新生事物，而是几十年来CAX（计算机辅助设计软件）发展的必然结果，只不过在今天人们经过总结提高之后，加深了对它的认识，给出了新的认识和命名。

数字孪生是CPS中的必备技术构成。要搞好智能制造、工业4.0、工业互联网等新工业发展战略，就必须研究和实施CPS。要做好CPS，就必须充分认识数字孪生。要认识数字孪生，就必须研究与数字孪生有关的所有问题，从起源、技术、应用、界限到命名。

美国《航空周报》曾经作出这样的预测："到2035年，当航空公司接收一架飞机的时候，将同时验收另外一套数字模型。每个飞机尾号，都伴随着一套高度详细的数字模型。"每一特定架次的飞机都不再孤独。因为它将拥有一个忠诚的"影子"，终生相伴，永不消失，这就是数字孪生的本意。

5.9 数据湖

5.9.1 数据湖的概念和价值

数据湖（Data Lake）最早是由Pentaho公司的创始人兼首席技术官詹姆斯·狄克逊（James Dixon）在2011年提出来的，是一种新的数据存储理念，即在系统或存储库中以自然格式存储数据的方法。最初数据湖是作为对数据仓库的补充，是为了解决数据仓库漫长的开发周期，高昂的开发、维护成本，细节数据丢失等问题出现的。而从2011年前后，很多数据仓库逐渐迁移到以Hadoop为基础的技术栈上，而且除了结构化数据，半结构化、非结构数据也逐渐地存储到数据仓库中，并提供此类服务。这样的数据仓库，已经具有了数据湖的部分功能。由此，催生了数据湖的概念。

詹姆斯·狄克逊（James Dixon）对数据湖的解释是：把你以前在磁带上拥有的东西倒入数据湖，然后开始探索该数据。重要的是，只把需要的数据导入Hadoop；如果你想结合来自数据湖的信息和客户关系管理系统（CRM）里面的信息，我们就进行连接，只有需要时才执行这番数据结合。

维基百科对数据湖的定义是：数据湖（Data Lake）是一个存储企业的各种各样原始数据的大型仓库，其中的数据可供存取、处理、分析及传输。

数据湖（图5-27）是以其自然格式存储数据的系统或存储库，通常是对象或文件。数据湖通常是企业所有数据的单一存储，包括源系统数据的原始副本，以及用于报告、可视化、分析和机器学习等任务的转换数据。数据湖可以包括来自关系数据库（行和列）的结构化数据、半结构化数据（CSV、日

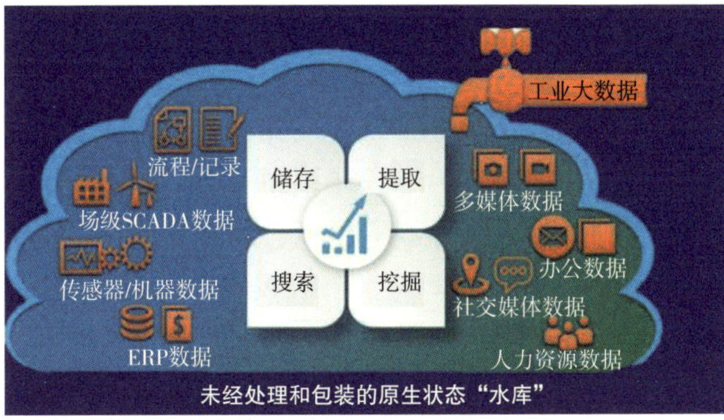

图5-27 数据湖示意图

志、XML、JSON)、非结构化数据(电子邮件、文档、PDF)和二进制数据(图像、音频、视频)。

著名信息咨询公司高德纳(Gartner)对数据湖的概念和功能进行了描述:

A data lake is a storage repository that holds a vast amount of raw data in its native format, including structured, semi-structured, and unstructured data. The data structure and requirements are not defined until the data is needed. If you think of a datamart as a store of bottled water – cleansed and packaged and structured for easy consumption – the data lake is a large body of water in a more natural state. The contents of the data lake stream in from a source to fill the lake, and various users of the lake can come to examine, dive in, or take samples. 中文意思是:数据湖是一个存储库,它以原始格式保存大量原始数据,包括结构化、半结构化和非结构化数据。在需要数据之前,不会定义数据结构和需求。如果你把数据集市想象成一个瓶装水的商店,经过清洗、包装和构造,便于饮用,那么数据湖是一个更自然的大水体。数据湖的内容从一个源头流入湖水,湖水的各种用户可以来检查、潜水或采集样本。

Capture data from wide range of traditional (operational, transactional) and new sources (structured and unstructured) as-is Store all your data in one environment for cross-functional business analysis Support the analytics and data science to uncover new customer, product, and operational insights Empower front-line employees and managers, and drive a more profitable customer engagement leveraging customer, product and operational insights

Integrate analytic insights into operational（Finance, Manufacturing, Marketing, Sales Force, Procurement, Logistics）and management systems（Business Intelligence reports and dashboards）. 中文意思是：从各种传统（运营、交易）和新的源头（结构化和非结构化）中捕获数据，并将所有数据存储在一个环境中，以进行跨职能的业务分析、支持分析和数据科学，以发现新的客户、产品和运营见解，从而增强一线员工和经理的能力，利用客户、产品和运营洞察，并将分析洞察集成到运营（财务、制造、营销、销售、采购、物流）和管理系统（商业智能报告和仪表盘）中，推动更有利可图的客户参与（图5-28）。

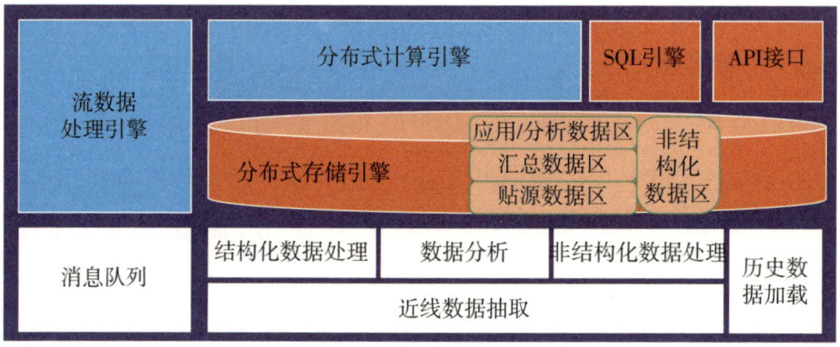

图5-28 数据湖处理架构

目前，Hadoop是最常用的部署数据湖的技术，所以很多人会觉得数据湖就是Hadoop集群。事实上，数据湖是一个概念，而Hadoop是用于实现这个概念的技术。

数据湖能给企业带来多种能力，例如，能实现数据的集中式管理，在此之上，企业能挖掘出很多之前所不具备的能力。另外，数据湖结合先进的数据科学与机器学习技术，能帮助企业构建更多优化后的运营模型，也能为企业提供其他能力，如预测分析、推荐模型等，这些模型能刺激企业能力的后续增长。数据湖能从以下几个方面帮助到企业：

（1）实现数据治理（Data Governance）。

（2）通过应用机器学习与人工智能技术实现商业智能。

（3）预测分析，如领域特定的推荐引擎。

（4）信息追踪与一致性保障。

（5）根据对历史的分析生成新的数据维度。

（6）有一个集中式的能存储所有企业数据的数据中心，有利于实现一个针对数据传输优化的数据服务。

（7）帮助组织或企业作出更多灵活的关于企业增长的决策。

5.9.2 数据湖与数据仓库的差异

数据仓库技术已经在企业业务数据管理和分析中应用多年，随着业务系统的增多，特别是大数据技术的发展，数据存储分散、横向的数据共享和分析的短板问题凸显，难以对全局数据开展大数据挖掘，市场竞争和产业链日益全球化，企业不只满足于内部数据的分析，更要通过互联网、微信、APP等新技术手段结合外部市场数据进行整体分析。传统的数据仓库技术无论从规模上还是效果上都无法真正展现集团庞大数据资产的价值。

数据仓库与数据湖存在多方面的不同，主要有：

（1）数据：与数据湖不同，数据库和数据仓库只保存结构化数据。另一方面，数据湖对数据没有数据仓库和数据库的限制。它可以保存结构化、半结构化和非结构化等各种类型的数据。

（2）处理：数据加载到数据仓库之前，首先进行某种格式和结构的处理。换句话说，应该建立一个模型。对数据进行某类格式和结构的处理称为写入模式。

从另一角度看，数据湖接受原始形式的数据。当需要使用这种数据时，进行格式和结构处理。这称为读取模式。与数据仓库一样，数据库采用写入模式。两种处理方法截然不同。数据处理与分析既可按批量（batch）方式处理，也可以按近实时（near-real-time）方式处理。数据湖的实现需要同时支持这两种处理方式，因为不同的处理方式服务于不同的场景。处理方式（批处理或近实时处理）的选择也依赖数据处理或分析任务的计算量，因为很多复杂计算不可能在近实时处理模式中完成，而在一些案例中，则不能接受较长的处理周期。

（3）功能：数据湖非常适合对非结构化数据进行深入分析，数据科学家可能会采用具有预测建模和统计分析等功能的高级分析工具。而数据仓库因为高度结构化，非常适用于月度报告等操作用途。

（4）架构：数据湖通常是在存储数据之后定义架构，这样能减少大量的初始工作并提供更大的灵活性。在数据仓库中存储数据之前定义架构。

（5）存储：大数据技术主要的关键特点之一是考虑存储数据的成本。与数据仓库存储数据相比，采用大数据技术存储数据相对便宜。

这是因为Hadoop这样的大数据技术通常是开放软件，许可和社区支持是免费的，数据技术专门安装在低成本商品化硬件上。

数据仓库存储成本相当高，特别是在数据量很大的情况下。另一方面，数据湖主要用于低成本存储。数据库存储成本相对灵活，高低取决于需求。

（6）敏捷性：根据定义，数据仓库是一种高度结构化的数据存储库，因此从技术角度看改变结构并不难。不过，考虑到不同的相关业务流程，改变数据结构非常耗时。与数据仓库不同，数据湖不存在结构问题，便于数据开发人员和数据科学家配置和重置数据模型、查询和应用。

数据仓库敏捷性差，采用固定配置，而数据湖高度敏捷，并且可在需要时进行配置和重置。由于结构性质，数据库的配置不如数据湖灵活方便。

（7）成熟度：与大数据技术不同，数据仓库技术已经存在并使用了几十年。大数据业务采用数据湖，是一种比较新的技术。因此，数据仓库保护数据的能力要比数据湖更加成熟。

（8）用户：许多企业已经建立了数据仓库并开展BI分析，企业使用者都有一定的经验，但数据湖不同，一般而言，数据仓库适合企业专业人士，而数据湖更适合数据科学家。

通过以上对比，对数据湖、数据仓库、Hadoop三者之间的关系、优缺点，以及使用场景都有很清晰的认识。尽管数据湖有低廉的存储成本和计算成本，但是在实际存储数据时还是需要加以辨别，别让你的数据湖变成数据沼泽。

采用Hadoop技术构建数据湖是当前最优化的技术路线（图5-29），有众多的参考案例和成功经验。该技术路线有诸多优势：

（1）能够集中存储多样化数据。利用Hadoop的技术特点，将原始数据、本地数据和转换数据统一存储在Hadoop中，这样你的所有数据都在一个地方存储，方便以后的管理、再加工和分析使用。

（2）高效的数据处理能力。利用Hadoop集群强大的并行处理能力，将数据的处理过程交给Hadoop，可以有效减少利用昂贵的数据仓库处理数据。

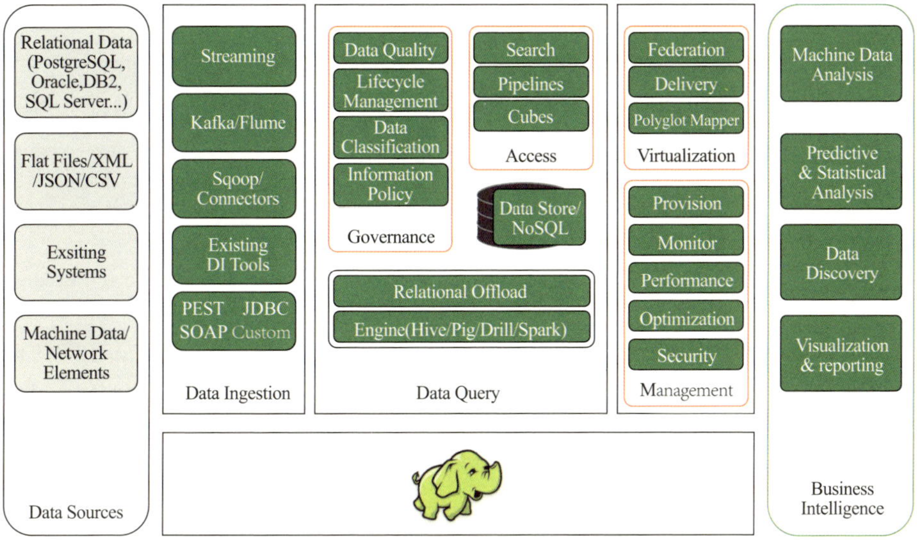

图5-29 基于Hadoop的数据湖技术架构图

（3）实现数据全生命周期存储。由于Hadoop的存储是在可快速扩展的硬件上，低廉的存储成本能够让你不必过度担心销毁过期数据以节省存储空间的压力，从而可以存储你想存储的所有时间跨度的数据，实现全生命周期的数据保存。

（4）处理任何数据。使用Hadoop技术能够加工当前企业数据仓库系统中无法管理的数据，主要指两类数据，即没有集成到数据仓库中的结构化数据和其他非结构化和半结构化数据。Hadoop可以扩展数据仓库生态系统，能够为客户、产品和服务提供更多的洞察。因为Hadoop可以存储和处理任何数据，所以它可以为数据仓库不能或处理不好的数据拾取冗余。

（5）可以扩展数据仓库的能力访问任何数据。对于已经具备成熟数据仓库系统的企业，可以使用Hadoop作为企业数据仓库的补充组件，用于处理和集成任何类型的结构化、半结构化和非结构化数据，并能够继续使用其当前的BI/分析工具与企业数据仓库生态系统。可以使用Hadoop作为所有数据的登录平台，发挥数据仓库和Hadoop双方的优势。Hadoop系统的一个优点是它可以存储原生态的数据，而不需要像传统的结构化数据那样预先格式化，它可以在数据请求时再进行格式化。

Hadoop不一定是数据湖的组成部分，只是它是目前最理想的选择。

数据湖由多个数据池构成，而进到数据池的数据，虽不像数据仓库那样多的数据处理，但须进行必要的转换，不同类别的数据，转换的重点也不同。借鉴一些人总结的最佳实践，有利于我们在实施数据湖时，避免做成数据垃圾湖，能够大大减少我们实施数据湖所走的弯路。

5.9.3　数据中台赋能数据服务化

企业在数据分析应用方面呈现“五大转变”，从统计分析向预测分析转变、从单领域分析向跨领域转变、从被动分析向主动分析转变、从非实时向实时分析转变、从结构化数据向多元化转变，这些转变实际上对数据应用提出了两个强烈要求：一是数据要实现全量管理；二是数据要能够随时“按需提供”。这同样也是两个很高的要求，因而数据湖、数据服务化、数据中台应运而生。

随着工业互联网的日益流行，新出现的一个日渐重要的趋势是通过服务来提供数据，它涉及在轻量级服务层上对外公开数据。每个对外公开的服务必须准确地描述服务功能并对外提供数据。通过基于服务的数据集成，其他系统可以消费数据服务提供的数据。把数据湖中的各种数据“服务化”，提供给数据消费方使用，特别是提供给工业互联网平台上的各种业务应用APP，数据中台的概念提供了最合适的实现途径。

通过构建统一的数据中台，实现对数据湖数据的服务化，并提供强大运算能力、核心算法等大数据服务。

“中台”这个概念（图5-30），是相对于前台和后台而生的，是前台和后台的连接点，将业务共同的工具和技术予以沉淀。数据中台是指数据采集交换、共享融合、组织处理、建模分析、管理治理和服务应用于一体的综合

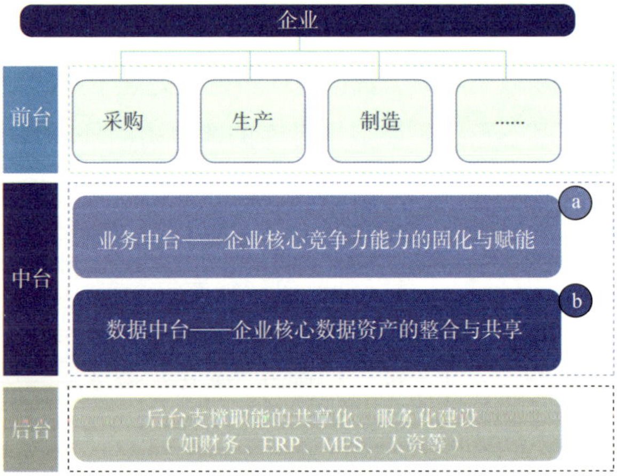

图5-30　数据中台的概念

性数据能力平台，在大数据生态中起承上启下的作用，具备面向数据应用支撑的底座能力。

广义上来给数据中台一个企业级的定义："聚合和治理跨域数据，将数据抽象封装成服务，提供给前台以业务价值的逻辑概念。"

中台战略核心是数据服务的共享。中台战略并不是搭建一个数据平台，但是中台的大部分服务都是围绕数据而生，数据中台是围绕向上层应用提供数据服务构建的，中台战略让数据在数据平台和业务系统之间形成了一个良性的闭环，也就是实现应用与数据之间解耦，并实现紧密交互。

（1）敏捷前台：一线作战单元，强调敏捷交互及稳定交付的组织能力建设。

（2）业务中台：能力固化与赋能，固化通用能力，赋能前线部队，提升配置效率，加快前线响应，产品化业务化，开辟全新生态。

（3）数据中台：资产整合与共享，整合多维数据，统一资产管理，连通数据孤岛，共享数据资源，深入挖掘数据，盘活资产价值。

（4）稳定后台：以共享中心建设为核心，为前、中台提供专业的内部服务支撑。

数据中台是指通过企业内、外部多源异构的数据采集、治理、建模、分析，应用，使数据对内优化管理提高业务，对外可以数据合作价值释放，成为企业数据资产管理中枢。数据中台建立后，会形成数据API，为企业和客户提供高效的各种数据服务。

数据中台整体技术架构（图5-31）采用云计算架构模式，将数据资源、计算资源、存储资源充分云化，并通过多租户技术进行资源打包整合，并进行开放，为用户提供"一站式"数据服务。

利用大数据技术，对海量数据进行统一采集、计算、存储，并使用统一的数据规范进行管理，将企业内部所有数据统一处理形成标准化数据，挖掘出对企业最有价值的数据，构建企业数据资产库，提供一致的、高可用的大数据服务。

数据中台不是一套软件，也不是一个信息系统，而是一系列数据组件的集合，企业基于自身的信息化建设基础、数据基础，以及业务特点对数据中台的能力进行定义，基于能力定义利用数据组件搭建自己的数据中台。

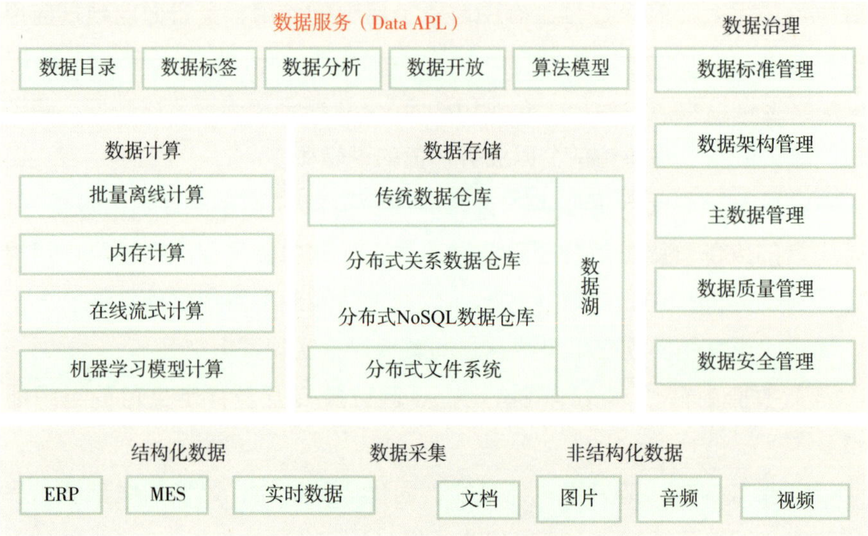

图5-31　数据中台架构图

数据中台的处理架构发生了变化：一是以Hadoop、Spark等分布式技术和组件为核心的“计算&存储混搭”的数据处理架构，能够支持批量和实时的数据加载及灵活的业务需求。二是数据的预处理流程正在从传统的ETL结构向ELT转变。传统的数据仓库集成处理架构是ETL［ETL，英文Extract-Transform-Load的缩写，用来描述将数据从来源端经过抽取（extract）、转换（transform）、加载（load）至目的端的过程］结构，这是构建数据仓库的重要一环，即用户从数据源抽取出所需的数据，经过数据清洗，将数据加载到数据仓库中去。而大数据背景下的架构体系是ELT结构，其根据上层的应用需求，随时从数据中台中抽取想要的原始数据进行建模分析（表5-7）。

表5-7　数据中台与传统数据仓库比较

类　型	大数据（中台）架构	混合架构	传统数据仓库
部署架构	水平扩展	水平扩展	大部分水平扩展
数据类型	文件存储，没有数据类型	简单数据类型	丰富的数据类型
数据模型	非常简陋的数据模型	简单灵活的数据模型	完善丰富的数据模型
数据关系	没有数据关系描述	非常简单的数据关系描述	数据关系完善

续表

类　型	大数据（中台）架构	混合架构	传统数据仓库
数据一致	无一致性	弱一致性	强一致性
数据安全	安全性很弱	安全性很弱	安全性很高
计算类型	离线批量处理，只读，低并发	实时 CRUD 操作，海量并发	离线批量处理，只读，低并发
适用场景	低密度数据海量存储，数据预处理，预计算	高并发实时	高价值数据统一存储和计算平台
人员要求和成本	高	较高	适中

数据中台带来的价值：

数据中台对一个企业的数据治理起着至关重要的作用。数据中台为解耦而生，企业建设数据中台的最大意义就是应用与数据解耦。这样，企业就可以不受限制地按需构建满足业务需求的数据应用。

（1）构建了开放、灵活、可扩展的企业级统一数据管理和分析平台，将企业内部、外部数据随需关联，打破了数据的系统界限。

（2）利用大数据智能分析、数据可视化等技术，实现了数据共享、日常报表自动生成、快速和智能分析，满足集团总部和各分（子）公司各级数据分析应用的需求。

（3）深度挖掘数据价值，助力企业数字化转型落地。实现了数据的目录、模型、标准、认责、安全、可视化、共享等管理，实现数据集中存储、处理、分类与管理，建立大数据分析工具库、算法服务库，实现报表生成自动化、数据分析敏捷化、数据挖掘可视化，实现数据质量评估、落地管理流程。

智能油田

INTELLIGENT OIL FIELD

AR 扫描召唤 AI助理

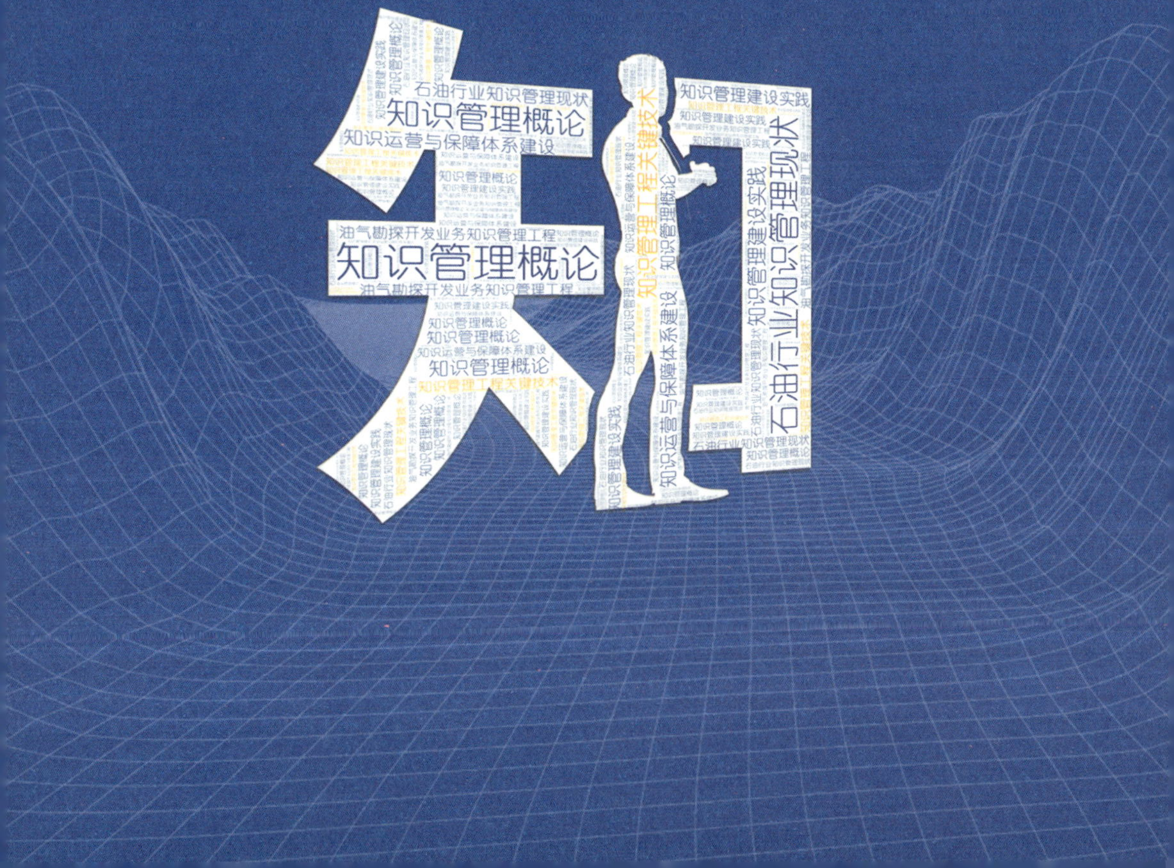

6 知识管理

6.1 知识概论

6.1.1 知识管理概念

1）对于知识的一般认知

知识对于个人、组织的重要性已经不言而喻。可以说，管理与应用知识的能力已经成为企业的核心竞争力之一。知识如此重要，那么，究竟何为知识呢？目前，不论在学术界还是在企业界，对知识的内涵还没有一个统一的认识。

例如，世界经合组织（OECD）在1996年的年度报告《以知识为基础的经济》中将知识分为四大类：

（1）知道是什么的知识（Know-what），主要是叙述事实方面的知识。

（2）知道为什么的知识（Know-why），主要是自然原理和规律方面的知识。

（3）知道怎么做的知识（Know-how），主要是指对某些事物的技能和能力。

（4）知道是谁的知识（Know-who），涉及谁知道和谁知道如何做某些事的知识。

Davenport & Prusak整合了知识的形态、组成元素、主要作用和存储主体等元素，从以下几个方面描述了知识的定义：

（1）知识的形态：知识是一个流动、动态的混合体，随着刺激和学习随时改变、更新。

（2）组成元素：包括经验、价值观、情景信息和专业洞察力。

（3）主要功能：它提供了一个参考结构来评估和整合新刺激所产生的信息与经验，形成新的结构并可以指导决策和行为。

（4）存储主体：它由知者（knower）的心智产生并被利用，在组织中知识不仅仅存在于文件与知识库中，更存在于例行的工作、流程、实践与文化中。

在《中国大百科全书·教育》中“知识”条目是这样表述的：“所谓知识，就它反映的内容而言，是客观事物的属性与联系的反映，是客观世界在人脑中的主观印象。就它的反映活动形式而言，有时表现为主体对事物的感性知觉或表象，属于感性知识，有时表现为关于事物的概念或规律，属于理性知识。”

有一个经典的定义来自柏拉图，即知识是“被确证的真实的信仰”（justified true belief）。一条陈述能称得上是知识必须满足三个条件：它一定是被验证过的，正确的，而且是被人们相信的。

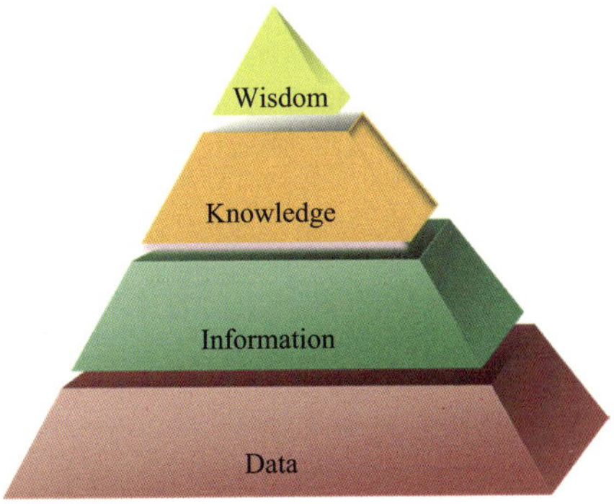

图6-1 DIKW模型示意图

Data—数据；Information—信息；Knowledge—知识；Wisdom—智慧

2）DIKW模型

关于“知识”的话题，还有另一种认识“知识”的维度，那就是DIKW模型，如图6-1所示。

DIKW体系是关于数据、信息、知识及智慧的体系，可以追溯至托马斯·斯特尔那斯·艾略特所写的诗——《岩石》。在首段，他写道：“我们在哪里丢失了知识中的智慧？又在哪里丢失了信息中的知识？”（Where is the wisdom we have lost in knowledge? Where is the knowledge we have lost in information?）。1982年12月，美国教育家哈蓝·克利夫兰引用艾略特的这些诗句在其出版的《未来主义者》一书中提出了“信息即资源”（Information as a Resource）的主张。其后，教育家米兰·瑟兰尼、管理思想家罗素·艾可夫进一步对此理论发扬光大，前者在1987年撰写了《管理支援系统：迈向整合知识管理》（Management Support Systems: Towards Integrated Knowledge Management），后者在1989年撰写了《从数据到智慧》（“From Data to Wisdom”，Human Systems Management）。

DIKW体系将数据、信息、知识、智慧纳入一种金字塔形的层次体系，每一层比下一层都赋予了一些特质。

D代表Data，即数据，通常是观察、测量直接所得，如文本、规约、实践的记录。I代表Information，即信息，回答数据的含义，典型的如回答Who、

Where、When、What等问题。K代表Knowledge，即知识，通常是Know-what、Know-how。而W代表Wisdom，即智慧，是对知识的应用，Know-why。

在《大数据》一书中，有个“啤酒与尿布”的案例，正好可以用这个模型来解释一下：

D：一个超市每天、每种货物的销售量数据。

I：货物的销售信息表，包括货物名称、销售量、日期等数据。

K：分析I的表发现，在周五啤酒与尿布的销售量成正比，且周五远高于一周的其他天。挖掘这些数据关系背后的事实，发现在周五，全职太太们经常要外出聚会，那么丈夫们要留在家中看孩子，而先生们习惯一边看孩子，一边看电视喝啤酒。

W：超市管理者及时调整超市的货品布局，将最贵的尿布和啤酒货架放在一起；于是对尿布价格不敏感的先生们，总是会买了啤酒、抓起尿布就付钱了，于是尿布的销售量显著增加。

在这个案例中，我们不仅仅看到了知识是如何诞生的，也看到了聪明的商人如何把知识变成行动，从而盈利，这就是获得了智慧。正如《商业智能理论与应用实践》作者所言：“随着DIKW的提高，人们对客观世界的认识越来越深刻，企业能实现的价值也越高。智慧就是行动，就是将知识转化为企业的经营行为。”

基于DIKW体系对数据、信息、知识的对比分析，可以得出知识内涵的主要内容，即知识来源于信息，但又不是信息的子集，它是经过“理解”后，关联了具体情境的、可以指导“如何”行动的信息，最终支撑形成个人和组织的“智慧”，它具有如下几个特征：

（1）隐性特征：需要从信息中进行归纳、总结、提炼。

（2）行动导向特征：知识是信息的具体应用，能够直接推动人的决策和行为，加速行动过程。

（3）资本特征：是企业重要资产，可以通过应用获得价值。

（4）情境特征：在规定的情境下起作用。

（5）延展生长特征：知识在应用、交流的过程中，被不断丰富和拓展。

（6）生命特征：知识有产生、发展、衰退的生命周期。

在信息爆炸的时代，知识起到去伪存真、去粗存精的作用。知识使信息变得有用，可以在具体工作环境中，对于特定接收者解决“如何”开展工作的问题，提高工作的效率和质量。同时，知识的积累和应用，对于启迪智慧、引领未来起到了非常重要的作用。

最后，有一点需要补充说明的是，数据、信息、知识依赖于语境，依赖于接收者本身，三者之间的区别并非泾渭分明。某个经过加工的数据对某个人来说是信息，而对另外一个人来说则可能是数据；一个系统或一次处理所输出的信息，可能是另一个系统或另一次处理的原始数据。同时，在某个语境下是知识的内容，在另外的语境中，可能就是信息，甚至是无意义的数据。因此，在进行数据、信息与知识的研究与应用时，要与特定语境（即人、任务等）进行结合才有意义。

6.1.2 知识管理发展现状

20世纪60年代初，美国管理学教授彼得·德鲁克博士首先提出了知识工作者和知识管理的概念，指出我们正在进入知识社会，在这个社会中最基本的经济资源不再是资本、自然资源和劳动力，而应该是知识，在这个社会中知识工作者将发挥主要作用。

20世纪80年代以后，彼得·德鲁克相继发表了大量相关论文，对知识管理作出了开拓性的工作，提出“未来的典型企业以知识为基础，由各种各样的专家组成，这些专家根据来自同事、客户和上级的大量信息，自主决策和自我管理。”

在20世纪90年代中后期，美国波士顿大学信息系统管理学教授托马斯·H·达文波特在知识管理的工程实践和知识管理系统方面作出了开创性的工作，提出了知识管理的两阶段论和知识管理模型，是指导知识管理实践的主要理论。

与此同时，日本管理学教授野中郁次郎博士针对西方的管理人员和组织理论家片面强调技术管理而忽视隐含知识的观点提出了一些质疑，并系统地论述了关于隐含知识和外显知识之间的区别，为我们提供了一种利用知识创新的有效途径。

21世纪初，瑞典企业家与企业分析家卡尔–爱立克·斯威比博士将对知识管理的理论研究引向了与实践活动紧密结合并相互比照的道路，他从企业管理的具体实践中得出，要进一步强调隐含知识的重要作用，并指出了个人知识的不可替代性。知识管理发展历程如图6-2所示。

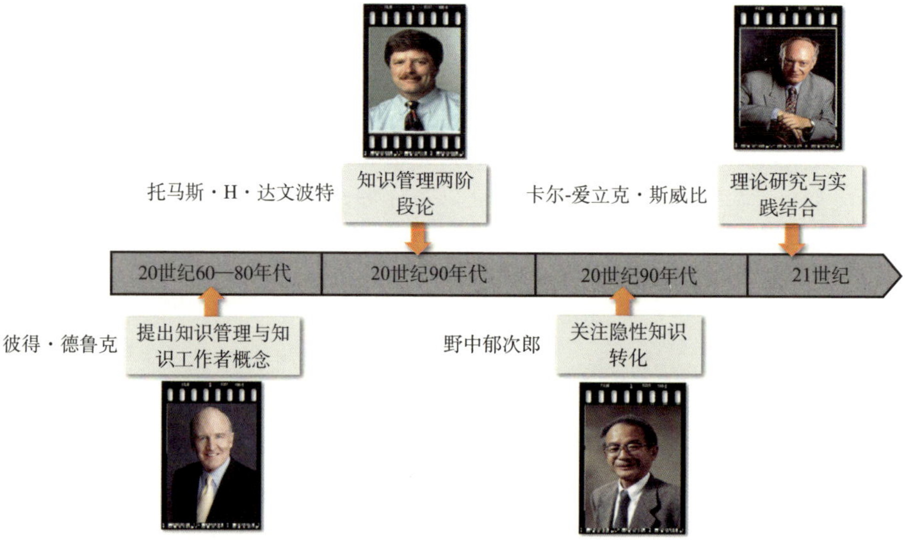

图6-2 知识管理发展历程示意图

迄今为止，知识管理理论流派大致可分为三大学派，即行为学派、技术学派和综合学派，也有研究将综合学派又进一步划分为经济学派和战略学派。

1）行为学派

一般而言，行为学派的知识管理（包括理论研究和实践活动两个方面）主要侧重于关注发挥人的能动性，关注对人类个体的技能或行为的评估、改变或是改进过程，热衷于对个体能力的学习、管理和组织方面进行研究，认为知识等于过程，是一个对不断改变着的技能的一系列复杂的、动态的安排。该学派主要代表人物瑞典卡尔·斯威比博士把知识定义成一种行动的能力，即强调知识是动态的，甚至明确提出了“知识不能被管理”“不利用信息技术也可以实施成功的知识管理”等。

与此同时，该学派的另一个主要代表人物日本管理学教授野中郁次郎博士则强调了隐含知识的重要性。他系统地论述了关于隐含知识和外显知识之间的区别，为我们提供了一种利用知识创新的有效途径，“知识创新并不是简单地处理客观信息，而是发掘员工头脑中潜在的想法、直觉和灵感，并综合起来加以运用”，野中郁次郎还针对西方的管理人员和组织理论家提出了一些质疑，并提出了知识创新的共享环境即“场”的概念。这些都是非常典型的关注发挥人的能动性的真实思想写照。

2）技术学派

技术学派的知识管理主要侧重于关注借助技术的效率，关注信息管理系统、人工智能、重组和群件等的设计和构建，认为知识是一种企业资源，是一种物质对象，并可以在信息系统中被标识和处理，即可以被管理和控制。上述观点主要在美国由信息技术发展而来。其中，托马斯 •H• 达文波特认为知识是结构性经验、价值观念、关系信息及专家见识的流动组合。知识为评估和吸纳新的经验和信息提供了一种框架。知识产生并运用于知者的大脑里。但在组织机构里，知识往往不仅仅存在于文件或数据库中，也根植于组织机构的日常工作、程序、惯例及规范中，可以通过计算机和网络进行编码、存储和传播。“数据-信息-知识”的递进概念，使得知识管理与信息管理紧密相关，信息技术在其中起到很大的作用。其典型做法比如曾一度盛行于美国的泰勒主义的知识管理方法和实践活动（以信息技术为主的知识管理项目）。

该学派主要代表人物是美国波士顿大学信息系统管理学教授托马斯•H•达文波特，基于他所提出的再造的学术思想，他在知识管理的工程实践和知识管理系统方面作出了开创性的工作，他所提出的知识管理两阶段论和知识管理模型，是指导知识管理实践的主要理论。另外，托马斯 •H• 达文波特的再造思想，就是要利用信息技术来摧毁旧式官僚体制和流于书面形式的管理体制。可以说，由该学派的思路拓展，冲击了知识垄断，减轻了知识障碍。

3）综合学派

知识管理的综合学派则认为，“知识管理不但要对信息和人进行管理，还要将信息和人连接起来进行管理；知识管理要将信息处理能力和人的创新能力相互结合，增强组织对环境的适应能力。”组成该学派的专家既对信息技术有很好的理解和把握，又有着丰富的经济学和管理学知识。他们推动着技术学派和行为学派互相交流、互相学习，从而融合为自己所属的综合学派。由于综合学派能用系统、全面的观点实施知识管理，所以能很快被企业界接受。

该学派代表人物众多，难分伯仲，其中一个主要代表人物是托马斯·A·斯图尔特，他在自己所写的《“软”资产》一书中提出：在企业所拥有的所有资产中，最重要的是“软”资产，例如技能、能力、专业经验、文化、忠诚等，这些都是知识资产（智力资本），它们决定着企业是否能够获得成功。可以说，由该学派的思路拓展，营造了知识经济，认清了知识财富。

综合学派强调知识管理是企业的一套整体解决方案，在这套解决方案里，第一是知识管理观念的问题，第二是知识管理战略的问题，第三是知识型的组织结构问题，第四是知识管理制度的问题，接下来还有知识管理模板比如规范的表格等问题。在此基础上，将知识管理制度流程化、信息化，将知识管理表格和模板界面化、程序化，将企业知识分类化、数据库化，在考虑与其他现有系统集成的基础上，开发或购买相应知识管理软件，建设企业的知识管理系统。

上述三个学派在指导具体的知识管理实践活动中，其实又并非是完全分离或对立的，而是一种辩证的统一，并且分别有所侧重而已。实际上，就某一项知识管理的具体实践活动而言，并不能因为侧重于某一个方面而就与其他方面完全绝对地分离开来。由于知识管理本身是战略管理其中的一项具体内容，因此从战略管理的认识论基础上来重新审视知识管理，而不是单纯地仅从技术、行为或者经济的角度来考量，并结合应用当代跨科学研究的最新成果。灵活利用各种立体思维、交叉科学和技术融合的方法，必将为知识管理更深入的理论研究和有效指导具体的实践活动开辟新天地，拓展新方向。

6.1.3 知识管理建设方法论

1）DAPOSI是什么

油田企业实施知识管理是个系统变革的过程，涉及企业的各级、各单位人员、流程、信息管理系统等方面，实施前后的状态差异主要包括两个典型的标志：一是在企业中运行的知识管理系统和与之交互的业务系统；二是企业成员对于应用知识改善个人业绩的主动性，以及产生知识为企业创造价值的主动性，也就是企业文化的变革。这样深入人的头脑和行为的变革，不可能一蹴而就，需要一个过程来指导，循序渐进地深入企业和员工的肌体中，即企业实施知识管理的方法论。基于在油田知识管理多年实践，DAPOSI应运而生，它综合了多种学科的理论与实践，以项目管理、系统工程、知识管理为主，辅以软件工程、数据仓库、数据挖掘、商业智能等，形成了油田企业实施知识管理的方法论。

DAPOSI这个名称是由于这套方法论包括了六个阶段：定义阶段（Define）、分析阶段（Analyze）、定位阶段（Position）、构建阶段（Organize）、模拟阶段（Simulate）、执行阶段（Implement），如图6-3所示。每个阶段名称的首字母就组成了这个名字，正好与中文的“大博士”发音类似，所以大家也就习惯了称它为“大博士方法论”。

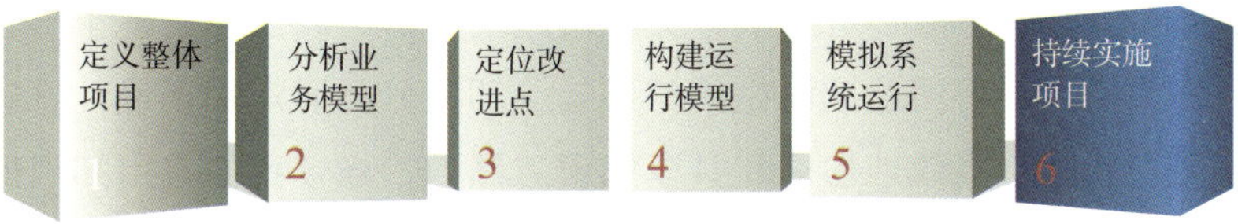

图6-3 企业实施知识管理的方法论流程图

2）DAPOSI的理念

作为一个针对企业实施知识管理的专业的方法论，它的理念包括三个方面：

（1）面向企业业务，面向企业战略目标。DAPOSI是企业自上而下地实施知识管理的策略，以知识的产生和应用为主线，整合企业管理的各个环节。

（2）以项目为基础，以知识继承和创新为手段。DAPOSI认为企业生态系统是一个自适应复杂系统，企业生存的要诀是不断提高适应环境的能力。而企业的遗传基因就是知识，知识的继承和创新决定了企业的适应能力。DAPOSI以自适应复杂系统理论为基础，采用Common KADS方法建模梳理企业知识以实现继承与共享，以知识挖掘为核心技术实现知识创新。在实践中，DAPOSI采用项目管理方式，完成与此业务配套的知识梳理，建设能够适应企业生态环境变化的知识管理系统。

（3）提高业务流程的知识性，改进企业绩效。知识是信息之间的相互关联，通过对业务流程在时间和空间上的知识挖掘，寻找其背后的规律，从而提高企业的市场占有率，改进企业绩效，这是实施知识管理的目的，也是检验其是否有效的标准。

这三个方面分别描述了企业按照这个方法论实践时的需求来源、实践过程和最终效果。

3）DAPOSI的成果

企业完整地实施一次DAPOSI，最为典型的成果包括三个：

（1）知识体系设计。

知识体系要解决的是知识管理“管什么”“用什么”的问题，包括对知识内容的设计和对所有知识的组织结构设计。

传统的知识体系核心是知识分类，构建成知识树。分类是基于一套结构化的名称和描述，将资源加以组织的方式，知识分类通常基于设计好的逻辑组织，使企业能够高效地检索和共享知识。然而，当今我们应用知识的方式发生了很大的变化，因为知识有着广泛的内容和特征属性，基于这些属性能够在知识之间建立起多种联系，通过知识的关联，我们能够实现知识的多维、动态的扩展、聚类和分类。因此，新兴的知识体系核心是知识关联，构建成知识网络。

DAPOSI中的知识体系设计，包括四个内容：知识分类设计、知识关联设计、知识模板设计、知识库设计。

（2）知识管理系统。

企业实施知识管理，严格意义上讲，知识管理有始无终，需要企业持续投入，系统持续运转，因此这样的一个支撑系统是必须的。它是整个知识管理体系中的IT支撑，在线上层面解决好知识管理“采、存、管、用”的问题，能够满足基本的知识管理与业务应用的需求，典型的功能包括：信息源采集、知识挖掘、知识全生命周期管理、知识服务、业务场景化应用，以及系统管理、安全管理、运营支撑等。

知识管理系统，与其他信息化系统或业务应用系统的一个显著区别在于，它不是上线后就会自动地伴随着业务开展就运行下去，知识对于业务的伴随和支撑作用，总是需要用户多多少少地主动一些，查询、判断、筛选、创建等，换而言之，知识运用也要做功。然而，单纯靠用户自觉、自愿是远远不够的，除了在软件系统开发中考虑更多的自动化、智能化因素外，还需要从管理制度上加以引导和约束，这就是知识管理系统运行必须配备的运营保障系统。

（3）运营保障系统。

运营保障系统可以分为两个部分：保障子系统和运营子系统。前者以企业内部管理文件的形式设计知识管理需要的组织设置、流程建设、制度建设、资金保障机制，以及考核与激励措施，从线下管理层面解决好知识管理谁来管、怎么管、何时管的问题。后者的目标是要在知识管理系统上线之后，通过增加用户黏性的运营活动，使知识管理系统的知识内容不断丰富、用户活跃度持续提升，让越来越多的用户爱用知识管理系统。只要有人用，就能够发现新的需求、改进的要求，就会有新的知识产生，整个体系步入良性循环，实现“让知识创造价值”的核心目的。

因此，我们可以这样说：“保障子系统是静态的，运营子系统是动态的，只有二者结合，才能让知识管理系统长久有效地运行下去。”

4）DAPOSI的目标

企业按照大博士实施知识管理，最终能完成什么变革性的发展呢？我们也可以用三句话来描述：业务活动知识化、管理过程可视化、运营结果预知化。

（1）业务活动知识化。

业务活动，就是为企业达成业务目标而执行的增值活动，无论是制造型企业还是服务性企业，都有自己独特的赖以生存的业务流程，这个流程中的活动就是业务活动，当然我们关注的是那些重要的增值活动。例如，产品研制过程中的关键活动，包括客户需求分析、概念设计、系统设计、模块设计、生产实现等；课题研究过程的关键活动，包括收集资料、主题研究、团队研讨、形成报告等。

所谓知识化是相对于信息化、数据化而言的，也就是按照DIKW的层次模型，我们要在这个实践知识管理的过程中，找到真正的知识，而不是又作出一套信息管理系统来。当然，对于用户而言，其实不必细分是数据、信息还是知识，他关心的是知识管理能不能做到给用户描绘的蓝图：在合适的时间，把合适的内容推送给合适的人。所以，在真实的知识管理系统中，不仅要能够找到所需要的信息和数据，还要找到信息背后的关联，找到各参数的发展变化趋势。而对于业务活动来讲，重要的关联或者趋势，就是挖掘出业务活动的各关键要素之间，以及它们与业务活动的目的的相互影响关系，这些才是数据背后的知识，能够用于指导业务活动改进的方向。这些能够为业务改进起到事半功倍效果的知识，我们称之为“杠杆知识”。

（2）管理过程可视化。

可视化（Visualization）是研究数据表示、数据处理、决策分析等一系列问题的综合技术。科学可视化处理的是那些具有天然几何结构的数据（比如气流），信息可视化处理的是抽象数据结构，如树状结构或图形，知识管理中涉及的可视化是属于信息可视化的范畴。目前，正在飞速发展的虚拟现实技术，是以图形、图像的可视化技术为依托的，我们经常能够从科幻电影和一些高新技术展示会上看到，一些游戏也采用这种方式，给玩家逼真而难忘的体验。把这样的技术用于知识管理系统，能够大大丰富知识的展示方式，如复杂的关联关系、模型等，也可以提高用户的兴趣。而把它用于管理过程，即在业务运营的过程中，根据执行的活动采用合适的可视技术，使业务系统的状态显现出来，使人们能方便、快捷地了解系统的状态、可能出现的问题，同时提供相应的应对措施、经验、方法等，就能够进行有效的风险规避，从而提高项目的成功率。

（3）运营结果预知化。

以产品研制为例，产品运营指将产品放在市场上被客户认可的过程，这是产品设计的最终目的，以及产品设计好坏的唯一检验标准。运营是一个真实的复杂系统，它涉及人的细微的感觉变化，增加了人或人群变量的系统要做到精确预知是不可能的，但是可以预测大的方向和失效模式，从而提前做好预防措施，这就是信息和知识的价值。随着运营数据越来越大，结合数据挖掘技术，人们对产品的市场表现的预测会越来越准确，知识的增益价值就越来越明显。

实际上，这三个目标是理想化的描述，而我们永远走在通往理想的路上，每经历一次就离理想化的状态更近一步。

5）DAPOSI流程介绍

（1）D阶段：定义项目整体。

定义阶段的目标，是策划项目整体方案并完成立项。这个阶段的输入包括企业发展战略、企业组织管理架构、企业业务运营机制、企业知识管理现状、行业市场调研信息等；输出包括企业调研模板与分析报告、项目可行性研究报告、项目总体实施方案、项目立项申请及评审记录、项目总体计划等。这个阶段完成的标志是项目立项通过，正式启动。

（2）A阶段：分析业务模型。

分析阶段的目标，是根据业务需求建立业务模型，根据知识需求建立知识体系。这个阶段的输入包括项目可行性分析报告、项目总体计划书；输出包括业务分析报告、知识源分析报告、知识体系框架设计、项目跟踪与监督报告、评审记录。这个阶段的重要里程碑是知识体系设计通过评审。

这个阶段的思路是围绕客户选定的业务范围，梳理业务模型，然后根据业务发展的需要，梳理知识模型，设计知识体系框架。

（3）P阶段：定位改进点。

这个阶段的目标是完成对于知识点的定位和知识挖掘。它的输入是业务模型、知识体系和项目总体计划书。这个阶段的思路是按照设计的知识体系框架，梳理其信息源，设计相关的信息系统集成方案；然后选择适当的知识处理与加工方法，确保数据→信息→知识的正确转换。这个阶段的输出包括信息系统集成方案、XX业务的知识处理与加工方案、XX行业的语义系统、项目跟踪与监督报告、评审记录。这个阶段的重要里程碑是方案评审通过。

（4）O阶段：构建运行模型。

这个阶段的目标是设计和实现软件系统，并完成支撑体系与配套制度的方案设计。它的输入包括D阶段的项目总体计划书、项目实施方案，A阶段的知识体系、业务模型，P阶段的语义系统、信息系统集成方案、知识处理与加工方案。这个阶段的思路是按照软件开发的流程和规范，完成软件系统的设计、开发和Alpha测试，并按照实施方案的要求，完成支撑体系和配套制度的方案设计。它的输出包括XX业务系统知识处理业务需求说明书、软件需求规格说明书、系统架构设计说明书、知识库设计说明书、信息系统集成设计说明书、知识加工处理模块设计说明书、系统测试方案、软件代码、测试用例集、系统测试报告、设计评审报告、支撑体系和配套制度的方案设计、项目跟踪与监督报告、评审记录。这个阶段重要的里程碑是软件Alpha测试通过，支撑体系和配套制度设计方案评审通过。

（5）S阶段：模拟系统运行。

这个阶段的目标是模拟客户使用软件系统的现场环境，以验证系统的功能与性能是否满足客户需求，不断优化以达到系统交付的标准。它的输入包括：软件系统、初始化数据、项目总体计划书、支撑体系与配套制度的设计方案。这个阶段的思路，首先是策划试运行，例如按照软件系统要求收集初始化数据，准备试运行；然后执行试运行：导入初始化数据，以验证知识处理的逻辑正确，并训练规则、算法，适当地采用大批量数据处理，以验证系统的各方面性能水平达到设计要求，可用于正式运行。同时，撰写支撑体系与配套制度，并与客户联合评审，以备发布运行，并为将交付用户的系统举行内部的发布评审。这个阶段的输出包括系统试运行计划与系统初始化数据、系统试运行报告、系统交付计划、正式发布的KM/KE系统、项目跟踪与监督报告、评审记录。这个阶段重要的里程碑是系统发布评审通过。

（6）I阶段：持续实施项目。

这个阶段的目标是系统交付，项目验收，并约定系统维护的服务事宜。它的输入包括正式发布的KM/KE系统及齐套文件、系统交付计划、配套制度。这个阶段的思路是：首先把系统正式交付客户，并引导用户在企业内使用，为长期维护约定服务内容与方式；同时，按照实施方案，提供知识管理、应用与创新的培训与引导服务，制定、运行并不断完善适于企业知识运营的标准规范和管理制度；最后项目验收，并组织复盘以积累经验。这个阶段的输出包括系统运行规范与工作标准、系统验收报告、系统运维服务约定、企业知识管理考核与激励机制管理办法、客户培训资料与培训记录、项目结项评审报告、项目复盘报告等。这个阶段的里程碑就是项目验收完成。

6.1.4 AI时代知识管理

1）人工智能时代的特点

人工智能是用来研究、开发用于模拟、延伸和扩展人的智能的理论、方法、技术及应用系统，它是计算机科学的一个分支，试图了解智能的实质，并生产出一种新的能以人类智能相似的方式作出反应的智能机器，包括机器人、语言识别、图像识别、自然语言处理和专家系统等。

从人的本性上看，人与动物的区别在于，人能制造工具，并不断降低人自己体力和脑力劳动的强度。无论是猩猩还是大象，都能够使用一些简单的树枝、石头等来砸开坚果，但是动物从来没有形成过主动地制造工具、改造自然的本能，只有人才具有主动制造工具的能力。人类工业革命的发展史（图6-4）也就是解放人类认识世界和改造世界能力的历史。

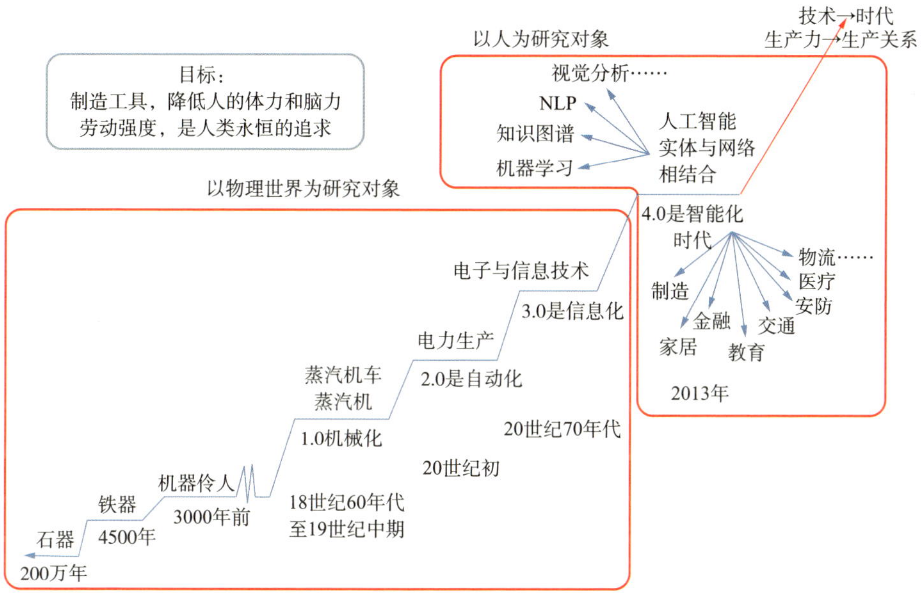

图6-4　工业革命技术发展示意图

机器可以替代人类进行一些复杂的高等运算，但是机器绝不可能完全替代人脑。计算机弥补了人脑的不足，克服了人类智能在工作时处理与储存上的局限性，延伸了人脑的意识活动，解放了部分人脑的思考任务，使人类可以解放以前传统的重复的脑力活动，解放了一大部分脑力工作。

2）知识是人工智能的基础

按照DIKW的划分，智能属于智慧W层面，比知识层面高一个层级，如图6-5所示。正如信息和知识一样，信息再多未必有知识，知识是信息也就是变量之间的关系。同样的，再多的知识未必有智能，那需要看有没有涌现效应出现。

一般，寻找知识就是我们常用的寻找因果关系，以最简单为原则，实际

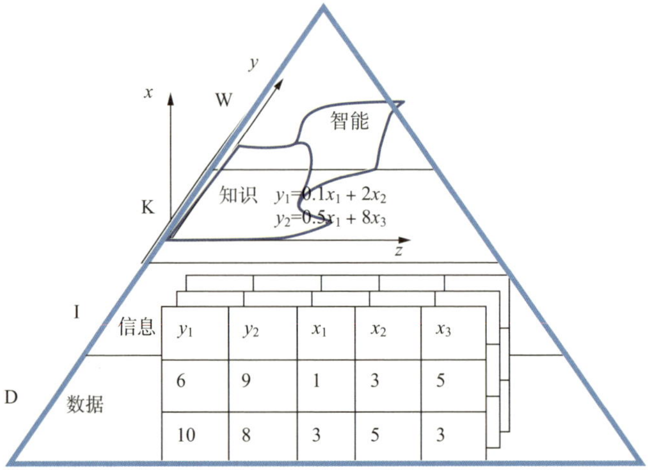

图6-5 DIKW各级的层次跃升图

上主要是一阶线性关系。但是，智能讲的是非线性关系，多个维度的知识，也就是多个y和多个x之间如果都是线性关系，那是一个机械的可预知的世界，没有智能。但是，如果寻找智能，就要寻找这些线性关系背后的非线性条件，而很多非线性条件能不能达到共振，最后形成一个整体的状态跃迁，就跟原子状态跃迁到一个新能级一样。所以，知识和智能对世界的认识假设是不一样的，知识寻求可控的稳定的统计状态，而智能寻求非线性的、不可控的、异常的新状态，尤其是这种状态可能代表着一种风险。

再多的知识未必有智慧，但是没有知识就一定没有智慧，因为智慧是知识的积累，也就是量变才能导致质变。没有烧水的这个量变过程，不可能有水开这个质变导致的蒸汽状态，也就是没有推动火车头的社会变革。

另外，知识管理并不是单指DIKW中的K层，而是包括它的支撑DI层，也即指的是DIK层，没有数据和信息，也就是没有样本和参数，怎么可能有函数关系式呢？所以，当我们在说层次的时候，实际上是指从下往上的整个金字塔。同样的，当我们在讨论智能的时候，也要包含DIK这3个层次的金字塔。

3）人工智能技术是知识管理的核心技术

知识管理是从多源、复杂的数据、信息中提取有用知识的过程，是DIKW过程实现I→K跃迁的转换过程。在大数据时代，由于数据、信息多源、复杂和爆发式增长，伴随产生的最大问题是冗余。而知识管理正是对这些大量、冗余的信息进行处理、加工、整合、复杂关系计算、关联和去粗取精的过程。比如，从10000条产品销售记录里，找出啤酒→尿布这样2条线性相关的信息，这个信息就变成了知识，因为它可以带来人们提高销售业绩这个“用”。

工业时代生产的有形机器极大延伸人的“劳力”和生产力，但无法扩展人的“脑力”。机器与人脑思维的本质区别在于，它是一种无意识的机械活动的过程，而人类的意识是由长久以来文明社会长期进化发展的产物，是人类在生理基础上的心理过程，是人类由情感、直觉、想象等一系列的精神活动所构成的精神世界。模仿人的思维过程，不能靠更长、更有力的机械臂和更远的飞行距离，而是靠模仿人的大脑的关联、激发、跃迁、运算、顿悟这些思维活动，也就是AI技术，尤其是以深度学习为标志的自学习技术，是最能反映人的思维过程的技术。

AI技术的特征是以人为本，实现从人们感知世界到认知世界的转变，输入是信息、输出是知识，从所有的变量里面通过统计回归求出显著因素的过程，就是一个典型的AI知识加工的过程，它的特点为：

（1）由人设计为人服务，本质是基于数据的计算→知识是计算出来的。AI是对人的智能行为的模拟而不是取代，是一种仿生算法，是一种典型的创新思维方法。人工智能是一类兼具硬件和软件的机器设备，是一种综合能力的体现，它有别于传统的纯物质纯硬件产品。人工智能产品看起来既软又硬，具有一定的适应能力，这是由于软件中记录了应对外界环境变化的大量策略导致的，就像Windows的适应能力强，是因为它记录了世界上所有CPU的型号并对任何一种CPU都有最佳设置。所以，人工智能中的智能，并不是机器自身产生的智能，而是机器有足够大的计算能力、存储能力导致更强大的自适应能力。

（2）感知外部物质世界，替代人的眼、耳、鼻、口、触的功能→知识是感知出来的。人工智能最直接的感受就是去掉了之前人必须点击、拖拽、输入这些繁琐的操作过程，喊一声、伸一下手指、扫一下面部，计算机就明白了，就像霍金的轮椅一样。

（3）能主动学习，适应外部环境的变化→知识是学习出来的。这种适应能力更像是一个优化过程，随着外部环境的变化，计算机能迅速计算、优化一个最合适的设置，使得系统总是处在最佳状态。和人脑的意向性直觉不一样，这里的自适应依然是通过对足够多的数据进行计算和学习，而获得的一类特征模型知识，是一种机器的学习能力，而不是一种人类的生物智能。

6.2 石油行业的知识管理现状

6.2.1 知识管理现状

1）石油石化行业国外知识管理现状

20世纪90年代中后期以来，“知识管理”在美国、英国等西方发达国家的企业中得到了相当的重视，西方企业界掀起了知识管理的浪潮。GE、Dow、IBM、微软、埃森哲、SAP、HP 等公司都根据自身业务特点，建立了适合自己的知识库和知识管理系统。在石油石化行业，国际石油企业（如Shell、Texaco、BP、Schlumberger、Statoil、Chevron 等）都引入并实施了知识管理，并从知识管理中得到了较大的收益，见表6-1。

表6-1　石油石化行业国外知识管理现状

公　司	建设方向	成果与效益
英国石油 BP	1. T型管理模式：公司内部自由地分享知识，同时致力于单个业务单元业绩提升； 2. 知识资产库建设：专门团队凝练全球经验，就专题形成包括业务背景、行动指南、人员连接、活动历史在内的专题知识资产； 3. Connect 系统：包含最佳实践知识库和专家网络，允许员工主动或被动地添加关于自己的知识和活动的详情，而这些账户都可以被其他员工搜索到，并允许参与者根据关键词或任意词语跟踪别人的活动，公司内部观点、技能、知识自由分享	通过从知识资产库中学习并应用关于企业重组专题的知识，委内瑞拉分部的运营成本从7000万美元减少到4000万美元
壳牌 Shell	1. 在公司内部网上建设了属于 COP（即相同专业的人员建立起广泛联系的网络，以便能够在不同地区之间的实践者中分享知识）的知识库，建立了Shell 石油学习中心，成为实践社团知识管理和组织学习的主要驱动力的来源； 2. 基于知识发现与业务建模实现辅助分析与运营决策	每年提高生产率5%以上
斯伦贝谢 Schlumborgor	1. 把公司变成为以知识为中心的团队，融合人、技术、方法和内容作为快捷而明确的行动的基础； 2. Intouch 项目：围绕具体业务聚焦最佳方法、解决方案、教训等内容的积累与获取，并形成管理者、项目专家、应用专家、油田职员构成的管理与应用小组	每年节约成本3000万美元，解决技术问题缩短了95%的时间，工程技术更新改型缩短了75%的时间

2）石油石化行业国内知识管理现状

我国石油石化行业知识管理起步较晚，从2000年前后开始，中国石化、中国石油、中国海油下属单位都在知识管理方面做了不同的探索，也取得了一定成效。近年来，国内石油石化行业对知识管理的认识逐步深化，建设与推广应用步伐逐步加快。

例如，中国石油大庆油田分公司2007年启动了大庆油田勘探开发研究院知识管理规划；通过知识管理系统对技术报告等显性知识采用分类编目的方式进行管理与应用，通过“百年论坛”以报告、讲座方式共享交流隐性知识。

2016年，中国海油发布了《中国海洋石油总公司“十三五”人才发展规划》，提出“立足对知识这一公司核心资产的保护和开发利用，实施知识管理。”作为总公司知识管理的重要抓手，在线学习平台结合“外部课程引进、内部课程开发、内训师队伍建设及知识管理机制建设”，共同实现对公司核心技术、能力、经验的管理，使个人知识组织化、隐性知识显性化、显性知识结构化、结构知识电子化，提升公司学习能力，增长组织智慧，避免组织“失忆”。平台具有知识管理与呈现、线上线下培训组织、员工互动与分享三类功能体系，同步开设PC端和移动端，下设12大板块、36项具体功能，可满足各专业、各级别的员工学习培训。该平台于2017年2月进入试运行以来，已上线电子课程229门，知识文档157个，题库试题18064道，访问量达29326人次。

中国石化及所属单位根据各自特点和需求开展知识管理实践。比如，长岭炼化以社区论坛为主，激发群体智慧、协同创新能力。中国石化“十二五”“十三五”信息化规划中都将知识管理体系建设与推广应用作为重要任务，2012年，由集团公司总部牵头开展知识管理总体规划与上游专题规划，并以石油勘探开发研究院、石油工程技术研究院、石油物理技术研究院、河南油田分公司为实施单位，先后启动上游板块科研知识管理试点与提升项目建设，形成了知识体系、知识管理系统、知识库、配套与运营体系四位一体的完整知识管理体系，并形成推广应用的模板。截至2018年10月，有2000多名科研人员，1000多个在研项目，内外部9家单位在中国石化知识管理平台SKM进行知识共享应用。

基于多年的知识管理实践，中国石化于2018年8月参与最具创新力知识型组织（MIKE）大奖的评选，同年11月获得了“中国最具创新力知识型组织（China MIKE）卓越大奖”和“最佳知识运营奖”双料大奖，并入选参加全球MIKE大奖的角逐。最终，中国石化凭借在知识管理和企业创新等各方面的突出表现，获得了全球MIKE奖评审专家的一致认可，荣获“全球最具创新力知识型组织（Global MIKE）大奖”。

MIKE奖，全称为“最具创新性的知识型组织（Most Innovative Knowledge Enterprise）”，由最受尊敬的知识型组织（MAKE）大奖升级而来，被誉为知识管理业界“奥斯卡”奖。过去20年间的获奖名单中，经常会见到Accenture、Apple、Google、Amazon等国际知名公司的身影，而中国石化成为能源领域第一个获此殊荣的企业。

中国石化的获奖成果包括三个方面：中国石化的知识创新成果，多层次、成系统；知识应用模式丰富多样，与自身科研业务特色紧密结合；组织创新文化营造+机制体制健全保障，双重手段有效推进知识管理稳健运营。中国石化能获此殊荣，是对中国石化知识管理工作的充分肯定，凸显了知识管理和驱动创新的价值。

6.2.2 油田业务的知识管理需求

2018年，世界人工智能大会在中国上海召开，再一次引发了全球特别是中国对于AI的关注，石油行业也不能例外。实际上在2017年，国际著名的几家油服公司已经联手科技公司，推动石油行业的智能化。各方公认：“提高石油开采、运输、炼制乃至销售的自动化程度，以降低作业成本，这是在油价低迷、新能源产业快速发展时代下，传统石油行业发展的内在需求。”按照DIKW模型，“唯有知才能智”，油田的知识管理建设是智能油田建设的必经之路。

1）业务发展的知识内容需求

在油田的知识管理需求中，首先是业务发展带来的对知识内容的需求，即在业务活动中，需要什么样的知识，换而言之，知识是什么？

油田的开发当前主要是两条路径：一是随着油田产能的递减，如何挖潜增产，促进油田长期的高产、稳产，这也是我国油田的开发面临的主要问题；

二是减少对不可再生能源的依赖性，即勘探与开发新能源。无论哪一种，都需要广泛地借鉴业界经验，掌握专业知识。例如，在油田勘探与开发中，通过精细的地质研究掌握油田的发育规律，采取相应的技术措施，才能合理地开发油藏，保持长期的高产和稳产。其中，地质研究是个知识密集型的活动，需要收集大量相关的资料：与储层成因结构有关的学术论文、学术专著、研究报告、规范标准、专利等公开外部资料；由研究人员从野外露头、油藏解剖等资料采集的有关储层成因数据、图片和文字资料等原始数据的集合，是珍贵的第一手资料，甚至是保密资料；还有相关项目的成果资料，如此类储层的研究报告、图册，以及类似储层的地质研究过程及成果、勘探、开发实践经验等。基于这些资料的研究，能够最大限度地掌握已有的信息，调整方向、策略，降低勘探成本和风险。因此，将目标研究对象的全面资料内容收集齐全，就是这个业务活动对于知识管理的最重要需求。

在不同的开发阶段，针对储层特点的变化，还要及时调整措施，保持甚至提高采收率。例如，要结合油田的含水情况控制含水上升速度，以避免油井的结蜡、出砂等情况。然而，一旦发生突发状况，就需要现场操作人员尽快地处置，避免造成更大的损失，处置中需要的知识包括针对现场故障现象的原因判断、处置方案、所用工具、操作手册、技术支持团队等。提供精准的事故相关知识，是这个场景对于知识管理的最迫切需求。

除此之外，在油田开发中还会遇到很多难题，攻关过程中也会需要在全球范围内收集相关专题的成果，这个攻关过程也许会持续相当长的时间。例如，稠油开发中如何解决黏度高的问题，如何提高页岩气开发的效率，如何解决油田的高含水问题，如何通过剩余油的研究对老井进行挖潜增效等。在这些难题攻关的过程中，不仅仅需要收集当前的全面资料，以及类似问题的解决报告作为参考，而且要在一段时期内，实时跟踪业界的新研究成果。因此，在这个场景中，需要的不仅仅是过去的知识，还包括现在的知识。其实，如果能够有未来的知识即预测会更好，对于当前的业务更有指导意义。例如，研究剩余油的生产规律，根据这个规律来制定合理的开发计划和措施，能够大大降低资源消耗和工作量，是降本增效的好办法。

综上所述，我们可以看到，在不同的场景中需要的知识是不一样的，它们的特点是：每个场景需要的知识，其内容是与这个场景紧密相关的，有的更关注过去的知识，有的更关注现在的知识，有的则需要未来的知识；每个场景需要的知识，其形式是多种多样的，可能是图册、数据、图表、论文、书籍、专利、项目成果报告等。如图6-6所示，企业的知识类型可以按照显性知识和隐性知识来划分，显性知识分为“知道是什么的事实知识（Know-what）”和“知道为什么的原理知识（Know-why）”。前者包括程序文件、产品资料、培训资料、技术手册、档案等；后者包括分析报告、研究报告、技术总结、案例汇总等。而隐性知识可以分为“知道怎么做的技能知识（Know-how）”和“知道谁有知识的人际类知识（Know-who）”，前者包括经验、方法、指南、模板、技能等，后者包括内部专家、外部专家、相关机构等。

那么，在油田业务中知识是什么？抛开学术的定义，我们认为：在业务活动中，用户需要的内容就是知识，而无论其位于DIKW的哪一层，也无论其展示出来是什么样。它可能是个参数的数值，可能是个图形曲线，也可能是一段文字表达的研究结论，这是在实践与理论中，对于知识定义的不同认知。

2）场景化的知识应用需求

华为公司把知识管理与研发流程、项目管理融合在一起，提倡在项目全

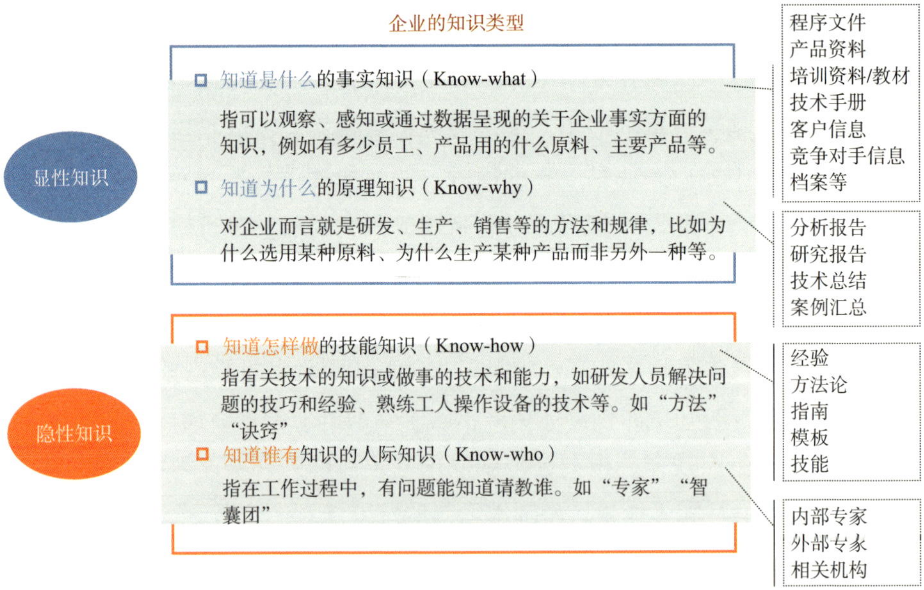

图6-6 企业的知识类型

流程开展做前学、做中学、做后学三种知识应用方式，而在研发的每个小迭代周期也是同样的应用方式（图6-7）。做前学的是企业已有的知识资产，例如指导书、规范、模板、样例、最佳实践、精品课程等；做中学是在业务活动中整合这些参考的知识，提炼要点、核心内容，形成新的知识发布；做后学是创建新的工作产品或知识，如案例、经验、工作报告等。通过这样的研发全面开展项目知识管理，试点版本交付效率、过程能力等都有大幅提升。例如，XXPDUXX版本健康迭代100%，交付特性100%一次验收通过；开发周期缩短35%。

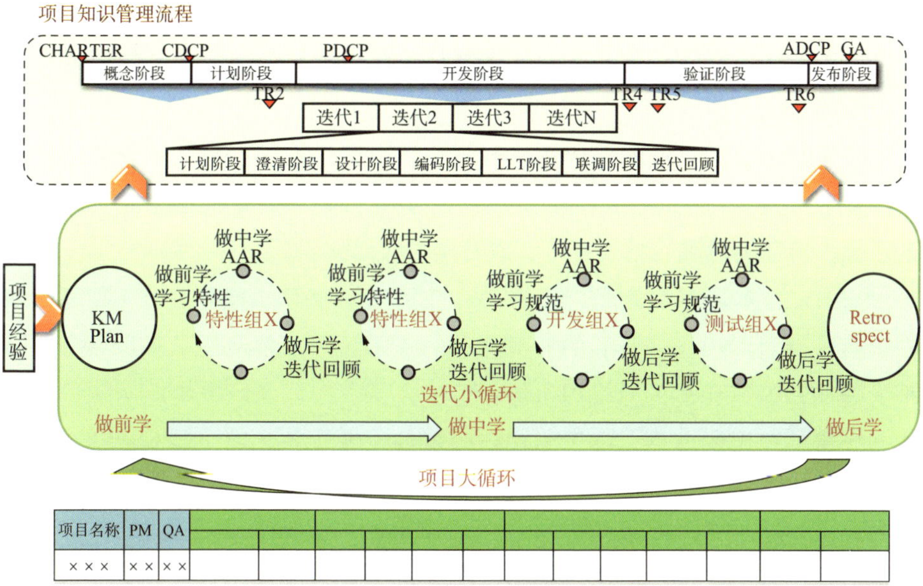

图6-7 华为知识管理与项目管理相结合

埃森哲（Accenture）是全球著名咨询公司，多次获得全球MAKE大奖，该公司知识管理特色是建立了"社交型学习"知识管理，最典型的应用场景就是在知识管理平台上，从埃森哲全球机构搜索需要的知识，以及在知识社区中通过共享交流来传播知识。主要功能包括：

（1）Search（搜索）：支持强大的高级搜索功能，可通过多种条件包括关键字筛选知识内容，并建立与其他系统的高级搜索链接，丰富搜索结果；搜索内容结果包括内外部资源、相关博客、社区讨论、相关专家链接、相关培训等内容；每个搜索结果包括内容摘要与最后更新时间；员工可以下载搜索结果，并针对搜索结果打分，系统自动记录并显示下载次数。

（2）Community（社区）：展现员工已加入社区，系统通过识别员工组织岗位所推荐的社区，以及通过关键字、行业或是组织搜索相关社区。

（3）Content（内容）：展现员工最近上传、下载的历史（包括博客、视频等），根据员工上传、下载历史推荐的内容，以及类似岗位员工最近热门的下载内容。

同样，我们跟踪、分析更多的企业或组织的知识管理系统，发现知识应用需求有着明显的共同点：

（1）从用户的角度看知识应用需求。从单个用户看，他的知识应用方式包括从知识库中获取知识，共享自己掌握的知识给别人，以及利用其他知识形成新的知识。

在获取知识时，他的需求包括对于知识内容的精确、全面需求，以及操作简便、交互友好、响应及时的需求。在共享知识时，他的需求包括知识内容正确、特征不遗漏、格式规范，以及操作极简化。

（2）从业务场景看知识应用需求。在具体的业务场景中，用户需要的知识内容是针对用户正在开展的业务活动的具体知识，希望是不多也不少，即把合适的知识在合适的时机提供给合适的人员。在业务场景中应用知识与非业务场景的应用的差别，在于用户行为本身附带业务流程、业务活动、业务主题的隐含信息，用户本人的身份信息、兴趣爱好信息，以及此业务环境中的身份安全、知识安全信息。通过分析这些信息，就能够理解不同的用户，即使身处同样的环境，对于知识内容的需求也是有区别的，因此需要个性化的知识内容。

业务场景的知识应用方式，主要是两种：在业务活动中及时获取此活动需要的知识，在业务活动完成之后形成新的知识。获取知识的途径有三种：用户主动搜索、系统主动推荐和其他用户的共享。形成新的知识，通常也是需要先获取知识，经过用户的思考，产生新的知识。

在油田业务中，勘探、开发、管理的不同业务流程、场景中，对知识内容的需求大相径庭，对知识应用方式的需求大同小异，这些都需要具体分析和设计。适当地运用场景信息，能够提高知识管理系统对于用户需求的理解，为用户提供更便利的操作和更准确的结果，这是场景化知识应用的核心需求。

3）智能化的决策支撑需求

现在，中国的人工智能发展如火如荼，各行各业都在迈入智能化时代，智慧行业、智能产品层出不穷，那么什么是智能化？从外在特点看，就是两个主要特征：自动化和适应性。自动化特点在前，最容易实现的是事务性操作的自动化。而当环境变化时，系统如果能够主动适应环境的变化而调整自身，即自带外界变化激励→决策调整→自动执行，这个闭环控制系统就实现了智能化，也可以称为高级自动化阶段。

我们看到的智能产品越来越多，例如AlphaGo，世界上第一个击败人类职业围棋选手、第一个战胜围棋世界冠军的人工智能机器人，通过两个不同神经网络“大脑”合作来改进下棋，第一大脑是落子选择器，通过有监督地学习策略网络，观察棋盘布局预测每一个合法下一步的最佳概率，判断出具有最高获胜概率的下一步。第二大脑是棋局评估器，它在给定棋子位置情况下，预测每一个棋手赢棋的概率，通过整体局面判断来辅助落子选择器。可见，这个下棋的过程就是不断地读取棋谱知识与现实状态，给出多条路径，作出最有利的决策并执行，然后再次循环往复的过程。又如波士顿动力犬，能够实现动态步行，看到这个纯粹的机械装置在平稳路面上行进，自如地上楼梯台阶，纵身跃过障碍物，在突发横向冲撞后快速调整保持平稳，不由得感叹人工智能产品的强大。究其原因，就在于它的腹部安装了许多深度探测器，甚至结合了精密的高度计，通过重定义水平面的原理在不同的高度下行进，所有的数据都是通过搭载在身上的感知系统来实时调控处理的。

回顾知识模型DIKW，要实现智能化，必须有知识作为支撑。如AlphaGo和波士顿动力犬，其认知智能、行为智能都是通过对于行为环境的感知、大量数据与信息的实时处理、策略性的决策、自动化的执行操作来完成的。在智能油田的建设中，也有很多智能化的决策需求，例如在开发生产中，需要实时监控生产状态，如产油量、含水率、压力等，进行生产动态分析，如分析一定注采条件下的产量变化特征和趋势，及时调整方案措施，如配产配注优化、注入水防蜡处理等，以保障开发的长期平稳运行。

油田业务的知识管理系统，就为这些智能决策提供知识的支撑，这些知识包括具体的数据，例如产油量、含水率、压力，也包括历史经验、操作规范，如配产配注优化建议、注入水防蜡处理措施，也包括经过分析得到的规律，如一定注采条件下的产量变化特征和趋势。这也是对于知识内容的需求，只是它更强调从知识的原始素材中提炼得到。我们将这样的知识按照挖掘方式分为三类：抽取类知识、关联类知识和模型类知识，如图6-8所示。

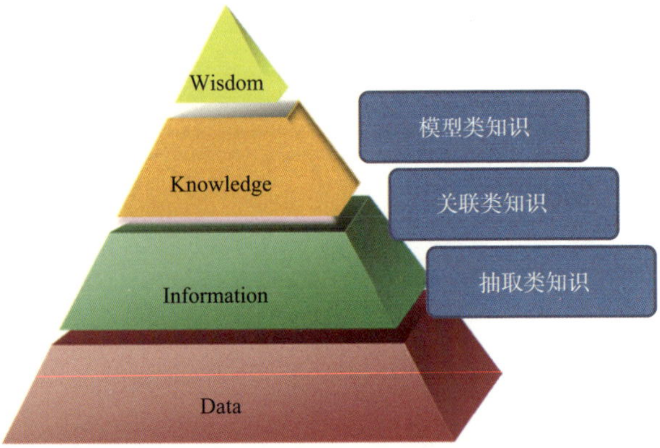

图6-8　三类知识与DIKW模型图

（1）抽取类知识。抽取类知识是从原始素材中提炼客户想要的片段信息形成的，例如某个参数的值，或者一段特征信息描述。从DIKW模型看，我们把一篇报告作为原始数据，那么抽取得到的信息，实际上就是把这篇报告结构化的过程，这类知识严格来说还是信息。而形成的信息记录，称为“知识卡片”，如图6-9所示。

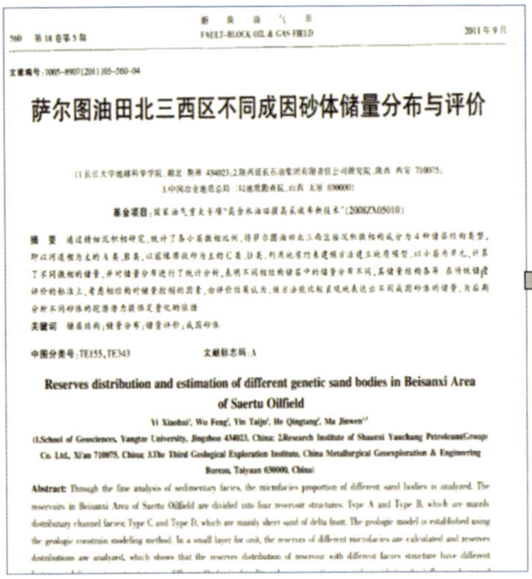
FAULT-BLOCK OIL & GAS FIELD

2011年9月

萨尔图油田北三西区不同成因砂体储量分布与评价

中图分类号：TE155，TE343

Reserves distribution and estimation of different genetic sand bodies in Beisanxi Area of Saertu Oilfield

属性	内容
方法名称	萨尔图油田北三西区不同成因砂体储量分布与评价
关键词	储层结构；储量分布；储量评价；成因砂体
摘要	通过精细沉积相研究，统计了各小层微相比例，将萨尔图油田北三西……
适用的业务主题	
知识来源	断块油气田
知识提供者	易××；吴×；尹××；和××；马××
评价内容	
评价人	
附件	萨尔图油田北三西区不同成因砂体储量分布与评价.pdf

图6-9　抽取类知识示例图

（2）关联类知识。关联类知识，重在挖掘知识之间的关联关系；而这种关联关系的体现，往往是需要在对原始素材进行了要点抽取之后，在这些要点之间产生的。从DIKW模型看，关联类知识高于抽取类知识，位于K层面，它表达的是知识之间有关系，可以具体到表达出是什么关系，但不追究为什么是这样的关系，如图6-8所示。

如图6-10所示，文献《高精度地震勘测技术发展回顾与展望》的知识卡片包括了作者、作者单位、业务主题、研究对象等信息，由文献主题可以找到同业务主题、同研究对象的其他文献，由文献作者可以找到同作者的其他文献，由文献的定位类研究对象可以找到它所属的油气田、区块等其他定位类对象。

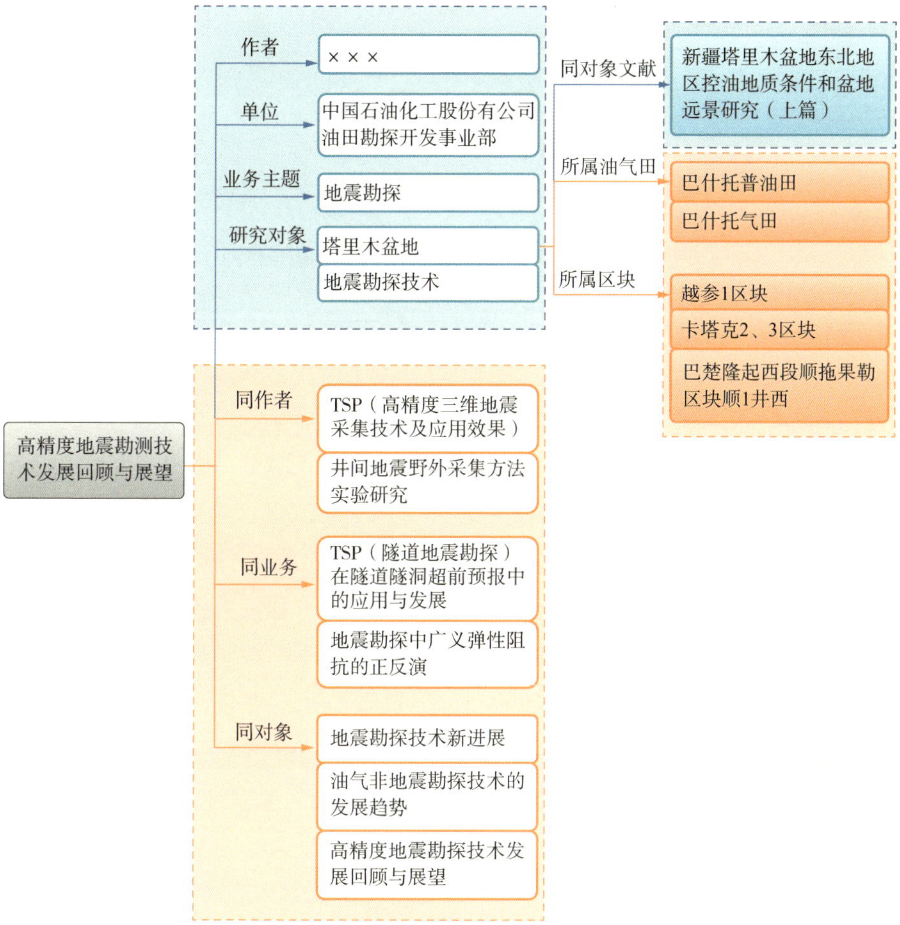

图6-10　文献知识卡片及其关联关系图

基于这些关联关系，能够形成以文献知识“高精度地震勘测技术发展回顾与展望”为核心的知识图谱，如图6-11所示。

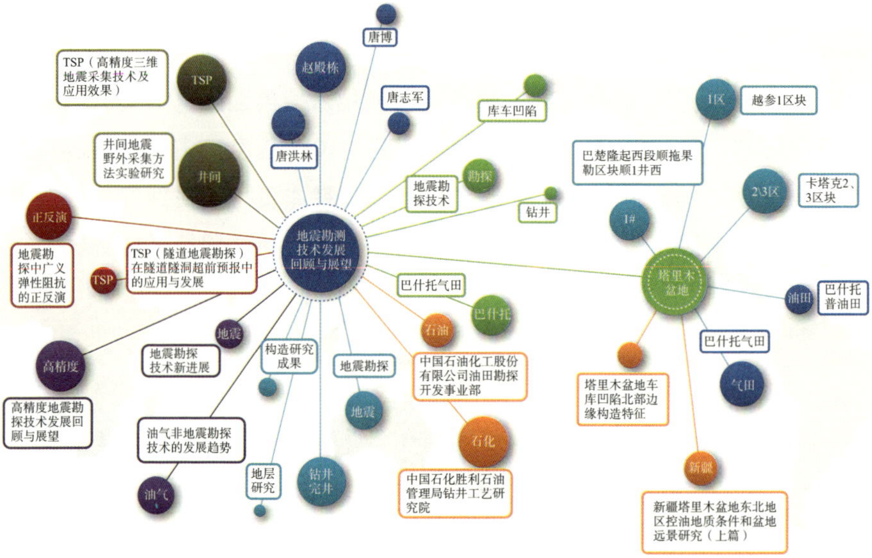

图6-11　以文献知识为核心的知识图谱示例图

（3）模型类知识。模型类知识就是解释关联类知识之间为什么会存在关系，它的结果往往体现为规律、模型，因此在DIKW模型中，高于关联类知识。模型类知识的好处在于，一旦证明这个模型或规律是客观存在的，是正确的，我们的决策过程就变得简单，只要遵照执行即可。因此，关键就在于模型类知识从何而来。

通常我们讲的规律、模型，往往是由结构化数据的分析而得到，例如一定注采条件下的产量变化特征，可以由一些参数的量化关系来表达，即转化为数学表达式。这是典型的数据挖掘，大量的物理、数学规律都是经过科学家们长期的研究和论证才能得到的，因此模型类知识非常少。然而更打击我们的是，现实世界非结构化的信息占据到80%，而结构化信息也不能够完全转化为量化数据，因此这类数学公式类的规律模型，其实还是少数。

那么非量化数据，能否挖掘出规律或模型呢？这个回答是可以的，虽然也很少，例如创新方法TRIZ（发明问题解决理论）。TRIZ源于苏联发明家阿特舒勒的研究成果，他基于几十万份发明（即中国的专利），发现了一些规律：产品及其技术的发展像生物体进化一样遵循着诞生、成长、成熟、衰老、灭亡的客观规律；同一条规律往往在不同的产品或技术领域被反复应用，很多创新实质上往往是其他领域技术在某一领域的全新应用。

进而，他和他的团队一起合作数十年，不断丰富和完善TRIZ体系，例如提出八大进化法则、十六条进化路线、四十个发明原理、七十六条标准解……这些都是源于专利文本的规律。例如，动态性进化法则，指出技术系统的进化应该沿着结构柔性、可移动性、可控性增加的方向发展。它有一条进化路线即提高可控性路线，指出技术系统的组件总是从不可控组件逐步发展为手动控制组件、机械控制组件和自动控制组件，如图6-12所示。

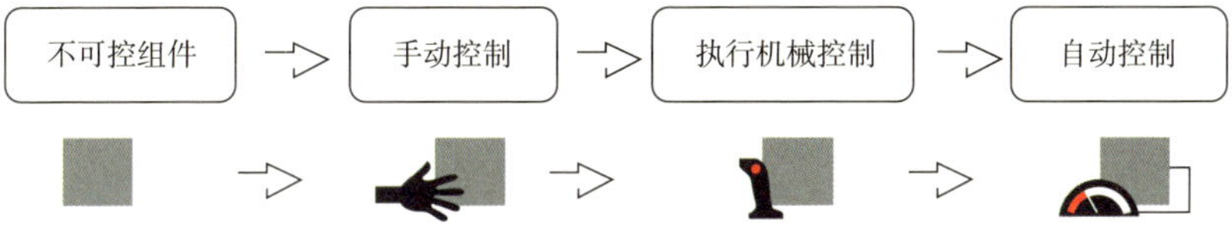

图6-12　TRIZ的提高可控性进化路线图

参考路灯的控制发展历史，很容易验证这个进化路线，如图6-13所示。同样，我们了解了这样的进化步骤，也可以有意识地用于我们的产品规划和设计。

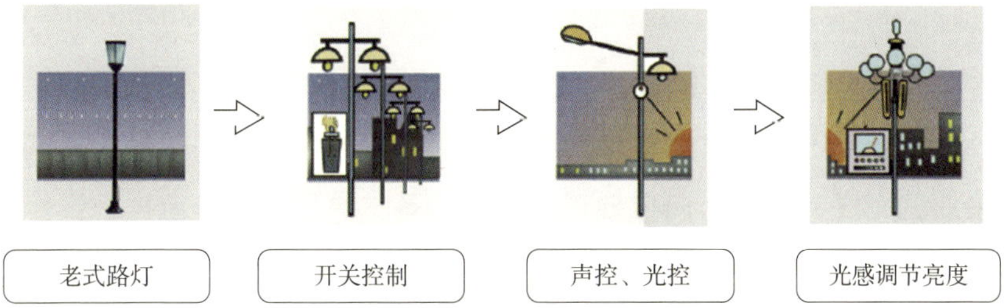

图6-13　路灯控制方式的进化图

阿特舒勒创建TRIZ的过程，是典型的知识挖掘、建立模型类知识的过程，只是这种场景下的DIKW分别是：

D：专利文本原文；

I：提炼后，结构化的专利知识卡片；

K：创新原理，技术系统进化规律；

W：依据进化规律规划产品，获得市场成功。

回到油田业务的模型类知识，既需要以结构化数据为基础的规律发现，也需要从大量非结构化信息中得到类似TRIZ的规律，这需要在具体场景中分析其智能化的需求，追溯得到其需要的知识支撑，进而塑造相应的知识挖掘能力。

4）组织智慧的知识传承需求

知识是企业的DNA。企业基因是由美国管理大师、密歇根大学商学院教授Noel Tichy提出的，他把企业比喻为一种活的非自然生物体，与生物一样有自己的遗传基因。正是这个基因，决定了企业的基本稳定形态和发展乃至变异的种种特征。他在《企业生态与企业发展》书中讲到，“企业的遗传基因就是知识（包括技术/制度/文化等），知识的继承和创新，决定了企业生态位的大小。”因此，知识的继承与创新，对于企业而言非常重要，不是锦上添花而是生命攸关。

组织智慧的知识传承对象，主要有两类：一是人，让一代一代的组织成员能够继承组织的已有知识，具备完成业务的知识和能力；二是知识以及知识活动融入组织的流程、制度、文化、工具等，让知识扎根于企业。这可以说是企业的知识管理实践的需求，也同时可以作为企业知识管理的终极目标。

在培养员工能力时，通常要考虑几种需求：

（1）新员工入职上岗的需求。新员工的知识内容需求通常是比较基础的，例如企业的制度、流程、岗位描述，业务的基本原理、操作流程、工作方法，以及参与项目的基本情况等。有些企业会针对新员工进行批次式的培训，那么相关的培训材料、讲师辅导材料等，也是新员工所需要的知识。在新员工上岗的适应期，往往会安排指导人员，进行贴身辅导，这其中涉及的是指导人员的经验，那么这个过程是典型的隐性知识显性化，以及知识在组织内不同人员之间的传播。

在应用方式上，除了搜索这种基本的应用外，可以基于培训班制定新员工专题，将相关的学习材料再次统一管理，所有学员以及老师之间的交流共享也可以在此开展。

（2）老员工的职业持续发展的需求。对于老员工来说，基于不同的职业跑道和个人定位，所需要的知识会相差很大，不适合设置类似新员工专题来应用知识。不过，可以借助开放式知识应用模式，老员工主动地跟踪技术专题的前沿发展，不断积累个人新知识；借助封闭式知识应用模式，参与项目，积累经验。

无论是新员工还是老员工，都有知识社交的需求，在与同行或专家的交流、共享中获得知识，学习和成长。特别是在油田的业务中，如果出现现场突发状况，现场人员急需专家指导，如果建立了相应的人脉，能够快速找到具有能力指导或处置的人，就是大大提高处置效率，能为企业挽回巨大损失。知识人脉的建立，需要企业提供相应的环境和手段支持。

从企业或组织角度看，知识管理能不能吸引用户使用，最关键的是两个问题：一是知识库里的知识，是不是全，是不是新；二是系统用起来是否成本太高，包括操作是否方便、访问方式是否随处可得、响应是否快速等。这里面一部分是对于知识管理系统的需求，另一部分是对于组织环境的要求，例如新知识的不断积累，除了系统能够自动汇聚相应的信息以外，一定有些知识是需要人为总结、提炼，再经由业务系统或者知识管理系统创建入库的。如何保障员工愿意贡献知识，愿意分享知识，这就需要企业或组织建立起知识共享的氛围，有制度保障必须做，有流程引导如何做，有激励措施拉动愿意做。而这背后，又是对于运营的需求，要有企业的员工专门关注于此，思考如何让知识管理在企业里长久持续运转下去，如何让业务人员更好地利用知识，如何让员工心甘情愿地创造新知识，这就是知识管理的组织保障。

总而言之，组织智慧的知识传承需求，既有对于知识管理系统的建设要求，又有企业或组织的管理要求，二者相辅相成，才能支撑企业或组织转变为知识型组织，让知识成为企业的DNA。

6.3 油气田业务知识管理

6.3.1 油田业务知识体系设计

知识体系设计包括对知识内容的设计和对所有知识的组织结构设计。

知识型系统应该怎么组织知识，才能最好地满足用户对于内容和应用的需求呢？观察身边人的网上购物行为，我们发现，不同的用户会倾向于不同的寻找目标方式，例如逻辑性强的用户在购物时，习惯于按照网上商城提供的购物频道一层一层地寻找目标；而感性的用户，会更多地借助于搜索和筛选条件，从模糊检索入手，以快速找到目标。对于我们的用户而言，知识管理系统相当于提供知识的商城，因此可以参照上述情形，为了兼容不同用户的应用特点，在知识组织上我们既要提供严谨的多维分类体系，也要提供灵活的关联体系。

传统的知识体系核心是知识分类，构建成知识树。分类是基于一套结构化的名称和描述，将资源加以组织的方式，知识分类通常基于设计好的逻辑组织，使企业能够高效地检索和共享知识。然而，当今我们应用知识的方式发生了很大的变化，因为知识有着广泛的内容和特征属性，基于这些属性能够在知识之间建立起多种联系，通过知识的关联，我们能够实现知识的多维、动态的扩展、聚类和分类。因此，新兴的知识体系核心是知识关联，构建成知识网络。

知识体系设计围绕着三元组（业务、对象、资源）展开，其成果包括两大部分：知识体系框架和知识库。知识体系框架又分为：分类体系、关联体系、知识模板。分类和关联侧重于关系的表达，而知识模板侧重于内容的表达。

1）知识分类设计

分类设计主要考虑根据要管理的信息及其形成知识的方式，建立一个相对稳定和可扩展的结构来容纳它们，也要从用户视角梳理信息的特征，以便于支撑不同用户的不同使用习惯。在实践中，可以从油田业务的资料管理系统中得到已经建立的分类体系，以此作为基础；再从用户的知识应用需求分析中，提炼用户希望从哪些角度来寻找知识，针对每个角度，调整原有分类设计或新设计分类维度。例如，可以按照不同知识的特点分别设计，如图6-14所示，对显性知识和隐性知识有不同的维度设计。

2）知识关联设计

关联设计主要是从业务应用模式和用户使用习惯，提炼用户期望从知识的哪些关系中，由此及彼地找到想要的内容。这部分设计的原理来自本体论，在知识管理中关联设计包括两部分内容：实体概念设计和实体关系设计。

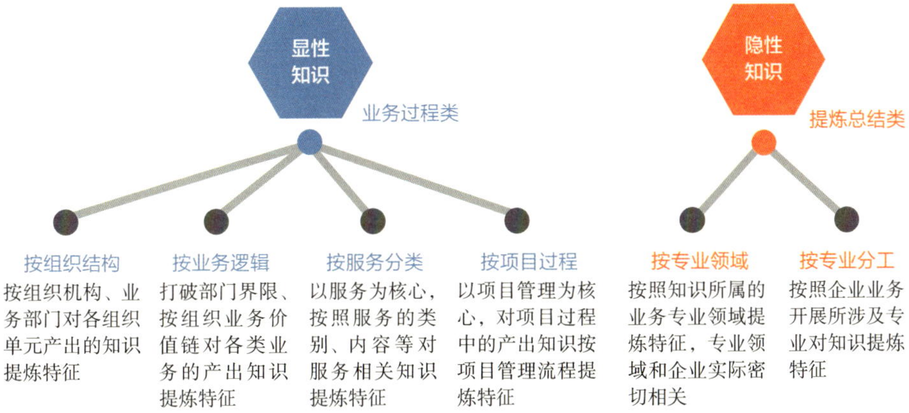

图6-14　显性知识和隐性知识的分类设计维度图

油田业务的实体概念设计围绕着三元组（业务、对象、资源）展开，分别为之设计层次化的概念模型。例如，勘探开发包括物化探、井筒工程、油气开发生产、分析化验、综合研究、地面工程；物化探包括物化探部署、地震勘探、重力勘探、磁法勘探、电法勘探、化学勘探；每一种勘探活动，又包括采集、处理、解释三种活动。依此类推，我们可以建立油田业务的完整概念模型，如图6-15所示，是其中的一个片段。

实体就是概念的实例化，对于业务概念而言，就是这种业务的一次执行活动；对于对象而言，就是具体有名有姓的对象，如塔里木盆地、长庆油田、

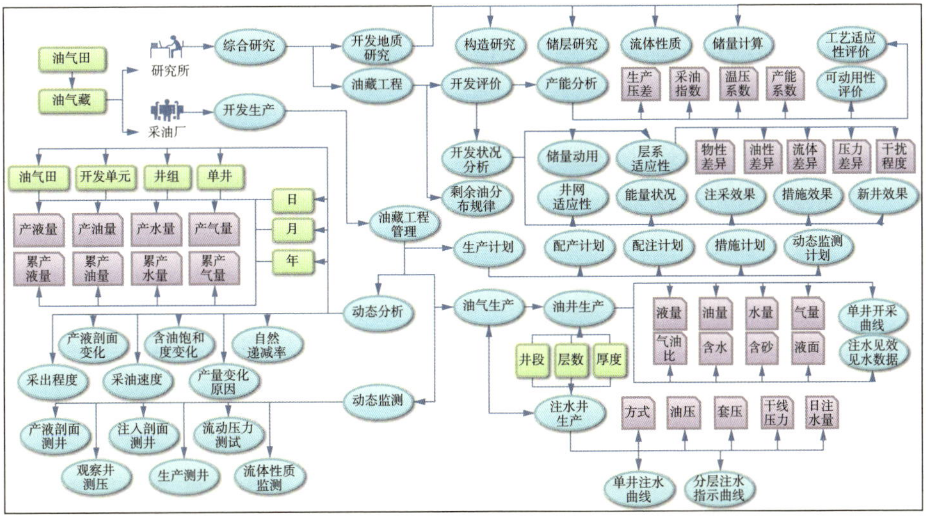

图6-15　概念模型片段示例图

33号井、北京市、张三等；资源多指信息资源，如文献、书籍、论文、专利、报告、案例等，其实体就是具体的资料，包括CNKI、VIP的文献、论文，美国、中国、欧洲、日本等国专利库中的专利文献，某专家出版的某专著，某项目的某成果报告、某案例分析，某设备或工具的图纸、操作手册等。

实体关系设计，就是从用户的应用需求出发，挖掘这些实体之间存在的关系。在本体论中，基本的关系包括四种：part-of 概念之间部分与整体的关系；kind-of 概念之间的继承关系，类父子类关系；instance-of 概念的实例和概念之间的关系，类对象和类之间的关系；attribute-of 某个概念是另一概念的属性。在油田业务的关联设计实践中，常见的关系包括：层次化概念的上下级包含与所属关系，概念与实例的泛化和具体化关系，人或机构与资源内容之间的创建、引用关系，人或机构对于业务的负责、参与、审核关系，业务与资源之间的参考、应用、创建关系，人与人之间的共事、组织内部上下级、师生、亲友关系等。

3）知识模板设计

知识模板设计，就是提炼知识的具体特征。在知识管理领域，知识模板通常包括四类属性：内容属性、分类属性、关联属性和管理属性。管理的要求通常来自运营需求，这方面的需求多数情况下会与分类、关联、内容属性重合，可以在运营设计阶段再次评估模板的适用性，加以完善调整。可见，知识模板的设计集中体现了知识在分类、关联、内容等多个角度的特征。

知识库依据知识体系的设计成果而设计，并在知识管理系统中实现。

知识体系设计的流程如图6-16所示，包括四个方面的内容。

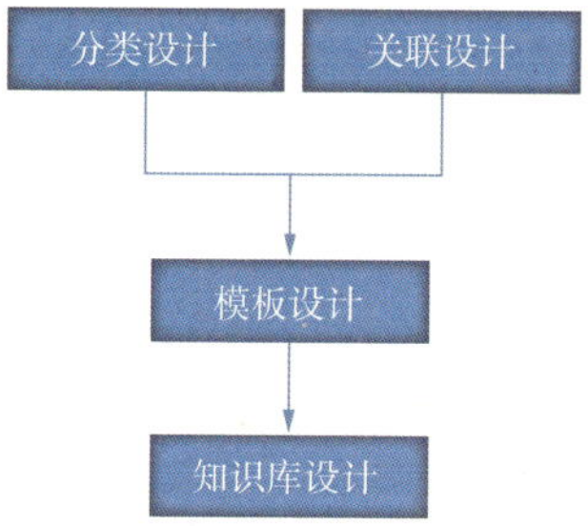

图6-16 知识体系设计流程图

6.3.2 知识管理系统框架设计

知识管理系统是整个知识管理体系中的IT支撑，主要解决知识管理的“采、存、管、用”问题。

1）业务应用架构

知识管理系统的业务应用架构分为四个层次，分别是数据支撑、服务支撑、功能支撑和业务应用。

（1）数据支撑。为支撑知识的应用，对知识进行分库存储，形成相应的知识库。

（2）服务支撑。服务支撑主要用于为各种应用提供通用服务接口，例如知识搜索服务、知识分类服务、知识发现服务、知识推荐服务等。

（3）功能支撑。功能支撑包括系统提供的主要应用功能，典型的有知识搜索、知识推荐、知识社区、知识专题等。

（4）业务应用。不同的企业、不同的业务，应用知识的场景、方式、内容都不一样，需要为用户群量身定制。例如，一个科研机构，主要的业务是开展科研活动，那么它的业务应用可能是科研项目开发中的知识支撑；一个培训机构，主要的业务是提供培训服务，它的典型应用场景包括培训方案开发和培训项目执行。

2）功能架构

参考国家标准《知识管理　第8部分》（GB/T 23703.8—2014）的4.3功能框架构成，知识管理系统包括的功能模块如图6-17的基础构件部分所示。

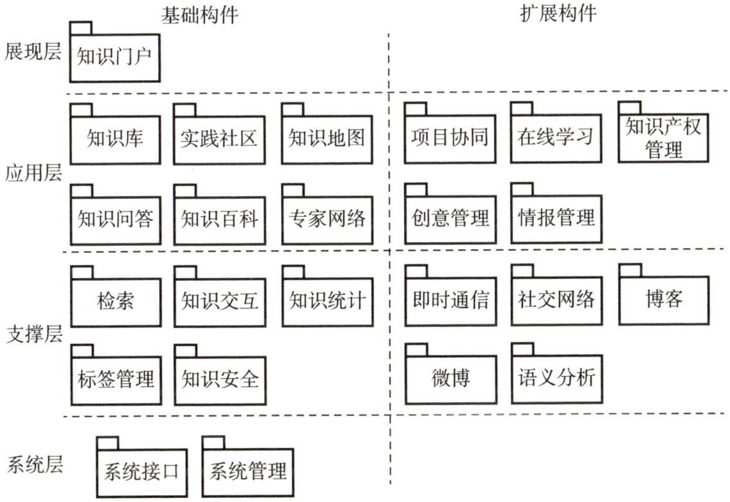

图6-17　国标中的知识管理系统功能框架图

油田业务的知识管理系统中，我们把功能架构分成四个层次：即信息采集、知识存储、知识运维、知识应用。

（1）信息采集。信息采集是将油田业务知识所需要的数据信息从采集源中采集出来，经过知识转换、知识加工、对象识别、知识自动分类后，再由人工进行校验，校验合格后，进入知识库，即发布可用。采集源包括三类；一是企业或组织外部的信息化系统或网站；二是企业或组织内部信息化系统或网站；三是来源于企业或组织人员的个人贡献。

（2）知识存储。知识管理系统通常会基于知识类型对所有的油田业务知识进行分库存储。例如，行业资讯、科研成果、案例、专利、期刊文献、图书、百科、经验等知识内容差异较大，可以设置相应的知识库加以管理。

（3）知识运维。知识运维主要提供油田业务知识体系的管理、系统管理等。知识体系包括分类体系、对象、关系规则、知识模板等，同时提供加工模型管理、系统基础管理等功能。

（4）知识应用。知识应用既包括知识管理系统针对所有用户的普适化应用，也包括针对具体业务的场景化应用。前者通常包括知识搜索、推荐和社区，后者典型的是业务活动知识化。

①知识搜索：以搜索引擎为核心，基于关键字提供知识的快速检索功能；可以基于搜索内容做关联搜索，以获取全面的知识内容，是用户的主动行为。

②知识推荐：以用户兴趣为中心，实现知识的汇聚与推送，是系统的主动行为。

③知识社区：以个人活动为中心，实现个人知识的汇聚与管理，记录个人的知识行为，鼓励人与人之间的交流和共享。通常，参加不同的活动会获得相应的积分，以获得奖励。

④业务活动知识化：在业务活动的执行过程中，提供知识和积累知识。知识管理系统为之提供知识接口服务：获取知识服务和创建知识服务。

在用户接入方式上，油田知识管理系统应该提供知识管理门户和移动应用，以提高用户应用的友好性和年度。

3）技术架构

油田知识管理系统在技术架构上，要与时俱进，向云架构转变。通常分为三层：I层包括了基础设施和基础服务；P层包括了基础平台和基础云服务；S层提供各种知识应用服务，并在客户端层提供PC端和移动端的接口。

4）数据架构

知识管理系统的数据架构，逻辑模型描述系统数据库都包含了哪些数据，以及这些数据的关系。它从数据的角度，描述数据从采集源到知识库经历了数据的采集、加工，最终存储进知识库的整个过程。系统数据库则统一存储系统管理与运行的数据。

知识管理系统中，典型的数据库包括：

（1）知识库：存储的内容主要是各种加工后的知识，例如项目方案、科研报告、案例经验、行业资讯、期刊文献等。

（2）活动库：存储的内容主要包括活动内容、活动分享、活动统计数据、活动交流等。

（3）体系库：存储的主要内容有知识模板、知识分类、对象实例、对象模板、关系规则、专业词库等内容。

（4）基础库：存储的主要内容有用户、组织、管理员日志、角色、用户角色关系表、登录日志等。

（5）行为数据库：存储的主要内容有浏览历史、收藏历史、搜索历史、下载历史、评论历史等。

5）安全架构

知识对于任何一家企业都是重要的知识产权，其安全管理非常必要，因此在知识管理系统设计中还要实现安全架构设计，通常包括业务应用安全、基础设施安全两个方面：

（1）业务应用安全：实现身份管理、权限控制、关键操作、关键数据的保护。

（2）基础设施安全：从网络安全、主机安全、应用系统防护、终端安全四个方面建设，重点在于完善基础防护措施，落实安全策略、安全管控，识别大风险，强化安全策略，充分应用IT运行管控平台，提升安全管控能力。

6.3.3 典型的知识应用模式设计

在油田业务的知识管理中，典型的应用模式包括四类：垂直搜索、封闭式业务知识应用、开放式业务知识应用、知识社交。

1）垂直搜索

用户获取知识的最简便途径是搜索，企业或组织提供的内部知识搜索必然要求知识的专业性更强，内容也要全面，因此属于垂直搜索。在这种知识应用模式中，用户通过搜索引擎，主动地从知识库检索需要的知识。

油田的知识管理系统中，垂直搜索与百度等外部商用搜索的差别主要体现在：

（1）在内容的专业性上，这是油田知识的最全面集合。

（2）在应用方式上，能够支撑油田业务人员的使用偏好，例如对一些石油石化术语的理解能力，对于油田业务人员思维中不同知识类型的重要性排序，这些都会影响到知识库检索的方向和结果集筛选。

在功能上，垂直搜索最基础的功能是基于关键字的搜索，以及多维条件的筛选；再进一步嵌入了智能化的搜索应用方式，能够实现模糊搜索、基于自然语言的理解，甚至是语音交互。考虑到用户搜索大量资料之后的行为，通常会有分类分析，因此在垂直搜索中，可以增加针对搜索结果集的多维分类统计分析，例如按知识产生年份统计、按知识所属单位统计、按知识所属业务域统计等。在某些场景下还需要更加智能的分析，例如科研项目立项初期，大量检索资料是为了做课题新颖性分析，那么针对资料内容的技术方向聚类分析，能够为科研人员提供快速、直观的决策支撑信息。

在搜索方式上，除了用文字式检索，还可以用图寻找，即知识图谱。知识图谱是知识关联的产物，用户可以按图索骥，步步推进，最终找到想要的知识。

知识的关联还能在搜索结果中有所作为，即提供系统主动地推荐知识。如果用户对于搜索的结果不满意，可以从推荐的知识中找到感兴趣或更接近目标的知识，依此类推，能够快速调整搜索的方向，找到想要的知识。

在用户使用垂直搜索的过程中，知识管理系统能够记录下用户的行为，一方面要为用户记录不同知识活动带来的积分，以作后续的奖励；另一方面，要依据这些数据进行用户行为分析，提炼用户的兴趣，完善用户画像，为后续的用户应用推送预计最关心的知识。

2）封闭式业务知识应用

在油田业务场景中应用知识，有时需要在一个封闭的团队中共享、交流、积累、应用知识，例如一些重要课题研究，团队成员是有明确的任命，各个研究阶段有严格的管理。知识管理系统能够为这类应用提供封闭式的业务知识应用模式：为之提供一个具有较高安全管理能力的空间，让这个团队的成员能够进入其中，进行自由的知识活动，而非团队成员则完全不可见。

这样的封闭性和安全性，能够为业务应用提供更多的定制化可能。例如，在团队工作启动时，可以由团队负责人梳理好知识包，例如可以包括此课题的基本信息、参考资料、工作流程和方法、管理约定等，推送给每位成员，建立所有人的知识基准；在工作过程中，可以随意地交流，并记录精华内容从而创建新的知识；而这些知识或工作过程产品的质量审核，也能够在团队内部进行。

3）开放式业务知识应用

和封闭式业务应用方式相对应，用户也经常会需要广泛地与同行开展讨论，这种情况下用户希望不要有严格的安全篱笆，要让知识的触角尽量得以延伸，因此是开放式的业务知识应用模式。这种应用模式非常适合在一段时期内有明确方向的知识需求的用户，例如聚焦到某个技术主题或研究方向，如“深层碳酸盐储层”专题、“顺北油田”专题。在此处，知识库中的所有相关知识得以重新组织，并能够按照这个用户群的专业要求进行展示，为他们提供最专业且全面的知识支撑。当然，开放式的应用模式，必然有安全隐患，因此保密的知识通常不能在这里获取到。

长期关注某个研究方向的用户，也需要跟踪这个方向上的最新成果，开放式的业务知识应用可以通过与成果发布方的数据集成，以最小延时获取最新成果，并依据用户兴趣主动推送到位，这对于用户而言真是最贴心的资讯助手了。

同样，在此交流的精华内容、共享的知识，都可以作为新知识入库，持续扩充专业知识库；并自动打上这个主题的标签，建立相应的关联关系，融入既有的知识图谱。

4）知识社交

在知识创造的过程中，我们也经常遇到这样的场景，独自苦思冥想，不得其法；与同行交流，也许一句话、一个点拨就能带来通途大道。知识需要人与人思维的碰撞，知识管理系统都会提供一个社区空间，让用户能够随意地在此交流，可以参加某个群，也可以提问或回答别人的问题，称为“知识社区”。

除了用户一对一的交流或问答，还可以依据用户的背景、兴趣设置相应的群组，以形成网上的虚拟小组，开展相应的讨论与共享，这个过程能够有效地促进隐性知识显性化，以及知识在不同人之间的传递；在知识管理系统运营过程中，也能够按照运营设计方案，开展相应的知识活动，以吸引更多人关注知识管理，参与知识创造和共享。

每个用户在社区里面都有自己的主页，也有个人的“知识学历”，例如毕业的专业院校、工作领域、参与项目、所获奖励、知识产权、贡献的知识、负责的专题、个人知识等级等。简言之，这是个唯知识论的社交空间。

6.4 知识管理关键技术

6.4.1 知识采集

知识采集又名知识获取、知识抽取，主要是为了进一步突出在这个过程中对知识的收集和分类。知识采集的范围非常广泛，从早期的直接从原始资料（人类专家和书面材料）中采集知识，到中期的从知识素材中提炼规律性知识，到后期的通过实践检验和修正知识，经历着无数次周而复始的循环。

知识采集是建造专家系统的“瓶颈”问题，它是决定一个专家系统性能是否优越的主要因素，是开发专家系统的关键技术之一。知识采集的任务是从知识源抽取知识，并转化为计算机易于表达的形式，形成独立于推理机的知识库。为了加速知识采集的进程，人们开始从不同角度研制知识采集方法和工具。知识采集的研究和实践已有30多年的历史。回顾这段历史，不难发现，知识采集是一个非常困难的过程。目前，各国学者对此问题已经进行了深入的探索，所得到的答案不尽相同。

按照国标GB/T 23703的定义，知识获取是一种组织行为，是将外部知识转变为可以处理的知识表达形式的过程，比如，从计算机无法处理的pdf或者图片形式，转变为可以编辑的文本，是将某种知识源中的信息抽取出来的增值活动；比如，按照业务的需求，对文本追加业务标签，分析文本中的对象和概念等，是整个知识管理的前端活动，是整个知识管理的出发点，所有知识的存储、加工、管理和应用，都是建立在获取知识的基础上。

知识获取的目标在于将产品、项目、员工、社会创造的知识，按照面向企业增值应用的方式有机地整合起来，对企业而言是构建企业核心智力资产，对员工而言，可以在正确的时间将正确的知识传递给正确的人，加速知识流动与共享，形成良性的知识生态。

知识获取的具体内容主要包括以下三个方面：

（1）确定知识资源梳理对象。知识资源按传统理论主要界定为显性知识和隐性知识两大类别，针对企业具体又可分为多种类型，如成果报告、试验数据、工艺规程、经验案例、专利、舆情等。

（2）确定知识资源获取途径及方法。根据不同的知识类型，如Web资源、数据库、专业文献库等，确定相应的获取方式。

（3）确定知识模板。根据应用，确定知识体系和相应的模板，确定采集的属性和需要加工的属性，并确定相应的模板规范。

按照采集的知识模板和内容划分，可以将知识分为显性知识的采集和隐性知识的采集两个部分。

1）显性知识的采集

显性知识按照知识载体存在的形态可以分为结构化、非结构化和半结构化这几类，其中非结构化和半结构化知识的采集是重点。非结构化和半结构化按照应用方式确定的知识模板，可以分为科研成果类知识、期刊文献类知识、互联网资讯类知识等。其知识的采集源主要包括网络和内部系统。

（1）网络采集。

网络采集通常采用爬虫技术，是在互联网上抓取新的程序或者脚本，按照给定的规则，自动采集页面内容，以获取或更新这些网站的内容和检索方式。

传统爬虫从一个或若干初始网页的URL开始，获得初始网页上的URL，在抓取网页的过程中，不断从当前页面上抽取新的URL放入队列，直到满足系统的一定停止条件。聚焦爬虫的工作流程较为复杂，需要根据一定的网页分析算法，过滤与主题无关的链接，保留有用的链接并将其放入等待抓取的URL队列。然后，它将根据一定的搜索策略从队列中选择下一步要抓取的网页URL，并重复上述过程，直到达到系统的某一条件时停止。另外，所有被爬虫抓取的网页将会被系统存贮，进行一定的分析、过滤，并建立索引，以便之后的查询和检索；对于聚焦爬虫来说，这一过程所得到的分析结果还可能对以后的抓取过程给出反馈和指导。

分布、异构、动态和庞大的信息资源整合是爬虫技术的难点。近年来，网络以令人难以置信的速度发展，越来越多的机构、团体和个人在Web上发布和查找信息和知识。但由于Web上信息资源有着分布、异构、动态和庞大等特点，导致了网络上数据的信息接口和组织形式各不相同，并且Web页面的复杂程度远远超过文本文档，人们要想找到自己想要的数据犹如大海捞针一般。

在爬虫的实现过程中，一个现实的问题是要克服反扒机制，一般开放的网站也具有一定的反扒能力，这在现实中限制了知识的传播，积极的意义是保护了知识产权。这个互联网的公开、免费的原则和知识产权保护的原则，需要在二者之间找到一个平衡点。

例如，一个具体的网页上期刊文献的采集任务设置如图6-18所示，其中每个任务基本上对应于一个网站，这种配置可以重复使用，因此可以减少采集的人工配置工作量。

每个任务的具体配置内容如图6-19所示，其中采集字段对应着知识模板里面列出的字段，通过XPATH规则和网页上的字段对应，这个对应关系是人为给定的，需要提前仔细研究网站和模板之间的对应关系才能确定。

☐	序号	采集任务名称	知识源	创建时间	知识源类型	定时任务	已采数量	状态
☐	161	地质科技管理	地质科技管理	2018-08-09	互联网	是	3039	停止
☐	162	地质勘探安全	地质勘探安全	2018-08-09	互联网	是	3725	停止
☐	163	地质管理论丛	地质管理论丛	2018-08-09	互联网	是	293	停止
☐	164	地质调查与研究	地质调查与研究	2018-08-09	互联网	是	1353	停止
☐	165	地质地球化学	地质地球化学	2018-08-09	互联网	是	2675	停止
☐	166	地震译文集	地震译文集	2018-08-09	互联网	是	92	停止
☐	167	地震研究	地震研究	2018-08-09	互联网	是	2174	停止
☐	168	地震学刊	地震学刊	2018-08-09	互联网	是	2675	停止
☐	169	地震学报：英文版	地震学报：英文版	2018-08-09	互联网	是	0	就绪
☐	170	地震学报	地震学报	2018-08-09	互联网	是	5018	停止

图6-18　期刊文献类知识的采集任务设置

采集字段	规则类型	对应网页字段规则或固定值	iframe	清洗规则	操作
标题	XPATH	//div[@class='article_de	请输入XPATH	设 置	⊕
英文标题	XPATH	//div[@class='search_resu	请输入XPATH	设 置	⊕
作者(中文)	XPATH	//div[@class='search_resu	请输入XPATH	设 置	⊕
机构地区	XPATH	//div[@class='search_resu	请输入XPATH	设 置	⊕
作者(英文)	XPATH	//div[@class='search_resu	请输入XPATH	设 置	⊕
摘要(中文)	XPATH	//div[@class='search_resu	请输入XPATH	设 置	⊕
摘要(英文)	XPATH	//div[@class='search_resu	请输入XPATH	设 置	⊕
关键词(中文)	XPATH	//div[@class='search_resu	请输入XPATH	设 置	⊕
关键词(英文)	XPATH	//div[@class='search_resu	请输入XPATH	设 置	⊕
出处(中文)	XPATH	//div[@class='search_resu	请输入XPATH	设 置	⊕
出处(英文)	XPATH	//div[@class='search_resu	请输入XPATH	设 置	⊕
页数	XPATH	//div[@class='search_resu	请输入XPATH	设 置	⊕
年	XPATH	//div[@class='search_resu	请输入XPATH	设 置	⊕
卷	XPATH	//div[@class='search_resu	请输入XPATH	设 置	⊕
期数	XPATH	//div[@class='search_resu	请输入XPATH	设 置	⊕
分类结构	XPATH	//div[@class='search_resu	请输入XPATH	设 置	⊕
分类号	XPATH	//div[@class='search_resu	请输入XPATH	设 置	⊕
收稿日期	XPATH	//div[@class='search_resu	请输入XPATH	设 置	⊕

图6-19　期刊文献类知识的采集设置

（2）内部系统采集。

科研成果类知识多数来自企业内部系统，所以采集的技术多是数据库或以文件服务器采集为主，一般由业务系统开放数据库或文件服务器的访问端口即可实现，采集设置和以上互联网采集设置类似，主要区别在于来自数据库或文件服务器而不是网站，因此采集速度更快，不受反扒机制等网络条件的限制。

2）隐性知识的获取

隐性知识的获取是知识管理项目成功的关键，所有的知识本质上是人的知识，主要是专家的知识。由于专家知识某种程度上是专家对某个领域超前的直觉，源自人的意识，人的知识起源到现在为止尚没有定论，是一种复杂系统的涌现效应，无法预测也很难描述，这给专家知识的获取增添了困难。这也是专家系统式微的原因，因为永远无法找到足够合理的变量来描述专家对一个事物的认识。

由于专家一般难以表达他们的知识，它或者不完整、太过于一般化或者太过于特殊化，有意或者无意地忽略一些重要的规则，又或者是不同的专家的意见是不一致的，以及口语化、领域化的表达，都限制了专家自主地表达他的知识；另外，知识工程师与领域专家之间没有共同理解的先验概念和表达这些概念的共同语言，这使得专家知识采集尤其困难。

专家访谈是获取专家知识的一种有效的方法。

首先要确定访谈的主题，这主要根据知识密集程度进行区分。知识密度是知识管理的基本指标，用来衡量完成一件知识工作所耗费的人力的多少。比如，如果一项研究搜集资料的时间是10小时，而进行另外一项研究收集有效资料的时间只需要1小时，那么前者的知识密度就更高，而知识管理的目标，就是将这大量人工进行的知识工作，至少降低10倍以上。总之，哪里人多，哪里进度慢、质量差，哪里的知识密度就高，哪里就需要知识管理去解决这个薄弱环节。

其次是确定有代表性的专家。选择专家就是选择样本，需要保持样本的平衡性，以保证最终得到的结果具有公正性。跟一般消费者关于某件产品的消费体验的访谈不同，知识管理访谈的专家都是某一领域颇有建树的研究者，这个资源比一般的消费体验更难得到。

最后要确定访谈的形式。一般采用单独拜访的方式，就跟记者访问一样，把预先准备好的问题清单发给访问者，约好时间，然后进行专题访问。一定要当面拜访，因为文字表达知识往往是苍白的，需要了解专家其他的信息，比如声音、语调、身体语言等，以得到专家对这个专题的真实见解。是否允许录像录音，是否有知识产权问题等，也需要在预约的时候确定清晰。

利益相关者也是专家的一部分，他们代表了对产品未来上、下游的知识，一般采用工作坊的方式集中进行访谈。

6.4.2 知识加工

跟产品加工一样，知识加工就是将采集到的以文本、图片、数据等为载体的原材料，通过一系列类似机床生产的文本处理过程，加工成人们现实中可以直接消费的知识产品，目的是节省人们消费知识的成本。比如，人们想知道塔里木盆地二级构造面积有多大，即使专业人员要找到这个答案也不容易，这就是消费这项知识的成本，而采用智能问答只需要对着手机问一声答案就出来了，这就是知识加工给人们消费知识带来的增值。

知识加工从知识需求出发，一般包括如下几个步骤：

（1）理解知识的应用需求。

这是面向应用以终为始的梳理知识的思维方法，理解的最好方式就是现场体验，知识是人对世界的一种规律性认识和提验，本质上是通过感知获取外界信息，然后在人脑中升华的结果，因此理解需求最好的方法就是回到知识产生的现实源头，激发人的丰富感觉体验，践行实践出真知的理念。

（2）知识抽象，构造语义模型。

在理解的基础上，对应用的需求进行总结，体现为一套应用的知识体系。知识体系一般是分层结构，不同层次代表人们对事物和应用不同的抽象粒度需求，层次性是认识这个复杂系统的基本结构。

对知识进行抽象，就是建立知识的语义模型，就是确立知识产品的最终展现形式，一般是指对知识静态的多维度描述，跟物质产品的静态参数一样，比如一台车的静态质量、尺寸等。

从静态特性上看，知识和信息很难区分，现实中会以是否采集得来还是通过挖掘得来区分知识和信息，也就是以是否承载应用价值来区分知识和信息，但是这些原则都不是定论。

知识和信息最重要的区别是知识的动态性，也就是说，知识的根本目的是从“知”到“识”的动态过程，“知”的过程本质上就是信息过程，表现为结构化、表单式的描述，而“识”是“辨识”“认识”“识别”的过程，“识”必然有认识的对象，也就是说知识是一个由此及彼的关联过程，“识”是一个应用知识、寻找规律、增加价值的动态过程。在数学描述上，信息用矩阵、表等二维结构描述，而知识用图、分层结构、关联等来描述。知识的“知”是对信息的继承，而“识”是对信息的发扬、应用和创造。

抽象的结果就是形成概念，概念是对一类结构的共性描述，在数学上就是集合，在软件里就是类。概念体系是对一个领域知识的抽象描述，相当于对这个领域规律的代数表达式，比如$F=ma$，这里的F、m、a都是抽象的概念，而这个关系就是知识，它表达了不同m之间的关联，知识是人类对自然规律的共性认识。

（3）联想→构造知识关联。

按照本体理论，这就是建立关系，赋予知识动态特性。将知识与其他已掌握的知识联系起来思考，站在更多的角度去看待知识，修正知识体系。

按照神经网络的认识，认识本身就是无数节点关联的整体涌现特征，就是跟温度是大量粒子运动涌现出来的集合特征一样。

（4）采用合适的方法加工。

榔头和扳手对于产品加工具有不同的作用，知识加工的工具如规则方法、统计方法、深度学习方法等，对于知识的最终形成也具有不同的作用，仔细区别这些不同方法对知识的作用，找到最佳的加工工具组合，形成符合实际的知识加工技术路线，是知识加工中最有挑战的部分。

（5）结果评估→知识创新。

知识加工的最终目的是为了增值，也就是创新，发现超越现有认识的新知识，体现出知识的时间特性。知识的时间特性意味着知识随着时间的推移，随着被大众接受的范围的扩大，知识的含金量会不断降低，知识最终变成常识，这就是知识从生到死的生命周期过程。比如万有引力，在牛顿时代是知识，但是现在已经变成了常识，虽然像超距作用还是无法解释，但是人们已经不关心这些内容了，万有引力这个知识已经死了，人们更关心是什么样的新知识会取代它，于是相对论应运而生，成为新的知识；当只有三个人能懂的相对论变成高中课程、当镭射激光成为像空气一样的消费品之后，相对论又由知识变成了常识，完成了它的生命周期，这时候黑洞理论、时间简史又成为新的知识。

知识加工相关的关键技术主要有以下几种：

1）机器学习

机器学习自从1949年Hebb提出规则学习以来，经历了艰苦曲折的发展过程，在每个转折点上作出贡献的大师们如图6-20所示。

机器学习是相对于人类学习知识而言的，不只是计算机，任何人造工业品如机床、消费品等，都可以像人一样学习，也就是模仿人从无知到有知识、从对世界的认识浅到不断认识加深的过程，像人把知识存储在人脑中一样，机器把它学到的知识存储在它的大脑中，比如一块存储芯片，从而机器像人一样可以适应环境而生存，最终的目标是通过学习得到的机器人，代替真实的人从事那些重复的、繁琐的人类工作，从而把人从大量的繁琐的劳动中解

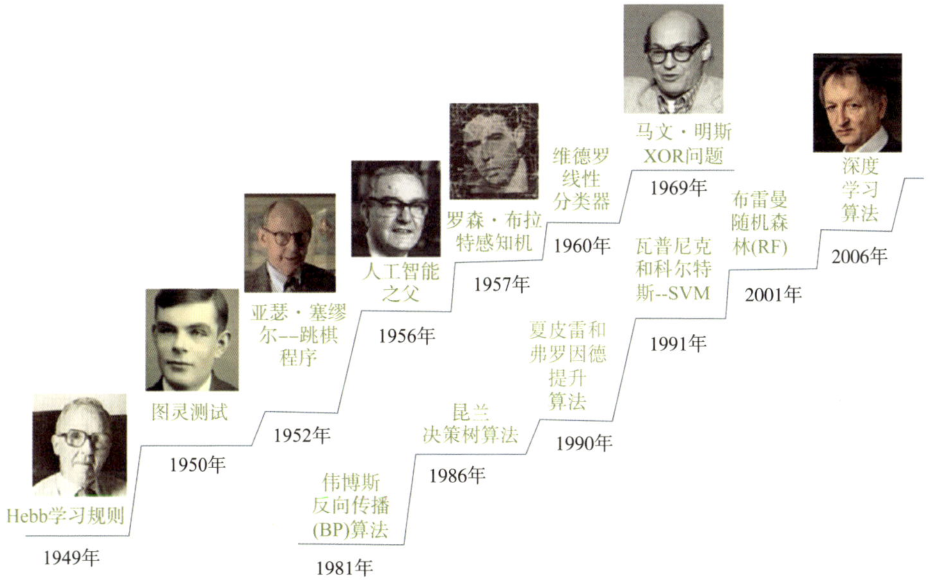

图6-20　机器学习历史轨迹

放出来，充分释放人的智能资源。虽然这样的理想还存在很多问题，但是机器学习已经极大地提高了人们的生活质量，比如模仿人洗衣并记录人洗衣过程的自动洗衣机，已经节省了人们洗衣的时间。

机器学习类比于用统计的方法根据已有的样本构建一个统计模型，其中的学习是指随着样本的变化，模型不断更新，就跟人从婴儿→少年→中年→老年的学习过程一样，知识也是一个不断学习、提高到死亡的过程。知识也有死亡的最后阶段，意味着知识融进一个更大的系统中去。

一般而言，$y=f(x)$ 整体叫作知识，但狭义上是指 f，比如，线性回归出的这条 $y=kx+b$ 的直线叫作知识，而计算出这条直线的样本数据点对（x，y）不叫知识，而 f 就是模型，因此机器学习构建出的模型，就是知识本身，这是最常见的可以用表达式表达的知识。

机器学习又称浅度学习，这是相对于深度学习而言的，深、浅体现为特征数量和模型层次。深、浅学习一致的地方在于都采用了非线性的max、ReLU等函数，以实现从低到高的认识层面的跃迁，非线性特征是人类思维的典型特征。

所以，机器学习是介于统计分析和深度学习之间的一种形态，其非线性的层次少，主要依靠已知的特征，好处是计算速度块，所耗费的计算资源少，因此在嵌入式边缘计算中，将深度学习最大限度地改造为浅度学习的方式，是一种必然的发展方向。

2）知识图谱

知识图谱虽然是2012年谷歌提出来的，但是在它之前，知识图谱已经有很多版本，最早是哲学巴门尼德的存在论，也就是本体，直到1993年格鲁伯将本体引入计算机领域，以后又有语义网、知识地图、LOD等几个版本，最终才形成现在的知识图谱Knowledge Graph。知识图谱在中国大陆以外叫Knowledge Map，而正确的英文是Mapping Knowledge Domain，不管哪种说法，现在统一为知识图谱。知识图谱的演化路径如图6-21所示。

知识图谱是Knowledge Graph的中文翻译，但显然中文比英文多一层“谱”的意思，这意味着，在中文里面仅仅是图不是我们的思维指向，是图带谱，也就是关联+排序、结构+数量才是中文的准确思维模式。通过图的关

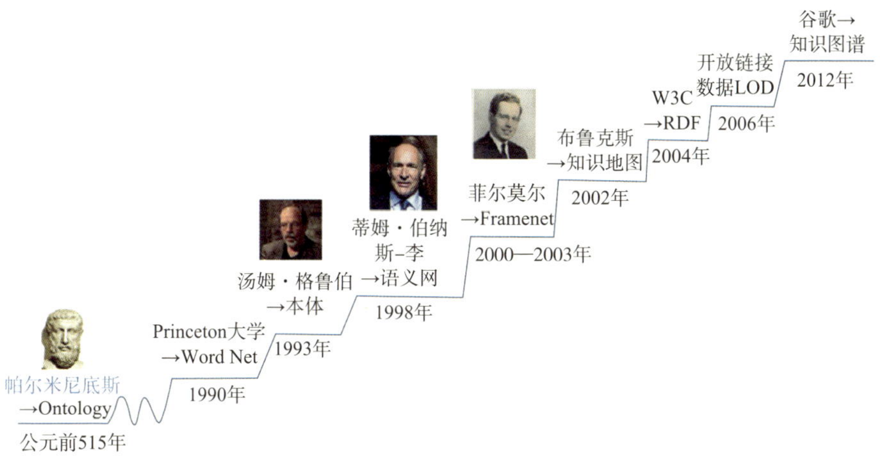

图6-21　知识图谱演化路径

联构造计算网络，比如神经网络或者深度学习模型，然后在图的基础上进行计算，所谓的基于知识图谱的计算，正成为中文智能问答的核心技术。比如，问孤岛油田有多少口井，从管理的层级上讲，孤岛油田并不直接管理井，是开发单元管理井，因此孤岛油田是通过开发单元这个隐含层来计算井的数量。如此，从孤岛油田到井形成了一个树形网络，这就是分层的全连接的深度学习模型，也就是实体图谱。但是，这里并不是要这个实体关联图，而是要回答一个准确的数量，也就是先通过图建立模型，然后通过统计得到最后的数字也就是谱，这种“数、形”结合的应用变得越来越普遍。

知识图谱根据实际应用的不同，一般分为概念图谱和实体图谱两个部分，比如谷歌、百度这些公共平台建立的公用知识图谱偏重于实体图谱，而领域应用一般偏重于概念图谱+实体图谱，这是由于领域建构在共性的认识对象和共性的认识基础之上，这个共性就是概念的另一种说法。

图论是知识图谱的理论基础，基本思想是将异构异源的数据通过图的基本要素点和线统一起来，形成统一的图数据结构，然后在知识图谱基础上构建应用。

从文本中挖掘知识构建知识图谱的技术路线如图6-22所示，知识图谱和一般文本挖掘不同，知识图谱尤其关注文本中的表格信息，因为表格的表头代表语义关系，而记录代表实体关系，这会降低人工检验的难度，因为只需要检查表头。

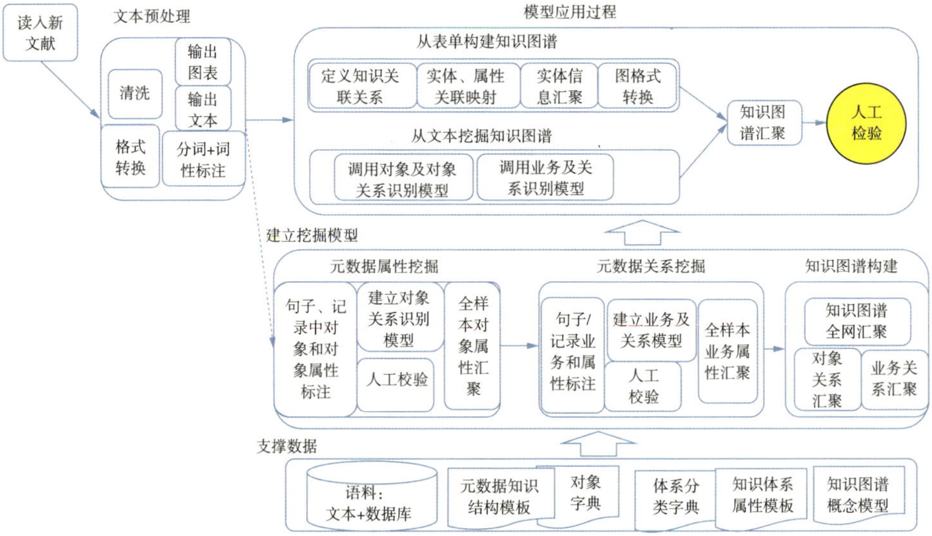

图6-22 知识图谱构建技术路线

3）自然语言处理

自然语言处理泛指将大自然的语言处理成非自然的语言，比如人说话、动物咆哮等是大自然赋予人的能力，把声音记录为文字或者符号，就是最早的自然语言处理技术，这就是人类发明的文字。

现在的自然语言处理，主要指将文字符号所承载的内容，转变成计算机能理解的0101这种非自然语言，也就是通过计算机语言，实现自然语言与人的理解之间的桥梁。不说话的山水或者建筑也是一种自然语言，不是声音而是视觉或图像的表达方式，因此图像处理也属于自然语言处理的范畴，所以图像搜索和文本搜索是搜索的两种主要类型。

自然语言处理的理论主要涉及语法学派和语义学派。语法学派注重语言本身的规律，重视虚词的作用，也就是重视纸面上文字表达的学问；而语义学派看重语言的实际功用，人的认识指向透过纸背直指现实存在，用一种类似用手可以触摸的真实感来认识语言，认识语言文字背后的物质属性。

自然语言处理的历史轨迹如图6-23所示，期间英雄辈出，现在AI时代的主流技术是深度学习。自然语言处理属于抽象层面的语义分析和理解，相比于图像识别和语音识别，自然语言处理更困难，因为理解有歧义。比如一只猫的图片，全世界所有人基本上都能认识是张猫的图片。这意味着大家对图像容易达成一致的认识。

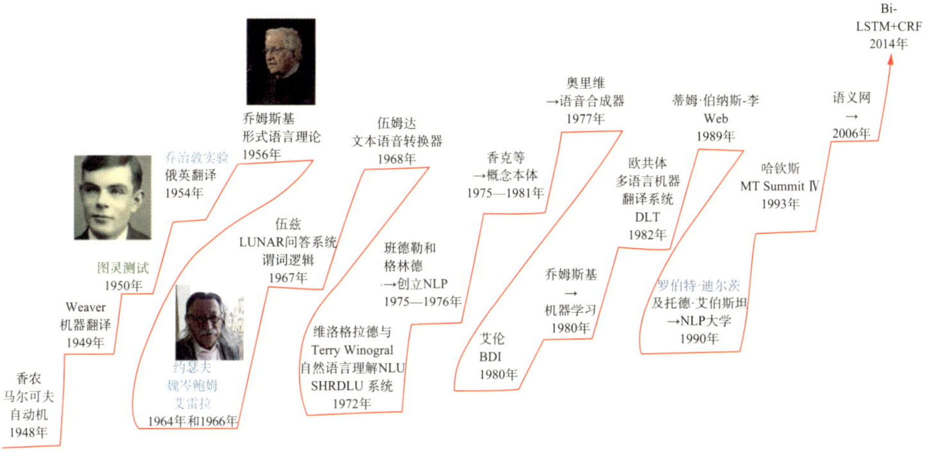

图6-23　自然语言处理的历史轨迹图

一个典型非结构化文本多层次挖掘技术路线如图6-24所示。

采用基于规则+统计的分层自动标引技术进行文本挖掘，是一种常用的策略，主要步骤如下：

（1）首先对输入文本进行格式转换，比如pdf→txt，然后进行清洗，去掉篇眉、篇尾，错字改正等，得到一篇干净顺畅的正文文本。但是，pdf→txt转换是一件比较困难的事情，因为OCR没有开源产品，关键是因为OCR中版面分析的情况比较复杂，现在还没有发现一款适应性很好的OCR产品，尤其

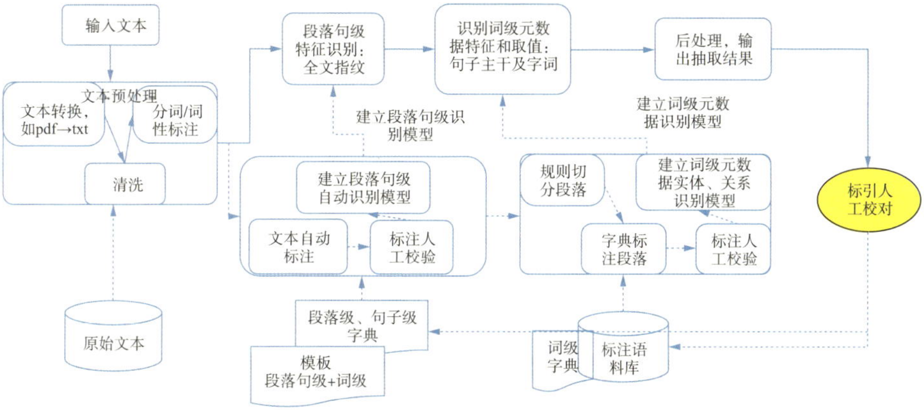

图6-24　非结构化文本自动标引以及自动挖掘技术路线图

是专业的OCR，需要自己准备语料重新计算模型。比如铅印字、专业术语、特殊字符的识别，需要做针对性的强化学习，才能满足工程的要求。因此，OCR作为自然语言处理的原材料输入，它的好坏又直接决定了后面的加工效果。尤其在专业领域，很多文献都是pdf、图片或者纸质保存的，需要OCR的工作量就很大。

（2）然后对文本进行分词和词性标注处理。一般先采用开源分词模块进行分词和词性标注，通过校验，得到适合专用场景的分词和词性标注语料；当达到一定量级后，采用CRF或者LSTM+CRF建立分词模型，实现领域分词。

（3）标引分为段落句子级和词级两种类型。全文一般指段落+句子级，句子主干和字词都属于一个句子以内的部分，句子主干类似于短语，因此将句子主干和字词标引作为一种类型。

（4）对于以句子为单位的标引，主要采用规则方法，通过建立标引特征词字典，识别句子级特征。标引特征词可以在句子级上建立识别模型。

（5）对于句子内词级元数据识别模型。首先是建立单个的实体识别模型，然后建立实体之间的关系识别模型。

（6）实现实体和实体之间的关系识别，需要按句子建立实体和实体关系的标注语料。标注的方法以字典为基础进行规则标注，通过校验，得到正确的标注语料。

（7）对已经标注的语料，建议自动识别的统计模型，在规模比较大的时候需要采用深度学习技术。

（8）所有经过人工检验的数据再返回字典和语料库中，完成自动挖掘的工程循环。

4）深度学习

从广义上说，深度学习的网络结构也是多层神经网络的一种。

传统意义上的多层神经网络只有输入层、隐藏层、输出层。其中，隐藏层的层数根据需要而定，没有明确的理论推导来说明到底多少层合适。

而深度学习中，最著名的卷积神经网络CNN，在原来多层神经网络的基础上，加入了特征学习部分，这部分是模仿人脑对信号处理上的分级。具体操作就是在原来全连接的层前面加入了部分连接的卷积层与降维层，而且加入的是一个层级。

简单来说，原来多层神经网络做的步骤是：特征映射，特征是人工挑选。

深度学习做的步骤是：信号→特征→值，特征是由网络自己选择。

一般的深度学习模式如下：

将能够取得的数据进行矢量化，作为深度学习的参数输入。实际中，输入的向量维度一般都高达几千维。比如餐饮行业，考虑原料、人员、时间段这些因素，至少2000维以上，其基本思想如图6-25所示。

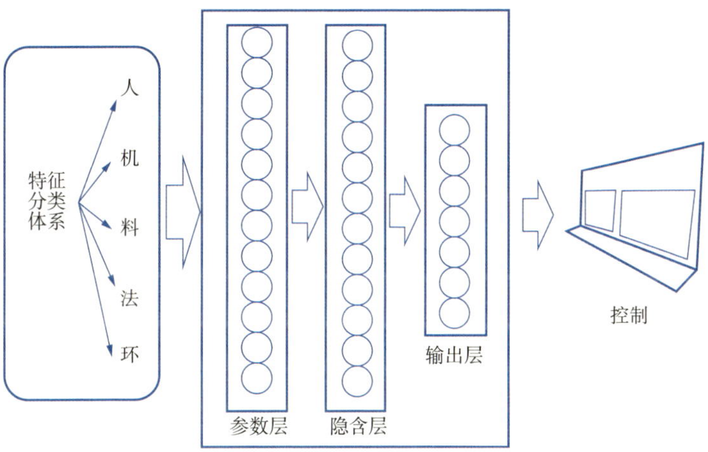

图6-25 深度学习基本思想

深度学习较之传统的统计学习，最大变化在于隐含层，它能发现那些说不清楚的模式或者参数。传统的学习是决定论的，比如已知天气、节日、季节的影响，但是一群人喜欢做某件事情的模式，很难由一个参数来定量描述，这就是需要深度学习发挥它能发现抽象层次的能力，可以将这些难以言说的模式发现出来，作为传统意义上的特征使用。

生成神经网络（GAN）用于在样本量较小的情况下能产生大量的伪样本，作为训练的负例数据，可以有效克服样本有限的问题，在图像识别中应用广泛，但是在自然语言处理中应用较少，因为依据没有说过的话，很难判定未来人们就不会这么说。

常用的深度学习模型如图6-26所示。

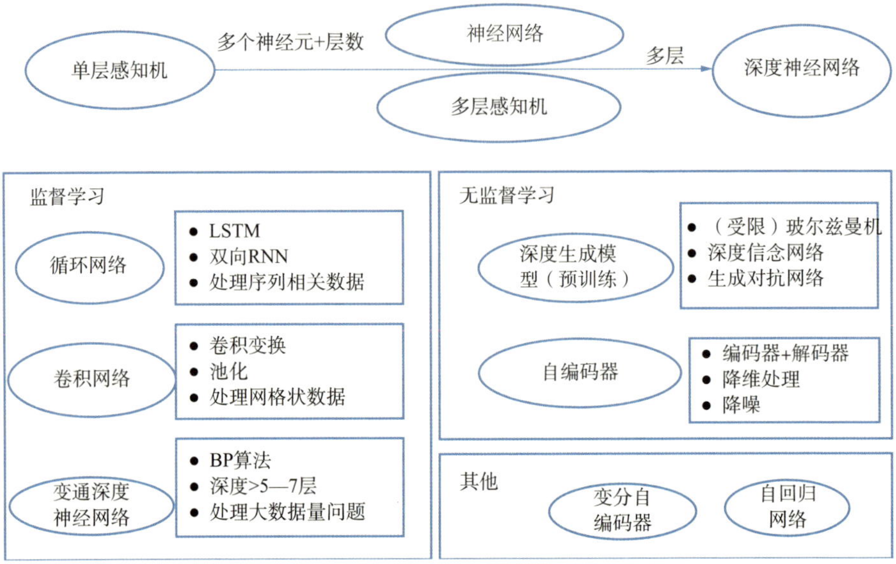

图6-26　各种深度学习模型

6.4.3　知识存储

自从结绳记数开始，人类因为有了记录才有了知识的传承，才有了灿烂的人类文明，从实物记录→竹简→铅字→墨水→电子记录，知识记录经历了一个不断精细化和复杂化的进化过程。也正是因为有了记录，才可能对知识进行分析、解释、实践，才能发挥知识改变命运的功能。因此，知识存储是知识管理和知识工程的基础，存储的具体方式要根据知识的形态不同而不同。

如图6-27所示，从知识存储的角度理解DIKW模型，三种数据存储形式

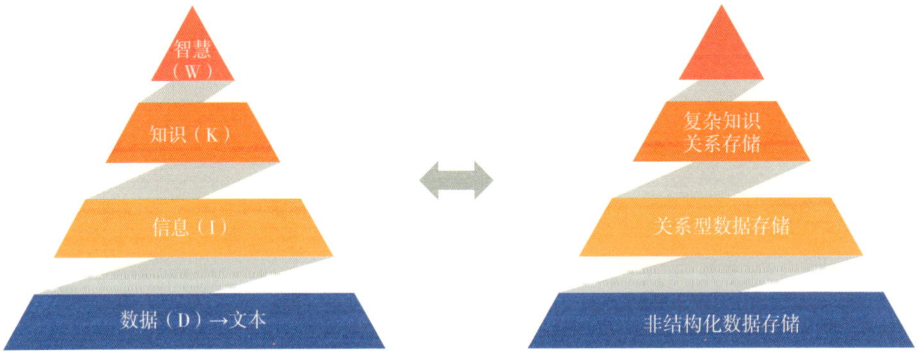

图6-27　DIKW模型和知识存储方式

形成一个金字塔结构，这个存储金字塔和DIKW金字塔正好形成了完美的对应关系，这本身反映了不同物理存储方式所具有的表达能力不同。对于非结构数据，采用非关系数据库进行存储；对于结构固定的数据，采用关系型数据库进行存储；对于那些需要不断扩展的关联数据，采用图数据库进行存储。

1）结构化知识存储技术

结构化数据库存储方式本身就是按照类似Excel表格的方式进行构建和操作的，其基本出发点是面向参数的设计，记录$y=f(x)$中的参数x、y、f等，因此结构化存储适合统计分析，因为表结构就是变量，而记录就是样本，这就是典型的统计分析的表达方式。

在知识的九种表达方式中，最典型的方式和最终的方式是代数表达式，因为在所有通过计算机处理的系统中，最终都是通过计算实现的，这就是一个数据分析的场景设置。

知识管理和知识工程的主要需求是将文本中的非结构化内容抽取加工，形成一条条的知识，表现为结构化的知识条目、知识模板、知识体系等，这些知识适合采用关系型数据库进行存储。

在空间上，知识库一般按物理存储位置划分为一个总分结构，比如院（企）知识库、总部知识库等。院（企）知识库主要存储采集的原始文档及元数据。总部知识库内容是面向所有人的，比如专业知识库、专题库、项目库、话题问答库、体系库、基础库、加工库、行为库等，原来都是属于专业院所和不同企业的知识，通过密级处理之后，可以开放给所有感兴趣的人，扩大知识的应用和作用范围。

在内容上，知识存储包括平台基础库、平台知识库、平台应用库、知识采集库、知识加工库等，以实现数据资源统一存储、管理和维护。平台基础库主要包括平台公共的、基础的数据资源内容；平台知识库在项目设计的基础上，对知识重新进行定义，包括知识库（行业资讯、科研成果、行业专利、期刊文献、标准流程、案例经验库等）、知识模板库、知识分类库、关系规则库；平台应用库主要包括项目任务信息库、专家信息库、收藏信息库、问答信息库、话题交流库；知识采集库主要存储了采集源、采集任务、采集链接、采集到的数据及采集校验的历史等数据；知识加工库主要存储了待加工的知识、已加工待提交的知识、批量导入的未提交的知识、临时本体库、临时项目库及知识校验历史库。

2）非结构化知识存储技术

非结构化知识存储技术需要统筹考虑企业内部各类非结构化数据，优化数据存储策略，整合存储资源，提高利用率。优化系统配置，确保系统安全存储。

在数据层面，非结构化知识存储技术主要用来存储非结构化的文本，以及一些元数据。元数据信息的数据字段和属性内容，相对多元化，如果用结构化的数据库来存储，存在扩展困难、查询效率低的问题，而非结构化的数据库，如MongoDB、HBase等，采用的是JSON（Java Script Object Notation）、Document，列式存储等方式，有效地解决了数据结构多样化的问题，从横向和纵向涵盖更多的结构。

在空间层面，利用非结构化知识存储技术，可以对一些碎片化的文档、图片、音视频等内容进行文件分割和拆分存储，可以大大提高持久化和检索效率，增加空间利用率。并且在扩展和安全方面，很多非关系型数据库也有非常好的扩展策略和较高的安全性，例如MongoDB采用的是Chunk分布式拆分，Hadoop采用的Block拆分，共同的特点是，在读取时Client端无须关注分块细节，能够支持水平的数据库集群，实现动态的扩展。

3）复杂网络关系知识存储技术

图数据库与传统关系型数据库的主要区别在于关系型数据库是使用外键连接各个节点（表）数据，而图数据库使用关系连接节点数据。图数据库存储节点、关系和属性。我们可以用图中的点（vertex）来表示任意事物，用图中的边（edge）来表示事物与事物之间的关系，比如社交网络、Web网络、电子商务交易网络等。

在大数据时代，数据量越来越大，节点间的关系越来越复杂，传统关系型数据库已不能高效地对这些复杂数据进行存储、检索、操作和管理，使用图数据库可有效地解决这些问题，所以图数据库是补充或替代关系型数据库系统的一个可行选择。图数据库可高效表达复杂网络关系，适用于构建预测模型，检测数据相关性和模式识别，可对密集型、相关型数据进行高效处理。

这种高效动态数据模型的所有节点通过关系联系起来，允许沿着各个节点之间的边快速遍历，优点是实现遍历操作的本地化，不考虑不相关的数据集。所以，与关系型数据库相比，图数据库更适用于表示高度相关的数据，在数据结构、数据特征和数据查询等方面具有高效性，适用于语义网络、社交网络、推荐引擎及知识图谱构建和表达，具有重要的应用价值。

知识图谱是一个大规模复杂网络关系的图，其节点代表业务中的对象和实体，比如塔里木盆地、探井等。在应用中，主要采用基于图的算法对实际问题进行解析，比如最短距离算法往往用来计算概念的层次，可以用来对问答继续解析；二分图查询用来寻找两个集合之间的关系；最大完全子图用来寻找一组紧密联系的团体，比如社交网络的核心团体；超图查询可以用来进行对比研究，找到包含该图的其他图；子图查询可以用来进行结构层次查询，找到所有。对问题的描述方式从表到图，是一次认识上的跃升；基于图建立应用比如推荐算法，能极大提高推荐的准确度。

6.4.4 知识管理

1）知识管理流派及分类

从数学上看，知识管理可以等效为实现$y=f(x)$的过程中，对x、y、f的管理和优化。

$$\begin{aligned} y &= f(x) \\ &= y_0 + ax + bx^2 + \cdots \end{aligned}$$

为了实现目标y，在时间中总归是从最简单的实体管理到因果管理，然后再到创新管理，这等效为数学中对0阶、1阶和高阶项的管理。

知识管理的最终目标是决策，决策是一个更高层面的思维活动，对应的是系统跃迁的过程，从管理上来看，对应的是创新管理，或者说，是寻求函数f的非线性突变模式。

因此，根据这个知识管理的基本思想，衍生出三种主要的知识管理思想，它们分别是：

（1）基于产品设计的知识管理。

这种知识管理的思想是对于y、x参数的0阶静态管理，本质上就是产品信息管理，是知识管理或者知识挖掘的基础和输入。

这种技术的思想是把知识管理作为伴随物质世界产品管理的一部分，主要用于对产品的参数管理，它涉及对知识的分类、建模、表示、获取、检索、推理等关键技术。比如，将知识管理过程融入并行工程系统设计研究，通过电子文档和图像笔记获取各种正式的设计信息，面向产品的知识处理方法，通用的产品建模语言，面向对象的方法对产品设计，产品设计知识重用，抽取和组织知识，以及本体在机械产品设计中的应用等。

直接将知识管理融入产品设计形成产品设计知识管理理论框架，会存在知识管理理论与产品设计体系的衔接问题，缺乏有效的动态设计知识的管理与应用理论框架，缺乏从整体角度对产品设计知识管理过程的设计知识进行全面和统一研究等问题，仅考虑产品设计知识管理本身，未考虑知识管理以后的应用需求，导致知识“管而不用”的状态。

（2）基于知识流的知识管理。

这实际上对应着对参数的动态管理，也就是1阶管理，将知识看作对产品流程的描述，强调知识在各个环节的转换，强调知识的动态性和流动性，这也是面向流程的管理思想和设计思想在知识管理中的体现。

关于知识流（Knowledge Flow）的描述，大致可分为三类：一是知识流是在人与人之间、知识处理机构之间进行知识传递的过程，将知识流定义在知识传递层面上，如组织内部隐性知识和显性知识的流动过程，不同部门之间及其中间环节所进行的流动，不同主体之间的扩散和转移，知识存量高者流向知识存量低者的复杂动态过程；二是知识流是在知识传递的基础上进行知识处理，如在人们之间流动的过程或是知识处理的机制，与其他组织交流和交换的知识及经验；三是知识流是知识传递的基础上加上知识应用，如知识扩散–知识吸收–知识扫描和问题解决、知识转移和应用等。

总之，知识流研究的是已有的、静态的知识流动过程，知识流不仅仅代表知识的运动，也应解释知识如何在组织中移动。但目前的知识流未涉及新知识获取，而新知识获取是设计知识流的主要目的。研究知识流的动态性，涉及知识的分类、动态特征、运动机制、知识获取和流动控制。

知识流动是一个复杂的过程，知识需求或知识落差决定知识流动的方向和影响要素。知识流的动态性包括流动过程的动态性和知识本身的动态性两个方面：一是知识流动过程的动态性包含知识的运动机制、知识获取、流动控制等；二是知识本身的动态性包括知识的分类、动态特征、知识的转化等。

知识流动的最终目标是知识创造，知识转化是实现这一目标的必要手段。知识在流动过程中，通过知识的共享、利用和转化产生新知识。组织机构中的知识流是知识通过社会化、外化、组合化、内化四个阶段在不同层次知识主体的流动过程。

（3）基于创新的知识管理。

这种知识管理思想关注 f 的形态，尤其关注 f 的2阶以上的非线性跃迁，因为0阶和1阶的系统是个线性系统，没有涌现和跃迁作用，没有数学意思上的创新。

比如，作为决策智库的知识管理技术，就是一个典型的面向创新、面向跃迁、面向高层次思维的知识管理技术。智库即思想库、智囊团、顾问团、头脑企业，由不同学科专家组成，运用专家的智慧和才能，为决策者出谋划策，提供满意方案或优化方案的研究机构。智库的本质是智力资源借助信息资源最终加工形成智慧产品，为决策者提供高质量的决策咨询服务，其特征是以知识运用能力为核心、以知识创造为本质，通过对信息、知识等进行收集、加工、分析、整合、重组等创造性智力活动，最终提供辅助决策的有用知识增值产品。

具体的知识管理技术和上述三种知识管理思想相对应，它们分别是知识体系管理、知识全生命周期管理和知识模型管理。这三种管理技术的关系如图6-28所示。

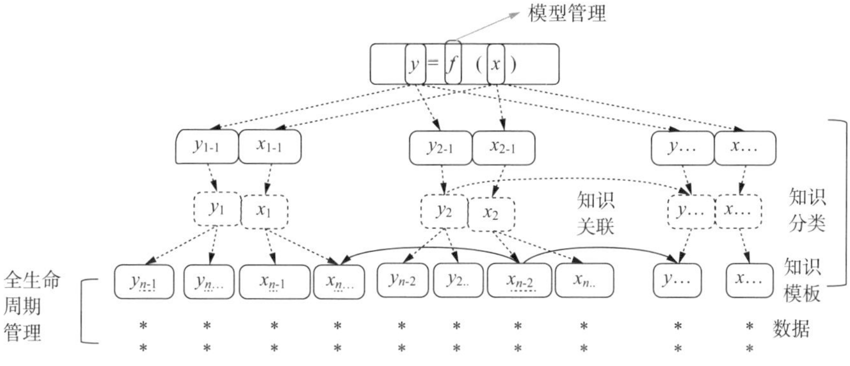

图6-28　知识管理技术关系示意图

正如计算机的操作系统是对计算机单板硬件和软件的管理一样，知识管理系统就是对生产场景、业务场景的操作系统。区别在于，在知识管理平台的建设过程中，知识工程师看不见真实的生产场景，只看得见文字描述，而业务专家看不见文字看见的是真实的场景，这两部分人员需要找到都能理解的共同语言，才能将知识和场景结合起来，构造出合适的知识操作系统，如图6-29所示。

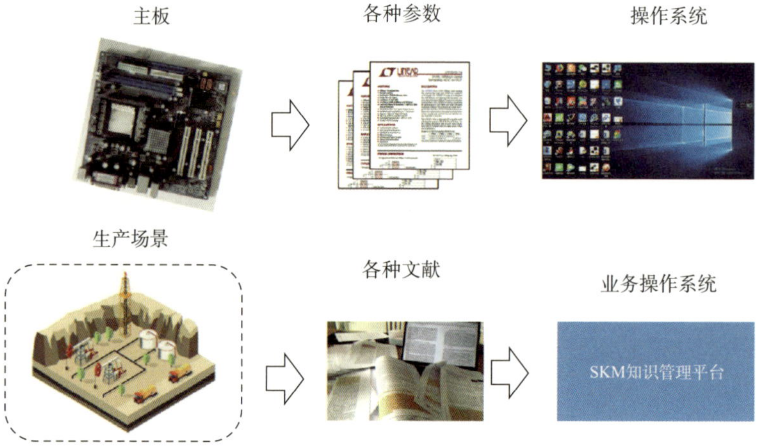

图6-29　知识管理操作系统示意图

因此，知识管理系统可以以操作系统为参照，来搭建其系统框架和构建应用。知识管理的知识体系管理、全生命周期管理和创新管理，大致对应着操作系统硬件管理、进程管理和风险管理（比如故障排除）。

2）知识体系管理

知识体系包括知识分类、知识模板和知识关联。知识体系是知识概念的层次结构，是对一个领域知识抽象的认识，完全属于思维世界，是领域稳定的概念化知识载体，相当于分层模型变量结构。一般来说，知识模板是知识分类体系的最后一层，它的下层就是数据，因此模板实现了概念和实体之间的连接。知识关联是不同层次概念之间的连接，是形成知识网络、知识图谱的根源，关联构成了不同概念之间的长程和短程，就跟热力学系统的分子关联一样，是实现系统跃迁、形成更高层次规律的物质基础。

知识体系建设的重点是将应用需求分解为对知识的需求，构造知识节点的结构。知识体系本质上是业务知识、领域知识的结构化过程，需要领域专家的共同参与才能完成。

从知识本身的结构上看，按照0阶、1阶和高阶划分的原则，知识节点可以分为0阶的实体网，如本体网、语义网、引用网、任务关系网等；1阶网络等效为因果网，而面向创新的高阶网的知识节点最低是一个三元组结构，如图6-30所示。

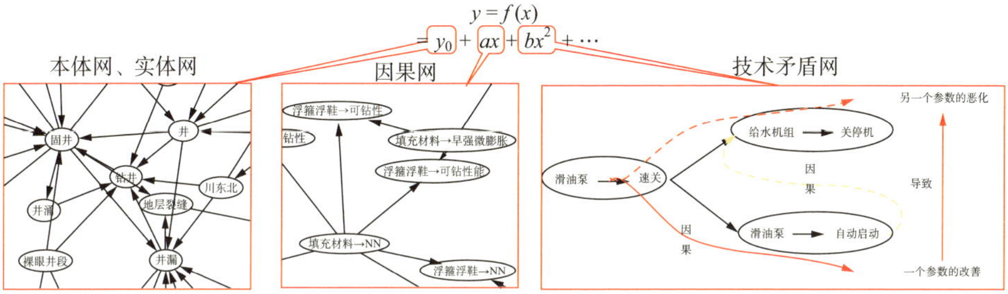

图6-30　知识节点结构示意图

三种类型的知识节点是一个层次递推的关系，高级别的知识节点依赖于低阶的知识节点，如此，不同阶的节点整合在一起，形成一个巨大的复杂的知识网络。

所有的改进最终落实在低阶的节点上，就跟软件去耦一样，软件之间的耦合形成了一个复杂网络，其中的涌现效应带来了不可预测的系统风险，为了降低这种风险，一个通用的办法就是将复杂系统进行分层处理，也就是去耦合处理，这实际上就是降维处理，也就是将高阶的问题降为低阶来处理，最终落实在最低阶的知识节点上，也就是落实在实体上。

知识体系的管理，就是对这些分类、模板、单元结构及单元之间的关联进行增、删、改、查及验证的过程。

由于知识体系的建设不是一次完成的，也不是一成不变的，知识体系也要随着建设的深入而不断调整和扩展。

知识关联管理中涉及一个关联验证管理的问题，因为关联本身是一种假设，这种假设是先验的，它的正确与否通过数据验证才能确定，具有数据支持的假设被认为是正确的假设，也就是这个关联是实际存在的，需要保留。而那些没有数据支持的关联假设就是臆想的不存在的假设，需要剔除。这个假设检验的过程本身，也是知识体系管理的一部分。

3）知识全生命周期管理

知识的全生命周期管理如图6-31所示，是指对知识从“采、存、管、用”一直到知识的退出整个时间范围内，对知识的状态进行管理，它背后对应的物质过程就是产品的全生命周期管理，或者面向流程的产品管理，强调知识的时间性，以及知识的可用性。

知识的可用性和产品的规范性往往具有互补的关系，也就是越是规范化的过程知识可用性越弱，越是人工参与强烈的地方，知识的可用性越高。比如，在前期需求确定、概念设计阶段，这里有大量不确定的、发散的思维过程，在这些过程中，比在真正的有形产品生产环节中，知识能发挥更大的作用。

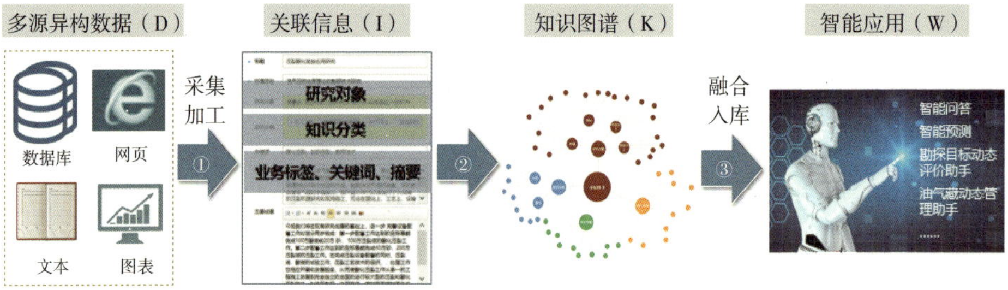

图6-31　知识生命周期管理示意图

知识的生命周期管理是按照采集、加工和校验的实际配置过程进行规划。知识生命周期管理和一般的全生命周期管理不同的是，它特别强调知识的自学习特性，这体现了人工智能中人的价值，所有知识都来自人。

加工任务主要针对不能直接采集得到的知识属性，比如分类和对象识别，采用的方法一般是规则法、模型法混合使用，以字典为代表的规则方法是工程中的基本方法，而模型法比如采用机器学习、深度学习模型的方法，主要用来发现新的特征，这些特征需要经过校验和确认后才能正式入库。以校验为主要方式的自学习过程是一个不断反复、循环求精的过程，其准确度主要依赖于样本的大小。

4）知识加工模型管理

知识加工模型管理主要是对整个加工过程中所设计的模型进行分类、验证、再学习的过程。知识管理中的知识、机器学习的学习，最后都是通过分析模型实现的。

除了传统的0阶、1阶模型之外，在知识管理中，尤其强调对非线性创新模型的管理。非线性模型不仅仅是一个模型，更重要的是对模型的解释。知识加工模型包含的内容如图6-32所示。

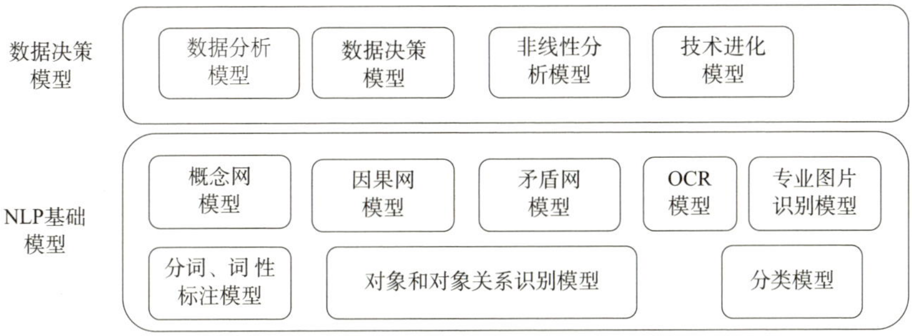

图6-32 加工模型管理内容

模型管理的功能包括：

（1）对模型的分类和管理，包括模型上传、信息修改等。

（2）模型在线展示，因为模型本身是不可读的文本文件，因此需要用户对模型进行交互控制，来确定模型的性能，尤其是在多版本的情况下进行在线展示。

（3）模型信息的在线浏览。

（4）实现对图像文件的标注、分类管理。

6.4.5 知识应用

1）智能搜索

搜索引擎发展至今，主要经历了三次技术革命：

第一代搜索引擎是以人工目录分类导航技术为基础的，如Yahoo，其主要弊端体现在检索结果相关性较差、排序缺乏合理性，仅仅能检索到互联网上全部页面的16%，用户需要在杂乱无章的大量检索数据中识别完全符合要求的检索结果，无法谈及检索的较高精准度。

第二代搜索引擎虽然增加了文本处理技术、改进的排序方法，但仍然是基于关键词和特殊算法为基础的，如Google，相较于第一代搜索引擎在检准率、检全率和检索速度等方面有所提高，但是检全率、检准率依旧较低，对多媒体和跨媒体的信息检索能力较低。

第三代搜索引擎便是智能搜索引擎。它具备了技术智能化、功能人性化、搜索专业化等优势，以人工智能、数据挖掘、模糊匹配、神经网络、数理分析等技术和手段为基础，国内代表有百度、搜狗等，国外代表有Wolfram Alpha、Askjeeves、Google。

智能搜索引擎的本质特征，即主动学习、主动分析、主动推送。主动学习指智能搜索引擎能够做到及时跟踪相关学科的发展前沿，自觉监控网络上信息的变化，实现了搜索领域的新突破。主动分析是指智能搜索引擎能够做到自主识别用户兴趣、检索领域、网络行为、检索模式等特征，在前期检索服务基础之上，有侧重地为检索用户提供专属服务。主动推送是指智能搜索引擎能够仿学人类思维和行为，将检索行为的落脚点由搜索信息转到重视用户行为，从而使智能搜索引擎的检索过程演变成一个可持续发展和变化的协同机制。

基于知识图谱与语义计算的智能搜索准确率可达85%，具有较强的实用性，可为垂直搜索应用领域的技术优化提供参考思路。

基于知识图谱的智能搜索技术路线如图6-33所示。与传统搜索方法的不同在于，对于所有的搜索实体，都按照概念和实体两个维度进行了扩展。

具体的扩展方式如图6-34所示，以目标对象为中心，首先按照不同的层次给定不同的权重，越靠近中心的权重越高；对于统一个类中的实体词，按照出现的频次进行排序，最终排序规则是由两种排序方式的乘积决定。

2）智能推送

智能推送的核心在于推荐系统，而推荐系统的核心在于推荐算法。推荐算法发展至今种类繁多，主要有基于内容的推荐、基于关联规则的推荐、基于知识的推荐、协同过滤推荐、混合推荐及在它们基础上的一系列改进算法。在实际应用过程中，推荐系统往往采用混合推荐算法，将单一的推荐算法进行优势互补，提升推荐效果。

智能推送技术会产生“内容下降的螺旋”的问题，即低俗和虚假内容常

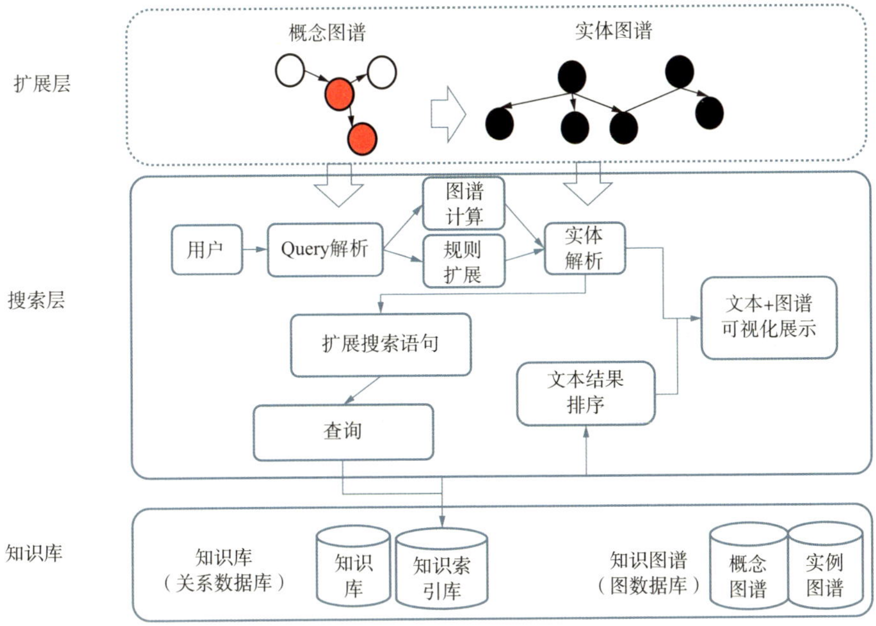

图6-33 基于知识图谱的智能搜索示意图

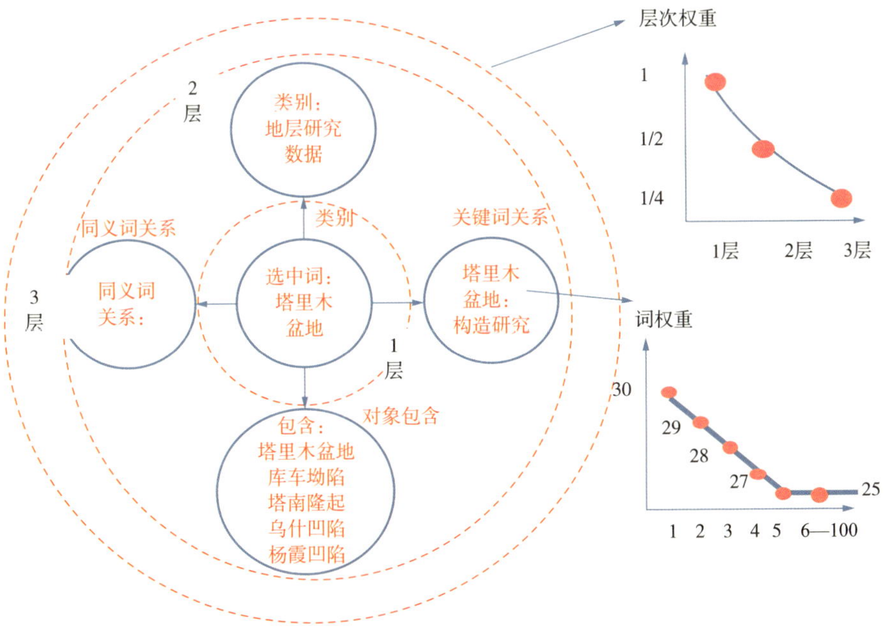

图6-34 基于知识图谱的智能搜索扩展示意图

常会被算法选取并加以推送。这是由于推荐算法是基于统计而不是语义的算法，也就是基于字符而不是基于客观语义的，具有数字依赖性的算法，就一定会出现“谎言说1000遍就成真理”的误区。比如，一些自媒体不加甄别地扩充内容，大量质量不高的内容充斥内容数据库，这些大量低品质内容的供给，满足并“创造”着对低俗内容的需求，有些平台甚至在主观上还企图借此提高“流量”和用户数。另外，算法的取值也出现内容的偏差，比如依据热度的推荐，即根据用户对一条信息的点击量的历史数据判断其信息偏好，在使用移动终端的场景近乎个人独处的私密化条件下，人们所表现出来的信息需求常常偏重猎奇，对低俗内容较为敏感，这类低质量信息往往点击量较高。这就造成了在供给侧和需求侧，都出现了点击量高的情况。如果管控手段和意识不强，就会进入“内容下降的螺旋”。

如此，需要全面地对推荐算法的点击率进行客观分析，增加对其分析的层次，比如要反映趣味性、重要性的内容。

智能推送要解决理解或者认知的问题，就需要采用认知图，认知图本质上就是一种知识图谱，比如模糊认知图。

基于知识图谱的智能推荐技术路线，如图6-35所示，主要以实体关联为基本数据，而频次只是推荐矩阵的一个维度，这样就消除了推荐的统计依赖性，更加接近人的非数据的直觉的认知模式。

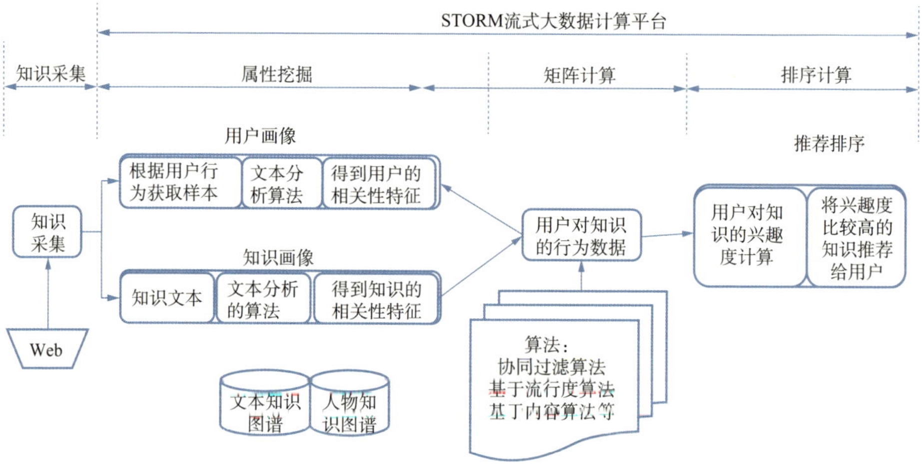

图6-35 基于知识图谱的智能推荐技术路线图

3）知识问答

问答系统的发展路径如图6-36所示，大致可以分为三个阶段。第一阶段从图灵测试到1999年，其特征是构建FAQ以及知识库，通过数据库查询实现固定的一问一答的方式；第二阶段从1999年TREC确立QA任务开始，到2010年Siri语音系统面世，其主要特点是根据各种语义理论，通过文本挖掘和搜索技术，实现一定程度的自由问答和聊天；从2010年Siri面世开始，问答技术进入AI时代，以深度学习为主的一系列问答语言模型奠定了基于语音、文本甚至图像的问答系统技术基础，推动问答效果更加准确。AI技术的潜力还没有完全发挥出来，以AI为基础的问答技术还将迎来蓬勃发展的新时代。

由图6-36所示，基于知识图谱的问答系统最早出现在2015年，在2019年的时候出现了一系列关于知识图谱应用于各个领域的问答系统，其基本思想是，采用谷歌的知识图谱思路建立三元组的实体关系网络；通过深度学习或者语义分析挖掘问句中的三元组；然后采用SPARQL这类专门为三元组设计的查询语句，在图谱中找到答案，然后根据问句-答句模板构造答句。

这种思路本质上还是一个第四范式意义下的穷举和搜索的思路，试图对每个问题都查到某个文献中出现过的答案，然后构成问答。这种穷举的思路现实中会遇到两个问题：其一是空间上不可能穷举所有遇到的问题和答案，再大的知识图谱也不可能涵盖世界上所有的三元组，哪怕是一个很窄的领域；其二是在时间上，由于现实是不断发展变化的，同一个术语所指的内容随着

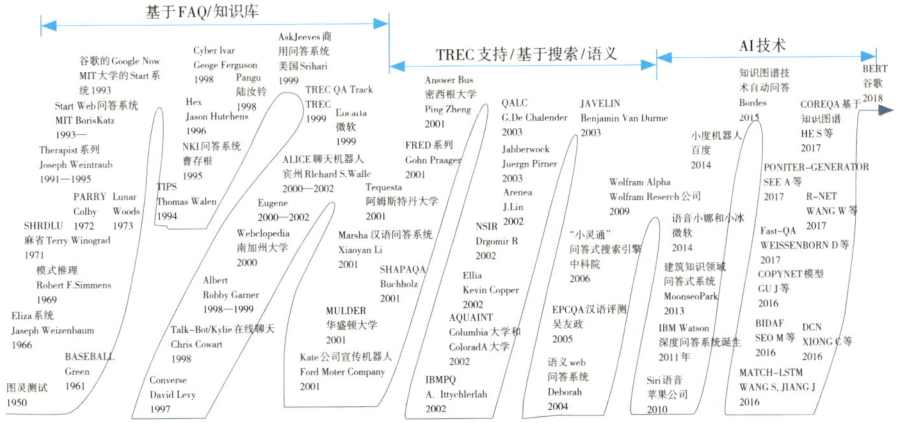

图6-36 问答技术和系统发展轨迹图

时间会发生变化，新的术语和内容会不断产生，因此现实中会遇到大量的计算和推理问题。

基于知识图谱的问答系统思维路径如图6-37所示。问答系统总体技术路线分为思维世界和现实物理世界两部分，思维过程描述人看不见、摸不着的抽象概念形成过程，而现实世界指一个物理上有形、可以感知的实体世界。内核是一个四框思维模型，反映了人的理论和实践之间相互作用、有机统一的普遍思维规律。外壳是具体的操作步骤，描述了一个具体问题到具体答案的主要环节。

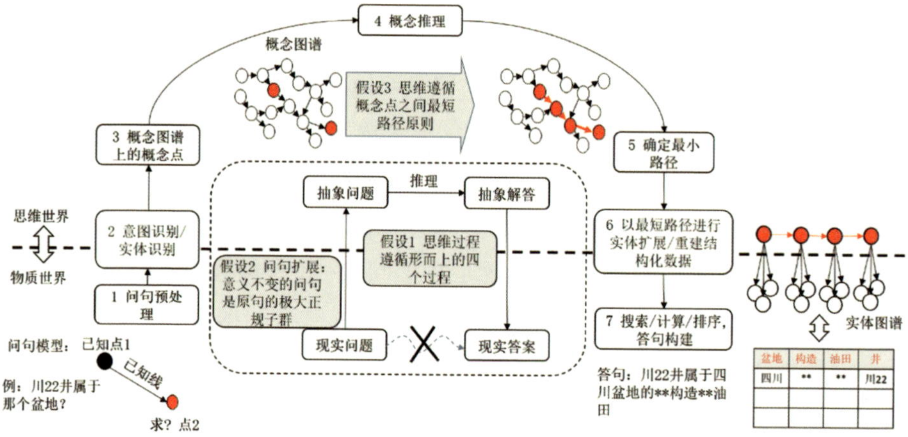

图6-37　基于知识图谱的问答系统思维路径图

一个实用的正在建设中的智能井筒问答系统，其知识图谱构建了地层及缝洞单元共计260个对象和业务活动，如井筒、盆地、油气田、开发单元、缝洞单元、地层、油气层、管网、站库等，实例点为363187，FAQ收集了一般问题11024个，基于图谱解析的问答类型总共11类，这11类问题可以生成很多具体的问题，基本上覆盖了井筒专业一般关心的问题。

问答系统APP的界面如图6-38所示，在语音问答的基础上，还增加了文本窗口，用以检查文本是否正确，为系统改进积累素材。AR的引入，可以增强场景感，增加系统的使用黏度，未来将和场景地理位置结合，能提供井的相关历史信息等。

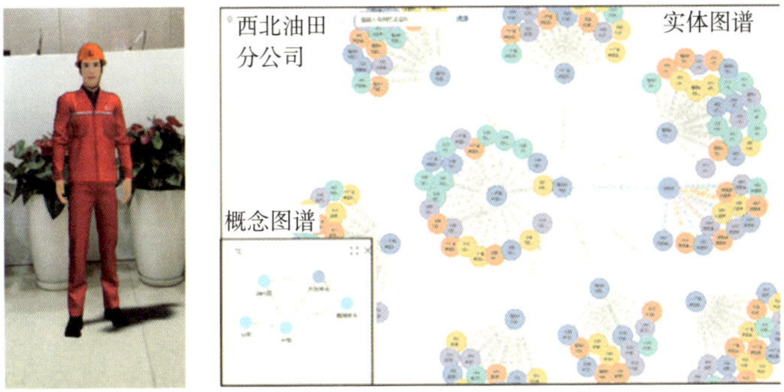

（a）带有AR和问答文本框的APP应用界面　（b）知识图谱示意图

图6-38　井筒问答系统应用

6.5　知识运营与保障体系

在知识管理的实践中，知识管理系统上线才是知识管理活动的起点。信息技术不是知识管理的全部，它是知识管理的工具和支撑，在与业务深度结合的基础上，通过有效的运营才能构成整个知识管理一体化的体系。因此，知识管理想要生效，企业必须制定相应的配套体系。

知识管理的配套体系包括两个部分的内容：保障体系和运营体系。知识管理的保障体系包括知识管理需要的组织设置、流程建设、制度建设、资金保障机制及考核与激励措施制定，其目的是从管理层面解决好知识管理谁来管、怎么管、何时管的问题。知识运营体系，目标是要在知识管理系统上线之后，通过增加用户黏性的运营活动，使知识管理系统的知识内容不断丰富、用户活跃度持续提升，让越来越多的用户爱用知识管理系统。只要有人用，就能够发现新的需求、改进的要求，就会有新的知识产生，整个体系步入良性循环，实现“知识创造价值”的核心目的。

简而言之，保障体系是知识管理活动得到企业认可的合法保障和资源保障，运营体系是基于这些保障，让知识与人、活动进行交互，实现知识活力的动态行为。

6.5.1 知识管理的保障体系

1）知识管理组织

结合知识的“管理”“应用”“运维”三个核心职能，进行知识管理组织设计及细化工作，如图6-39所示，设置知识管理委员会、IT运维组、知识运营组，对知识管理活动进行全面负责，并对各组织职责以及人员设置提出建议方案。

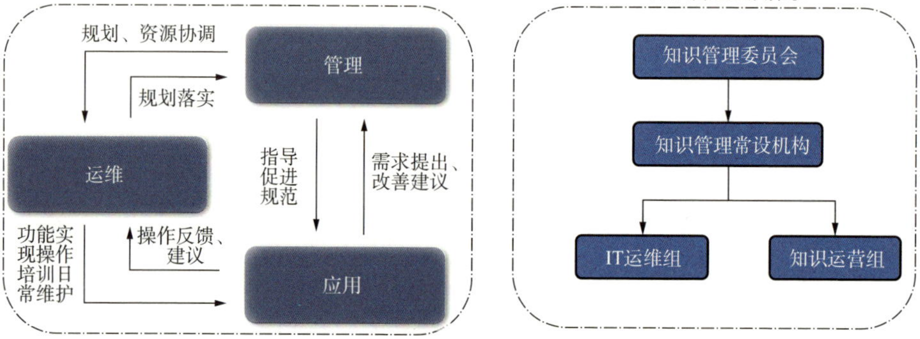

图6-39 组织架构与职责设计框架图

2）知识管理制度

为了保证知识管理的正常运作，达到组织在业务运营过程中形成积累、共享、应用、创新循环的状态，逐步形成企业或组织内部的知识共建、共享的文化氛围，要针对各种知识活动制定相应的管理制度，如图6-40所示，是典型的知识管理相关制度。

3）知识管理流程

知识管理相关的流程，与主要的知识活动相匹配，主要包括知识管理规划、知识采集、知识维护、专家管理、知识审核、知识应用、知识贡献考核激励等。

针对每一类活动，企业需要制定具体的规范化流程，告知相关的岗位和人员：如何操作，如何协同，需要交付哪些工作产品，谁来审核或审批等。

名　称	目的及主要作用
知识获取管理制度	为了推动知识管理实施，要求员工将工作当中产生的显性和隐性知识以工作为总结报告、案例分析报告、管理规章等形式沉淀到企业知识库中，制定知识获取的相关管理制度，对知识进行梳理、分类等处理后采集。
知识存储管理制度	为使企业的知识更好的共享和应用，方便知识的查询和学习，制定知识存储规范，避免知识库中知识的重复存储和知识搜索效率的降低。
知识维护管理制度	知识维护就是要求知识管理员在规定的时间要重新审视已经存档的文件是否有过时、实效、繁杂或相互冲突的内容，将无用、重复或者过期的知识文档清理出来，确保存档文件的有效性、精炼性和一致性。
知识应用管理制度	知识的密级和使用权限的设置规范有利于知识应用过程中对核心知识的保护；规范知识交流共享的途径、形式等，有助于知识管理的长期、稳定的进行，减少员工的抵触消极情绪等。
专家管理制度	专家头脑中的隐性知识是组织内宝贵的资产，将专家本身及专家知识进行管理，同时规范员工与专家问答、交流机制，有利于专家隐性知识的沉淀及传承，提高员工工作效率。
知识管理配套管理手册	为了确保知识管理稳步实实施，正常运行，制定知识管理相关配套工具和交流活动等方面的规范、手册。

图6-40　典型的知识管理制度

4）考核与激励

知识管理的考核激励机制主要包括三种，如图6-41所示：

（1）日常激励：每个用户在知识管理系统上的行为都会获得相应的激励积分，例如查阅、下载、共享新知识、回答问题等。

（2）主要奖项：按季度或者年度，为突出的个人设置最佳贡献奖、最佳参与奖、最佳知识管理者奖项；为突出的组织设置最佳贡献组织奖、最佳参与组织奖；在有条件的情况下，还可以为这些获奖人员或组织安排物质奖励或行政嘉奖。

（3）发展激励：为优秀的个人提供培训交流机会；为其绩效加分，促使其得到晋升发展的机会；由专家对其贡献进行认可，扩大专业知名度等。

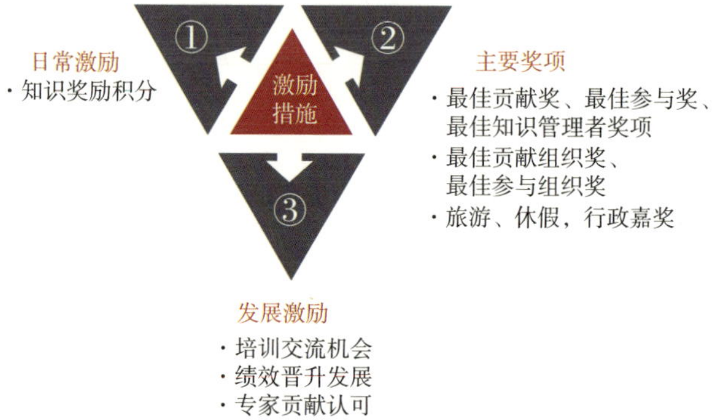

图6-41　常见的知识管理考核激励机制

6.5.2　知识管理的运营体系

在知识管理领域，运营的对象是“人”和“知识”。运营体系的建设包括四个方面：内容运营、用户运营、活动运营和持续优化，如图6-42所示。

1）内容运营

内容运营以知识内容为中心，目标是持续产生优质的知识。不同的业务活动会产生不同的知识，其产生的时机、知识的特点可能千差万别，因此需要为不同的业务设计不同的内容运营方案。例如，针对科研的协同研究，运营重在积累团队交流中产生的隐性知识，并依据用户的研究目的推荐相关的

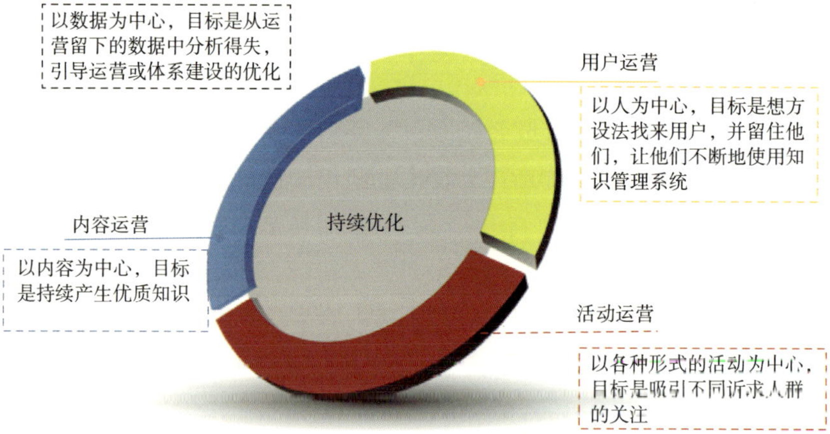

图6-42　知识运营体系示意图

知识；又如针对企业重点关注的技术主题，设置知识专题，将相关内容重新组织，并定制实时更新和通知的策略，让关注此专题的用户能够实时获取最新知识。

内容运营的关键在于积累原创、优质的内容，通过酷炫、吸引力的标题，然后通过各种渠道推广出去。

2）用户运营

用户运营以人为中心，想方设法找来用户，并留住他们，让他们不断地使用知识管理系统。用户运营主要有三种：拉新、留存、促活。拉新，即“引流”带来新用户；留存，即让新用户变成老用户；促活，即让沉默的用户重新活跃起来。

针对不同的用户群体设计不同的运营方案。例如，针对知识管理员和系统管理员，在保障体系发布时，他们已知个人的职责，这类人群只需要安排培训，他们就会因工作需要而自然成为知识管理系统的用户，而且是稳定的老用户。针对应用功能，例如智能搜索、活动空间等，分析哪一些用户最关心这种应用，就要及时通知到他们，并且跟进培训，以便去使用系统。为此，需要设计相应的活动，如新应用上线之前就作出类似精准营销的广告推广，甚至在试上线中可以有偿征集体验者等。

3）活动运营

各种形式的活动，能够吸引到不同诉求人群的关注，这是知识运营中的一种重要手段。内容运营和用户运营的实施，往往需要设计不同的活动。

针对不同的目标进行不同的活动设计。例如，在新系统或应用上线之前，策划的活动一定是紧紧围绕这个应用展开的，因此要考虑此应用的特点，目标用户群是谁，在哪里，培训什么，如何培训，有什么激励措施，如何判断应用效果等。在知识库新增加了一类知识内容时，组织相关的知识交流会，不仅能够挖掘出相关的知识专家，还能够营造知识共享的气氛，扩大知识管理体系的影响力，达到宣传推广的目的。

活动运营的步骤是：首先要策划，然后实施，之后分析其效果，以便优化改进。因此，在前期预热、中期推广、后期总结中，需要关注其经验教训，这些也是很有价值的隐性知识。

在活动运营中，文案工作是很重要的一项，宣传广告、新闻报道、焦点透视等，既能够宣传，又能够提炼精华内容，再次吸引更多用户关注，达到二次营销的目的。

4）持续优化

在一些运营策划中这也叫“数据运营”，即从运营留下的数据中分析得失，引导运营或体系建设的优化。实际上，现在它已经超越了“数据”的范畴，既要有量化数据的分析，也有非结构化数据的分析。

在知识管理体系建设中，重点关注的数据包括知识资产量、用户数量、知识被应用量、系统不同应用的点击量等。不同的组织关注重点不同，不同的知识运营阶段关注重点也不同，因此要分阶段设计持续优化的指标。例如，在知识管理系统上线初期，需要重点关注知识资产增量、用户数，它们体现的是知识管理的扩展范围，而且量胜于质；而在知识管理系统应用一定时间后，就需要重点关注用户留存率、知识被应用量，它们能够体现出系统内的内容质量、应用质量对于用户的吸引度。

6.6 知识管理建设实践案例

6.6.1 需求与挑战

整体来看，油气上游领域发展机遇与挑战并存。油气需求持续增长、石油科技进步、国家政策支持和“一带一路”倡议为中国油气工业领域的发展提供了良好的机遇，同时原油价格难以回升高位、油气资源品位变差、油气市场主体多元化、投资环境复杂多变、环保与气候变化要求提高等因素带来了巨大的挑战。

在此背景下，中国石化提出了创新驱动战略，以提升科技创新能力、加快核心技术攻关、深化两化融合为抓手，着力提高全要素生产率，持续推进高效勘探，持续推进效益开发，持续推进管理创新。

基于上述机遇、挑战与发展要求，中国石化将知识管理作为提高其业务效率与质量、驱动科技创新的重要抓手。通过对知识管理现状和现有信息系统的调研和分析，提出在知识管理方面存在以下不足：

（1）知识资源丰富，但离散分布，缺乏知识有效汇聚和分享的方法与工具。

（2）知识结构离散，没有形成完善的专业知识体系，成果复用困难。

（3）建立了较为完善的业务流程和成果管理规范，需进一步关注流程中知识的管理。

（4）新员工培养方式较为传统，需要更有效的知识沉淀与传承方式。

结合知识管理存在的不足，借鉴国内外知识管理的成功案例，提出知识管理的建设需求：

（1）汇聚已有知识资源，建立油气勘探开发知识库。

（2）专家隐性知识显性化。

（3）显性知识结构化、体系化。

（4）依托信息技术，建设知识管理平台，提供多种知识应用共享服务。

（5）对科研过程中产生的知识进行沉淀和管理。

6.6.2 建设工程方案

1）建设目标与路线图

面向油田勘探开发生产与科研核心业务，构建特色知识体系与知识库，打造知识管理平台，实现知识汇聚、关联与高效应用，建立促进知识管理长期运营的配套体系，助力业务降本增效。

按照数字化→知识化→智能化的进阶路线，以统筹规划、分步实施为原则，由点及面逐步推进知识管理体系建设与应用，总体实现技术路线和方案分为三个阶段，如图6-43所示。

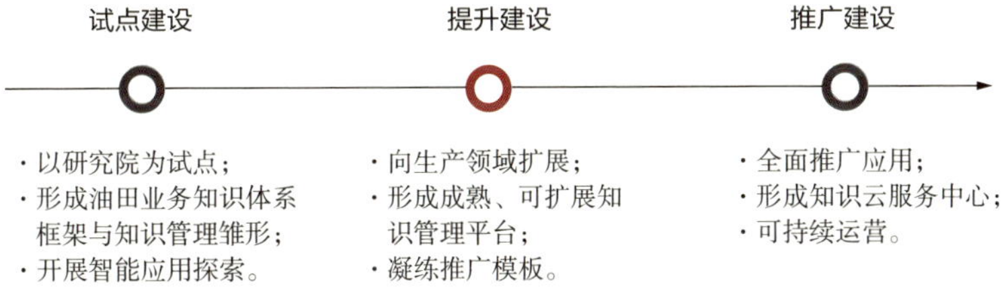

图6-43 建设路线图

试点建设阶段：以中国石化所属石油勘探开发研究院、石油工程技术研究院为试点，梳理设计油田业务知识体系，搭建知识管理平台，实现知识采-存-管-用全生命周期管理，实现从数字化向知识化的演进，并开展智能应用的探索。

提升建设阶段：由科研向生产领域拓展，提升完善和丰富知识体系与知识管理平台，形成成熟、可扩展的知识管理平台，建立包含智能问答、预测预警等在内的多种智能化应用模式，支撑从知识化向智能化的演进。同时，形成推广模板，为后续全面推广奠定基础。

推广建设阶段：实现在公司内部的全面推广应用，形成知识云服务中心，落地配套体系，实现可持续运营。

2）总体方案

本项目的总体方案如图6-44所示。首先开展业务分析，设计知识体系。在此基础上，面向业务应用需求实现内外部不同知识源的知识采集、加工，形成业务知识库；开发知识管理平台，完成知识采-存-管-用全生命周期管理；同时，设计知识运营的组织、流程、制度等配套体系。

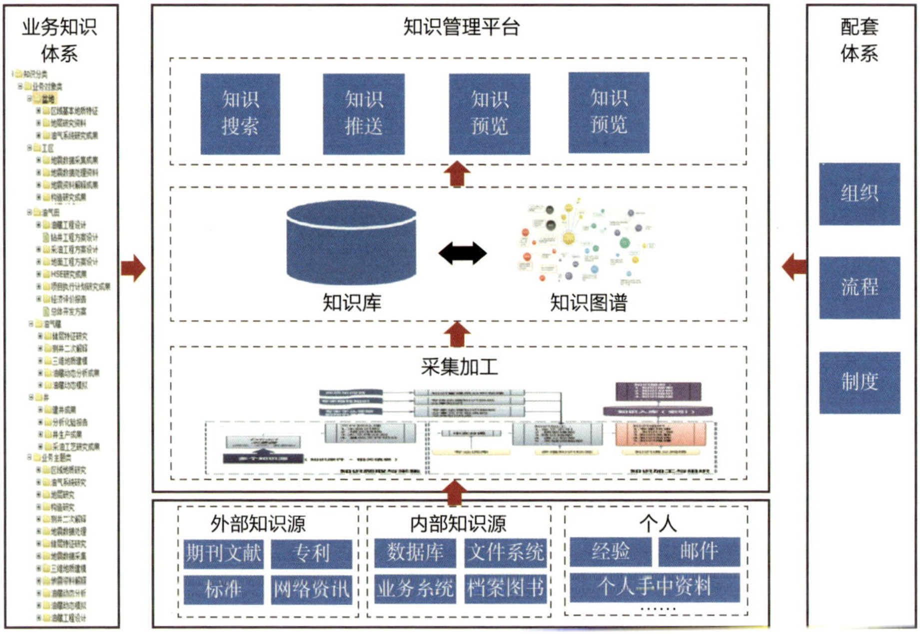

图6-44　总体方案图

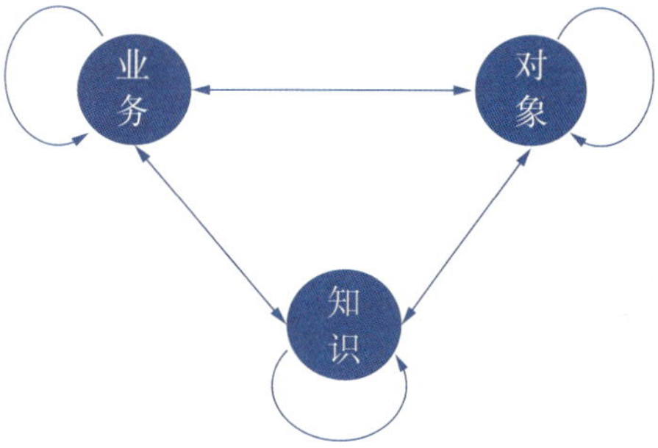

图6-45 知识体系构成示意图

知识体系：知识体系是实现知识高效组织、管理和智能应用的基础。为了保证知识组织应用更具针对性，需要首先对业务进行细粒度分解，采用按照专业、工作程序逐层分解的原则，分解至较完整进行知识处理、应用、可执行的独立业务活动/任务，对业务活动及其知识应用场景进行描述，构建业务模型。在业务分析基础上，以业务、对象、知识为核心要素，设计梳理知识体系，构建起知识间多维分类与关联，如图6-45所示。

知识库与知识图谱：依托知识体系，对不同来源文档、数据等进行知识点凝练，形成知识库，构建知识间的关联图谱，如图6-46所示。

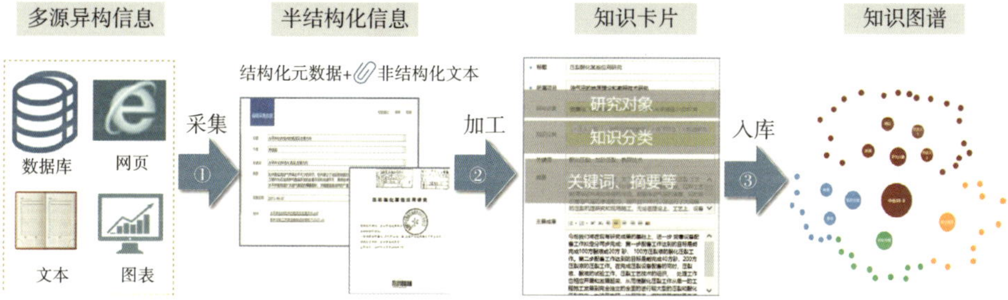

图6-46 知识库与知识图谱构建示意图

知识管理平台：是支撑管理和应用的软件平台，实现并支撑项目型、个人型、专题型应用模式，支撑伴随业务过程的知识共享、交流与沉淀。图6-47是本项目建设的知识管理平台首页界面。

配套体系：知识管理的持续运营需要通过共享共建，才能实现知识库的不断完善。通过配套体系建设明确知识运营组织、制度、流程，形成利于知识共享的文化，为知识资产持续保值增值提供支撑，如图6-48所示。

6.6.3 知识管理平台

1）应用架构

知识管理平台分为四层应用架构，如图6-49所示。

图6-47　知识管理平台界面

图6-48　配套体系构成图

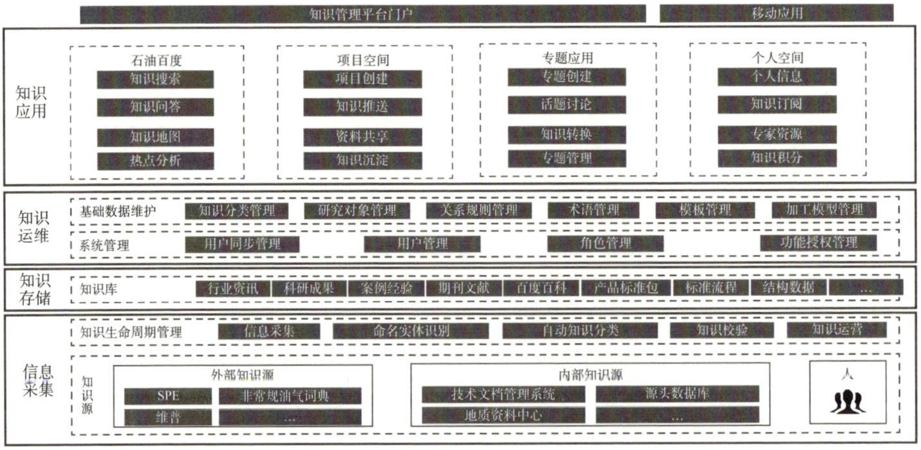

图6-49　知识管理平台应用架构图

（1）信息采集层：实现公司外部知识源、内部知识源及个人知识的汇聚融合，并基于知识体系实现相关知识源中对象、业务、关键知识点的识别、抽取、关联。

（2）知识存储层：基于知识类型对知识进行分类管理与存储，例如行业资讯、科研成果、案例、期刊文献、经验、行业专利、案例库等知识类型。

（3）知识运维层：提供基础数据维护与系统管理功能。

（4）知识应用层：主要涵盖了知识应用的四种模式，即项目型应用、个人型应用、专题型应用及石油百度，对应四种模式，有不同的功能模块进行支撑。

2）四大应用模式

基于该知识管理平台，建设实现并支持四种典型的应用模式，如图6-50所示。

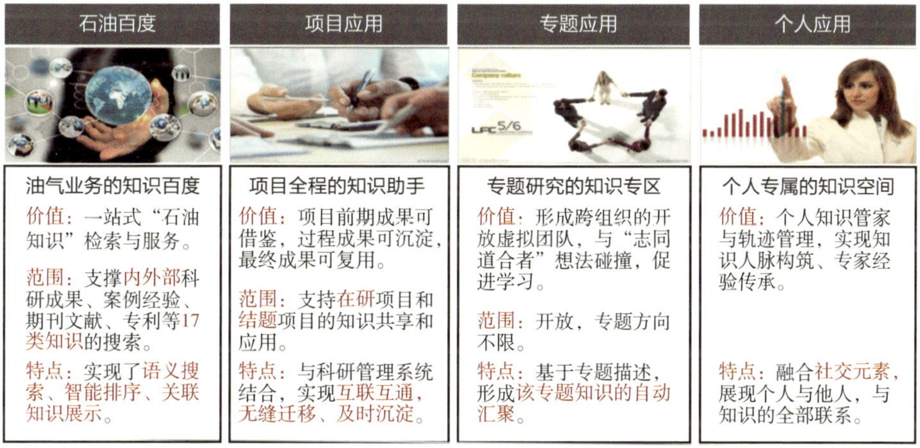

图6-50 四大应用模式

（1）石油百度：实现各类知识的一站式搜索，让科研人员快速、准确、全面地获取相关知识，成为个人工作与学习的知识助手。

（2）项目应用：实现科研成果的一键汇聚与复用，实现项目团队的资料共享与经验交流，实现过程与最终成果的沉淀积累，服务于项目效率与质量的提升。

（3）专题应用：实现面向问题、专业技术、业务领域的知识灵活组织汇聚，实现领域动态的全面感知，实现领域人才的学习交流，促进专业能力提升。

（4）个人应用：形成个人知识宝库，关注的专题、知识、专家能跟踪、能学习、能交流；构筑知识人脉，提供专家黄页，并提供多种与专家沟通交流的方式，促进专家经验传承。

6.6.4 成效与认识

通过知识管理建设与应用，实现了内外部几十个知识源的融合汇聚，通过知识加工凝练百万量级高质量知识库；实现试点单位科研人员在研项目的应用。

（1）在技术应用上，首先基于知识工程方法论Common KADs，采用大规模集成融合与一体化设计，满足油田复杂业务知识管理与应用需求的知识体系框架。同时，按照该知识体系实现了大规模知识资源的集成、融合，有效消除信息孤岛。其次采用基于知识图谱的知识组织与应用技术，实现基于自然语言处理技术的半自动化、自动化知识加工，实现多源异构数据融合处理，形成核心业务知识库与知识图谱，这是大数据分析和智能应用的基础，为语义搜索、智能推送等提供支撑。

（2）在管理与创新上，首先实现了科研与创新效率提升。通过一站式知识获取、智能推送、关联发现，支撑科研人员快速掌握领域概况，辅助科研查新，实现继承再创新，提高科研质量与效率，提升了科研创新能力。其次新员工更快胜任岗位工作。通过业务标准包和各类知识的查阅学习，指导员工流程化、规范化开展相关工作，新人培养时长缩短一倍，更快胜任岗位工作。同时，专家经验传承效率更高。通过科研过程随时的知识积累和沉淀，通过专家网络可迅速获取专家支持，实现隐性知识显性化，大幅降低知识流失率。

（3）重视运营，支撑知识资产的持续保值增值，形成知识共享文化和氛围，支撑知识型、学习型组织建设。知识运营包括用户运营、内容运营、活动运营和持续优化。用户运营，是以人为中心，目标是想方设法寻找用户，并通过各种方式留住用户，提升用户日常使用知识管理系统的频率。内容运营，是以内容为中心，目标是持续产生优质的知识。活动运营，是以各种形式的活动为中心，目标是吸引不同诉求人群的关注。持续改进，是以数据为中心，目标是通过总结运营过程，借助数据分析得失，促进运营或体系建设的进一步优化。

通过知识管理的运营，不仅设计了包含组织、流程规范、考核激励制度在内的配套体系，而且开展了形式多样的运营活动，例如“我的平台我做主，知识管理系统LOGO征集活动”“知识舞台不做隐形人——个人信息完善活动”“专题建设评比活动”等，有效地调动了业务人员的积极性，形成了知识共享氛围。

智能油田
INTELLIGENT OIL FIELD

AR 扫描召唤 AI助理

7 工业互联网与智能油田建设

2019年可以被称为中国的“工业互联网年”！工业互联网平台的发布会、评审会、研讨会以及各类比赛、交流层出不穷，全国各地冠以“世界”“全球”“中国”“XX省市”等各种级别与规格的“工业互联网”大会风起云涌，各路大咖纷纷登场，十万家企业、百万APP、千万设备上云上平台的口号响彻云霄，一片“风景这边独好”的繁荣景象。最近举行的全国工业互联网大赛，报名企业逾千家。工信部发布2019年十家跨行业、跨领域（双跨）工业互联网平台，清单包括树根互联根云工业互联网平台、徐工信息汉云工业互联网平台、海尔COSMOPlat工业互联网平台等10个工业互联网平台（表7-1）。

表7-1　2019年十大双跨工业互联网平台

平台名称	单位名称
海尔COSMOPlat工业互联网平台	青岛海尔股份有限公司
东方国信Cloudiip工业互联网平台	北京东方国信科技股份有限公司
用友精智工业互联网平台	用友网络科技股份有限公司
树根互联根云工业互联网平台	树根互联技术有限公司
航天云网INDICS工业互联网平台	航天云网科技发展有限责任公司
浪潮云In-Cloud工业互联网平台	浪潮云信息技术有限公司
华为Fusion Plant工业互联网平台	华为技术有限公司
富士康BEACON工业互联网平台	富士康工业互联网股份有限公司
阿里supET工业互联网平台	阿里云计算有限公司
徐工信息汉云工业互联网平台	江苏徐工信息技术股份有限公司

根据《2019年工业互联网平台白皮书》，我国各类型平台数量总计已有数百家之多，具有一定区域、行业影响力的平台数量也超过了50家。此前，国务院关于《发展工业互联网的指导意见》提出，我国工业互联网平台建设的近期目标和中、远期目标，即2020年支持建设10个左右跨行业、跨领域工业互联网平台，到2025年形成3　5个具有国际竞争力的工业互联网平台。从数量来看，国家的规划目标可以提前完成。

7.1 西方再工业化与智能制造的全球崛起

自20世纪70年代起，在跨国企业蓬勃发展的背景下，美国进入了一轮“去工业化”大潮；到了90年代，冷战结束更加快了这个进程，美国也从过去极具生产优势的制造业大国转型为以科技为基础、结合金融优势的新型资本发展模式。但“去工业化”是把双刃剑，美国虽然控制了利润最丰厚的部分，却造成国内产业“空心化”，失业率攀升。一大批美国跨国制造企业不断地将生产中心转移到更具比较优势、成本优势、特别是市场优势的发展中大国，改革开放之后的中国就成为美国制造业投资转移的重中之重，据不完全统计，自中国加入世界贸易组织后，已经有7万座美国工厂关闭，这种转移一方面固然扩大美国企业的海外收益，物美价廉的商品也丰富了美国的国内市场，但美国国内就业率下滑，同时也给发展中国家带来了快速发展的机遇和成长空间，这是美国政府不愿意看到的。

在去工业化的十几年中，美国工业生产值增长幅度迅速下滑；制造业就业人数占总就业人数的比例，在十年间从15%下降到了10%以下，1979—1993年美国制造业流失了230万个工作岗位。根据美国经济分析局（BEA）的数据，2015年美国制造业增加值占GDP比重为12.03%，与第二次世界大战之后1953年28.12%的峰值相比，下降了超过16个百分点。根据美国劳工统计局（BLS）的数据，制造业就业总量从最高峰的1979年的2000万人下降到2014年的1137.4万人；制造业就业所占比重从1948年的28.72%的高峰，持续下降到2014年的7.09%。

从价值链的角度来看，制造业对于美国经济的重要性远比单纯的数字上所反映的要重要得多。美国的研究人员对于美国制造业进行拆解，最后发现，制造业对于美国经济的影响甚至要比美国政府测算的还要大。此前美国政府测算，制造业领域1美元的产值会带动其他领域1.4美元的产出，但MAPI（机械及联合产品研究所）的测算显示，这一乘数效应达到了3.6。在工作岗位上的乘数效应，制造业达到了3.4。美国制造业规模占GDP总量仅为11%，但如果从产业链角度看，由制造业所支撑起来的价值链的价值占到了美国GDP的1/3。制造业每年占美国出口的比重更高达60%，像普惠这样的航空航天公司是最成功的出口商之一，产品约90%在美国制造，超过80%销往海外，高端制造业是实现美国贸易顺差的主要力量。

2008年爆发的全球金融危机严重打击了发达国家的经济，全球经济持续低迷，中美制造业贸易顺差持续扩大，美国经济复苏乏力，特别是底特律等传统工业城市濒临破产，尽管硅谷日新月异，也无法抵上美国制造业低迷。很多专家认为，金融危机的根源在于过去的“去工业”政策，美国新的经济增长必须依靠实体创新而非金融创新，因为金融创新导致了房地产市场泡沫破灭、金融市场过度扩张及金融资产过度升值、商业银行和投资银行混业经营风险无法控制，等等。所以，美国前总统奥巴马提出了所谓“新经济战略”：美国经济要转向可持续的增长模式，即出口推动型增长和制造业增长，要让美国回归实体经济，重新重视国内产业尤其是制造业的发展。这也就是美国的“再工业化”战略。

2009年9月召开的G20集团会议上，奥巴马提出“可持续和均衡增长框架”建议后，美国出台了一系列以平衡增长为背景的经济复苏提振政策。最具标志性的当属2010年8月11日生效的《美国制造业振兴法案》（United State Manufacturing Enhancement Act of 2010），该法案旨在帮助美国制造业降低生产成本，增强国际竞争力，提振实体制造业，创造更多就业岗位。

美国继任总统特朗普在竞选期间，就曾信誓旦旦地表示将推动再工业化（re-industrialization），引导美国实体经济复苏。这是2008年金融危机后美国当局“再工业化”政策的延续，据外媒报道，2017年2月23日，特朗普在白宫会见二十多名制造业企业高管时再次重申，将努力把数百万的就业机会带回美国。

在美国政府的推动下，美国出现了明显的制造业回流趋势。根据咨询公司埃森哲（Accenture）的报告，受访的制造业经理人有约61%表示，正在考虑将制造产能迁回美国，以便更好地匹配供应地和需求地。

苹果公司把一部分Mac电脑的制造从中国转移回美国；工程机械企业卡特彼勒将伦敦一家工厂撤回印第安纳州，并把原先设立在日本的部分设施迁至美国，由此创造了4200个就业岗位；福特汽车公司已陆续从中国、日本和墨西哥撤回部分岗位；英特尔公司不断向美国本土的生产和研发砸入重金，公司75%的产品将在美国国内生产，带动本土高薪岗位4.4万个；星巴克开始把其陶瓷杯的制造从中国转回美国中西部。

美国制造业形成回归趋势不完全是政府的作用，经济发展两个方面的内在驱动力至关重要。

一是美国制造业成本已经具有比较优势。随着页岩油气革命，美国一举实现能源自给并有余力出口，这导致发电成本急剧下降。目前，美国的平均电价只有中国的一半。相比之下，中国工业电价高于发达国家平均水平。2014年，OECD成员国工业平均电价为每千千瓦·时123.88美元。而中国工商业平均电价折合每千千瓦·时139.43美元，可见中国工商业电价高于经合组织国家平均水平，更是美国平均电价的两倍。中国制造业成本不仅高于东南亚、南亚、东欧，并且达到了美国制造业成本的90%以上，其中珠三角、长三角达到美国制造业成本的95%，中国制造业成本竞争力正面临压力，2004—2014年，中国的年均工资增长率一直处于10%—20%。生产率方面，虽然美国装备制造业的工资是中国的6—7倍，但美国装备制造业的劳动生产率也是中国的6倍以上，两者相抵，中国装备制造业在综合成本上并不具备太大优势。随着智能制造的发展和布局，美国的汽车、高端精密仪器等产业效率会提高40%。

二是自动化和机器人等新技术的采用导致用工大减。据估计，到2025年，制造业25%的工作将会走向自动化，全球各个国家和地区制造业节省人力成本比重均值是16%，韩国、日本、加拿大、美国省得最多。机器人系统价格将持续下降，2025年将降至10万美元左右，与此同时，机器人系统的性能将以每年5%的速度提升。

哈佛大学豪斯曼（Hausmann）教授的研究结果表明，经济的复杂性与制造业知识及能力直接相关，而且研究还表明，一旦某个国家开始制造商品，因此积累了知识和能力，那么该国通向繁荣之路就会变得更加容易。但这个过程是一步一步循序渐进的，制造的商品越复杂、制造工艺越先进，就越能走到更新兴和更先进的产业，这个国家就越发繁荣，掌握与他们已经能制造的产品相似的新产品的制造技术就更容易。

在物联网、人工智能等新技术快速发展的背景下，制造业回归不是低水平的重复，而是在智能化水平上升级换代，是智能制造的回归。

美国的“制造业回归”政策以及这一政策背后的价值评估，引起世界各国特别是发达国家的广泛关注和认同，进而引发全球范围内对制造业在国家发展中的价值和地位的再认识，各国纷纷制定、出台有关制造业发展振兴的相关鼓励性政策，从而引发了全球范围内新一轮智能制造的竞争热潮。各国纷纷从自己的工业基础、发展需求出发，结合信息技术的最新发展，制定了各具特色的发展策略，在此背景下，德国的工业4.0、美国的工业互联网、中国制造2025等相继出台。

智能制造与工业互联网具有“一体两面”的密切关系。如图7-1所示，智能制造致力于实现整个制造业价值链的智能化，推进智能制造过程中需要诸多使能技术。其中，工业互联网是实现智能制造的关键基础设施，或者说关键的使能技术，工业互联网是智能制造实现应有价值、让企业真正从中获益的必要条件和基石。

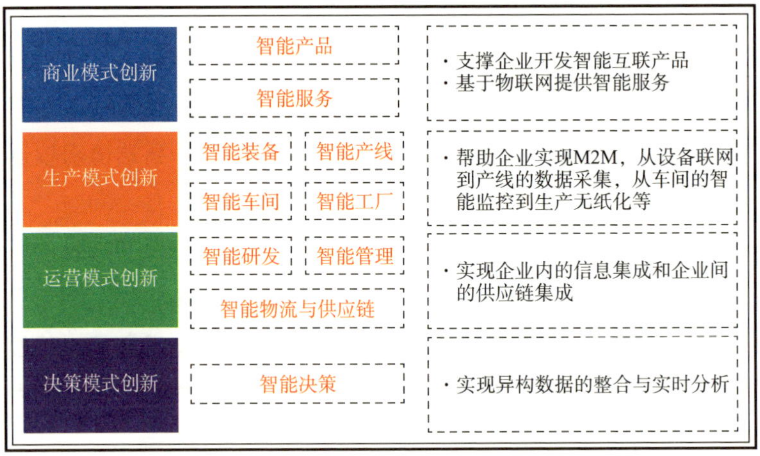

图7-1 工业互联网对智能制造的支撑作用

7.2 智能制造的竞争态势与工业互联网

在当今全球一体化背景下，信息通信技术已经成为实现世界互联互通、业务高效协作的重要手段。物联网、云计算、大数据、移动通信等新一代信息技术的发展，正深刻改变着传统制造业的发展模式。为保持技术发展领先地位，实现本国产业升级，主要发达国家纷纷推出了“再工业化”战略，并影响带动其他国家，形成了以智能化为核心的新一轮全球工业制造竞争格局（表7-2）。

表7-2　全球智能制造竞争格局表

国　家	智能制造战略
美国	《美国制造业创新战略规划》 《重型21世纪的美国政府》 《美国国家机器智能战略》
法国	《新工业法国计划》 《新工业法国2.0》
英国	《英国发展先进制造业的主要策略和行动计划》
德国	《工业4.0战略》 《工业4.0标准化路线图-V3.0》
欧盟	《地平线2020计划》
中国	《中国制造2025》 《关于积极推进"互联网+"行动的指导意见》 《国家信息化发展战略纲要》 《新一代人工智能发展规划》
日本	《日本制造业》 《创造新产业、新市场的倡议》

7.2.1　世界主要国家的智能制造战略

美国政府2010年发布了《制造业促进法案》；2011年发布了《先进制造伙伴计划（AMP）》，提出了要创造制造业就业机会，进行新兴技术投资，从而提高美国制造业全球竞争力；2012年发布了《美国制造业复兴计划》和《美国制造业创新网络》，围绕中小企业、劳动力、伙伴关系、联邦投资及研发投资等，提出了五大目标和具体建议，通过构建一个全国性创新网络，促进美国先进制造业的发展，将美国打造成世界先进技术、服务的中心；2016年发布了《美国制造业创新战略规划》。

德国政府2010年发布了《高科技战略2020》，提出了工业4.0等一系列促进制造业发展的创新政策；2013年发布了《工业4.0战略》，其主要内容包括建设一个网络（信息物理系统网络），研究两大主题（智能工厂和智能生产），实现三项集成（横向集成、纵向集成与端对端的集成），实施八项保障计划，通过信息网络与物理生产系统的融合来改变当前的工业生产与服务模式，使德国成为先进制造业的创造者和供应者；2014年发布了《工业4.0标准化路线图-V1.0》，后续又对此进行了完善，于2016年发布了《工业4.0标准化路线图-V2.0》。

日本2009—2013年相继提出了《日本制造业竞争策略》《日本制造业》《创造新产业、新市场的倡议》。

法国政府发布了《新工业法国计划》《新工业法国2.0》。

英国2011年提出了《英国发展先进制造业的主要策略和行动计划》；2015年提出了《英国制造2025》，主要内容包括推进服务+再制造（以生产为中心价值链）、更快捷、更敏锐地响应消费者需求，把握新市场机遇、大力度培养高素质劳动力，重振制造业，提升英国国力和竞争力。

欧盟2014年提出了《地平线2020计划》。

表7-3为发达国家再工业化战略；表7-4为主要发达国家再工业化战略内容和目标。

表7-3 发达国家再工业化战略

国家	战略
美国	2010年《制造业促进法案》； 2011年《先进制造伙伴计划（AMP）》； 2012年《美国制造业复兴计划》和《美国制造业创新网络》； 2016年《美国制造业创新战略规划》； 2018年《重塑21世纪的美国政府》
德国	2010年《高技术战略2020》； 2013年《工业4.0战略》； 2014年《工业4.0标准化路线图-V1.0》； 2016年《工业4.0标准化路线图-V2.0》
日本	2009年《日本制造业竞争策略》； 2010年《日本制造业》； 2013年《创造新产业、新市场的倡议》
英国	2011年《英国发展先进制造业的主要策略和行动计划》
法国	2013年《新工业法国计划》； 2015年《新工业法国2.0》
欧盟	2014年《地平线2020计划》

表7-4 主要发达国家再工业化战略内容和目标

战略名称	主要内容	战略目标
美国先进制造业伙伴计划	创造制造业工作机会； 进行新兴技术投资	提高美国制造业全球竞争力
美国先进制造业国家战略	围绕中小企业、劳动力、伙伴关系、联邦投资及研发投资等，提出五大目标和具体建议	促进美国先进制造业的发展

续表

战略名称	主要内容	战略目标
美国制造业创新网络	建设45个制造创新中心； 一个全国性创新网络； 研究3D打印等有潜在革命性影响的关键制造技术	将美国打造成世界先进技术、服务的中心； 持续关注制造业技术创新，并将技术转化为面向市场的成果
德国工业4.0战略	建设一个网络：信息物理系统网络； 研究两大主题：智能工厂和智能生产； 实现三项集成：横向集成、纵向集成与端对端的集成； 实施八项保障计划	通过信息网络与物理生产系统的融合来改变当前的工业生产与服务模式； 使德国成为先进制造业的创造者和供应者
法国新工业战略	解决能源、数字革命和经济生活三大问题； 确定34个优先发展的工业项目	通过创新重塑工业实力，使法国处于全球工业竞争力第一梯队
日本制造业白皮书	机器人； 下一代清洁能源汽车； 再生医疗； 3D打印技术	重振制造业，复苏日本经济
英国制造2050	推进服务+再制造（以生产为中心价值链）； 更快捷、更敏锐地响应消费者需求，把握新市场机遇； 大力度培养高素质劳动力	重振制造业，提升英国国力、竞争力

其中，最具世界影响力的，是德国的工业4.0战略和美国的通用电气公司（GE）提出的工业互联网计划。

1）西方国家智能制造发展特征

美国对高端产业给出了两个界定标准：一是每个产业工人的研发支出应超过450美元，或者是位于产业的前20%；二是产业队伍中获得STEM（科学、技术、工程和数学）学位的人数必须高于全国平均水平，或者在本产业中所占比重达到21%。同时符合这两个标准的产业就是所谓的高端产业。

根据这一标准，美国的高端产业共包括50个行业，涉及先进制造业（35个）、先进能源行业（3个）和先进服务业（12个）。高端产业是维持美国当前发展和持久繁荣的关键，这些产业最能支持创新、最能保障可持续增长，因此是发展智能制造的重点领域。

围绕高端产业发展，当前，美国已形成以政府、高校及科研机构、应用研究机构、企业和服务机构为主体的完整的先进制造创新生态体系。政府是创新环境的提供者，通过资金投入、财税政策、基础设施建设等营造整体发展环境；高校及科研机构是创新技术引擎，通过多学科、跨领域的技术基础研究，打造创新之源；应用研究机构对接科研机构与企业，是创新成果转化加速器；企业是创新技术产业化的主力军；服务机构为创新技术研发、应用研究及商业化提供咨询、协调、评估等服务，是供应链创新重要力量。

2015年9月，美国推出国家创新战略，提出利用国家制造业创新网络（NNMI）来恢复美国在高精尖制造业创新中的领先地位，重新投资供应链创新并支持扩大技术密集型制造业企业。

从投资上，美国制造业投资呈“两化”态势：一是数字化，美国近年来的投资IT化走势明显，在20世纪80年代，美国花在信息技术领域，如购买软件、计算机硬件和通信设备等占总投资的比重仅为1/3左右，但在2010年以后这一比重则增长至50%以上。二是无形化，美国制造业发展重心的转移和产业结构的升级，导致美国制造业投资结构的变化。从1979年开始，美国开始降低在有形资产上的投入，越来越多的投资侧重于软件、研究、开发、宣传、管理、培训等方面，无形资产投资比重持续加大。因此，美国更擅长从信息技术一侧（I端）发力。美国和德国都是工业和信息化技术融合的领先者，但相比之下，德国更擅长从工业技术一端来发力，美国先进制造技术集群还是侧重于数字化和信息化一端，比如智能机器人技术、3D打印技术、物联网技术、数字化设计技术等。在先进的数字化制造技术领域，美国在技术和市场上都具有较强优势，例如美国在3D打印技术领域处于领导者地位，占据了全球3D打印1/3以上的市场。

同时，政府积极搭建数字化制造平台，实施数字化制造计划，构建合力，实现数字化技术的群体突破。2014年2月，美国国防部牵头组建成立“数字制造与设计创新机构”（DMDII），主要研究数字化数据在产品全寿命周期中的交换及在供应链网络间的流动，推进数字化、智能化制造。该机构目前拥有80多家成员，包括波音、洛克希德·马丁、通用电气、罗尔斯·罗伊斯、西门子、微软等企业、政府机构、院校、研究所和商业组织。着力构筑数字化制造生态圈。以开源技术牵引的上、下游垂直式生态圈，围绕系统基础架构、软件平台源代码等关键技术的开放开源，形成了产业上、下游不同领域、不同主体间的技术标准制定与产品开发合作。如NASA发起的开源的云计算管理平台项目Open Stack，拥有来自176个国家30000名成员500多家企业的支持。

随着制造业的崛起，Google等互联网巨头发现制造业是创造价值的主要阵地，互联网企业开始从I端发力加快走向M端（制造端），Google先后投资了智能机器人、无人驾驶、无人机、智能家居等领域，越来越向硬件领域靠拢。GE开始编织“工业互联网”，加快从M端走向I端，GE在全球雇佣了10000名软件工程师，GE董事长杰夫·伊梅尔特提出：“也许你昨晚入睡前还是一个工业企业，今天一觉醒来却成了软件和数据分析公司。”这种两端发力的现象，展现了一种融合发展的趋势。预计美国将会涌现一批“两栖型”企业：硬件的系统集成企业在大力发展软件，软件的系统集成企业在大力发展硬件。这实际上就是一种转型发展。例如，农业机械巨头John Deere从农机制造到智慧农业。John Deere的精智农业管理系统Farm Sight TM，通过安装在农业机械设备上的传感器采集土壤条件、氮磷钾含量和作物生长等数据，并且可以预测化肥、农药的需求，从而搭建起农夫和这些化肥、农药供应商的沟通和供应平台，完成了从卖农机到做农作物生长管理服务商的转型。再如GE医疗从医疗设备到医疗服务。GE医疗的思路更有变革性，它在业务变革中实现了将数据转化为信息，将物品资产转化为功能资产，将智能硬件转化为智能软件。它的经营理念也从“提供一个好用的医疗仪器”转型为“提供用户所需要的医疗服务与建议”，从一个传统的医疗设备制造商转型成为一个直接面向患者的医疗服务提供商。

新一代信息通信技术引领未来制造业发展已成为全球共识，为巩固和重塑全球战略优势，抢占未来经济发展制高点，美国、德国等发达国家和跨国巨头都将ICT作为各自制造业发展战略部署中的关键环节和基础，进行统筹部署和推进。他们的发展实践给我们提供了许多可供借鉴的经验和下一步努力的方向。

（1）着力开展工业网络体系建设。自2011年以来，美国政府先后发布了《先进制造伙伴计划》和《总统创新伙伴计划》，将以互联网技术为根基的网络物理系统（CPS）列为扶持重点，并引入企业与大学的技术专家共同制定其参考框架和技术协议，持续推进工业网络在制造业中的部署。德国也将CPS作为工业4.0的核心，提出要在CPS技术和产品方面创建领先市场。通过在工业系统中逐步部署完善网络，使全要素、全环节、全生命周期中的信息得以有效汇聚，进而通过云计算和大数据技术实现安全可靠存储和大规模数据运算分析，以此为企业提供更大的价值。

（2）政企协作共同打造系统性的智能制造竞争优势。美国建立数字化制造和设计创新中心（DMDI），聚焦制造全生命周期的数字化交换与集成。美国国家标准与技术研究院（NIST）组织其工业界和ICT产业界的龙头企业，共同推动工业互联网相关标准框架的制定，通用电气（GE）公司联合亚马逊、埃森哲、思科等企业共同打造支持“工业互联网”战略的物联网与大数据分析平台。德国通过“2014—2017年数字议程”，提出强化数字网络基础设施，为工业4.0建设提供动力。这些行动均依托于传感、控制、工业ICT技术和先进材料技术，结合各国自身在各个领域的基础科学研究和产业技术优势，强化未来制造发展所需要的基础要素，重点突破技术含量和产业附加值最高的制造业尖端领域。

（3）加快布局智能制造产品与服务产业生态。行业巨头纷纷在智能制造领域发力，一方面着力提升设备端软件系统能力，如SAP积极研发智能生产解决方案，利用软件控制实现ERP、流水线、机器人、监控设备等各环节的数据对接，推动实现柔性制造。另一方面，全力打造软件服务平台，如GE推出Predix工业互联网操作系统，在其上构建面向具体行业的解决方案和工业APP为企业生产提供服务，形成以GE为中心的制造业生态。在产业联盟的推动下，企业间的合作进入实质性层面，如AT&T为GE提供工业互联网高安全性无线通信系统，GE的机器可连接到AT&T网络和云端。

美国、德国等发达国家和跨国巨头依托其制造业既有优势抢先布局，极有可能率先分享到新一代信息通信技术带来的巨大益处，并引导全球产业链各方在技术、标准、模式等方面形成新的路径依赖。我国制造业应当及时跟进、加快布局，避免被锁定在产业链低端的风险。

2）中国智能制造发展战略

紧跟国际先进制造、高端制造、智能制造发展潮流，我国在“十二五”“十三五”时期就提出推进工业化和信息化融合，提升和改造传统产业的有关规划，力图通过信息化和工业化的深度融合，实现结构调整、产业升级，改善企业在工业化经济中所存在的高消耗、高污染的问题，实现资源、能源的合理利用，以支持绿色、低碳的发展战略。

在《中华人民共和国国民经济和社会发展第十二个五年规划纲要》中，就有转型升级、提高产业核心竞争力的内容，并提出了推动信息化和工业化深度融合，加快经济社会各领域信息化。包括构建下一代信息基础设施、推动物联网关键技术研发和在重点领域的应用示范、加强云计算服务平台建设、加强网络与信息安全保障。国务院在《工业转型升级规划（2011—2015年）》有关工业转型升级的重点任务中，提出坚持把推进两化深度融合作为转型升级的重要支撑，深化信息技术集成应用，加快推动制造业向数字化、网络化、智能化转变；全面提高企业信息化水平，推进从单项业务应用向多业务综合集成转变，从企业信息应用向业务流程优化再造转变。2012年2月3日，工信部《石化和化学工业“十二五”发展规划》，在有关加强企业技术改造的内容中提出推进先进过程控制系统的应用，普及实时在线产品质量成分分析系统，发展工艺流程仿真技术，优化调度、故障诊断，提高集约化生产水平。2013年9月5日，工信部编制了《信息化和工业化深度融合专项行动计划（2013—2018年）》，提出了智能制造生产模式培育行动计划，并开展智能工厂的研究和试点建设工作，智能化成为未来行业两化融合发展的重点方向。2015年3月18日，工信部发布《2015年智能制造试点示范专项行动实施方案》报告。报告中指出，自2015年起，聚焦制造的关键环节，在基础条件好和需求迫切的重点地区、行业，优先从符合两化融合管理体系标准要求的企业中选择试点示范项目，2015年启动了30多个智能制造试点示范项目；以智能工厂为代表的流程制造试点示范是重点示范之一，在石油、化工等流程制造领域，推进新一代信息技术与制造技术的融合创新，开展智能工厂试点示范项目建设，提升企业的资源配置优化、实时在线优化、生产管理精细化和智能决策科学化水平。

2015年5月19日，国务院印发了部署全面推进实施制造强国的战略性文件《中国制造2025》（表7-5、图7-2）。在这份战略规划中明确提出，坚持“创新驱动、质量为先、绿色发展、结构优化、人才为本”的基本方针，坚持“市场主导、政府引导，立足当前、着眼长远，整体推进、重点突破，自主发展、开放合作”的基本原则，通过“三步走”实现制造强国的战略目标。2020年，制造业重点领域智能化水平显著提升，试点示范项目运营成本降低30%，产品生产周期缩短30%，不良品率降低30%；到2025年，制造业重点领域全面实现智能化，试点示范项目运营成本降低50%，产品生产周期缩短50%，不良品率降低50%的宏伟目标。

表7-5 《中国制造2025》五项重点工程及量化指标

五项重点工程	量化指标主要内容	
	2020年	2025年
制造业创新中心（工业技术研究基地）建设工程 九大战略任务与重点之一：提高国家制造业创新能力	重点形成15家左右制造业创新中心（工业技术研究基地）	形成40家左右制造业创新中心（工业技术研究基地）
智能制造工程 九大战略任务与重点之二：推进两化深度融合	制造业重点领域智能化水平显著提升，试点示范项目运营成本降低30%，产品生产周期缩短30%，不良品率降低30%	制造业重点领域全面实现智能化，试点示范项目运营成本降低50%，产品生产周期缩短50%，不良品率降低50%
工业强基工程 九大战略任务与重点之三：强化工业基础能力	40%的核心基础零部件、关键基础材料实现自主保障	70%的核心基础零部件、关键基础材料实现自主保障，80种标志性先进工艺得到推广应用，部分达到国际领先水平
绿色制造工程 九大战略任务与重点之四：全面推行绿色制造	建成千家绿色示范工厂和百家绿色示范园区，部分重化工行业能源资源消耗出现拐点，重点行业主要污染物排放强度下降20%	制造业绿色发展和主要产品单耗达到世界先进水平，绿色制造体系基本建立
高端装备创新工程 九大战略任务与重点之五：大力推动重点领域突破发展	实现自主研制及应用	自主知识产权高端装备市场占有率大幅提升，核心技术对外依存度明显下降，基础配套能力显著增强，重要领域装备达到国际领先水平

2015年7月4日，国务院发布了《关于积极推进“互联网+”行动的指导意见》，其中明确要求新一代信息技术与制造技术融合步伐进一步加快，制造业产品、装备、生产、管理、服务的智能化水平显著提升。大力发展智能制造，以智能工厂为发展方向，开展智能制造试点示范，有效支撑制造业智能化转型，构建开放、共享、协作的智能制造产业生态。发展大规模个性化定制，鼓励互联网企业整合市场信息，挖掘细分市场需求与发展趋势，为制造企业开展个性化定制提供决策支撑。提升网络化协同制造水平，通过互联网与产业链各环节紧密协同，促进生产、质量控制和运营管理系统全面互联，推行众包设计研发和网络化制造等新模式，提高产业链资源整合能力。加速

制造业服务化转型，制造企业利用物联网、云计算、大数据等技术，整合产品全生命周期数据，形成面向生产组织全过程的决策服务信息，实现从制造向“制造＋服务”的转型升级。

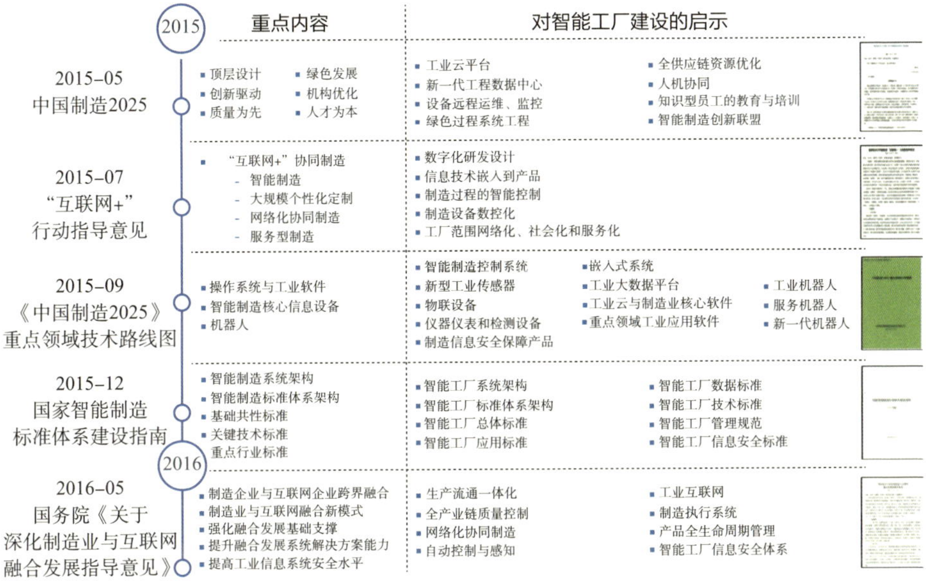

图7-2 中国制造2025解读

2016年4月11日，工信部印发《智能制造试点示范2016专项行动实施方案》，其中主要内容为：2016年6月底前，遴选60个以上智能制造试点示范项目，包括20个以上离散型智能制造试点示范项目，20个以上流程型智能制造试点示范项目，20个以上网络协同制造、大规模个性化定制、远程运维服务试点示范项目。

2016年11月底前，完成智能制造标准试验项目立项，下达智能制造标准编制立项，形成10项以上重点标准草案。

智能车间/工厂试点示范项目通过2—3年持续提升，实现运营成本降低20%，产品研制周期缩短20%，生产效率提高20%，产品不良率降低10%，能源利用率提高10%。

2016年4月，全国网络安全和信息化工作会议召开，会议从国家发展全局出发，科学分析了信息化变革趋势和肩负的历史使命，系统阐述了网络强国战略思想，为加快推进网络强国建设指明了前进方向。提出：要形成网络强国战略思想；树立正确的网络安全观；掌握核心技术；加快信息化发展，整体带动和提升新型工业化、城镇化、农业现代化发展；推进全球互联网治理体系变革。

2017年7月20日，国务院印发《新一代人工智能发展规划》，提出了面向2030年我国新一代人工智能发展的指导思想、战略目标、重点任务和保障措施，部署构筑我国人工智能发展的先发优势，加快建设创新型国家和世界科技强国。明确了我国新一代人工智能发展的战略目标：到2020年，人工智能总体技术和应用与世界先进水平同步，人工智能产业成为新的重要经济增长点，人工智能技术应用成为改善民生的新途径；到2025年，人工智能基础理论实现重大突破，部分技术与应用达到世界领先水平，人工智能成为我国产业升级和经济转型的主要动力，智能社会建设取得积极进展；到2030年，人工智能理论、技术与应用总体达到世界领先水平，成为世界主要人工智能创新中心。

2017年10月，中国共产党第十九次全国代表大会明确了贯彻新发展理念、建设现代化经济体系的新要求。特别提出建设现代化经济体系，必须把发展经济的着力点放在实体经济上，把提高供给体系质量作为主攻方向。加快建设制造强国，加快发展先进制造业，推动互联网、大数据、人工智能和实体经济深度融合，在中高端消费、创新引领、绿色低碳、共享经济、现代供应链、人力资本服务等领域培育新增长点、形成新动能。支持传统产业优化升级，加快发展现代服务业，瞄准国际标准提高水平。促进我国产业迈向全球价值链中高端，培育若干世界级先进制造业集群。加强水利、铁路、公路、水运、航空、管道、电网、信息、物流等基础设施网络建设。

在政府政策的有力带动下，近年来，我国制造业与ICT产业发展取得长足进展，已具备推进智能制造的现实基础。

在基础网络设施方面，工信部近年来连续实施了宽带中国专项行动，网络基础设施能力不断增强，5G商用部署加快推进，骨干网互联架构不断优化。在应用推广方面，工信部持续推进两化深度融合、智能制造等专项行动，物联网、云计算、大数据与制造业融合创新广泛开展，一批工业云服务平台、产业联盟成立并运行，企业、行业、区域综合集成应用典型不断涌现。在以“互联网+制造业”融合创新为主要特征的智能制造方面，我国已经具有了丰富的实践积累，三一重工、尚品宅配、格力、海尔、商飞等一批制造企业已开始利用互联网改变传统的制造方式。互联网企业向工业领域的拓展也已初见端倪，如京东正在探索利用电子商务平台的优势打通智能硬件制造产业链变革传统硬件制造模式，百度正在开发智能自行车和无人驾驶汽车等。总体看，整个融合发展态势正从消费侧的销售、服务环节向生产侧的研发、设计、制造等环节渗透，从消费品向生产品行业延伸，以融合发展为关键特征的智能制造已成为政府和产业界的基本共识和基本路径。

但从整体上看，我国制造业及ICT产业基础还比较薄弱，在全球制造业向智能化加速迁移的潮流中，要立足我国制造业既有基础，全面促进ICT与工业的设备、网络、平台、应用等各环节各层面更紧密结合。

（1）要加快突破支撑智能制造的一系列关键技术。以智能机器芯片和操作系统为代表的关键技术是智能制造的核心。要以企业级的工控集成系统和通用工控平台为关键节点，体系化地突破工控领域的核心技术、产品和系统。以工控机、智能机器人、嵌入式设备、工控集成系统等重要整机系统带动，以工控芯片为核心带动存储、感知、通信、安全等工业级嵌入式芯片的发展。

（2）要积极探索“互联网+制造业”工业互联网新业态新模式。大力发展服务型制造。如在装备、家电等行业，以工业物联网的深化应用为前提，实现装备、产品的智能互联，建立大数据模型分析数据库，实现远程运维等服务模式创新及企业平台化、服务化转型。在机械、汽车等领域普及推广众包设计、云制造、网络协同制造等新模式新应用，打造开放共享的虚拟化企业组织。积极探索创新商业模式。如在消费品领域开展远程设计制造、个性化定制、移动社交营销等商业模式创新，实现企业与市场实时化、个性化互动。

（3）要全力构建支撑智能制造的新型网络安全保障体系。信息安全服务企业应加强与制造企业合作，重塑网络安全保障思路，深入挖掘工业体系信息安全的需求，打造统一的、贯穿产业全生命周期的智能制造安全保障体系。完善安全管理制度，开展智能制造网络安全防护、应急、态势感知等能力建设。加强安全技术研究，全力突破适用于智能制造的安全防护、安全监测等关键技术，完善支撑智能制造的关键网络基础设施保护方案，建立覆盖智能制造的设计研发、生产、运维等制造全生命周期的安全保障技术体系。

在“互联网+制造业”创新思维与发展模式快速兴起并普及的趋势下，以互联网为基础的新一代信息技术与制造业的融合创新已经成为全球智能制造发展的重要特征与方向，我国在相关领域已经积累了一定的实践经验与产业基础，应充分发挥比较优势，全面促进ICT与工业的设备、网络、平台、应用等各环节各层面更紧密结合，构筑新一代信息技术驱动下的中国智造业新图景。

7.2.2 融合发展走向独具特色的工业互联网

2017年11月27日，国务院印发《关于深化“互联网+先进制造业”发展工业互联网的指导意见》，提出我国发展工业互联网的战略要求，这是世界技术发展潮流与我国工业基础相融合的新选择。一是针对工业互联网发展近期需求，支持关键技术研究。调动产学研用各方力量，重点在无线物联、新型工业互联网标识解析体系、软件定义网络、工业互联网平台、现场数据采集与集成、工业数据分析、生产建模仿真等重点领域开展技术攻关，并尽快实现技术的产品化、实用化，解决网络升级改造、应用平台建设的紧迫需求。面向工业互联网的未来发展，积极组织研究力量在实时性网络、边缘计算、人工智能、增强现实/虚拟现实、数字对象为中心的信息网络架构等工业互联网新兴技术领域开展研究，支撑工业互联网产业长期快速发展。二是构建工业互联网标准体系。按照“基础共性先行、产业急需先行、创新驱动先行、自主可控先行”的原则，统筹推进工业互联网标准体系建设，优化推进机制，加快建立统一、综合、开放的工业互联网标准体系，制定一批总体性标准、基础共性标准、行业应用标准。组织开展标准试验及验证工程，同步推进标准内容试验验证、试验验证环境建设、仿真与测试工具开发。组织企业开展标准应用试验、示范和应用部署。推进标准公共服务平台建设，为业界提供检索、咨询、测试等标准相关服务。三是加快构建工业互联网产业基础。推动企业围绕工业互联网重点领域开展技术创新与产业布局，显著提升产品及解决方案的供给能力。一方面，重点突破工业互联网关键软、硬件产品，围绕高性能网络设备、工业芯片与智能模块、智能传感与控制设备、智能网关、虚拟仿真软件、工业操作系统、工业中间件、工业大数据、工业安全设备、虚拟现实/增强现实等重点产品与解决方案，加快研发创新和产业化突破。另一方面，积极打造工业互联网系统解决方案，面向“中国制造2025”十大重点领域与传统行业转型升级需求，打造与各行业特点紧密结合的工业互联网一体化解决方案。

2018年4月27日，工信部发布《工业互联网APP培育工程实施方案（2018—2020年）》，提出了发展工业APP的四大主要任务：一是夯实工业技术软件化基础；二是推动工业APP向平台汇聚；三是加快工业APP应用创新；四是提升工业APP发展质量。

2018年6月7日，工信部印发《工业互联网发展行动计划（2018—2020年）》，提出了到2020年，我国工业互联网的发展目标。初步建成适用于工业互联网高可靠、广覆盖、大带宽、可定制的企业外网络基础设施，企业外网络基本具备互联网协议第六版（IPv6）支持能力；形成重点行业企业内网络改造的典型模式；初步构建工业互联网标识解析体系，建成5个左右标识解析国家顶级节点，标识注册量超过20亿；初步形成各有侧重、协同集聚发展的工业互联网平台体系，在鼓励支持各省（区、市）和有条件的行业协会建设本区域、本行业的工业互联网平台基础上，分期分批遴选10个左右跨行业跨领域平台，培育一批独立经营的企业级平台，打造工业互联网平台试验测试体系和公共服务体系；初步建立工业互联网安全保障体系，建立健全安全管理制度机制，全面落实企业内网络安全主体责任，制定设备、平台、数据等至少10项相关安全标准，同步推进标识解析体系安全建设，显著提升安全态势感知和综合保障能力。

7.3 工业互联网的发展演化和概念定义

7.3.1 工业革命的三次浪潮

在过去的200年里，全球经历了三次革命性的创新浪潮（图7-3）。成功的企业学会敏锐地捕捉这些浪潮来临的信号，不断作出调整来适应不断变化的环境，从而使自身得以快速发展并保持不败。18世纪中叶的工业革命对社会、经济和世界文化产生了深远的影响。这是一场从1750年到1900年，跨越了150年的漫长革新。首先是蒸汽机的发明和商业化，18世纪中叶率先在欧洲开始了第一阶段的工业革命，之后传播到美国，铁路业占据经济增长主

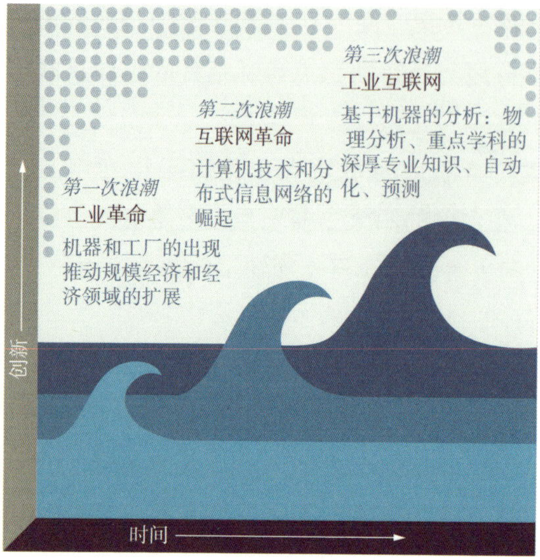

图7-3 工业革命的三次浪潮

导地位，再之后是19世纪中后期内燃机、电力等一系列实用机械的出现，并不断应用到制造业、能源生产业、交通运输业和农业领域，工业革命不但深刻地改变了我们的生活，也塑造了全新的工业体系。这个时期产生发展的一个主要特征是从纺织业到钢铁再到电力生产不断跨越新产业的大型工业企业的崛起，创造了显著的规模经济，降低了生产设备的成本，扩大了企业的规模，构建了全球化的经济体系。社会进步和经济大发展的负面影响是全球经济体系变得更加高度资源密集型，资源开采和工业废物对环境造成了严重的污染。

第二次浪潮是互联网革命。20世纪末爆发的互联网革命只用了50年而非150年就彻底地改变了世界。互联网革命也是阶段性展开的。第一阶段开始于1950年代计算机的发明，起初是大型主机电脑和软件的使用，直到20世纪70年代互联网的出现，使计算机可以彼此沟通。这是一个颠覆性的事件。独立的主机让位给开放的网络，明确制定了标准和协议，允许不同用户、不同位置、不兼容的机器相互连接和交流信息。

网络的开放性和灵活性给互联网的发展带来了惊人的发展速度。网络传输速度的提升和用户数量的激增，大幅度压低了商业交易和社会互动的成本，为商业和社会交换创造了强大的新平台。企业从只进行实体销售到通过网络进行大型高效的市场销售，大型电商平台的出现让互联网巨头不断创造奇迹。当eBay在1995年创立时，只有4.1万的用户，而到2006年，有2200万用户完成价值525亿美元的商品交易。社交网络也有类似的轨迹。Facebook于2004年2月推出，到2008年8月四年时间内，Facebook已经拥有1亿的活跃用户，被启用的朋友连接超过140亿，有2650亿张照片被上传，有超过6200万首歌曲被播放了220亿次。

互联网革命与工业革命有很大不同。互联网构建了大量数据分析能力、迅速交换信息和分散决策能力，形成了大范围协同工作环境，而这个工作环境不受地理限制并且更加开放。因此，互联网革命不是资源密集型的，而是信息和知识密集型的。它凸显了网络价值和平台价值，同时开辟了低碳发展的新途径。互联网连接了人与人、人与信息、人与商品，重绘了世界经济版图。

第三次浪潮是工业互联网。在21世纪的今天，工业互联网将再次改变我们的世界。通过发展开放的计算和通信系统，工业互联网将全球工业系统连接起来，为工业提供更低的成本、更高的效率、更开放的平台和可共享的经验。

与消费互联网是以因特网为主体形成的互联网有所不同，工业互联网以工业以太网为主体，在发展过程中逐渐融入了因特网技术。

事实上，工业互联网革命已经展开。在过去的十年中，企业开始逐步将互联网技术应用到工业生产中。“互联网+工业”的发展道路不断延伸。越来越多的机器、设备、机组连接到工业互联网平台，越来越多的数据、经验、模型和据分析方法融合到工业互联网平台，已经形成了汹涌澎湃的工业互联网大潮。

工业互联网由两部分融合而成：工业侧和互联网侧。工业侧的重点在智能系统，而互联网侧的核心在平台。在当下的“云管端”概念中，“云”指的是IT基础设施，国内有阿里云、华为云等；“管”指的是连接协议，包括工业以太网、消费因特网，主要由电信厂商主导；其中尤以“端”侧差距较大，消费类电子产品只要符合标准就可以直接申请入网，但是对于制造业中的大型设备、压缩机、机床及各类仪器仪表等，由于标准不统一，不同设备在开发时需要考虑数据格式，需要考虑不同的总线、协议、接口等，因而工业侧的情况较为复杂，尤其对工业基础比较薄弱的企业，这方面还有较长的路要走。

7.3.2 工业互联网概念

2012年，美国通用电气公司（GE）发布《工业互联网：打破智慧与机器的边界》白皮书，首次提出了工业互联网的概念。这一概念顺应了“互联网+

工业”融合发展潮流，既得到了互联网领域企业的认可，也得到了工业领域的赞同，很快在全球掀起了工业互联网的热潮。在我国，无论是IT界还是工业界，无论是学术界还是产业界，乃至政府相关部门都对工业互联网产生了极大的关注。

GE公司产生工业互联网的想法是在金融危机时期，经济增长乏力、企业增加盈利困难，GE的工业客户开始将更多的注意力放到提高利润率上。GE除了在物理方面改进产品性能之外，也开始尝试新的途径，利用信息技术提高生产效率。比如，GE给春秋航空的飞机发动机安装上转速传感器、排气温度传感器、燃油流量传感器等数十个传感器，这些传感器采集数据并通过无线传输的方式发送到GE航空客户支持中心。就这样，每台飞机发动机的运转情况都连接到了GE搭建的工业互联网中。工业互联网通过先进的算法和分析技术，对设备推荐优化的检查、维护和维修流程，开展远程、提前诊断，从而提高资产的可靠性，帮助工业系统更好地运行。一家典型的航空公司（每年1400万人次乘客，85000个航班）实施基于工业互联网的智能运营服务，每年将避免1000次飞机的延误和航班取消，带来了巨大的经济效益。

工业互联网的概念。在GE公司对工业互联网的描述中，工业互联网是开放、全球化的网络，通过将人、数据、智能资产和设备连接起来，并结合软件和大数据分析等技术，达到提高生产力和工作效率、降低成本、减少资源使用的目标，从而促进新一轮的工业革命。2014年3月27日，由美国电报电话公司（AT & T）、思科（Cisco）、通用电气（GE）、国际商用机器（IBM）和英特尔（Intel）5家企业发起了工业互联网联盟（Industrial Internet Consortium，IIC），联盟成立两个月，成员已超过50名，囊括了来自亚洲、欧洲、拉丁美洲和北美洲的企业、高校及研究机构。该联盟试图将多国的企业、学术界、政府聚集起来，共同推动工业互联网技术的开发、接纳及广泛的使用。

按照IIC给出的定义，工业互联网是“一种物品、机器、计算机和人的互联网，它利用先进的数据分析法，辅助提供智能工业操作，改变商业产出。它包括了全球工业生态系统、先进计算和制造、普适感知、泛在网络连接的融合。”

工业互联网是连接工业全系统、全产业链、全价值链，支撑工业智能化发展的关键基础设施，是新一代信息技术与制造业深度融合所形成的新兴业态和应用模式，是互联网从消费领域向生产领域、从虚拟经济向实体经济拓展的核心载体。工业互联网带来的不仅仅是产品质量和生产效率的提升、成本的降低，通过将大量工业技术原理、行业知识、基础工艺、模型工具规则化、软件化、模块化，并封装为可重复使用的微服务组件，第三方应用开发者可以面向特定工业场景开发不同的工业APP，进而构建成基于工业互联网平台的产业生态。

需要说明的是，工业互联网中的“互联网”对应的英文是“internet”，表示采用目前因特网技术构成的、相互连接的网络，而Internet 则是联通全球的因特网专有的名称，所以，这里的“互联网”与“Internet of Things”（物联网）中的“Internet”是不同的含义。物联网直接的中文译名应该是“物品因特网”，现在公认的物联网同样包括人与人、人与物的互联。所以，工业互联网并不属于“因特网”这类全球的信息基础实施，而是属于应用于工业领域的特殊的互联网技术，或者可以说至少目前还没有成为Internet 的一部分，融入因特网。但是，物联网技术标准应该充分考虑工业互联网需求，并且能够支持工业互联网的技术，通过未来的全球信息基础设施，支持工业互联网的组网与应用。

因此，我们不能简单地将工业互联网理解为“互联网+工业”或者“工业+互联网”，这是因为“互联网+工业”仅仅意味着将互联网应用于工业领域，而工业领域包括“产、供、销”等多个方面，将互联网应用于工业领域的物流管理和仓储管理就是属于“互联网+工业”，但这并不具有工业互联网的技术特征，应该不属于工业互联网技术的研究领域。

工业互联网和工业物联网或者物联网的关系，也存在不同的认识。

物联网的概念是由凯文·艾什顿（Kevin Ashton）在1999年互联网的高峰期最早提出的。Ashton与Sanjay Sarma和David Brock在麻省理工学院自动识别中心做了一件当时还不知道是多么有意义的事情，即用RFID标签将某个物件连接到互联网上。随后，他在给宝洁公司高管做演讲时，把通过RFID标签将物件连接到互联网的技术称之为“Internet of Things（IoT）”，于是，“物联网（IoT）”的概念由此而诞生。

而物联网在工业领域的应用，就是“工业物联网或工业互联网”了。2014年，世界经济论坛（WEF）与工业互联网联盟（IIC）和埃森哲合作，做了一个工业互联网研究项目，给出了他们对工业互联网的理解与定义。

该研究项目命名为：“工业互联网：释放互联产品和服务的潜力”；英文原文是：Industrial Internet of Things：Unleashing the Potential of Connected Products and Services，大家可以很容易地在WEF的官网上检索到这个报告。

在该报告中，对工业互联网术语作出了如下定义：

“Industrial Internet：A short-hand for the industrial applications of IoT，also known as the Industrial Internet of Things，or IIoT”（“工业互联网：IoT工业应用的简称，也称为工业物联网或IIoT”）。

从上面的术语定义可以看到，在WEF的工业互联网定义中，工业互联网就是工业物联网，二者没有什么不同，只是一个是简称，一个是全称。

7.3.3 工业互联网的内涵和外延

在上一波互联网浪潮中，互联网在全球连接起数十亿人，造就了谷歌、脸书、阿里巴巴这样的互联网巨头。而全球的设备数量更多，全球有70亿人，平均每个人至少对应十几种各类机器，包括手机、车辆、仪器仪表、生活设施、生产设施等，如果都连接起来的话，将会有近千亿设备接入，这是一个远远超越互联网的巨大规模。可以想象，未来将会出现比消费互联网更庞大、更有价值的工业互联网生态系统。继人与人的连接互联网之后，人与机器连接的工业互联网，将开启下一轮创新浪潮。

从具有互联的属性上来说，世界上的“互联网”其实有很多种。物质、能量、信息、知识、人际关系、意识等，都可能组成某种“互联网”，大家在谈论互联网时，最好明确自己在说哪张网。

工业互联网“姓工”，是机器设备之间的连接，难点在工控协议；消费互联网“姓网”，是电脑及使用者的连接，成熟且分布广泛。

工业互联网与消费互联网的不同之处在于：

（1）基础不同：消费互联网连接的是消费领域的“数字化原住民（电脑、手机、平板、服务器等）”；工业互联网连接的是工业领域的“数字化移民”，即可以迁移到工业互联网而成为网络终端的人、机、物。

（2）响应不同：消费互联网无需毫秒级的实时响应，适度延迟不影响使用结果；工业互联网需要毫秒或百纳秒级的实时响应，需要时间敏感网络TSN。

（3）连接量级不同：消费互联网连接几十亿消费人群和电脑设备；工业互联网连接几百亿设备——PTC预测，2020年IoT设备接入量为500亿；Gartner预计，2020年IoT设备联网量为260亿；DHL和思科预测，2020年IoT设备连接数为500亿。

（4）属性不同：绝大多数电脑、手机等，只具备个人属性，而绝大多数的机器具备单位的属性，是国有、公有、集体的。消费互联网是统一标准协议，开放网络；工业互联网是不兼容协议、封闭网络。

（5）场景不同：消费领域的应用场景雷同，而工业领域不同、行业有差异，应用场景差别巨大，因此有较大的学习成本。

（6）用户心态不同：在消费互联网用户群体，人们愿意尝试新事物，拥抱变化；在工业互联网用户群体，人们趋于保守，驻足观望，想变又担心变化。

“工业互联网平台，本质上是一个面向云应用的软件平台。”“工业互联网平台是新工业体系的‘操作系统’。”

“工业互联网”的概念与工业4.0的基本理念相似，倡导将人、数据和机器连接起来，形成开放而全球化的工业网络，其内涵已经超越制造过程及制造业本身，跨越产品生命周期的整个价值链。工业互联网和“工业4.0”相比，更加注重软件、网络和大数据，目标是促进物理系统和数字系统的融合，实现通信、控制和计算的融合，营造一个信息物理系统的环境。

德国的工业4.0，在技术上是通过建立CPS来构织一张基于物联网的超级大网，由此而建立“智巧工厂（Smart Factory）”。

美国NIST提出了由产品、生产、业务三个维度构成的三维模型，每一个维度都在装置、机器、工厂和企业信息化系统的垂直集成中发挥着作用，被称之为“制造金字塔”。

日本人则在学习领会工业4.0的基础上，提出了“社会5.0”视野下的“互联工业”，面向各种各样的产业，通过企业、人、数据、机械相互连接，而创造出新价值、新产品和新服务。SMU（智能制造单元）是工业价值链中的基本组件。

在德国提出的“平台工业4.0”标准中，给出了“工业4.0参考架构模型（RAMI 4.0）”，其中的资产层，是指企业的所有“物件（Thing）”，而通信层、信息层、功能层，则共同构成了“管理壳”，形成一种提供服务架构的管理软件。两者之间的集成层，成为物理系统与赛博系统的融合层。由此，当常规的“物”，按照RAMI 4.0的规定与步骤加上管理壳之后，就形成了多种级别的CPS。一个智能工厂与外界智能工厂的互联，将形成“互联世界”。由此，从工业物联网的视角，有效地管理、配置与优化企业的各种资产。

在工业互联网参考架构（IIRA）中，IIC给出了对跨行业IIoT的独到理解，强调跨行业的通用性和互操作性，即通过安全、可靠的工业互联网系统来实现诸如制造业、医疗保健、交通运输、能源、公共领域基础设施的互联、互通和互操作。

德国平台工业4.0自主开发了工业互联网参考架构模型（RAMI 4.0），美国工业互联网联盟独立开发了工业互联网参考架构（IIRA），看似各不相同，实际上二者是有对应关系的。IIC联合平台工业4.0的专家，在2018年2月专门写了一本白皮书——《架构对齐和互操作性白皮书》，将两个参考体系架构进行映射和对齐，揭示了两个参考体系架构的相互补充、相互支撑的要素，以此共同应对和解决来自不同角度和跨不同工业领域的IIoT挑战。

《架构对齐和互操作性白皮书》指出，IIRA和RAMI 4.0的创建都是为了实现物理和数字世界的融合，特别是信息技术（IT）和业务技术（OT）的融合。而区别在于，工业4.0是关注巧妙地制造事物，而工业互联网则是让事情巧妙地工作。二者之间可以相互配合，相得益彰，即IIRA所强调的工业分析将有利于构建智能工业4.0系统，工业4.0组件将有助于在制造环境和其他领域为工业4.0和IIoT系统提供广泛的互操作性。

根据RAMI 4.0的介绍，当众多的CPS组件连接到一起时，就形成了工业物联网（也即工业互联网），当形成工业互联网的CPS中的通信层、信息层、功能层逐渐云化之后（即各类要素上云，后面继续介绍），工业互联网平台从技术层面就逐渐现身了。

由此可以看出，不管是中国的智能制造，德国的工业4.0，美国的工业互联网、工业物联网或智能制造生态系统，日本的“互联工业”或工业价值链，智研院认为，其最大公约数是“CPS”。

工业互联网的技术要素如下：

工业互联网汇集了两大革命性的因素：一是工业革命带来的无数机器、设备组、设施和工业系统网络；二是互联网革命中涌现出的计算、存储、信息与通信系统。二者的结合形成了强大的新系统。

从功能上看，工业互联网系统由智能设备、智能系统和智能决策三大核心要素构成。由智能设备和网络收集的数据存储之后，利用大数据分析工具进行数据分析和可视化，由此产生的“智能信息”可以由决策者在必要时进行实时判断处理，成为大范围工业系统中工业资产优化战略决策过程的一部分。

（1）智能设备：将信息技术嵌入装备中，使装备成为可智能互联产品。为工业机器提供数字化仪表是工业互联网革命的第一步，使机器和机器交互更加智能化，这得益于以下三个要素：一是部署成本，仪器仪表的成本已大幅下降，从而有可能以一个比过去更经济的方式装备和监测工业机器；二是微处理器芯片的计算能力，微处理器芯片持续发展已经达到了一个转折点，即使得机器拥有数字智能成为可能；三是高级分析，“大数据”软件工具和分析技术的进展为了解由智能设备产生的大规模数据提供了手段。

工业互联网的应用（图7-4）正在改变收集和分析数据并采取行动的成本和价值。利用智能设备产生的海量数据是工业互联网的一项重要功能。工业互联网可以被看作是数据、硬件、软件和智能的流通与互动。从智能设备和

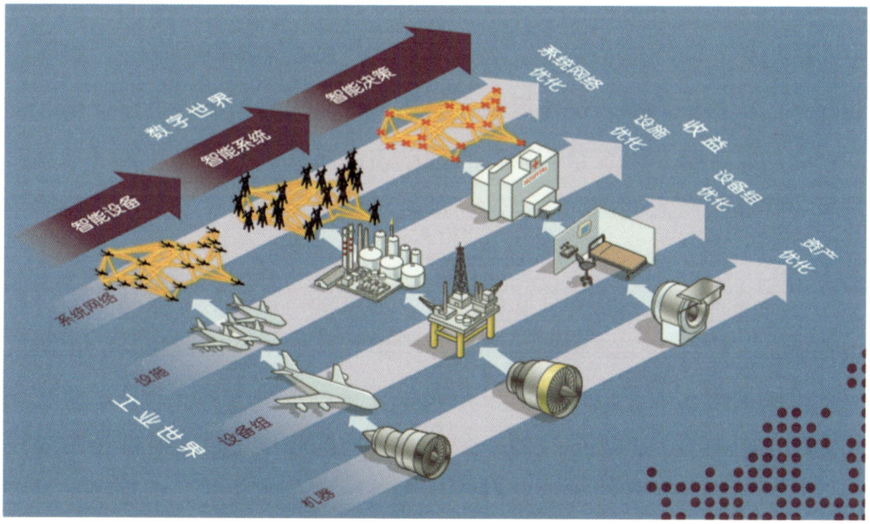

图7-4　工业互联网的应用

网络中获取数据，然后利用大数据和分析工具进行存储、分析和可视化。最终的“智能信息”可以供决策者使用，或者作为各工业系统中更广泛的工业资产优化或战略决策流程的一部分。

智能信息也可以在机器、系统网络、个人或群体之间分享，推动智能协作和更好的决策。这让更广泛的利益相关者能够参与到资产维护、管理和优化之中。它还能够在合适的时间引入本地和远程拥有相关机器、专业知识的人。智能信息还可以返回至最初的机器。这不仅包括该机器产生的数据，还包括可以加强机器、设施和大型系统的运营或维护的外部数据。这些数据反馈循环让机器能够从历史中“学习”，通过控制系统实现机器更智能的运行。

每台安装仪器仪表的设备将产生大量数据，可以通过工业互联网传输到远程机器和用户。实施工业互联网的一个重要部分将涉及确定哪些数据仍驻留在设备上，以及哪些数据传输到远程地点进行分析和存储。确定本地数据的程度是确保工业互联网及相关公司安全的重要因素之一。这里的重点是新的创新可以让安装仪器仪表的设备所生成的敏感数据保留在本地。其他数据流将远程传输，以便可以让在办公室或移动中的人实现可视化、分析、增强并采取行动。随着时间的流逝，这些数据流提供了运营和性能的历史信息，让操作员可以更好地了解工厂关键设备的状况。操作员可以了解某个具体设备已经运行了多长时间及其运行条件。分析工具可以比较其他工厂中类似设备的运行历史，以便可靠地估计该设备出现故障的可能性及时间。这种方式把运行数据和预测分析相结合，避免意外停机并最小化维护成本。所有这些收益都来自机器仪器仪表，使用现有信息技术并提高人们的工作效率。这就是为什么广泛部署智能设备有如此大的威力。在飞机发动机等高性能机器越来越难以提高生产力的情况下，广泛部署智能设备有望释放额外的性能和运营效率。

（2）智能系统：将设备互联形成的一个系统。智能系统包括各种传统的网络系统，但广义的定义包括了部署在机组和网络中并广泛结合的机器仪表和软件。随着越来越多的机器和设备加入工业互联网，可以实现跨越整个机组和网络的机器仪表的协同效应。智能系统的构建整合了广泛部署智能设备的优点。当越来越多的机器连接在一个系统中，久而久之，结果将是系统不断扩大并能自主学习，而且越来越智能化（图7-5）。

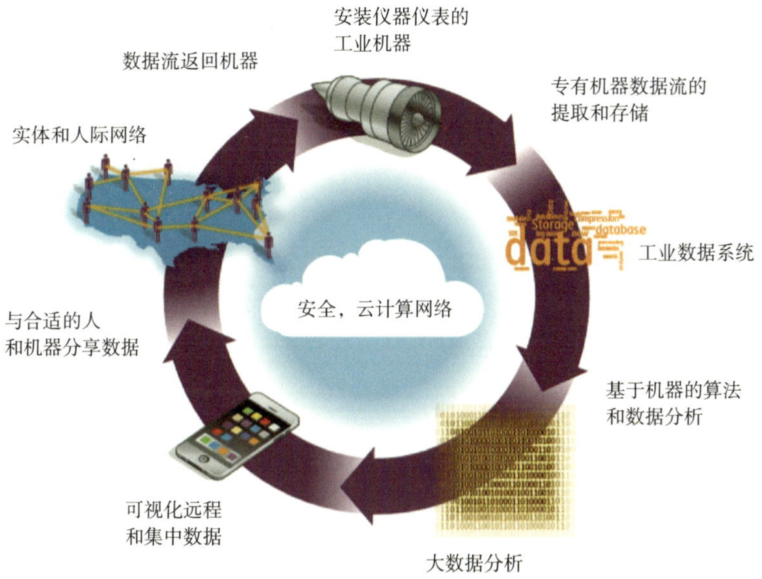

图7-5　工业互联网的数据循环

智能系统的潜在价值非常庞大。智能系统包括各种传统联网系统，但其定义更加宽泛，包括整合广泛的机器仪器仪表与设施和系统网络上部署的软件。随着越来越多的机器和设备进入工业互联网，广泛机器仪器仪表的整合效应可以在设施和系统网络上实现。智能系统包括多种形式：

①网络优化：一个系统中互联机器的运营可以协调，以便在网络层面提高运营效率。例如，在医疗领域，不同资产可以连接起来帮助医生和护士更快速把患者引导至恰当的设备。然后，信息可以无缝地传输给医护工作者和患者，从而减少等待时间，提高设备利用率并提高医护质量。智能系统还适用于交通网络中的路线优化。联网中的车辆会知道它们的位置和目的地，也能知道系统内其他车辆的位置和目的地——实现路线优化以找到最高效的系统级解决方案。

②维护优化：设施的最优、低成本、机器维护也可以通过智能系统实现。机器、组件和单个零部件的聚合视图提供了这些设备的状态信息，从而实现在合适的时间向合适的地点提供恰当数量的零部件。这最小化了零部件库存要求和维护成本，并提高了机器可靠性。智能系统维护优化可以与网络学习和预测分析相结合，让工程师实施有望把机器可靠性提高到空前高度的预防

性维护计划。系统恢复：建立广泛的系统级智能也有助于在重大故障后更快速、高效地恢复系统。例如，在暴风雨、地震或其他自然灾难发生时，智能仪器仪表、传感器及其他智能设备和系统构成的网络可用于快速检测和隔离最大的问题，以便它们不会连在一起造成更大的灾难，也可以整合地理和运营信息来支持恢复工作。

③学习：网络学习效应是机器与系统互联的另外一个收益。每台机器的运行情况可以汇集到一个信息系统中，让机器群能够以单个机器无法实现的速度进行学习。例如，飞行中收集到的数据可以与位置和飞行历史信息相结合，提供有关飞机在各种环境中的性能的丰富信息。来自这些数据的洞察力是可行的，并能够用于让整个系统更加智能，从而促进知识积累和洞察力实施。建设智能系统可以充分发挥广泛部署智能设备的优势。一旦一个系统内连接更多的机器，就会形成一个持续扩展、自学系统，随着时间的流逝而变得更加智能。

（3）智能决策：在大数据和互联网基础上实时判断处理。当从智能设备和系统收集到了足够的信息来促进数据驱动型学习的时候，智能决策就发生了，从而使一个小机组网络层的操作功能从运营商传输到数字安全系统。

工业互联网的全部威力将通过第三个元素——智能决策实现。当从智能设备和系统收集到足够的信息以促进数据驱动的学习时，智能决策就出现了，这反过来让机器子集和系统网络级运营功能从操作员转到安全的数字系统。工业互联网的这个元素对于应对互联网机器、设备组、设施和系统网络的越来越高的复杂性至关重要。

设想一下在广泛地点的设备组或设施的全仪器仪表化网络。操作员需要快速作出数千个决策以保持最优的系统性能。通过让系统在人的指令下执行指定的操作可以克服这种复杂性挑战。复杂性带来的负担被转移到数字系统。例如，在智能系统中，提高电厂产出的信号不必发送给单个电厂的操作员。相反，智能自动化可以直接根据风能和太阳能、电力需求的变化及其他电厂的情况而形成直接分派灵活的电厂。这些功能将有助于人和机构更高效地完成工作。

智能决策是工业互联网的长期愿景。随着工业互联网的元素在设备间和系统间逐步组装，这将是所收集知识的极致。这是一个大胆的目标，如果实现，将能够带来工业革命和互联网革命这种规模的生产力提升和运营成本降低。传统统计方法使用的是历史数据收集技术，这种方式往往在数据、分析和决策之间存在孤立性。由于系统监测已得到改进并且信息技术的成本有所下降，支持越来越多实时数据的能力得到了提高。更好地管理和分析高频率实时数据让人们在全新的高度了解系统运行情况。物理方法、深厚的特定行业领域专业知识、更多信息流自动化，以及预测功能的整合可加入现有的“大数据”工具套件。其结果就是：工业互联网包括传统方式及最新混合方式，以便通过特定行业的高级分析来充分利用历史数据和实时数据。

只有三大数字元素——智能设备、智能系统和智能决策，与机器、设备组、设施和系统网络全面融合之后，才能发挥工业互联网的全部潜力。未来，整个工业经济都能享受到提高生产力、降低成本和减少废物排放的收益。

7.4 工业互联网的平台体系和关键技术

7.4.1 工业互联网平台体系及分类

工业互联网构建基于海量数据采集、汇聚、分析的服务体系，支撑制造资源泛在连接、弹性供给和高效配置。工业互联网平台可以分为四个部分：

（1）边缘层：通过协议转化和边缘计算形成有效的数据采集体系，从而将物理空间的隐形数据在网络空间显性化。

（2）IaaS层：将基础的计算网络存储资源虚拟化，实现基础设施资源池化。

（3）工业PaaS层：工业操作系统，向下对接海量工业装备、仪器、产品，向上支撑工业智能化应用的快速开发和部署。

（4）工业APP：面向各类业务的各种APP应用。一般是基于PaaS层做工作，通过调用和封装工业PaaS平台上的开放工具，形成面向行业和场景的应用（图7-6）。

工业APP是工业互联网平台的一个重大特征。在《工业互联网平台白皮书》中讲到平台的作用之一是：“知识积累，能够提供基于工业知识、工业机理的数据分析能力，并实现知识的固化、积累和复用。”达到这一目标必须开发工业APP。

开发APP的工作可以两条路径齐头并进：一个是让现有的工业软件逐渐

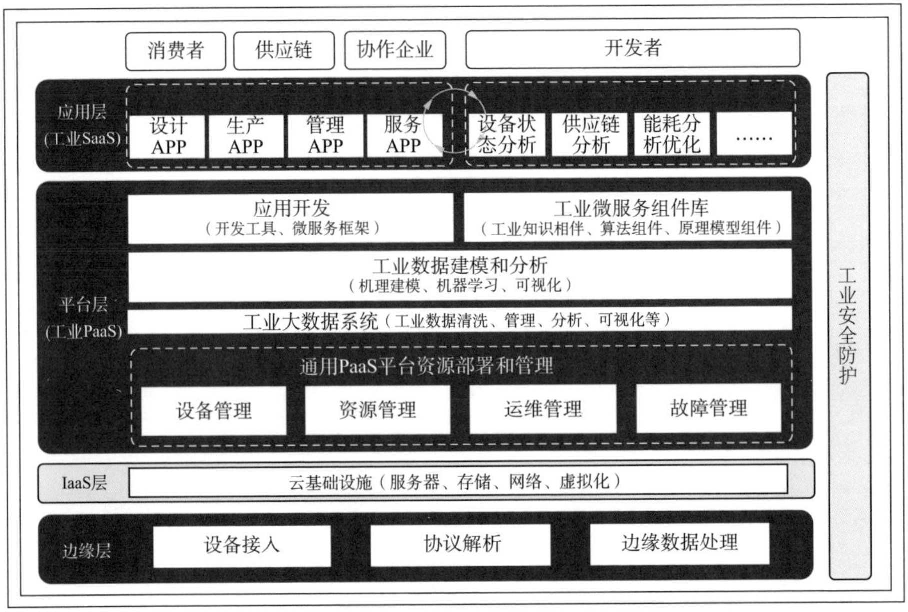

图7-6　工业互联网平台体系

解耦，变身成为工业微服务；一个是工业技术软件化，直接将工业技术和知识转变成工业微服务。让所有来自企业实践一线的工业技术、经验、知识和最佳实践都沉淀下来，经过模型化、软件化、再封装，成为互不相关、高度适应外部需求变化的微服务，然后再根据具体的工业场景，组建工业APP并对外提供服务。一旦确定了APP的具体算法和功能，就可以把与此相关的公式、模型等封装到其中。例如，索为公司在他们自己开发的工业互联网平台上，给出了大约5700个工业APP。由此而形成了基于工业互联网平台的工业技术体系。大量的工业知识被标准化、模型化和封装化，形成了基于工业知识的交互界面，即客户在研发时，可以直接使用基于知识的各类封装、组件和各种通用服务。研发人员的一切精力聚焦在问题场景导向上，而不是软件开发导向上。

平台体系是工业互联网的核心，它将物联网、大数据、人工智能及云计算等理念、架构和技术融入工业生产中。国内外近几年工业互联网平台快速发展，截至目前，声称能提供工业互联网平台服务的国内外厂商已经超过数百家。广义的工业互联网平台按照服务对象及应用领域可以分为三类：设备运管平台、资源配置平台及通用使能平台。

1）设备运管平台——提升设备使用价值

设备运管平台主要运用在设备资产的管理与运营方面，它是通过现代传感、移动通信等技术连接智能终端，并从终端收集关于设备、环境等各类数据信息，然后基于这些数据在云端利用大数据、人工智能等技术及行业经验知识对设备运行状态与性能状况进行实时智能分析，再以工业APP程序的形式为生产与决策提供相应的智能化服务。设备运管平台主要的参与厂商往往是工控企业及大型设备生产商。设备运管平台是未来制造业主导权竞争的制高点。它不仅能够充分融入大数据、人工智能等先进技术，还能为第三方提供开发环境，如西门子的Mind Sphere及GE的Predix平台都提供软件开发环境及工具，旨在通过第三方开发者和应用程序的接入，形成类似Apple Store的第三方开发应用生态。目前，工业巨头是此类平台主要的推进助力，如GE、西门子、ABB等，我国的三一根云及徐工工业云也属于此类平台，他们虽然起步较晚，但发展迅速。

以西门子的Mind Sphere为例，Mind Sphere是一个开放的生态系统，它可以充分利用世界各地安装的西门子设备（3000万个自动化系统、7000万个智能仪表、80万个关联产品）以及丰富的应用程序（API）获取海量数据，并基于自身深厚的行业知识和经验提供数字化服务，Mind Sphere平台包括边缘连接层、开发运营层，应用服务层三个层级，分别对应Mind Connect、Mind Clound、Mind Apps三个核心产品，其中Mind Connect负责将数据传输到云平台，Mind Clound为用户提供数据分析，应用开发环境及应用开发工具，Mind Apps为用户提供集成行业经验和数据分析结果的工业智能应用，譬如结合设备历史数据与实时运行数据，构建数字孪生，及时监控设备运行状态，实现设备的预防性维护，基于现场能耗数据的采集分析对设备生产线等能效使用进行合理规划，优化能源数据管理、提高能源使用效率等。

2）资源配置平台——实现资源价值共享

资源配置平台主要体现在要素资源的组织与调度方面。它在应用过程中汇聚了大量的工业数据、模型算法、研发设计等各类资源及能力，通过云接入及云处理技术分散这些积累的资源，对制造企业的资源管理、业务流程、生产过程、供应链管理等环节进行优化，可实现制造企业与外部用户需求、创新资源及生产能力的对接。这类平台能够有效促进产能优化及区域协同，同时也能支持C2M定制等新型业务，满足市场多元化需求，为供给侧改革提供助力。我国已拥有一批处于领先水平的此类平台，如航天科工的INDICS平台、海尔的COSMO Plat等。

以航天科工的INDICS平台为例。INDICS平台在IaaS层自建数据中心，在DaaS层提供丰富的大数据存储、产品分析与服务，在PaaS层提供各类工业服务引擎，如面向软件定义制造的流程引擎、大数据分析引擎、仿真引擎和人工智能引擎等，以及面向开发者的公共服务组件库和200多种API接口，其对外开放自研软件与众研应用APP共计500余种，涵盖了智能研发、精益制造、智能服务、智慧企业、生态应用等全产业链、产品全生命周期的工业应用能力。INDICS平台接入集团超过600家，对设计模型、专业软件以及1.3万余台设备设施等进行共享，可以有效解决生产单元产能闲置与超负荷运转同时存在的问题。比如，河南航天液压气动技术有限公司基于INDICS平台实现与总体设计部及总装厂所的协同研发与工艺设计，缩短研发周期35%，提升资源利用率30%，提高生产效率40%。另外，工业企业也可通过平台对外开放空闲制造能力，实现制造能力的在线租用，进一步释放产能。

3）通用使能平台——提供基础应用支撑

通用使能平台主要提供云计算、物联网、大数据的基础性、通用性服务，主要由ICT企业提供。其中，部分平台侧重于云服务的数据计算及存储，如微软的Azure、SAP的HANA、亚马逊的AWS及我国的阿里云、腾讯云等，部分平台侧重于物联网的设备连接管理，如思科的Jasper、华为的Ocean Connect等。这类平台为资产优化及资源配置型工业互联网提供技术支撑，如GE的Predix就部署于微软的Azure平台，此外，通用使能平台还广泛应用于金融、娱乐、生活服务等各行业。

以华为的Ocean Connect平台为例，其技术架构上分为垂直和水平两个方向。垂直方向可分为三层架构：连接管理层，主要提供SIM卡生命周期管理、计费、统计和企业Portal等功能；设备管理层，主要提供设备连接、设备数据采集与存储、设备维护等功能；应用使能层，主要提供开放API能力，同时具备数据分析、规则引擎、业务编排等能力。在水平方向，通过与平台连接的分布式IoT agent对接行业智能设备网关，并提供边缘计算能力，实现与云端计算的协同。Ocean Connect平台提供云网关，支持各类编解码插件，使得设备能够即插即用。一汽在使用Ocean Connect平台后实现了对千万级车辆的有效连接和管理，能够并发处理百万车辆的信息。同时，平台也支撑一汽新业务的开发及新设备的快速集成，提供实时分析的大数据能力。

4）三类平台的比较分析及未来发展趋势

三类工业互联网平台都是通过工业互联网直接或者间接地连接物理载体，从而提供差异化的服务。其中，设备运管平台将终端设备、生产过程作为直接优化对象，其与底层物理设备之间交互最深入和频繁，其获取的数据类别及体量亦十分庞大，如GE的Predix平台运用于汽轮机要实时采集压力、温度、转速等上千个类别数据，每台机器收集的数据体量可达TB级。同时，对这些数据的处理和分析需要融合大数据、人工智能等创新技术，所以此类平台的建设难度较大，不仅需要掌握新一代信息技术，还需要具备智能产品、高端装备及综合解决方案全覆盖水平。

资源配置平台往往基于已经成熟的网络信息技术，其更加注重资源的跨地域、跨环节的重组整合，聚焦于网络化协同及个性化定制的前端对接，提供精准服务。此类平台的垂直行业属性较强，对于信息化集成应用及供应链管理水平都有很高要求。通用使能平台主要为工业互联网提供连接、计算、存储等底层技术支撑，基本涉及工业互联网产业体系的边缘层及IaaS层，一般都由ICT巨头提供。

未来各类平台分工更加明确。资产优化平台为高端产品提供优化服务，推动高端制造由高价值产品向“高价值产品+高价值服务”靠拢，资源配置平台促进产能优化、拉动消费平衡，带动企业发展方式转变，而通用使能平台为上层平台提供技术支持，从而使得上层平台能够专注于与生产直接相关的服务，实现各类平台专业分工。

未来各类平台间的合作将更加紧密，旨在为客户提供完整方案。通过合作，不仅能实现平台的灵活部署，如GE、西门子与微软、亚马逊的合作，能够有效优化基础资源的部署，还能强化现场数据采集能力，如航天科工、SAP

与西门子的合作，通过西门子巨大的存量基础，降低设备接入难度，实现更大范围的数据采集。另外，合作也能提高自身的数据分析能力，如ABB、西门子与IBM的合作，都旨在提升自身平台的计算分析能力。依靠各平台的相互协作，为客户应用提供完整的解决方案。

7.4.2 工业互联网平台分析

工业互联网是工业互联的网，工业互联网的核心就是工业互联。连接的对象包括企业的各种设备、产品、客户、业务流程、员工、订单和信息系统，最终要连数据，而且必须实现安全、可靠地连接！工业大数据由工业互联网采集，用大数据分析方法或人工智能技术来分析数据，分析出结果，再进行数据展现，解读数据的内涵，进而实现优化与控制，从而实现数据驱动，最终帮助企业实现提高产品质量、优化设备运营绩效、降低能耗、优化产品性能、提升客户满意度、提高企业盈利能力、缩短产品上市周期等业务目标。所以，工业互联网支撑智能制造，智能制造支撑企业实现业务目标。

工业互联网平台是物联网和工业云平台相融合的产物。工业云平台处于IT范畴，而工业互联网平台是基于IT与OT的融合。因此，工业互联网平台架构的上面三层与工业云平台相似，但是下面加了边缘层。

典型的工业云应用包括：构建仿真云平台，支持高性能计算，实现计算资源的有效利用和可伸缩；基于SaaS的三维零件库，提高产品研发效率；基于云的CRM应用服务，对营销业务和人员进行有效管理，实现移动应用；基于云的协同办公平台；工业产品电商、采购寻源等。

工业互联网平台则侧重于解决与工业设备、工业产品和工业服务有关的问题，其基础是传感器和物联网。典型的工业互联网应用包括：通过运输云，实现制造企业、第三方物流和客户三方的信息共享，提高车辆往返的载货率，实现对冷链物流的全程监控；通过对设备的准确定位来开展服务电商，例如湖南星邦重工有限公司利用树根互联的根云平台，实现了高空作业车的在线租赁服务；采集工厂的设备、生产、能耗、质量等实时信息，实现对工厂的实时监控；设备制造商可通过物联网采集设备状态，对设备进行远程监控和故障诊断，避免设备非计划性停机，进而实现预测性维护，提供增值服务，并促进备品备件销售。

工业互联网的架构体系非常复杂，核心有四点：第一，数据采集是基础，如何构建一个面向智能制造的设备及产品的精准、实时、高效的数据采集体系，是打造工业互联网平台的基础。第二，工业PaaS平台是核心，在这里要沉淀积累各种工作能力，包括算法、机理模型、经验模型及大数据分析能力。第三，工业APP是关键，就是面向特定的场景，围绕解决制造业数字化、网络化、智能化的特殊问题，提供各种各样的服务，这样的服务是以软件的形式，以及以工业APP的形式呈现的，没有服务就没有平台的功能。第四，IaaS是支撑，为工业应用提供存储能力和算力。

工业互联网平台的核心就是工业PaaS，工业PaaS的内容有很多，核心是基于微服务架构的数字模型，数字模型就是把大量的工业技术原理、行业知识、基础工艺、模型工具规则化、软件化、模块化，并封装为可重复使用的组件。数字化模型有两种，第一种叫机理模型，比如说理论模型——流体力学、热力学、空气动力学，部件模型——飞机、汽车各种各样三维的设计，工艺模型——无论是汽车、集成电路、钢铁及各种各样的加工工艺，还是故障诊断模型、逻辑模型、仿真模型等，本质上各种工业知识经验方法的载体，叫机理模型。随着大数据的出现，就有了第二种模型，即大数据分析模型。这两类模型来自多个方面，包括物理设备、零部件、远程维护等，背后都需要大量的知识、经验、方法，把经验方法模型化，同时还有大量的ERP、供应链管理、客户关系管理、制造执行系统，我们称之为流程的逻辑，把它变成一个一个的数字化的模型放在平台上。如紫光的工业互联网平台，把一些MES的软件放在这个平台上，背后是大量的模型，还有各种各样的研发工具、生产工艺，这样的一些技术、知识、经验、方法、工艺通过编程的方式，或者通过参数化的设计，即使你不懂编程，也可以把它通过这样的工具变成一个一个的数字化模型。这样的模型就会沉淀在工业的PaaS平台上，以两种方式存在，一种就是传统的软件架构，另一种是微服务架构，这是逐步演进的过程，传统的软件架构正在不断地变成碎片化的微服务的架构呈现在工业的PaaS平台，成为一个微服务池。最后这样一个一个的模型加工各种各样的数据。这个数据解决四个基本问题：一是去描述物理世界发生了什么；二是诊断它为什么会发生；三是预测下一步将会发生什么；四是做决策。这就是工业PaaS层的核心。

把工业互联网平台的核心内容抽象出来，就是“数据+模型=服务”。数据包括机器的数据、业务数据、产品模型的数据、来自互联网的数据。模型是指基于机理模型和数据模型转化成的各种各样的软件化，这种软件化部署在云端，同时有新的软件架构，就是基于微服务架构。服务就是各种各样工业APP，优化生产过程、全生命周期服务和优化制造资源配置。由于物联网、大数据、云计算的技术，使得数据采集成为可能，使得数据的分析成为可能。所以，工业互联网的本质就是数据加模型提供服务，就是把来自软件系统，来自产品的设计的数据、机器的数据、生产的数据、环境的数据集成起来，放在工业PaaS平台上，用各种各样的模型去分析，分析完了之后就提供协同设计、生产优化、质量监控、运营决策、全生命周期管理各类服务。

工业互联网平台是一套基于云平台的数字化、网络化、智能化解决方案。工业互联网平台是面向制造业、数字化、网络化、智能化的一系列的场景和问题，然后实现了数据的采集、汇聚、加工、处理，最后构建的是制造资源的泛在连接、弹性供给和高效配置。工业互联网平台就是基于云架构的智能制造的解决方案。

工业互联网平台是一个可扩展的工业操作系统，是一个基于云的开放式物联网操作系统。这个操作系统平台向下能够对各种软、硬件资源进行接入和管理，向上通过各种各样的软件提供服务，提供对已有的各种各样的模块的调用、复用。工业互联网平台能够将大量的工业技术原理、行业知识、基础工艺规则化、软件化、模块化，业务流程、经验、方法都不断地沉淀在这个平台上，沉淀完之后就不要做重复性工作，可以调用、复用，重构我们的工业创新体系。对于未来工业企业来说，工业互联网平台能够提高创新的效率，降低创新的门槛。过去工业企业80%在做重复性劳动，有了这个平台以后，有80%的工作是创新性工作，重复性工作可减少到20%以下。

工业互联网的发展为工控与自动化行业开拓了一个新的技术生态系统，生态系统中的每一项创新都在为工业互联网的发展做着积极的贡献，也为未来企业的发展带来了机遇。工业互联网时代将催生新一代的智能传感企业、智能终端企业、嵌入式控制企业、专注工控网络设施的企业、网络安全方案解决商、技术产品提供商、工业云平台及相关服务提供商、工业大数据分析及可视化工具的提供者，以及各个垂直行业解决方案的集成商和服务商。这将是一个技术多样、群体庞大的生态系统。

7.4.3 工业互联网软、硬件基础

工业互联网在实际部署中主要连接的终端设备为各类传感器，包括热敏、光敏、气敏、力敏、磁敏、湿敏、声敏、放敏、色敏、味敏十类传感器，这十类传感器对应的正是人类的视觉、听觉、味觉、嗅觉、触觉五类感官。

在数控机床中，有诸如支线光栅尺、旋转光栅尺、电阻尺等传感器；在汽车内，有诸如油压传感器、转速传感器、气体浓度传感器等。“车越好，传感器越多，博世为高端汽车设计的一个尾气管上有8个传感器”。传感器通过状态感知监测设备监控物理空间中的工作情况。

除硬件之外，工业软件的作用越来越重要。工业互联网的软件封装了工业知识，建立了自动流动的规则体系。人类写入算法的过程就是“人智”转“机智”的过程。

因而，机器智能化的过程可以简单理解为：知识写入软件，软件嵌入芯片，芯片嵌入设备，设备嵌入物理系统，最终形成可替代人智的机智。其中，软件在形成过程中，通过将规律形成模型，模型形成算法，算法形成代码，最终通过代码形成软件。

新工业革命的标志是通过赛博物理系统中的指令直接实现设备控制。这里的赛博物理系统（Cyber Physical Systems，CPS）是一个包含计算、网络和物理实体的复杂系统，通过3C（Computing、Communication、Control）技术的有机融合与深度协作，通过人机交互接口实现和物理进程的交互，使赛博空间以远程、可靠、实时、安全、协作和智能化的方式操控一个物理实体。在软件定义中，通过数据自动流动，在赛博通道中形成互联、互通、互操作。

具体到实际应用过程中，可以从最基本的为工业设备加装监测传感器做起，从而实现状态感知、实时分析、自主决策、精准执行。例如，服装生产企业现在已有通过在企业中的工位（缝纫机）上加装振动检测传感器采集工位振动数据，并将数据送到集中存储设备中，最终将这些数据一并送入服务器中进行分析。

通过这样的改造，在后台实现自动排产，从而提升工厂整体工作效率，同时也省去了此前设置的监督岗位，以此实现工厂改造，实现基础工业互联网应用。

7.4.4 工业互联网核心技术

工业云平台的作用是整合机器、制造、业务、运营、运维及其他数据源的数据，并将这些数据形成闭环，为整个产业链创造价值。机器的智能终端通过现场代理器安全接入云端。云平台由云平台资源层、数据层和应用层三部分组成。其中，云平台资源的配置必须灵活柔性，支持公有云和私有云的部署，以满足工业用户多样性需求；数据层的设计要适合工业大数据处理的特点；应用层必须能够支持多种工业软件的云端化和APP池化，以满足行业用户的不同需求。工业APP多种多样：资产优化APP、流程优化APP、赋能工具APP、产品设计APP、产品创意APP和知识管理APP等。为保证工业互联网的安全，必须有一个点对点的安控系统解决方案和相应的安控APP。用户对APP的访问还需要支持PC、平板、移动端等。

工业行业的异构多样性决定了工业互联网平台必须集成各种各样的先进工业技术和ICT技术，才能够满足不同行业、不同业务流程及不同设施提出的各类需求。核心ICT技术包括（边缘计算、数据湖技术、大数据分析、数字孪生等技术可参见本书第5章）。

7.5 工业互联网的应用场景和发展策略

7.5.1 国外工业互联网应用

作为工业互联网的发源地，美国是工业互联网技术发展的领头羊。工业互联网主要由网络、平台、安全三大部分组成，其中网络是基础，特别是5G低时延网络是保证工业互联网的基础，而数据和平台是工业互联网的核心，安全是保障。在美国相关的工业互联网厂商非常多，从最基本的连接端到云服务端，从IaaS端到PaaS端，再到工业数据分析展示和可视化平台，再到具体应用场景：设计仿真、生产优化、运营管理、资产运维、能耗管理、采购优化等，这些都是在工业互联网的数据采集和大数据分析后才能创造出的应用场景。

在美国，有两个国际驰名的典型工业互联平台。第一个是提出工业互联网概念的GE旗下Digital部门，提出“通过发掘数据的价值实现高效的产出”。GE作为工业互联网的先驱，最初定位诸如航空业等高端制造业中的旋转设备，得到了快速发展，GE Digital的规划目标，是希望通过Predix平台结合应用Operation Performance Management（运营绩效管理）和Asset Performance Management（设备性能管理），通过设备的健康和可靠性管理、合规性管理、资产优化、策略优化，以达到运营性能的管理，包括提升运营效率、实现过程优化等。

但是，随着发展速度过快的业务横向拓展也带来了一系列问题。GE在2018年开始讨论出售其工业互联网平台Predix。产生问题的主要原因有四个：一是GE Digital受到燃机、油气、电力等系列主营业务市场疲软的影响；二是低估了工业企业数字化进程的难度；三是过于强调云平台和IT能力，忽视了客户对应用的需求，盈利模式不清晰；四是进行的并购和整合并没有达到通过一个平台统一不同的应用软件和交付能力的有效目的。这些经验教训也为国内工业互联网提供了借鉴。

第二个是Uptake，它是公认的工业互联网领域的标杆创业公司。该公司创立于2012年，Uptake做的很多事都在模仿GE Digital，包括招募了很多GE Digital的原班人马。其主张也是通过工业物联网的数据分析，实现高效的资产性能和运营效率的提升，提供的方案也是平台加应用。

在平台层，不仅提供相应工业的基础能力，也提供AI和机器学习引擎，把算法变成目录和订阅的方式以快速实现数据分析，并在上面实现快速应用编译和部署，最后形成应用和行业解决方案。应用主要有两类：一类是通过数据科学、人工智能的方式实现资产性能的提升；另一类是通过提升资产性能提升运营效率。

Uptake在2018年11月份收购了一家APT（Asset Performance Technology）公司，这家企业提供了800多种类型的设备、1000多万种不同部件的失效模式。可以非常清楚地定位出设备有多少种故障现象，每种故障现象应该采取的应对措施和寻找相应根因形成维护策略。Uptake还有另外一个应用，通过AI实现销售线索、服务需求、工作流效率的优化，主要是针对设备制造商提供一整套业务流程优化引擎，提高销售业绩和客户满意度。Uptake有一些比较典型的成功案例。第一个是为卡特彼勒公司开发一套设备联网和分析系统，采集设备的各类数据信息，在联网监控的同时，分析预测设备可能会发生的故障，以提前应对；第二个案例是服务美国一家名为Class1的火车公司，该公司在美国有大约14000个火车头，Uptake帮助其通过人工智能预测性维护，每年节省4700万美金；第三个案例是AMEREN，这是美国一家发电厂，每年用了Uptake的人工智能应用平台帮公司节省990万美金；第四个案例是名为Palo Verde的一家核电厂，每年Uptake帮其节省1000万美金；Uptake还帮助某个重型机械经销商每年提高850万美金的收入。这几个案例是工业互联网里比较典型的应用场景，都是围绕大型设备的资产性能，利用数据分析实现设备可靠性的提升，进而提升整个过程的运营效率，创造更多的价值和利润。

工业互联网在高端制造领域更能凸显应用价值。主要原因在于高端制造有比较成熟的业务环境。一是高端制造的生产过程基本上都是连续的，比如流程制造、炼油化工行业。二是高端制造需要众多不同大型设备的高效协同，属于复杂工艺。像石油、电力、石化、光电、半导体等高端制造可能有几百个不同的子生产过程，需要保证每个生产过程都得到严格的管控，才能完成最终预期的产出。三是高端制造的生产过程高度自动化，可以根据实时采集的各种工况参数，对控制过程进行自动化的实时响应；高端制造对质量、产能、风险、成本等的精细化管理要求极高，需要非常精准的过程控制和结果检验机制。当前的高端制造普遍呈现资产密集、资产性能优化空间大，数字化程度高但数据利用率低，经验驱动、缺少科学决策能力，工业互联网在高端制造领域有众多应用场景。通过结合工业互联网的赋能，在资产性能管理、运营效率提升、能源管理优化、安全生产环保、工业控制安全等业务领域，可达到：一是提高资产运营的效率，降低非计划停机带来的风险影响；二是提高资产利用的效率，降低排放、降低能耗、提高安全生产、实现环保，构建产业生态。

高端制造普遍都是体量巨大，所以哪怕提高1%，都能创造巨大的价值。高端制造业务的核心不是数据采集，而是一层一层传递的数据的价值。工业互联网平台，能够起到加速整个价值传递过程的作用，一方面能够汇聚来自不同设备和业务系统的数据，构建数据中台，对数据进行规范和治理，以及针对离散化、场景化的数据分析；另一方面，它也提供了大量的跨应用系统的能力复用模块，让应用的交付、数据的分析变得更便捷、更简单和更高效。

相对于传统的PLC、DCS、MES或ERP这些传统的IT和OT系统，工业互联网应用着眼点放在了新技术解决老问题上，它通过运用物联网、大数据、云计算和人工智能等先进的IT技术，去解决原先由于数据量、数据处理能力、实时性等限制而不能得到很好解决的设备可靠性、工艺质量及企业经营决策等方面的问题，可以说是原有IT和OT系统的升级和重构。

高端制造的工业互联网应用场景主要是三类：设备资产管理、运营性能管理和生产经营决策。资产性能管理的目标是提高资产（也就是设备）的可靠性，避免非计划停机；只有保证了设备的可靠性，才能保证运营过程中的产能、质量、成本的有效提升，才能优化运营指标；只有保证了运营效率的提升，才能实现企业经营利润的提升和经营风险的规避，所以这三类应用是通过数据的价值环环相扣的。

7.5.2 中国工业互联网产业应用发展

2017年11月，国务院出台关于深化“工业互联网+先进制造业”、发展工业互联网的指导意见，指出工业互联网发展三大体系建设：网络体系、平台体系、安全体系。随后，工信部印发多项文件，以推进工业互联网平台建设与落地。2018年5月，工信部印发《工业互联网APP培育工程实施方案（2018—2020年）》；2018年6月，工信部发布《工业互联网发展行动计划（2018—2020年）》《工业互联网专项工作组2018年工作计划》；2018年7月，工信部印发《工业互联网平台建设及推广指南》《工业互联网平台评价方法》；2019年5月，中国工业互联网产业联盟在第二届数字中国建设峰会上发布《工业互联网平台白皮书（2019）》，指出平台应用短期仍将以设备侧和工厂侧为主，数据确权、数据流转与平台安全仍是平台治理面临的重要问题。

据预测，目前国内工业互联网平台已有近千家，包括海尔、三一重工、中国石化等诸多制造业企业均有推出各自的工业互联网平台。华为、阿里、航天云网、用友等许多IT企业也有自己的工业互联网平台。目前，工业互联网平台发展百花齐放，主要能力包括工厂全周期计划调度、排产、物流监测，以及各行业更为关注的设备运行优化、预测性维护等。就国内工业互联网发展整体现状来看，我国已经进入工业互联网平台发展探索爆发期。

2019年，工业互联网首次进入政府工作报告，2019政府工作报告专门提及“打造工业互联网平台，拓展‘智能’，为制造业转型升级赋能”。2019年

6月25日，国际知名调研机构Gartner公布了2019年IIoT（工业互联网平台）魔力象限评选结果，树根互联成为国内最大亮点，凭借旗下的ROOTCLOUD平台，以唯一中国企业身份入选工业互联网平台领域评选。这也是自2018年Gartner第一次推出这一魔力象限以来，首次有中国企业进入该榜单。

Gartner分析师在报告中指出，“树根互联是中国最早的工业互联网平台提供商之一，可以为50余万台高价值设备资产提供实时数据采集、资产性能管理、产品生命周期管理、智能服务、大数据分析和人工智能。”“树根互联ROOTCLOUD平台在技术上专注于API和多种工业协议兼容，可以在工业领域支持集成各种不同的ICS系统。”

具体来看，树根互联在魔力象限的综合得分超过了老牌的Oracle，从落地执行能力来看，树根互联也排在很多老牌工业软件服务企业之前，包括著名的GE Digital（Predix）、IBM等。这意味着中国的工业互联网平台已经获得国际认可，开始与欧美国家工业互联网平台服务厂商的发展并驾齐驱。

据了解，树根互联ROOTCLOUD平台可以支持超过400种工业协议，已经接入各类工业设备超56万台，赋能61个细分行业，连接超4500亿资产，并能支持45个国家和地区的设备接入，面向机器的制造商、设备使用者、政府监管部门等社会组织，在设备后市场服务、资产管理、能耗管理、融资租赁等方面提供深度服务。此外，树根互联还成功助力行业龙头企业打造了包括铸造产业链、注塑产业链、纺织产业链等在内的14个行业云平台。

树根互联以“平台”为核心的产品，发力平台赋能，提供并不断沉淀行业知识，提升平台服务和开发能力。

海尔、航天云网等工业互联网平台也已经有众多落地案例，国内工业互联网发展如火如荼。

在近期发布的工业互联网白皮书中，介绍了不少热门的工业互联网平台。但实际上不同的工业互联网平台的功能特点、定位、运营方式、部署方式和成熟度差异巨大。

有些工业互联网平台的提供商是卖平台，但自身并不运营，例如PTC的ThingWorx实际上是一个工业互联网应用的开发平台，开发商或者制造企业可以基于该平台构建自身的工业互联网应用；有些工业互联网平台的开发商同时也是平台运营商，对中小企业提供会员服务，对大型企业开发专用平台，例如树根互联、东方国信和寄云科技等；有些集团企业开发的工业互联网平台目前还只是面向自身的应用，支撑自身业务；有些平台概念很大，但实际如何运营和盈利模式还不清晰。工业互联网平台的应用，也存在企业内部部署、私有云、公有云和混合云等部署方式。目前，市面上有些工业互联网平台还主要以支撑单项应用为主，例如设备的远程运维，这类平台未来很有可能形成孤岛平台。

目前，我国工业互联网平台的开发主体既有工业软件企业，又有物联网企业、互联网公司，还有制造企业。实际上应该有明确的分工，共同打造中国工业互联网健康的生态系统，而不是大家一哄而上，做很多同质化的平台。IT企业推出的工业互联网平台重点是提供IaaS和PaaS平台，而与底层的物联实现具体的应用功能，开发工业APP，则会交给行业合作伙伴来完成。

对制造企业而言，需要进行工业互联网平台的选型，在该平台应用满足企业业务需求的工业APP，在此基础上开发一定的满足企业个性化需求的APP。对于行业领军企业，可以运营工业互联网平台，在实现企业内部互联和企业间互联的基础上，支撑企业的智能制造，并实现跨企业的协同制造和面向行业的产业链协作。

从工业互联网长期健康发展的角度，要特别关注三个协同。一是平台发展与政府政策协同。工业互联网平台发展模式要比一般商业模式更复杂，对平台企业要求更高，特别是由于与国家战略紧密联系在一起，政府在其中的角色和作用更大。德国的工业互联网平台是国家提出的工业4.0；美国的工业互联网平台虽然是GE及其主导的工业互联网联盟提出的，但是随着美国《国家网络战略》的出台，再次强化了工业互联网平台建设措施，因而也逐渐与国家政策紧密结合；我国从政府到地方的政策推动也一度成为热潮。二是技术创新与商业模式协同。我国之所以这么快地启动国家工业互联网平台发展战略，与我们的两化融合、智能制造及高质量发展等国家发展目标联系在一起。因而，商业模式应该包含更多社会化企业，肩负更多国家科技发展目标。三是IT与OT发展协同。工业互联网如今仍停留在设备侧和工厂侧，要实现降本增效，首先要在工厂中完成监控、设备互联、数据流通的工作，整个工业互联网目前做得较好的已经可以实现工厂排期和相应的智能调度，真正能够实现预测性维护的厂商则少之又少。

深化对工业互联网平台架构的认识。当前，工业互联网平台架构过于简单，将工业互联网平台架构等同于工业云平台，显然无法反映工业化、信息化两方面的深刻含义，特别是无法反映各个工业制造业的特殊性，也无法反映平台的双边市场特性。

5G时代即将到来，这将会极大地促进工业互联网的发展。互联网带宽的增长，传感技术的发展，计算和存储能力的迅速提升，IT架构向组件化和微服务转型，将带动工业互联网的广泛应用。然而，将传统软件改造为服务并非易事，老设备的数据采集和互联还需要花费高额的成本和时间。因此，工业互联网要真正普及还有很长的路要走。

7.5.3 工业互联网典型应用场景

工业互联网是指工业互联的网，而不是工业的互联网。在企业内部，要实现工业设备（生产设备、物流装备、能源计量、质量检验、车辆等）、信息系统、业务流程、企业的产品与服务、人员之间的互联，实现企业IT网络与工控网络的互联，实现从车间到决策层的纵向互联；在企业间，要实现上、下游企业（供应商、经销商、客户、合作伙伴）之间的横向互联；从产品生命周期的维度，要实现产品从设计、制造到服役，再到报废回收再利用整个生命周期的互联。

工业互联网是连接工业全系统、全产业链、全价值链，支撑工业智能化发展的关键基础设施，是新一代信息技术与制造业深度融合所形成的新兴业态和应用模式，是互联网从消费领域向生产领域、从虚拟经济向实体经济拓展的核心载体。

工业互联网通过对企业的机器、业务系统、产品模型等过程数据进行广泛采集，将采集到的关键数据导入工业化模型以实现业务功能的软件化，最终为企业提供工业级应用服务，帮助企业优化生产流程，为产品从研发到生产、销售和使用等全生命周期提供服务，从而实现制造资源的优化配置。

工业应用场景通常是一组或者一群群机器在一起协作运行满足生产过程的需求。机器间的协同需要一个计算能力较强的计算平台就地实现系统性、实时性强的优化控制任务。

通过工业互联网的IaaS层和PaaS层实现机器数据上云，即实现基于云平台的工业大数据的收集、储存、提取等数据管理任务。由于有了工业雾计算层的过滤，进入云平台的数据，具有时序和聚焦的双重特征，更加有效，针对这种数据的收集和存储不能再用传统的处理方式，需要创新出适用于更高阶数据和业务挖掘的面向对象和服务的数据积累新模式。工业互联网平台赋能与人的特征属性要求PaaS层提供给使用者简单易用的通用性数据处理方式和工具集，快速、高效、敏捷地构建业务，让工业领域的行业专家能够轻松构建应用，构建的过程不再是一个复杂的编程过程。

SaaS层主要进行工业数据的应用及将数据转换为商业价值。通过建模、计算、分析，让形成的结果具象化展示出来，针对特定的商业目标，开发特定功能的APP，可以是报告、控制、优化等。这种商业价值的体现，由数以万计的APP承载。通过数据提升整个企业的运营效率，关乎协作的效率，流程的精简，从而提质增效。

因此，工业互联网能够支撑几乎全品类的工业业务，下面是几个比较典型的应用场景。

1）资产性能管理

在石油化工等高端制造业中都有关键的大型设备，这些设备在连续生产过程中存在意外停机风险，这会造成业务中断，损失巨大。通常的设备维护策略：一是被动式维护，就是设备坏了再修，这种维护的成本最高；二是预防性维修，为了避免被动维修引起的设备意外停机停产，现阶段采用较多的是预防性维修，也就是定期保养策略。采用振动分析、红外、超声等检测仪器，对关键设备的运行状况进行相应的判决和检测，基于检测的结果决定是否要维修，提前修还是推后修。这两种设备维护策略的成本相对比较高。同时，还有一些问题无法得到解决：一是无法实现实时的判决和诊断，无法根据动态的工况进行调整；二是无法实现精确的故障定位，无法实现精确的指标计算；三是无法实现精确的寿命预测，无法实现预测性维护；四是无法积累、优化和复制专家经验，无法实现知识的自我学习和进化。

基于工业互联网平台的资产性能管理，能够提供基于风险的预测维修，也就是基于海量数据分析对设备的实时状态开展风险评估，得到基于风险管控的维护保养策略，实现更精准的维护。目前，GE和Uptake已经做到了基于可靠性的维修或基于风险维护的完整策略。

资产性能管理系统主要涉及三个方面：一是数据，即机器的实时数据、历史维护记录、失效记录、产品手册等；二是模型，像FMEA、控制理论等基本的工业模型；三是数据分析能力，变点检测、时序预测、聚类回归、机器学习、神经网络等结合在一起，才能产生一个相对完整的设备资产管理系统，实现实时监测、故障诊断预测、可靠性管理等一系列功能，最终目标是降低停机概率、降低运营风险、实现更快的响应能力。

实现资产的高效性能分析的关键主要还是利用机器的数据。基于机器的历史数据可以构建不同状态下的历史数据样本，开发各类故障的特征模型，与当前传感器数据进行对比，从而对当前的设备进行实时的健康评估。基于历史数据也可以构建性能预测指标，通过对比指标就可以知道设备未来在什么时间可能会出问题，可以计算剩余寿命以优化维护策略。

2）生产营运优化

在工业生产过程中有很多设备都产生数据，像工艺数据、质量数据、维护数据等，都可以通过工业互联网平台采集出来，做工艺参数优化、良率优化、虚拟量测、关键指标建模、燃烧环保优化、能源管理等一系列分析。

通过实时采集生产过程中设备、工艺、质检、环保、环节数据，结合数据挖掘和人工智能分析，可以实现生产工艺、品质及运营效率全方面的优化。具体应用包括：

（1）工作模式自动识别。在运营中对设备的工作状态进行识别，只有识别了不同的工作状态才能区别出在不同工作状态下的工作效率和关键KPI指标，这种识别原来全是手动识别或是专家经验识别，现在完全可以通过机器学习再结合专家经验的方式提取规则，创造自动识别的过程。

（2）异常检测。由于能够区分不同的工作状态，才能对不同的工作状态设一个稳定值，这叫SPEC值。一个设备可能工作在不同的SPEC和不同的工艺过程下，所以每个工艺过程要区分不同的工作状态，才能知道应该改进哪些关键工艺参数。

（3）根因分析。根因分析就是有多少种原因会导致最终的指标不良或排放、燃烧等关键指标低下。这种根因分析往往是在不同时间维度上产生的，可能几个小时之前的一个工艺参数会导致最后生产结果的质量、品质或关键指标的劣化。

数据分析需要把不同时间维度的海量数据结合在一起，通过相关性分析、相似度搜索等数据分析的方式，匹配到最有可能产生问题的一个匹配关系上。

（4）稳定性控制和评估。在关键的生产过程中，有一些海量产出关键指标，比如半导体生产过程中的CD值，即关键的线宽要保证在一定的范围内抖动。利用数据分析，通过SPC进行稳定性控制，实现相应的过程控制，以保证关键过程产出的稳定性。

（5）工艺仿真。在确定了输入和输出之间的关系后，能否通过回归或者神经网络找到一个线性、非线性的模型，当最终检验结果的良率从85%掉到70%时，调整输入到某个关键值就能把良率从70%再拉回到85%？这些都可以通过海量的工业数据分析实现。

以上这些都是围绕着实时工艺的数据采集、分析、建模的过程。通过运营效率的提升、数据分析、高效的运营规划，尽最大可能地提高工厂的产能和利润，包括结合财务指标、价格曲线、降成本等都能实现完整的分析。只要利用好数据分析，就可以产生极大的提升，创造额外的生产价值。

3）安全生产管控

针对能源化工等高端流程制造企业，通过采集设备端DCS的实时数据，结合检测系统、业务系统和外部数据，通过大数据、人工智能、机器学习等先进的信息技术，实现包括危险源在线监测、工艺参数实时告警、危险场景态势感知、重大风险预警预测在内的全面的安全生产管控，达到企业经营风险和经营利润的最优平衡。

对于一个大型的发电厂或者大型化工企业，实时数据可以达到每秒钟几万到几百万数据点或者更多。很多关键设备的关键工艺参数、环境参数及外部的危险源，仅靠人工巡检、实时监控和专家经验判断，根本无法满足全面、实时的企业级别的安全管控要求。通过大数据的方式，采集海量的实时数据并汇总、分析，基于历史数据构建起预测和风险模型，不仅能构建起全面的防范体系，还能对关键的监控参数及风险事件进行预测。同时，还可以通过将不同发电厂、化工企业的实时数据汇总到集团的工业互联网平台，不仅能实现对关键工艺参数、关键风险源、风险事件的管控和指挥，也有助于在集团层面实现跨企业的对标分析和优化，并实现对下属单位生产、耗能、排放等数据的实时采集，降低数据失真带来的经营风险，从行政管控转向数据驱动的智能决策。

7.5.4 工业互联网发展策略

工业互联网的应用并非局限于特定流程，如库存优化或工厂车间的数字化、自动化，它涉及整合全产业价值链，包括客户交互、产品创意、产品设计、智能制造和资产优化管理等诸多数字化流程。成功的工业互联网平台将从根本上重新定义企业的经营方式，以及企业与其利益相关者之间的互动方式。

工业互联网平台所构建的业务生态系统，将实现企业乃至整个行业的数字化重塑。应用创新需要将多种数字技术进行有效融合，包括云计算、边缘计算、认知计算、智能终端、数字孪生、数字主线、数字化知识体系、移动通信和物联网等。通过这些技术的融合，我们可以重新构建客户及合作伙伴关系，以百万级别的APP让人、机器互动，提供极致和独特的用户体验，重塑行业价值链和业务运营方式。

工业互联网将有助于工业系统各层面更好地运转。通过优化检查、维护和修理过程，资产的可靠性得以提高。工业互联网还将改善运行效率，无论是在机组层面，还是更大的网络层面。工业互联网的产生条件已经成熟，新一波的创新已经来临。

按照埃森哲的定义，工业互联网的高速发展，通常要经历四个阶段。四个阶段各自有不同的主题和发展重点，如图7-7所示。

从近期来看，工业互联网首先要达成的目标是通过降本增效来提高运行效率，这是第一阶段的目标；第二阶段则要由工业互联网来发展出新模式、新产品、新服务，由此而改善企业的投入产出比。这是当前的攻关方向。

从长期来看，在第三阶段，“结果经济”的概念被提了出来，在永远追求确定性结果的工业基因驱动下，在网络泛在化发展与市场竞争的综合作用下，客户不再安于只是购买产品，而是希望能够按照结果来付费，即要求生产企业不仅提供产品和服务，而且提供能够产生确切结果的、可以量化的服务，

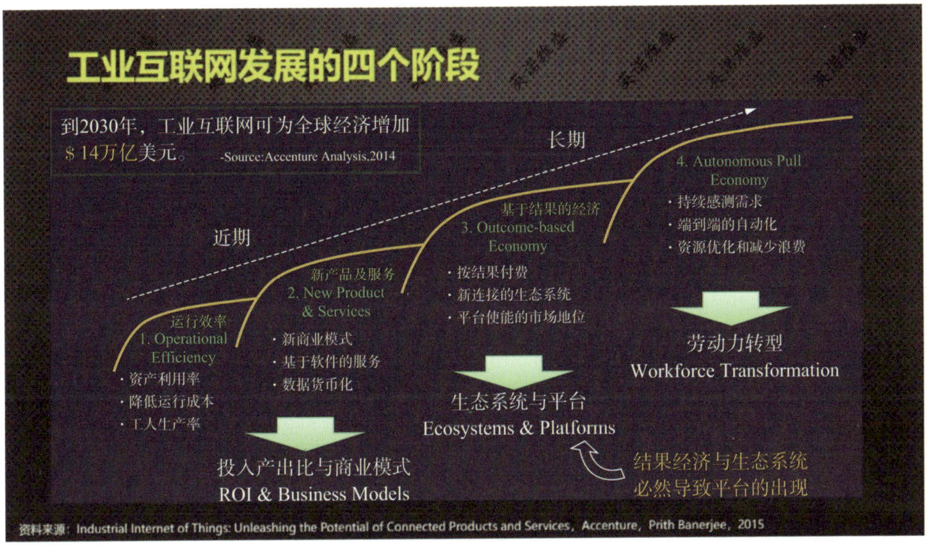

图7-7 工业互联网发展的四个阶段

如确切的节能数量、确切的谷物产量或较为准确的机器正常运行时间等。

以一个通俗的例子来比喻“结果经济”，就是客户要的是“直径20毫米的孔”，而不是去买一个20毫米的钻头，也不是买回钻头来自己打孔。因此，当客户需求从“购买钻头”转变成为需要“20毫米的孔”这样一个确切结果之后，生产企业就必须要考虑以新模式、新技术、新生态来提供新型的“结果经济”服务。

因此，企业必须要改变原有的商业模式了！这就不难理解为什么现在不少生产企业开始免费提供产品，按照用户开机使用的有效结果时间或使用效果来收费，用了产品才收费，不用不收费，彻底改变了原有的卖产品的商业模型。

结果经济的需求牵引要求各种设备必须时刻在网，泛在连接，准确感知，实时分析，精确计算，随时服务。于是，一批与这类服务有关的企业就找到了生存与发展空间，就能与设备生产厂商建立优势互补的关系，生态系统自然建成，工业互联网平台必然出现，人们需要构建在云上的操作系统（从单机操作系统、工业局域网操作系统到基于云的操作系统）来采集边缘层的设备数据，监测客户使用情况，预测设备寿命和客户需求，实现弹性供给、资源优化、高效配置。

而到了第四阶段，会出现大规模的“劳动力转型”，即人体、人脑离开系统回路，基于“人智”的数字化劳动力（智能机器）大规模登场，真正实现机器换人，以泛在连接、自主自治的智能机器来拉动经济的彻底转型。

不难看出，工业互联网及工业互联网平台的产生与应用，推动全球的工业体系在转变，客户的需求在转变，企业满足客户的方式也在转变。因此，从某种意义上说，工业互联网平台就是企业数字化转型的平台。

面对如火如荼的发展态势，中国的工业界要有清醒的方位判断，明确的发展策略：

（1）准确把握工业互联网平台的属性和功能定位。工业互联网平台是一项包罗万象的技术创新的集成系统，需要长期的技术积累和雄厚经济实力，工业互联网平台作为一个复杂的技术经济系统，其建设和见效将是一个长期的过程。BAT类电子商务平台从发展到成熟，大概用了12—15年的时间，工业互联网平台要比这些平台复杂得多，所花费的时间毫无疑问将更长。因此，企业进行工业互联网平台布局时，必须要有清醒的认识、准确的定位。

（2）走中国特色的工业互联网平台发展道路。与欧美发达国家相比，我们在工业基础设施和IT技术方面都有所不足，因此，在平台架构设计和路径选择上必须具有我们自己的特点，要注重发挥我国在电子商务领域的优势。从这个意义上讲，发展工业互联网平台对我国而言，既是一种目标，也是一种手段。依托主体不同。政策的核心是培育平台核心竞争力。未来，政策既要从传统制造业内部发展工业互联网平台，也要从外部发展新型工业互联网平台。从BAT和消费互联网发展实践来看，后者更加具有竞争力，更加符合我国工业化发展实际情况。由于无论是互联网企业还是传统制造业企业，都无法单独承担建设工业互联网平台的重任，因此，最可行的方式是打造联合舰队、实行强强联合，由具备较强实力的制造业和较强实力的互联网企业协同打造工业互联网平台。为此，需要加强政策引导，并在企业治理结构方面进行创新。政府角色不同。与美国、德国不同，由于我国企业实力不足，政府在工业互联网平台的建设方面必须发挥更大的作用。在工业互联网平台发展初期，政府的推动作用更加重要。

（3）要发挥政策统筹与市场机制的“协同作用”。加强政府作用与坚持市场化原则，并行不悖，两条腿走路，协同推进。

首先，加强政策协调，加强工业互联网平台建设与“互联网+”、软件与集成电路发展基金、互联网发展基金、供应链创新与应用、电子商务等政策的协调。其次，统筹工业互联网平台建设与国家关于云计算中心的布局与规划建设。再次，加强工业互联网平台与关键信息基础设施、工业大数据跨境移动等问题的研究。

如何让数据在工业互联网中有效流动起来，将数据转化为价值。赋能于人，让人在整个能量控制过程中更有灵活性、更加关注目标结果，让创新更加自如；赋能于物，让机器能够自适应、自诊断，具有“大脑”。赋能于人和物是工业互联网平台应用创新的核心问题。总之，工业互联网平台将会以新的业务生态系统的方式为利益相关者营造独特体验和价值。

要了解工业互联网的潜力，关键要考虑到全球工业系统的庞大规模。现在有数百万的机器遍布世界，小到简单的电动机，大到卫生保健中用到的高端计算机断层扫描仪（CT）。机组数以万计，从发电厂到载人载物横跨世界的飞机，还有成千上万的复杂网络，从电网到铁路系统，实现了机器与机组的配合运作。

7.6 工业互联网平台与智能油田建设

正如前文所述，工业互联网是智能制造的核心技术，同样也将是智能油田的核心技术。油田工业互联网平台将是智能油田的通用赋能平台。油田工业互联网的落地，将在IT和OT两个方面带来革命性的变化。

在IT层面，油田工业互联网平台将改变传统的、竖井式信息化建设模式，走向平台化、组件化。强调三个方面的革命性变化：一是数据治理。从企业的全局开展数据资产的整体治理，实现数据的标准化、服务化和共享化，构建企业级数据湖。二是组件化。实现业务知识和业务功能的细粒度封装，实现组件的复用和共享，从而对业务需求达到快速响应，降低软件开发成本。三是APP化。应用轻量化、个性化、可定制，更好地满足岗位级别的个人需求，支撑业务变化的随时响应，提高企业效率。

大家平时频繁使用的常规工业软件，功能都分散、深嵌在各种不同的模块中。如果需要不同的功能，则需要单独购买不同的工业软件。甚至同类工业软件之间的功能也无法相互替代。这是传统制造业信息化软件的先天弊病。

由于没有任何一家工业软件厂商能够提供覆盖所有专业领域的工业软件，因此这就不难理解制造业信息化搞了30多年，两化融合推动了10多年，企业里开发运行的信息化系统，往往呈“千岛湖”状态，孤岛遍布，烟囱林立，产品孤儿比比皆是。一家或几家厂商独大，既不合乎市场情理与规律，也没有“通吃”的希望。

在OT层面，工业互联网平台实现资产的互联和数据化，并将资产数据和模型能力、计算能力、大数据能力相结合，实现在资产的运营管控、预测性维护和生产过程优化。这些工作也反过来推进设施设备、仪器仪表、自控工具等自动化装备水平的提升和标准化。

工业互联网最大特点就是连接各种工业设备，保持良好的人机交互，解决“数据从哪里来”“数据到哪里去”的问题。

设备连接了，数据采集了，数据量特别大了，就需要有足够的数据容身之地。而数据湖就是为此而生的解决方案。

数据湖连通了人、机、物，大量的数据都可以在湖中聚集起来。如果比较通俗地说的话，数据湖的技术特点是：随意流入，可以存储任何来源于不同地方的各种类型的数据；随取随用，任何许可的用户可以进入湖中提取所需要的数据；过程动态，随时发生。

数据采集，通常发生在广泛连接物理设备的边缘层。

工业设备的特点是网络相对封闭，数据输入和输出必须遵从形形色色的工控通信协议。常见工业控制通信协议有CANBUS、MODBUS、LAN、Profi Bus等。当然，工业大数据的采集还需要解决压缩、计算、清洗等数据处理问题。

在工业互联网的价值链上，谁能掌握并贯通工业大数据的“采、管、用”三大环节，谁就能更准、更快地抢得市场先机，创造高附加值。

在“采”的方面，如果能将多种工控协议“吃透”，自主研发出自己的数采设备，就可以做到“一盒采百机”。

在“管”的方面，海量汇聚的大数据，为工业互联网平台提供了源源不断的数据，PaaS层如何管理好这些数据考验着一个平台的水平。数据的权利归属，也是一个敏感的话题，如何将区块链技术与大数据技术结合起来，让数据的使用有据可查，是一件非常有意义的事情。树根互联通过区块链+根云平台+边缘计算，实现了边缘侧到云端可信数据采集、传输和分析，以及基于边缘侧所捕捉的可信事件来驱动区块链智能合约，由此而对数据有了更可靠的把握。这样将提高数据在整个管理过程中的可信度。

在“用”的方面，“在云平台开发API接口，通过授权，对需要数据的制造企业、软件公司、行业大数据分析企业、服务商、供应商、营销商开放应用，使制造数据与供应链、销售链和服务链融合。”即大家都用起来的数据，才是真得用好了！

对于工业互联网如何提高生产力和优化工业流程，石油天然气行业提供了丰富的例子。随着传统石油天然气田的枯竭，石油天然气行业的上游产业越来越需要到更加偏远的地区来寻找新的大规模石油天然气田。很多行业观察人士提到，虽然资源潜力仍很巨大，但需要更多资本和技术才能开采出来。轻易获得石油天然气资源的时代正在结束；对石油天然气行业的监管日趋严格。公司的运营环境越来越透明（部分是由于信息技术），但这个行业的风险和资本密集的特性需要行业、监管机构和社会加强合作。目前，推动石油天然气行业要实现多个重要的目标，包括：

（1）提高运营效率和生产力。

（2）降低项目开发、运营和维护中的生命周期成本。

（3）在安全、环保和合规方面不断改进。

（4）改造老旧设施并进行调整，以适应不断变 化的劳动力。

（5）开发本地能力并支持日趋偏远的物流配送。

虽然运营复杂性从多个层面来说都在增加，工业互联网节约成本和提升效率的潜力仍很高。很明显的例子包括工业互联网如何提高关键设备的可用性、降低燃料消耗、提高生产率和降低成本。传统上，石油天然气行业在采用新技术上比较缓慢。鉴于资本支出极为庞大，企业希望在部署新技术之前看到强有力的案例和技术验证。虽然采用技术的步伐缓慢，但有三个不同的技术采用阶段以应对行业面临的重大挑战。每个技术集成阶段都给行业带来巨大收益，而这些工作对扩大必要的资源基础有直接责任。

新的数据压缩技术让工厂的经理可以跟踪大规模数据流中的变化，而不是时刻跟踪所有数据。沿着上游价值链，这个行业过去十年开始采用特定的技术。例子包括：

（1）井下传感器跟踪井内的事件，智能化完整优化产品流，以及油井模拟提高生产力。

（2）无线通信系统把当地设施的地下和地上信息网络连接到公司的集中站点。

（3）实时数据监测以提高安全性并实现优化。

（4）预测分析，更好地了解和预测储层的行为。

（5）4D地震等一次性监测，了解生产引起的流体迁移和储层变化。

这些努力在很多情况下已经降低了成本、提高了生产力，并扩大了资源潜力。石油资源潜力的概念为工业互联网的价值提供了视角。全球石油资源很丰富，但发现率相对较低。全球范围内，平均发现率只有35%，或100桶地下石油中35桶可以使用目前技术开采出来。十多年以来，数字油田的概念很流行，早期预测指出，如果积极地部署数字技术，十年内将开发额外的1250亿桶石油。此后，这个行业一直积极地从宣传这些概念以及消除对可靠性与连接的担心转向现在成功地管理数据和运行运营中心，以便从技术投资中获得最高的回报。目前，全球石油开采量为每天8400万桶或每年310亿桶。目前，已探明的石油储量估计为16000亿桶。发现石油资源的潜力仍很高，特别是在不太成熟的油区。假设新一波工业互联网技术可以把探明储量提高1%，就意味着160亿桶或全球半年的石油需求量。虽然上面的例子只是说明性的，但在更长的时期内确实会发现新的储量。因此，这个论点仍然成立——石油勘探的些许进步能够带来极大的收益。考虑收益的另外一种方式是资本支出的效率。未来，GE预计这项支出将以每年8%的速度增加，以便为世界提供所需的石油和天然气。如果工业互联网技术可以把资本支出减少1%，就意味着每年节约60亿美元或15年内节约900亿美元（图7-8）。

根据麦肯锡的报告，在一家大型石油公司的油田中，仪表不时地读取有关井口、管道和机械系统的各类数据。这些数据由一组计算机进行分析，并将结果输入实时运营中心，后者则调整油量以优化生产和最大限度地缩短停机时间。这家公司因此减少了10%—25%的运营成本和员工成本，产量提高了5%。

机器的数字化、智能化将加速自动组态工业软件的发展，工业APP制作流水线技术或许是创新的另一个关键点。工业行业急需一款跨行业APP开发

主要部门的潜在收益			
行业	部门	节约种类	15年内的估计价值[单位：10名名义美元]
航空	商用	节约1%的燃料	300亿美元
电力	天然气发电	节约1%的燃料	660亿美元
医疗	整个系统	系统效率提高1%	630亿美元
铁路	货运	系统效率提高1%	270亿美元
石油天然气	勘探与开发	资本支出降低1%	900亿美元

图7-8 GE对工业互联网潜在价值的判断

和部署的平台，可以支持多种语言和开发环境，以组态的方式灵活实现各种工业应用。大规模开发和部署工业APP是一项艰巨但又必须完成的任务。

开源技术为打破行业技术壁垒提供了有力的武器。谁能够通过开源、开放的平台和工具有效地组织大众创新，有效地将片散化、孤岛化的工业知识体系微服务化、APP化、系统化、价值化，谁将是工业互联网时代的领头羊。

人类的故事就是控制能量的历史。在数字化时代，数据与信息是另外一种形式的能量，工业互联网开创了技术创新、应用创新和模式创新的工业新纪元，让我们以更加开放、包容、智慧和创新的精神，打破机器-系统-人之间的壁垒，实现机器-机器、人-机器之间的高效协作与多系统的和谐共生，迎接工业互联网时代的到来。

智能油田

INTELLIGENT OIL FIELD

AR 扫描召唤 AI助理

8

智能油田建设实践

8.1 油田物联网建设理论与实践

8.1.1 中国石油油气物联网系统（A11）建设与应用实践

1）油气生产物联网系统（A11）建设的背景

中国石油早在2010年就将物联网技术引入石油、石化行业并进行了可行性论证。在《中国石油"十二五"信息技术总体规划》中，将物联网建设列为信息化三大标志性工程之一。集团公司明确提出："物联网系统是围绕现场数据的自动采集和控制，搭建统一的物联网应用平台，实现自动化和信息化的深度融合，对于提升集团公司信息化水平，支撑综合性国际能源公司建设具有重要意义，因此公司将物联网系统建设作为'十二五'信息化的三大标志性工程之一。"同时，进一步具体安排，"要通过物联网技术，促进传统生产从劳动密集型向知识密集型的转变，提升企业发展质量和综合效益，推动分级管控方式转变为集中管控，大幅提升一线作业劳动生产率，改善工作环境，从而在实现两个翻番中保持一线员工总数不增。"

2）油气生产物联网系统（A11）建设情况

油气生产物联网系统是利用物联网技术，实现油气田井区、计量间、集输站、联合站、处理厂生产数据、设备状态信息，在采油采气厂生产指挥中心及生产控制中心建立集中管理和控制的系统。项目按三个子系统进行建设：数据采集与监控、数据传输、生产管理，如图8-1所示。

通过油气物联网系统的建设，制定了一套标准体系，搭建了统一的系统平台，完成了一批示范工程建设，如图8-2所示。

（1）制定并发布了一套标准规范。

编制并发布了中国石油的企业标准《中国石油油气生产物联网建设规范》（Q/SY 1722—2014），确保了各油气田的物联网建设科学规范，为系统将来的可持续扩展和优化运行奠定了基础。

《中国石油油气生产物联网系统建设规范》对数据采集不监控、数据传输、生产管理、数据管理、信息安全、建设施工等方面提出了统一规范要求，如图8-3所示。

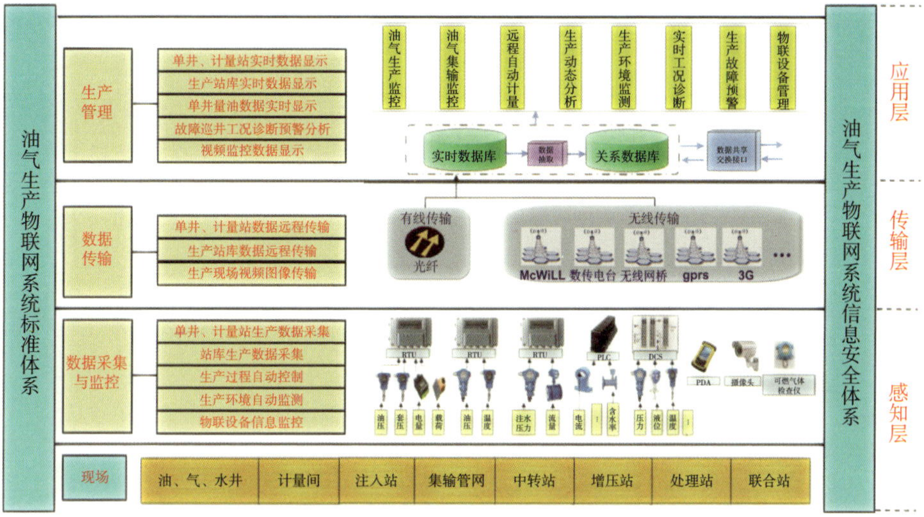

图8-1 物联网系统功能架构示意图

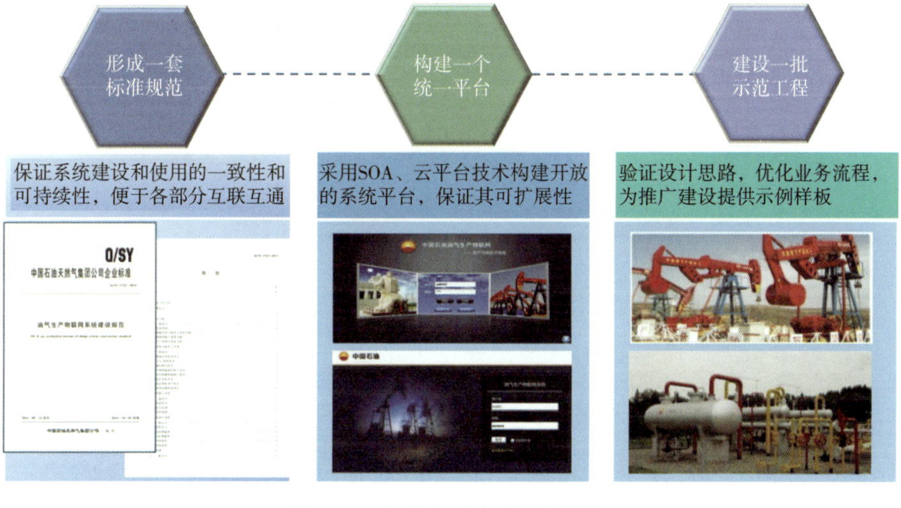

图8-2 物联网系统建设路线图

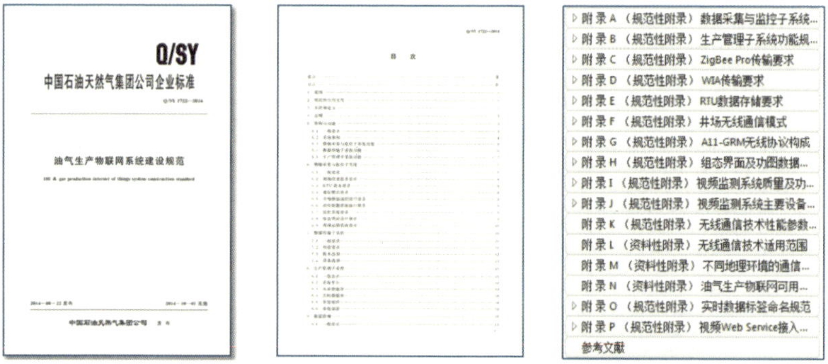

图8-3 物联网建设标准规范

（2）搭建了统一的系统平台。

统一的系统平台由数据采集子系统、数据传输子系统、生产管理子系统三部分构成，如图8-4所示。

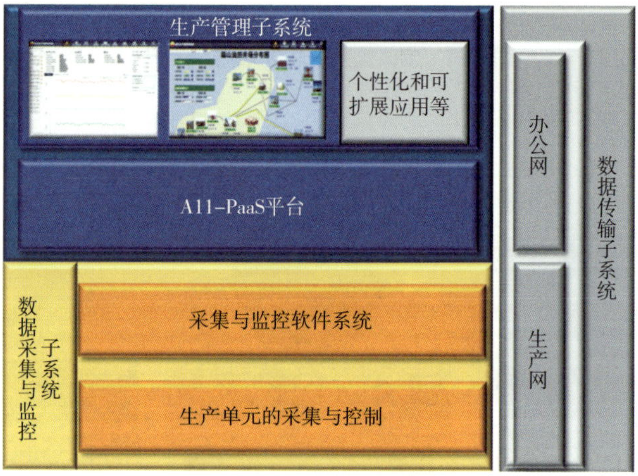

图8-4 物联网系统平台示意图

数据采集子系统采用传感和控制技术构建的油气田地面生产各环节的生产运行参数采集、生产环境的自动监测、生产过程的自动控制和物联网设备状态监测系统。

数据传输子系统采用无线和有线相结合的组网方式，为数据采集与监控子系统和生产管理子系统提供安全、可靠的网络传输系统。

生产管理子系统采用数据处理和分析技术构建的涵盖生产过程监测、生产分析、预警预测、物联网设备管理、数据管理等功能的管理系统。

（3）完成了一批示范工程。

从2012年开始，相继在大庆、塔里木、新疆、西南、青海、吐哈和南方勘探等油气田公司开展了试点建设工作。

通过项目建设，在优化生产流程、优化组织结构、提高生产效率、提升管理水平、减轻一线员工劳动强度、降低安全风险等方面取得了一定战果，如图8-5所示。

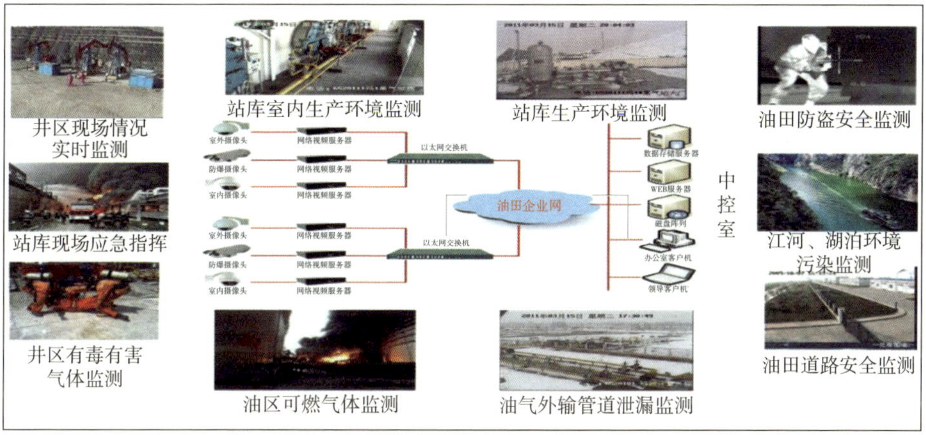

图8-5　物联网系统应用示范

3）油气生产物联网系统（A11）取得的成效

中国石油的油气生产物联网项目在七家油气田（大庆油田、塔里木油田、新疆油田、西南油气田、青海油田、吐哈油田、南方勘探）开展了试点工作，完成5000余口油气水井、200多座站库的前端施工工作。在5个已完成验收的试点油气田（新疆油田、西南油气田、青海油田、吐哈油田、南方勘探）累计减少一线用工2100多人。

（1）吐哈油田。

吐哈油田数据采集部分在鲁克沁采油厂、吐鲁番采油厂油井510口，水井129口，掺稀/配水阀组26个，安装摄像头50台。并进行配套设施建设，包括RTU箱体安装固件、基站铁塔、机房基础设施、挖沟、桥架、摄像头立杆等（表8-1）。

表8-1 吐哈油田采集部分

采油厂	油　井	水　井	掺稀/配水阀组	摄像头
鲁克沁采油厂	314	67	12	30
吐鲁番采油厂	196	62	14	20
合计	510	129	26	50

系统平台主要实现了稠油生产的功图软件量油、自动掺水、稳流配水等技术，实现了生产方式的转变，稳定了油气产量，改善了一线员工的工作环境。

通过A11项目的建设，给吐哈油田带来了两大改变：一是吐哈油田所在地自然环境恶劣，巡井、巡站工作异常艰苦，A11建设后很多人员脱离一线的艰苦劳动，工作条件得到大大的改善。二是吐哈油田地处民族敏感区域，安全形势严峻。A11系统采用无线、有线相结合的方式，在重要路口、站场等设置摄像头，提升反恐维稳安保能力，最大程度保障石油员工生命财产安全。

（2）新疆风城油田。

通过A11示范工程建设，在新疆风城油田大幅减少了一线员工数量，仅126台注汽锅炉的管理操作人数由预计1500人减少至395人，稠油联合处理站人数由323人精简至182人。

以油气生产物联网系统建设为契机，整合了孤立、分散甚至闲置的站场自动化系统，实现了集中、统一管理，保护了已有投资。

采用稠油处理站监控中心集中监控、作业区生产管理中心统一管理的新型管理模式，减少了作业区的管理层级。

（3）西南油气田。

西南油气田安岳作业区创新了中心站场管理模式，将前方分散、多级的管控方式，转变为后方生产指挥中心的集中管控，压缩了管理层级，大大提高了生产效率与管理水平。

远站无人值守率达90.32%；隆昌作业区生产管理中心形成作业区-中心站的集中管控模式，压缩了管理层级；安岳气田A11示范工程减少一线用工118人。

4）油气生产物联网系统（A11）建设效果

中国石油油气物联网系统的建设，给油气生产带来了八大改变：

（1）生产流程优化：实现了生产机构的精简、环节的优化、生产成本的节约。

（2）管理流程优化：实现了管理结构扁平化、内容精细化、方法标准化。

（3）资产配置优化：做到了实时预警，集中管理，达到设备设施等资产的最优配置。

（4）组织机构优化：提高自动化程度，实现组织层级的精简。

（5）工作环境改善：将前端人员的工作从艰苦的现场环境中转移到远程中控室，改善工作条件，提升HSE水平。

（6）生产方式变革：生产方式由人工变为实时智能，实现生产方式智能化和电子化。

（7）生产效率提高：通过管理流程优化，组织机构精简，从而提高人员工作及生产效率。

（8）管理模式改变：管理从人工化变为电子化，缩短信息传递时间，提高决策效率。

8.1.2　中国石化“油气生产信息化项目”（PCS）建设与应用实践

1）PCS建设的背景

中国石化在全面综合诊断油气生产现状的基础上，充分认识到要实现新时期的新发展，必须充分利用信息化、自动化手段，开展现代化管理模式的探索和突破。

“十二五”以来，中国石化发布了《油气生产信息化建设指导意见》，明确了总体要求、建设内容、进度安排和保障措施，部署开展了油气生产信息化建设。通过对油气生产管理分类实施信息化改造，为提高生产效率和管理水平提供支撑。制定了“到‘十三五’末，全面实现油气生产动态实时感知、油气生产全流程监控、运行指挥精准高效，全面提高油气生产管理水平，促进油田管理效率和经济效益的提升”目标，实现“两化”高起点、高质量、高水平融合，以此全力支持油田企业提质增效、转型发展。

按照“效益优先、注重实效、渐进推进、继承发展”的原则，中国石化生产信息化建设主要包括可视化、自动化、智能化三个方面的工作。可视化即建设生产现场视频监控，实时数据采集，实现油水井远程启停；自动化即在新建区块实现生产装置配套自动化，在已建区块完成生产自动化改造；智能化即实现单井、站库、设备生产状态实时监测、智能检测、智能关断。

生产信息化项目的核心是油气生产指挥系统，是油气生产信息化建设的重要组成部分。油气生产指挥系统就是集成油气生产现场前端自动化采集、自动化监控、自动化传输等物联网建设成果，充分利用云计算、大数据等新技术，建设智能化的油气生产指挥系统，实现油气生产现场的全面感知、精准管控、超前预警、高效协同、智能优化、科学决策的新型油气生产管理模式，支撑油公司管理的转型发展，引领油气生产迈向自动化和智能化。

2）油气生产信息化建设开展情况

中国石化首先于2012年在胜利油田启动了油气生产信息化试点建设，先后经历了试点研发、功能提升、配套完善三个建设阶段。2015年，按照“十三五”统一规划，在油田板块全面推广。至2017年，历经两年全部推广完成，PCS（Production Control System）形成了从总部到生产现场四级穿透的油气生产监控、运行、指挥应用模式。实现局、厂、区的无缝集成、直击现场。至2018年，在对两年来建设和运行总结的基础上，进行了升级完善，形成了PCS 2.0版本，并在全部油气分公司上线运行。

PCS采用“361”体系架构，即面向油田分公司、采油厂和管理区三个管理层级，基于统一认证、统一标准、统一技术和统一风格构建一个管理平台，全面支持PC、手机、平板和大屏四类终端应用，具备生产监控、报警预警、生产动态、调度运行、生产管理、应急处置六大核心功能。

（1）生产监控：实现了分公司、采油厂、管理区三级层面的油气集输、注水、注汽等专业系统监控，从原有面向监控岗的“点”监控模式，提升至分专业系统从总体到具体工艺节点的监控应用。包括采油监控、采气监控、注水监控、集输监控、巡护监控、视频监控6个子模块42项业务功能。

（2）报警预警：研发了多参数组合预警模型工具，实现了由前端自动化报警及单参数预警，向预报警集中闭环管理及多参数组合预警的转变，辅助超前优化、超前处置。包括采油、采气、注水、集输报警预警4个子模块31项业务功能。

（3）生产动态：基于流程优化的动态数据管理和个性化应用，生产动态实时获取、一览无余，实现生产全过程数据自动归集、指标汇总生成、图表关联展示。基于实时数据，生产监控岗当天、当班审核，形成当班、当天的生产动态数据，完成井、站库及设备27类业务对象的动态数据入库。包括采油、注水、集输、作业、新井、海上、电力等8个子模块39项业务功能。

（4）调度运行：实现了局、厂、区三级调度在线运行，并向生产运行在线运行拓展，实现基于三级标准化生产事件信息交互模板的在线交互、定制化的业务E化流程，运行管理直达单兵、全程管控、支持考核。包括调度在线、调度值班、重点会议、资料查询、车辆运行等7个子模块20项业务功能。

（5）生产管理：对主要生产技术指标进行实时跟踪、动态分析和评价优化，为专业化管理提供在线、实时、系统分析手段。专业技术指标实时生成，支撑专业管理由定期人工分析、优化运行向生产模型驱动、系统分析、动态优化发展。包括采油、采气、注水、集输、开发管理5个子模块41项业务功能。

（6）应急处置：预置应急事件接处警流程，达成一键预案启动、一键任务群发，构建贯穿事发现场、应急指挥车、厂局级应急指挥中心的事件处置应用体系。包括事件处置、应急预案、应急流程、应急专家、应急物资、应急队伍6个子模块，15项业务功能。

截至2018年底，油气生产信息化已覆盖40余个采油气厂200多个管理区，占比83%（经综合效益评估，少数低效区块未实施），监控井数近37000口，站库1000余座。

3）油气生产信息化取得的成效

中国石化胜利油田建立了覆盖油气井场站库等生产现场的丰富感知层（传感器），能够实时感知（检测）各类生产设施运行情况，形成生产运行参数和状态参数海量实时数据。通过PCS实现了自动采集、远程监控、报警预警功能，并利用各类生产数据进行业务分析，为井站装上了“大脑”和“眼睛”，实现了生产管理“零时限”，打造了“井站一体、电子巡护、远程监控、智能管理”的油气田开发管理新模式。提升油气田生产决策的及时性和准确性，提高生产管理水平，降低运行成本和安全风险。

在生产管理层面，管理层级从四级（厂－矿－队－班组）优化为三级（厂－管理区－专业化班组）；变人工巡检为电子巡检。以实施了油气生产信息化的某新型管理区为例，原来人工巡检需44个人一天最多巡检7次，巡井、巡线距离280千米，平均单井耗时20分钟/次的工作量，实现电子巡检时只需1个人在室内就能实现不间断巡查，单井巡检仅需10秒钟，约半小时就能“巡检”一轮；某口油井通过单井智能生产优化，在产油量不减的情况下，当年累计节电1.39万千瓦·时，节约电费1.46万元；某注水站根据远程调整水井配注，避峰填谷实现节能降耗措施，远程对5口注水井注水量智能调节，每小时增加水量13.5立方米；调高注水泵运行电流，将日耗电控制在2.2万千瓦·时以内，日节峰期电费1100余元。

中原油田上线应用了撬装数字化设备，简化站场布局，优化生产流程，配套信息化改造，投产了油田首座撬装式数字化计量站。改造后的计量站实现油、水、电分系统模块化管理，配套管理区和站级生产运行指挥系统，成为无人值守的数字化计量站，为老油田新建、归并改造计量站提供了标准示范样板。

西北油田通过生产信息化，继续深化开展了井站一体化建设，实现监控可视化、运行一体化、分析智能化、指挥精准化，以站级PCS系统为中心，实现生产平台各模块统一化管理、统一监控、信息共享、业务集成、全面协同，有效整合了技术、人员、业务三大资源，达到了提质增效的目的。

4）油气生产信息化建设效果分析

中国石化通过实施油气生产信息化建设效益显著，总体来看，突出表现在以下八个方面：

（1）节约了建设投资。某油气公司5个示范区通过生产信息化建设，对地面流程进行了改造，节约管网40余千米，节约占地70余亩，建设计量站25座，累计节省投资4000余万元。

（2）油田开发效果取得明显改善。以某油气公司为例，通过生产信息化建设，百万吨产能建设投资下降了约10%，自然递减率降低近3%，单井开井时率提高3%。

（3）生产运行质量明显提高。某油气公司通过生产信息化建设，采油时率提高了3%，抽油机平衡率提高了9%，层段合格率提高了14%，躺井率下降了1.6%。

（4）操作成本得到有效控制。据统计，某油田已完成信息化改造的管理区单位完全成本降低近1500元/吨。

（5）劳动生产率显著提高。某油田公司一个采油厂用工总量降低约360人，人均油气当量提高约500吨/（人·年）。

（6）应急处置实现快捷高效。主要体现为五快：发现问题快、预案准备快、指令下达快、落实资源快、现场处置快。

（7）油区综合治理有效加强。生产信息化建设使油田生产现场实现智能视频闯入报警和参数预警，及时发现制止偷盗等破坏现象，从“没有围墙的工厂”变成“电子井场”，油区环境得到净化。

（8）职工工作环境显著改善。大量重复性工作被信息技术取代，现场工作由室外变室内、由人工变自动，一线员工由蓝领变白领。

8.2 油气地球物理勘探大数据技术应用实践

8.2.1 地震勘探资料处理解释一体化平台（π-Frame）建设背景

近年来，在油气勘探开发领域，伴随着高密度、全方位、宽频带、多分量、被动源地震采集技术的兴起和不断发展，地震勘探数据量呈爆炸式增长。与此同时，叠前偏移成像、各向异性分析、叠前反演、实时处理分析等地震数据处理解释技术也在持续发展和进步之中。地震采集获得的海量数据管理与复杂地震资料处理解释业务带来的大规模并行计算需求给我们带来了巨大的挑战和难得的发展机遇。

信息技术的快速发展为地震专业软件的发展提供了有效的技术支撑，尤其是近年来以Hadoop海量数据处理框架为基础的大数据技术发展迅猛，逐渐走向成熟，广泛应用于互联网、电子商务、金融、保险、电信、能源等众多行业，支撑着多种类型的海量数据管理与大规模并行计算，将我们带进了大数据时代。

地球物理采集技术的进步与数据处理解释新算法的发展，呼唤着新一代地震资料处理分析软件系统的问世。在勘探开发技术不断发展与大数据技术不断成熟的背景下，2010年底中国石化成立了π-Frame研发团队，以建设开放式地球物理生态系统为最终目标，运用先进的大数据技术理念和软件工程管理流程，采用软件能力成熟度模型（CMMI4）管理和指导软件开发过程和提高软件质量。最终确定了π-Frame产品的架构设计和技术选型，研发推出了π-Frame平台产品1.0版本，具备了地震数据处理业务应用功能和技术集成开发支撑功能。

8.2.2 π-Frame平台建设成果

1）π-Frame平台架构

π-Frame平台设计综合考虑了现有软、硬件技术现状与未来信息技术发展趋势，结合地震数据处理解释特点进行技术选型，同时根据松耦合、高内聚软件设计原则，采用N-Tier软件架构对系统进行分层设计。π-Frame系统逻辑架构主要由数据层、核心服务层、用户界面层、应用集成环境四个部分组成，如图8-6所示。

（1）数据层：数据层主要采用分布式文件系统HDFS进行地震数据的存储管理；数据层参考POSC、PPDM标准定义了地球物理业务数据模型；向上提供标准、统一、高效的业务数据访问接口，简单、易用且易于扩展。

（2）核心服务层：核心服务层主要包括工作流引擎、资源管理与作业调度、算法模块服务、交互图形服务。工作流引擎采用简洁的JSON格式文件记录工作流所需模块信息、计算资源需求，快捷地解析工作流并发送作业。资源管理与作业调度采用了先进的并行计算思想。算法模块服务提供不同语言、不同运算特性算法模块的封装机制。交互图形服务采用Qt和OSG框架，基于2D和3D图形引擎提供交互图形业务应用。

（3）用户界面层：用户界面层是用户与平台系统之间的操作界面，采用统一的插件机制与规范进行交互应用模块的集成，保证系统基本功能的视觉、交互操作的一致性，用户体验的一致性降低了处理解释人员的学习成本。

（4）应用集成环境：应用集成环境提供统一的开发测试环境，提供批处

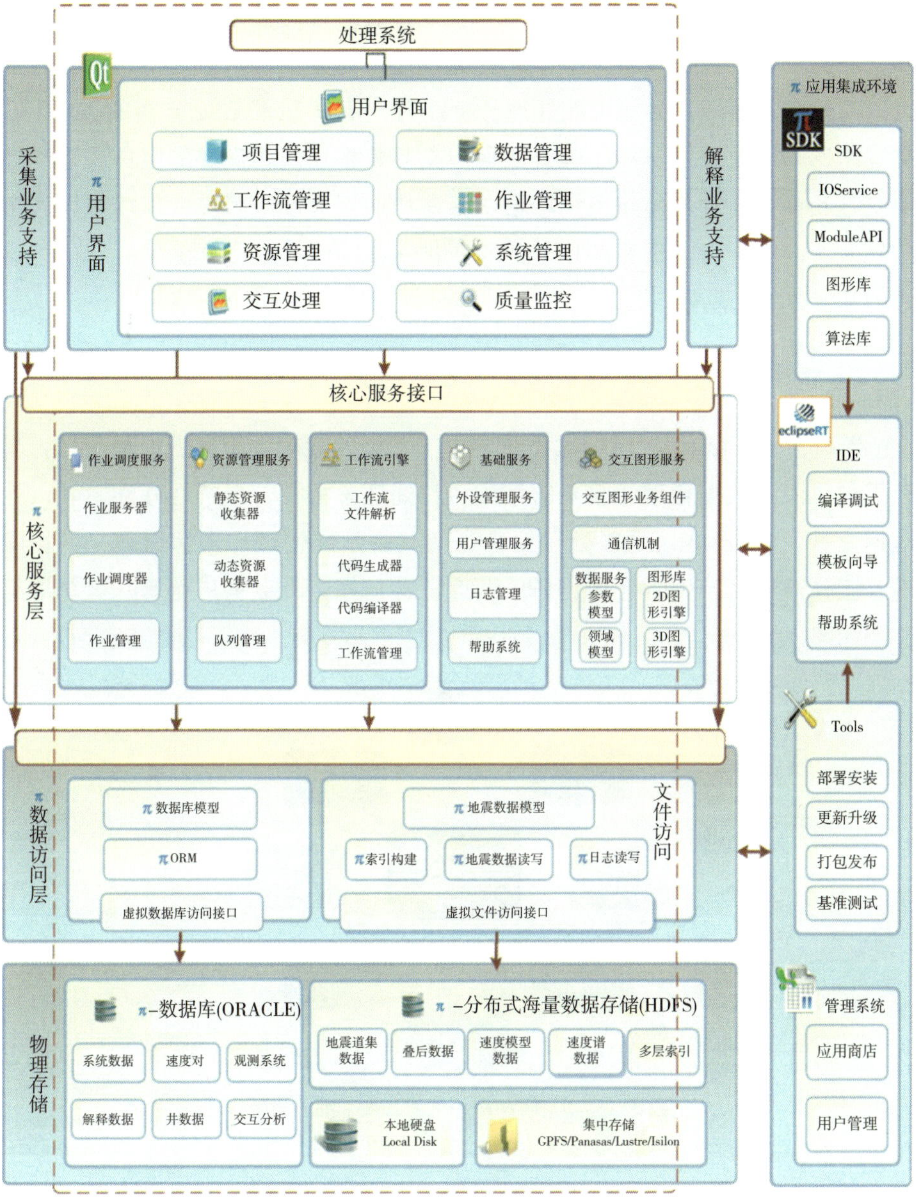

图8-6 π-Frame 平台系统逻辑架构图

理模块和交互应用模块的二次开发工具箱（SDK），提供应用集成开发环境（IDE），支持用较少的资源完成对现有模块的封装集成；高效支持新模块的开发。

π-Frame平台清晰、合理的架构使之能够支撑地震采集、处理、解释一体化业务应用的开发集成，分布式存储和并行计算技术选型使得系统具有强大的海量地震数据存储管理和处理分析能力，基于Qt和OSG丰富的2D和3D交互图形功能很好地支持了强大的用户交互分析功能。良好的用户体验设计使交互和视觉新颖与传统无缝融合。算法模块管理及应用集成环境使算法集成高效、便捷，可实现系统功能的不断扩充，同时大幅度提高了并行处理模块的开发效率和质量。

2）π-Frame地震处理系统V1.0主要功能

当前，π-Frame地震处理系统支撑了完整的常规地震数据处理流程，具有高效、海量数据管理和全并行地震资料处理等特性，系统吞吐能力强，处理速度快。π-Frame地震处理系统当前具备系统管理、项目管理、数据管理、工作流管理、资源管理、作业调度、并行框架、业务应用等几大功能组件，如图8-7所示。

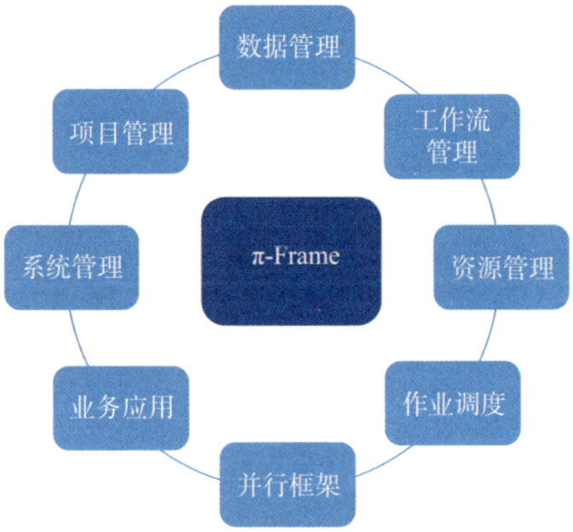

图8-7 π-Frame V1.0主要功能示意图

（1）数据管理。

π-Frame地震处理系统V1.0数据管理能够支持PB级以上规模的海量地震数据、观测系统数据、速度模型数据、速度对数据、井数据、解释数据及其他辅助数据等多种类型数据的管理。

π-Frame系统的数据管理功能结构如图8-8所示，在数据管理服务支撑下，数据管理提供数据的导入导出、定义、索引、重排与快速访问；具有全生命周期的数据历史管理，实现了数据的操作历史记录与查看，清晰展示了数据之间的关系；具有空间属性管理功能，支持完整的空间属性数据统计、查看、分析与质量控制。

图8-8　数据管理功能一览图

（2）并行框架。

π-Frame地震处理系统V1.0的并行计算框架主要基于Hadoop的YARN和MapReduce封装实现，图8-9给出了基于MapReduce建立的地震批处理并行计算框架，通过地震批处理作业流管理支撑地震资料的全并行处理。

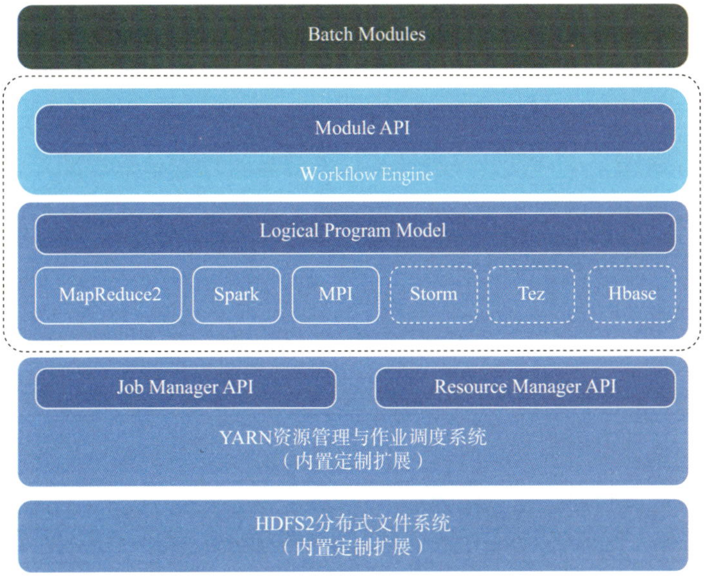

图8-9　地震批处理并行计算框架结构图

（3）资源管理。

资源管理包括队列管理、配额管理、资源监控三大功能。

队列管理支持为项目创建专属队列用于支撑常规作业，创建各项目共用的特殊队列用于支撑耗时较长的特殊作业如偏移作业。支持队列间资源的抢占与归还策略设定。

配额管理分队列分配存储空间配额和计算资源配额，存储空间配额通过设定项目的空间配额，限制队列对集群存储空间的使用，支持集中存储资源和分布式存储资源；通过为队列划分计算资源实现计算资源配额管理。提供告警服务，作业提交到指定队列前会对可用资源进行检测并告警提醒。

资源监控可以对包括集群计算资源、集群队列划分及队列计算资源划分、集群存储容量、集群节点列表，节点概要信息（Host Name、CPU使用率、内存使用率），节点的CPU核数和节点计算资源、内存、磁盘空间在内的集群与节点的静态配置信息进行监控查看；可以对包括集群计算资源的实时信息，集群存储空间的实时信息，集群的作业信息，节点CPU使用率、内存使用率、磁盘空间使用率、计算资源的实时信息，以及节点上正在运行的作业认为信息等动态信息进行监控查看。

（4）工作流管理。

面向地震批处理作业应用的工作流管理系统功能结构如图8-10所示。工作流管理系统提供完整的工作流编辑环境，拥有可视化的图形操作界面，支持工作流的创建、修改、撤销/恢复、保存/另存、导入/导出、参数检查、作业提交等功能，支持批处理功能模块的信息管理和参数管理，提供便捷的批处理功能模块快速定位、插入到工作流、参数编辑、模块帮助、模块删除等功能，支持缺省参数配置。

由图8-11我们可以看到工作流编辑、模块参数编辑、模块帮助查看等功能。

（5）作业管理。

作业管理具有智能作业调度、作业信息统计、作业提交暂停、恢复与终止、实时日志查看等功能，如图8-12所示。

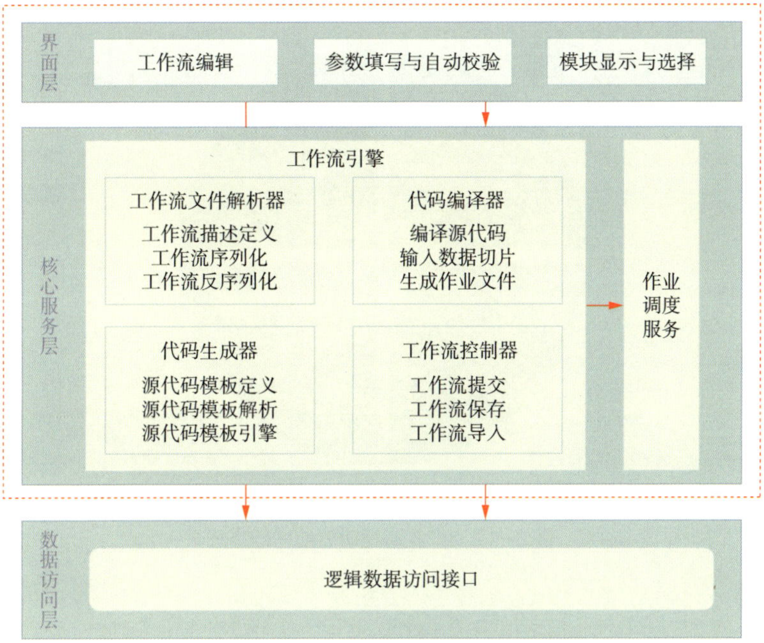

图8-10　工作流管理功能结构图

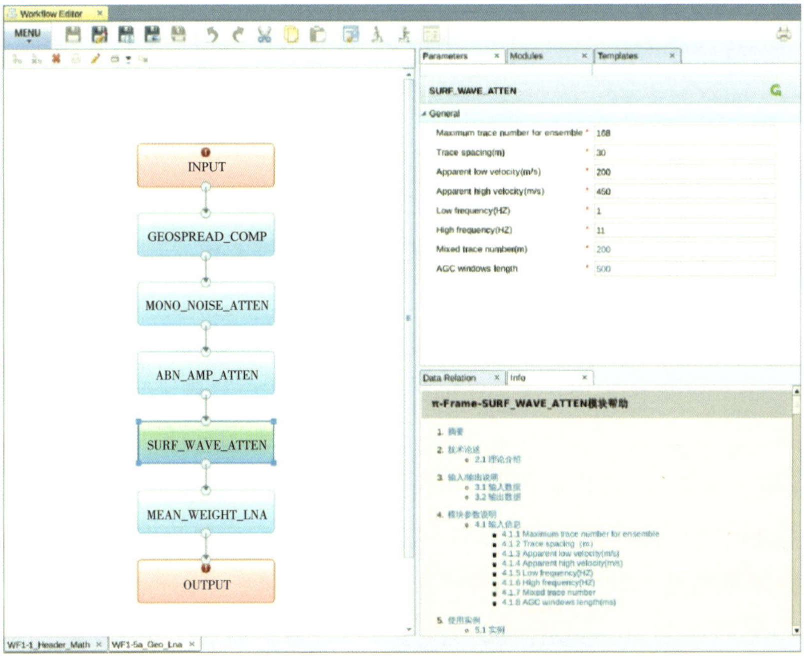

图8-11　工作流管理系统示例图

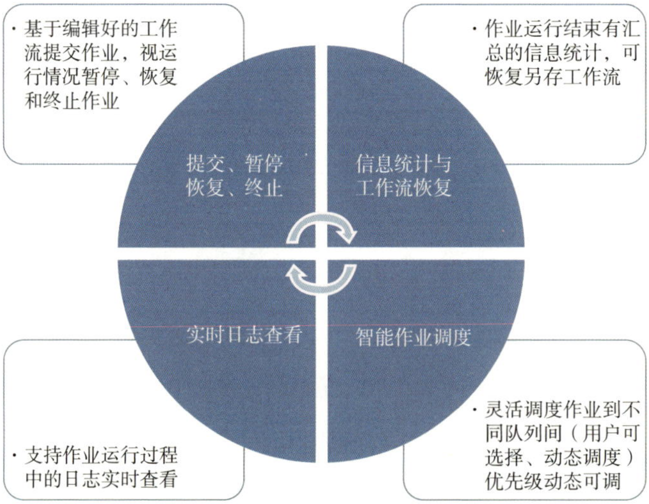

图8-12 作业管理功能结构示意图

8.2.3 π-Frame平台的技术特色

作为大数据时代的地震勘探软件平台，π-Frame 平台的技术特色可以概括为“规模”“速度”“共享”“智能”“集成”五个词。这些特点决定了 π-Frame 平台可以满足地震勘探技术发展的需求，支撑单点高密度地震、宽方位、多源地震、微地震实时监控等地震采集技术进步带来的海量地震数据管理，支撑地震成像与反演等技术进步带来的大规模并行计算，在大规模计算系统支持下有效缩短地震数据处理的周期，从而可以促进地球物理新技术的广泛应用，满足复杂地表、复杂构造、复杂油气藏勘探开发对地球物理技术的需求。

π-Frame 平台具备“海量”的规模特性。首先是海量地震数据管理规模，π-Frame 平台采用 HDFS 分布式文件系统进行海量地震数据存储管理，单数据管理节点理论支撑 100PB 级别以上规模的数据管理；其次是海量并行计算规模，π-Frame 平台分别采用定制后的 YARN 和 MapReduce 进行资源管理、作业调度与并行计算支撑，实现了作业调度和资源管理的深度融合，能够支持数千节点、数万核至数十万核级别大规模集群的部署和应用，支撑 40000+ 级别多项目、多用户和多作业并行计算；最后是大规模功能扩充特性，π-Frame 平台基于层次分明的三层软件架构设计，充分考虑了一体化多学科技术集成应用的需求，具有良好的功能可扩展性（包括数据类型可扩充性、批处理模块和交互应用的可扩展性）。

π-Frame平台基于HDFS分布式文件系统进行地震数据的存储管理，使得地震数据I/O具有明显的线性扩展性优势，可以通过增加集群节点的数量和每个节点磁盘数量来线性增加地震数据的吞吐能力。同时，π-Frame基于MapReduce实现了批处理算法的全并行化，系统在I/O线性扩展性、批处理计算效率、大规模集群规模可扩展性等方面都有很大的优势。无论是I/O密集型应用，还是计算密集型和混合型应用，系统都有出色的性能表现，与传统地震处理解释软件产品相比有明显的优势。

本着开放、共享的理念和原则，π-Frame在平台设计与研发中采用了大量的开源技术，包括：Linux、Qt、Open Scene Graph、Hadoop、JSON、Eclipse等。开源技术的应用，既充分、免费利用了全球软件研发精英的技术成果，又保证了π-Frame平台的长期发展不依赖于任何一家软、硬件厂商。以开放理念指导π-Frame平台的设计、研发与未来的发展，旨在构建一个面向全球和未来的地球物理技术研究、软件开发与应用服务的软件平台，提供一站式的开发服务和一体化的应用服务。为实现这一目标，开发服务中的SDK、集成工具、开发工具，应用服务中的基础应用版本、应用功能的集成都将是开放的，应用产生的收益也将在开发与平台之间实现共享。

π-Frame具有智能化的基础架构和业务应用。基于HDFS分布式文件系统和MapReduce并行计算框架的平台基础框架使得平台在系统管理、数据管理、作业运行管理等方面具有良好的架构层容错性与鲁棒性。资源调度、执行预测、节点动态增删、运行监控等智能化的系统监控及资源调度管理模式，大大提高了π-Frame平台的易用性、系统运维管理的便捷性和资源利用率。除此之外，π-Frame平台集成了道编辑、初至拾取、速度分析等自动化数据处理与分析技术，实现了人工交互与自动分析的有机结合，大大提高了地震数据处理的效率和效果，缩短了工作周期。通过专注于用户软件应用行为的研究，打造环境感知的智能化用户体验设计，带给地球物理用户前所未有的软件操作感受，如图8-13所示。

图8-13 石油物探生态系统建设示意图

云服务系统。未来π-Frame的一体化应用服务与一站式开发服务将主要部署应用在云服务环境下，借助于逐渐成熟的软件定义网络、软件定义计算、软件定义存储技术，构建π-Frame地球物理云计算服务系统即π-Cloud。

在π-Frame生态系统建成后，开发者可以通过互联网登录一站式开发环境，通过开发服务开发地球物理技术业务应用并一键发布到应用商店。应用者通过互联网登录应用环境，按需定制应用资源大小，下载应用到应用环境，完成地震资料处理解释业务应用。通过平台的应用商店与信息管理系统实现信息与利益的共享。

8.2.4 π-Frame大数据技术应用带来的思考

地球物理研究即将进入智能化时代，向自动化处理和智能化解释技术发展。π-Frame平台的集成化主要表现在两个方面：开发与应用一体化、处理解释一体化。π-Frame平台既是一个地震数据处理解释生产应用平台，又是一个技术研究与技术集成、软件开发平台。

面向开发用户，π-Frame平台提供一站式的开发与调试环境支持，包括基于Eclipse的π-Frame平台集成开发环境，集成了数据、图形、算法、工具库与帮助系统，集成了应用模块、插件开发模板，集成了持续构建与模块测试工具。

面向应用用户，平台提供了一体化业务应用服务，π-Frame平台将以偏移速度建模为关键点，以解释性处理为切入点，围绕三维地质建模结合点的设计思路，建立地震处理解释一体化的协同工作模式，实现地震数据处理与解释工作之间的无缝耦合。

π-Frame旨在构建一个基于云服务模式的地球物理技术研究平台、开发平台与应用平台，提供一站式的开发服务和一体化的应用服务；进而形成开放的地震专业软件社区，实现集技术交流、成果分享、需求发布和技术交易为一体的用户互动，最终建立基于智力共享与协同创新、价值分享与共赢发展理念的石油物探软件生态系统（生态圈），走向共建、共享、共赢的未来。

8.3 智能油田开发生产实践案例

8.3.1 大庆油田庆新采油厂数字化、智能化建设与应用实践

1）庆新采油厂数字化现状与主要业务需求

庆新采油厂于2010年8月开展数字化建设，截至2015年底，已建成无线网络站址4座，生产指挥中心1座，监控终端3个，安装视频监控点202个，全油田427口油井、234口水井、123个集油环、4口水源井、2座联合站，实现了数据自动采集和部分控制，共有各类数据1482个，其中硬件采集数据695个，非硬件采集数据787个。

虽然经过多年建设，油田信息化数字化程度较高，但对数据的深度挖掘利用不够，距离实现自动化和智能化仍存在一些差距。突出表现在以下几个方面：

（1）单井电参每隔20分钟回传，对开、关机等突发问题的发现及时性不够，可能会造成0.5—1个小时的滞后。

（2）油水井、接转站、联合站的数据大都起到了很好的监控作用，但面向油藏、工程、管理的深度分析不够。

（3）动、静态数据已经建库，但目前动态分析软件不多（GPT），动态分析工作量较大，如作业区能耗分析、地质分析等手工统计分析工作量较大。

2）庆新智能采油厂建设情况

庆新采油厂围绕以“稳产、降本、增效”为业务目标，将油藏开发系统

看作一个整体，分层确立整体与各节点的挖潜方向。围绕各挖潜方向，建立关键技术监控指标，以指标预警监控为手段、以分析优化为突破，分类施策，动态跟踪，形成智能化闭环管理，实现油气开发生产的适时预警与优化，如图8-14所示。

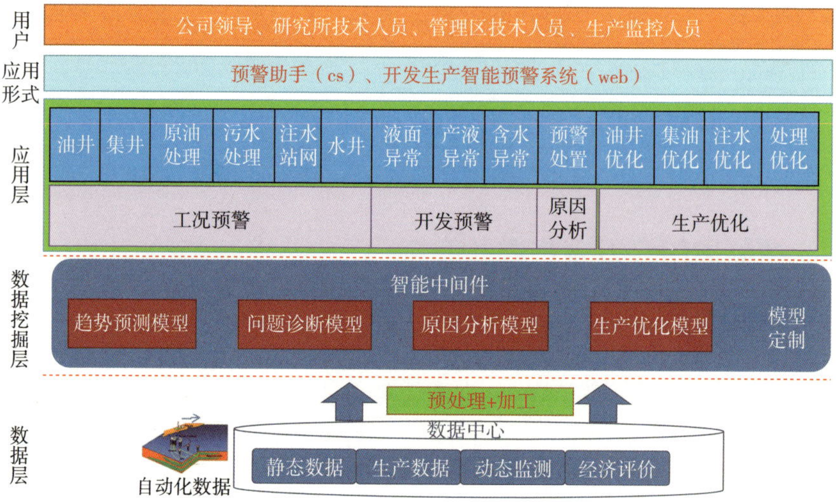

图8-14　庆新智能采油厂建设总体技术方案

将已有的“数字化”实时数据和已有各类数据进行整合，满足对不同时间频度的数据进行深度挖掘分析，以便及时、准确地发现问题、分析问题、优化生产的需要。利用大数据分析技术，针对采油工程各节点的生产趋势预测、问题诊断、问题分析、生产优化等主题，结合工程技术、现场经验及数据分析方法，建立数据挖掘、分析、预测的模型中间件，以满足各子系统的适时预警与优化。

针对各子系统常见工况问题，基于实时数据或日度数据，建立实时的趋势分析和预测预警模型，能够主动发现问题征兆，实现事前预警。

（1）油井工况方面：围绕皮带松、皮带断、停电、毛辫子断、采集仪器、泵吸入口堵、固定凡尔漏失、游动凡尔漏失、双凡尔漏失、抽油杆断脱、油管漏、油稠、结蜡、供液不足、液面下降、液量变化异常、含水变化异常等问题，建立了工况预警预测模型，实现了智能工况诊断。

（2）地面集油方面：围绕掺水环节的掺水管线穿孔、加热炉参数异常、效率下降；集油环节的单环堵、结蜡；单环上井的开关对掺水温度压力的影响等建立了预警预报模型。

（3）注水管网方面：围绕站内综合效率下降、注水系统效率下降、注水泵效率下降、能耗上升、设备故障、管网刺漏/穿孔、管网效率；注水井井下封隔器失效、水嘴刺大、管柱刺漏、注水压力上升、注水量明显下降或者根本注不进、油层堵塞、水窜等方面建立了预警预测模型。

（4）油水处理方面：围绕系统效率、能耗（消耗量、单耗）、设备故障、水质指标波动等方面建立了智能预警预测模型。

（5）油藏开发预警方面：从油井监控入手，及时发现液量、含水，动液面5天、10天、15天、30天的变化异常，进一步结合地层参数、邻井生产情况，对地层能力保持、注采平衡等油藏管理问题进行预警。

建立了故障原因诊断及辅助分析功能，帮助及时落实原因，采取应对措施：

（1）针对工况预报警，首先系统自动推出依据哪些参数异常状态得出的预警信息，并提示需要确认该预警还需要落实确认的参数变化，同时提供参数曲线查看。

（2）针对开发预报警，系统自动分析工况原因、地层能量原因、注采平衡原因，对不同纬度的分析给出可能的结论和分析依据，供技术人员判别。

（3）提供更加丰富的故障分析环境用于辅助分析。集成单井、设备、油层等多方面静态、动态、化验等数据及信息。为故障分析提供便利、准确的环境。同时，基于预报警信息，综合分析，提出解决方案。建立了从预警报警→原因诊断分析→报警处置的管理闭环，提高了工作效率。增加监控人员的现场落实意见、处置意见，使报警发现有原因，发出报警有落实意见，完善了预报警处置工作流程，对报警进行闭环管理。围绕油井、集油、注水、集输建立了生产优化子系统。

（4）油井生产优化：利用多种动、静态参数综合分析，从系统效率、工况评价、平衡度评价、经济效益评价等多方面进行综合评价，提出优化方案及指标，控制单井实现单井效益最大化生产。

（5）集油环掺水优化：利用“井口回压－掺水量变化曲线”“掺水温度－耗气量变化曲线”“掺水温度－运行费用曲线”进行综合分析，进行掺水优化。并确定优化参数：进站温度、掺水温度、掺水耗气量、掺水耗电量等。

（6）注水优化：结合注水系统效率综合评价、注水工况评价两个因素，综合推荐水井调参、开泵方案、管网调整等。

（7）集输优化：综合原油脱水效率、污水处理效率、外输效率三个方面的系统效率评价，并综合上、下游关系确定集输整系统推荐（最优）综合效率，指导加热参数及加药参数的优化。

3）庆新智能采油厂主要建设成效

（1）油井工况及时预警效果明显。

案例一，卫X-XX-28井 × 月 × 日系统报警提示功图面积上升、最大载荷上升、最小载荷下降、加载冲程损失上升，系统预警“结蜡严重，需热洗或加药”。3日后该井蜡卡停井，如图8-15所示。

案例二，卫X-XX-19井 × 月 × 日系统报警提示功图面积大幅下降、最大载荷大幅下降、液柱重量大幅下降、最小载荷大幅下降，系统预警“抽油杆断脱”。4个小时后监控人员与工区现场落实为油杆断。

（2）实现了开发动态实时预警，并能跟踪分析原因，及时采取措施。

案例一，GD1-XXX524井 × 月 × 日预警产液量异常波动（降低）。开发参数：液量大幅下降，从33m^3降至24m^3，油量从6.3m^3降至4.6m^3。工况参数：功图面积减小，有效冲程缓慢下降。

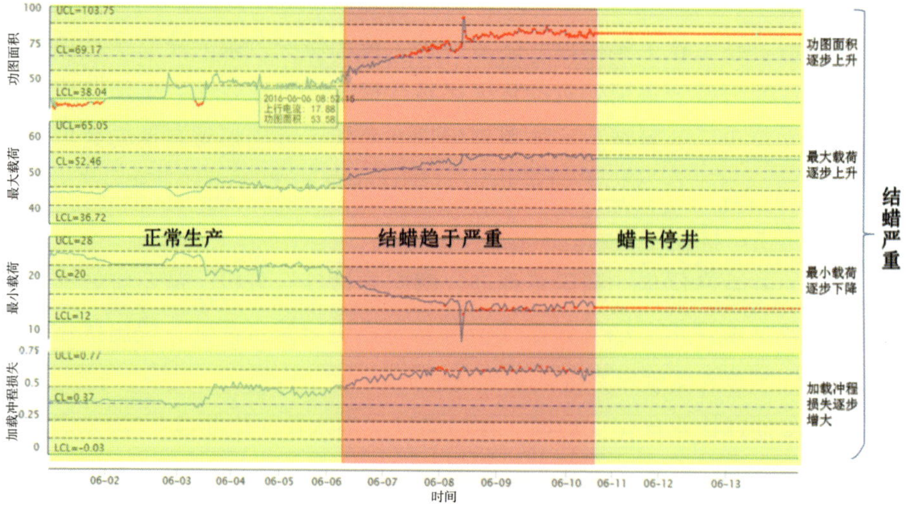

图8-15　某井结蜡预警系统截图

案例二，GD1-XX-213井含水趋势异常：×月×日前，开发参数为含水持续上升，从62%上升到70%，同时油量持续下降。对应注水井GD1-XX-213，4月22日起大幅降低注入水量，从100m^3降至33m^3。

8.3.2 长庆油田气田开发智能化建设与应用实践

1）气田开发面临的问题和挑战

长庆油田成立于1970年，是目前中国第一大油田。总部位于陕西省西安市，是中国石油的地区分公司，主营鄂尔多斯盆地油气及伴生资源的勘探、开发、生产、储运和销售等业务。长庆油田的典型特点：一是生产范围广，49个二级单位高度分散在五省15个地（市）61个县（旗），工作区域达37万平方千米；二是自然环境恶劣，油气区主要分布在沟壑纵横的黄土高原和大漠辽远的毛乌素沙漠，油区山大沟深，梁桥交错，交通崎岖艰难，安全环保风险大；三是地质条件差，油气藏属世界典型的低渗、低压、低丰度油气藏，70%主力油藏渗透率小于1个毫达西，国外专家评测认为不具备经济开采价值，被称为“磨刀石”。

随着长庆油田的快速发展，投资规模、建设工作量不断扩大。在这种形势下，原有的思维方式和建设模式已成为制约油田快速发展的瓶颈。

2）信息化建设创新

为了实现“十二五”末“油气当量5000万吨和用工总量不超过7万人”的目标，长庆油田认清形势，大力推进业务转型和资源优化，大力实施“低成本、集约化、内涵式”发展战略，运用现代化管理理论和方法，高起点构建“标准化设计、模块化建设、数字化管理、市场化运作”管理模式，走出了一条高速度、高水平、高效益建设和管理的新路。

标准化设计：低成本是长庆油田实现经济有效开发的唯一选择，必须从源头——设计环节抓起，因为设计决定了建设项目投资规模及投产后运行成本的高低。为此，长庆油田创造性地提出了标准化设计理念，并在油田建设中全面推广。通过上述原则的制定和贯彻执行，确保了理念到位，实施到位。同时，不断进行标准的持续优化。如：对抽油机每年组织讨论优化改进，修订标准。

具体内容包括：

（1）统一产品参数及外形尺寸标准。

（2）统一设备的标准，细化到结构性能、技术参数、规格型号、外形尺寸、连接方式及相应配套产品选型，目前气田定型设备有13个大类1167项，设备定型率98%，油田定型设备有14个大类1245项，定型率94%。

（3）统一生产流程、工艺流程、站库标准化流程，及时把模块化、自动化、数字化的新技术定型上升为标准。

在推行标准化设计过程中，既抓标准的制（修）订，又抓标准的执行。在技术、设备、材料的选定工作中，大到重型装备和工艺集成模块，小到一个几百元一只的载荷传感器，他们要求供应商按标准生产，并由油田统一按标准评价筛选战略合作企业或产品供应商，把好入口关，二级建设单位可以从中选择，把好选用关，解决了“统”与“放”的矛盾，也为规模化采购提供了可能。

①标准化流程：在机关管理层面推行流程化管理，开发和制定了目标类、业务发展类和资源与要素三大类22个分册，优化流程346项，工作流程涵盖所有业务，厘定了所有管理岗位的责权和工作标准，实现了管理目标化、业务流程化、工作规范化。

②标准化作业程序：优化流程10989项，新建岗位工作标准2634项，将岗位操作规范化、图片化，便于员工理解和掌握。强化“省略、变更、违反、逆转任意一个操作环节都属违章行为”和“只有规定动作，没有自选动作”的理念，使员工的工作行为逐步做到标准化和规范化，夯实了安全生产基础。

③模块化建设：模块化建设是在标准化设计基础上的油田地面工程建设模式的创新和技术集成。模块化建设是长庆为适应大规模、低成本、高速度开发建设苏里格气田需要，于2006年与“标准化设计”同时提出的重大课题，2007—2008年，苏里格气田建成一座现代化的标准化模块预制厂，2008年在油田区域也全面推广“标准化模块”预制厂建设。

模块化建设既是一种施工模式的变革，又是施工技术与工艺技术、自动化技术、数字化技术不断融合创新发展的过程。如对转油站、增压点的加温设备、油气分离设备和增压外输设备等按照功能要求进行工艺优化、设备定型与自控集成，形成具有站点功能的原油集输撬，主要由集成部分、单螺杆油气混输泵、变频控制柜、控制阀、智能控制系统、撬座及相关附件组成，具有缓冲、分离、加热、混输等功能，并能进行预警和远程监控。

3）数字化管理创新

长庆油田配合管理创新，应用现代信息通信技术提升传统石油工业，用数字化、信息化、智能化提高管理效率。长庆油田数字化顶层设计，提出了“三端、五系统、三辅助”的管理架构。

（1）“三端”即前端、中端、后端："前端”是以基本生产单元过程控制为核心功能的生产管理系统。重点实现对数万口油气水井、上千座场站实现远程管理，把“没有围墙”的工厂变成“有围墙”的工厂。“中端”是以公司（采油厂）层面生产指挥调度、安全环保监控、应急抢险、生产保障为核心功能的生产运行指挥系统，实现“让数字说话，听数字指挥”。“后端”是以油气藏精细描述优化开发配套技术为核心的经营管理决策支持系统，实现一体化研究，多学科协同，信息共享。

（2）“五系统”：即前端生产管理系统、中端生产运行系统、后端油气藏经营管理决策支持系统、企业资源计划系统（ERP）、以标准化管理体系和企业内控为核心的管理信息系统。

（3）“三辅助”：即建设通信网络基础设施、交互高清视频系统、信息安全管理系统。

通过对现有信息技术、自动化技术和网络技术吸收、集成、创新，形成示功图计量、油井工况诊断、电子巡井、电子执勤、自动控制输油、生产流程智能诊断、水源井智能控制、井场视频闯入报警、油气藏数据链等核心技术；研制和生产数字化增压撬、数字化智能抽油机、自动投/收球等关键设备。数字化核心技术和关键设备的研发对于推动油气生产工艺流程优化、简化，提高效率和降低安全风险，减轻劳动强度，发挥了不可替代的作用。

（1）标准化设计成效：通过标准模板、定型模板、完善系列等措施，长庆油田标准化设计覆盖率达到95%，气田标准化设计覆盖率达到100%，标准场站可直接出图，设计周期平均缩短50%；推进标准化预算，工程预算编制周期平均缩短85%以上，设计效率显著提高，改变了以往采购等设计、施工等材料的工程建设现状。目前，油田规模化采购率达到65%，气田达到70%，从设计完成到采购订货最多3天时间，同比缩短15—25天。

（2）模块化建设成效：通过标准化、模块化建设，长庆油田实现了高速、高质、安全、最优的地面工程建设效果。按照模块化建设方式，数字化撬装增压集成装置应用后，采油集输系统由原来的联合站－接转站－计量站－井组（单井）的三级布站方式转变为联合站－增压撬－井组（单井）的一级半布站管理方式，简化了管理，节约了占地面积，加快了建设速度，降低了成本。

①建设速度加快。实现了一个月建成一座集气站，三个月建成一个联合站，半年建成一座大型天然气处理厂，创出了长庆速度。

②建设质量提高。通过预制工艺，实现了快捷、方便、省料，提高了加工精度，实现了控制节点前移，工程质量合格率达到100%，优良率由原来的85%提高到92%。

③降低安全风险。通过工厂化预制、模块化建设，减少了现场动火，降低了生产施工安全。

④改善了施工环境。减少了一线用工（40%以上），降低了综合成本。

（3）井场数字化：数字化抽油机实现了示功图数据采集、抽油机电参数采集与控制、可远程启停、可智能化调参、井场集油管线压力监测、稳流配水阀组的参数检测与控制、井场监视、井场通信、井场RTU、自动投球功能，实现远程“电子巡井、电子执勤”。

（4）增压点数字化：实现了站内生产过程实时数据采集、生产运行状态监控、电子巡检和智能预警报警等功能。

（5）联合站数字化：实现了集成站点和所辖井场的监控，实现了电子巡井；通过对增压点外输压力、流量和联合站来油压力、流量进行分析判断，实现电子巡线，给中端生产指挥系统提供数据。还有注水站数字化、集气站数字化等，为系统功能的整体发挥提供了保障。

数字化建设推动了用工形式和生产组织方式的变革：数字化建设优化了工艺流程，减少了管理环节，推动了劳动组织架构、生产组织方式、生产运行方式“三个转变”。

采油二厂本着“精干、高效、科学、合理”的原则，对全厂机构进行精简整合，将原来井站分离管理转变为井站一体化管理，将原来的厂、矿、队（站）、班组分离管理模式改变为按生产流程管理的“作业区（联合站、采油区）-增压点（转油站、队）-井组（岗位）”一体化新型运行模式，有效提高了生产运行的效率和质量。调整后，全厂在生产规模扩大、油水井总数增长的情况下，用工总量却下降1300余人，降幅达1/6。

西峰油田，由以前的6个整建制单位（4个作业区、1个集输大队、1个保安大队）减少到3个作业区，用工总量从原有的1656人减少到1104人，万吨用人比升级改造前降低37.5%，单井综合用人比升级改造前降低36.7%，年节约人工费4000余万元。

西二联是西峰油田调整后的作业二区，机关建在站上，一共三个部室，包括调控中心、生产技术室、综合管理室及四个专业化野战式基层单元（联合站、增压点、生产保障队、应急班）。西二联本身由原来的58名员工减为26名，而管理一个年处理原油能力达百万吨的站库，在老油田最少需要80人以上。

在井组推行数字化管理，实现了“井站一体、电子巡护、远程监控、智能管理”。如东XX-53井组的4口油井实施了生产数据自动采集，网络传输，自动投球，抽油机远程启停和电子巡警，以前是5个人一天的工作量，目前一个人几分钟时间内就可以完成。

8.3.3 中国石化西北油田油气管线无人机智能巡检建设与应用实践

传统的石油管线巡检工作主要是通过安检员的定期巡查和上级督查部门的不定期抽查两种方式，都是采用人工接触方式，其劳动强度大、作业程序复杂、资源配置臃肿繁多、工效低、周期较长，特别是在困难地段往往无法按时保质保量完成测量任务。近几年，中国石油为中俄原油管道等管道租用了载人直升机进行巡护，虽然提高了管道巡护应变能力，但载人直升机巡护则存在安全问题和空域申请问题，受到天气、空管、高成本等多方面影响，每天过顶的时间固定，无法实现应急观测。

中国石化西北油田结合自身特点，开展了油气管线无人机智能巡检建设。取得如下成效：

2019年使用无人机巡线完成24万千米，完成防洪、夜视、宣传航拍任务达529次，临时加急任务1254条，共4792千米。巡视内容见表8-2。

表8-2 中国石化西北油田油气管线无人机智能巡检内容

巡视对象	巡检内容
管道泄漏	管道刺漏等原因造成地表出现异常油污
管道走廊	以管道中心线缓冲100m通道为主要巡视区域，针对区域内的施工、开挖、构筑物、农田、河流及其他会对地下管道造成危害的物体进行检查识别
违章建筑	违章建筑、台基与建（构）筑物与管道安全距离不足等
农田	植被根系深入地下会对管道造成危害，农耕时节农业机械作业也是重点巡视对象
开挖、施工	管道沿线的第三方施工进行开挖，机械作业需要进行巡视
火灾	线路附近的森林火灾、堆积物燃烧及农业秸秆焚烧现象
交叉跨越	出现新建或改建电力、通信线路、道路、铁路、索道、管道等
自然灾害	地震、洪水、泥石流、山体滑坡等引起通道环境变化
污染区	出现新的污染源或污染加重等。如周围有无被风刮起危及线路安全的金属薄膜、生活垃圾或杂物等

（1）提升巡查时效性，降低经济损失。2019年，无人机巡检机组共发现17次输油管线刺漏情况，10次注水管线刺漏情况。通过现场影像，定位坐标。与管道巡护管理人员建立顺畅沟通立即上报，刺漏隐患快速定位并得以妥善处置，降低了刺漏造成的直接经济损失，提高巡护管理水平。

（2）根据管道分布、任务离散程度、任务下发时间、飞巡难易程度及天气情况等多方面因素，合理分布机组，精细化管理。保障时间周期内高覆盖率完成飞巡计划。

①按照管理区进行分片，根据巡线工作量分派巡线机组，减少了区域性气候等对季度飞巡的影响。

②巡查班组认真做好进度策划，明确各自的职责范围和内容，增强了内部管理和协调，齐心协力，各尽其职，极大确保巡查进度。

③解决了传统的人工巡线方法不仅工作量大而且条件艰苦，特别是针对植被覆盖、水网等特殊地段，汛期等特殊时期的巡线检查，花费时间长、人力成本高、困难大，且安全风险可控性差等问题。

④解决了传统人工巡线成果受人为因素影响大，且监管困难问题。无人机巡检数据表达直观、可查，实现高效、有力监管。

⑤设备储备按照各个管理区的巡线需求配备足够的无人机巡检机组，持续投入工业级及消费级无人机24架，设备需求做到2用3备，在特殊巡检时期保障巡检需求。后期根据采油二厂、采油三厂巡检现场特殊地理环境，气候环境因素引进工业机无人机7架，保障各分厂巡线需求。

⑥特勤作业班组的设置，根据各个管理区临时巡检需求及夜间巡检需求，设立特勤巡检机组，做到24小时持续巡检。

8.4 石油工程智能化应用实践

8.4.1 中国石化石油工程远程辅助决策支持系统建设及应用实践

2011—2013年，中国石化石油工程技术研究院开展了石油工程远程辅助决策支持系统建设工作。系统整体采用C–S架构模式开发，客户端以插件式的软件框架为基础，将各个业务功能模块集成在一起；服务端采用REST风格的数据服务框架，客户端可直接通过URL获取数据。到2018年，软件版本为V2.3。

石油工程远程辅助决策支持系统解决了石油工程数据及地质数据的集成应用问题，实现跨平台、跨专业、跨地域的施工远程辅助决策支持。

2018年底，该系统开始云架构提升，主要实现后端模块云化和前端Web化。系统依托石化智云平台搭建，统一使用石化智云平台提供的基础资源，包括计算、存储和网络资源环境，借助能力开放中心进行公用组件发布，利用持续交付中心提供的项目管理工具进行开发过程、中间部署、代码版本等过程的总体管理，如图8–16所示。

PaaS下层统一使用石化智云提供的技术服务组件或中间件，主要包括以下公有技术服务组件或中间件：

（1）地理信息服务：为本系统地理信息查询功能提供地图、坐标等地理信息功能支撑。

（2）MongoDB：为系统的消息分发提供中间数据存储。

（3）Nginx：为网页资源、API资源、静态资源提供路由跳转功能。

（4）OSS对象存储：为海量文件存储与高IO并发访问提供新的解决方案。

（5）消息队列：为数据推送机制提供底层技术保证。

（6）Redis缓存：为大数据量数据并发访问提供缓存机制，增强用户体验。

（7）统一身份认证：用于石化内部用户的认证登录。

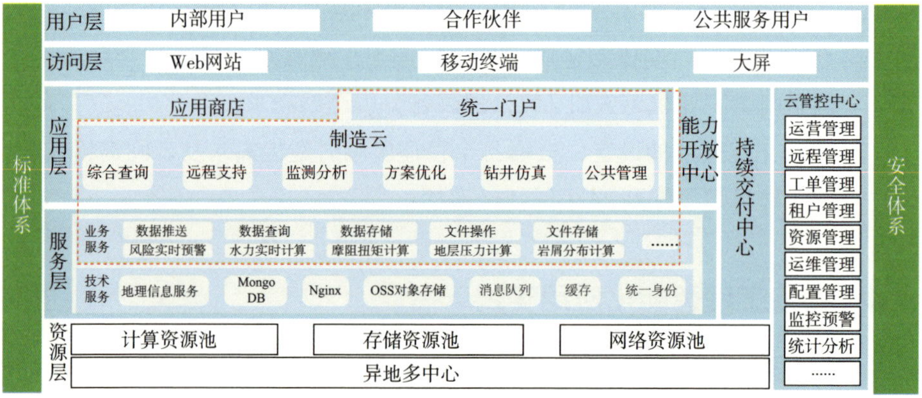

图8-16　系统总体云架构示意图

PaaS上层沉淀本系统相关的业务服务组件，以REST风格封装Web API向外发布供前端调用；在SaaS层分别针对业务需求开发对应的功能模块，用户可通过模块自定义的方式拼装形成一套软件系统，所有用户通过统一的门户网站登录使用。新的系统支持浏览器登录和移动端登录，支持会议室大屏播放，用户范围除中国石化内部用户以外（采用中国石化统一身份登录），支持外部的合作伙伴即公共服务用户通过系统自定义的用户名密码方式登录使用。

1）系统功能

石油工程远程辅助决策支持系统共建设了五大子系统。

（1）综合查询子系统。包括地理信息查询、钻井设计查询、完钻信息查询、成果文档管理等功能模块。

（2）监测分析子系统。主要包括多井状态监测、录井实时监测、定向实时监测、试油试气实时监测、压裂实时监测、钻井进度跟踪、钻井日报查询、随钻时效统计、水力实时计算分析、地层压力实时监测、摩阻扭矩实时分析、MSE能效实时分析、多井信息对比、钻井指标对比、压裂效果分析与产能预测等功能模块。

（3）钻井仿真子系统。主要包括三维井筒显示、地面场景仿真等功能模块。

①三维井筒显示模块。实现了三维场景内显示各类井筒对象，直观体现当前钻井状态。包括当前井与邻井井集的以下对象：井口、井眼轨迹、靶点；井身结构用多段空心圆柱扫掠体表示各级套管；底部钻具组合（BHA）预先建立三维实物模型，转化成能够三维显示的格式；按当前施工数据显示井筒，包括按钻头当前位置显示钻头和钻杆，按当前开次和实钻井身结构显示套管；显示沿井轨迹的地层界面；显示区域平面图；设计轨道与实钻轨迹联合显示对比。

②地面场景仿真模块。仿真功能包括：井场环境电子沙盘仿真显示与定位，以电子沙盘方式对井场实体设备进行建模，用户可采用鼠标拖动的方式对井场模型进行360°全方位变换角度观测；光照变化模拟；环境变化模拟；设备快速定位；随钻参数的仪表仿真显示。

（4）远程协同子系统。主要包括消息分发、视频会议、井场视频监控等功能模块。

（5）公共管理子系统。主要包括用户与决策井管理、国际多语言多量纲机制、WITSML数据转换服务功能模块。

2）应用效果

石油工程远程辅助决策支持系统解决了后方专家团队对于偏远重点井的施工动态跟踪、信息对比分析、工程计算、故障处理及远程协同决策的业务需求，在顺北、塔河、川东北、北部湾、加蓬、尼日利亚等海内外工区应用，用户涉及甲方监督、工程管理部门，乙方施工单位和第三方技术支持单位，在重点井、疑难井的施工过程监测与远程专家协同决策中起到了重要作用。项目成果获得中国石化集团公司科技进步奖和信息化应用优秀成果奖。

基于该系统构建的中国石化海内外钻井远程作业支持中心，为中国石化重点井提供一体化技术支持。西北油田分公司、上海海洋油气分公司已将本系统作为钻井监督及远程决策平台；中原工程公司也依托该系统搭建了钻井远程专家支持中心。截至2019年，系统在200余口井应用，克服了专家资源有限、施工条件极其复杂、技术难度大、交通不便等困难，及时排解了现场难题，确保了重点井安全、顺利施工并取得高技术指标，实现团队远程协同决策，构建了国际先进的工程决策模式。

（1）提高勘探开发综合效率。将钻井过程中的石油工程信息与地质信息相结合，其中包括地质图件、地震数据、测/录井曲线和三维地质模型等，通过对地质和钻井信息的综合考量，能够实时监控优化钻井井眼轨迹及各项钻井参数，对准确钻达目标地层、及时修正地学模型、保护储层都有很大帮助，从而帮助提高勘探成功率和油气采收率。

（2）提高施工效率，节约施工成本。大量减少技术专家和管理人员上井的次数，节约成本，同时还能提高生产现场监控的及时性、全面性和准确性。对于不同时段、不同井之间的成本对比分析，可以分析高成本因素，进而研究对策，从技术上降低综合成本。

（3）提高施工安全管理水平，降低施工风险。通过对施工参数、重点部位实况监测，有效遏制违规操作，及早发现事故苗头，实现安全生产，把施工风险降至最低。

（4）充分发挥专家的作用空间。有利于加强后方专家同施工现场人员的实时沟通，实现跨专业专家的共同分析决策；实现一名（或一组）专家同时监控多口井施工并及时指导生产，可最大限度地发挥专家的决策作用。

（5）增强知识共享，促进业务人员成长。通过该系统的应用，促进了非专家级的石油工程技术和管理人员以更快的速度提高自己的分析能力，使"专家知识"实现广泛共享，整体上提高决策水平。

（6）改变原有工作模式，为高效决策新模式的建立奠定技术基础。本系统的逐步推广应用，改变了原有的传统工作模式，有助于建立跨专业、跨地域专家团队协同决策的新模式，有助于提升石油工程整体技术水平、减少用工总量、降低施工风险，从而提高企业的核心竞争能力。

（7）打破国际石油公司垄断。国际大型石油服务公司都形成了各自的一套远程决策工作模式，所采用的硬件设备和软件系统一般不会提供给国内石油公司，因此，石油工程远程辅助决策支持系统的产生和应用打破了其垄断地位，代表了我国已在石油工程远程决策领域形成了一定成果，为未来我国远程决策在石油工程的发展奠定了基础。

8.4.2 石油工程智能管控平台（IPPE）建设与应用实践

传统石油工程管理模式面临的主要困难是单点管理、经验式管理效果差、效率低，作业现场偏远导致管理成本高、决策时效差等。

石油工程智能化管控着重从解决技术管理、安全管理、人员管理、物资管理等问题着手，建设实用、管用、好用的石油工程信息化管理平台。中国石化西南油气分公司结合自身实际开展了石油工程智能管控平台（IPPE，Intelligent Management Platform of Petroleum Engineering）的建设工作，如图8-17所示。

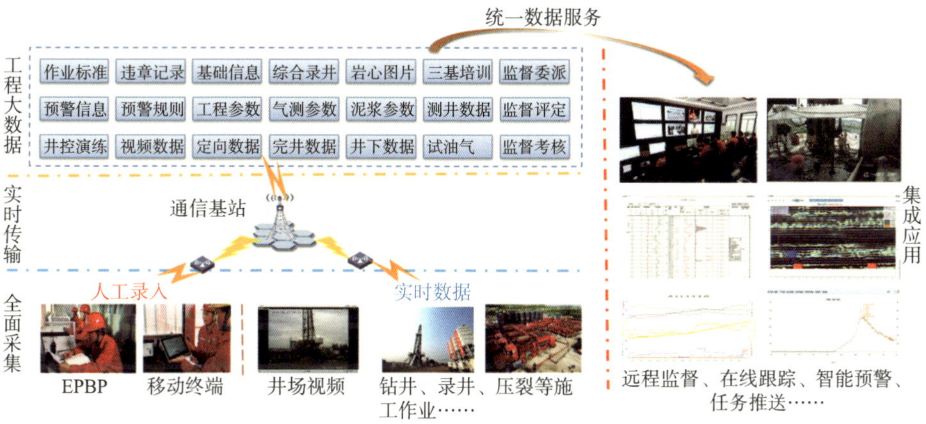

图8-17 IPPE功能架构示意图

1）IPPE平台建设成果

IPPE依托智能化技术探索新的管理模式，逐步实现“远程化、协同化、精细化、智能化”管理，使得管理活动突破时间和空间限制，在提升现场实时管控能力的同时，也大幅提升工作效率。

在井控管理方面，依据“体系化构建、清单化管理、信息化提升”建设思路，逐步探索“平板坐岗、直接作业环节远程监督、远程验收、基本功实时培训”等一系列新型管理模式。

平台基础数据层：以数据资源中心为基础，依托勘探开发业务协同平台（EPBP）、现场自动化实时采集仪器、移动设备、井场摄像头（3固定+1移动）及其他应用等，实现石油工程各类业务数据的全面采集。

平台应用层建有18个功能模块，涵盖钻井、钻井液、固井、测井、录井、井下作业、试油气等10余个专业，为工程管理提供工程概况、施工状态、工程异常、作业监控、施工指导、业绩考核、历史还原等功能模块。有效支撑了业务，实现了：

（1）全面掌握工程概况（综合信息模块）。包括基础信息与井身结构、各专业日报（钻前、钻井、录井、泥浆、监督等）、资料录取信息、设备信息、人员信息、生产指令等。

（2）实时掌握现场施工状态。包括现场动态、工程参数、气测参数、泥浆参数等。为专业技术人员提供工程、气测、泥浆等施工参数，定向、测录井、试油气等作业实时数据的图形化展示，便于实时掌握施工状态、及时作出施工方案调整。基于工程大数据，为工程管理人员提供按作业层位、所属气田、相邻距离等不同维度，对比分析类似井历史施工记录，为当前施工井提供如钻井液性能、钻井参数等方案推荐，辅助施工决策。

（3）准确掌握井眼及地层信息。包括岩心图片滚动显示、岩屑图片多幅对比、综合录井剖面显示、实时井眼轨迹信息、设计井眼轨迹信息、实钻井眼数据、测井信息等。

（4）井下作业及测试管理。包括井身结构、完井管柱、射孔数据、试油试气求产信息展示压裂作业曲线及信息、人工井底及井口装置等施工结构图形化展示，设计、实际建井信息对比展示，工程管理人员实时掌握工程施工进展。

（5）全天候监控现场作业。基于视频数据，现场采取“3+1”摄像头配置（钻台、全景、泥浆罐区安装3个固定摄像头+1个移动摄像头），关键场景与节点全方位记录，实现24小时不间断监控，在线抓违章违纪。历史视频按需存放，关键环节及重点作业视频随时待查。

（6）规范指导施工作业。根据时间与业务驱动关系推送岗位作业指导书到基层班组，作业风险、风险征兆、预防措施及处置标准提示，使员工清楚该干什么、怎么干、有什么风险、该如何处置，促进岗位安全意识不断提升。

2）主要技术特点

（1）实现了跨专业融合和数据挖掘，打造形成了石油工程智能分析能力，辅助工程决策。全面集成了钻井、泥浆、固井、定向、完井等多专业的工程数据体系，并将物探、地质、测井、油藏等其他相关专业的数据和应用系统进行高度融合共享。利用可视化技术、模拟仿真及虚拟现实等先进技术对数据实现可视化和多维表达，建立了智能化分析模型，为工程施工和经营管理提供实时辅助决策信息，实现了优化设计与施工，提高了工程施工生产时效，减少复杂与事故，降低综合作业成本 。

（2）打造了自主化、标准化的员工培训新模式，全力提升了基层员工素质。依托信息化平台，打造了自主化、标准化的培训模式，不断提升石油工程队伍与人员的工作素养与能力，同时通过智能分析评价模型精确评价单个工人工作能力，有效解决工程队伍人员不稳定、社会化用工人员培训不到位造成的专业技能不足等问题，减少人为因素造成的人身伤害和工程事故复杂的发生。

（3）探索形成了“三中心一前线”的管理模式，实现了集约化、扁平式管理。区域远程作业管理中心负责现场生产运行及作业安全监控管理；工厂化工程专家团队组成的区域远程实时作业技术中心负责工具优选、参数优化等技术决策；区域物流中心负责现场物资集中调配与管理；工程作业前线严格执行施工指令，规范化施工。平台实现管理信息流、技术信息流、物流和操作信息流“四流合一”，突出甲、乙方资源优化与整合，使油田管理业务更加透明、技术决策更加科学、生产运行更加高效，现场作业更加规范。

（4）形成了平台带动业务的工程智能化评价能力，引导作业队伍能力不断提升。发挥平台大数据 + 物联网资源及AI人工智能分析优势，对所有作业活动进行统计分析，对人、财、物进行综合分析，全方位综合评价工程作业队伍能力。实现在此基础上优化工程作业施工要素，引导作业队伍不断优化提升，达到劳动用工最省、工程作业效率最高、作业安全掌控能力更强，实现了石油工程整体作业利益的最大化。

3）IPPE平台应用成效

石油工程业务智能管控平台自正式上线运行以来，在西南油气分公司、华北油气分公司等企业累计投入到钻井（含定向）1200余井次、录井790井次、压裂370井次、试油气400井次的工程管控实践中，广泛应用于50多个部门和单位，平台用户实现了从基层施工队、乙方管理部门、甲方项目部、采气厂、石油工程监督中心、石油工程技术研究院、石油工程勘探研究院等石油工程管理人员的全覆盖，数量增加到3000人，实时在线人数200人左右，已成为支撑油田企业石油工程业务日常运行管控的重要平台。主要成效如下：

（1）施工现场实现了远程化管理，全面提升了各级管理者现场管控效能。依托平台，各级管理者可远程实时获取施工动态、技术措施、现场操作、生产组织、安全管理、设备物资、人员管理等现场信息，在线指挥、远程管控，使得管理活动突破时间和空间限制，节约时间消耗，在提升管理者现场实时管控能力的同时，大幅提升工作效率。

（2）开启了远程会战新模式。在中国石化页岩气项目部基于IPPE平台建立了远程作战指挥室，工程项目实现远程集中管理。同元坝项目部传统会战模式相比，节省了大量的管理人员、监督人员和车辆使用量。同期施工井数从23口上升到36口，工程项目管理人员从112人降到46人，工程监督人员从73人降到25人，后勤车辆使用从38台降到16台。

（3）协同化管理，全面提升了施工现场管控水平。依托平台，各级管理人员在作战指挥室就实现了对现场生产的全局动态进行实时掌控、协同管理。管理方式由单兵作战向协同管理转变，管理效果由依赖单个基层管理者水平向依赖甲、乙方各层级管理者及专家组成的团队水平转变。

（4）生产物资实现了精细化管理。依托平台，实现对钻具、井控设备等重要物资使用情况精细化记录，翔实的历史使用信息为设备使用、检测及报废提供依据，为科学化决策提供数据支撑，提升现场管控水平，减少复杂工况发生，提升设备利用效率。如钻具使用信息精细化记录：平板点击记录钻具入井时间和出井时间，系统自动关联钻井工况、施工参数、事故处理等数据，以前钻具使用信息都是以井为单位进行粗略记录，如今做到以秒为单位全方位记录管具全生命周期使用信息，可自动提示钻具是否需要检测、报废等，避免钻具发生过检、漏检等情况，保障钻具井下安全，减少复杂情况发生。

（5）自动化采集、智能化处理，大力减轻了现场劳动强度。通过综合录井仪等设备自动采集施工参数、通过点击平板电脑记录施工流程节点，系统智能分析形成专业报表和资料，并通过网页和手机APP端展示。基层技术人员从大量重复、繁琐的数据处理中解脱出来，将主要精力投入到重点方案优化中去，提高工作效率和工作质量。

（6）生产技术管理方面：实现了翔实的历史数据，辅助提升设计科学性和针对性；智能分析对比，助力工区技术水平快速提升；协同化决策，提升决策科学性和时效性。如页岩气井井眼轨迹实时调整案例，定向数据模块24小时不间断井眼轨迹自动跟踪及报警，辅助地质工程一体化决策，极大减轻了跟踪人员劳动强度，同时提高优质储层钻遇率，提升钻井效率，节约钻井成本。页岩气项目部远程实时跟踪指导永页3-1HF井井眼轨迹调整，实时调整轨迹33次，使井眼轨迹始终在优质页岩层段穿行，优质页岩钻遇率100%。

（7）工程监督管理实现了远程化、集约化、标准化、立体化，远程监督成效显著。集约式的远程化监督模式省去了单井驻井监督（传统模式重点井单井需要地质监督和工程监督两个监督），减少了大量的监督工作人员，避免由于施工井数量增加所需监督人员线性增加的弊端。并且通过远程监督，现场人员履职得到加强，现场操作更加标准，现场管理更加规范，现场“低、老、坏”逐年降低。

①远程监督：将监督人员分成远程监控组和现场巡查组。远程监控组实行24小时监督值班制，避免传统单兵监督过程中，监督不连续的弊端。现场巡查组就近监控重大作业现场施工、复杂情况处理；巡检抽查数据、记录，确保现场数据准确性，杜绝数据造假，为远程监督提供保障。

②远程验收：正在按标准、规定梳理远程验收清单，拟针对川西中浅井试点推行远程验收模式。施工方做好验收准备，发出远程验收申请，并对关键数据拍照上传。远程监督工作室接到验收要求，开展远程验收，出具开钻验收书。

③标准化监督，全面提升监督水平：监督重点和关键整理成表，随现场平板电脑点击的工况变化，自动推送相关监督要点清单，实现无差别化监督。避免因监督人员水平不够、责任心不强造成监督不到位现象。

④立体化监督，有效减少复杂情况及人员伤害等情况发生：通过平台可以真实、客观地审核现场行为安全，全过程、无干涉地开展监督检查。甲乙双方各层级业务、安全管理部门及单位组成立体监督体系，全面监控现场生产活动，实现早发现、早整改，确保施工作业安全进行。直接作业环节全过

程立体式监督，有效提高了安全生产水平。自平台上线以来，每天甲乙双方各层级业务、安全管理部门及单位平均有80人通过视频监控现场作业。

（8）安全水平大幅提升。以平台为依托，推行标准化管理，使生产管理责任前置，岗位员工根据生产工况、安全分析等提前准备下步施工，实现生产工作变“事后”管理为“事前”管理。“视频抓违章”、直接作业环节等现场全天候、立体式管控模式，将安全管理前移至事中管理，大大降低复杂发生概率。

①井控坐岗管理：采用平板记录井控坐岗数据，系统自动计算溢流量和记录时间，记录不可更改。未按照要求及时坐岗，系统自动形成异常待办信息，逐级推送，直至按照要求填写坐岗数据，有效解决井控坐岗脱岗现象，避免重大井喷事故发生。

②安全智能分析：采用平板坐岗模式，仅需要输入液面高度，系统自动计算溢流量，并与综合录井仪数据实时对比，异常被自动推送给各级管理人员，并通过警示灯向坐岗人员、司钻进行声光报警，实现井控溢流智能化管理，有效解决坐岗人员“不会算、算不准、算太久”难题。

③安全预案与安全闭环管理：依托异常管控模块，实现对人员证件超期、管具设备超期未检、井控演习次数不足、未做短程起下钻等所有按照时间及工况要求未办事项及时预警。改变全面排查的繁杂工作程序，提升管理的精准度，推动安全管理从管理正常向管理异常转变。同时，异常即时推送、超期督办，全程记录异常发生至整改落实整个流程，实现安全问题闭环管理。

8.5 油田安全环保管理智能化建设与应用实践

8.5.1 胜利油田海上生产预警与安全管控建设与应用实践

目前，对海上平台上非法停靠的船只、非法入侵的人员及工作人员的安全穿戴问题，只能采用人工巡查的方式，这样会发生一些船只、人员利用人工巡查的间隙进行非法停靠、非法操作的情况，这种传统的人工巡查方式不仅不能满足安全需要的全天候、实时性，而且耗费了大量的人力、物力。对于工作人员的安全穿戴问题，如果需要检查的作业人员太多，检查的过程不仅会耗费大量时间，而且也只能采用抽查的方式，这样很有可能发生漏查的情况，也无法避免工作人员在作业过程中违反安全设备佩戴。

胜利油田海洋采油厂海上生产预警与安全管控系统已实现373路海上视频监控建设，随着管理区生产信息化建设方案的实施，达到600路左右，每个管理区平均接近200路。如此众多的摄像头给值班及后方管理人员带来了以下几个问题：

（1）监控工作量大。每个中心平台轮巡一遍的时间需要90分钟以上。

（2）异常发现滞后。受摄像头多、人员紧张影响，出现异常不能及时发现。

（3）摄像头不具备判断功能。摄像头只具有录像功能，不能分辨里面的信息，需要人工判断，判断进入画面的是人还是其他物体。

（4）小部分摄像头具备闯入报警，但误报率高。闯入报警只能判断是否有东西闯入，无法判断是人、船舶、车辆还是鸟、狗、猪等，经常出现“狼来了”现象。

1）建设成果

胜利油田海上生产预警与安全管控系统由数据层、服务层、功能模块层、交互层四个部分为组成。其中，数据层包括数据采集和数据存储，负责从监控摄像头和监控雷达中收集数据。服务层负责信息的自动处理，主要是目标的检测和识别及事件检测。目标检测和识别主要是人员检测、设备检测和物体类型分类；事件检测主要是员工跟踪、设备监控和异常报警。功能模块层是从功能设计、数据设计和界面设计对系统的主要功能模块进行论述。Web交互模块通过Web发布的方式读取信息中心服务器上数据库中的信息来实现人机交互，实现了管理员对报警信息结果的快速查询。

该系统采用基于深度学习的多目标识别算法，对船只、人员和车辆进行目标识别，进而实现对海上平台人员非法入侵和船只非法停靠的自动识别与分析。采用基于多特征融合的火灾检测算法对工作现场的异常情况形成相应的报警信息，并自动匹配相关岗位及人员，及时推送到个人手中，监控及管理人员接到报警后对画面复核并作出相应处置。运用基于SSD深度学习网络的动作识别算法对目标物体进行跟踪，主要是对物体的运动过程进行精确建模。基于边缘计算分布式部署的智能安防系统，充分利用了海洋采油厂现有的安防信息，取代了传统的人工巡查模式，实现了监控安全生产的目标。

目前，目标识别方法可以归为两类：一类是基于模型的或者基于上下文识别的方法；另一类是二维物体识别或者三维物体识别方法。早期，目标检测的主流方法是通过自下而上的系统方法产生候选，有些是用滑动窗口的方法进行候选的产生，然后对候选进行分类。基于深度学习方法所产生的候选区域在候选数量较少的情况下，也会有比较好的平均召回率。深度模型还引入了捕获对象外观的强大建模能力。空间结构建模具有很强的视觉特征，仍然是检测的关键所在。特别地，引入ROI池，以最小的额外成本对目标的空间立体结构进行建模，这一想法在R-FCN中得到了进一步体现。

2）应用成效

该项目采用目前比较先进的深度学习技术，适用于海上平台这种复杂场景下的目标准确识别，识别效果较好，基本可以解决现存问题，实现了复杂场景下对人员、车辆和船舶等目标的精确识别，对海上平台上非法入侵的人员和非法停靠的船只进行自动检测和报警，对火灾的预测及检测及检测员工的穿戴是否合格，从而保障海上平台作业人员的人身安全和财产安全，在技术上具有先进性和优越性的特点。

8.5.2 中国石化普光气田建设智能化应急指挥系统智能化建设

普光气田位于四川省达州市宣汉县境内，是目前国内发现的规模最大的海相整装酸性气田，主要包括普光和大湾两个区块，面积1116km^2；具有“四高一深”的特点，即储量丰度高（$42\times10^8m^3/km^2$）、气藏压力高（55—57MPa）、硫化氢含量高（14%—18%）、二氧化碳含量高（8.2%）、气藏埋藏深（4800—5800m），是川气东送工程的气源地。

普光气田开发建设面临地质条件复杂、人口稠密、环境敏感脆弱、施工条件恶劣、应急救援难度大等一系列难题，是一项复杂的系统工程。建设人员克服了大量困难，解决了高含硫气田开发安全控制等诸多世界级难题，建成了高含硫化氢整装气田和亚洲规模最大的天然气净化厂。

普光主体集输工程主要包括16座集气站、38口开发井、1座集气总站及2座污水处理站，29座ESD阀室，37千米酸气管线，5处隧道，27处穿跨越。

大湾区块集输工程主要包括7座集气站、13口开发井及1座污水处理站，18座ESD阀室，23千米酸气管线，9处隧道，6处穿跨越。净化工程主要包括6套联合装置及公用工程、硫黄成型、专用铁路线等配套设施。

普光气田的天然气中含有大量的酸性气体，在天然气生产和管道传输的过程中，会对生产设备装置和集输管道系统产生严重的腐蚀。在生产和管道传输的过程中，存在的主要风险有硫化氢泄漏中毒和窒息、火灾爆炸（生产运行过程中产生的硫化亚铁引起自燃、火灾、爆炸等风险）、锅炉和容器爆炸等。一旦发生这些事件，会对工人和居民的生命带来严重威胁，给国家和企业的财产造成无法估量的损失。

由于普光气田危害性大、安全风险高、应急处置复杂，因此急需建设一套高度整合集中的、自动化程度较高的应急管理系统，以提高应急指挥决策效能，提高应急响应速度。该系统能够实现集中监测报警、快速接警和应急联动处置；实现处置进展及时跟踪回馈、应急会商、联合救援；实现企业、现场单兵、外部专家之间跨地域、跨设备之间的实时通信、现场视频回传、应急指挥指令下达的融合通信等功能；实现总部和企业各子系统之间的资源共享，以满足普光气田应急管理的实际应用要求。

1）建设成果

普光气田生产应急指挥系统共建设六大功能模块。其系统主要功能如下。

（1）监测预警模块。

集成企业现有各类实时数据，采集系统数据，实现火灾报警、环境监测等异常信息的集中监测报警，一旦发生报警，报警信息自动同步推送给相关监管部门人员，保证异常情况第一时间被发现，并迅速开展初步处置。

①火灾爆炸预警功能。集成企业火灾自动报警系统，实时获取温感、烟感、手报、火焰探测器等各种报警信号，并在地图上逐一标注。

②可燃气体泄漏预警功能。集成企业可燃气体探测系统，实时获取各类可燃气体浓度、分布等信号，并在地图上逐一标注。

③有毒气体泄漏预警功能。集成企业有毒气体探测系统或实时数据库，实时获取各类有毒气体浓度、分布等信号，并在地图上逐一标注。

④工艺异常预警功能。厂/站自控系统（SCADA、DCS）中的设备、设

施、仪器仪表监测数据实时接入应急指挥系统，供应急指挥中心日常监管与应急处置时调用。

⑤自然灾害预警功能。目前，普光气田已建设地质灾害监测软件，集成该软件的监测预警数据信息接入应急指挥系统。

⑥气象监测预警功能。目前，普光气田部署了气象监测站，能监测风向、风力等数据，方向、风力数据对日常监管分析，突发事故时对应急指挥决策能提供决策依据，风向、风力也能在可燃或有毒气体泄漏模型中作为参数输入，能计算出事故影响范围与扩散趋势。因此，将气象数据实时接入应急指挥系统非常有必要。

（2）统一接警模块。

建设人工和监测系统自动报警、警情确认、警情分级、应急通知功能（流程），结合反馈情况判别事态严重程度，将事件信息以多方式快速通报给相关部门领导和人员。

①报警。报警录音、报警信息记录、语音文字转换、报警点地图显示。保证同一事件至少6部报警电话接通，其他打入电话可处于占线状态。利用二次开发的通信接入功能，在有报警电话接入时，系统自动弹出来电处理窗口。基于电话号码关联关系，自动识别和提取报警单位、事发地点等信息。

②警情确认。警情确认登记、初次报警信息修订。

③警情分级。人工分级，根据报警点周边区域、环境、危险源等信息建立模型，自动研判和分级。

④应急通知。群组管理、短信编辑、一键群发、电话语音通知、信息接收统计。

（3）应急处置模块。

根据事故发生地点，关联现场视频监控（含移动视频）、应急资源分布、救援车辆人员分布、有毒有害气体监测信息、预案信息、气象等信息，一键推送到大屏幕展现；实时跟踪车辆GPS的运行轨迹；滚动展示处置进展信息，推送到企业指挥中心大屏和手机客户端；通过协同标绘形成警戒疏散方案。

①现场视频。以树形结构管理企业视频，定位事发地点周围视频并进行展示。

②消防车辆GPS监控。开发位置数据接收接口，在地图上定位展示，运

行轨迹实时展示。

③有毒有害气体监测。开发气体监测数据接收接口，实时展示。

④气象监控。集成企业气象信息，并在终端设备及大屏滚动展示。

⑤处置动态。录入关键处置阶段信息，在终端设备及大屏滚动展示。

⑥警戒疏散。绘制警戒区域，绘制人员疏散路线。

⑦物资调度。关键应急资源在地图上的查询与展示；实现应急物资信息的推送、调派和跟踪；提供基于GIS应急物资信息推送和应急物资台账查询，实现按事件类别、分单位、按距离事发点距离、按物资分类的递进式查询。

系统辅助生成物资调拨单，调拨指令以短信、电话、移动应用方式送给相关人员，跟踪确认情况。

⑧关键设备监控。开发关键设备监控参数接口，实时展示。

（4）应急资源模块。

实现应急物资、应急队伍、应急装备、应急专家、重大危险源、航拍图、医疗机构、环境敏感点八大类基础信息的统一管理、查询及调度。以地理信息是基础数据的载体，应急物资、应急队伍等通过在地理信息平台上标注，直观展现应急物资，如图8-18所示。

按照“集中管理，授权使用”的设计思想，梳理在应急指挥及调度中所需各类资源，并按分类制定各类资源的数据规范。将应急资源纳入分公司数据中心统一管理，逐步形成常态化应急资源的管理运维体系，保证应急资源数据的“齐、全、准”。实现物资的“战平管理”，“平时”实现普光气田各级应急物资动态管理，“战时”可动态检索查询储备物资和救援装备的状况，并

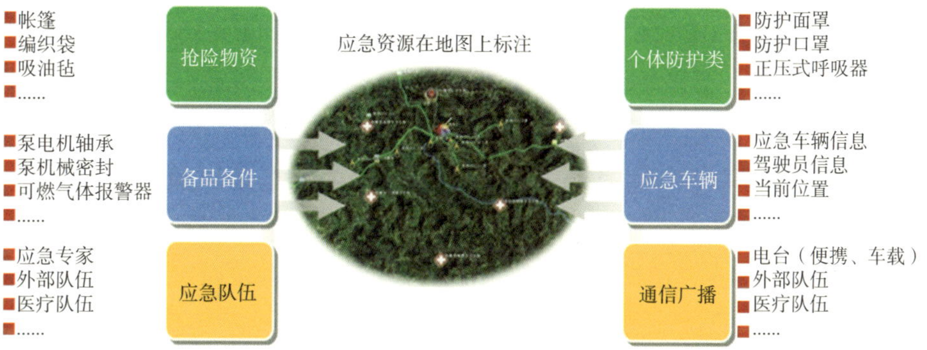

图8-18 应急资源示意图

实时监控抢险设备的调用状态；同时以地理信息为技术平台，采用集成整合的方式，建立应急指挥信息化支持总体框架，实现综合信息的集成展示。展示内容如下：

①突发事件地点快速定位及影响范围的确定。

②周边环境、救援路线、生产设施信息。

③车辆跟踪和定位。

④应急物资调配跟踪。

⑤救援力量分布和配置情况。

⑥视频信号接入。

在应急处置过程中，使责任部门动态掌握主要救援队伍、应急储备物资和救援装备、应急通信系统、医疗急救机构、应急资金储备等状况；提供对应急资源的协调管理，进行应对过程中所需资源的状态跟踪、反馈，保证资源及时到位；实现对安全区域内多个部门的专业技术装备信息的统一管理。

在调度物资过程中，把物资与运送车辆进行关联。并在各类救援车辆中安装全球定位系统（GPS），动态掌握救援力量、救援物资的状态。

施工现场普遍存在道路狭窄、交通不便的情况，一旦发生紧急情况，人员疏散、车辆调度存在控制盲区，无法以最快的速度、最有效的方式调动车辆资源进行现场救援抢险。GIS调度导航系统利用集成的GPS定位设备，通过对进出车辆的位置、速度、海拔、区域等相关信息的管理，达到最优化调度车辆。

在事发现场，利用GPS定位导航设备，可以在短时间内，为现场应急抢险指挥提供一个可视化指挥调度平台。指挥中心的专家领导通过该平台实时掌握现场周围的抢险车辆分布及运动情况，科学调度，避免因抢险车辆过多造成交通拥挤、堵车等现象，提高工作效率，达到以最快速度抢险救灾的目的。

①应急队伍。开发集成安全管理信息系统数据接收接口，应急队伍在线填报、应急队伍分布、类别等信息地图标注、应急队伍动态查询。

②应急装备。应急装备在线填报、应急装备数量、分布等信息地图上标注、应急装备信息动态查询。

③应急专家。开发集成安全管理信息系统数据接收接口，应急专家信息在线填报、应急专家联系方式等信息动态查询。

④重大危险源。开发集成安全管理信息系统数据接收接口，重大危险源

分布及覆盖范围等信息地图上标注、重大危险源等级、报告等信息动态查询。

⑤航拍图。航拍图在线填报。

⑥医疗机构。医疗机构在线填报、医疗机构分布等信息地图上标注、医疗机构等级等信息查询。

⑦环境敏感点。环境敏感点评价报告等信息在线填报、敏感点分布、影响范围等信息地图标注、敏感点分布等信息查询。

（5）应急预案模块。

开发集成安全管理信息系统数据接收接口，应急预案信息动态查询。对普光气田各类应急预案进行电子化处理，并固化各个预案处置流程，对智能辅助方案起支撑作用。本模块实现应急预案方案查询与方案要素配置几个部分，如图8-19所示。

①方案生成。根据事件接报及周边信息、预测分析和综合预测分析的结果，参照与事件相关的应急预案、类似案件及处置经验和知识，以及可提供利用的应急处置力量和资源等信息，生成实施方案。

②方案调整。根据事件现场反馈的信息，新的预测分析结果等，对已经生成的方案进行实时动态调整；事件等级按照应急事件的性质、严重程度、可控性、影响范围等因素对重特大事件分级管理。

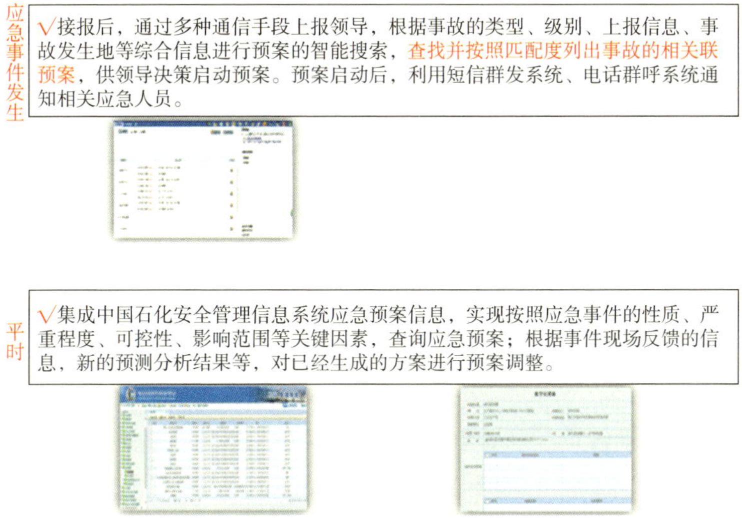

图8-19 应急预案示意图

（6）集成联动模块。

整合应急物资、应急队伍等应急资源，集成生产运行、三维仿真、移动办公、环境监测、二维GIS等多个应用系统，实现卫星定位、地理信息、视频、移动终端等信息资源协同应用，打通业务系统壁垒，改变原有业务关联差、联动能力弱的局面，实现远程精准指挥。

①现场视频。以树形结构管理企业视频，定位事发地点周围视频并进行展示。

②车辆人员定位监控。开发位置数据接收接口，在地图上展示消防车辆、应急指挥车辆、救援人员的定位信息，车辆运行轨迹实时展示。

③有毒有害气体监测。开发气体监测数据接收接口，实时展示。

④处置动态。统计事故处置过程中消防车辆、救援队伍到位等情况，采集现场图片、现场声音等信息，形成动态处置进展报告，支持在终端设备及大屏滚动展示。

⑤应急资源调拨。关键应急资源在地图上的查询、展示及调度。

⑥关键设备监控。开发关键设备监控参数接口，实时展示。

⑦警戒疏散。根据现场情况，通过疏散模型，形成人员疏散路线；绘制警戒区域。

⑧预案信息。实现预案的信息化处理，在终端设备及大屏滚动展示。

⑨气象信息。集成企业气象系统信息，并在终端设备及大屏滚动展示。

2）应用成效

（1）实现了实时监测与分级预警。各类报警信息（火灾报警信息、气体泄漏报警信息、超温报警信息、周界报警信息、电话报警信息、门禁及逃生门报警信息及其他报警信息）关联接入应急指挥系统，进行自动分级分类处理。

（2）实现了快速接警处置。实现各种突发事件信息的接收和报送，支持同时接听多路电话，接处警与应急处置时实现语音与文字的自动转换，业务人员接警后，借助短信群发、电话群呼、应急广播、防爆手机、800M集群对讲技术手段自动将事件信息及时通报给相关部门领导和人员，并实时获取相关人员反馈情况，提高应急救援中心接处警和应急响应速度。

（3）实现了网上应急处置。基于GIS地图，实现事故周边应急资源、环境敏感点、气体监测、车辆定位、现场气象信息、人员定位、应急预案等信息的一体化展示，实现事故地点周边视频联动，根据应急处置进展，调度应急物资，规划车辆路径。结合事故模拟演练分析，实现应急处置过程与应急决策的科学高效。

（4）实现了应急资源整合。对应急物资、抢险装备、应急队伍、应急专家、应急预案等各类应急资源，实现分类别线上动态管理，支持应急资源公司各层级的信息共享；基于GIS可视化展现应急物资、抢险装备、救援队伍及应急专家信息，事故/事件发生后，自动匹配应急预案、应急专家等应急资源，为应急处置提供决策支撑。

（5）实现了应用资源、信息互联互通。普光分公司应急大屏展示信息能够同步到中原油田、集团公司应急大屏，实现普光气田应急指挥系统与中国石化集团公司、中原油田应急指挥中心的互联互通、协同会商与资源共享。

（6）实现了电子化仿真模拟演练。利用已经建设的普光气田地理信息系统和三维仿真系统的建设成果，采用H_2S泄漏事故模型、火灾爆炸事故模型、VR技术，进行应急演练模拟与人员应急抢险能力培训，提升组织、人员的应急响应能力。

（7）建立了融合通信手段机制。对普光气田现有的通信设施设备（800M集群、通信指挥车、单兵设备、视频监控、无人机、防爆手机终端）、通信系统进行融合，并与应急指挥系统集成，进一步完善普光气田的应急通信能力建设。

8.5.3 中国石化西南油气分公司钻井现场行为智能识别系统

自2013年开始，中国石化石油工程作业现场按照“3+1”（钻台摄像头+钻井现场全景摄像头+泥浆罐区摄像头+移动摄像头）模式配备了视频摄像头，对钻井现场的重点区域进行实时监控，监控视频通过微波、专线或卫星等渠道，实时传输回分公司科研办公基地机房，并进行全时存储以提供按需回放。以往这些视频主要用于实时监控和历史查询，没有产生更多价值，但随着近年来生产安全管理要求的不断提升，引入基于人工智能的行为识别技术，对单井工程作业现场的监控视频进行实时分析，自动识别各类违章违纪行为，已成为石油工程安全管理提质增效的必要手段。

在此需求背景下，西南油气分公司自2019年年中开始，启动了行为智能识别功能试点，引入上海鸢安的视频分析解决方案，接入分公司海康8800/9800视频管理平台，对实时视频智能分析并绑定预警模型（四类，分别是未戴安全帽、未穿工作服、抽烟或打手机、人脸识别，实施过程中又试点上线了越界报警模型），将人员违规或进出行为实时推送到石油工程业务智能管控平台，实现平台在石油工程业务运行管理过程中的智能化、自动化提升，强化安全管控与现场管理能力。

1）建设成果

项目采用的是基于深度学习的工业视频实时分析预警平台，该平台是采用软、硬件一体机的方式提交的解决方案。硬件设计符合工业环境要求，具有防静电，防尘，抗高温、低温环境等特点。内置高性能GPU，分布式计算框架，可同时并发实时分析上百路高清视频。一体机具有的优势在于:

（1）无须替换现有摄像头。一体机搭载的平台可直接接入各类高清网络摄像头，对网络中的视频流直接进行分析和预警，也可直接对接用户已有的视频监控中心的视频存储服务器。

（2）可以同时分析多路视频，统一的管理平台可以统一升级模型，同时可以对作业现场的实际情况（如摄像头的光线、角度）做定制模型训练，逐步在用户复杂现场环境中提高深度学习模型的精准性。

（3）可以对多路监控视频进行交叉验证，降低单一摄像头识别的误报率及漏报率。

（4）作为统一监控统计分析平台，除了视频流以外，还可结合其他的数据进行同步分析，借助数据的多样性提供更为复杂的应用场景解决方案。

（5）一路视频流可以根据业务需求处理多种应用场景，例如可同时监控预警烟、火隐患；人员安全操作违规，如施工现场未戴安全帽，未穿制定工作服，也可同时监控人员是否进入管制区域，还可对陌生人入侵进行监控等。并可根据应用场景随时调整监控内容，无须更新任何摄像头硬件。

（6）接口灵活容易集成。可利用Open API接口灵活设计定制开发符合自己需求的业务模版。可通过中间层接口组合自己的业务逻辑。可通过智能数据模型训练工具平台自行训练AI模型，部署模型。

（7）利用一体机单节点到多节点的扩容可自行组建公司私有云平台。

建设内容主要分为以下几个方面：

（1）硬件环境。项目部署并训练未佩戴安全帽、未穿工作服、打电话或抽烟、人脸识别四类模型，引进两台一体机、两台前置机，支撑至少200路视频实时分析，西南和华北正钻井的所有钻台与全景视频都接入实时分析，如图8-20所示。

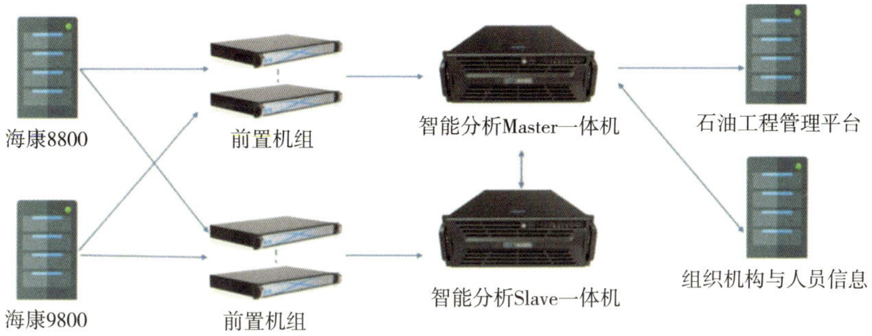

图8-20　部署架构图

①海康8800及9800的实时视频流通过前置机组采集获取解压，并进行预处理。

②预处理后的图形信息分别送至两台高性能深度分析一体机。

③作为Master的一体机除承担实时分析工作外，还负责对外提供接口。

④作为Slave的一体机主要承担实时分析工作，不对外提供数据接口。

（2）主要功能。行为智能识别对现场视频监控系统进行统一接入，实现对视频进行实时调用和查看；实现对现场视频的智能分析，以及时进行作业警示，提高作业安全保障。主要功能如下：

①数据同步。定期同步井场/井站、摄像头、在线状态、施工人员、照片等信息，根据服务器负载情况，动态分配视频流的获取和分析。

②实时分析。根据每路视频流的业务要求不同，可以同时或分别对工服、安全帽、越界、打手机、抽烟、人脸这些业务实时分析，项目实施过程中，配合PCS项目，还引入了越界报警模型，对什邡管理区44个井站开展实时分析。

③结果输出。在推送给工程管理中心平台前，分析结果数据自动留底，这样也保证了系统的异常恢复和数据无丢失。

（3）主数据交互。行为智能识别功能需要与数据资源中心保持畅通交互，功能的数据流程设计与实现完全遵守数据中心既定的标准接口服务模式，以规范的数据流程进行上层应用的建设展示，良好的数据规范保障了系统的稳定、高效运行。

行为智能识别功能使用到的主数据有：

①井基础数据：井名、井号。

②摄像头基础数据：编号、名称、在线状态、是否监控、适配模型、上线时间、下线时间。

③人员数据：姓名、单位、照片。

2）应用成效

功能自上线后，累计报警近3000次，识别准确率达到80%以上，见表8-3。

表8-3　系统运行情况统计表

功　能	报警次数	准确率
安全帽识别	1167	当前识别准确率约90%
工服识别	1408	当前识别准确率约90%
抽烟或打手机	424	当前识别准确率约80%
人脸识别		尚未全面上线

8.6　中国石化生产经营一体化（群智营运平台）建设实践

围绕企业“效率、效益、成本、风险”为切入点和抓手，生产经营一体化重点解决如何实现生产经营方案的智能决策与优化问题，如何对生产经营进行综合评估实现对各种指标最大效益化问题，如何建立生产经营智能预警与诊断模型，实现自诊断、自修复问题，以及基于生产经营一体化模型及机器自学习，对生产节点的效益分析优化问题等。

1）建设成果

生产经营一体化平台将生产经营一体化建模技术、生产经营一体化模型优化技术、生产经营智能决策方案优化技术、生产经营综合评估技术、生产经营智能预警与诊断技术、智能轮巡技术、生产经营自动协同技术等集成在一起，并运用机器自学习技术，打造企业智能运营模式。

中国石化智能营运平台总体规划，针对上游企业重点开展四个方面建设：一是建成生产营运智能协同指挥系统，实现跨业务、跨板块的高效协同；建成一体化的供应链与物流管理系统，实现各板块信息共享和业务协同，支撑物流一体化运行；完成勘探开发生产领域的可视化、自动化、智能化升级，全面实现老油气田生产现场可视化，新油气田自动化，高压气田、酸性气田和海上油气田的智能化；建成质量、安全、环保、能源、工程项目智能管理营运系统，实现全业务域的质量管控，提升安全风险防控的水平，实现能源、环保、碳资产一体化管理及优化，加强工程项目全生命周期管理和一体化管控能力，如图8-21所示。

特色一：通过大数据实现优化。建立计划优化模型、效益测算模型、成本分析模型、大数据分析模型，多模型优化；厘清成本结构、跟踪价值转化、实现营

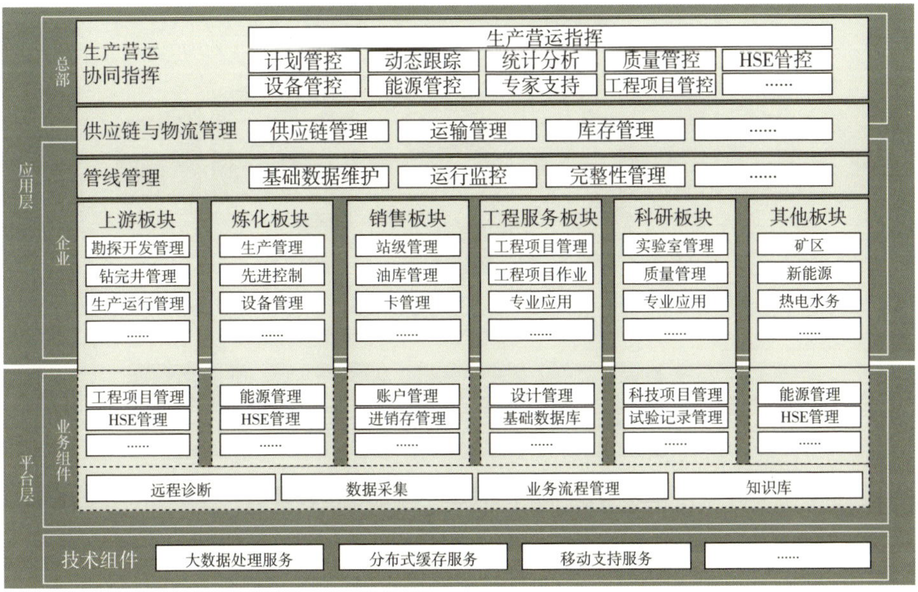

图8-21　中国石化智能营运平台规划蓝图

运预测，对生产节点进行效益分析优化。

特色二：支撑智能决策与优化。生产经营智能决策方案优化，数据灵活查询与可视化展示；通过经营指标综合评估模型，促进生产与经营指标匹配度最大化；通过生产经营一体化预警与诊断模型，及时发现“产、供、销、运”衔接风险，实现自诊断、自修复，提高整体响应速度。

特色三：利用IT新技术构建新型运营模式，实现经营管理机制创新。通过使用规则或机器学习模型，实现自组织、自学习，持续提供优化管控投资组合风险；构建基于实时信息的协同决策环境，全方面、多视角生产运营监控；实现“用数据分析、用数字说话、用数据驱动”的即席计算、即席响应模式，充分实现企业所有业务线下与线上的融合，提高了企业对内外部的响应应对能力。

2）应用成效

中国石化打造的协同智能的生产营运平台，支撑了一体化协同和专业化管理，提升了本质安全和环保水平，建立了数字化、网络化、智能化的生产运营新模式，如图8-22所示。

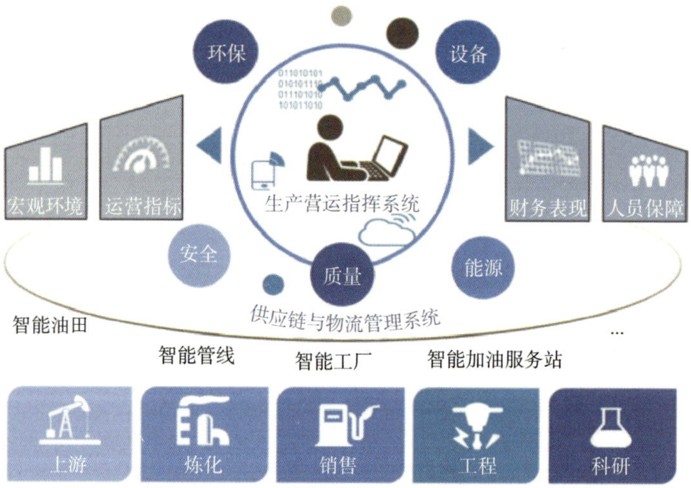

图8-22 协同智能生产营运新模式示意图

该平台增强了资源优化、安全环保能力，促进了降本减费、提质增效成效明显：一是总部生产营运指挥系统实现了对全产业链生产营运的动态跟踪、实时监控，提高了板块间产销衔接和异常处置能力；二是供应链与物流系统提高了原油资源配置整体优化水平，每年优化增效10亿元以上；三是安全环保管理、能源优化等系统提升了安全环保管控、风险隐患监管水平，促进了节能减排、绿色低碳发展；四是油田勘探开发、炼化生产执行、销售IC卡等系统提升了生产管理精细化水平，提高了业务协同效率。

智能油田
INTELLIGENT OIL FIELD

AR 扫描召唤 AI助理

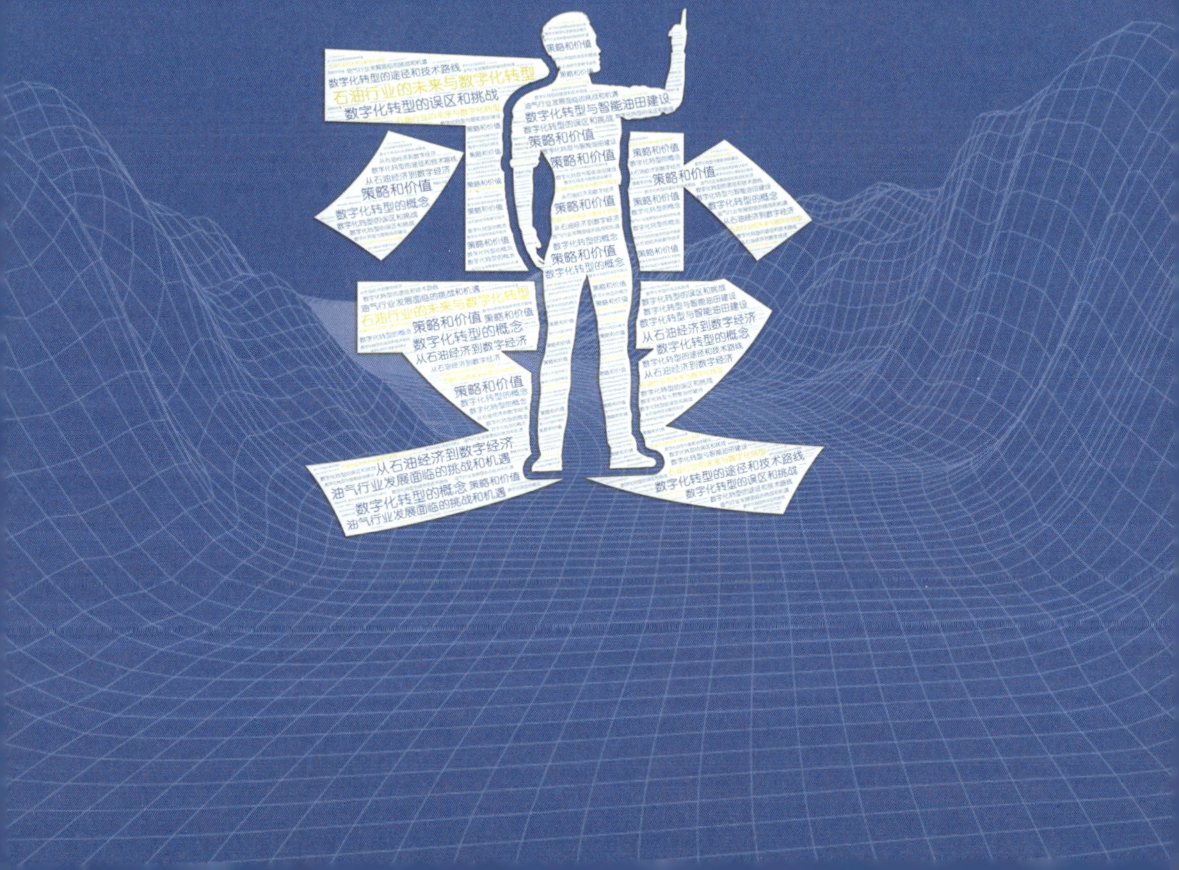

9

石油行业的未来与数字化转型

5G时代已经到来，物联网的大规模应用就在眼前，人类采集数据的能力将呈现指数级上升，社会各个层面的全面数字化已经成为不可阻挡的历史潮流。人类社会已经跨入数字经济2.0时代。企业层面从管理到生产，从组织到流程，从业务到规范，正一步步走向数字化，数字化转型与其说是一个战略、一种潮流，毋宁说是整个人类社会自然发展的趋势。一个大型的传统企业在数字化大潮面前没有随波逐流的选项，必须制定自己数字化转型的战略。而智能油田建设和油田企业的数字化转型战略并行不悖、相辅相成，前者更注重油田企业自身的发展水平的提升、竞争能力的增强，后者则更多地关注企业发展途径和战略走向。

9.1 从石油经济到数字经济

环顾四周，我们能看到的是小区周边的实体商店一个个消失，但人们的生活不但没有受到影响，反而觉得更便利了，这背后透露出的一个巨大趋势就是电商化、网络化、服务化，而今，整个经济的“脱实向虚”已经势不可挡，并逐渐从零售业向其他产业渗透发展，整个国民经济的发展模式已经发生不可逆转的变化。

9.1.1 从石油经济到数字经济的大迁徙

1859年8月27日，在美国宾夕法尼亚州，世界上第一口找油井涌出油流，被公认为世界石油工业的开端，160多年过去了。除了在石油发现的早期（大约1859—1911年福特汽车大规模生产）被称为“灯用煤油阶段”的几十年之外，石油一直作为“工业的血液”，强有力地推动着世界工业的巨轮滚滚向前，石油以及与之挂钩的石油美元是世界经济的风向标和晴雨表，是国际政治乃至国际争端的深层暗流，第二次世界大战之后的主要国际乱局，特别是围绕中东的多次战争，都渗透着血淋淋的石油交易。在世界500强排名前10的大公司中，国际石油巨头长期高踞头把交椅并占据多数席位。石油主导国际政治、经济的这种状况几乎贯穿整个20世纪，直到21世纪的第一个10年，这种状况才开始发生变化。一种新的经济模式逐渐崛起，并以革命式、颠覆式的姿态，快速成为世界经济舞台上最亮眼的主角，这就是数字经济（图9-1）。

从经济大环境来看，全球数字经济增速强劲，美国数字经济GDP占比超过58%，中国信通院在近日召开的“2019中国数字经济发展论坛”上发布了《中国数字经济发展与就业白皮书（2019年）》并指出，我国数字经济持续快速发展。2018年，我国数字经济规模达到31.3万亿元，按可比口径计算，名义增长20.9%，占GDP比重为34.8%。数字经济可谓一枝独秀。

2008年全球市值排名				2018年全球市值排名			
排名	公司	市值（亿美元）	行业	排名	公司	市值（亿美元）	行业
1	埃克森美孚	452.5	石油天然气	1	苹果公司	11331.1	信息技术
2	中国石油	424.0	石油天然气	2	亚马逊	9628.3	信息技术
3	通用电气	369.6	一般工业	3	谷歌	8786.6	信息技术
4	俄罗斯天然气	299.7	石油天然气	4	微软	8642.8	信息技术
5	中国移动	298.1	移动通信	5	伯尔希尔	5222.3	金融
6	中国工商银行	277.2	银行	6	Facebook	5111.3	信息技术
7	美国微软	264.1	软件	7	阿里巴巴	4580.6	信息技术
8	美国AT&T公司	231.2	固定电话	8	腾讯控股	4333.6	信息技术
9	英荷壳牌	220.1	石油天然气	9	摩根大通	4016.6	金融
10	美国宝洁	215.6	日化用品	10	强生	3619.6	医疗

图9-1 数字经济的飞速成长

数字经济是随着信息技术革命的发展而产生的一种新的经济形态。在《二十国集团数字经济发展与合作倡议》中，对数字经济给出了这样的定义："数字经济是指以使用数字化的知识和信息作为关键生产要素，以现代信息网络作为重要载体，以信息通信技术的有效使用作为效率提升和经济结构优化的重要推动力的一系列经济活动。"

数字经济运行遵循的基本规律是“三大定律”。

第一个定律是摩尔定律：计算机硅芯片的处理能力每18个月翻一番，而价格减半。

第二个定律是梅特卡夫法则：网络的价值等于其节点数的平方。所以，网络上联网的计算机越多，每台电脑的价值就越大，“增值”以指数关系不断变大。

第三个定律是达维多（Davidow，1992年）定律：任何企业在本产业中必须不断更新自己的产品。一家企业如果要在市场上占据主导地位，就必须第一个开发出新一代产品。进入市场的第一代产品能够自动获得50%的市场份额。实际上，达维多定律体现的是网络经济中的马太效应。

这三大定律决定了数字经济具有以下基本特征:

(1)一体化与敏捷性。互联网突破了传统的国家、地区界限,被网络连为一体,使整个世界紧密联系起来,把地球变成一个"村落"。现代信息网络可用光速传输信息,在信息传输上突破了时间的约束,使人们在经济交往中可以接近于实时的速度收集、处理和应用信息,信息往来可以更快、更及时。数字经济是一种速度型经济,经济节奏大大加快。

(2)数字经济的高渗透性。迅速发展的信息技术、网络技术,具有极高的渗透性功能,使得信息服务业迅速地向第一、第二产业扩张,使三大产业之间的界限模糊,出现了第一、第二和第三产业相互融合的趋势。

(3)自我膨胀性。数字经济的价值与网络节点数的平方成正比,这说明网络产生和带来的效益将随着网络用户的增加而呈指数形式增长。在数字经济中,由于人们的心理反应和行为惯性,在一定条件下,优势或劣势一旦出现并达到一定程度,就会导致不断加剧而自行强化,出现“强者更强,弱者更弱”的“赢家通吃”的垄断局面。

(4)边际效益递增性。主要表现为数字经济边际成本递减和数字经济的累积增值性。

(5)数字经济的外部经济性。网络的外部性是指,每个用户从使用某产品中得到的效用与用户的总数量有关。用户人数越多,每个用户得到的效用就越高。

(6)直接性。由于网络的发展,经济组织结构趋向扁平化,处于网络端点的生产者与消费者可直接联系,降低了传统的中间商层次存在的必要性,从而显著降低了交易成本,提高了经济效益。

(7)可持续性。数字经济在很大程度上能有效杜绝传统工业生产对有形资源、能源的过度消耗,造成环境污染、生态恶化等危害,实现了社会经济的可持续发展。

9.1.2 数字经济发展的新要素

与农业经济、工业经济一样,数字经济活动也需要土地、劳动力、资本、技术等生产要素和相应的基础设施与之配套。与以往不同的是,其中很多要素都需要数字化,且会产生数据这一新的生产要素。

1）数字基础设施成为新基础设施

在工业经济时代，经济活动架构在以“铁公机”（铁路、公路和机场）为代表的物理基础设施之上。数字技术出现后，网络和云计算成为必要的信息基础设施。随着数字经济的发展，数字基础设施的概念更广泛，既包括了信息基础设施，也包括了对物理基础设施的数字化改造。

简单来讲，数字基础设施是指设施中至少有一个部分包含信息技术的应用，一般包括两种：混合型和专用型。混合型数字基础设施是指增加了数字化组件的传统实体基础设施。例如，安装了传感器的自来水总管、数字化停车系统、数字化交通系统等。专用型数字基础设施是指本质就是数字化的基础设施，如宽带网、无线网络等。这两类基础设施共同为各领域数字经济发展提供了必要的基础设施条件。

2）连接和共享成为数字经济的关键特征

人类社会的发展伴随着连接技术的不断升级，每一项能够实现人与人之间连接的技术出现后，都会对社会的进步起到巨大的推动作用。例如，人与人起初只能通过信笺跨地域连接，中国早在秦代就已经建立了邮驿体系，对王朝的统治和强大起到了不可忽视的作用。一定程度上能够达成连接的区域才是可以统治的疆域，连接能力决定王朝疆域的大小。电报的出现则引领了第二次工业革命的兴起。而电话的出现不仅孕育了如AT&T这样的企业巨头，也使得全球化的商业体系更加高效地运行起来。互联网兴起后，进一步解决了信息不对称问题，拉开了数字经济的大幕。作为把连接从人与人、人与信息延展到人与万物的物联网技术，在未来5G的推广中，将进一步为商业活动带来更多机遇，也为数字经济的发展拓展更广阔的空间。

当前，移动互联网的发展进步为社会提供了极佳的共享平台，促进了数据的自由流转和共享。近几年兴起的共享经济便是基于连接技术的商业创新，它让人们在更加便利地使用产品和服务的同时，实现了使用效率的最大化，降低了使用成本，减少了闲置和浪费。共享经济让个体在作为消费群体的同时，也成了重要的生产群体，促进了生产和消费的广泛融合，催生了新的商业模式。

3）数字素养成为对劳动者和消费者的新要求

在农业经济和工业经济时代，对消费者的文化素养基本没有要求，对劳动者的文化素养虽然有一定要求，且往往也是局限于某些职业、岗位。但是，在数字经济条件下，数字素养成为劳动者和消费者都必须具备的基本能力。

随着数字技术向各领域渗透，劳动者越来越需要具有“双重”技能——数字技能和专业技能。但是，各国普遍存在数字技术人才不足的现象，40%的公司表示难以找到他们需要的数据分析人才。所以，具有较高的数字素养成为劳动者在就业市场胜出的重要因素。

对消费者而言，若不具备基本的数字素养，将无法正确地运用信息和数字化产品及服务，成为数字时代的“文盲”，所以数字素养被联合国认为是数字时代的基本人权，是与听、说、读、写同等重要的基本能力。所以，提高数字素养既有利于数字消费，也有利于数字生产，是数字经济发展的关键要素和重要基础之一。

4）数据成为驱动经济增长的“新石油”

大数据和云计算等的融合推动了物联网的迅速发展，实现了人与人、人与物、物与物的互联互通，导致数据量呈现爆发式增长。全球数据增速符合“大数据摩尔定律”，大约每两年翻一番。

庞大的数据量及其处理和应用需求催生了“大数据概念”，数据日益成为重要的战略资产。美国政府认为，大数据是“未来的新石油”，是“陆权、海权、空权之外的另一种国家核心资产”。数据甚至被认为已经超过石油的价值，成为数字经济中的“货币”。

数据如同农业时代的土地、劳动力，工业时代的技术、资本一样，已成为数字经济时代的生产要素，而且是最核心的生产要素。数据驱动型创新正在向经济社会、科技研发等各个领域扩展，成为国家创新发展的关键形式和重要方向。

5）数据治理和挖掘能力成为新的核心生产力

如同农业时代劳动力对土地的耕种能力是核心、工业时代机器对原材料的加工能力是关键一样，数字经济时代，对数据的治理和挖掘能力是新价值产生的关键。数据越多，表明生产资料越充沛，但如果不能对数据进行有效的治理，垃圾数据反而可能成为负资产。数字的经济价值隐藏在庞大的数据之中，如同黄金隐藏在沙子中一样，需要巧妙而强大的数据加工能力，从中提取、挖掘。核心的技术是模型、算法和强大的计算能力。

6）不断创新的信息技术成为数字经济的持续推动力

网络信息技术是全球研发投入最集中、创新最活跃、应用最广泛、辐射带动作用最大的技术创新领域，是全球技术创新的竞争高地，也是推动数字经济繁荣发展的不竭动力。

（1）“云、移、物、大、智”等技术的不断落地应用推动数字经济迅速发展。

近年来，移动互联网、大数据、云计算、物联网、人工智能等信息技术的突破和融合发展促进了数字经济的快速发展。

云计算技术的普及应用，改变了IT设施投资、建设和运维模式，降低了IT设施建设和运维成本，缩短了IT设施建设周期，提升了IT设施承载能力，加快了设备接入和系统部署。

移动互联网的发展从根本上摆脱了固定互联网的限制和束缚，拓展了互联网应用场景，促进了移动应用的广泛创新。移动互联网的发展极大带动了终端接入数量的增加，智能手机和平板电脑的市场占有量已远远超过笔记本电脑。

移动互联网自身也不断演进，从3G、4G发展到5G，5G的重点是从移动互联网向物联网应用领域扩展，以满足未来上千倍流量增长和上千亿设备的联网需求。

移动互联网的发展、低成本的传感器和云计算的发展等推动了物联网发展，据估计2020年将有500亿台互联设备上线，未来接入物联网的终端数量还将以十倍、百倍的速度增加，物联网数据容量也呈指数增加，每两年便翻倍。

对物联网数据的处理必然需要大数据技术。计算能力的提高、计算成本的持续下降，以及数据传输、存储和分析成本的下降促进了大数据技术发展。

大数据技术推动了物联网的健康发展，使之成为重要的数据采集和数据共享平台，推动了商业应用和业务洞察力的提高。

人工智能技术的发展显著提高了大数据自主分析能力。如果不具有智能技术，即使存在所需的庞大数据，也无法对大数据进行收集、处理、分析，无法从中发掘出新的意义、产生新的价值。人工智能技术通过读懂视频、音频甚至人类自然语言，分析物联网中大量琐碎的非结构化数据，可以总结出其中隐含的规律，挖掘出人类自身无法发现的“暗知识”，支持智能决策。

此外，人工智能的发展有助于解决物联网设备之间各种通信协议不兼容的问题。所以，大数据和人工智能技术的有效运用将推动物联网发展，实现物联网从量变到质变的飞跃。

（2）AR/VR（增强现实、虚拟现实）、区块链等新兴技术未来将推动数字经济持续发展。

物联网的发展推动了物理世界、数字世界和人类社会之间的界限逐渐消失，计算技术进入人、机、物三元融合发展期，虚拟现实成为人、机、物三元融合的重要支撑。

虚拟现实是显示技术的深刻变革，被看作继计算机、智能手机之后的又一通用性技术平台。电视屏、电脑屏、手机屏显示无一例外都是二维画面，而虚拟现实却给我们提供了三维画面的展示屏，给人类认识世界、改造世界的方式方法带来巨大变革。虚拟现实技术也无法独立发展，要实现虚拟现实和真实现实之间的有效互动，还需要高速的传输技术、识别技术、计算技术等其他技术的有效配合。

区块链通过加密技术能形成一个去中心化的可靠、透明、安全、可追溯的分布式数据库，推动互联网数据记录、传播及存储管理方式变革，大大降低信用成本，简化业务流程，提高交易效率，重塑现有的产业组织模式、社会管理模式，提高公共服务水平，实现互联网从信息传播向价值转移的转变。

因此，区块链技术也被称为“信任机器”、新的商务基础设施。过去两年，区块链技术获得资本市场热捧，在多个领域获得迅速应用，不少国家专门针对区块链出台了相应政策。区块链技术本质上是一种分布式数据库，是互联网数据记录、传播及存储的新方式，相关数据的分析、解读同样离不开大数据、人工智能技术，将相关物品连接起来，也需要物联网基础技术支撑

（相关技术参见本书第5章）。

此外，高级机器人、自动驾驶、3D打印、数字标识、生物识别、量子计算、再生能源等技术也可能成为未来的重要技术，这些技术与上述技术不断创新融合，以指数级速度展开，形成多种技术整体演进、群体性突破，推动着数字经济持续发展创新。

9.1.3 数字经济发展趋势

当前，信息网络技术加速创新，以数字化的知识和信息作为关键生产要素的数字经济蓬勃发展，新技术、新业态、新模式层出不穷，成为“后国际金融危机”时代全球经济复苏的新引擎。各主要国家纷纷将发展数字经济作为推动实体经济提质增效、重塑核心竞争力的重要举措，并进一步推动数字经济取得的创新成果融合于实体经济各个领域，围绕新一轮科技和产业制高点展开积极竞争合作。数字经济发展呈现一系列新趋势。

1）数字经济成为大国竞争的新领域

目前，世界主要国家和企业纷纷开启了数字化转型之路。OECD《2015年经合组织数字经济展望》报告显示，截至2015年，80%的OECD成员国家都制定了国家战略或者部门政策，构建了数字经济国家战略框架。少数几个没有整体战略的国家，也已经在考虑制定或审查相关战略，或者已经发布了一些具体领域的战略和政策。

从内容上看，各国政府均希望通过发展数字经济，全面促进经济社会健康发展。各国战略的重点包括：发展通信基础设施；发展ICT部门；加强电子政府服务；推动商业部门及中小企业应用ICT；重点关注卫生医疗、交通运输及教育部门；提升民众数字素养；加强数字身份、隐私和安全；解决诸如网络监管、气候变化等方面的全球挑战。

在推进举措方面，近几年很多国家已经采取了系列行动，全力推进数字经济发展。以美国为例，自2012年相继发布了《大数据研究和发展计划》，推出“数据－知识－行动”计划，提交《大数据：把握机遇，维护价值》政策报告。2015年10月更新的《国家创新战略》提出，建设下一代数字化基础设施，以保障数字世界接入等内容。

2016年12月，美国商务部建立了数字经济顾问委员会（DEBA），成员包括科技行业巨头、创新者及专家，旨在帮助政府、企业和消费者提供发展数字经济的建议，从而凭借数字技术的应用与发展促进经济繁荣、教育完善、积极参与政治和文化生活。

全球各个国家和地区的核心竞争力构成要素呈现数字化发展趋势（图9-2），传统产业纷纷面向数字化、网络化、智能化转型升级，互联网、大数据、人工智能与实体经济的融合日益广泛深入。人类社会、物理世界的二元结构正在转变为人类社会、物理世界、信息空间的三元结构，国家和地区之间竞争和博弈的重心逐步从土地、人力、机器的数量、质量转移至数字化发展水平，从物理空间延展到信息空间，并将很快呈现出以信息空间的竞争和博弈为主导与引领，强者愈强、弱者愈弱的格局。掌握信息空间核心竞争优势的国家和地区，将在围绕新一轮国际分工态势展开的博弈中抢先占据价值链制高点。

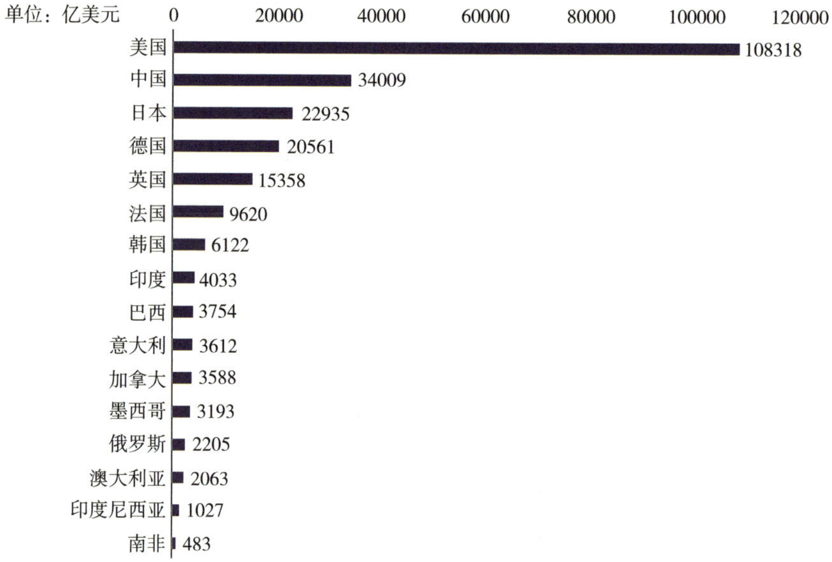

图9-2　2016年主要国家数字经济规模

2）数字经济成为创业创新的新热点

在新一轮科技革命和产业变革的带动下，特别是在互联网普及应用和政府的大力推动下，我国正在数字经济领域形成新一波创业创新浪潮，创业企业、创业投资、创业平台爆炸式增长，创业群体迅速扩大，创业创新在全社会蔚然成风。这一波创业最大特点是以“互联网+”为鲜明特征，大多初创企业都集中在“互联网+”领域。

近年来，依托充满活力的巨大市场和庞大的制造业体系，中国企业的创新能力不断提高。2014年《华尔街日报》发表了题为《中国创新机器的崛起》的文章称，近年来中国科技公司凭借硬件和软件等领域的创新开始挑战全球科技巨头，并引领电信、移动设备和在线服务等行业的趋势。

两年多来，中国的创新正越来越赢得外界认可。中国互联网行业已经基本形成了可与美国互联网业抗衡的局面。腾讯、阿里巴巴、百度、京东足以对抗美国企业，且开始主导新兴经济体的互联网市场。中国移动互联网在某些方面已经领先于美国，吸引硅谷开始“山寨”中国，从中国的微信、支付宝、滴滴等应用中寻求创意。

创新仍是推动经济数字化发展的源动力，受技术开源化和组织方式去中心化的双重作用，知识传播壁垒开始显著消除，创新研发成本持续大幅降低，创造发明速度明显加快，群体性、链条化、跨领域创新成果屡见不鲜，颠覆性、革命性创新与迭代式、渐进式创新相并行。创新主体、机制、流程和模式发生重大变革，不再受既定的组织边界束缚，资源运作方式和成果转化方式更多地依托互联网展开，跨地域、多元化、高效率的众筹、众包、众创、众智平台不断涌现，凸显出全球开放、高度协同的创新特质，支撑构造以数据增值为核心竞争力的数字经济生态系统（图9-3）。

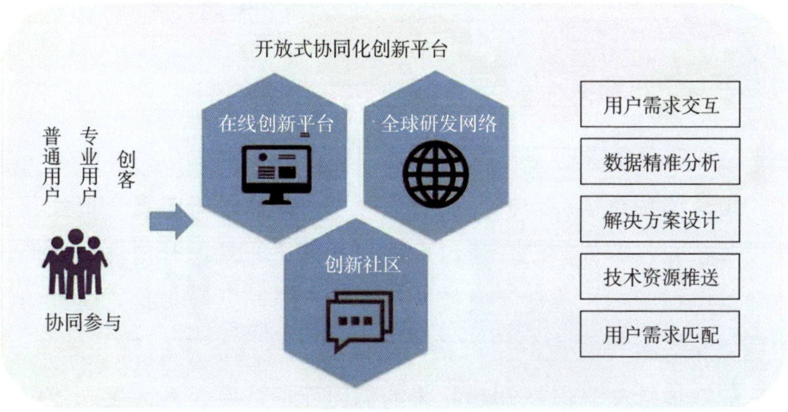

图9-3 具有典型意义的开放式协同化创新平台

3）数字化的知识和信息成为新的关键生产要素

人类生产、生活及治理的数据基础和信息环境正在得到大幅加强和显著改善，移动互联网和物联网持续普及部署，智能终端和传感器加速应用渗透，人、机、物逐步交互融合，与经济增长和社会发展相关的各项活动已启动全面数字化进程，呈现出从被动到主动、从碎片到连续、从单一分离到综合协同的三大转变，源源不断地产生着呈现爆炸式增长态势的海量数据（图9-4），蕴含着巨大的价值和潜力。数据已成为与资本和土地相并列的关键生产要素，被不断地分析、挖掘、加工和运用，价值持续得到提升、叠加和倍增，有效促进全要素生产率优化提升，为国民经济社会发展提供充足新动能。

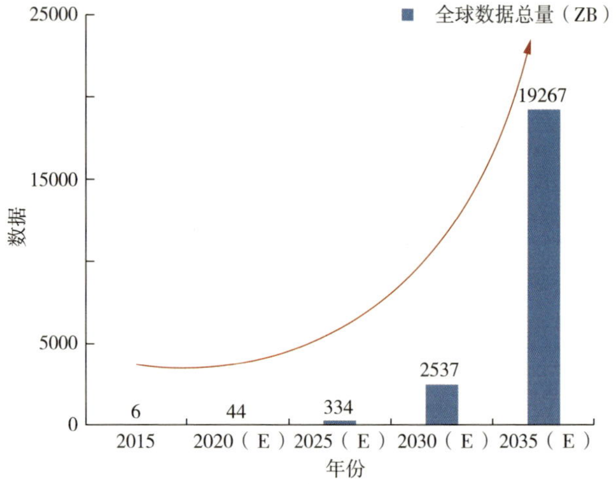

图9-4　新摩尔定律主导下全球数据总量增长态势

4）数字经济呈现平台化、共享化新特征

企业之间的竞争重心正从技术竞争、产品竞争、供应链竞争逐步演进为平台化的生态体系竞争，一批用户基数庞大、技术积累丰富、资金实力雄厚的行业领军企业已率先启动，通过提供开源系统、营造开放环境、促进跨界融合、变革组织架构、重塑商业模式、孵化创新团队等多种方式，持续构建完善资源集聚、合作共赢的生态格局。同时，飞速发展的新一代信息科技，高频泛在的在线社交，以及渐趋完善的信用评价体系，为大量未能得到完全有效配置的资源提供了成本趋近于零的共享平台和渠道，吸引了共享者数量

的指数级集聚，弱化了生产生活资料的“所有权”而强调“使用权”，逐步创造出新的供给和需求，促使共享经济快速兴起（图9-5）。

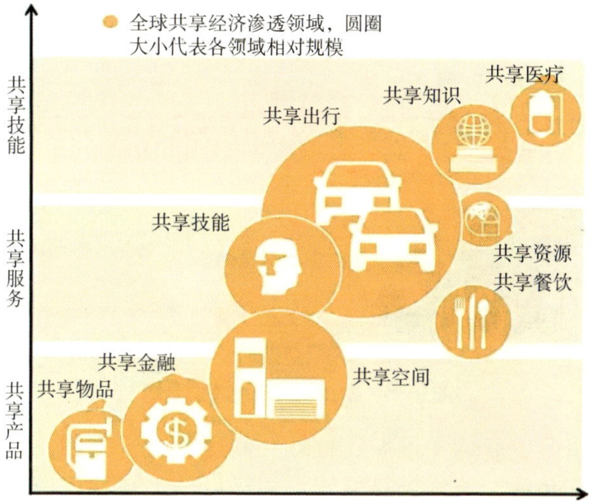

图9-5　共享经济行业渗透趋势

5）基础设施加速实现数字化、网络化、智能化

持续提升数据获取的量级和频率，不断丰富数据传输的渠道和方式，以及扩大数据存储空间，强化数据加工能力，创新数据使用能力，都是数字经济能够得以蓬勃发展的重要基础条件。万物互联和人、机、物共融将会成为网络架构的基本形态，各国信息基础设施的规划与部署都面临着扩域增量、共享协作、智能升级的迫切需求。同时，电网、水利、公路、铁路、港口等传统基础设施也正在逐步开展与互联网、大数据、人工智能等新一代信息技术的深度融合，向着智能电网、智能水务、智能交通、智能港口转型升级，显著提升能源利用效率和资源调度能力，支撑数字经济健康可持续发展（图9-6）。

6）培育广泛的数字文化，推动消费者能力升级

新兴的数字化产品、应用和服务大量涌现，已形成规模巨大的消费市场，不啻是对消费者提出了新的能力要求，还须具备一定的数字化技能和素养，才能更好地发掘数据价值、使用数字化产品和享受数字化服务。消费者所具

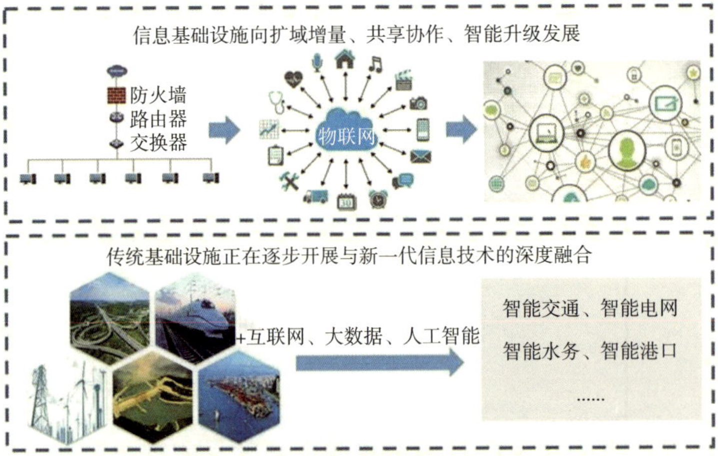

图9-6 基础设施加速转型升级

有的对数字化资源的获取、理解、处理和利用能力，将成为影响数字消费增长速率和水平的重要因素，直接关系到数字经济的整体发展质量与效益。全球各主要发达国家将会愈益重视对公民数字素养的挖潜和培养（图9-7），并将持续提升公民数字素养上升到构建国家新兴战略竞争力的高度，作为推动数字消费、扩大内需市场、强化内生动能的重要举措。

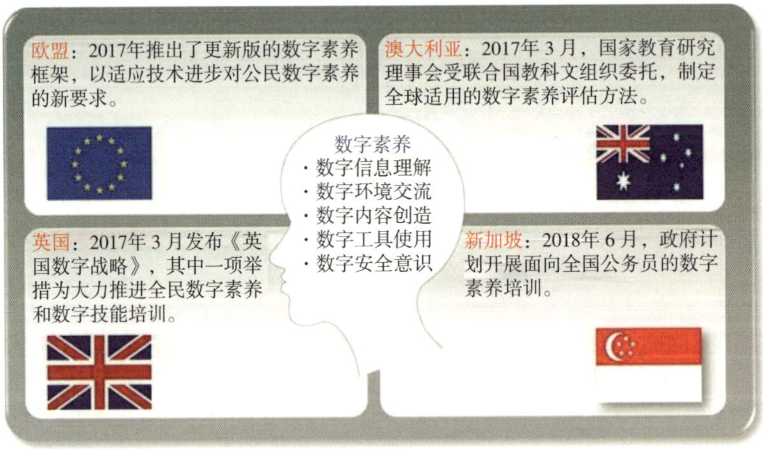

图9-7 数字经济时代对公民素养提出新要求

数字经济在社会管理、经济生活、日常消费、游戏娱乐等各领域的全面普及，促进了社会大众向数字生活的迁移，传递和培育了民众的数字化文化，为数字化的持续发展、全面渗透打下了坚实的基础。这个基础是今后构建数字化新的高楼大厦的平台，平台越厚实、越宽广，未来的数字化大厦才会更加宏伟。

7）数字技术推进社会福利水平显著改善

满足人类对美好生活的向往和追求，是数字经济孕育、诞生、发展的重要动力及目标。大幅提升公共资源供给效率，显著增强公共服务效用，进一步推动教育、医疗、慈善等公共事业的便捷化、普惠化、均等化，是数字经济在创新变革生产方式、促进实体经济提质增效之外的关键着力点和突破口。多种类型、多个领域的网络化、智能化的教育资源公共服务平台将被搭建，面向公众持续扩大优质教育资源覆盖面。互联网远程诊疗将成为高频次、低门槛、易得可选的常规医疗方式，并引入人工智能助手有效提升诊疗精准度，缓解全球性的医疗资源紧张难题。区块链技术将在慈善资金募集和捐赠过程中得到大规模应用，强化互信关系，减少交易成本，溯源资金去向，保障慈善事业的公正、透明、有效。

政府在提供公共服务方面通过一系列数字化创新，能为民众提供大量更好的创新服务。

以政务微信为例，基本形成了部委政府、地方各级部门所组成的微信公众号应用体系，实现了公安、旅游、食药监、党政、交通、教育、医疗、人保、司法、外贸等政府职能全覆盖。在很多政务民生领域，通过微信送达民生服务成为常态。

数字经济还积极拓展生活领域，形成便民服务新业态。水、电、气缴费让用户足不出户享受指尖生活缴费；餐饮、家政、物流、教育、医疗、旅游、酒店、停车、社区等多领域合作形成智慧解决方案，发展O2O服务新模式。

数字经济的发展对于改善民生、增进社会福祉作用巨大。世界经济论坛对34个经合组织成员国的调查显示，数字化程度每提高10个百分点，能够促使经合组织幸福指数上升约1.3个百分点。

8）数字化成为推进社会治理体系现代化重要手段

在数字经济时代，政府构建完善社会治理体系的一大特征就是以更好地服务和管理公众为导向，以效率提升、功能完善为主旨，大量采用以互联网、大数据、人工智能为代表的新一代信息技术，感知社会态势、畅通信息渠道、辅助科学决策，提升治理能力的现代化水平。网络化的架构和理念已在政府事务领域得到深度融合应用，未来将在进一步优化事务流程的同时，重点提升政务服务的便捷性和政府的综合服务能力。构建统一、共享的开放数据平台已成全球趋势，将实现跨层级、跨区域、跨行业的协同管理和服务，为精准化、高效化的社会治理提供决策支持。各类网络化、智能化信息平台加速构建，鼓励和引导社会公众积极参与治理过程，逐步形成共策共商共治的良好生态（图9-8）。

· 英国搭建开放的政务平台，广泛吸纳社会力量提供数字化公共服务，吸引数千家中小企提供了两万余项数字服务。

· 深入推进“互联网＋政务服务”，截至2017年12月底，全国31个省（区、市）和新疆生产建设兵团已全部公布省级政府部门权力清单，推出31个省级网上政务服务平台。

· 推动新加坡“智慧国”建设的政府科技局，以公民为中心，利用人工智能、区块链和大数据等技术开展民众行为分析与预测，以开发公民最受用的产品和服务。

· 法国制定新的数字法，采用公开在线协商方式吸纳社会各界广泛参与，超2000名市民和机构上网投票并对新数字法内容提出建议。

图9-8　数字化治理的国家策略

数字技术的应用和新模式、新业态的出现，会不断推动各领域的金字塔型层级结构向扁平化方向发展，逐渐打破组织内的层级结构、组织壁垒，以及组织内外部边界，形成平台化、社会化的新型组织，改变和重塑传统的经济社会结构，提升企业治理水平，推进国家治理体系和治理能力现代化。

20世纪90年代，随着网络技术的应用，很多企业着手进行流程优化、组织再造工作，重塑客户体验、重构运营模式、高效善用信息。近年来，随着智能技术的发展，数据智能逐渐成为未来商业的基础，智能商业也成为数据时代的全新商业范式，很多企业进行了相应的组织管理变革，斯坦福大学等知名学府的工商管理专业也都增加了数据引发的商务智能、数字主导型决策及数字化竞争等课程，为毕业生适应数字经济管理做好准备。

很多国家积极建设电子政府、数字政府，大大提高了行政效率，实现了治理方式变革。政府作为规模最大、信息最多、权力最大的公共机构，积极向公众开放公共数据对实现数据驱动的社会治理模式非常重要。

数据开放和共享在一定程度上破解了“制度黑箱”问题，逐步消除了政府和公众之间的信息差、文化差、知识差、能力差，驱动政府改变各部门各自为政、信息封锁、职能交叉重叠的传统状态，构建起无缝隙、一体化的跨部门业务协同体系。

随之，政府的部分权力将被转移至企业和非政府组织手中，由政府、企业、公众多元主体共同参与公共事务管理决策，实现社会治理由封闭式管理向开放式治理、单向管理向协同治理的方向转变。

9）深度融合促进实体经济转型升级

全球经济仍处于相对稳定的复苏阶段，以先进制造业为代表的实体经济将继续作为主要增长点，在与数字经济的深度融合中不断焕发新的动力。下一阶段，各主要国家和地区的数字经济相关战略会陆续深入实施，普遍将运用互联网、大数据、人工智能等新一代信息技术赋能先进制造业作为重要举措，积极推进从生产要素到创新体系，从业态结构到组织形态，从发展理念到商业模式的全方位变革突破，持续催生个性化定制、智能化生产、网络化协同、服务型制造等新模式、新业态，推动形成数字与实体深度交融、物质与信息耦合驱动的新型发展模式，大幅提升全要素生产率，有效推动全球经济增长的质量变革、效率变革、动力变革。

以互联网跨界融合应用为特征的数字经济发展，全面促进了实体经济转型升级。制造业是国民经济的主体，互联网与制造业的融合不仅带来技术创新方面的正向整合，而且可能导致商业模式的重塑或重构，在制造业掀起数字化革命。

通用电气公司为了实现数字化转型，2015年建立了独立的“通用电气数字部门”（GE Digital），把软件和IT所有数字职能全部转移到该部门，并进行了大范围的管理层重组，逐步建立并完善了工业互联网平台Predix。

我国也有很多制造企业及早抓住了数字化机遇，顺利地推动了企业转型发展，取得了明显的竞争优势，形成了对原有领先者的赶超。例如，青岛红领集团开创了服装大规模定制生产的先河，青岛软控通过生产软硬一体的橡胶生产设备而取得了领先优势并改变了橡胶生产业的竞争格局。

9.2 石油行业面临的挑战和机遇

在工业经济时代，石油行业一直在世界经济的发展中扮演着重要的角色，在中国也是推动国民经济发展壮大的有生力量，但随着数字经济时代的来临，特别是进入21世纪以来，中国石油行业在诸多方面面临空前严峻的挑战，也出现了一些新的发展机遇。

9.2.1 油气资源勘探难度日益增大，油气发现成本不断提高

随着油气勘探开发的深入，国内主要含油气盆地油气资源探明程度高，多数富油凹陷探明程度已经超过50%。一是未来勘探主要对象为隐蔽、地质条件复杂的油气藏，勘探难度日益增大。二是资源品位下降，新增探明低渗透、特低渗透石油储量占比达80%—90%，提高开发效果的难度加大。三是已开发油田整体处于“双高”（高含水、高采出程度）阶段，单井产量低，后续开发面临诸多的关键技术瓶颈。四是油气生产企业既是能源生产者也是耗能和排放大户，随着人们环保意识的不断增长，油气勘探开发活动面临越来越大的环保压力和限制，因环保问题而出现的关停事件将越来越多。

中国油气行业面临的压力是空前的，首先是资源的压力，油气发现越来越多地在极地、深海、高山等条件恶劣地区，资源成本高企。我国油气资源的后备可采储量少，特别是优质石油可采储量不足，缺乏战略接替区。同时，油气前期地质工作具有探索性强、周期长、风险大的特点，对于投资者的资金和实力要求较高。此外，我国油气资源勘探开发总体科技水平还不能适应当前增储上产的需要。随着油气资源勘探开发难度的加大，对科技水平的要求越来越高，一系列关键理论和技术，如海相碳酸盐岩成藏理论和深水钻探，山地地震、难动用储量开发技术等亟待突破。

9.2.2 非常规油气资源开采面临技术和经济挑战

目前，中国已发现的非常规资源类型有致密油、致密气、页岩油、页岩气、煤层气、重油沥青和天然气水合物等。其中，页岩油、页岩气和天然气水合物的地质资源量分别为6000亿吨、138万亿立方米和80万亿立方米。尽管资源量远远超过常规油气资源，但总体来看，我国的非常规油气资源勘探

开发仍在局部领域探索，大规模商业性开采非常规油气资源面临技术和经济挑战，目前尚难以大面积推开。例如，页岩气重点建厂地区一半以上深埋的地质深度超过3500米，深层开发技术尚未成熟，页岩气单井建厂投资较高、产量低、产量递减速度较快。

9.2.3 对外依存度持续升高，“走出去”战略面临诸多风险

2017年，我国首次成为世界最大的原油进口国，石油对外依存度升至67.4%，天然气对外依存度升至39.4%。油气对外依存度的持续升高意味着我国油气消费逐渐以依靠国内资源为主转向以依靠国外资源为主。目前，全球油气资源尽管总体丰富，勘探开发潜力依然较大，但油气分布的不均衡性十分突出，少数国家或地区占据绝对垄断地位。随着各国把油气确定为本国安全战略的主要目标，全球油气资源争夺愈演愈烈：北非、中东和中亚等地区的大部分油田已被本国的油气企业或者西方国家的油气企业所开发。余下的合作区块大部分处在地质条件极为恶劣的陆地油田，增产潜质小、含水量高等因素，需要具备较高的开发技术，同时投入成本较大，经济效益较差。另外，“一带一路”沿线地区或国家（例如哈萨克斯坦、土库曼斯坦、乌兹别克斯坦等）逐渐控制其合作政策，因此对其相关条约的要求也随之增加，管理协调等工作的难度持续增加。可以预判，未来我国安全、经济、稳定地获取境外优质油气资源难度将不断增大，国民经济增长对油气的高需求与油气产量低增长的矛盾仍旧突出。

自1993年起，按照中央提出的“利用两种资源、两个市场”战略方针，国内油气企业纷纷迈出国门，走向海外，实施国际化经营，已取得了重要成果。随着形势的发展，目前我国国际化经营、进行海外资源市场竞争面临诸多风险：一是地缘政治风险。我国所开展的油气海外业务主要集中在中亚、中东、非洲等政局动荡、经济落后、法制不健全的国家，这些国家或地区宗教矛盾突出，军事纷争频发，甚至有政权更迭可能。此外，受西方传统思维方式和意识形态的影响，发达国家对中国的发展怀有强烈的警惕心理，使得我国石油企业海外并购和投资遇到很大障碍。二是投资风险。由于我国油气海外业务开展晚，海外优质油气市场多数已被西方大型石油企业占领。因此，我国在国外的合作区块大多位于地理环境和地质条件复杂地区，勘探风险很

高。三是油气通道运输风险。虽然我国已建成中哈、中俄两条陆上油气通道，中缅管道也将建成，但大部分石油还要依靠海上运输，石油进口的脆弱性仍然很大。四是市场竞争风险。目前，油气行业涉及的关键技术仍旧被国外石油公司所垄断，我国勘探开发装备主要依赖海外进口，技术和装备上的差距导致国内油气企业核心竞争力不足，削弱了其海外油气业务开发和市场竞争能力。

9.2.4 新能源快速发展，给油气产业带来严峻挑战

在全球气候变化加剧的背景下，尤其是2008年国际金融危机后，为寻求新的经济增长动力，保障能源供给安全，各国纷纷加速自身能源改革和能源转型力度，大力加强新能源的开发和利用。在成本持续下降的推动下，以风能和太阳能为代表的可再生能源对油气行业的冲击越来越明显。据统计，自2010年以来，全球陆上风电成本下降了23%，光伏发电成本下降了73%，未来风电成本还将进一步下降。而我国新能源随着产业链逐步实现国产化，设备技术水平和可靠性不断提高，产业规模扩大，新能源度电成本持续降低。据工信部统计，2017年我国光伏发电系统投资成本降至5元/瓦左右，度电成本降至0.5—0.7元/（千瓦·时），平均度电成本比2010年下降约78%，低于全球平均水平。陆上风电度电成本约为0.43元/（千瓦·时），较2010年下降7%，已非常接近火电电价。未来随着新能源关键设备成本的下降，以及电网接入、土地租金、融资成本、税费等非技术成本的下降，新能源技术度电成本将持续降低，将具备与油气等其他化石能源竞争的能力。未来油气行业面对新能源的发展，体量优势不能抵消压力，若不能表现出在成本与绿色低碳方面的优势，市场份额就会被挤占。只有加快转型，重塑竞争力，才有发展空间。

联合国环境署最新发布的《2019年全球可再生能源投资趋势》报告称，2010—2019年，全球可再生能源投资总额达到2.6万亿美元，仅2018年投资即达到2729亿美元，是同期化石燃料发电投资的3倍。

9.2.5 节能减排、绿色低碳、应对气候变暖带来的挑战

从高碳能源走向低碳能源，进而转向无碳能源，是人类社会不可逆转的

客观规律和必然趋势。以往粗放的油气开采方式造成了严重的环境污染和生态破坏，人们在生产和使用油气的同时造成了一定程度的污染。未来，我国将成为全球最大的碳排放源，在国际社会上将面临巨大的压力。随着环保呼声日益高涨、环保法规日益严格，排放要求日益提高，传统油气产业发展空间受限。环境变化将影响整个油气产业发展进程，特别是碳减排问题。为应对气候变化，促进节能减排、绿色低碳发展，美欧等发达国家已开始出台相关法规以引导石化企业生产经营以及发展方式转变。

联合国气候变化专门委员会（IPCC）在一份报告中指出，到2030年，全球二氧化碳净排放量需要再下降45%，在2050年左右达到“净零”，才能使全球变暖幅度控制在1.5摄氏度左右。《BP世界能源统计年鉴（2019年）》中2018年的能源数据显示，全球一次能源消费增长2.9%，是2010年以来的最高增速；碳排放增长2%，达到了近7年以来的最高水平。并不乐观的GDP增速和持续走强的能源价格并没有阻止能源需求和碳排放以近年来最快的速度增长。

从能源消费角度来看，能源需求中2/3的增长来自中国、美国和印度三国。相较于近期的历史平均水平，美国的增长令人惊叹。2018年，美国的能源消费增长3.5%。不同于以往十年增速的下行趋势，这一增速是近30年来的最高水平。

在经济略微疲软和能源价格走高的作用下，能源需求应该在2018年有些许放缓。但恰恰相反，这一增速显著提高。在很大程度上，碳排放的增长就是能源消费上升的直接结果。相较于过去5年的均值，2018年的能源需求增速高出1.5个百分点，碳排放增速高出14个百分点。全球新产生的碳排放达6亿吨，相当于地球上增加1/3的乘用车所产生的排放。

全球多个主要能源消费国遭遇大量的异常天气，特别是美国、中国和俄罗斯。供暖或制冷等需求的增加导致了能源消费的增长。在过去，取暖时数的增长往往伴随着制冷时数的减少，反之亦然。但在过去的一年里，美国的取暖和制冷时数总和已经达到1950年以来的最高位，这极大地刺激了美国的能源需求。

过去20年，我国CO_2排放速度高于全球平均水平，以石油消费为主的能源消耗的持续增加将带来CO_2排放量的持续增加，未来我国石油、石化行业的减排压力较大。

2018年7月3日，《国务院关于印发打赢蓝天保卫战三年行动计划的通知》（国发〔2018〕22号，以下简称《行动计划》）发布，《行动计划》提出了六方面任务措施及各牵头部门，并明确了量化指标和完成时限。与2013年出台的《大气污染防治行动计划》（以下简称“大气十条”）相比，《行动计划》在目标指标的设定上有了全面提高。《行动计划》要求在5年时间里，未达标地级及以上城市PM2.5浓度下降18%以上，同时新增了二氧化硫和氮氧化物排放总量下降15%的针对性要求；《行动计划》同时量化了优良天数的提升目标，要求地级及以上城市空气质量优良天数比率在2020年达到80%，重污染及以上污染天数比率比2015年下降25%以上。

经过3年努力，大幅减少主要大气污染物排放总量，协同减少温室气体排放，进一步明显降低细颗粒物（PM2.5）浓度，明显减少重污染天数，明显改善环境空气质量，明显增强人民的蓝天幸福感。

石油行业对环境破坏主要包括对自然生态环境、野生动物的扰动影响，废弃物排放对环境造成的污染。其中，勘探阶段主要表现出对自然生态环境的劣化影响，开发阶段主要表现在废弃物排放给环境造成的污染。在油气开采阶段，随着油气开发行业的不断发展，当前我国油田开发工作都已逐步进入开发中后期，原油含水量愈重，但受限于地层条件，难以及时进行污水回注处理，导致越来越多的废水产生，废水处理压力过大，不经处理的废水一经排放必然会造成水污染或土壤污染。数据表明，受环保政策影响，全国油田企业每年因为环保而关闭的油井影响产量超过1000万吨；在石油加工阶段，为满足人们的生活、生产需求，炼油化工行业规模不断扩大，石油、煤等能源的耗费量也逐渐增大，这样的生产过程具有高硫、高酸、高质的特征，会产生大量高硫石油焦，处理难度较大。目前，虽大多数炼油化工企业都安装了生产污染治理装置，取得了一定的治理效果，但治理压力仍很大。在油气运输环节，当前油气资源和消费市场分布都极不均匀，这在很大程度上限制了管道运输行业的进步。石油化工生产行业所涉及的管道运输工作不仅仅是对油气能源的运输，还包括对废气、废水以及废物的运输，一旦发生管道泄漏，则必将造成经济损失、环境损失。

9.2.6 电动汽车迅猛发展，替代汽柴油消费势不可挡

作为石油消费主力的交通运输领域也在悄然发生变化，电动汽车因其能效和环保优势再次受到消费者和各国政府的青睐，销售量连年大幅增长，在一些国家甚至提出了禁售燃油车的提议。彭博社（Bloomberg）在2019年3月报道，到今年底，“每天将有270000桶柴油需求被电动客车所取代”。我国的深圳、杭州等不少一线城市的市内交通车将全部被电动客车取代。可再生能源的崛起正在完全改变传统的能源市场格局。

9.2.7 炼化竞争加剧，石油石化企业生存发展环境恶化

国内炼油能力严重过剩，2018年开工率不足70%，已经超过了国际公认的产能过剩的临界点。而多个大型炼油化工项目正开工建设，2019年陆续投产。后续仍有多个外资或者合资炼化企业在国内落户。民营炼化企业的崛起势不可挡，仅山东省的地方炼油加工能力2018年就超过2亿吨。有人评估认为炼油能力的过剩程度甚至超过炼钢能力，这无疑将给油气化工企业的生存发展带来压力。

9.2.8 新市场、新技术、新商业模式带来新的挑战

随着经济全球化的推进，市场化程度的提升，当前油气市场已不是传统意义上的市场，而是一个新产品、新技术、新方法、新管理、新理论层出不穷，市场创新加速，资本空前聚集，产业深入发展，生产与市场、生产与资本、生产与金融密不可分、环环紧扣，金融化、股权化、证券化发展的现代油气大市场。同时，信息化和工业化的高度融合对油气生产方式和消费方式产生了深刻影响，互联网、大数据、物联网、云计算等新技术的应用及以阿里巴巴集团为代表电商的兴起，对油气产业传统的营销模式造成很大冲击和挑战，推动其向网络化、平台化、高端化发展，进而带来新商业模式的重大变革。例如，目前各大电商纷纷进入油气产业的油品、非油品及下游石化产品的销售领域，削弱传统油气生产企业已有的市场优势。面对这样的现代油气大市场，传统油气产业显然要经历比以往任何时候都更为严峻的挑战和考验。

9.2.9 数字革命给油气行业带来新的机遇

数字经济已经成为各大工业国努力抢占的制高点，仅在2018年，美国在数字经济领域主要发布了《数据科学战略计划》《美国国家网络战略》《美国先进制造业领导力战略》。欧盟在数字经济领域发布了《欧盟人工智能战略》《通用数据保护条例》《非个人数据在欧盟境内自由流动框架条例》《促进人工智能在欧洲发展和应用的协调行动计划》《可信赖的人工智能道德准则草案》《地平线欧洲》计划提案等一系列政策。英国在2018年数字经济领域主要发布了《数字宪章》《产业战略：人工智能领域行动》《国家计量战略实施计划》等一系列行动计划，其他国家如德国、日本、韩国等也都发布了推动数字经济发展的举措，数字经济渐成主流。

油气行业作为传统工业领域，对于技术变革的响应相对滞后，但在近年来数字化浪潮的席卷下，也在不可避免地发生变化。特别是2014—2016年，油价断崖式下跌，石油公司面临生存挑战，须大幅降低成本。“数字化转型”成为不少石油公司的重要战略选择。

数字化技术正深刻地影响着油气行业的运营、投资及组织机构，但其与核心业务的整合过程还处于发展阶段。

2013—2016年，在低油价的市场环境中，数字化技术在油气上游行业中的占比增加了30%—40%。这时采取的方式主要是通过战略合作来完成。油气上游行业的数字化技术合作伙伴，由2013年的22%增加到2018年的55%。

油气下游行业中的物流、炼油与化工，也广泛应用了数字化技术，则主要通过预防性维护、先进的工艺流程建模与控制技术、互联网及物联网等增加了竞争力。

石油公司根据各自的组织架构、资产组合等特点，在应用数字化时采用了不同的发展策略，基本可分为四类：

第一类战略是公司全力押注数字化技术。这包括英国石油公司（BP）、意大利埃尼集团（ENI）、马来西亚国家石油公司（Petronas）、挪威国家石油（Equinor）、澳大利亚伍德赛石油公司（Woodside）等。这些公司的数字化业务负责人通常是集团公司或上游公司的CEO，往往投资上亿美元进行整体数字化改革，有宏大的愿景，设定快速回报的目标，主要关注数据质量和集成，多与战略伙伴合作，如BP和通用电气合作，Equinor和埃森哲公司合作。

执行这一战略，短期效果往往不明显，当前的总体回报率较低。但这些公司更关注长远目标。

第二类公司的战略是采用职能单元牵头，包括埃克森美孚（Exxon Mobil）、沙特阿美石油公司（Saudi Aramco）。它们的数字化业务负责人通常是职能单元的领导，比如主管钻井或生产的总裁等，由分散的职能部门驱动进步，进行轻度整合，例如形成公司内部以数字化及智能化为代表的第四次工业变革集合，目前总体回报率中等。

第三类公司的发展战略是采用业务单元牵头，包括雪佛龙（Chevron）、康菲石油（Conoco Phillips）、壳牌（Shell）等。这类公司的数字化负责人通常是业务单元的领导，由某业务单元（如重油、深水、非常规、LNG等）的运营部门，推动数字化发展，关注特定的痛点及机遇，将独立的资产整合，目前总体回报率较低或中等。

第四类战略往往针对独立的中、小型公司，包括戴文能源（Devon Energy）、马拉松石油公司（Marathon）、西方石油（Oxy）和澳大利亚桑托斯公司（Santo）等。

数字化成效已是决定这类公司生死存亡的关键，负责人通常是区域的总裁、首席技术官或首席信息官。巨大的成本压力驱动这些公司在可以获得快速回报的分散领域中（如人工举升、钻井等），应用数字化技术，通常与外部合作，目前收效最明显。

不同发展策略对公司的影响可能发生变化。比如，那些全力押注数字化技术的公司，如果能实现全公司、全流程的数字化变革并取得规模化效应，也有可能获得巨大的回报。

目前，判断数字化发展策略的最终赢家，还为时尚早，但可以明确的是，那些推动数字化创新的独立中、小型公司，可以确保自身的生存。

无论采用何种数字化发展策略，各公司关心的核心问题主要有三个：

（1）价值获得。这主要指当数字化的成效取决于公司大规模应用的速度时，关注点在于采用何种技术与组织架构能够实现最佳效果。

（2）核心问题是合作伙伴。当公司很难凭借自身的技术实力实现复杂的数据化战略时，关注点在于在哪些领域需要合作、哪些领域需要自身主导。

(3)数据的所有及使用。上游勘探开发生产部门的数字化程度越高，越能意识到数据的价值，更倾向于拥有公司资产及各项活动产生的数据。这一项的关注点在于上述数据在何种程度上可允许第三方机构获取和使用，尤其是当目前的合作伙伴可能变成未来竞争者时。

石油公司开始将强大的计算能力、数字存储(云存储)、传感器、商业智能工具和分析等数字化工具应用于勘探、开发、生产整个上游价值链，利用数字模拟和建立模型来提高效能、优化执行，从全球专家库和行业案例中获取经验。

目前，机器人、无人机、无人驾驶车辆已经渗透至油气行业，如油罐清洁机器人、运维机器人、无人监测等技术已在生产中运用。数字孪生油田及远程分析监控，也成为油气行业实现降本增效的重要手段。

据报道，某国际大型石油公司将一个巨型盆地日产石油1.15百万桶的8个深水石油生产平台连接，工作效率提高了5%—6%，采收率提高了1%—2%，用工减少了25%，运维船舶减少了60%。

数字化技术和分析手段，也是美国非常规石油(致密油、页岩油)盈亏平衡油价，从2014年74美元/桶下降至2018年40美元/桶的主要原因之一。成本下降以及6—12个月内快速提升或缩减产量的能力，使美国非常规石油成为可快速产生现金流应对市场及政策变化的短期资产。这极大地吸引了风险投资者、私人企业及致力于资产多样化、提高近期及中期产量的国际石油公司。

从国内石油、石化行业的发展来看，一直非常重视信息化建设，十几年的持续发展积累了相当雄厚的数字化基础，数字化设备在生产层面广泛使用，信息系统已经覆盖了主要的业务领域，生产层面智能化建设跻身国际先进行列，经营管理层的信息化建设和应用广泛覆盖，移动应用全面普及，共享平台、采购和销售电子商务平台成效斐然，骨干网络、数据中心及云平台建设形成了安全、可靠的数字基础设施，中国石化、中国石油、中国海油等大型石油石化企业纷纷发布企业上云战略。

中国作为5G技术领域的全球引领者，是人工智能、大数据、云计算、物联网等信息技术的先行者，中国油气企业中，中国石油和中国石化等大公司已然在勘探、开发、设备制造、商务贸易等领域开展了数字化示范项目。中国油气企业正在结合公司的实际情况，考量数字化技术在生产环节、设备设施、管理职能等方面所应用的广度及深度，积极应对随之而来的在商业模式、生产模式、组织机构、制度体系、员工队伍等方面的变化，大力推进数字化转型。

9.3 数字化转型的概念、策略和价值分析

9.3.1 数字化转型的概念

“如果向10位CEO/CIO询问数字化转型究竟意味着什么，由于商业模式不同，你可能会得到10个不同的答案。从高层次来看，数字化转型代表了企业对如何利用技术从根本上改变绩效的彻底反思（麻省理工学院斯隆数字经济项目首席研究科学家George Westerman）。”

从本质上看，数字化转型就是充分利用数字化“快速响应、高效运作、敏捷转身、精准落地”的特点，全面优化和提升企业获利能力、发展能力、竞争力和生存力，在快速变化的时代潮流面前保持基业长青。

Gartner的分析师Hung Lehong说：“简而言之，数字业务转型是为了追求新的收入流，新的产品和服务及新的商业模式。”

数字化转型不是传统的深化改革，不是机构重组。在中国，深化改革、持续改革等口号在各大企业之间大家都耳熟能详，多年来在政府的大力推动下，改革也一直在国有企业中不断发生。去行政化、扁平化、压减管理层、转变总部职能等改革举措一直在持续推进。但这些都不是数字化转型。因为这些举措虽然也在推进企业的变革，但是缺少两个最根本的驱动力：一是变革的驱动力，一定是数字化相关的新技术的不断发展和应用。传统的改革大多数是由业务发展的需求和管理者的意志所驱动，而数字化转型的驱动力一定是ICT新技术的不断发展和应用、企业数字化程度不断提高，这种应用和提高不断从最细微处改变企业的机体，新生的机体已经不能适应原有的管理方式、组织方式，由此迸发出自内而外的变革驱动力。二是企业发展驱动力的变革。数字化转型就是要改变企业发展的根本驱动力，从传统的业务驱动的方式转变为数据驱动的方式，企业内部的生产活动、组织管理活动、经营活动，乃至各层面的业务流程，都是在数据、模型、算法和算力的驱动下演化发展。所以，当下数字化转型乱象丛生，就是没有从认识上和实践上把握住这两个根本驱动力。

数字化转型与智能化之间的关系，也存在很多混乱的认识，前者更强调业态的变化，强调企业组织、流程、文化的变化及盈利模式的变化，后者主要强调了企业业务中采用智能化手段的多少，二者的着眼点不同。

所以从本质上，我们认为数字化转型就是在企业数字化的背景下，由ICT新技术发展应用所驱动的企业业务转型。转型的目标是通过优化现有业务、创造新的机会给企业创造额外的新价值。转型的手段是信息化技术。

数字化转型是企业战略层面的概念，它并不是追求眼前效益的机灵战术，其本质是用数字化技术对业务的重构、流程的重构和组织的重构。根据App Direct在2018年9月的一项研究显示，七成的企业高层表示只有经历数字转型的企业才能在下个五年中生存。

我们认为对数字化转型一个较为合适的定义是：数字化转型是一个企业战略而不是一个项目或者一项技术，实现战略的手段是，通过采用各种ICT技术，构建企业数字化能力，以此驱动企业运营模式的优化、商业模式创新和商业生态系统的重构，为企业带来新的价值。

（1）数字化转型的目的：是实现企业业务的转型、创新、增长。

（2）数字化转型的核心：是业务的数字化。

（3）数字化转型的手段：是数字技术。

从定义可以看出，数字化转型并不神秘，从信息化建设开始，我们已经开始了数字化转型的相关工作，但因为没有上升到企业战略层面，这些信息化、数字化工作只是为开启数字化转型之路进行了铺垫，要真正迈向数字化转型阶段，除了技术，最重要的是企业的战略考量。不上升到战略层面，永远不可能是真正的数字化转型。

数字化转型的内容可以是多方面的，不同的行业、不同的业务性质，企业数字化转型的内容可以包括但不限于下述几个方面：

（1）决策模式转型，亦即领导力转型。从“拍脑袋”，到“让数据开口说话”。革命革到决策层的头上，需要企业的战略定力。如果一把手、总经理、CEO不转型，下边再怎么推都会很困难。所以，一定要有领导力转型，认识到数字化转型对于整个业务的价值所在。

（2）运营模式转型。就是业务运营过程的变革，核心在于提升运营效率、降低运营成本。

（3）商业模式的转型。就是转变企业的“赚钱”模式。这对于处于行业领导地位的大型企业而言是颠覆性、非常艰难的过程。譬如，从卖产品转变成为卖服务，美国的微软公司成功地“云”化，而蓝色巨人IBM还在艰难地跋涉，有不少公司在痛苦的转型中寻求蜕变，也有很多公司在这一波转型的大潮中遭遇灭顶之灾。

（4）人力资源转型。每个企业作为老板都想说，我希望我的销售额增加20%，甚至50%，但是员工数量不增或者减少。显然，业务增加20%，人力资源数量成正比也增加20%，每个人再涨工资，这个结果就是利润率下滑。所以，都在想通过资源如何转型，众包、众筹等，如何利用信息技术整合更多的资源，所以这点就会变得特别关键。

（5）产品体验转型。产品本身的质量、设计固然重要，但更重要的是用户的体验。数字化时代有能力借助数字技术获取用户体验，并以此作为产品发展的新指标。特别是数据挖掘技术，能够挖掘用户的自己都不知道的偏好，提供超预期的用户体验，增加用户黏性。

（6）驱动力转型。传统企业是业务需求驱动的变革。数字化企业应该是数据驱动，一方面数据驱动能够“先知先觉”，在业务人员之前发现新需求，另一方面数据驱动能够给产品带来超出预期的附加值。

（7）从信息化模式到数字化模式的转型。信息化关注业务流程，而数字化关注数据资产，前者会随着组织和业务的变化而变化，后者则有很好的稳定性。信息化关注系统功能，而数字化关注平台。推进数字化转型，信息化建设模式的转型至关重要。

正确地认识传统信息化和数字化的差异，是信息化模式转型的关键。从本质上看，传统信息化是“人”驱动“IT系统”，“IT系统”是人的流程中的一环，所以“好不好”由人决定，IT系统只需要关注“有没有”实现功能，即大功告成。而数字化的本质则是“IT系统”驱动“人”，人是系统流程中的一环，“好不好”由系统决定。譬如零售店的例子：在传统信息化时代，总部每天会要求门店店长提交第二天的销售预测并据此给出要货申请，通过POS录入系统后台。至于货要得准不准，这是由店长的能力决定的，系统只需要提供信息管理的功能即可。而如今数字化的零售门店，销售预测与要货的动作逐渐交给IT系统来做，人只需要保证这套系统所需要的数据是实时、准确的即可。从架构上比较，传统的信息化架构以流程线性自动化为核心，而数字化企业是把数据和业务能力服务化并形成基于赋能平台的共享生态，所以需要云平台支持的轻资产型的服务化应用技术架构。从使用对象比较，传统信息化的使用者是企业内部员工，而数字化的使用者除了企业内部人员之外，在很多时候是连接企业外部的供应商、客户或潜在客户，所以更需要数据和智能的能力建立更大范围的连接。同时，数字化企业所收集和加工的数据资源不仅仅局限在企业内部，往往收集更多的外部市场数据、用户行为数据等，为企业经营决策服务。

通过以上比较，会发现数字化企业具备以下新的特点：

（1）具备数字化市场战略和数字化运营能力。

（2）数据治理优先，数据超越企业边界。

（3）渠道数字化和产品定制化。

（4）业务智能化，实施按需而变的业务流程。

（5）拥有敏捷的技术团队和敏捷的业务组织。

（6）数据驱动业务，而不是业务驱动数据。

（7）具备面向数据驱动的业务组织，并能够灵活重构。

（8）平台化、生态化、微服务化。

（9）服务定制化、弹性化，同时服务内部员工和外部客户。

9.3.2 数字化转型价值分析

企业数字化转型是手段而不是目的，目的是给企业带来价值。因此，认清价值才能够更好地、有意识地、更高效地推动转型。

从全球范围看，2008年金融危机以来，数字经济成为全球经济复苏的重要驱动力。数字经济的高速发展，为传统产业的转型升级带来新的契机。同时，产业数字化率的提高也将增强一国产业的全球竞争力。传统产业的数字化转型，是我国经济转向高质量发展的重要任务之一。

从国家层面看，产业数字化是传统产业利用数字技术对业务进行升级，进而提升生产的数量及效率的过程。中国信息通信研究院发布的《中国数字经济发展和就业白皮书（2018年）》显示，2005—2017年，我国数字经济融合部分的总体规模从1.29万亿元增长至21万亿元，数字经济融合部分占GDP

的比重由7%增长至25.4%；2017年，我国数字经济融合部分就业人数达到1.6亿人。随着我国传统产业的数字化转型稳步推进，数字经济融合部分对于我国经济增长的贡献度不断提高。

从企业层面看，数字技术的应用改变了传统的商业逻辑，为产业发展注入新的活力。充分认识产业数字化转型的价值维度，厘清传统产业数字化转型的理论逻辑，对于推动我国产业数字化进程具有重要的指导意义。

产业数字化转型的价值是指数字技术对产业实现高质量发展的价值影响。从理论上讲，产业发展涉及产业效率、产业组织、产业竞争等多个方面，数字技术对产业发展的价值影响也是多方面的。下面从产业效率提升、产业跨界融合、重构产业组织的竞争模式、赋能产业升级等几个方面分析产业数字化转型的价值维度，揭示数字技术应用对于传统产业升级的影响机理。

1）数字化转型优化企业运行、提升生产效率

人类文明中的历次工业革命都促进了社会生产力的大幅提升，最直接的表现是生产效率的提升。数字化转型通过信息技术手段，全方位优化企业运行，提升生产效率更加显著。

（1）数字经济的发展，增强了数据的资源属性。数据在企业发展中的作用不断凸显，成为核心的生产要素。互联网应用扩张夯实了信息基础，将传统的决策模式从“人与信息对话”导向“人与数据对话”，并且试图实现“数据与数据对话”。数字技术在企业经营中的作用不再仅仅局限于辅助性角色，而是变得更加具有战略性价值。

（2）企业增加对数字技术的投资，有助于扩大数字溢出对经济增长的贡献率。根据华为公司和牛津经济研究院的测算结果，过去30年中，数字投资对GDP增长的边际贡献率达到20倍，而非数字投资对GDP增长的边际贡献率仅为3倍。除对GDP增长的直接贡献外，数字投资还在业务协同、产业融合、要素配置、创新升级等方面创造了广泛的间接收益。

（3）技术的升级带来协作方式的改变，推动生产效率的提升。随着数字技术的不断完善，企业在数据获取、存储、分析等方面的能力均得以增强，并且创造了可观的销售业绩。在数字化管理及资产组合管理等方面，创新能力强的企业普遍表现出更为积极的姿态。数字化转型提高了企业的生产效率，

进而驱动产业效率的升级。根据埃森哲的研究数据，过去3年中，数字化转型领先企业取得了丰硕的成果，营收复合增长率高达14.3%，其他企业的营收复合增长率仅为2.6%；过去1年中，数字化转型领先企业的销售利润率为12.7%，其他企业的营收复合增长率仅为5.2%。

埃森哲发布的2018财年公告中指出，企业数字化业务的净收入达到230亿美元，同比增长25%，占全部收入的60%，预计2019年比重将继续增加。得益于数字化转型对业务效率的改进，2017年华为业务的销售收入高达549亿元，同比增长35.1%，其中数字化业务占比接近10%。

（4）数据存储量的增加，有助于强化数据分析对经营决策的支持。在海量数据的基础上，企业通过不断修正数据模型的精确度，提高分析结果与现实场景之间的匹配程度。一方面，数据的价值体现在企业内部对程序性业务的优化。经过长期发展，程序性业务均有较为完善的流程与模式，由计算机进行智能化运营。脱离人工操作，有利于降低人工失误所造成的信息误差，进而实现业务效率的大幅提升。另一方面，企业通过对数据进行实时分析能够对业务流程进行全面而系统地监督，及时发现经营过程中的异常及隐患。同时，企业可以通过数据挖掘发现价值流程中的低效及冗余环节，重组价值链条，改善用户体验。波士顿咨询公司对实施数字化转型的100多家欧美企业进行调研后发现，2002—2016年，这些企业的业务流程、决策审批、业务沟通等程序性业务效率提高了50%—350%。以相机产业为例，电子传感器及数字化存储技术的应用，实现了光学影像向电子数据的格式转变，消除了传统的化学处理流程，缩短了成像时间，节省了用户的成本支出，促进了整个产业的效率提升。

（5）数字化转型对产业效率的提升还体现为信息处理的智能化、定制化。互联网提高了企业对市场信息的获取能力，也增强了企业对信息的即时价值的捕捉。然而，信息量的爆炸式增长也带来了信息过载。为了从大量信息中检索出真正有价值的部分，企业不得不投入大量的成本，这也降低了对信息使用的效率。实现信息的高效获取，降低信息处理的复杂性，有助于提升企业业务效率。大数据等数字技术的应用能够实现对信息检索的智能化、定制化。企业通过建立数据科学模型，模仿人脑机制对信息进行智能化甄别、筛选、解释，能够保障信息的高效供给。这个过程完全建立于预设的算法逻辑之上。机器对数据的挖掘，不仅能够避免人类认知上的盲区，还能够突破人体的自然局限，发现人类自身无法发现的规律。

2）数字化转型增加产品的附加价值

（1）软件定义附加新的价值。数字化转型倒逼产品的快速供给，对创新的速度提出了更高的要求。然而，硬件设施的创新通常需要较长的周期，难以满足数字经济下的创新要求。随着用户对个性化体验的需求逐渐增加，通过软件业务的改进，增加价值供给，成为企业实现创新的新思路。同时，软件业务升级所需要的周期短于硬件设施，更有利于企业把握新的市场机遇。

（2）用户共创新价值。数字化转型增强了用户与企业之间的连接，促进了共创体验。共创体验是用户与企业之间以多种渠道、选择、交易和价格-体验关系为基础共创价值的过程，克服了传统商业模式下用户在交换活动中的被动性。用户参与度的提升，不仅使企业从繁琐的规章中摆脱出来，而且为企业的创新活动提供了指引，促进了共创体验的个性化。数字化连接实现了用户与企业之间在任何时间、任何地点进行一对一地互动，帮助用户获得个性化体验。互动频率的提高也有利于企业更加精确地把握用户的需求走势，而在互动中所产生的数据则能促进企业不断升级产品和服务，提高产品的附加价值。

3）数字化转型实现以用户价值为导向

（1）更密切地联系用户。数字技术不仅增强了企业之间的连接，而且促进了用户与企业之间的互动。在传统生产关系中，用户一直被视为被动接受者，缺乏对产品设计的话语权。数字技术的应用有助于实现用户深度参与产品的设计与生产，赋予用户对产品的自主选择权，这也使得市场力量从供给端转移到需求端。用户可参与到企业的生产活动中，获得个性化的产品供给。这也提高了供需之间的连接和匹配，明确了产品制造和创新的方向，有助于降低企业的试错成本，进一步破除低效、无效供给。由于用户需求具有多文化特征，企业可以聚焦于某一类特定产品的供给和迭代，强化竞争优势，提高供给效率。在新的生产关系下，用户价值成为影响产业发展的核心力量。数字技术为用户与企业建立了实时互动和反馈的价值连接，提高了企业的生产效率。通过数字化连接，企业实现了对用户价值的洞察导向和敏捷反应，进而改善了用户体验。

（2）更深入地了解用户。企业对用户数据的实时分析，有助于企业快速把握用户需求的变化并作出合理应对。在数字经济下，发现市场缺口并且快速供给，是企业建立竞争优势、增加用户黏性的关键。用户在体验过程中所产生的海量数据为产品的迭代升级及用户价值的增加提供了支撑，用户群体的扩大为产品创新带来了规模经济效应。企业对每一个市场机遇的把握，都会延伸出多个新的机遇。与升级既有产品相比，发现新机遇能够创造更多的价值。数字化转型对企业经营产生了实质性影响，而且从根本上改变了商业模式。

（3）个性需求定制化。随着企业经营的重心从供给侧转向需求端，传统的大规模生产模式逐渐被个性化定制的批量生产模式所替代。用户端的价值流通过数字化连接实时影响企业物质流的调度及生产活动，降低了运营成本，也提高了库存管理的效率。其中，人工智能的应用加快了信息流的传递，在提高生产效率的同时，通过需求端倒逼供给侧的品质提升，促进了产业结构的升级。另外，企业之间基于数字化连接实现对闲置资产的共享，为过剩产能的化解提供了解决方案。

4）数字化转型提高全要素生产率

用户数据的积累为企业发掘和探索用户价值及判断竞争对手的行为奠定了基础。企业通过对用户数据的分析，有助于增强对市场趋势的预测能力，提高创新产出。在大数据思维下，数据量的大小对于预测产生直接影响。数据的多源有利于降低处理结果的误差，数据的多维则扩大了分析的广度。因此，数据的体量、多源、多维是充分发挥数据价值的前提。为了满足以上三个前提，数字化生态内部需要加强数据的流通和开源。为了保障生态内部数据处理能力的均衡，技术协议和算法也要实现共享，促进参与者之间的技术协同。所有参与者都需要拥有对技术和算法进行升级的权限和意识，共同促进整个生态的技术能力不断提高。

在机器算法分析结果的引导下，以土地、资本、劳动为代表的传统生产要素将向能够高效创造用户价值的领域集中。同时，计算机将根据实时采集的数据不断修正分析的结果，及时给予反馈，在第一时间对生产要素的配置进行调整和优化。人工智能的应用替代了程序性业务中的劳动力。企业可以通过在职培训、再教育等方式提高劳动力技能，将劳动力配置到非程序性业务的处理流程当中。将劳动力向非程序性业务配置，能更好地发挥人的主观意识在处理应急性事件方面的优势，弥补机器智能的短板，提高组织的创新能力。

作为核心生产要素，数据在驱动产业效率提升的同时，优化了传统生产要素的配置，提高了全要素生产率。基于数据建立的人工智能替代了程序性业务中的劳动力，促使劳动力向非程序性业务领域配置，有利于更好地发挥主观意识的优势。

5）数字化转型赋能产业组织升级

自2014年以来，我国经济进入中速增长期，面临“产能过剩”和“供给缺口”的结构性问题，推动产业升级是迫在眉睫的现实问题。面对数字技术的发展所带来的机遇，应通过数字化转型赋能产业组织升级，推动产业高质量发展的战略转型。

数字化转型在驱动产业效率提升的同时，改变了传统产业的经营理念，为我国产业结构升级提供了方案。产业数字化转型促进产业跨界融合，加快了要素流通，促进了要素配置的优化，倒逼企业技术创新能力的提升，进而推动产业技术升级。另外，数字化转型重构了产业组织的竞争模式，强化了竞争机制，有助于提高资源利用效率，促进收益公平分配，推动产业组织持续优化。产业升级的本质在于企业生产力和市场竞争力的提升。

6）数字化转型推动产业跨界融合，催生数字化生态

企业作为产业组织的基本单位，传统上是一个封闭型组织。企业边界决定了企业的经营范围，一定程度上也制约了生产要素在市场上的流通。与其他生产要素相比，数据具有更深度、更广度的融合能力，为企业的跨界发展奠定了基础。利用数字技术实现跨界融合，增加生产要素获取，减少交易成本，是产业实现高质量发展的必要条件。

交易成本是影响企业边界的重要因素之一。在数字经济下，数字技术的应用降低了交易成本，进一步促进了企业之间在线上与线下的合作，为企业从组织外部获得要素资源创造了条件。具体而言，数字技术对交易成本的降低主要体现在三个方面：第一，数字技术激活了闲置资产，放松了资产专用

性的约束。在传统的产业体系下，要素闲置是制约产业发展的影响因素之一。借助数字技术，企业之间实现对闲置要素的共享，间接地增加了要素供给，即通过促进存量调整，缓解增量供给的压力。美国Airbnb公司在租房者与房主之间建立起数字化连接，提高了房屋租赁供求的匹配效率，并且利用增强现实及虚拟现实等数字技术保障房源信息的真实性，进一步提高租房者与房主之间的信息对称度。盘活闲置资源，为双方带来共同价值。第二，进一步降低企业之间的信息不对称。信息化增加了企业之间的信息连接，物联网、移动互联网、AR/VR等数字技术的应用，将线下资产进行数字化处理后，实现线上的完整呈现。资产信息的变动也将以数据的形式进行线上传递。第三，数字技术实现信息的实时获取，有助于降低产业发展所面临的不确定性，避免产能过剩。企业利用数字技术可以实时获得用户信息，及时了解用户需求的变化，并且通过线上促销等方式预测商品的价格区间。另外，企业也可以根据用户需求进行定制化批量生产，减少前期的无效投资及库存积压，形成物流、信息流和价值流之间的协同。

对用户需求能否给予即时响应，决定了企业是否能够在市场中占得先机。然而，由用户需求所衍生出的一系列业务活动并非能由任何一家企业独立完成。现代商业环境是实体之间相互依赖形成的网络，它们相互连接以创建和获取价值。企业之间通过建立数字化连接，促进数据的实时共享，实现业务无缝化衔接，提高响应速度，成为企业发展的新引擎。波士顿咨询公司的调研结果显示，在过去的4年中，企业之间建立的数字化合作数量增加了大约60%，而这一数字还会继续上升。数字化合作不仅可以在上、下游企业之间建立，而且可以发生在跨行业的企业之间。数字化连接打破了传统边界对于企业发展的束缚，促进了企业之间的数据共享，也推动了产业之间的跨界融合，有助于形成数字化生态。维基百科将数字化生态定义为：一种分布式、适应性、开放的社会技术系统，具有自组织、可扩展性和可持续性的特点。产业生态是由多边合作伙伴组成，通过多方之间的协作，实现共同的价值主张。

在数字经济下，产业组织的基本单位不再是企业，而是企业之间以用户价值为出发点建立合作关系而形成的数字化生态。数字技术的发展，使得企业不再仅仅将数字化生态视作提高效率的工具，而是实现自身发展的模式。数字化生态聚焦于用户的现实需求，通过引入众多的参与者不断增加产品的附加价值，为用户提供更为优质的体验，其所创造的价值也超出了任何一家企业的能力。信息产品的特点是高固定成本和低边际成本，这种成本结构为规模经济的产生创造了条件。由于绝大多数固定成本都转变为沉没成本，通过增加信息产品的使用频率降低平均成本并创造更多的价值，成为企业经营的主要目标。网络经济具有极强的外部性，随着参与者数量的增加，网络价值将呈现指数级增长。因此，参与者数量的增多有助于促进用户价值的供给，提升产业生态的活力，形成数字化生态的规模经济。

数字化生态能够满足用户的碎片化需求，凸显“长尾效应”，参与者之间合作所产生的网络协同可进一步提高用户黏性。用户借助数字技术可以摆脱单个企业供给产品的约束，在数字化生态提供的产品性能中进行自主选择，并且决定如何组合这些性能。随着用户需求日益多元化、个性化，参与者业务的多样性成为增加用户价值、提升数字化生态活力的另一个关键因素。

完整的数字化生态包括创造用户价值所需要的基本业务活动，以及实现用户价值传递和维护的其他辅助活动。活动类型的划分也决定了参与者在生态中的角色差异。根据Adner的分析，产业生态中包括核心企业和辅助者两类角色，核心企业通过在系统内部开放生产要素和知识产权等资源的方式建立合作关系，具有引导价值创造及决定要素分配的主导地位，并且要承受生态运行中的各项风险，而辅助者则要遵循核心企业的引导、承担相应的业务职责。在这种以核心企业为主导、多个辅助者共同参与的生态模式下，辅助者创造了碎片化的价值，核心企业扮演起连接用户、整合碎片化价值及价值供给的角色。在创造用户价值的系统目标下，每个参与者作为子系统除了要扮演好自身的业务角色外，还需要加强与其他参与者之间业务的协同，形成价值创造的范围经济。参与者自身的业务能力、同质企业之间的业务协同及异质企业之间的业务衔接共同决定了数字化生态是否能够高效地实现用户价值的创造、传递和维护。

7）数字化转型重构产业组织的竞争模式

竞争机制是市场经济的核心动力。企业之间建立的虚拟连接打破了物理环境对企业发展的约束，不仅创造了跨界发展的新机遇，而且消除了传统的行业壁垒对潜在进入者的抵御，企业不得不面临来自其他领域的更为激烈的竞争。数字化转型将重构产业组织的竞争模式，进而构建产业高质量发展的动力机制。

产业数字化转型降低了信息不对称对要素流通的约束，大数据能够提供更多的质量信号。生产要素将在质量信号的引导下向能够高效创造用户价值的领域集中，数字化生态的战略导向转变为优化用户价值的供给质量和供给效率。在数字经济下，用户价值成为引导生产要素配置的核心指标，依托商业生态圈的竞争方式成为新潮流。信息技术显著降低了协作成本，培育或参与生态体系成为企业在产业组织中发展的现实选择，构建在用户价值供给方面的比较优势成为产业组织竞争的主要维度。传统产业边界被打破进一步加快了要素流通的速度，竞争机制将促进产业组织内部要素配置的优化，实现整个生态的效率升级。数字化生态之间的竞争关系将发生在产业组织内部的生态之间、生态内部的参与者之间，以及产业组织内部的生态与产业组织外部的生态之间。

针对同一用户价值，产业组织内部将出现多个数字化生态，这些生态之间形成直接的竞争关系。作为数字化生态的枢纽，核心企业扮演着关键角色。从本质上讲，生态之间的竞争也是核心企业之间的竞争，核心企业在用户连接、碎片化价值整合、价值供给上的综合能力决定了生态的竞争优势。第一，在用户连接上更有优势的核心企业能够采集丰富的用户数据，在数据的规模以及维度上获得有力保障，为用户行为的归纳、分析、预测提供良好的基础。第二，核心企业不仅要尝试连接更多用户，而且要吸引更多的参与者加入生态中，增加生态的规模和多样性，增加碎片化价值创造的能力和范围。第三，能够按照用户需求对辅助者创造的碎片化价值进行高效整合的核心企业，将为用户创造个性化的价值。第四，能够实现用户价值快捷供给的核心企业，为用户带来创造时间和空间的价值。科学管理革命兴起以来，时间管理始终是管理实务的重要研究领域之一。亨利·福特于20世纪初推出的流水线生产模式减少了生产制造的时间，以数字技术为基础所建立的数字化生态网络将进一步节约产品供给的时间。交通、通信等技术的进步则放松了空间约束。2017年以来，阿里巴巴通过整合支付宝、银泰百货、饿了么、天猫超市、高德地图、盒马等参与者，搭建了线上线下融合的新零售供给体系，引领物流的供给保障进入“分钟级时代”，建立“三公里理想生活圈”，为用户创造了产品供给的时空价值。在生态之间的竞争中，辅助者的作用表现为碎片化价值创造的效率及与其他参与者之间的协同。

产业组织的竞争还发生在生态内部的参与者之间。为了增强数字化生态本身的竞争优势，生态内部还需要不断地进行自我升级，升级的过程中同样也存在着优胜劣汰的竞争机制。就核心企业而言，维持核心地位的关键在于扩大用户连接和获取用户数据，在价值端和供给端之间发挥核心枢纽的作用。同时，为了保障价值的高效供给，核心企业还需要不断更新生态内部所共享的重要技术，促进参与者创造碎片化价值以及业务之间的协同。核心企业主导着生态内部的要素配置，而在价值供给和技术共享两个方面更具优势的参与者才能成为生态的核心企业。就辅助者而言，在核心企业的引导下创造能够满足用户预期的碎片化价值并且与其他参与者之间实现业务的高效协同，是培育竞争优势的关键，而在这两个方面表现低效或者无效的辅助者必然会被其他更为高效的辅助者所替代。

数字化连接打破了传统的产业边界，也降低了产业进入壁垒，产业组织内部的参与者将面临更多来自外部的竞争压力。随着用户价值成为生态运行的核心维度，规模经济、技术优势、沉没成本等进入壁垒的作用被削弱，尝试通过横向和纵向的一体化降低协作成本的战略逐渐被替代，跨界合作成为产业组织发展的常态。在数字经济下，用户响应是企业实现生存和发展的重要价值观。通过整合价值链、供应链、产业链而建立高效的价值网络，实现价值创造、价值传递和协同、价值交付成为企业抵御潜在进入者的竞争策略。在跨界互联的战略思路下，以百度、阿里巴巴、腾讯为代表的互联网企业通过跨界整合建立商业生态，不断扩大业务范围，对传统企业形成了较大冲击。面对互联网企业的崛起，传统企业要通过数字化转型和增强价值供给以巩固市场地位。

8）数字化转型促进现代产业体系的培育

随着数字化时代的到来，传统产业体系的结构性缺陷越来越凸显，加强创新引导，培育现代产业体系，是克服结构性缺陷的唯一路径。以用户价值为起点，在竞争机制的作用下，基于数字技术而形成的产业价值链将对产业组织进行系统性重构，在动态演化的进程中实现产业技术不断升级，为我国产业向价值链高端攀升奠定基础。

数字化转型有助于推动产业对外开放，促进我国企业参与国际竞争，加强创新能力，开放合作。长期以来，我国产业体系在全球价值链中的分工一直处于中低端，缺乏竞争力。当前，以云计算、物联网、区块链、人工智能、大数据等为代表的信息技术正在重构全球价值链。面对发达国家在核心技术、人才资源等方面的封锁，我国企业应该把握新一轮科技革命带来的机遇，利用数字化连接整合全球资源，发展数字化业务及重大技术，加快数字技术在现实场景中的商业化应用，推动产业合作网络、产业链与价值链的创新组合，建立新的比较优势，实现产业发展的乘数效应。

9）数字化转型催生组织变革

就像20世纪90年代开始兴起的信息化一样，不能信息化的企业逐渐被淘汰，但面临今天及未来的挑战，仅是停留在结构化数据的应用和流程信息化是完全不够的，企业必须全面数字化，有效结合业务、运营、技术三种手段做到客户在线、业务在线、沟通在线、流程在线、员工在线、设备在线、信息在线和管理在线，线下与线上全面融合。

在这一波全面数字化的浪潮中，冲击最大的将是组织管理的模式。企业持续增长的三要素是：创造价值的商业模式、创造差异化的竞争战略、创造效率的组织能力。组织能力是企业商业模式及战略落地的核心，也是企业花钱买不到的能力。

所谓组织能力，就是集体的执行力，企业在成长的过程中，会伴随组织逐渐庞大所带来的复杂性而降低效率，管理的价值就是在尽全力克服这类复杂性，让企业的效率不受规模化的影响。

传统的管理模式聚焦在持续优化企业的组织结构、人才、制度、流程及文化，高度依赖科层的结构和自上而下的管控，造成决策信息自下而上，而决策自上而下的现象。这种决策靠经验、行动靠职权、协作靠流程制度的模式不仅难以在全面数字化的时代突破管理幅度的限制，也难以满足新时代就业群体需要更多自主空间的诉求。

全面数字化的时代将驱动组织管理进入数据化、透明化、轻中心化的模式。科技改变世界，也将带来管理模式的创新。当一切在线后，必然产生大量的数据，人工智能及云计算能力将有效处理这些数据，这将改变企业组织管理的模式，为企业创造更多更大的效益，同时提升组织的效率。

数据化就是不再依赖管理者主观的经验和直觉做决策，而是全员依赖数据做决策。过去数据的获得非常困难，全面数字化的时代将实现数据无所不在，特别是我们关心的消费者行为数据和员工行为数据。今日头条会通过各种方式收集数据，为每一位读者打上10000多条标签，因此得以精准地推送信息给每一位读者，而电商的千人千面模式更是早已成熟。

那么，我们在管理上面为什么不能做到数据驱动？过去的管理决策受限于引领性数据获取的难度而更多依赖滞后性的结果数据，只能靠经验和直觉做管理干预，由于对管理决策有影响力的数据提前或者及时获取难度大且精准性低难以复制，所以培养管理者需要更长的时间，管理效率难以提升，但全面数字化的企业将改变这种现象。

信息化时代形成很多数据孤岛，数据难以横向打通，造成拥有信息是管理者的一种特权，也强化了传统管理模式的话语权。但全面数字化的企业不仅改变数据孤岛的情况，也将消除数据拥有的特权。相信只有更多人运用数据，才能产生更多的价值，这是一种管理思想的变革。

在数字化的时代，企业应该轻管控、重监控。员工做决策或行动时不用等待老板批复，这就是轻管控。而老板可以一个月调出你出差的次数、地点、工作日志，从数据里面了解你的工作情况，这就是重监控。在全面数字化的企业中，数据将是透明的，数据将赋能给看得见炮火的前线员工，做到真正以客户为中心，及时响应、快速迭代，一种新的组织能力油然而生。

轻中心化是指组织无法全面去中心化，但全面数字化的企业可以做到轻中心化，减少管理人员与层级，扁平化将不再是空乏的组织概念。中心化是传统管理模式的核心，也是不得已的选择，大家对强中心化的弊端已经有共识：信息不对称、决策缓慢、缺乏灵活性及精准度、管理层人员庞大、管理成本非线性的增长等都是问题。被数据赋能的员工，将改变这类现象，轻管控、重监控，员工决策自主、行动在先，管理者监控在后，这是一种新的平衡，既符合人性，也满足新时代就业群体的诉求。

全面数字化转型是一种组织管理模式的变革，也是一种新组织能力的创造。企业需要有效结合业务、运营及技术，改造企业的组织管理模式，引入适配的人才，变革管理思想及企业文化，让数字化为组织能力赋能。

10）数字化转型给企业带来新的机遇

传统上，每一家企业都是在一个特定的行业里经营发展，都有自己擅长或者专注的业务领域，这个领域就是企业的天然边界，也是企业在产业生态中的一个独有标识，在这个独特的标识下聚集起企业发展所需的各类生产要素、人才资源、用户群体等，并在发展中打造自身的竞争优势。对传统企业而言，这些所有的生产要素、竞争优势、人才、技术和专利的积累等都是无法轻易转移的核心价值。企业规模越大、在行业内的地位越高，这些价值的转移难度就越大，即所谓的“船大难掉头”。如果在市场上发现了新的机会、甚至是新的蓝海，这样的企业也很难驾驭自己的“大船”转向前进。而数字化不但打破了企业的边界，还把企业的核心生产要素都转变成了轻灵的“数字”，就把一艘传统的“大船”变成了一艘灵活机动的快艇。这就给企业带来了很多抓住市场机遇的可能。使企业在瞬息万变的市场中能够从容进退，发现并抓住更多的机遇。

移动互联网、大数据、云计算、人工智能、IOT的快速发展及成熟，驱动企业进入全面数字化的时代。连接客户与企业关系的数字化营销，连接订单与生产关系的数字化管理，连接生产与设备关系的智能制造，连接企业与企业关系的产业互联正逐步成熟。基于互联网业态的企业已经占领了先机，但对传统模式的企业而言，全面数字化已经不是一个选择，而是一个生存问题。所有企业必须也必将数字化才得以持续发展。

9.3.3 数字化转型策略

数字化转型对所有企业而言，都是一个全新的战略。各家企业业务状况不同、文化背景不同、组织模式也不一样，选择一条最佳的路径，对企业实现转型战略目标至关重要。

1）抓住业务痛点，解痛即见效

首先，企业要找得出业务痛点，没有痛点，再好的“药”也不可能见效，没有痛点，再好的大夫也无用武之地。找好业务痛点，既可以让业务专家支持并参与数字化转型，更重要的是最后还要认可数字化转型的效果。一般企业的高层都是业务出身的领导，这一点非常重要。

几乎所有企业内部各个业务部门都有痛点与痒点，简单罗列各自的挑战只是原始信息收集，还需要分析归纳整理，尤其要甄别哪些痛点在业务流程中产生了串联反应并传递到最终的业务指标上。把孤立的各部门痛点按照业务逻辑的因果关系梳理成痛点循证链条，从而形成清晰的业务流程图谱。例如，油气勘探开发业务，可以按照本书第3章所讨论的方法，梳理业务流程，在此基础上再逐层下探细化其局部业务环路，从而形成了业务流程的多层次透视图。在业务流透视图上各个节点，对应到企业信息化系统中去采集数据，形成数据流（详见第3章），这是数字化转型的基本前提。这种具备业务逻辑架构的数据流完美实现了从企业组织架构/业务单元的静态结构到业务运转动态协作的映射，帮助企业按图索骥，定位并量化各个痛点循证链条的因果关系，从而判断哪些痛点具备用数字化技术解决的可行性。

在这个过程中，真正重要的是业务专家的深度参与。业务专家对自己熟悉的业务有强烈的“领地意识”，业务流程要他们认可，业务痛点显性化要他们主动引领，而非被动应答。只有这样，最后痛点消除时他们才能感同身受，肯定转型效果。在不少企业，能够尽快看到转型的“成效”，是转型战略能否持续下去的关键。第一眼看不到成效的“失望情绪”很容易让一个战略夭折。

很多企业的业务专家会先入为主地对来自其他领域的专家有不信任感，会认为业务流的数据化会分散精力，拖缓当前主要业务。事实上，业务专家完全可以成为数字化转型的主动引领者，利用熟悉业务流程逻辑的优势，结合企业前期的IT建设，推动把各个IT系统的内容（即数据）按照业务流贯穿形成数据流，从而实现业务数据化，基于海量的数据流，则可能应用各种数据技术（DT，Data Technology）探索解决痛点的规律。推动数字化转型启航。

2）找准技术靶点，新技术一用就灵

当前人工智能（AI）、深度学习、大数据、区块链和物联网等新技术名词很流行，企业技术人员都是“久闻大名”，企业选择数字化转型的技术路径要量体裁衣，不能走进“追星”的误区。

其实，最新的技术，不一定就是企业数字化转型的最佳选择，原因有三：其一，最新技术往往在特定的先决条件下才可能发挥作用，在具体业务中的

适用性与稳定性有待验证，如同每一种新药上市前都要开展广泛的临床试验一样。再贵的药物，不对症也不会有疗效。其二，具体业务场景中的应用与学术研究完全不同，学术研究关注在前人研究基础上找到创新点，但不保证创新点一定能够带来足够大的实战价值，而具体业务场景里应用新技术则需要有最低价值门槛，至少投入产出比要足够。第三，越新的技术，熟练掌握和应用的技术人才越少，构成了很高的技术和成本门槛。

而如何甄选合适的新技术作为突破点，可以从以下三个维度分析：

（1）采用ROI（投资回报率）相对高的技术。对于选定数字化转型拟解决的痛点，企业的业务专家可以给出期待的收益价值，技术服务商提出的解决方案实施成本则包括开发实施成本和企业内部业务线的配合成本，基于收益与成本的考量、按照投资收益比ROI，综合选择适合的技术方案。实践表明，新鲜出炉的明星理论往往有相当长的开发试错周期，导致转型项目的夭折。

（2）采用兼容性较好的技术，降低实施和使用成本。大部分的数字化转型项目都需要把新技术与已有的系统做某种程度上的兼容对接，所以应当着重考虑新技术的嵌入成本，在保证新技术向后兼容的同时，应避免技术选型与现有系统之间产生无法共存的排斥反应，尽最大可能实现“无缝对接”。例如，某新技术要求数据项A实现每秒更新一次，而数据A的采集系统一直是每分钟更新一次，强行上马则可能造成采集系统的崩溃，显然这是一个嵌入风险高的选项。打通现有系统，控制集成成本，管控未知风险等都是选择新技术所需要认真考虑的问题。

（3）采用最熟悉的技术。在功能相当的情况下，自然选用最熟悉的技术，即使在技术水平略有差异的情况下，也要考虑总体使用成本。采用不太熟悉的新技术，功能也许只能发挥出一部分，采用熟悉的技术则能够充分发挥技术的优势。此外，熟悉的技术在系统集成、用户培训等方面也有明显的成本优势。

3）描绘远景蓝图，忽略短期项目效益，算战略账

数字化转型一定是持久战，而非毕其功于一役。实践中，一些企业满怀热情启动了数字化转型项目，在成功完成一两个项目后就开始做财务核算，判断是否要追加投入继续做大。而此时最容易陷入的误区是只看到眼前的短期成效而忽略了蕴藏的长期价值。

评估前期的数字化转型项目成功与否，不仅要看其创造价值是否明显，更要关注其方式和路径是否具有示范性、是否具有规模效应、是否能再度放大持续创造新价值。

数字化转型是长期战略而不是一个项目，因此更应关注最先开展的试点项目所采用的方法、技术、路径、方向等，多关注长远价值，切忌急功近利。

4）从工业端发力，提前修好“信息高速路”

进一步加强数字基础设施建设，增强数字基础设施服务的能力。在数字经济下，产业的发展取决于对数据的获取和利用的综合能力。投资数字基础设施建设，扩大数据流通的范围，提高数据流通的效率，是我国把握数字经济机遇、实现“双轮驱动”的重要条件。但是，也要清晰地认识到，与美国、日本、英国等发达国家相比，我国数字化水平仍然有待提高。很多企业的自控设备、仪器仪表等基础数字化装备不到位，不少企业的自动化数采率不足50%甚至更低。有些企业在设计和建设期，为了控制成本，各类数采设备往往成为被优先“砍掉”的项目。根据麦肯锡发布的《数字中国：打造具有全球竞争力的新经济》报告，2013年美国的数字化水平高出我国4.9倍，到2016年缩小至3.7倍，其中在数字基础设施建设上的差距最为明显。我国应加强对关键技术设施的投资与建设，加快技术在商业领域应用落地，增强数字基础设施服务的能力，并且积极参与到全球技术标准和兼容性的制定中，为我国实现高质量发展培育技术优势。

5）健全数据治理机制，培育数字文化

由于设备技术的发展，现代企业所采用的装置、设备都能够自主产生大量的数据，类似这样的数据在不少企业都被扔掉了。不少传统企业还没有培育起数字化文化，对数字的价值没有认识，更谈不上开展企业数据治理、建设企业级数据资产中心。比较普遍的状况是，各种各样的数据分散在企业的各个部门，数据缺乏统一的标准，没有数据“采、存、管、用”等相关规定和要求，数据不完整、无法共享，也没有统筹管理的人员和部门。

当下需要采取很迫切的措施：一是落实数据资产管理的部门和职责、配备专业的技术人员；二是通过广泛的培训教育，培育数字文化；三是制定数

据治理的方法体系、管理体系、标准体系；四是开展数据治理，建设数据源头体系，明确每项数据如何产生、在哪里产生、采集的标准；五是建设企业级数据资产中心，全量管理企业数据，做到数据资产的“颗粒归仓”；六是建设数据服务体系，实现数据共享。

6）推进组织改革，消除数字化转型的体制障碍

传统的金字塔型、科层式企业组织架构层级多、业务流程复杂、信息传递效率低。随着数字化技术的发展，平台化、服务化已经完全消除了各种中间环节，同时在不同的层面上实现了“去中心化”或者至少是轻中心化。数字技术使用方式和传统的组织方式产生显著的矛盾，纵向上的多层组织与数字化的直连相矛盾，横向上的条块分割与平台技术的协同共享相矛盾，决策“经验说话”也与“数字说话”相矛盾，等等，诸多的矛盾都反映出传统的企业组织已经成为发挥数字化价值的瓶颈或者天花板。需要企业用数字化的视角，跟随数字技术的发展，随时调整组织形式，使数字化和组织相互“赋能”，保持企业的弹性和高效。

9.4 数字化转型的途径和技术路线

9.4.1 数字化转型的三个层次

数字化转型的基础是数字化，目前不同企业的信息化、数字化发展水平差异巨大，不同行业、不同所有制方式的企业，组织架构、运营模式和业务发展各不相同，因此数字化转型也要分类施策、量力而行。根据企业信息化、数字化发展水平，企业数字化转型可以分为三个层次推进：赋能、优化、转型。三个层次对应不同的数字化水平和不同的业务特征。从数字经济的层面看，赋能就是对企业进行数字化赋能，对应数字化基础较差的企业，主攻目标是企业数字化。优化是针对有一定数字化基础的企业，可以开展基于大数据分析的业务优化，挖掘数字资产的价值，实现数字资产化。转型需要在数字化基础较好的企业展开，企业已经有较好的数据治理基础，数据资产丰富，转型的重点在于把企业的数字资产推向市场化，为企业获取更大的价值。

由于企业的信息化、数字化水平千差万别，不同行业、同一行业内部不

同企业之间，甚至是同一个企业内部的不同部门之间，数字化水平都可能存在差异，因此，数字化转型的三个层次可以交叉推进，三个层次也是数字化转型的“三步走”策略。

（1）赋能，即对传统业务的信息化、数字化赋能。譬如，中国石化已经建成的智能管道系统，把全石化30000多公里的管道全部数字化、平台化，让所有的管线“尽收眼底”，巡线效率、防盗油能力大幅度提升。通过建立一体化的应急物资管理系统，把分散在各地不同企业的应急物资仓库和地方政府的应急物资仓库全部“搬到线上”，共享共用，一旦遇到紧急情况，应急物资就近调配，应急处置能力空前加强。这一阶段的特征就是企业的数字化，越来越多的业务、流程、管控及设备、装置等都逐渐的数字化，对企业数据的计算能力和存储能力建设提出了更高的要求。对于充分数字化赋能的企业，企业能够取得三个明显改进：资产数字化、业务协同化、管控平台化。

目前，中国大型国有企业信息化水平都比较高，经营管理层面的数字化程度高的可能超过80%，生产层面主营业务的数字化程度超过60%，但是大型企业内部的信息化水平也不平衡，一些辅助业务部门的信息化水平还比较低。一些中小型企业的数字化水平参差不齐，有的可能还在信息化的早期阶段，这类企业应当重点关注数字化赋能。

（2）优化。业务实现数字化之后，采用大数据技术，就可以对单项业务、业务流程乃至跨业务板块开展数字化建模，进行数学优化。优化产生的价值是不言而喻的，特别是跨业务领域的全局优化，价值巨大，是提升企业竞争力的有效途径。如中国石化炼化板块的计划优化系统，能够针对几十家企业的不同技术特点，优化全球原油采购配置，实现全局效益的最大化。炼化装置层面的先进过程控制系统，能够通过机理模型优化装置操作，实现精准调控，达到产出效益的最大化。这一阶段的特征就是数据资产化，企业积累下来的越来越多的数据逐渐变成了企业新的“石油”，企业对这些数据的挖掘和使用，就像传统企业对设备和装置的使用一样，为企业带来利润，从而使数据逐渐成为企业运营发展的核心资产。持续优化的结果，促进流程变革，进而引发企业的组织架构变化，最终必然导致企业再造，实现组织的扁平化、轻量化。

（3）转型。转型是企业数字化发展的高级阶段，也是数字化发展的必然。包括两个层面的变化：一是实现业务营运模式的变化，如中国石化生产物联网项目的建设，完全改变了原来的定时巡井模式，只有在发现问题时才需要上井巡查或者处置，大幅度地节约了人力成本，降低了劳动强度。中国石化的智能工厂建设，在炼化企业，九江石化实现了现场巡检业务模式的变化，实现了内、外操一体化，交接班方式也大大简化。再比如，中国石化销售电商平台“石化e贸”上线后，化工品销售模式就从原来的渠道销售变为平台销售。再比如，石化智能管道上线运行后，利用沿线的铁塔公司的铁塔安装摄像头，采用图像识别的方式，自动识别管道近处的人员滞留，预防打孔盗油，从定时巡检，变为发现问题再去现场巡检，彻底改变了巡检模式；这些变化都是因为数字化平台的使用，非常自然地驱动了原有业务运行模式的改变。二是企业商业模式的转型，也就是企业盈利模式的变化。从卖产品变为卖服务，从卖自产商品变为卖所有商品，从服务少数客户变为服务更多的客户。比如，对加油站而言，通过智能油站建设，使加油站升级为综合服务站，从仅仅卖汽柴油转变到加气、充电、销售生活用品、休闲餐饮、提供洗车修车等后装服务、广告以及银行、电信服务等；再比如，石化易派客平台上线之后，彻底改变了中国石化物资装备部门“保供”的职责定位，把采购能力包装成标准服务，提供给社会企业用户，从而为石化创造新的利润增长点。

转型的目的在于带来新的价值，拓展新的发展领域，这些价值或领域的获得都是依赖于对数据资产的“盘活”，因此，转型的本质是挖掘和利用企业日渐丰富的数据资产，让数据资产市场化。当然，在强大、敏捷的数字化基础设施的支撑下，跨界发展不同的业务，寻求新的利润增长点，也是常见的数字化转型模式。

数字化转型的三个层次是递进的，也可以看作是数字化转型的初级阶段、升级阶段和高级阶段。三个层次不一定是前一个完成了才能开展下一个，可以有重叠，我把这称之为“三步走、叉步走”。前两个阶段更多的是内生式转型，强调对既有业务的优化提升和改造，高级阶段更多的是外延式转型，更多的是跨越既有的业务领域，创建全新的商业模式。

9.4.2 数字化转型的三种模式

从国内外数字化转型的发展实践来看，数字化转型可以有多种模式，概括起来可以总结为三类：内生转型、扩张转型和跨界转型。

（1）内生转型。就是借助企业内部的优势资源或资产实现转型。充分利用企业积累的雄厚的业务底蕴，借助数字化技术，挖掘新的潜力，产生新的价值。以中国石化为例，已经开展的转型可以概括为四种模式：智能化转型、共享化转型、线上化转型和服务化转型。

智能化转型就是利用新一代人工智能技术，实现原有业务的提升和改造。中国石化智能工厂、智能管道、智能油田、智能化研究院等系统建设，已经在很多方面转变了原有的生产方式，新技术给企业运营方式带来全新的变化。如中国石化九江分公司的多业务优化团队的建设。共享化转型就是借助互联网技术，把分散的同类业务在标准化的基础上实现集中办理，大幅度降低企业人力成本。中国石化共享公司的成立和运行就是很好的案例，仅仅财务共享业务一项，通过把分散在下属一百余家企业的财务报销、票据管理、账务处理等业务集中办理，不仅节约了大量的人力成本，还实现了企业财务管理的规范化，降低了财务风险。线上化转型就是借助电子商务平台，把传统的销售业务从线下搬到线上，颠覆传统的销售模式，如石化e贸平台，把每年数千万吨的化工产品、润滑油、燃料油等实现线上销售，彻底改变了传统的销售模式，降低了销售成本、提高了企业效率。服务化转型，这种模式对大型央企尤其适用，因为需要两个条件：一是信息化建设达到高级阶段，具备平台化基础；二是具备传统业务领域的优势。所谓服务化就是利用信息化数字化平台，把传统业务的优势转化为一种线上的服务。如中国石化物资采购部门，在多年的保供实践中培育出了一支实力雄厚的采购专家团队，通过信息平台，把这支队伍的“保供”能力服务化，为整个社会提供服务。

（2）扩张转型。就是利用在本领域内打造的一些优势，侵入或扩散到临近业务或者行业中去，从而达到扩展业务领域、获取新的价值的目的。如中国石化的智能工厂建设，打造了服务大型机组的工业互联网平台，由于这个平台上沉淀了大量的石化设备管理、监控和维修经验，这个平台就可以广泛地服务于石化外部其他使用同样大型机组的企业，形成新的价值增长点；再如基于智能油站建设，打造车联网技术平台，在为加油站锁定更多的汽车客户的同时，也可以走出加油站，开展远比加油业务价值规模更大的汽车后装业务。当然，简单地利用加油站点的空间提供更多服务，也是向综合服务商的一种业务扩张转型。利用我们的商旅平台，超出石化内部之外，面向社会提供服务，或者更进一步，借助商旅平台整合石化所有的宾馆饭店提供更大规模的服务也是一种扩张转型。

（3）跨界转型是一种战略转型，需要更高层的企业意志。可以包括创建新的数字业务或进行数字化的并购。可能需要在邻近市场或新的行业里面进行风险投资。这需要更高、更宏大的战略视野。现实中更常见的是战略性入股，预防边缘崛起引发对自身业务的颠覆。可以设想的一些案例，譬如组建“石油化工大数据产业集团”，利用行业数据资产优势，发布产品指数，指导企业决策，影响行业乃至国家的行业政策走势；譬如成立购销一体的“石油石化电商集团”，并购同类电商，营造行业内“赢家通吃”的有利局面；譬如把企业内部的优势业务如采购、销售、法律部门的业务能力服务化转型，变成公共服务平台产品推向社会；譬如进军新能源或新能源汽车领域等。

对于大型优势企业，一般都在自己的领域深耕多年，在经营管理、专业技术、市场拓展、人才培育等各个领域都有丰厚的经验积累，这类企业一般采用比较稳妥的策略，从内部发力，逐步推进数字化转型。而一些规模较小的企业，没有太多的优势积累，船小好调头，则可以灵活选择。

9.4.3 数字化转型的技术路线

数字化转型的核心技术路线就是平台化。数字化平台的兴起，可以说是21世纪以来最重要的商业事件。它正以空前的力量把人与人、人与物、物与物、服务与服务连接起来，给人们带来便利，给企业带来效率。通过平台，远隔千里的人们可以相互沟通、相互交易及进行高效分工、合作，并以前所未有的速度积累财富。所以，有人说，“第一次工业革命做工厂，第二次工业革命做企业，第三次工业革命做平台”。

1）平台化是数字经济的基础

数字化平台是一种为供需及相关主体提供连接、交互、匹配与价值创造的媒介组织，是一种基于数字化技术的新型资源配置方式。从历史长河看，平台并非现在才有，人们经常见到的集贸市场这类平台自古有之。古老的平台得以在当今复兴并引领新的经济发展，是基于新一轮科技革命涌现出以互联网、移动互联网、物联网、大数据、云计算、人工智能及智能设备等为支撑的数字化平台。数字化平台的连接能力强、涉及范围广、运作效率高，拥有强大的网络效应，创造出诸多前所未有的新功能与新价值。

从全球看，世界各国或多或少形成了本国的数字化平台，但能够形成全球影响力的数字化平台主要集中在美国、中国等少数国家。当前，中国平台发展如火如荼，无论是规模与影响还是创新力与活力都位居世界前列。除了信息技术、数字技术、智能技术等深度应用，商业模式不断创新等因素，还有两点原因：一是中国是世界人口大国、消费大国、制造业大国、资源大国，存在大量人、财、物等零散闲散资源；二是全社会供需之间的匹配程度并不太高，存在诸多痛点、难点与堵点。这些为平台在中国的兴起带来了巨大的机遇。

平台经济基于信息化、网络化、数字化、智能化技术，以连接创造价值为理念，以开放的生态系统为载体，依托网络效应，进行价值的创造、增值、转换与实现。发展平台经济有利于大大提高全社会资源配置效率，催生诸多新业态与新企业，形成新的经济增长点，改善用户体验，增加大量就业，繁荣各类市场、促进国际国内贸易。

平台经济类型丰富、发展迅速。电商、社交媒体、搜索引擎、金融互联网、交通出行、物流、工业互联网等平台经济正在深刻改变各国产业格局，改变人们的生产生活消费行为。平台经济为传统经济注入了新活力，推动产业结构优化升级，更大范围地实现全球连接，引领社会朝着智能化方向发展。平台经济不仅为中国经济注入新的动能，也为中国经济新一轮的产业变革带来助力。

平台经济从低到高包含四个层面：数字化平台、数字化平台企业、数字化平台生态系统、平台经济。其中，数字化平台是引擎，数字化平台企业是主体，数字化平台生态系统是载体，有着内在联系的数字化平台生态系统的整体构成平台经济。

数字化转型的核心技术途径就是要构建企业的数字化平台生态，最终实现平台经济的新形态。

要注意到，平台战略与一般战略在具体的内涵上是有差异的。一般，战略建立在“价值=效用-成本”这一恒等式之上：一家企业要证明自己存在的价值，要么能够用同样的成本给客户提供更多效用（差异化战略），要么能够用更低的成本创造同样的效用（低成本战略）。

平台战略虽然遵循这一一般性原则，但又有明显不同的特质。由于平台战略的核心在于网络效应，两者的差异体现为：一是平台战略仅关注效用侧，而不关注成本侧；二是与同作为效用侧的差异化战略相比，两者最大化效用的途径不同。

网络效应是需求侧规模经济，即网络产品的效用随着用户规模递增。因此，平台战略更多作用于等式的效用这一因素上，而罕有谈成本。成本通常都在平台战略考量范围之外，原因在于网络效应所承诺的效用呈指数级增长。同样关注效用，对于平台战略，实现途径是寻求规模，其结果是大者恒大，把对手驱逐出市场。对于差异化战略，实现途径是供方价值链与买方价值链不同环节之间的咬合，其结果是获得超额利润，但不一定能驱逐对手。

平台战略假设效用增加主要来自用户规模，低成本战略假设成本降低主要来自生产规模，这是一个对偶。平台战略与差异化战略都关注效用，而与低成本战略无关。但从理论结构来看，平台战略与低成本战略呈现出基于需求侧规模和基于供给侧规模的对偶关系。

平台战略与一般战略，在概念上需要区分，而两者既可能相互独立，也可能相互影响，对两者都加以关注能够得到更全面的业务理解。

2）数据中台——数字化转型的技术核心

数字化转型，业务是基础，核心是数据。在数据分析及使用过程中，一般企业都面临类似的问题：

（1）数据分散：数据都分散在各系统中，没有形成统一共享的数据资源池；各业务域数据尚未形成统一口径，数据从指标层面上未能很好整合。

（2）数据指标混乱：数据分析功能偏重于日常统计分析，须建立完备的能支撑精细化管理需求的指标体系；须建立完备的业务分析逻辑，通过建立全面的业务分析场景，“用数据说话”，进而完成趋势预测、异常甄别、辅助决策。

（3）数据工具量少：需要一站式的访问入口、可视化和交互性更强的数据展示方式，支持移动端访问。

在企业业务发展过程中所累积的大量数据，往往分散在各个业务单元和组织内部，形成一个个“数据孤岛”“数据烟囱”。而数据中台是着眼于企业数据资产汇集、数据算法迭代、数据能力输出的根基平台，以数据指引业务决策并驱动业务增长，是破除数据孤岛的关键策略。

各业务都进入精细化运营阶段，对于数据精细化运营提出了更高的需求。过往多年业务发展沉淀下来的海量数据，需要通过数据中台的建设形成宝贵的数据资产，以打造强有力的数据智能能力。数据中台的核心包括数据基础层、数据服务层、数据应用层。除了技术之外，数据中台建设更重要的是一种协作意识和组织能力。因此，数据中台具有共建、共享、标准化三个关键理念。

共建理念，就是要联合各个业务单元，共同打造沉淀一套大数据中台。共享理念则是要避免数据孤岛，打破组织界限，实现数据的共通、能力共享。而标准则是指统一的数据标准，从底层的数据治理标准、数据口径标准，到统一的数据标签体系和数据模型服务，确保数据流转和应用是基于同样的标准和基础。

首先，在数据底层的建设方面，建立了统一的“采、存、算”大数据平台，有节奏地合并数据集市，形成统一的大集市。在数据治理环节，通过数据分级分类、僵尸数据清理和冷数据治理等手段，数据有效性大大提高，数据逐步实现资产化，也大大节约了数据存储和计算资源。

其次，在数据服务层，搭建一套公共的数据标签体系，汇聚前台业务部门、运营部门及广告、搜索等各个垂直场景的标签数据，不断迭代，为各个数据应用场景赋能。同时，数据中台向各数据应用层提供数据模型能力，通过商品数据治理形成更准确的商品画像。

最后，在数据应用层，数据中台推动前台统一数据产品，建立了统一的数据口径和数据看板。前台部门统一提供对采销和商家的数据报表服务，底层通过数据中台使用同一套数据。

数据治理是数据中台建设不可或缺的一部分。数据治理要解决数据全不全、准不准、好不好用这三个方面的问题，一定要让业务团队清晰地知道，公司的数据能力和数据资产应该达到怎样的标准。建设数据中台并不意味着中心化，而应该利用API等形式提供各相关方使用，而区块链等技术手段在实现数据资产化的过程中也将发挥重要作用。

数据中台着眼于数据驱动业务精细化运营的能力建设，持续夯实数据基础，形成数据与业务正向自循环促进的关系，不仅全面推动企业内部蓬勃的业务创新，也可以更好地对外服务，带动整个产业的数字化转型。

从数据整体来讲，一般分为数据采集、数据清洗，形成数据集市，最后数据分析员才可以在BI做分析，并提出改进流程，提高业务发展。这些问题和需求都可以通过构建数据中台来解决。

数据中台的架构，底层是大数据平台的基础，在大数据的基础之上搭建了一系列的应用。更方便地让分析人员在系统上直接分析全部门的任何数据、做报表。只要在权限管控内，分析人员直接得到对应的数据并进行数据分析。

在数据中台上还需要建设一些关键技术，包括大数据离线计算、趋势预测、实时计算、自然语言处理、可视化分析、图像识别等。数据中台对业务运营产生的价值，主要体现在生产监控、日常运营、经营管理、战略管控等方面。最底层的是生产监控管理，如实时运营监控、实时风险监控等；第三层是日常运营型分析，如日常统计分析、操作统计分析等；第二层是经营管理分析与考核型分析，如商业洞察分析、人力资源分析、财务分析、部门绩效考核等；顶层是战略管控与预测型分析，如战略绩效分析、行业对标与企业经营预测分析。

通过对数据中台的建设，企业真正意义上开始走上数据驱动的路程。数据驱动研发、生产、供应链、销售、服务及IOT和互联网业务，产业+互联网格局逐步成熟。

在数据中台的建设中，技术中台能够提供更敏捷的开发效率。更敏捷的开发效率才是IT最终的目标。在早期烟囱式的建设中，企业拥有众多的研发团队，但团队人员的基础不一样，工具不一样，面临重复建设、质量无保证，横向打通困难、技术栈混乱，严重阻碍业务中台建设等问题。

业务和数据中台拥有强大能力，为前台业务快速响应直接提供支援，而技术中台是为中台服务提供高度模块化“零部件”，大幅缩短业务中台建设时间，提高业务中台稳定性。通过技术下沉，把最标准的东西沉淀出来，包括IaaS（容灾、机房、数据中心）、PaaS（中间件、研发平台、数据平台）、监控、开发过程的代码，全部陈列到底层，形成技术中台。

随着业务的发展，平台建设就需要考虑如何兼顾既要快速开发，又要形成技术和业务的沉淀，只有系统不断地沉淀出强大的业务能力，才能更好地赋能前端业务，这就对中台建设提出了要求。

中台需要提高持续交付能力，提供完备的通用能力、定制能力，持续完善领域技术沉淀能力。业务视角，中台提供了灵活的可定制业务框架，使得业务可以聚焦业务特有逻辑的开发；中台还提供了可以复用的业务组件，使得业务可以通过配置化来复用优秀的中台能力；中台还提供了完备的文档建设、视频教程，支持业务快速上手、快速迭代，同时还提供了面向全流程开发效能提升的完整自动化工具链。

数据中台利用标准模型，不断满足前端迅速变化的用户需求，同时满足企业对底层基础设施高稳定的需求。通过搭建以云PaaS为基础微服务架构导向的技术中台，消费者及商业数据的双数据中台和支持人工智能的AI中台，企业变成了一家具有大数据能力的实体公司。从数据侧面来看，数据中台的建设发展过程就是企业的数字化转型过程。

3）数字化转型技术落地的“三个一工程”

数字化转型的关键驱动力是数字化技术，做好技术落实，是顺利推进企业数字化转型的关键。具体工作可以概括为“三个一工程”：一个数据湖（统一的数据治理）、一个平台（统一的工业互联网平台）、一个APP集群（统一设计的工业APP集群）。

（1）一个数据湖：以数据驱动业务转型，首先就是数据治理，从企业整体的数字化考虑，而不是从单个业务的数据需求去考虑，做好企业数据治理的顶层设计，构建企业级数据资源中心，用资源中心的数据提供全企业的数据服务。由于企业数据的多样性，传统的结构化数据库技术已经无法满足数据管理的需要，应采用面向大数据分析的数据湖技术治理数据，并通过构建数据中台，实现数据服务化，通过数据服务实现数据的资产化。

（2）一个平台：按照工业互联网平台的架构搭建企业级云平台，通过物联网技术实现企业资产的数字化，通过业务中台、数据中台和AI中台，赋能数字业务，提升企业业务效率，降低生产成本，为产品附加新的价值。平台建设一方面为信息化建设提供了全新的建设模式，组件化开发、技术组件、业务组件的沉淀，标准化接口的使用，使信息化建设走上了低成本、可持续发展的良性轨道，另一方面平台也形成了强大的赋能能力，构建对业务需求的快速响应、灵活定制，进一步提升了业务满意度。正是平台所具备的赋能能力，为数字化转型提供了随需应变的服务支撑。

（3）一个工业APP集群：由于平台化、组件化的落地，使APP的个性化快速定制成为可能。采用APP模式，业务应用进一步轻量化，能够更准确地定位需求，更便利地应对业务流程的变革，更快速地提供业务服务，更低成本地实现信息系统的运行维护。

“三个一工程”的落地，标志着数字化转型信息基础架构完成。数字化转型从此走上快车道。

9.5 油田企业数字化转型的误区和挑战

近几年，数字化转型的浪潮汹涌澎湃，几乎所有的企业都争先恐后地加入这一潮流之中，但时至今日，见诸报端的真正转型成功的企业案例并不多。2017年，著名咨询公司麦肯锡的一份大规模调查报告显示，声称达到预期转型目标的企业占比只有2%。可见在走向成功的路上有很多陷阱和误区，必须慎重对待。

9.5.1 数字化转型的基础条件

（1）战略雄心：转型是企业战略，必须有首席执行官等企业战略层管理人员的亲力推动、真心接受。IT领导者必须与任何有足够影响力的高管保持一致，以协商所需的变革，并从董事会和其他业务部门获得必要的认可。

（2）数据基础：数字化转型，数字化是基础。企业的数字化水平直接决定了数字化转型的成效乃至成败。

我国传统企业的数字化程度普遍偏低，近些年进步较快，但缺口依然很大。无论是新老企业，在装置的数字化仪器、仪表、传感器等配置上往往重视不够，在投资的初期，压减投资的首选目标常常是仪器、仪表类，这种传统的思维模式造成了数采系统建设滞后，数据不完备性问题显著。

在信息化建设上，由于传统的烟囱建设模式，每建设一个系统只考虑自己需要的局部数据，很少或者根本没有从企业总体上考虑企业的数据治理问题。这也是很多企业数据基础薄弱的重要原因。

计划启动数字化转型的企业一定要做好全局的数据治理，培育全员数字化文化，夯实数据平台基础，才能保证转型战略的行稳致远。

（3）人才保障：DT队伍、适应DT时代的业务人才。即使拥有最新、最伟大的技术和敏捷的流程，如果没有合适的员工来实施，数字变革也会失败。雇佣足够的软件工程师、云计算专家和产品经理仍然是一项艰巨的任务。但在这个转型日益依赖于受机器学习和人工智能影响的数字工具的时代，支持全业务转型的IT部门需要UX设计师、数字培训师、作家、品牌策略师、分析师、道德合规经理及数字和工作场所技术经理等。

9.5.2 数字化转型的误区和障碍

顺应数字经济的发展，推进企业的数字化转型，已经成为全球企业家的共识，已经有很多先行者在数字化转型的道路上跌跌撞撞地走出了很远，并且积累了成功与失败的各方面的经验。影响企业数字化转型成效，甚至是没有达成预期目的一些因素，来自多个方面，包括企业领导者、内部员工、外部环境及技术条件等。

数字化转型的道路为何总是充满险阻。数字化转型的推进总是遭遇停滞甚至失败。主要原因包括：对数字化转型的含义缺乏共识；很少或根本没有高管参与；注意力分散，过分强调后端执行；缺乏预算；人才短缺等。麻省理工斯隆管理学院的一份报告称，“转型正成为领导能力差、IT与业务脱节、员工敬业度滞后和运营不善等原因的牺牲品”。

首席信息官和最终负责企业战略的企业高管，如首席执行官、首席运营官或首席财务官形成合力。让IT高管和商业领袖们聚在一起，可以帮助公司确认他们如何转型或优化他们的业务。成功的数字化转型并非始于技术。数字旅程中的一个共同主题是人才是驱动它们的动力，采用了整体协作模式，组建了一支技术战略团队和全球创新圆桌会议，以促进更大程度的合作。

大量资金正流入大型工业企业的数字化项目。哈佛商业评论最近对全球1350家此类企业的高管进行的调查显示：在2016—2018年，他们在数字化转型方面的投资总计超过1000亿美元。

问题是，预期的结果往往难以实现。我们调查的大多数企业领导者（代表17个国家和13个行业的公司）报告说，他们的数字化投资回报率很低。主要原因是，在早期试点后扩大数字化创新规模的努力失败。

（1）数字化转型是企业战略，而不是一个数字化项目。

转型是企业发展战略，不是一个数字化项目，不可能一蹴而就，更不能像评价一个项目一样评价短期效益。对数字化转型最大的误解是，当数字化转型达到某个阶段时，它就“完成”了。数字化转型是一次旅程，一个阶段的完成通常是通向下一个阶段的开始。随着新兴技术和市场力量对企业造成新的干扰，企业必须不断适应新变化才能生存下去。

必须有企业战略层高级管理人员的亲力推动、持续发力，需要战略层统一的认识、长远规划和周详的顶层设计。企业IT领导者须从公司决策层和其他业务部门那里获得必要的认可，必须与任何有足够影响力的高管保持一致，以协商和推动所需的变革。转型就是数据驱动下的企业革命，IT领导者必须推动高管层形成统一的发展认知和行动上的战略合力。宜采用整体协作模式如组建战略团队、创新圆桌会议等，以促进更大程度的合作。

（2）高管之间关于目标的设定模糊不清。

如果高管意见不一，他们的直接下属很难就优先处理事项及就如何衡量进展达成一致。

解决方法：不仅要定义和阐明机会，还要说明所解决的问题，以及公司在投资之前如何围绕所期望的解决方案来构建组织。

（3）企业数字文化缺失。

麦肯锡公司和Gartner公司的分析报告，不约而同地揭示了一种现象，国际大公司数字化转型的成功率不足10%，而失败的关键因素就是企业数字文化的缺失。数字技术的发展速度超越了传统意义上任何行业技术的发展速度，而越是行业领导型公司，就越是专注于行业专业技术，也就越是具备深厚的专业文化氛围，对数字化文化的学习和接受的阻力也就越大。认识到这一点至关重要，只有认识到位了，有意识地培育新型的数字化文化，才能让数字化转型行稳致远，最后取得成功。

（4）适应数字转型的组织变革滞后。

数字化转型是企业信息化发展的高级阶段，很多信息系统的建设和应用必须有相应的组织保证才能取得预期效果，否则只能是“摆设”。譬如建设了跨流程的业务优化平台，但没有专门的优化团队，用户还是分散在流程的各个环节，平台根本没法正常投用；譬如搭建了销售电商平台，而销售组织还是按照原来的渠道销售的组织模式，电商平台没有专门的队伍运营，自然也就达不到预期的效果。信息化建设其实已经进入深水区，信息化要么引领组织架构的变革，要么被传统的组织架构束缚而走向失败。

（5）支持试点的数字化能力和支持扩展试点的可用能力之间存在差距。

如果这个问题得不到解决，企业可能会面临一个选择：要么接受增产的长期推迟，要么管理层为实现承诺而作出快速而笨拙的改变。

解决办法：从外部试图弥补差距，或在内部培养试点，从一开始就在整个组织内提升数字化能力。

最后，我们可以借国外Wipro Digita机构在2017年所做的数字化转型调研报告，试图说明关于数字化转型的残酷事实：很多公司经历着彻底的失败，或者正面临着失败的危险。

Wipro Digital在调研对象的400名美国高级管理人员中，有半数人认为，他们的公司没有成功地执行50%的战略。五分之一的人表示，他们公司的数字化转型是在浪费时间。

Wipro Digital在调研报告中，归纳出了在推动企业转型的必要变革中存在的一些具体的障碍与困难：对数字化转型的意义缺乏共识；缺少首席执行官的足够支持；缺乏重点；抵制变革；缺乏速度；人才缺失；整合的悲哀；数字护城河；资金紧张；缺乏连续性。

9.5.3 数字化转型面临的挑战

（1）数字鸿沟正在形成，数据产生的速度和规模会变得越来越重要。

如前所述，速度、规模、可视化、智能化是数据驱动业务创新策略的核心。IDC研究结果显示，中国企业在整体数字化转型的成熟度方面，头部企业已经可以做到与美国、与全球平分秋色了，但如果把所有企业放在一起，那么总体上应该还有很大的发展空间。

今天大家在谈人工智能的时候，更多的是面向C端、面向用户实现人工智能，例如人脸识别、语音识别；但其实还有一个方面是人工智能在企业内部如何提升企业已有流程的效率，如何降低成本；甚至还有最重要的一个层面——人工智能如何降低IT设备系统的运维成本，使得企业人才能将更多的时间、精力、财力用于业务创新，这部分常常被很多IT人士和CIO忽略。

数字鸿沟既包括基础设施接入层面的鸿沟，也包括数字素养方面的鸿沟。在接入方面，至今全球仍有40亿人不能上网，很多国家也制定了各自的普遍服务计划，但短期内仍无法根本解决这一问题。

IDC把全球400多家制造企业的年复合增长率做对比之后发现，过去4年，正在进行数字化转型的制造商能够看到其利润和销售额都有明显的增长，而非数字化制造商的年均增长率则在下降。据此总结，善于把握数字化机遇的企业与故步自封的传统企业的发展差距正在不断拉大，数字化技术领先的国家和落后国家之间的差距也在逐渐增大。如何利用数字技术提升自身竞争力变得极为重要。

在数字素养方面，各国普遍存在数字技能不足的情况。欧盟2014年的统计表明，高达47%的欧盟人口缺乏足够的“数字能力”，成为欧洲数字化发展的最大障碍。相对于欧洲，发展中国家数字能力不足的问题更加严重，各国急需要加强数字素养教育。

根据IDC各项报告，不管是每年产生的数据量、互联网用户数，还是整个连接的IoT设备数量，从2018年到2022年都会有非常巨大的增加，而这种增加要求企业必须具备大规模处理这种连接数据用户的能力。即使是一个传统企业，在中国市场上也可能拥有几千万用户甚至上亿用户，如何适应大规模工作负载成为常态，同时进行及时响应也变得异常重要。

2019年2月，中国互联网络信息中心（CNNIC）发布的第43次《中国互联网络发展状况统计报告》显示，2018年，我国移动互联网接入流量达711.1×10^8GB，较2017年底增长189.1%。每秒钟有数以千万计的短信、微信、邮件等数据在传输，而数据体量的增大对速度的要求将变得越来越高。

（2）对数据治理能力带来挑战。

包括数据的采集能力、存储能力、数据挖掘和变现能力、数据安全能力等。

数据获取与存储的能力。IDC在2019年对全球数据圈进行调研，预测2025年全球数据量将达到175ZB，作为参考，2018年全球数据体量是33ZB。这个数量级对任何企业来讲都是不容忽视的，有关存好数据、管好数据，让如此庞大的数据发挥效用是企业应当深入思考的议题。

数据挖掘与展示的能力。人工智能是全球经济发展的新动力，任何一家公司似乎只要开始引入人工智能就会更受市场青睐。而人工智能的发展，又离不开数据。但是，即便数据如此之多，有效的数据却只占其中的27%，打上标签的数据只占27%的44%，已经做了分析的占27%的44%的21%，已经注入AI模型的占这21%中的15%……所有这些加起来之后统计得出，整个数据量中注入AI模型的比例不到1%。所以，如何对数据做挖掘、做分析、做展示，是今天所有企业面临的第二大诉求。这里的核心是需要让数据变得可视、智能，让所有业务部门都能看到数据带来的价值。

如何实现数据的变现与创新能力。IDC全球总裁在今年10月份讲过一句话，“数据，今天已经不再是石油，而是变成了水”。作为生命之源，水要易于获取，并且要足够干净。同理，数据如何变得易于获取，变得干净，能够变现并用于指导企业的创新活动，是摆在企业决策者面前的第三道坎。

同时也应看到，要想数据实现价值变现，完全倚靠企业内部自己来做是非常艰难的，由专业的行业伙伴提供支持则能做到事半功倍，所以今天我们也强调，发展生态圈在市场上变得越来越重要。

（3）“新时空”效应带来的挑战。

数字时代，打破经典牛顿物理学的时空观，“柔性时空”带来了很多颠覆性的变化。时间成为数字化时代的关键要素。

与工业化和以前所有的技术不同，数字化是以速度来驱动，导致时间概念变了。以前，时间概念是从过去到现在再到未来。当数字化来临后，不再用时间这个单一维度，你的从业时间既无法构成对用户的吸引力，也无法构成对竞争对手的壁垒，因为整个行业都有可能被重新定义。当过去的经验和积累无法保证未来，时间就成为一个巨大的变量。因此，数字化技术既改变了速度，也改变了方向。

为什么我们说农业时代的时间好像是永恒的？农业企业的挑战跟其他行业不一样，因为农业生产的大都是有机的生命。今天看到猪肉价格非常高，因为不可能大家经过努力就能把猪肉生产出来，然后把猪肉价格降下来，养猪的硬时间是降不下来的。这就解释了农业时代里时间是永恒的概念。人们到今天仍然无法真正改变这种情况。

到了工业时代，时间可以有所改变，并可以获得非常高的增长，用一句话概括就是：时间是金钱。

数字化时代与农业时代和工业时代的区别又是什么？就是迭代速度非常快。未来是现在，现在也是未来，所以时间必须具备当下的意义。

如果从时间的角度去理解，数字化带来的真正冲击是什么？就是能保护你的竞争优势的时间变短了。过去积累的所有东西都被调整，除了技术领域，几乎所有产业都不得不接受这个变化，这就是数字化的本质。

因此，观察数字化的时候，会发现很多行业调整得比我们想象的快。比如，有线电话普及率从10%到40%花了39年，手机普及率从10%到40%花了6年，而苹果手机的出现让手机变成终端，同样的市场份额比例变化，只花了4年。

企业家们要思考一个问题：你的商业模式跟时间有没有关系？如果商业模式和时间没有关系，这意味着你还停留在工业时代，而没有进入数字化时代。对于企业而言，数字化时代到来导致三件事跟以前不一样：企业的寿命、产品的生命周期及争夺用户时间的窗口，它们全在快速变化。这意味着，在当前的市场竞争格局下，企业面对的挑战跟以前完全不一样。

顾客已经数字化，企业必须跟上。

今天，所有人遇到的最大挑战是不得不接受数字化。数字化的进程比我们想象的要快，并且推动企业不断朝向新的增长方式。因为，要找寻新的增长方式才会找到解决方案。

非常多公司的数字化转型都是从财务领域开始，那是因为这里顾客的数字化是最快的。

企业为什么要做数字化？最根本原因不是数字化本身，而是众多客户和消费者已经率先数字化。顾客这一端已经数字化，企业应该有能力接受这个挑战。举个例子，今天想找饭馆吃饭，很多时候已经不是单纯由自己决定，而是根据大众点评来做决定——这就是数字化给生活方式带来的一种改变。

再比如星巴克和瑞幸咖啡。星巴克提供了工作和生活之外的第三空间，而瑞幸咖啡则提供了几乎随时随地可以享用的咖啡。这不仅体现出消费端场景已经通过数字化得到了彻底调整，还体现出数字技术所推动的消费改变比我们想象的要大得多。

“双十一”已经成为购物节，这就是底层数字技术驱动的商业模式改变，而这些底层数字技术所服务的国家、人群、交易数量远超我们的想象。这就是数字化的力量。

（4）数字安全面临严峻挑战。

随着数字经济的发展，安全威胁也日益增多，高危漏洞数量有增无减，网络攻击愈演愈烈，关键基础设施面临严重威胁，金融领域、能源行业成为重灾区。

据互联网监控公司Arbor Networks的数据，2011—2014年短短3年内，全球DDoS攻击量增加了30倍以上。一项研究估计，每年各种网络犯罪、攻击对全球经济造成的损失高达4000亿美元。

其中，物联网的发展带来了前所未有的网络安全挑战。物联网是软件和硬件一体的，牵涉的零部件和相关部分较多，无法通过简单的升级、修改、置换等方式应对可能的安全威胁，导致保障物联网安全的难度远远大于互联网。尤其是，许多智能设备的开发商都是小型创业公司，没有提供复杂安全功能的资源或经验。安全问题的存在大大阻碍了数字经济进展。

（5）法律法规滞后于数字经济实践。

数据是数字经济的重要生产要素，但数据的极大丰富已经在一定程度上造成了“数据洪灾泛滥”的现象，给我们带来了极大挑战。例如，在数据产权方面，数据所有者、拥有者、使用者和管理者之间的权责如何确定？

在知识产权方面，一些国家致力于强化知识产权保护，但也有不少国家和研究机构认为，技术的变革已经打破了传统知识产权的界限，原有的知识产权制度已与数字经济发展脱钩，造就了一个由专利流氓和专利持有人构成的寄生系统，阻碍了创新。目前，知识产权的调整仍在缓慢进行中。

又如，在用户隐私保护、“被遗忘权”等方面，各国也未达成共识，这些问题导致目前各国数字经济监管政策千差万别，传统行业和新兴行业的冲突不时出现。相关法律建设的滞后对数字经济健康发展也有很大影响。

（6）就业结构发生重大变化。

科技发展与进步必然提升社会效率，解放人力。第一次工业革命引发了“机器问题”，大量工人被机器取代。数字经济的发展也将引起就业结构的巨大变化。根据世界经济论坛数据，今天上小学的孩子有65%最终将从事现在还不存在的全新职业，目前的趋势会导致劳动市场发生巨大变革。

数字技术中对就业影响最大的非人工智能技术莫属。那些单一、特定领域的重复性工作、思考模式可以被理性推算的工作将被大量取代，翻译、记者、助理、保安、司机、销售、客服、交易员、会计、保姆等职业将在未来十年大大减少。

同时，人工智能的发展将创造很多新的岗位，如数据科学家、自动化专家和机器人监控专业人士等，高端需求将大量增加。就业结构的变化要求教育、社会保障等领域加快变革，并做好职业培训，尽可能降低潜在风险。

（7）改变认知的挑战。

在这个小小的蓝色星球上，人类在改造大自然的征途上已经作出了很多“改天换地”的伟业，但改变人的头脑，改变人的观念、认识依然困难重重。数字化转型最终也必然表现在人类认识的改变。

数字化对产业的意义是什么？既有新的挑战，也是新的可能性。按照经济学家约瑟夫·熊彼特的定义，数字资源将渗透到产业中的任何一个环节，会带来拥有无限可能的、新的产业组合。同样，因为数字化的融入，第四次工业革命中的人机关系将带来更多可能性。人与机器，两者不再割裂，而是要并行。例如，在医学上引入的数字技术，要求专业医生和机器之间有非常好的合作，这样才能更精准、更好地保护人类。甚至机器可以替换人类。例如自动驾驶，目前，南沙是中国唯一一个允许无人驾驶汽车作为出租车上路运营的地区。我国法律规定，无人驾驶出租车的驾驶位必须要有人，这个人不碰方向盘，但需要时刻清楚车外的全部状况。但总有一天，法律要接受完全由人工智能来驾驶汽车，就是机器替代人。

因此，我们一定要接受数字化带来的众多变化。我们要改变认知，不能用传统逻辑去看待数字化所带来的产业变化和企业变化。需要改变的关键认知包括：所有的东西正在转化为数据，而不是转化为产品；拥有什么不重要，重要的是与谁连接；合作优于竞争；与顾客协同等。

工业时代强调满足顾客需求，所以要用比较优势。在数字化时代，重要的是创造顾客价值，通过合作而不是竞争来获取更大生长空间，要从竞争逻辑转向共生逻辑。

数字时代，企业战略的基本问题发生了颠覆性变化，“想做什么”的关键是你能不能重新定义；“能做什么”是看你跟谁连接，而不是拥有什么资源，如果能连接，会有非常多的资源和可能性；“可做什么”则不再受产业条件的限制，可去做跨界合作。

企业要拆掉围墙、打开边界，和更多人合作。今天的企业自身无法独立创造价值，而应该和更多企业共生。共生背后的运作机理是协同。这就要求企业构建共生型组织，不是去领导而是实现协同。

今天，所有企业遇到的挑战都是不确定的，然而这种不确定性并不仅仅是挑战。蒸汽机、计算机的出现都带来了不确定性，数字时代的到来也带来了很大的不确定性。因此，不确定性对于真正的企业家来说更多的是机遇，而不仅仅是挑战。在数字化时代，企业需要改变认知逻辑、战略逻辑，组织逻辑和管理逻辑，才能更好地迎接机遇。

管理大师德鲁克有一句名言："动荡时代最大的危险不是动荡本身，而是仍然用过去的逻辑做事。"

9.6 数字化转型与智能油田建设

数字化转型从字面上看包含两个部分：一是数字化，二是转型。数字化是基础，在充分数字化的基础上，企业发展就具备了更大的弹性，从而实现"自由转向"，助力企业优化选择自己的发展方向。同样，数字化的基础也是智能化技术应用的舞台，目前流行的各种人工智能技术，都需要大量的数据作训练样本，数据的种类越齐全，数据的积累越丰富，人工智能技术应用的场景就越多，建立的数据模型也就越准确，应用效果也就越好。如此看来，推进企业数字化转型能够有力地促进智能油田建设的发展和深化，开展智能油田建设能够让转型之路更顺畅、更有效。

数字化转型是一个漫长的战略工程，遭遇各种坎坷、阻滞乃至停顿都不奇怪，因为在这个长征中，总有为了更长远的发展而牺牲眼前利益的时候，总有些人因为看不到希望而放弃、因为看不清前路而转向。智能化建设恰好能够用一个个短、平、快的成果不断给队伍带来鼓励、给征程带来希望。因此，智能化建设是油田企业数字化转型的有力保障，是转型征程上一个一个不断亮起的指路明灯。

随着智能油田建设的推进，在油田业务的很多环节中，自动化、智能化技术不断普及，油田运行的一体化、协同化水平不断提升，这给企业的数字化转型带来更多的转型机会，每一个形成超前优势的业务领域都是一个可能的转型发展方向。如果企业的物资采购业务率先实现了智能化，打造了领先的竞争优势，这一部分就可以率先向服务化转型。如果企业的销售业务率先实现了智能化，那就可以让这个领域成为带领企业转型发展的领头羊。

智能化可以看作提升企业生产经营水平、提升企业竞争能力的手段，而数字化转型则是要转变企业的经营管理模式，寻找新的利润增长点。因此，从某种意义上说，数字化转型是站在整个企业发展壮大的角度的一种战略考量，而智能化则是针对企业内部的生产过程或者管理过程的改善和提升，是一种战术手段。

数字经济是各国寻求可持续发展的重要机遇。作为全球经济增长最快的领域，新经济成为带动新兴产业发展、传统产业转型，促进就业和经济增长的主导力量，直接关系到全球经济的未来走向和格局。

数字经济既是中国经济提质增效的新变量，也是中国经济转型增长的新蓝海，政府、企业、社会各界都应积极进行数字化转型，促进数字经济健康发展。各方既要为数字经济发展创造良好条件，也要积极应对数字经济发展中可能出现的各种问题，使技术发展真正惠及最广大人民群众。

时代已经变迁，形势已经变化，潮流已经转向，石油经济或将长期存在，但它在整个经济结构中的重要性已经不同往日，长期以来人们已经习惯了的石油经济的C位正在逐渐让出，石油经济身上的主角光环已经开始淡去。认识到这一点，才能找到石油行业转型升级的根本驱动力，才能找到石油经济重振声威的正确出路。认识到这一点，才能看到也许“数智化转型”（数字加智能化转型）才是石油工业的未来，因为只有经过这条路，传统的石油经济才能“华丽转身”，以新的形象登上主流的数字经济的舞台。

数字化转型并不神秘，从信息化建设开始，我们已经踏上了数字化转型之路，并且已经取得了可喜的进展。但要迈向数字化转型的高级阶段，我们需要更大的努力。

石油工业在传统工业时代的发展长期处于领头羊的位置，相应地也已经攀登到了高峰的“尽头”，宏观经济形势和市场环境，已经发生根本性改变，新的技术逼迫我们必须顺势而为推进数字化转型，谋定而动，机不可失，是时候推动石油工业的巨轮缓缓调向，推进石油工业的巨轮驶入数字经济的新的蓝海。

跋　虚实无界　向数而生

“万物生于有，有生于无。”

——老子《道德经　第四十章》

“我思故我在”（I think therefore I am），这是古希腊著名哲学家、数学家笛卡尔的一句名言。1999年上演的美国科幻电影《第十三层楼》（The thirteenth floor）开篇引用这句话，并以这句话作为主线贯穿整部影片，引发了人们关于虚拟与现实、生命与存在的诸多思考。影片的主要情节是计算机科学家汉农·富勒利用其超高的软件技术创造了一个高度逼真的虚拟世界，他和他的另外两个合作伙伴可以通过上载自己的大脑意识，进入虚拟世界中，成为虚拟世界中的某个人物，在虚拟世界中生活。直到某一天，虚拟世界中的人发现了他们是生活在一个虚拟的世界中，而汉农·富勒本人也发现他自身所生活的世界原来也是更上一层世界的人造出来的虚拟世界。虚虚实实，真假莫辨。很容易让人想起红楼梦里的另一句名言：“假作真时真亦假，无为有处有还无。”是真是假、是有还是无，各自在心头。

关于现实世界的“虚实”真相，可能从人类诞生之初就存在于大脑之中，海市蜃楼、神奇梦境、神话传说、宗教信仰等都反映出古人对现实世界真实性的思考。佛教的教义对虚幻有比较透彻的论述，如《金刚经》中说的“一切有为法，如梦幻泡影，如露亦如电”，《心经》中提到“色即是空，空即是色，色不异空，空不异色，受想行识亦复如是”，等等。但这些大多在思辨的哲学层面或者宗教层面，只有当数字时代降临的时候，虚和实的问题才变成了现实生活中实实在在的问题。我们环顾四周，会发现越来越多的虚拟的东西堂而皇之地走进了现实。“耳听为虚，眼见为实”的古训，早已被虚拟现实技术击得粉碎，身边越来越多的人宁愿相信“虚”的，宁愿沉浸在虚拟当中而怡然自得。

曾几何时，一股“韩”流吹遍大地，传来两个在古老的中国大地上从来未曾存在过的现象，一个是男人越来越娘，另一个就是疯狂的追星。

实在无法理解，仅仅在电视上或者手机视频上看过某个人几次，就会疯狂地成为他或者她的粉丝，甚至是抛弃学业和工作，痴迷地追随、追捧！

在电视上出现的莫不是演员之流，他们出镜的时候都是在“演”、在“装”，根本不是他本人，是一个虚假的偶像。在现实生活中怎么会产生如此强烈的痴迷情感？真假之间难道不是一清二楚吗？

近些年，更是发展出了“虚拟偶像”，即数字人物或者虚拟人物成为偶像，并与商业品牌合作进一步发展出了“虚拟代言”。从2007年日本克里普敦未来传媒公司制作的“初音未来”，到2012年上海禾念公司制作的“洛天依”，网络虚拟偶像已然成为21世纪青年一代所追捧的新潮流。据统计，国内仅2017年就诞生了14名虚拟偶像，超过往年数量的总和；2018年，虚拟偶像及组合数量更是突破30位，横跨了音乐、漫画、游戏等多个领域。

虚拟偶像拥有一个人类偶像的所有特征：性别、年龄、爱好、特长、粉丝群等。最著名的一个虚拟偶像叫Miquela，她于2016年首次出现在Instagram上，自称是一位巴西与西班牙混血的19岁音乐家、模特，粉丝现已超过150万，她承接了包括Prada和Chanel等品牌的广告。上海禾念公司运营的虚拟歌姬洛天依，不仅举办过自己的演唱会，代言了肯德基、百雀羚等知名品牌，更是多次登上湖南卫视、江苏卫视的舞台，2017年6月，洛天依在上海举办了第一场线下演唱会，这场演唱会首批500张SVIP的内场票创造了3分钟内售罄的成绩。

人们对一个人类自己创造的虚拟人物疯狂崇拜，这种现象在人类历史上第一次用“数字”的方式，证明了神是人造的理论。

虚实莫辨的游戏与生活

外媒报道，日本的某电视台曾经开展过一次大范围的调查，调查年轻人的婚姻趋向，结果是不愿意结婚的毫无意外地占多数，但让人大跌眼镜的是，愿意和网络上虚拟的异性结婚的人居然占有相当大的比例。

2019年8月2日，安徽省绩溪县金沙派出所接到村民报警，称家养的鸡被偷，民警通过侦查，第二天将嫌疑人抓获，男子交代，因平时酷爱玩吃鸡游戏，路过鸡圈时突生联想，“大吉大利，今晚吃鸡”，便偷了两只鸡。

2017年，源自俄罗斯的自杀性游戏——“蓝鲸”在互联网上像流感一样快速蔓延，导致全球3万多名年轻人相继自杀。

游戏成瘾、游戏低龄化，愤怒的妈妈们展开了和手机争夺孩子的艰苦战争。2019年5月，世界卫生大会修订了《国际疾病分类》，“游戏障碍”成为新增疾病，被纳入“成瘾行为所致障碍”疾病单元中。而根据中国互联网络信息中心发布的最新报告显示，截至2018年12月，我国网络游戏用户规模已达4.84亿，12—16岁青少年是网络成瘾的高危人群，我国游戏成瘾患病率已达27.5%。

虚拟世界带来了完全不同的生活体验，网游的虚拟世界，恰恰是对现实世界的某种理想投射，一如白日梦，成了人生愿望的一种镜像化达成。网游既是对现实世界的一种解构，更是对世界现实的一种重构，它折叠了世界的时间，突破了时间的一维性；它穿越了世界的空间，砸碎了空间的三维性，网游的边际穷极了人类想象的边际。网游的超豪华、超震撼、超实感内容，如华美的画面、悦耳的音效、离奇的情节、刺激的挑战，以及玩伴交互聊天、团队协同作战，最终将玩家牢牢锁定在“经验值”的提升、“装备”的购置、“宝物”的获取上；一顿早餐远远不及一次网络游戏的诱惑。网游设置种种悬念，或在生死之际，或在成败之时，让玩家欲罢不能；网游纯属自愿，无胁迫、无责任、无拘束，网游的玩家之多、互动之捷、花样之巧、境域之广，使其成为名副其实的全球最大游乐场；网游既好玩又耐玩，以单位时间计，消费相对低廉。

游戏化似乎已经成为一种不可阻挡的趋势。在客厅里玩游戏操纵的游戏手柄，和美国军方对恐怖分子实施斩首行动的操作方式似乎并无不同；手机游戏的触屏操作和许多无人驾驶汽车的触屏操作完全一样；写字楼里的白领员工，工作之余在办公桌上用鼠标操纵游戏，工厂里大型装置的控制台也同样是鼠标点击的模式。以游戏的方式工作，以游戏的方式生活，以游戏的方式治理公司乃至以游戏的方式发动战争，数字时代，游戏即人生。

虚实结合的新产业

VR（虚拟现实系统）与数字孪生

虚拟现实是利用计算机技术生成一种具备多感知（包括视觉、听觉、力觉、触觉、运动感知，甚至包括味觉感知、嗅觉感知等）的模拟环境（如飞机驾驶舱、操作现场等），通过多种传感设备使用户“投入”该虚拟的环境中，实现用户与该环境直接进行自然交互。理想的虚拟现实就是应该具有人所具有的全部感知功能，使人在其中，虚实莫辨。这种技术在培训、游戏等众多领域中得到了广泛的应用。中国石化石油勘探开发研究院建设了大型的虚拟现实地震数据解释系统，工作人员进入其中就好像进入了地下，可以用手“翻阅”地层，寻找断裂、储层、圈闭等油气藏存在的痕迹。在上海石化的智能工厂建设中，利用虚拟现实技术建设了炼化企业大型机组的使用和维修培训系统，学员可以在虚拟环境中拆解装置，训练装置的使用技巧。在九江石化建设了全厂的数字模型，利用虚拟现实技术可以模拟在全厂的各类装置中巡检，监控生产、发现问题。

随着数字化交付体系的建设，虚拟现实技术在工厂的安全生产和运行管理的各个层面应用会越来越广，虚拟工厂和现实工厂将构成“数字孪生”，二者互动操作，实现工厂的智能运营和“桌面工厂”。

西门子公司采用数字孪生技术建设的智能工厂，是首先在计算机中设计构建了一个“五脏俱全”的数字工厂并开动运转，在运转过程中进行优化设计、优化流程、优化岗位、优化供应链，直至达到最佳效果后，再按照数字工厂的参数，在现实世界中开工建设真实的工厂，真实工厂投产后一举达到最佳的效率。之后，工厂的每一次工艺调整、流程变化等任何改动，都是先在数字工厂中运行，查看效果进行优化后，才在现实工厂中落地实施。

从工厂到家庭、从娱乐到学习，无论是在上班时间，还是在8小时工作之外，无论你是否喜欢、是否接受，虚实结合已经是这个世界现在的样子。

CPS（Cyber-Physical Systems，赛博物理系统）

CPS是近些年非常流行的一个概念，其名字就是一个组合词，包含Cyber虚拟部分（应该的含义有：控制、通信、协同、虚拟；而这些含义中都包含了计算）和Physical物理实体部分，意味着虚与实的融合，其本质是物理世界和虚拟世界的融合系统。构成上，CPS是一个包含计算、网络和物理实体的复杂系统，通过3C（Computing、Communication、Control）技术的有机融合与深度协作，通过人机交互接口实现和物理进程的交互，使赛博空间以远程、可靠、实时、安全、协作和智能化的方式操控一个物理实体。

中国科学院何积丰院士指出："CPS，从广义上理解，就是一个在环境感知的基础上，深度融合了计算、通信和控制能力的可控、可信、可扩展的网络化物理设备系统，它通过计算进程和物理进程相互影响的反馈循环，实现深度融合和实时交互，来增加或扩展新的功能，以安全、可靠、高效和实时的方式监测或者控制一个物理实体。CPS的最终目标是实现信息世界和物理世界的完全融合，构建一个可控、可信、可扩展并且安全高效的CPS网络，并最终从根本上改变人类构建工程物理系统的方式。"

早在1992年，NASA由于太空探索需要率先提出并定义了CPS的概念，其后在美国国家自然科学基金会（NSF，The US National Science Foundation）和美国国防部的推动下，将CPS技术从太空探索引入军事领域，其无人机作战系统利用CPS技术随时获取了所需要的地空信息，在军事基地的控制端就可以对无人机侦察、打击所需要的各种要素进行评估，并进行了数字化的展示，进而控制数千公里外的无人机，对目标进行侦察、打击。

2005年5月，美国国会要求美国科学院评估美国的技术竞争力，并提出维持和提高这种竞争力的建议。5个月后，基于此项研究的《站在风暴之上》报告问世。在此基础上，于2006年2月发布的《美国竞争力计划》则将CPS列为重要的研究项目。2006年，美国国家自然科学基金会将CPS技术列为其重要研究项目开展研究。2007年7月，美国总统科学技术顾问委员会（PCAST）在题为《挑战下的领先——竞争世界中的信息技术研发》的报告中列出了八大关键的信息技术，其中CPS位列首位。到2013年德国工业4.0概念风靡全球，作为其基础支撑理念的CPS开始受到更加广泛的关注，CPS正式走入产业界成为“智能制造”技术体系中的明星。

从智能制造系统中来看，CPS内容博大精深，它大到包括整个工业体系，小到一个简单的PLC控制器，是一切智能系统的基础。

CPS是多学科的融合，涉及跨学科的理论，将控制论的基本原理、机电一体化设计与流程科学融合在一起，强调与外界的互联，包括通过互联网进行信息的采集和传递、包含控制的思想及更高级的人工智能算法。

CPS与物联网、工业互联网以及嵌入式系统有千丝万缕的联系。本质都是基于传感器、处理器、执行器、信息网络、云计算、大数据将现实的物理世界映射为虚拟的数字模型，通过基于高级算法的大数据分析，将最优的决策数据反馈给物理世界，优化物理世界运转效率，提升安全水平，最终实现制造模式的变革。

走向虚拟化的货币和金融

2019年10月24日下午，中共中央政治局就区块链技术发展现状和趋势进行第十八次集体学习，习近平总书记首次深入阐述区块链，随后人民日报头版头条刊发消息，新闻联播播出近6分钟专题报道，央行拟发行数字货币DCEP消息频出，首先传导到数字货币市场，比特币领先暴涨，单日最高涨幅高达40%，实现8年来单日最大涨幅；接着A股市场近百支区块链概念股接连涨停。人们对数字货币的热情空前高涨。

人类使用的货币“去实向虚”趋势由来已久。货币交换已经经历了五个发展阶段，第一阶段是物物交换和一般等价物交换，第二阶段是贵金属交换，第三阶段是纸币交换，第四阶段是电子货币，也就是大家常用的信用卡、借记卡等，第五阶段是数字货币阶段，如比特币、以太坊、瑞波币等。

作为数字货币发展的底层技术，区块链技术给未来社会发展带来更广阔的想象空间。区块链技术带来的去中心化、不可篡改、智能合约、匿名性等特性，使人们相信区块链将会是一项颠覆性技术，第46届世界经济论坛达沃斯年会将区块链与人工智能、自动驾驶等一并列入“第四次工业革命”。《经济学人》杂志曾在2015年10月的封面文章《信任的机器》中介绍区块链——“比特币背后的技术有可能改变经济运行的方式”。有人认为，区块链1.0定义货币，区块链2.0定义金融，区块链3.0定义社会。

数字货币包括加密数字货币和央行数字货币。加密数字货币是一种使用密码学原理来确保交易安全及控制交易单位创造的交易介质，可用于兑换法定货币，购买某些商品、服务或作为投资工具。以比特币和以太坊为代表的加密货币主要有以下特点：交易成本低。与传统的银行转账、汇款等方式相比，数字货币交易不需要向第三方支付费用，因此适宜用作跨境支付。交易速度快捷。数字货币并非由任何中心化机构发行，也不需要任何类似清算中心来处理数据，所以交易处理速度更快捷。高度匿名性。交易双方可以在完全陌生的情况下完成交易，因此具有更高的匿名性。货币数量固定。如比特币的总量为 2100 万，因此在一定程度上杜绝了通货膨胀的风险。

随着技术的不断发展，各国央行也纷纷宣布将会推出基于国家信用、中心化的数字货币。2015 年，厄瓜多尔率先推出国家版数字货币，该举措不但能减少发行成本及增加便利性，还能让偏远地区无法拥有银行资源的民众也能通过数字化平台获得金融服务。包括中国在内的其他国家也在探讨发行数字货币的可行性，总体而言，发达国家出于金融稳定的考虑大多暂不考虑法定数字货币的发行，而发展中国家和落后国家为了金融普惠、突破制裁等原因，纷纷对法定数字货币持支持态度。

2019 年 6 月 18 日，Facebook（脸书）重磅推出 Libra 白皮书。在白皮书中，Libra 被定义为一种稳定的数字货币，拥有包括一揽子银行存款和短期政府债券在内的真实资产作为储备，正式的 Libra 区块链将于 2020 年推出。脸书携 20 亿用户推出的数字货币，必将对现有世界货币金融体系造成巨大冲击。消息一出，举世皆惊。欧洲多个国家纷纷公开表示抵制，美国匆忙启动了反垄断调查。中国的央行数字货币研发的步伐迅速加快。据中国有关财经媒体报道，目前中国央行数字货币 DCEP 基本研发完成，即将推出，基于 DCEP 的区块链跨境结算体系也会迅速搭建起来。

去中心化、货币数字化，这些技术带给社会的变化还有待观察，但货币的数字化、金融的数字化已经展露非常明显的趋势。

宇宙就是一台计算机——计算主义

计算主义（Computationalism）是随着计算机兴起而兴起的新型世界观和方法论，是有半个多世纪历史的认知科学和人工智能中的主流研究范式。

现代意义上的计算主义思潮是在20世纪40年代和计算机一同诞生的。大致经历了四个发展阶段，在计算主义初兴的第一阶段，主要认为人的智能或者心灵活动是一个计算过程。人类大脑的活动完全可以用“通用图灵机”（A. Turing，1950）来模拟，这也直接导致了人工智能这门新学科的诞生。在计算主义发展的第二阶段，人们开始把生命的本质看作计算。冯·诺依曼（J. Von Neumann）认为生命的本质是自我繁殖，并进而提出了“细胞自动机”模型。不只是计算机专家，甚至同时期的一些生物学家也接受了这一观点，1994年美国科学家阿德勒曼（L. M. Adleman）在《科学》杂志上发表文章，直截了当地指出：“是否可能存在一种由相互作用的生物细胞进行计算的液体计算机呢？答案是肯定的。”计算主义发展到当今的第三个阶段，人们开始把整个世界的本质看作计算机，认为整个宇宙就是一个巨大的计算机系统，宇宙中的一切皆为计算。这也是计算主义的宇宙观。已故的著名物理学家惠勒（John Archibald Wheeler）甚至提出：“万物源于比特（It from bits）。”美国著名量子计算专家劳埃德（Seth Lloyd）认为宇宙是一个巨大的量子计算机，一旦我们对宇宙的规律有了全面的了解，我们就可以用一个量子计算机来模拟整个宇宙（《程序化的宇宙》，2006）。

数字生命与永生之梦

2019年6月28日，由工信部、北京市人民政府共同主办的第二十三届中国国际软件博览会于北京展览馆开幕，会上北京虚实科技发布了“AR Avatar虚拟生命系统”，提出利用数字技术每个人都可以构建自己的数字孪生生命体（Digital Twins），利用数字生命技术，实现“分身有术”“万物有灵”“长生有望”。定制的数字生命不仅可以永存永生、陪伴家人、慰藉相思，更可以走上讲台、走入工厂、走进会议室、走进各种工作岗位，成为合格的数字员工。更可以和物联网技术相结合，给自然界的万物赋能、赋灵，让它们开口说话、与人沟通。这是一个让人热血沸腾的技术愿景，每个人都可以长生，都可以像孙大圣一样分身千万，工作不再紧迫，生活不再匆忙，我们可以在淡定从容中工作、生活、交友，细细品味生活中的点点滴滴，人类重新回到了伊甸园。但这也是一个让人毛骨悚然的技术愿景，万物有灵！你能想象当你正在月光下漫步的时候，路过的路灯杆突然开口说话？每个人都将无所遁形，从日常生活的行踪，到自身健康的状况，再到工作中的际遇，都被全面地数字化，一个完全数字化了的你如影随形地在网络世界中“生存”，你将完全虚拟化、透明化。终于理解为什么伊甸园中的亚当和夏娃是赤裸的，因为未来的虚拟世界中你无法不赤裸！

爆炸的数世界——万物皆数

从计算机诞生那一天开始，一个虚拟的世界就开始形成，一开始还很小，但人们开始持之以恒地往这个虚拟世界里“添砖加瓦”，从几个字节（Byte），到千字节（kB）、兆字节（MB）：

8 bit = 1B（Byte）字节；

1024 B = 1 kB (kilo Byte) 千字节；

1024 kB = 1 MB (Mega Byte) 兆字节；

1024 MB = 1 GB (Giga Byte) 吉字节；

1024 GB = 1 TB (Tera Byte) 太字节；

1024 TB = 1 PB (Peta Byte) 拍字节；

1024 PB = 1 EB (Exa Byte) 艾字节；

1024 EB = 1 ZB (Zeta Byte) 泽字节；

1024 ZB = 1 YB (Yotta Byte) 尧字节；

1024 YB = 1BB (Bronto Byte) 珀字节；

1024 BB = 1 NB (Nona Byte) 诺字节；

1024 NB = 1 DB (Dogga Byte) 刀字节。

谷歌公司高级副总裁兼法律总顾问Kent Walker在一次演讲中提到，“近年来，大数据正在以惊人的指数增长。随着计算机存储成本的下降，存储数据的量激增。截至2000年，人类仅存储大约12 EB的数据，但如今，我们每天产生2EB的数据。过去两年的时间里产生了世界上90%以上的数据。”

1ZB是10万亿亿字节，人类当前拥有的数据量大概在ZB的数量级。在所有的人造物中，没有任何一种东西能像数据这样飞速增长，随着5G时代的到来、物联网的普及，人类产生数据的速度还将呈“爆炸式”加快，虚拟世界的规模将越来越大。这已经超越了人们对大数据的想象，笔者把这个即将到来的时代称为“超数据时代”。

超数据时代的一个重要的新特征是“虚中生数”。以往的数据都是在现实世界中产生的，拍一张照片、记录一段对话、测量卫星到地球的距离等，所有的数据都是真实世界的一个记录或者度量。但现在这种情况已经改变，越来越多的数据是由虚拟世界产生的，比如虚拟机器人之间的对话，比如游戏中产生的一些数据。超数据时代，万物互联、虚实一体，世间万物都是超数据的生产者和消费者。

油田数字生命体

2019年，在金之钧院士组织下，一批油气领域的院士和专家齐聚一堂讨论未来石油工业的宏观发展方向，会上我代表信息技术领域提出的建设“油田智脑”的提案得到了专家们的肯定，未来的油藏是透明化的，未来的油田生产是物联网化的，未来的油气田勘探开发生产体系将会是全数字化的、模型化的，各种新一代人工智能技术将在油气田全生命周期的各个环节得到广泛应用。一个栩栩如生的“油田数字生命体”呼之欲出，数字化的躯体、模型化的心脏、自动化的四肢及统领全局的油田智脑。这个油田是有生命的，是在不断成长的，她不断地优化、不断地自我完善，这就是“油田数字生命体”，相当于现实中存在的油田的“数字孪生”。

未来随着物联网技术的全面普及，数据采集技术走向自动化，油田数字生命体越来越完善，人类对油田的所有操作、交互都会在油田数字生命体上完成，这是两个生命的对话，将会更加流畅、更加深刻、更加高效，也会更加生动有趣。

构建油田数字生命体，把人们对油田认识的不断深化过程看作这个生命体的成长过程。这种认识有更加宏大的科技视野。在人类认识地球的宏观框架下，油田不过是地球身体上的一个细胞，加深对这个细胞的认识，是我们认识脚下的这颗蓝色星球迈出的第一步。从油田扩展到盆地、扩展到一个板块再扩展到一个大陆，最后可以是整个星球。就像细胞学说的创立，首次论证了整个生物界在结构上的统一性、有力推动了生物学的发展一样，我们用数字生命体的眼光去看待和认识油田，必将对我们认识整个地球发挥巨大的推动作用。甚至对企业的转型发展也会出现颠覆性的革命，因为在当数字生命体成长到整个盆地大小的时候，在这个生命体中包含的就不仅仅是石油，可能有地热能、核能、氢能、水资源等各种资源、各种材料、各种珍贵的稀有金属，等等，这些都将是企业转型发展的机会。地球是人类一切资源的根本来源，认识地球是人类的永恒课题，数字生命体这个“细胞”的发现，为人类认识“活体”地球开辟了新的篇章。

虚实融合、人生如诗

虚即空虚，空无所有；实即真实，真正实在。

虚实结合不仅仅存在于游戏、生活和工作中，更是一种高妙的艺术手法，就是把抽象的述说与具体的描写结合起来，或者是把眼前现实生活的描写与回忆、想象结合起来。有者为实，无者为虚；客观为实，主观为虚；当前为实，未来为虚；已知为实，未知为虚。诗词常见虚实之景，品读毛泽东1965年5月写的《念奴娇·井冈山》就能感受虚实之妙：

参天万木，千百里，飞上南天奇岳。
故地重来何所见，多了楼台亭阁。
五井碑前，黄洋界上，车子飞如跃。
江山如画，古代曾云海绿。

弹指三十八年，人间变了，似天渊翻覆。
犹记当时烽火里，九死一生如昨。
独有豪情，天际悬明月，风雷磅礴。
一声鸡唱，万怪烟消云落。

阔别38年，毛泽东重上井冈山。词的上阕写重上井冈山的所见，广袤千里，古木参天，更有古迹名胜、人文建筑、纪念亭台、穿梭车流，眼前实景“江山如画”！

词的下阕虚写昔日井冈山风起云涌、枪林弹雨、“九死一生”的斗争场面，侧重回忆往昔和抒发豪情。全词前实景和后虚景、眼前所见与心中所想融为一体，妙笔生花，让人一咏三叹、悠然神往。虚实结合，人人都生活在诗词中！

虚从实出，实由虚造，虚实融合，向数而生。

智能油田也必将在数字化的洪流中日渐展露出数字生命体的蓬勃生机。这是一个虚实结合的世界，计算机中的数是虚的，但这个数字对应的现实世界确是实的。我们操作的数据体是虚的，但数据体驱动的机械设备是实的，我们建设智能油田就是要打造一个和现实世界中实实在在的油田精确对应的虚拟的数字生命体，并通过物联网、AI、平台化等数字技术，精心培育数字生命体，使其具备无比旺盛的强大生命力，她就会不断地结出果实，反哺企业。在这一过程中积累的经验、技术和智慧，也将有更广阔远大的应用前景，不仅为企业开辟可持续发展的新天地，更可以造福整个人类。正是：

智出数海震苍穹，
能赋万物灵自生。
油浪滚滚“算”做主，
田畴漠漠人无踪。
妙想软件定世界，
不辞“比特”成孪生。
可控可信虚实体，
言出法随造化功。

智能油田，妙不可言。

参考文献

[1] 李剑峰，李恕忠，张志檩．数字油田 [M]．北京：化学工业出版社，2006．

[2] 陈新发，曾颖，李清辉等．开启智能油田 [M]．北京：科学出版社，2013．

[3] Bart Baesens．大数据分析：数据科学应用场景与实践精髓 [M]．北京：人民邮电出版社，2016．

[4] Jiawei Han, MIcheline Kamber, Jian Pei．数据挖掘：概念与技术.3版 [M]．北京：机械工业出版社，2012．

[5] 高志亮，高倩，等．数字油田在中国——油田数据工程与科学 [M]．北京：科学出版社，2017．

[6] 高志亮，付国民，等．数字油田在中国——油田数据学 [M]．北京：科学出版社，2017．

[7] 陈鸣．油气大数据分析利用 [M]．北京：石油工业出版社，2017．

[8] 姚军，张凯，刘均荣．智能油田开发理论及应用 [M]．北京：科学出版社，2018．

[9] EMC Education Services．数据科学与大数据分析：数据的发现、分析、可视化与表示 [M]．北京：人民邮电出版社，2016．

[10] Ray Kurzweil．盛杨燕（译）．人工智能的未来（揭示人类思维的奥秘）[M]．杭州：浙江人民出版社，2016．

[11] James Barrat．闾佳（译）．我们最后的发明：人工智能与人类时代的终结 [M]．北京：电子工业出版社,2016．

[12] Martin Ford．王吉美，牛筱萌（译）．机器人时代：技术、工作与经济的未来 [M]．北京：中信出版社，2015．

[13] Alvin Toffler．黄明坚（译）．第三次浪潮 [M]．北京：中信出版社，2006．

[14] Francis Fukuyama．黄立志（译）．我们的后人类未来：生物科技革命的后果 [M]．桂林：广西师范大学出版社，2017．

[15] Edward O. Wilson．杨玉玲（译）．生命的未来 [M]．北京：中信出版社，2016．

[16] 吴军．智能时代：大数据与智能革命重新定义未来 [M]．北京：中信出版社，2016．

[17] Jared Dean．林清怡（译）．大数据挖掘与机器学习：工业 4.0 时代重塑商业价值 [M]．北京：人民邮电出版社，2015．

[18] Max Tegmark．生命 3.0：生活在人工智能时代 [M]．美国：Allen Lane,2017．

[19] 李剑峰，冯利，张志檩，等．高性能计算机与石油工业 [M]．北京：中国石化出版社，2004．

[20] Ray Kurzweil．董振华、李庆成（译）．奇点临近：当计算机智能超越人类 [M]．北京：机械工业出版社，2011．

[21] 李剑峰．油气地球物理实用新技术 [M]．北京：石油工业出版社，2006．

[22] 李剑峰，赵群．油气勘探地震物理模型图集 [M]．北京：石油工业出版社，2006．

[23] 李昭，马亮．我国油气田开发现状及未来发展趋势 [J]．化工设计通讯，2017,6(43)．

[24] 丁秀丽．石油企业知识管理研究 [D]．天津：天津大学，2005．

[25] 廖玲．基于数据库资源的长庆油田知识管理研究 [D]．西安：西安石油大学，2012．

[26] 韩志刚．胜利油田钻井工艺研究院知识管理研究 [D]．济南：山东师范大学，2012．

[27] 中华人民共和国国家质量监督检验检疫总局、中国国家标准化管理委员会．GB/T 23703.1—2009、GB/T 23703.2—2010、GB/T 23703.3—2010、GB/T 23703.4—2010、GB/T 23703.5—2010、GB/T 23703.6—2010、G/BT 23703.7—2014、G/BT 23703.8—2014 知识管理 [S]．

[28] 中国知识管理中心．中国知识管理现状、问题和趋势：2012 中国知识管理实施调研结果分析 [R]．中国知识管理论坛，2013．

[29] 吴庆海，王猛，夏敬华，主编．知识 + 实践的秘密 [M]．北京：世界知识出版社，2015．

[30] 吴庆海、王宝明、宫元年．知识 + 实践的秘密 II [M]．北京：世界知识出版社，2017．

[31] 中华人民共和国国家质量监督检验检疫总局、中国国家标准化管理委员会．GB/T 34061.1—2017 知识管理体系 第 1 部分：指南 [S]．2017．

[32] Ray Kurzweil．盛杨燕（译）．人工智能的未来 [M]．杭州：浙江人民出版社，2016．

[33] Jay Lee．邱伯华，等（译）．工业大数据：工业4.0时代的工业转型与价值创造 [M]．北京：机械工业出版社，2015．

[34] Kevin Kelly．东西文库（译）．失控：全人类的最终命运和结局 [M]．北京：新星出版社，2010．

[35] Jeremy Rifkin．张体伟，孙豫宁（译）．第三次工业革命：新经济模式如何改变世界 [M]．北京：中信出版社，2012．